EINFÜHRUNG IN DIE PHYSIK
Band III / 2

EINFÜHRUNG IN DIE
PHYSIK

von

Dr. Paul Huber
o. Professor an der
Universität Basel

III. Band / 2. Teil

Kernphysik

1972

ERNST REINHARDT VERLAG MÜNCHEN / BASEL

ISBN 3 497 00453 7

© 1972 by Ernst Reinhardt Verlag AG in Basel

Satz und Druck: Universitätsdruckerei H. Stürtz AG, Würzburg

Printed in Germany

Vorwort

Als Professor Paul Huber am 5. Februar 1971 ganz unerwartet verschied, lag der von ihm verfaßte 2. Teil des III. Bandes seines Werkes „Einführung in die Physik" bereits fast vollständig vor, bedurfte jedoch einer Überarbeitung und der Koordination mit dem von mir verfaßten 1. Teil. Diese Aufgabe wurde in dankenswerter Weise von den Herren Prof. Dr. *H.R. Striebel* und Prof. Dr. *R. Wagner* vom Physikalischen Institut der Universität Basel übernommen. H.R. Striebel hatte schon vor P. Hubers Tod selbständig an dem Werk mitgearbeitet und die Kapitel 10 und 11 über Elementarteilchen und kosmische Strahlung verfaßt.

Die Redigierung des endgültigen Textes wäre zu Lebzeiten Paul Hubers eine einfache Aufgabe gewesen. Unter den obwaltenden Umständen dagegen sahen wir uns immer wieder vor die Frage gestellt, ob eine Änderung zulässig sei, ohne den Charakter des Werkes zu verzerren. Es war unser Hauptanliegen, den für Paul Huber charakteristischen Stil und seine Darstellungsweise möglichst unverändert zu erhalten. Dieser schwierigen Arbeit haben sich die Herren H.R. Striebel und R. Wagner in dankenswerter Weise mit großem Geschick und Takt angenommen. Daß eine lückenlose und überschneidungsfreie Angleichung an den 1. Teil, Atomphysik, unter den Umständen nicht möglich war, ist selbstverständlich. So konnten wir uns zum Beispiel nicht entschließen, das im 1. Teil vorzugsweise benützte cgs-System im 2. Teil konsequent weiter zu verwenden, da Paul Huber ausschließlich das MKSA-System benützt hatte. Viel wichtiger schien uns, die Verbindung mit dem 1. Teil durch zahlreiche Hinweise auf die dort behandelten Gegenstände zu gewährleisten und im allgemeinen eine einheitliche Bezeichnungsweise zu verwenden.

Die mathematischen Kenntnisse, die für das Verständnis des 2. Teiles vorausgesetzt werden, sind dieselben wie für den 1. Teil. Dagegen sind gerade die elementaren Kenntnisse der modernen Fundamentalprinzipien der Physik, Relativitätstheorie und Quantenmechanik, wie sie im 1. Teil dargelegt sind, Voraussetzung für das Verständnis des 2. Teiles.

Die ersten drei Kapitel des vorliegenden Teiles befassen sich mit den allgemeinen Eigenschaften der Atomkerne und den zu deren Messung verwendeten Methoden. In den Kapiteln 4 und 5 werden ausschließlich die heute immer noch einem raschen Wandel unterworfenen instrumentellen Methoden und die Meßtechnik der Kernphysik behandelt. Die Kapitel 6, 7 und 8 sind der eigentlichen Kerntheorie gewidmet. Sie beginnen mit der Darstellung der spontanen Zerfälle und der Reaktionsmechanismen. Das 8. Kapitel befaßt sich mit den heute zur Erklärung des Verhaltens der Kerne verwendeten möglichen Modelle. Die Kapitel 7 und 8 hatte Paul Huber in enger Zusammenarbeit mit Prof. *S. E. Darden* (University of Notre Dame) während dessen Aufenthalts am Basler Institut verfaßt. Kapitel 9 ist vor allem den aus unseren gegenwärtigen Kenntnissen über die Kerneigenschaften folgenden Vorstellungen über astrophysikalische Prozesse und über die Entstehung der Elemente gewidmet. Die Kapitel 10 und 11, die wie erwähnt von *H. R. Striebel* verfaßt wurden, greifen mit einer Einführung zur Elementarteilchenphysik und zur kosmischen Strahlung über den eigentlichen Rahmen des Werkes hinaus, eröffnen aber damit den Ausblick auf das fundamentale Problem der Konstitution und des Wesens der Materie. Das letzte Kapitel schließlich ist dem Strahlenschutz gewidmet, einem Fragenkreis, dem Paul Huber ganz besondere Aufmerksamkeit schenkte und dessen Verständnis ihm im Hinblick auf die wachsende Bedeutung der ionisierenden Strahlung in allen Lebensbereichen ein wichtiges Anliegen war.

Einer großen Zahl von Kollegen und Mitarbeitern gebührt der größte Dank für ihre tatkräftige Mitarbeit an der Ausarbeitung und endgültigen Fassung des vorliegenden Buches. In erster Linie sind es die Herren *S. E. Darden*, *H. R. Striebel* und *R. Wagner*, ohne deren Milthilfe die Herausgabe innert nützlicher Frist kaum möglich gewesen wäre. Zahlreichen früheren Mitarbeitern von Paul Huber sei für viele Hinweise und Anregungen der Dank ausgesprochen.

Zürich, 9. Mai 1972   Hans H. Staub

Es war meinem Manne leider nicht mehr vergönnt, das Erscheinen des Lehrbuches Band III/2 zu erleben. Bis am Tage vor seiner Operation war er mit der Durchsicht und Korrektur der ersten Druckfahnen beschäftigt, die er dann unvollendet aus der Hand legen mußte. Sein besonderer Wunsch ging dahin, das Werk vollendet zu wissen.

Herrn Hans Staub als seinem Freund und Verfasser des Bandes III/1 sowie den Herren R. Wagner und H. R. Striebel als seinen ehemaligen Schülern und Mitarbeitern schulde ich außerordentlichen Dank. Sie haben es trotz vieler Schwierigkeiten und unter großen Opfern an Zeit und Mühe ermöglicht, daß der Wunsch meines Mannes in Erfüllung gehen konnte.

Riehen, im Juni 1972   Margrit Huber

Inhaltsverzeichnis

1. **Einleitung** 13
2. **Das Kernatom** 14
   2.1. Coulomb-Streuung von α-Teilchen an schweren Kernen 15

3. **Allgemeine Eigenschaften der Atomkerne** 28
   3.1. Kernladung 28
   3.2. Kernmasse 29
       3.2.1. Masseneinheit 29
       3.2.2. Massenspektroskopie 30
       3.2.3. Masse und Bindungsenergie der Kerne. 41
   3.3. Kernradien 48
       3.3.1. Myonische Atome. 48
       3.3.2. Streuung energiereicher Elektronen an Kernen 50
       3.3.3. Anomale α-Streuung an Kernen 53
       3.3.4. Spiegelkerne. 55
   3.4. Gesamtdrehimpuls (Kernspin) und magnetisches Dipolmoment der Kerne 59
       3.4.1. Kernspin 59
       3.4.2. Magnetisches Dipolmoment der Kerne. 61
       3.4.3. Magnetisches Dipolmoment von Proton und Neutron . . . 63
       3.4.4. Methode der magnetischen Kernresonanz. 64
       3.4.4.1. Grundlagen 64
       3.4.4.2. Praktischer Nachweis der magnetischen Kernresonanz . . . 66
       3.4.4.3. Bedeutung der magnetischen Kernresonanz für chemische Untersuchungen 70
       3.4.4.4. Die Blochschen Gleichungen 75
   3.5. Elektrisches Kernquadrupolmoment 86
   3.6. Parität und Zeitumkehr 93

4. **Partikelbeschleuniger** 99
   4.1. Einleitung 99
   4.2. Kaskadengenerator 99
   4.3. Van de Graaff-Generator 101
   4.4. Zyklotron 103
       4.4.1. Stabilitätsbedingungen für die Teilchenbahn 106
       4.4.2. Elektrische Beschleunigung der Ionen 109
       4.4.3. Sektorfokussiertes Zyklotron und Synchrozyklotron . . . 109
   4.5. Protonen-Synchrotron 114
   4.6. Betatron 116

4.7. Linearbeschleuniger 118
    4.7.1. Linearbeschleuniger für Elektronen 118
    4.7.2. Linearbeschleuniger für Protonen 119
4.8. Erzeugung schneller Ionen. Elektrische und magnetische Linsen 120

5. **Kernphysikalische Meßgeräte** 127
5.1. Einleitung 127
5.2. Ionisationskammer 127
    5.2.1. Konstante Ionisation im Meßvolumen 128
    5.2.2. Impulsbetrieb der Ionisationskammer 131
    5.2.2.1. Ionensammlung 133
    5.2.2.2. Elektronensammlung 134
    5.2.2.3. Rekombination und Diffusion 135
5.3. Festkörperzähler 138
    5.3.1. Einleitung 138
    5.3.2. Sperrschichtzähler 139
    5.3.2.1. p-n-Übergang ohne äußeres Feld 140
    5.3.2.2. p-n-Übergang mit äußerem Feld 142
    5.3.2.3. Ionisierende Teilchen in der Feldzone 143
    5.3.2.4. Quantitative Zählereigenschaften 143
    5.3.2.5. Anwendungsmöglichkeiten 150
    5.3.2.6. Lithiumkompensierte Halbleiterzähler 153
5.4. Funkenkammer 154
5.5. Zählrohr 157
5.6. Szintillationszähler 160
    5.6.1. Absolute Ansprechwahrscheinlichkeit eines NaI(Tl)-Kristalles für γ-Strahlen 163
    5.6.2. Anwendung für die γ-Spektroskopie 167
    5.6.3. Diskriminierung zwischen γ-Quanten, Protonen und α-Teilchen 169
    5.6.4. Energieauflösung und Zählstatistik 170
5.7. Čerenkov-Zähler 172
5.8. Wilson-Kammer 175
5.9. Blasenkammer 178

6. **Radioaktivität** 182
6.1. Einleitung 182
6.2. Der radioaktive Zerfall und das Zerfallsgesetz 183
6.3. Radioaktive Zerfallsreihe und radioaktives Gleichgewicht 187
6.4. Erzeugung radioaktiver Kerne durch Kernreaktionen . 193

6.5. Prozesse des radioaktiven Zerfalls 195
    6.5.1. Übersicht über die Zerfallsmöglichkeiten 195
    6.5.2. Alphazerfall 197
    6.5.3. Betazerfall 202
        6.5.3.1. Berechnung des β-Spektrums und der Zerfallskonstanten . . 202
        6.5.3.2. Auswahlregeln für den β-Zerfall 205
        6.5.3.3. Elektroneneinfang 207
    6.5.4. Gammazerfall und innere Konversion 208
        6.5.4.1. Gammazerfall 208
        6.5.4.2. Innere Konversion 209
    6.5.5. Kernzerfall durch spontane Spaltung 210
6.6. Wechselwirkung von Kernstrahlung mit Materie . . . 210
    6.6.1. Wechselwirkung schwerer geladener Teilchen mit Materie . . 211
    6.6.2. Wechselwirkung von Elektronen mit Materie 213
6.7. Mössbauer-Effekt 214
    6.7.1. Experimenteller Nachweis des Mössbauer-Effekts 216
6.8. Aktivierungsanalyse 221
6.9. Altersbestimmungen mit Hilfe radioaktiver Nuklide . . 223
    6.9.1. Uran-Blei-Methode 223
    6.9.2. ^{14}C-Methode 224

7. Erhaltungssätze und Kernreaktionen 227
7.1. Einleitung 227
7.2. Energie- und Impulssatz 228
    7.2.1. Anwendung von Energie- und Impulssatz auf elastische und inelastische Streuprozesse. 236
    7.2.2. Übersicht über Neutronenreaktionen. 240
7.3. Drehimpuls- und Paritätserhaltung 242
7.4. Zeitumkehrinvarianz und ihre Bedeutung für Kernreaktionen 247
7.5. Isospin und Kernreaktionen 251
7.6. Resonanz- und direkte Reaktionen 252
    7.6.1. Einleitung 252
    7.6.2. Resonanzreaktionen 255
7.7. Direkte Reaktionen 270
    7.7.1. Einleitung 270
    7.7.2. Deuteronen-Abstreif- und Aufpick-Reaktionen 274

8. Kernmodelle 284
8.1. Einleitung 284
8.2. Deuteron 284

8.3. Nukleon-Nukleon-Streuung ... 289

- 8.3.1. Neutron-Proton-Streuung bei kleinen Energien ... 293
- 8.3.2. Proton-Proton-Streuung bei kleinen Energien ... 295
- 8.3.3. Proton-Proton- und Proton-Neutron-Streuung bei höheren Energien ... 296

8.4. Tröpfchenmodell ... 304

- 8.4.1. Kernspaltung ... 306
- 8.4.2. Energiefläche der Kerne ... 309

8.5. Schalenmodell ... 312

- 8.5.1. Magnetische Momente ... 326
- 8.5.2. Elektromagnetische Übergänge ... 329
- 8.5.3. Elektrische Kernquadrupolmomente ... 333

8.6. Kollektives Modell ... 335

- 8.6.1. Einführung ... 335
- 8.6.2. Oberflächenschwingungen von sphärischen Kernen ... 336
- 8.6.3. Kollektive Bewegung von deformierten Kernen ... 341
- 8.6.3.1. Einleitung ... 341
- 8.6.3.2. Rotationen deformierter gg-Kerne ... 344
- 8.6.3.3. Schwingungen ... 347
- 8.6.3.4. Deformierte ug- und gu-Kerne ... 348

8.7. Optisches Modell ... 348

- 8.7.1. Einleitung ... 348
- 8.7.2. Streuung langsamer Neutronen ... 349
- 8.7.3. Streuung von Teilchen im MeV-Gebiet ... 354

9. Anwendungen der Kernphysik ... 359

9.1. Einleitung ... 359

9.2. Kernenergie: Spaltungs- und Fusionsenergie ... 359

- 9.2.1. Historische Bemerkungen zum Uranreaktor ... 359
- 9.2.2. Grundlagen des thermischen Uran-Reaktors ... 360
- 9.2.3. Reaktorsysteme ... 372
- 9.2.4. Fusion ... 375
- 9.2.4.1. Abschätzung der Plasmaleistungsdichte ... 376
- 9.2.4.2. Das Plasma ... 377
- 9.2.4.3. Isolierung eines Plasmas ... 378
- 9.2.4.4. Aufheizung des Plasmas ... 381

9.3. Bildung der Elemente und stellare Energieerzeugung ... 381

- 9.3.1. Zusammensetzung der Materie ... 381
- 9.3.2. Sonnenenergie als nukleare Energie ... 383
- 9.3.2.1. Wasserstoff-Fusion ... 383
- 9.3.2.2. Helium-Verbrennung ... 385
- 9.3.3. Die Erzeugung von schwereren Elementen als Eisen ... 387
- 9.3.4. Supernovae und Neutronenproduktion ... 389

10. Elementarteilchen ... 390
10.1. Geschichtliches ... 390
- 10.1.1. Atomare Bestandteile ... 390
- 10.1.2. Vorhersage neuer Teilchen ... 391
- 10.1.3. Beobachtung seltsamer Teilchen ... 395

10.2. Abgrenzung der Elementarteilchen- und Kernphysik ... 398
10.3. Die vier Wechselwirkungen ... 401
- 10.3.1. Gravitations- und elektromagnetische Wechselwirkung ... 402
- 10.3.2. Starke Wechselwirkung ... 405
- 10.3.3. Schwache Wechselwirkung ... 408
- 10.3.4. Vergleich der vier Wechselwirkungen ... 409

10.4. Erhaltungssätze ... 410
- 10.4.1. Klassische Erhaltungssätze ... 411
- 10.4.2. Die Erhaltung der Baryonen- und Leptonenzahl ... 411
- 10.4.3. Beschränkt gültige Erhaltungssätze ... 412
- 10.4.4. Symmetrieprinzipien der Teilchenphysik ... 414
- 10.4.5. Wechselwirkungen und Erhaltungssätze ... 416

10.5. Erzeugung und Zerfall der Elementarteilchen ... 417
- 10.5.1. Leptonen ... 418
- 10.5.2. Feynman-Diagramme ... 419
- 10.5.3. Erzeugung von Pionen ... 420
- 10.5.4. Zerfall von π-Mesonen und Myonen ... 421
- 10.5.5. Erzeugung und Zerfall seltsamer Teilchen ... 422
- 10.5.6. Neutrales Kaon als Teilchenmischung ... 423
- 10.5.7. Liste der stabilen und metastabilen Elementarteilchen ... 426
- 10.5.8. Hyperkerne ... 426

10.6. Resonanzteilchen ... 427
- 10.6.1. Nukleon-Pion-Resonanzen ... 427
- 10.6.2. Mesonische Resonanzen ... 428
- 10.6.3. Resonanzen seltsamer Teilchen ... 430
- 10.6.4. Analyse von Resonanzen ... 431

10.7. Klassifizierung und Nomenklatur der Hadronen ... 434
- 10.7.1. Regge-Pole ... 434
- 10.7.2. Gruppentheoretische Klassifizierung der Hadronen ... 436
- 10.7.3. Nomenklatur ... 439
- 10.7.4. Quark-Modell ... 440

11. Kosmische Strahlung ... 442
11.1. Einleitung ... 442
11.2. Primärstrahlung ... 443
11.3. Sekundärstrahlung ... 446
- 11.3.1. Kernprozesse der Primärstrahlung ... 446
- 11.3.2. Allgemeine Eigenschaften der Sekundärstrahlung ... 448
- 11.3.3. Elektronenschauer ... 450

11.4. Ursprung der kosmischen Strahlung ... 453

12. **Strahlenschutz** 455
  12.1. Maßeinheiten der ionisierenden Strahlung und der biologischen Wirkung 456
    12.1.1. Expositionsdosis einer Röntgen- oder Gammastrahlung . . 456
    12.1.2. Absorbierte Dosis 460
    12.1.3. Biologische Effekte ionisierender Strahlung 461
  12.2. Strahlenschutznormen 462

Namen- und Sachverzeichnis 465

1. Einleitung

Für das Verhalten der Materie unter terrestrischen Bedingungen, insbesondere für deren mechanische, thermodynamische und elektromagnetische Eigenschaften sowie für die Chemie, ist die Elektronenhülle der Atome das Entscheidende. Die Elektronen schirmen den Kern so weitgehend ab, daß er außer durch die Gravitation nur unter extremen Verhältnissen oder in speziellen Fällen mit der weiteren Umgebung direkt in Wechselwirkung tritt. Dies ist einer der Gründe dafür, daß die Atomkerne erst in unserem Jahrhundert entdeckt wurden.

Andererseits besitzen die Atomkerne über 99,9% der Masse der stabilen makroskopischen Materie und geben damit im astronomischen Rahmen den Ausschlag. Darüber hinaus sind nukleare Vorgänge die bei weitem, ergiebigsten kosmischen Energiequellen und die bedeutungsvollsten Ursachen für die Entwicklung des Universums. Die Verteilung der Materie auf die verschiedenen Elemente ist das Ergebnis der stellaren Kernprozesse in den vergangenen zehn Milliarden Jahren.

Um Atomkerne zu erforschen, bestehen drei prinzipielle Möglichkeiten:

1. Untersuchung der elektromagnetischen Wechselwirkung des Kerns mit äußeren Feldern, mit der Elektronenhülle oder mit negativen Myonen und π-Mesonen, die an Stelle eines Elektrons in die Hülle eingebaut sein können.
2. Beobachtung der Strahlung beim spontanen radioaktiven Zerfall.
3. Studium von Kernreaktionen, die durch Partikelbeschuß eingeleitet werden.

Zur Auslösung und Beobachtung nuklearer Vorgänge ist ein außerordentlich vielfältiges Instrumentarium entwickelt worden, das in den gigantischen Anlagen zur Beschleunigung geladener Partikel gipfelte. Seit etwa 1940 wird die Kernphysik zunehmend in den Naturwissenschaften, in der Medizin, in der zivilen und der militärischen Technik angewandt und hat mit der Entwicklung nuklearer Waffen weltpolitische Bedeutung erlangt.

2. Das Kernatom

Die Frage nach der Struktur des Atoms ist im Jahre 1911 durch die denkwürdigen Arbeiten von E. Rutherford (1871—1937) beantwortet worden. Er entdeckte den Aufbau des Atoms aus Elektronenhülle und Kern. Läßt man Heliumkerne (sog. α-Teilchen), die von natürlichen radioaktiven Substanzen wie Radium oder Polonium spontan emittiert werden, in Luft eintreten, so ist ihre Bahn in den überwiegenden Fällen gerade; sie besitzt eine bestimmte mittlere Länge, die sog. Reichweite. Die mittlere Reichweite der α-Teilchen von Polonium-210 beträgt in Luft (760 Torr, 15 °C) 3,84 cm und für diejenigen von Polonium-214 (RaC') 6,91 cm. Auf ihrer Bahn „stoßen" die α-Teilchen mit einer erheblichen Zahl von Molekülen der Luft zusammen. Die Anzahl Ionisationsprozesse läßt sich z. B. folgendermaßen abschätzen: α-Teilchen von ^{214}Po besitzen eine Energie E von 7,68 MeV. Längs des Weges ionisieren die α-Teilchen eine große Zahl von Molekülen (pos. Ion + Elektron). Die zur Bildung eines Ionenpaares aufzuwendende mittlere Energie W_α beträgt 35 eV (s. S. 213). Längs der Bahn des α-Teilchens gibt es somit z Ionenpaare, was der mittleren Zahl der Ionisationsprozesse entspricht:

$$z = E/W_\alpha = 7,68 \cdot 10^6/35 = 2,2 \cdot 10^5 \text{ pro Reichweite.}$$

Das α-Teilchen ionisiert rund $3,2 \cdot 10^4$ Moleküle pro cm. Die Zusammenstöße mit den N_2- und O_2-Molekülen der Luft erzeugen praktisch keine Ablenkung, was deutlich zeigt, daß die Atome keine massiven, mit Masse homogen gefüllten Gebilde sein können.

Rutherford und seine Mitarbeiter *Geiger* und *Marsden* untersuchten quantitativ den Durchgang von α-Teilchen durch Materie. Ein fein ausgeblendetes Bündel von α-Teilchen wurde auf eine dünne Metallfolie geschossen und die Winkelverteilung der gestreuten Teilchen gemessen (vgl. Abschn. 2.1, Fig. 7). Der Nachweis der Teilchen erfolgte durch die in einem Zinksulfidschirm erzeugten Lichtblitze, eine Methode, die in den Szintillationszählern (S. 160) wieder höchst aktuell geworden ist. Heute werden diese Lichtblitze durch Photomultiplier registriert, während sie von Geiger und Marsden mühsam mit Hilfe eines Mikroskopes von Auge beobachtet und gezählt werden

mußten. Fig. 1 zeigt die Anordnung. Zwei interessante Ergebnisse ließen sich feststellen:
1. Die meisten α-Teilchen durchdringen die Metallfolie praktisch unabgelenkt.
2. Ganz selten erfahren α-Teilchen eine Ablenkung $>90°$.

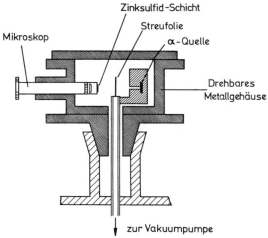

Fig. 1. Rutherfordsche Anordnung zur Beobachtung der Streuung von α-Teilchen an schweren Kernen.

Es war nun Rutherford möglich, die Resultate der Streumessungen anhand eines neuen Atommodells, des Kernatommodells, quantitativ zu erklären. Das Modell weist folgende Eigenschaften auf: Das Atom besteht aus einem schweren, positiv geladenen Kern, der von einer die positive Kernladung kompensierenden Elektronenhülle umgeben ist. Der Durchmesser des Kerns ist etwa 10^5 mal kleiner als derjenige der Hülle. Der Kern enthält beinahe die gesamte Masse des Atoms.

Die α-Teilchen durchsetzen die Elektronenhülle praktisch unabgelenkt, da die Elektronen im Verhältnis zu den α-Teilchen viel zu leicht sind, um diese merklich aus ihrer Bahn abzulenken. Ablenkungen kommen nur durch Wechselwirkungen mit dem schweren Atomkern zustande. Sie beruhen, bei nicht zu großen Energien der α-Teilchen, ausschließlich auf der abstoßenden Coulomb-Kraft, die zwischen α-Teilchen und Kern herrscht.

2.1. Coulomb-Streuung von α-Teilchen an schweren Kernen. In diesem Fall ist die Kernmasse M viel größer als die Masse m des α-Teilchens, und der Kern kann während der Wechselwirkung als ortsfest betrachtet werden. Zwischen Kern (Ladung Ze) und α-Teilchen (Ladung 2e) wirkt in der Entfernung r eine abstoßende Zentralkraft, die Coulomb-Kraft

$$K = \frac{1}{4\pi\varepsilon_0} \frac{2Ze^2}{r^2}.$$

Nach den Gesetzen der Mechanik beschreibt das α-Teilchen eine Hyperbel, wobei der Kern im entfernteren Brennpunkt sitzt (Fig. 2).

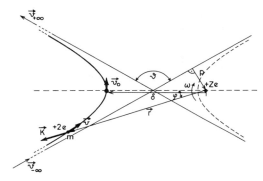

Fig. 2. Zur Berechnung des Rutherfordschen Streugesetzes.

Im folgenden soll die Winkelabhängigkeit der Coulomb-Streuung berechnet werden. Sie ergibt sich aus dem Kraftgesetz, Energie- und Drehimpulssatz sowie aus dem Satz von der Änderung des Impulses (Fig. 2):

1. Kraftgesetz (Gesetz von *Coulomb*)

$$K = \frac{2Ze^2}{4\pi\varepsilon_0 r^2}. \tag{2.1}$$

2. Energiesatz

$$\frac{mv_\infty^2}{2} = \frac{mv^2}{2} + \frac{2Ze^2}{4\pi\varepsilon_0 r}. \tag{2.2}$$

Die Beträge von $\vec{v}_{-\infty}$ und $\vec{v}_{+\infty}$ sind einander gleich, da es sich um eine elastische Streuung an schweren Kernen handelt.

3. Drehimpulssatz

Zwischen Kern und α-Teilchen wirkt eine Zentralkraft, d.h. das Drehmoment bezüglich des Schwerpunkts ist Null und damit der

2.1. Coulomb-Streuung von α-Teilchen

Drehimpuls des Systems zeitlich konstant:

$$D = m r^2 \omega = m r^2 \dot{\varphi} = m v_\infty p = \text{konst.} \quad (2.3)$$

$\omega = \dot{\varphi}$ bezeichnet die momentane Winkelgeschwindigkeit des α-Teilchens bez. des Streukernes, und p ist der sog. Stoßparameter.

4. Satz von der Änderung des Impulses

Betrachtet man die Impulsänderung $|\vec{\Delta J}|$ des α-Teilchens zwischen End- und Anfangslage, so ergibt sich (Fig. 3)

$$|\vec{\Delta J}| = 2 m v_\infty \sin(\vartheta/2) = \left| \int_{-\infty}^{+\infty} \vec{K}(r) \, dt \right|.$$

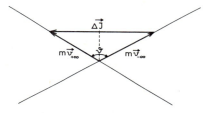

Fig. 3. Impulsänderung $\vec{\Delta J}$ des α-Teilchens zwischen Anfangs- und Endlage.

Ersetzt man in obiger Gleichung $\vec{K}(r)$ durch

$$\vec{K} = \frac{2Ze^2}{4\pi\varepsilon_0 r^2} \vec{r}_0,$$

wobei $\vec{r}_0$ den dimensionslosen Einheitsvektor in Richtung des Radiusvektors vom Kern zum α-Teilchen darstellt, und dt aus Gl. (2.3) mit $\dot{\varphi} = d\varphi/dt$ durch

$$dt = d\varphi/\dot{\varphi} = \frac{m r^2}{m v_\infty p} d\varphi,$$

so ergibt sich:

$$2 m v_\infty \sin(\vartheta/2) = \left| \int_{-\frac{1}{2}(\pi-\vartheta)}^{\frac{1}{2}(\pi-\vartheta)} \frac{2Ze^2}{4\pi\varepsilon_0 r^2} \frac{r^2}{v_\infty p} \vec{r}_0 \, d\varphi \right|$$

$$= \frac{2Ze^2}{4\pi\varepsilon_0 v_\infty p} \left| \int_{-\frac{1}{2}(\pi-\vartheta)}^{\frac{1}{2}(\pi-\vartheta)} \vec{r}_0 \, d\varphi \right|. \quad (2.4)$$

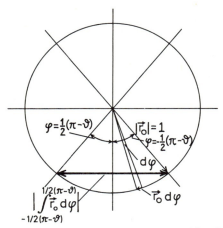

Fig. 4. Graphische Berechnung des Integrals $\left| \int_{-1/2(\pi-\vartheta)}^{1/2(\pi-\vartheta)} \vec{r}_0 \, d\varphi \right|$.

Das Integral ergibt (Fig. 4)

$$\left| \int_{-\frac{1}{2}(\pi-\vartheta)}^{\frac{1}{2}(\pi-\vartheta)} \vec{r}_0 \, d\varphi \right| = 2\sin\tfrac{1}{2}(\pi-\vartheta) = 2\cos\vartheta/2,$$

womit man die Beziehung

$$\operatorname{tg}\vartheta/2 = \frac{1}{4\pi\varepsilon_0} \frac{Z e^2}{m v_\infty^2/2} \frac{1}{p} \qquad (2.5)$$

erhält. Die Größe

$$\delta_0 = \frac{1}{4\pi\varepsilon_0} \frac{2Z e^2}{m v_\infty^2/2}$$

hat die Dimensionen einer Länge und heißt Stoßdurchmesser der Streuung. Gl. (2.5) nimmt mit dem Stoßdurchmesser δ_0 die einfache Form an:

$$p = \frac{\delta_0}{2} \operatorname{ctg}(\vartheta/2). \qquad (2.6)$$

Für einen gegebenen Stoßdurchmesser hängt der Ablenkungswinkel nur noch vom Stoßparameter ab. Wird der Stoßparameter p die Hälfte des Stoßdurchmessers, so erfährt das α-Teilchen eine Ablenkung von $\vartheta = 90°$. Für $p = 0$ ist der Stoß zentral, und das α-Teilchen wird um $\vartheta = 180°$ abgelenkt (Rückwärtsstreuung). Aus dem Energie-

2.1. Coulomb-Streuung von α-Teilchen

satz (Gl. (2.2)) folgt (vgl. Fig. 2) für den zentralen Stoß ($v_0 = 0$):

d. h.
$$\frac{m v_\infty^2}{2} = \frac{1}{4\pi\varepsilon_0} \frac{2Ze^2}{\delta_0},$$

$$\delta_0 = \frac{1}{4\pi\varepsilon_0} \frac{2Ze^2}{m v_\infty^2/2}.$$

Der Stoßdurchmesser δ_0 gibt die kürzeste Distanz an, auf die sich die beiden abstoßenden Teilchen bei zentralem Stoß nähern. Einige Werte von δ_0 enthält Tabelle 1.

Tabelle 1. Stoßdurchmesser in fm^1 für α-Teilchen verschiedener Energie für Ag und Au

α-Teilchen-Quelle	Energie E_α MeV	Stoßdurchmesser in fm^1	
		$_{47}$Ag	$_{79}$Au
^{210}Po	5,298	25,5	43,0
^{214}Po	7,68	17,6	29,7
Beschleuniger	1	135	228
	10	13,5	22,8
	27	5,0	8,4
	30	4,5	7,6

Ein bestimmter Stoßparameter läßt sich experimentell nicht vorgeben, da es unmöglich ist, auf Atomkerne zu zielen. Gl. (2.6) kann im Einzelfalle nicht geprüft werden. Dagegen läßt sich mit Gl. (2.6) eine statistische Aussage über die Ablenkung für eine Gesamtheit von einfallenden α-Teilchen machen. Es sollen N_0 α-Teilchen pro Zeiteinheit senkrecht auf eine dünne Folie der Fläche F und der Dicke D auffallen (Fig. 5). Die Folie muß so dünn sein, daß der Energieverlust der Teilchen gering ist gegenüber ihrer Anfangsenergie und daß jedes α-Partikel höchstens eine Kernstreuung erleidet. Alle Teilchen, die auf einem Kreisring vom Radius des Stoßparameters p und der Breite dp um eines der Streuzentren (Atomkerne) auffallen, erfahren eine Ablenkung zwischen ϑ und $\vartheta + d\vartheta$. Der Bruchteil dN/N_0 der α-Teilchen, die diese Kreisringe durchsetzen, ist gleich dem Verhältnis der Flächen dF aller Kreisringe und der Gesamtfläche F:

$$\frac{dN}{N_0} = \frac{\text{Summe der Flächen der Kreisringe mit Radius p und Breite dp}}{\text{Gesamtfläche F}}.$$

[1] 1 fm = 10^{-15} m (1 Femtometer).

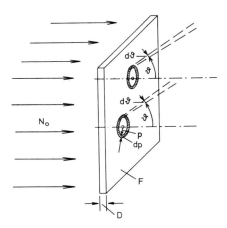

Fig. 5. Zur Berechnung der α-Streuung an Kernen in einer Folie. D = Dicke, F = Fläche der Folie, p = Stoßparameter und ϑ = Ablenkungswinkel.

Bezeichnet n die Zahl der Kerne/Volumeneinheit, so sind in der Folie n F D Kerne vorhanden, und die Summe der Kreisringflächen dF wird

$$dF = n\,F\,D\,2\pi\,p\,dp. \tag{2.7}$$

Mit Gl. (2.7) ergibt sich der Bruchteil der auf die Kreisringflächen einfallenden α-Teilchen zu

$$\frac{dN(\vartheta, \vartheta + d\vartheta)}{N_0} = \frac{dF}{F} = 2\pi\,n\,D\,p\,dp. \tag{2.8}$$

Dieser Bruchteil besitzt denselben Stoßparameter und wird nach Gl. (2.6) in dasselbe räumliche Winkelintervall abgelenkt. Aus Gl. (2.6) wird

$$dp = \frac{\delta_0}{2}\,\frac{1}{\sin^2(\vartheta/2)}\,d(\vartheta/2),$$

und für p dp erhält man

$$p\,dp = \frac{1}{4}\,\delta_0^2\,\frac{\cos(\vartheta/2)}{\sin^3(\vartheta/2)}\,d(\vartheta/2).$$

Gl. (2.8) ergibt somit

$$dN(\vartheta, \vartheta + d\vartheta) = \frac{\pi}{2}\,n\,D\,N_0\,\delta_0^2\,\frac{\cos(\vartheta/2)}{\sin^3(\vartheta/2)}\,d(\vartheta/2).$$

Wir können hier den sog. differentiellen Querschnitt $\sigma(\vartheta)$ für die Streuung einführen.

2.1. Coulomb-Streuung von α-Teilchen

Definition: Als differentiellen Querschnitt $\sigma(\vartheta) \equiv d\sigma/d\Omega$ bezeichnet man das Verhältnis der Anzahl von Ereignissen eines gegebenen Typs mit Streuung (oder Emission) unter dem Winkel ϑ in die Raumwinkeleinheit pro Zeiteinheit und pro Streukern zur Anzahl von einfallenden Teilchen pro Flächen- und Zeiteinheit.

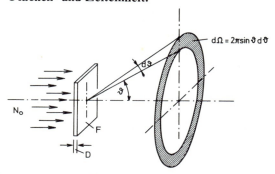

Fig. 6. Zur Berechnung der in den Raumwinkel $d\Omega$ abgelenkten α-Teilchen.

Für N_0 pro Zeiteinheit auf die Fläche F einfallende α-Teilchen werden $dN(\vartheta, \vartheta + d\vartheta)$ Teilchen in den Raumwinkel $d\Omega = 2\pi \sin\vartheta\, d\vartheta$ abgelenkt (Fig. 6). Damit wird der differentielle Querschnitt für die Rutherford-Streuung:

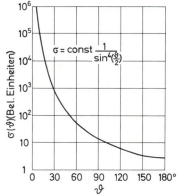

$$\sigma(\vartheta) = \frac{dN}{nDN_0 2\pi \sin\vartheta\, d\vartheta}$$

$$= \frac{\delta_0^2}{4} \frac{\cos(\vartheta/2)\, d(\vartheta/2)}{\sin^3(\vartheta/2)\, 2\sin(\vartheta/2)\cos(\vartheta/2)\, d\vartheta}$$

$$= \frac{\delta_0^2}{16} \frac{1}{\sin^4(\vartheta/2)}. \qquad (2.9)$$

$\sigma(\vartheta)$ ist umgekehrt proportional zu $\sin^4(\vartheta/2)$ (Fig. 7). Der Ausdruck (2.9) strebt für $\vartheta \to 0$ nach ∞. $\vartheta = 0$ entspricht einem Stoßparameter $p = \infty$, was jedoch nur für einen isolierten Streukern als obere Grenze möglich ist. Wegen der Abschirmung des Kerns durch die Elektronenhülle tritt eine Streuung nur auf für Stoßparameter bis zur Größe des Atomradius.

Fig. 7. Differentieller Querschnitt $\sigma(\vartheta)$ für die Rutherford-Streuung. ϑ = Streuwinkel.

Experimentell mißt man nicht die Zahl der um den Winkel ϑ gestreuten α-Teilchen pro Raumwinkelelement, sondern die Zahl $N'(\vartheta)$

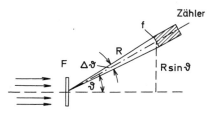

Fig. 8. Zur Berechnung der auf die Fläche f eines Zählers fallenden α-Teilchen.

der unter dem Winkel ϑ auf einen Zähler der Fläche f in der Distanz R (Raumwinkel $\Omega \approx f/R^2$) auffallenden Teilchen (Fig. 8):

$$N'(\vartheta) = \sigma(\vartheta)\frac{f}{R^2} n\,D\,N_0 = \frac{n\,D\,f\,N_0\,\delta_0^2}{16\,R^2} \cdot \frac{1}{\sin^4(\vartheta/2)}. \quad (2.9\text{a})$$

Es zeigt sich, daß kleine Ablenkungswinkel am häufigsten auftreten. Für einen konstanten Stoßdurchmesser δ_0, d. h. bei bestimmtem Streukern und vorgegebener Energie des α-Teilchens, muß das Produkt $N'(\vartheta)\sin^4(\vartheta/2)$ unabhängig vom Streuwinkel sein. Diese Aussage ist in sehr guter Übereinstimmung mit dem Experiment. Sorgfältige und umfangreiche Streumessungen wurden erstmals von Geiger und Marsden[1] an verschiedenen Kernen ausgeführt (Tabelle 2). Sie verifizieren die Folgerungen aus dem Rutherfordschen Kernatommodell auf bemerkenswerte Art, wonach das Atom aus einem im Vergleich zu seinem Durchmesser kleinen, positiv geladenen und schweren Kern bestehe und von einer negativen und leichten Elektronenhülle umgeben sei. Neben der Winkelabhängigkeit ist der differentielle Streuquerschnitt proportional zum Quadrat des Stoßdurchmessers δ_0. Daraus ergeben sich zwei interessante Folgerungen:

1. Für einen gegebenen Streuwinkel ϑ wächst der Querschnitt proportional zum Quadrat der Kernladung.
2. Der Querschnitt ist umgekehrt proportional dem Quadrat der kinetischen Energie des α-Teilchens.

Beide Aussagen ließen sich experimentell bestätigen, sind allerdings aus Tabelle 2 nicht ersichtlich, da diese Messungen nur bei einer Energie und für Silber und Gold unter verschiedenen Bedingungen

---
[1] Phil. Mag., **25**, 604, 1913.

2.1. Coulomb-Streuung von α-Teilchen

Tabelle 2. *Streuung von α-Teilchen an Ag und Au* (ϑ = Streuwinkel)[1]

Ablenkwinkel ϑ		Silber		Gold	
Grad	$\dfrac{1}{\sin^4(\vartheta/2)}$	$N'(\vartheta)$*	$N'(\vartheta)\sin^4(\vartheta/2)$	$N'(\vartheta)$*	$N'(\vartheta)\sin^4(\vartheta/2)$
		Weite Kollimation			
150	1,15	22,2	19,3	33,1	28,8
135	1,38	27,4	19,8	43,0	31,2
120	1,79	33,0	18,4	51,9	29,0
105	2,53	47,3	18,7	69,5	27,5
75	7,25	136	18,8	211	29,1
60	16,0	320	20,0	477	29,8
45	46,6	989	21,2	1435	30,8
37,5	93,7	1760	18,8	3300	35,3
30	223	5260	23,6	7800	35,0
22,5	690	20300	29,4	27300	39,0
15	3445	105400	30,6	132000	38,4
		Enge Kollimation			
30	223	5,3	0,024	3,1	0,014
22,5	690	16,6	0,024	8,4	0,012
15	3445	93,0	0,027	48,2	0,014
10	17330	508	0,029	200	0,0115
7,5	54650	1710	0,031	607	0,011
5	276300	–	–	3320	0,012

* Normierte Zahl der Szintillationen.

durchgeführt wurden. Die Messungen von Geiger und Marsden ergaben als Ladung der untersuchten Kerne mit einer Genauigkeit von ca. 20% den Wert $\frac{1}{2}$Ae, wo A die Massenzahl (s. S. 39) des Kernes und e die Elementarladung bezeichnet. Spätere Messungen von *Chadwick*[2] mit verbesserter Technik ergaben für Kupfer, Silber und Platin die Kernladungszahlen

$$\text{Cu:} \quad Z = 29,3 \pm 0,5,$$

$$\text{Ag:} \quad Z = 46,3 \pm 0,7,$$

$$\text{Pt:} \quad Z = 77,4 \pm 1.$$

Diese Werte stimmen innerhalb der Fehler mit den entsprechenden Ordnungszahlen von 29, 47 und 78 überein.

---

[1] *Rutherford, Chadwick* und *Ellis*, Radiations from Radioactive Substances, Cambridge 1930, S. 197.
[2] Phil. Mag., **40**, 734, 1920.

Auch die Energieabhängigkeit des Querschnittes läßt sich experimentell verifizieren, sofern die α-Energie nicht zu groß ist. Fig. 9 zeigt neuere Meßergebnisse von *Farwell* und *Wegener*[1] für Gold. Aufgetragen ist die Zahl der unter einem Winkel von $\vartheta = 60°$ gestreuten α-Teilchen in Funktion der α-Energie. Fig. 10 stellt einige α-Bahnen dar für verschiedene α-Energien, die zu einer Ablenkung von $\vartheta = 60°$ führen.

Bis zu einer α-Energie von 27 MeV wird das Rutherfordsche Streugesetz (gestrichelte Kurve in Fig. 9) sehr gut erfüllt. Bei höheren Energien treten zunehmend Abweichungen auf.

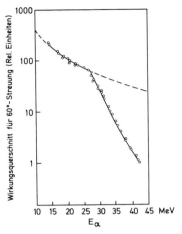

Fig. 9. Elastische Streuung von α-Teilchen an Goldkernen in Abhängigkeit von der Energie bei einem Streuwinkel von 60°. Gestrichelte Kurve: Rutherfordscher Streuquerschnitt.

Für jede Bahn läßt sich eine kleinste Distanz δ (Fig. 10) zwischen α-Teilchen und Goldkern angeben. Aus dem Drehimpulssatz folgt (Fig. 2):

$$m\, v_\infty\, p = m\, v_0\, \delta. \qquad (2.10)$$

$m\, v_0$ kann aus dem Energiesatz (Gl. (2.2)) bestimmt werden:

$$m^2\, v_0^2 = m^2\, v_\infty^2 - \frac{4 Z e^2\, m}{4\pi \varepsilon_0\, \delta}.$$

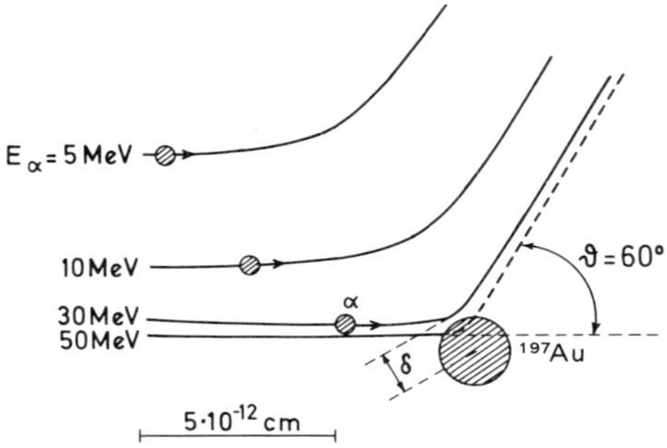

Fig. 10. Bahnen von α-Teilchen verschiedener Energie, die alle an Goldkernen um 60° gestreut werden. δ bezeichnet die kleinste Distanz zwischen α-Teilchen und Goldkern.

---

[1] Phys. Rev., **93**, 356, 1954.

2.1. Coulomb-Streuung von α-Teilchen

Mit Hilfe des Stoßdurchmessers (S. 18) ergibt sich:

$$m^2 v_0^2 = m^2 v_\infty^2 \left(1 - \frac{\delta_0}{\delta}\right).$$

Damit erhält man nach Quadrierung von Gl. (2.10)

$$m^2 v_\infty^2 p^2 = m^2 v_0^2 \delta^2 = m^2 v_\infty^2 \delta^2 \left(1 - \frac{\delta_0}{\delta}\right),$$

d. h.

$$p^2 = \delta^2 \left(1 - \frac{\delta_0}{\delta}\right) = \delta^2 - \delta \delta_0.$$

Setzt man p aus Gl. (2.6) ein, so ergibt sich:

$$\frac{\delta_0^2}{4} \operatorname{ctg}^2 \vartheta/2 = \delta^2 - \delta \delta_0 = \left(\delta - \frac{\delta_0}{2}\right)^2 - \frac{\delta_0^2}{4}.$$

Hieraus berechnet sich δ:

$$\delta = \frac{\delta_0}{2} \left(1 + \frac{1}{\sin \vartheta/2}\right).$$

Der Streuwinkel $\vartheta = 60°$ führt zu einer minimalen Distanz δ zwischen α-Teilchen und Kern von $\frac{3}{2} \delta_0$. Für Gold und $E_\alpha = 27$ MeV wird $\delta = \frac{3}{2} \delta_0 = 12{,}66$ fm.

Für Goldkerne beginnt nach Fig. 9 bei $E_\alpha = 27$ MeV die Abweichung der Streuung von der Rutherford-Streuung (Gl. 2.9). Bei Distanzen < 12 fm machen sich neben der Coulomb-Kraft die Kernkräfte bemerkbar. Das Teilchen kommt in den Wirkungsbereich der Kernkräfte. Dieses Faktum ermöglicht die Bestimmung von Kernradien.

Bei kleinen Ablenkwinkeln treten zusätzliche Abweichungen vom Streugesetz auf. Sie hängen damit zusammen, daß in diesen Fällen die Stoßparameter in die Größenordnung der Bahnradien der Elektronen kommen, so daß eine teilweise Abschirmung der Kernladung erfolgt.

Ein weiterer Grund für die Abweichung vom Rutherfordschen Streugesetz rührt von der vereinfachenden Annahme her, daß der streuende Kern keinen Rückstoß erfährt. Der Einfluß dieser Bewegung kann für das Schwerpunktssystem exakt einbezogen werden, wenn im Ausdruck für den Stoßdurchmesser δ_0 die Masse des α-Teilchens durch die sog. reduzierte Masse $M_0 = m M/(m + M)$ ersetzt wird, wo M die Masse des Streukerns darstellt.

Die Bewegung des α-Teilchens bez. des Streukerns läßt sich am bequemsten im Koordinatensystem mit ruhendem Schwerpunkt S

26 2. Das Kernatom

angeben. Beide Bahnen sind Hyperbeläste (s. Fig. 11), und der Ablenkungswinkel ϑ_s wird durch die beiden Hyperbelasymptoten eingeschlossen. Die Rutherfordsche Streuformel (Gl. 2.9) bleibt formal

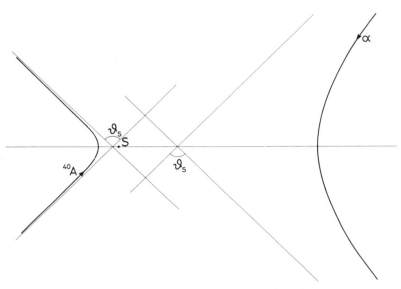

Fig. 11. Streuung eines α-Teilchens an einem Argonkern im Schwerpunktssystem.

gültig. Als Stoßdurchmesser ist aber einzusetzen:

$$\delta_0 = \frac{1}{4\pi\varepsilon_0} \frac{2Ze^2}{M_0 v_\infty^2/2}.$$

Die Rutherfordsche Streuformel (2.9) ändert sich, wenn einfallendes Teilchen und Streuzentrum identische Partikel sind. Für zwei Protonen z.B. tritt ein Proton unter dem Streuwinkel ϑ (Laborsystem) und das zweite unter dem Winkel $(\pi/2 - \vartheta)$ auf (s. Abschnitt 7.2.1, S. 236). Dieses zweite Proton wurde bei der vorherigen Herleitung nicht berücksichtigt. Wenn man es mitzählt, ergibt sich der Wirkungsquerschnitt im Laborsystem zu

$$\sigma(\vartheta) = \frac{1}{(4\pi\varepsilon_0)^2} \frac{e^4}{16(M_0 v_\infty^2/2)^2} \left(\frac{1}{\sin^4\vartheta} + \frac{1}{\cos^4\vartheta}\right) \cos\vartheta.$$

Diese nach klassischen Gesichtspunkten berechnete Beziehung wird experimentell im Gegensatz zum Rutherfordschen Streugesetz bereits

2.1. Coulomb-Streuung von α-Teilchen

bei kleinen Protonenenergien nicht bestätigt. Nach den Gesetzen der Quantenmechanik wird es bei der Streuung gleicher Teilchen notwendig, den Austausch der beiden Streupartner zu berücksichtigen. Nach Mott[1] erhält man für den Fall von Protonen (bzw. Elektronen) im Laborsystem, bei nicht-relativistischen Geschwindigkeiten

$$\sigma(\vartheta) = \frac{1}{(4\pi\varepsilon_0)^2} \frac{e^4}{16(M_0 v_\infty^2/2)^2} \left(\frac{1}{\sin^4\vartheta} + \frac{1}{\cos^4\vartheta} - \frac{\cos[(e^2/4\pi\varepsilon_0 \hbar v_\infty)\ln\mathrm{tg}^2\vartheta]}{\sin^2\vartheta \cos^2\vartheta} \right) \cos\vartheta.$$

---

[1] N.F. Mott und H.S.W. Massey, The Theory of Atomic Collisions, Clarendon Press, Oxford 1949.

3. Allgemeine Eigenschaften der Atomkerne

3.1. Kernladung. Aus α-Streuexperimenten kann, wie im vorigen Abschnitt beschrieben wurde, die Kernladung ermittelt werden. Die Bestimmungen sind aber nicht sehr genau, wie die auf S.23 angegebenen Zahlen darlegen. Eine Möglichkeit zur genauen Messung der Kernladungszahl mit Hilfe von Röntgen-Spektren der Elemente hat *H.G. Moseley* aufgezeigt. Seine Untersuchungen führten ihn auf eine einfache Gesetzmäßigkeit zwischen der Frequenz bestimmter Röntgenlinien und der Ordnungszahl des strahlenden Elementes.

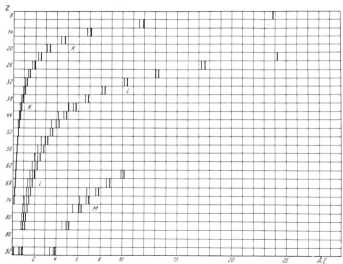

Fig. 12. Röntgen-Spektren: Zusammenhang zwischen Ordnungszahl und Wellenlängen der K-, L- und M-Linien.

Fig. 12 zeigt die Röntgen-Spektren der Elemente, und es fällt sofort auf, daß die obenerwähnte Gesetzmäßigkeit existiert. Im Gegensatz zu den optischen Spektren, die z.T. eine außerordentlich komplizierte Struktur aufweisen, sind die Röntgen-Spektren nur durch wenige Linien charakterisiert, und der Typus des Spektrums ändert sich nicht von Element zu Element. Ein auffallendes Merkmal ist die Verschiebung nach kürzerer Wellenlänge mit zunehmender Ordnungszahl.

Für ein bestimmtes Element lassen sich die Röntgen-Linien in die K-Serie (kurzwelligste Gruppe), L-Serie, M-Serie, usw. einteilen. Jede Serie besteht wieder aus mehreren Linien (K_α, K_β, ...). Aus den Moseleyschen Untersuchungen ergibt sich näherungsweise folgender Zusammenhang zwischen der Frequenz v der K_α-Linie und der Ordnungszahl des Elements (s. Bd. III/1, S. 410):

$$v_{K_\alpha} = \text{konst.} (Z - s_K)^2.$$

Analoge Beziehungen wie für die K_α-Linien treten für die Linien der L-, M-, ... Serien auf.

Aus der Messung der Wellenlängen der charakteristischen Röntgen-Strahlung ist eine genaue Bestimmung der Kernladungszahl möglich. Das Moseleysche Gesetz hat zum ersten Mal gezeigt, daß vom Wasserstoff bis zum Uran genau 92 Elemente existieren.

3.2. Kernmasse.

Gemessen wird meistens die relative Atommasse M, die wegen der Hüllenelektronen größer ist als die Kernmasse M_K. Bezeichnet Z die Ordnungszahl des Atoms und m_0 die Elektronenruhemasse, so gilt:

$$M_K = M - (Z m_0 - b),$$

wobei b das Massenäquivalent der totalen Bindungsenergie $B_e(Z)$ der Elektronen in der Hülle ist. Nach der Einsteinschen Beziehung

$$\text{Energie} = \text{Masse} \times (\text{Lichtgeschwindigkeit})^2$$

ist

$$b = B_e(Z)/c^2.$$

Tabelle 3 führt die Werte von $B_e(Z)$ für einige Atome auf.

Tabelle 3. Bindungsenergie $B_e(Z)$ der Elektronen in verschiedenen Atomen

Element	Ne	Ca	Zn	Sn	Yb	Th
Z	10	20	30	50	70	90
$B_e(Z)$	3,2	17	44	145	318	570 keV

3.2.1. Masseneinheit.

Es ist üblich, die relativen Massen der Atome in einer besonderen Einheit, der atomaren Masseneinheit AME, anzugeben. Bis 1960 waren zwei Masseneinheiten üblich, eine chemische, die sich auf die relative Atommasse des Sauerstoff-Isotopengemischs festlegte, und eine physikalische, der das Sauerstoff-Isotop ^{16}O zugrundelag. Die chemische Masseneinheit erwies sich als nicht befriedigend, da die Zusammensetzung des natürlichen Sauerstoffgemisches je nach Herkunft verschieden ist. Sauerstoff aus der Luft enthält z. B. 99,759 % ^{16}O, 0,037 % ^{17}O und 0,204 % ^{18}O. Im Wasser dagegen ist das Verhältnis ^{18}O/^{16}O um 4% kleiner als in der Luft. Das Sauerstoffgemisch stellt daher keine geeignete Größe dar für die Festlegung einer wohldefinierten Masseneinheit.

Dieser Sachlage wurde 1961 Rechnung getragen durch Einführung einer neuen Masseneinheit, die sowohl in der Physik als auch in der Chemie gültig ist. Sie wird auf das Kohlenstoff-Isotop der Massenzahl 12 gegründet.

Definition: Als relative atomare Masseneinheit 1 AME (C-12-Skala) bezeichnet man $\frac{1}{12}$ der Masse eines Atoms des Isotops ^{12}C.

Bei bekannter Avogadroscher Zahl N ist damit die relative atomare Masseneinheit auch absolut festgelegt:

$$1\,\text{AME}\,(\text{C-12-Skala}) = \frac{1}{12} m_{^{12}C} = \frac{1}{12} \frac{\text{Molmasse}\,^{12}C}{N}$$
$$= 1{,}6604 \cdot 10^{-27}\,\text{kg}.$$

Mit der Einführung der C-12-Masseneinheit mußten alle auf 1 Mol bezogenen Größen ebenfalls geändert werden.

3.2.2. Massenspektroskopie. Exakte relative Massen lassen sich aus Ablenkungsversuchen im elektrischen und magnetischen Felde ermitteln. Der erste derartige Versuch stammt von *J.J. Thomson* (s. Bd. II, S. 238). Anordnungen zur Messung von relativen Atommassen nennt man Massenspektrographen.

F.W. Aston hat als erster bemerkt, daß die Thomsonsche Parabelmethode wesentlich verbessert werden könnte, sofern es möglich wäre, das für ein bestimmtes e/m entstehende Parabelband auf eine einzige Linie zusammenzuziehen. Dazu sind für ein divergentes und in der Geschwindigkeit inhomogenes Ionenbündel Richtungs- und Geschwindigkeitsfokussierungen notwendig, d. h. Wirkungen, wie wir sie für Lichtquellen bei Linsen bzw. Prismen kennen. Dies läßt sich bei Ionen mit geeigneten magnetischen und elektrischen Feldern erreichen.

a) **Linsenwirkung eines Magnetfeldes.** Die schon früh bekannte Richtungsfokussierung (Fig. 13) eines homogenen magnetischen Feldes für Ionen konstanter Geschwindigkeit bei 180° Ablenkung (s. Bd. II, S. 240) ist ein Spezialfall eines allgemeinen Theorems. Danach besitzt ein homogenes Magnetfeld, das einen Kreissektor

3.2. Kernmasse

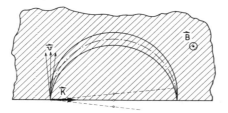

Fig. 13. Richtungsfokussierung im homogenen Magnetfeld bei 180° Ablenkung.

mit dem Winkel Φ senkrecht durchsetzt (Fig. 14), für Ionen, die in der Ebene senkrecht zum Magnetfeld einfallen, eine Richtungsfokussierung (Linsenwirkung) und eine Geschwindigkeitsdispersion (Prismenwirkung).

Der Leitstrahl L des Bündels paralleler einfallender Ionen (vgl. Fig. 14) schneidet die Senkrechte zur Begrenzungslinie OP des Magnetfeldes in P im Punkte F'. Dort treffen sich ebenfalls, wie wir anschließend zeigen wollen, die parallel einfallenden Strahlen, sofern der Bündeldurchmesser viel kleiner ist als der Krümmungsradius r der Bahn im Magnetfeld (Vernachlässigung Glieder zweiter Ordnung). Mit dieser Vernachlässigung läßt sich das Dreieck F'PQ um F' drehen und in die Dreiecke F'P'Q' bzw. F'P''Q'' überführen, weil die Kreisbogenstücke mit F' als Mittelpunkt in P bzw. Q in erster Näherung durch die Tangentenstücke P''P' bzw. Q''Q' ersetzt

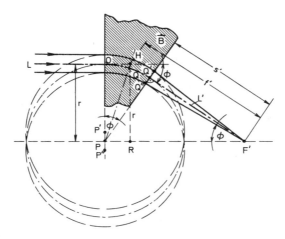

Fig. 14. Fokussierungswinkel eines homogenen magnetischen Sektorfeldes.

werden dürfen. Die in Q' bzw. Q" austretenden Ionen vereinigen sich daher im Punkte F', den wir folgerichtig als den bildseitigen Brennpunkt der magnetischen Linse bezeichnen. Die Entfernung F'Q, die Schnittweite s' (vgl. Bd. II, S. 363), wird

$$s' = r \operatorname{ctg} \Phi. \qquad (3.1)$$

Die bildseitige Brennweite ergibt sich in Analogie zur optischen Linse, indem man den einfallenden Leitstrahl L und den gebrochenen L' vorwärts bzw. rückwärts verlängert und zum Schnitt bringt (Punkt H). Die Entfernung HF' ist gleich der bildseitigen Brennweite f' der magnetischen Linse. Aus dem Dreieck F'RH ergibt sich

$$f' = r/\sin \Phi. \qquad (3.2)$$

Nun soll untersucht werden, wie ein von einem Punkt A ausgehendes, in der Zeichnungsebene gelegenes Bündel kleiner Öffnung, dessen Leitstrahl L die Begrenzungsebene des Magnetfeldes senkrecht trifft, durch das magnetische Sektorfeld fokussiert wird (Fig. 15). Wir verfolgen den Strahlengang rückwärts und benützen die obigen Ergebnisse (Fig. 14). Danach verlaufen die von A' ausgehenden und um den Winkel Φ_2 abgelenkten Strahlen parallel, wobei Φ_2 durch die Schenkel PQ und PO begrenzt wird. Dieser Teil der Ablenkung entspricht vollständig dem in Fig. 14 dargestellten Fall. Im anschließenden Sektorfeld mit dem Winkel Φ_1 werden diese parallel einfallenden

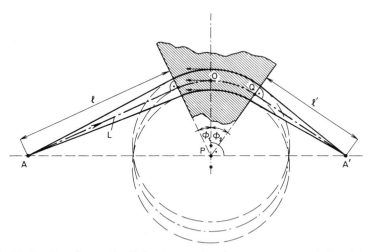

Fig. 15. Zur Berechnung der Fokussierung eines homogenen magnetischen Sektorfeldes.

Strahlen in einem Punkt A fokussiert, der der Schnittpunkt des Leitstrahles L mit der Senkrechten auf PO in P ist, die mit der Geraden PA' identisch ist. Das magnetische Sektorfeld besitzt daher für ein einfallendes Ionenbündel, dessen Leitstrahl die das Feld begrenzenden Ebenen rechtwinklig durchtritt, eine einfache Fokussierungsbedingung: Gegenstandspunkt A, Bildpunkt A' und das Zentrum P des Sektorfeldes liegen auf einer Geraden. Dies ist eine Verallgemeinerung der Eigenschaft des 180° ablenkenden Magnetfeldes für beliebigen Sektorwinkel Φ.

b) **Linsenwirkung im elektrischen Zylinderfeld.** Auch im ebenen, elektrischen Zylinderfeld (Feldstärke E prop $1/r$) ergibt sich, wie *Hughes* und *Rojanski*[1] gezeigt haben, eine Fokussierung. Bezeichnet E die Feldstärke längs des Kreisbogens mit dem Radius r, so laufen die Ionen auf dieser Kreisbahn, wenn die Eintrittsgeschwindigkeit v tangentiell zur Bahn liegt und der Bedingung

genügt.
$$\frac{m v^2}{r} = e E$$

Hughes und *Rojanski* zeigten, daß Ionen mit etwas gegenüber dem Mittelstrahl verschiedenem Einfallswinkel α bei einem Ablenkwinkel von $\pi/\sqrt{2} = 127°17'$ in erster Näherung fokussiert werden (Fig. 16).

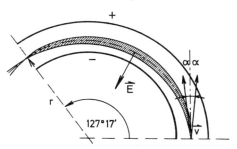

Fig. 16. Fokussierung im elektrischen Zylinderfeld.

c) **Prismenwirkung des magnetischen Sektorfeldes und des ebenen elektrischen Radialfeldes.** Außer der richtungsfokussierenden Wirkung besitzt das magnetische Sektorfeld auch eine dispergierende Wirkung, d.h. Teilchen mit verschiedener Geschwindigkeit werden an verschiedenen Orten fokussiert. Es sollen zwei Bündel der Geschwindigkeit v und $v + \Delta v = v(1 + \varepsilon)$ rechtwinklig ins

---

[1] Phys. Rev., **34**, 284, 1929.

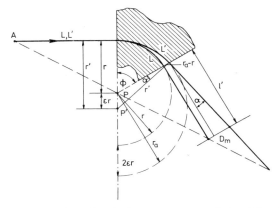

Fig. 17. Zur Berechnung der Dispersion des homogenen magnetischen Sektorfeldes.

magnetische Sektorfeld einfallen (Fig. 17). Der Einfachheit halber zeichnen wir nur noch die Bündelachsen L und L'. Die Krümmungsradien der beiden Bündel betragen:

$$r = \frac{mv}{eB};$$

$$r' = \frac{mv(1+\varepsilon)}{eB} = r(1+\varepsilon).$$

Der Unterschied der beiden Radien wird $r' - r = \varepsilon r$. Wir betrachten die Differenz $r_a - r$ für ein Sektorfeld. Diese Strecke besitzt für $\Phi = 0$ den Wert null und zeigt den maximalen Wert $2\varepsilon r$ für $\Phi = 180°$.

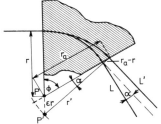

Fig. 18. Zur Berechnung des Winkels zwischen den Leitstrahlen L und L' nach Durchtritt durch das homogene magnetische Sektorfeld.

Man erhält für r_a mit $\alpha \ll 1$ (vgl. Fig. 18):

$$r_a \approx r' - \varepsilon r \cos \Phi = r + \varepsilon r - \varepsilon r \cos \Phi,$$

d.h.

$$r_a - r = \varepsilon r (1 - \cos \Phi).$$

Infolge der verschiedenen Ablenkung der Leitstrahlen L und L' sind sie nach dem Ablenkungswinkel Φ nicht mehr parallel, sondern schließen den Winkel α ein. Betrachten wir die Austrittsstelle der beiden Leitstrahlen, so folgt in erster Näherung:

$$\alpha \approx \sin \alpha = \frac{\varepsilon r \sin \Phi}{r + \varepsilon r}$$
$$\approx \varepsilon \sin \Phi.$$

Als Geschwindigkeitsdispersion wollen wir die Entfernung D_m der Leitstrahlen auf einem in der Bildentfernung l' angebrachten Schirm verstehen (Fig. 17):

$$D_m \approx r_a - r + l'\alpha \approx \varepsilon r(1 - \cos\Phi) + l'\varepsilon \sin\Phi$$
$$\approx \varepsilon[r(1-\cos\Phi) + l'\sin\Phi]. \tag{3.3}$$

Sie wird proportional zum relativen Geschwindigkeitsunterschied ε der eintretenden Strahlen.

Beim ebenen elektrischen Radialfeld existiert eine analoge Beziehung für die Geschwindigkeitsdispersion D_e. Man erhält sie, wenn in Gl. (3.3) anstelle von r, l' und Φ die folgenden Größen eingeführt werden: r_e, l'_e und $\sqrt{2}\Phi$. D_e ergibt sich zu:

$$D_e = \varepsilon[r_e(1-\cos\sqrt{2}\Phi) + l'_e\sqrt{2}\sin\sqrt{2}\Phi]. \tag{3.4}$$

d) **Der doppelfokussierende Massenspektrograph.** Das hohe Auflösungsvermögen der Massenspektrographen, d. h. die hohe Trennfähigkeit für Ionen mit wenig verschiedener Masse, ist erst durch den doppelfokussierenden Massenspektrographen möglich geworden. Er erlaubt, Ionenbündel gleicher Masse, die in der Geschwindigkeit und in der Richtung etwas verschieden sind, zu fokussieren. Daher lassen sich weit geöffnete Strahlenbündel für die Massenspektroskopie verwenden, was ermöglicht, enge Eingangsspalte zu benützen, wodurch als Bilder scharfe Linien erscheinen.

Mit dem magnetischen Sektorfeld bzw. dem elektrischen Zylinderfeld lassen sich, wie eben gezeigt wurde, Ionen verschiedener Geschwindigkeiten nie in einem Ort vereinigen. Mit einer Kombination beider Felder dagegen läßt sich dies erreichen (Fig. 19). Damit Richtungsfokussierung eintritt, wird mit dem elektrischen Radialfeld ein Bild des Eingangsspaltes in der Entfernung l'_e hinter dem Felde erzeugt, das seinerseits Gegenstand für die Abbildung durch das Magnetfeld ist. Für die Geschwindigkeitsfokussierung muß an der Stelle des vom elektrischen Zylinderfeld erzeugten Bildes (Zwischenbild) die Geschwindigkeitsdispersion so sein, daß sie durch diejenige des magnetischen Sektorfeldes wieder kompensiert wird. Am Ort des Zwischenbildes muß gelten:

$$D_m = D_e,$$

wobei die magnetische Geschwindigkeitsdispersion D_m jene ist, die man erhält, wenn vom magnetischen Bilde der Strahlengang rückwärts bis zum Zwischenbilde verfolgt wird. Setzt man die Größen D_m und D_e aus den Gl. (3.3) und (3.4) ein, so ergibt sich (für das magnetische

Feld tragen die Größen den Index m)

$$\varepsilon [r_m(1-\cos \Phi_m) + l_m \sin \Phi_m]$$
$$= \varepsilon [r_e(1-\cos \sqrt{2}\,\Phi_e) + l'_e \sqrt{2} \sin(\sqrt{2}\,\Phi_e)]. \quad (3.5)$$

Die Geschwindigkeitsdispersion fällt wie gewünscht heraus, d.h. man erhält innerhalb eines gewissen Intervalls eine Geschwindigkeitsfokussierung.

Die Massentrennung findet erst im Magnetfeld statt. Hier laufen Teilchen mit verschiedenem e/m auf Bahnen mit unterschiedlichen Krümmungsradien. Im elektrischen Felde befinden sich Teilchen, unabhängig von ihrer Masse, auf derselben Bahn, wenn sie dieselbe kinetische Energie und dieselbe Ladung besitzen, da für die Kreisbahn die Bedingung

$$\frac{m v^2}{r} = e E$$

erfüllt sein muß. Im allgemeinen ist die Bedingung von Gl.(3.5) für die Kompensierung der Geschwindigkeitsdispersion nur für eine Masse erfüllbar. Dies liegt daran, daß r_m der Masse m proportional ist. Für einen Spezialfall kann das r_m enthaltende Glied vernachlässigbar klein gemacht werden, wenn nämlich $l'_e \to \infty$ und $l_m \to \infty$ gehen. In diesem Falle sind die aus dem elektrischen Feld austretenden bzw. ins magnetische Feld eintretenden Strahlen parallel. Da l'_e und l_m in gleicher Ordnung unendlich werden, reduziert sich Gl. (3.5) auf

$$\sin \Phi_m = \sqrt{2} \sin(\sqrt{2}\,\Phi_e).$$

Für $\Phi_m = 90°$ bedingt dies $|\Phi_e| = 31°50'$. Unter dieser Bedingung gilt die Doppelfokussierung für alle Massen. Das entspricht dem Mattauch-Herzogschen Massenspektrographen (Fig. 19). Fig. 20 zeigt einige mit hochauflösendem, doppelfokussierendem Massenspektrographen aufgenommene Spektren.

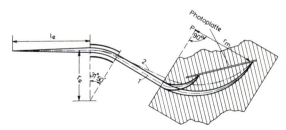

Fig. 19. Doppelfokussierender Massenspektrograph nach *Mattauch* und *Herzog*.

3.2. Kernmasse

Mit Hilfe der doppelfokussierenden Massenspektrographen lassen sich die relativen Massen der Atome außerordentlich präzis bestimmen. Die erreichte Genauigkeit der relativen Massenwerte beruht auf der Messung der Massendifferenz massenspektrographischer Dubletts, d. h. zweier Atome oder Moleküle, die wegen des verschiedenen

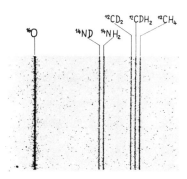

Fig. 20. Vergrößerung der Aufnahme eines Multipletts bei der Masse A = 16 (*R. Bieri, F. Everling* und *J. Mattauch* 1954) mit einem doppelfokussierenden Massenspektrographen nach *J. Mattauch* und *R. Herzog*. Bei dem großen Auflösungsvermögen dieses Apparates (a = 100000) werden Linien von Atom- und Molekül-Ionen, die zur gleichen Massenzahl gehören, aber wegen der verschiedenen Bindungsenergien der Atomkernbestandteile kleine Massendifferenzen aufweisen, voneinander getrennt.

Massendefektes eine geringe Differenz der q/m-Werte aufweisen. Die Linien der Massendubletts erscheinen sehr wenig voneinander getrennt und lassen sich daher relativ genau zueinander ausmessen. Als Auflösungsvermögen a eines Massenspektrographen bezeichnet man in Analogie zu demjenigen von optischen Systemen (s. Bd. II, S. 436) den Quotienten aus der mittleren Masse $\overline{m}$ zweier eben noch trennbaren Massen und der Massendifferenz Δm:

$$a = \frac{\overline{m}}{\Delta m}.$$

Für den Mattauch-Herzogschen Massenspektrographen wird

$$a = r_e/2s,$$

wobei r_e den Radius des Leitstrahles im elektrischen Zylinderfeld und s die Schlitzweite des Eintrittsspaltes bedeutet. Moderne Massenspektrographen besitzen ein Massenauflösungsvermögen von ca. 10^6. Einige wichtige Massendubletts, aus denen die Massen von ^1H, ^2D und ^{16}O relativ zu derjenigen von ^{12}C bestimmt werden können, sind

$$^{12}C^{++} - {}^2D_3^+,$$
$$^{12}C^1H_4^+ - {}^{16}O^+,$$
$$^1H_2^+ - {}^2D^+.$$

Tabelle 4 führt einige Massenwerte von neutralen Atomsorten auf. Angegeben ist die Differenz der relativen Atommasse in der C-12-Skala gegenüber der Massenzahl A. Bis heute sind ca. 1300 Atomsorten bekannt, wovon ca. 870 mit präzis bekannter Masse.

Tabelle 4. Massenüberschuß $(m_{Atom} - A)$ in keV und in relativen atomaren Masseneinheiten (AME, ^{12}C-Skala) und Bindungsenergie des Atoms
(Nuclear Physics **18**, 529, 1960)

Nuklid	Massenüberschuß $(m_{Atom} - A)$		Bindungsenergie des Atoms
	keV	10^{-6} AME*	keV
$^{1}_{0}$n	8071,34	8665,44	0
$^{1}_{1}$H	7288,73	7825,22	0,01
$^{2}_{1}$D	13135,36	14102,19	2224,71
$^{3}_{1}$T	14949,07	16049,40	8482,3
$^{3}_{2}$He	14930,94	16029,94	7717,87
$^{4}_{2}$He	2425,11	2603,61	28295,0
$^{5}_{2}$He	11453	12296	27338
$^{6}_{3}$Li	14089,3	15126,3	31991,0
$^{7}_{3}$Li	14908,0	16005,3	39243,6
$^{8}_{4}$Be	4944,4	5308,3	56495,9
$^{9}_{4}$Be	11350,3	12185,8	58161,3
$^{10}_{5}$B	12051,9	12938,9	64748,5
$^{11}_{5}$B	8667,14	9305,09	76204,6
$^{12}_{6}$C	0	0	92160,5
$^{13}_{6}$C	3124,3	3354,3	97107,5
$^{14}_{6}$C	3019,67	3241,93	105283,5
$^{14}_{7}$N	2863,60	3074,38	104656,9
$^{16}_{7}$N	5672	6089	117991
$^{16}_{8}$O	− 4736,43	− 5085,06	127617,0
$^{17}_{8}$O	− 807,2	− 866,6	131759,1
$^{18}_{8}$O	− 782,57	− 840,17	139805,9
$^{19}_{9}$F	− 1486,1	− 1595,4	147798,1
$^{20}_{9}$F	− 13,5	− 14,5	154397
$^{20}_{10}$Ne	− 7041,3	− 7559,6	160642,1
$^{22}_{10}$Ne	− 8024,9	− 8615,5	177768
$^{22}_{11}$Na	− 5183,3	− 5565	174144
$^{23}_{11}$Na	− 9526,2	− 10227,4	186558
$^{24}_{12}$Mg	− 13930,1	− 14955,4	198251
$^{27}_{13}$Al	− 17199,2	− 18465,1	224951

* 1 AME = $\frac{1}{12} m_{^{12}C}$.

3.2. Kernmasse

Tabelle 4 (Fortsetzung)

Nuklid	Massenüberschuß ($m_{Atom} - A$)		Bindungsenergie des Atoms
	keV	10^{-6} AME*	keV
$^{28}_{14}$Si	−21 491,0	−23 072,9	236 532
$^{31}_{15}$P	−24 437,8	−26 236,6	262 910
$^{32}_{16}$S	−26 011,7	−27 926,2	271 773
$^{35}_{17}$Cl	−29 010,2	−31 145,5	298 203
$^{37}_{17}$Cl	−31 765,9	−34 104,1	317 101
$^{40}_{18}$A	−35 037,3	−37 616,2	343 804
$^{39}_{19}$K	−33 798,3	−36 286,0	333 711
$^{40}_{19}$K	−33 524,5	−35 992,1	341 509
$^{40}_{20}$Ca	−34 846,0	−37 410,8	342 048
$^{56}_{26}$Fe	−60 607	−65 068	492 254
$^{59}_{27}$Co	−62 230,4	−66 810,9	517 309
$^{60}_{27}$Co	−61 656	−66 194	524 806
$^{88}_{38}$Sr	−87 920	−94 390	768 450
$^{90}_{38}$Sr	−86 330	−92 680	783 010
$^{90}_{40}$Zr	−89 120	−95 680	784 230
$^{107}_{47}$Ag	−88 510	−95 030	915 360
$^{109}_{47}$Ag	−88 760	−95 300	931 750
$^{133}_{55}$Cs	−88 400	−94 910	1 118 840
$^{137}_{55}$Cs	−86 790	−93 180	1 149 520
$^{197}_{79}$Au	−31 155	−33 448	1 559 380
$^{206}_{82}$Pb	−23 790	−25 541	1 622 310
$^{207}_{82}$Pb	−22 450	−24 102	1 629 040
$^{208}_{82}$Pb	−21 755	−23 356	1 636 420
$^{226}_{88}$Ra	23 620	25 360	1 731 640
$^{232}_{90}$Th	35 591	38 211	1 766 530
$^{235}_{92}$U	40 921	43 933	1 783 840
$^{238}_{92}$U	47 280	50 760	1 801 700

Es sind folgende Bezeichnungen für die einzelnen Kerne und Kernzerfallsarten gebräuchlich:

Ordnungszahl Z   Anzahl der Protonen im Kern
(Kernladungszahl)
Neutronenzahl N   Anzahl der Neutronen im Kern
Massenzahl A $A = N + Z$

* 1 AME = $\frac{1}{12} m_{^{12}C}$.

3. Allgemeine Eigenschaften der Atomkerne

Nukleonen	Protonen und Neutronen
Nuklid	Kernart mit bestimmter Ordnungszahl Z und Massenzahl A
Atom- bzw. Nuklidsymbol	$^A_Z X$ (X = chemisches Symbol des betreffenden Elements). Beispiele: $^1_1 H$, $^{16}_8 O$, $^{235}_{92} U$. Den Platz rechts vom Symbol läßt man frei für Angaben über Ladungs- oder Molekularzustand (z. B. Schwerwasserstoff-Molekül $^2_1 D_2$, Sauerstoffmolekülion $^{16}O_2^+$)
Isotope	Kerne mit gleicher Ordnungszahl und verschiedener Massenzahl. Beispiele: $^1_1 H$, $^2_1 H$; $^{16}_8 O$, $^{17}_8 O$, $^{18}_8 O$; $^{235}_{92} U$, $^{238}_{92} U$
Isobare	Kerne mit gleicher Massenzahl und verschiedener Ordnungszahl. Beispiele: $^{14}_6 C$, $^{14}_7 N$; $^{204}_{80} Hg$, $^{204}_{82} Pb$
Isotone	Kerne mit gleicher Neutronenzahl und verschiedener Ordnungszahl. Beispiele: $^{14}_6 C$, $^{15}_7 N$, $^{16}_8 O$
Spiegelkerne	Kerne mit vertauschter Protonen- und Neutronenzahl: $Z_1 = N_2$ und $N_1 = Z_2$. Beispiele: $^3_1 H$ und $^3_2 He$; $^{13}_6 C$ und $^{13}_7 N$
Isomere Kerne	Kerne mit gleichem Z und N in verschiedenen Energiezuständen (m steht für metastabil). Beispiel: $^{80}_{35} Br$ und $^{80}_{35} Br^m$
Zerfallsarten	α-Zerfall Beispiel: $^{238}_{92} U \to ^{234}_{90} Th + \alpha$ β-Zerfälle β^- (Elektronenemission) Beispiel: $^3 H \to ^3 He + e^- + \bar{\nu}$ β^+ (Positronenemission) Beispiel: $^{10}_6 C \to ^{10}_5 B + e^+ + \nu$ EC (Elektroneneinfang durch den Kern) Beispiel: $^7_4 Be + e^- \to ^7_3 Li^* + \nu$

3.2. Kernmasse

γ-Zerfall	Übergang von höherem zu tieferem Niveau desselben Nuklids
e	innere Konversion
SF	spontane Kernspaltung (Fission)
n	verzögerte Neutronenemission nach vorhergehendem β-Zerfall Beispiel: $^{87}_{35}Br \rightarrow {}^{87}_{36}Kr^* + e^- + \bar{\nu}$ $^{87}_{36}Kr^* \rightarrow {}^{86}_{36}Kr + n$
Möglicher Sekundäreffekt nach Kernzerfall:	Auger-Effekt (Auffüllung einer Lücke in der Elektronenhülle des Atoms durch ein Elektron geringerer Bindung, wobei gleichzeitig ein Elektron noch kleinerer Bindung [sog. Auger-Elektron] emittiert wird).

3.2.3. Masse und Bindungsenergie der Kerne. 1911 entdeckte *F. Soddy* (1877–1956), daß Atome mit gleichen chemischen Eigenschaften verschiedene Massen aufweisen können. Er nannte diese unterschiedlichen „Sorten" des gleichen Elementes Isotope. Messungen mit Massenspektrographen zeigen, daß viele der chemischen Elemente mehrere Isotope besitzen. Das Gebiet der Isotopenforschung wurde von *Aston* mit Hilfe seiner Massenspektrographen (s. Bd. II, S. 240) während zwei Jahrzehnten praktisch allein erschlossen. Er zeigte, daß die relativen Massen sich nur wenig von ganzen Zahlen unterscheiden, wenn man sie auf den 16. Teil des Sauerstoffisotops 16 bezieht. Dasselbe gilt auch für die neue C-12-Skala. Die ungefähre Ganzzahligkeit der relativen Atommassen und die ganzzahlige Ordnungszahl eines Kernes werden am einfachsten durch die Annahme zweier Kernbausteine, des Protons und des im Jahre 1932 durch *Chadwick* entdeckten Neutrons, erklärt. Das Proton trägt die positive Elementarladung, das Neutron ist ungeladen. Die relativen Massen des Neutrons und des H-Atoms sind in Tabelle 4 angegeben. Diese Vorstellung des Aufbaues der Kernmaterie wurde 1932 durch *Heisenberg* begründet. Sie hat sich für die ganze spätere Entwicklung der Kernphysik bewährt. Die Kernmaterie ist durch geeignete Mischung von Protonen und Neutronen gebildet. Fig. 21 zeigt das Diagramm der stabilen und einer Auswahl radioaktiver Kerne.

Werden N Neutronen und Z Protonen zu einem Kern zusammengebaut, so ist die Ruhmasse m des entstehenden Kernes kleiner als die Summe der Massen der ihn bildenden Nukleonen. Bezeichnen m_p und

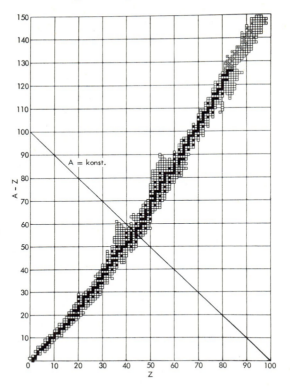

Fig. 21. Diagramm der stabilen und einer Auswahl radioaktiver Kerne. Z = Ordnungszahl = Zahl der Kernprotonen. A = Massenzahl. ■ = stabile Kerne, ⊡ = natürlich vorkommende radioaktive Kerne, ☐ = künstlich erzeugte radioaktive Kerne.

m_n die Massen von Proton und Neutron, so ergibt sich

$$m = Z m_p + N m_n - \Delta m,$$

wobei Δm den Massendefekt bedeutet, der beim Zusammenbau auftritt. Unter dem Massendefekt eines Kernes versteht man demnach

$$\Delta m = Z m_p + N m_n - m.$$

Nach dieser Gleichung und bei Vernachlässigung der Bindungsenergie der Elektronen in der Hülle kann der Massendefekt auch berechnet werden, wenn anstelle der Protonenmasse m_p die Masse des Wasserstoffatoms M_H und anstelle der Kernmasse m die Atommasse M benutzt wird. Dies bedeutet, daß wir zu den Z Protonenmassen noch Z Elektronenmassen m_e und zur Kernmasse $Z m_e$ dazu-

3.2. Kernmasse

fügen. Dabei wird, wie schon gesagt, die Bindungsenergie der Elektronen in der Hülle vernachlässigt. Sie beträgt $B_e(Z)$ ca. $15{,}73\,Z^{\frac{7}{3}}$ eV. Für Th ($Z=90$) erreicht $B_e(Z)$ bereits den Wert 0,57 MeV und ist bei genaueren Angaben nicht mehr zu vernachlässigen. Damit wird

$$\Delta m = Z(m_p + m_e) + N\,m_n - (m + Z\,m_e)$$
$$= Z\,M_H + N\,m_n - M.$$

Nach der Einsteinschen Masse-Energie-Beziehung ist die Masse äquivalent der Energie:

$$E = m\,c^2 \qquad (c = \text{Lichtgeschwindigkeit}).$$

1 AME entspricht der Energie $E = 1$ AME $\cdot c^2$:

$$1\,\text{AME}\,(\text{C-12-Skala}) \cong 931{,}48 \text{ MeV}.$$

Der Massendefekt Δm ist der totalen Bindungsenergie B der Nukleonen im Kern äquivalent:

$$B = \Delta m\,c^2 = c^2(Z\,m_p + N\,m_n - m).$$

Werden Z Protonen und N Neutronen zu einem Kern $^A_Z X$ vereinigt, so besitzt dieser Kern die Bindungsenergie B. Diese Energie müßte aufgewendet werden, um diese Kernmaterie wieder vollständig in einzelne Protonen und Neutronen aufzuspalten. Tabelle 4 gibt ebenfalls die Bindungsenergie der Atome an.

Beispiele: a) $^2_1 D$ (Deuterium)

$$m_H = 1{,}0078252$$
$$m_n = \underline{1{,}0086652}$$
$$m_H + m_n = 2{,}0164904$$
$$m_D = 2{,}0141022$$
$$\Delta m = m_H + m_n - m_D = 0{,}0023882$$
$$\cong 2{,}3882 \cdot 0{,}93148 \text{ MeV} = 2{,}22456 \text{ MeV}.$$

Aus Kernreaktionen ergibt sich ein Wert von $2224{,}67 \pm 0{,}05$ keV.

b) $^4_2 He$ (Helium)

$$2\,m_H = 2{,}0156504$$
$$2\,m_n = \underline{2{,}0173304}$$
$$2\,m_H + 2\,m_n = 4{,}0329808$$
$$m_{He} = \underline{4{,}0026031}$$
$$\Delta m = 0{,}0303777 \cong 28{,}296 \text{ MeV}.$$

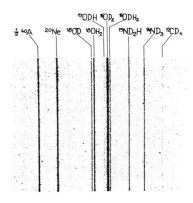

Fig. 22. Einbau von 8 Nukleonen in den ^{12}C-Kern. Aufgeführt ist das Massenspektrum eines Multipletts der Massenzahl A = 20. Nach rechts: zunehmende Masse (nach R. *Bieri*, F. *Everling* und J. *Mattauch* 1954).

In Fig. 22 wird der Massendefekt, der beim Einbau von Nukleonen in den Kern auftritt, klar ersichtlich. Dargestellt ist der Einbau von 8 Nukleonen in einen ^{12}C-Kern. Mit jedem Einbau eines Nukleons in den Kern wird Bindungsenergie frei.

Eine direkte Bestätigung der Äquivalenz von Masse und Energie und damit der vorhin berechneten Bindungsenergie kann anhand von Kernreaktionen erbracht werden.

1932 haben *J. D. Cockcroft* (1897 – 1967) und *E. T. S. Walton* (geb. 1903) die erste Kernreaktion mit im Laboratorium beschleunigten Protonen an Lithium erzeugt:

$$^1_1H + {}^7_3Li \rightarrow {}^8_4Be \rightarrow {}^4_2He + {}^4_2He + Q.$$

Bildlich dargestellt ist der Reaktionsablauf in Fig. 23.

Fig. 23. ^{7}Li(p, α)^{4}He-Reaktion schematisch dargestellt.

Die Größe Q gibt die Energietönung der Reaktion an und wird als Q-Wert bezeichnet.

Definition: Der Q-Wert einer Kernreaktion bezeichnet die Differenz der Summen der kinetischen Energien der Partikel im End- und Anfangszustand.

Wir betrachten eine Zweiteilchenreaktion

$$a + A \rightarrow B + b.$$

Es bedeutet: a einfallendes Partikel } Anfangszustand.
A Targetkern

b emittiertes Partikel } Reaktionsprodukte.
B Endkern

3.2. Kernmasse

Es ist auch üblich, die Reaktion in der Schreibweise A(a, b) B zu notieren, wobei der Target- und der Endkern außerhalb der Klammern stehen. Die oben erwähnte Reaktion erscheint in dieser Schreibart als ^{7}Li(p, α)^{4}He. Dabei werden üblicherweise innerhalb der Klammern folgende Symbole für die leichtesten Nuklide benutzt:

p Proton   für $^1_1H^+$,   d Deuteron für $^2_1H^+$,

t Triton   für $^3_1H^+$,   α ^{4}He-Kern für $^4_2He^{++}$,

τ ^{3}He-Kern für $^3_2He^{++}$.

Bezeichnet W_X die kinetische Energie des Reaktionspartners X, so gilt:
$$Q = W_B + W_b - W_a - W_A.$$

Wenn der Targetkern ruht, was meistens der Fall ist, vereinfacht sich die Gleichung zu
$$Q = W_B + W_b - W_a.$$

Wendet man den Energiesatz auf die Reaktion an, wobei die Masse als Energieträger miteinbezogen werden muß (m_a, m_b, m_B), dann erhält man

$$(m_a c^2 + W_a) + m_A c^2 = (m_B c^2 + W_B) + (m_b c^2 + W_b).$$

Hieraus ergibt sich

$$Q = (W_B + W_b) - W_a = (m_a + m_A - m_B - m_b) c^2.$$

Der Q-Wert wird danach bestimmt durch die Massendifferenz der Reaktionspartner im Anfangs- und im Endzustand. Ist der Q-Wert positiv, so spricht man von einer positiven Energietönung oder einer exothermen Reaktion, im andern Fall von einer negativen Energietönung oder einer endothermen Reaktion.

Für die ^{7}Li(p, α)^{4}He-Reaktion beträgt die experimentell gemessene Energietönung 17,346 MeV. Aus den Massen (s. Tabelle 4) ergibt sich $\Delta m = 0,00186232$ AME, was einer Energietönung von Q = 17,346 MeV entspricht.

Aus der Messung der Energietönung einer Kernreaktion läßt sich die Masse eines Reaktionspartners bestimmen. Zu dieser Methode muß dann gegriffen werden, wenn das zu untersuchende Nuklid elektrisch neutral (Neutron) oder radioaktiv ist und nicht in genügender Menge für massenspektroskopische Untersuchungen zur Verfügung steht. Die in Tabelle 4 aufgeführten relativen Atommassen stammen einerseits aus massenspektrographischen, andererseits aus Q-Werts-Bestimmungen.

Bindungsenergie pro Nukleon. Aus der Bindungsenergie B der Kerne läßt sich eine andere, die Kerne kennzeichnende Größe berechnen: die mittlere Bindungsenergie $\bar{B}$ pro Nukleon. Da der Kern A Nukleonen enthält, wird $\bar{B} = B/A$. Fig. 24 zeigt die Bindungsenergie pro Nukleon in Funktion der Massenzahl A. Wenn wir zunächst von den leichten Kernen absehen, ist B/A innerhalb $\pm 10\%$ für alle Kerne gleich groß und beträgt rund 8 MeV/Nukleon. Bei schwereren Kernen (A > 20), die sich nur um 1 Neutron oder 1 Proton unterscheiden, ist die relative Massendifferenz sehr genau 1 AME. Da sowohl Neutronen wie Protonen eine relative Masse besitzen, die die Masseneinheit um ca. $8 \cdot 10^{-3}$ AME übersteigt, entspricht dies einer freiwerdenden Bindungsenergie von ca. 8 MeV.

Die geringe Abhängigkeit der Bindungsenergie pro Nukleon von der Massenzahl ist sehr aufschlußreich. Aus dem Kurvenverlauf (Fig. 24) lassen sich einige interessante Folgerungen über die Kernkräfte ziehen.

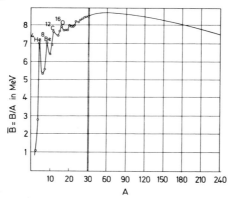

Fig. 24. Mittlere Bindungsenergie pro Nukleon in Abhängigkeit von der Massenzahl A.

1. Die mittlere Bindungsenergie pro Nukleon $\bar{B}$ zeigt, daß B in erster Näherung proportional zur Zahl A der Nukleonen wächst. Jedes in den Kern eingebaute Nukleon wird mit derselben Energie gebunden. In dieser Beziehung verhält sich die Kernmaterie wie eine Flüssigkeit, wo ein Molekül nur mit seinen unmittelbaren Nachbarn in Wechselwirkung tritt. Dasselbe gilt auch für Nukleonen, d.h. auch die Kernkräfte, die für die Bindung zwischen den Nukleonen verantwortlich sind, zeigen Sättigungscharakter. Der Grund hierfür liegt in der sehr kurzen Reichweite der Kernkräfte. Man erkennt die zunehmende Sättigung sehr schön am Gang der mittleren Bindungs-

energie pro Nukleon für die leichtesten Kerne (Fig. 25):

Nuklid	^2_1H	^3_2He	^4_2He	^6_3Li	^7_3Li	^8_4Be
$\bar{B}$ MeV	1,11	2,57	7,07	5,33	5,61	7,06

Die Bindungsenergie von ^6Li von $6 \cdot 5,33$ MeV $= 31,98$ MeV ergibt sich in erster Näherung als Summe der Bindungsenergien von ^4He und ^2H, was $4 \cdot 7,07 + 2 \cdot 1,11 = 30,50$ MeV ausmacht.

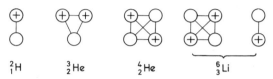

Fig. 25. Nukleonenbindungen in den Kernen ^2_1H, ^3_2He, ^4_2He und ^6_3Li.

2. ^4He, ^8Be, ^{12}C und ^{16}O zeigen im Vergleich zu den Nachbarkernen eine höhere mittlere Bindungsenergie $\bar{B}$. Dies erklärt sich z.T. durch die Bildung der besonders stark gebundenen α-Teilchen innerhalb der Kernmaterie.

3. Einer der Gründe für das langsame Abnehmen der mittleren Bindungsenergie pro Nukleon $\bar{B}$ für zunehmendes A (A > 60) (vgl. Abschn. 8.4) ist die Auflockerung der Kernmaterie durch die Coulombschen Abstoßungskräfte zwischen den Protonen. Im Gegensatz zu den Kernkräften zeigen die Coulombschen Kräfte keine Sättigung, indem jede Ladung auf jede andere Ladung im Kern einwirkt, auch wenn diese weit entfernt liegt. Für Z Protonen gibt es $Z(Z-1)/2$ p-p-Wechselwirkungen, so daß die Coulombsche Auflockerungsenergie proportional Z^2 wird. Diese Auflockerungsenergie bewirkt, daß stabile Kerne nur bis zu einem bestimmten oberen Z existieren können. Für höhere Ordnungszahlen Z werden die Kerne radioaktiv.

4. Von A = 57 aus nimmt die mittlere Bindungsenergie/Nukleon $\bar{B}$ nach kleineren und größeren Massenzahlen A ab. Es läßt sich also Energie aus der Kernmaterie freisetzen, sofern es gelingt:

a) schwere Kerne in Kerne mit Massenzahlen zwischen 50 und 150 zu zerlegen. Solche Reaktionen werden als Kernspaltungen bezeichnet. Pro Nukleon wird dabei eine Energie von ca. 1 MeV freigelegt, was für einen Kern mit A = 200 ca. 200 MeV ausmacht.

Beispiel: $^{235}_{92}U + n \rightarrow {}^{236}_{92}U^* \rightarrow {}_{36}Kr + {}_{56}Ba + 2,43\,n + Q$.

(2,43 Neutronen ist der Mittelwert über sämtliche Spaltungsmöglichkeiten für thermische Neutronen.)

b) leichte Kerne in schwerere zu verschmelzen. Solche Vorgänge bezeichnet man als Kernverschmelzungen oder Fusionsreaktionen.

Beispiel: $^2_1D + ^3_1H \rightarrow ^4_2He + n + 17{,}6$ MeV.

3.3. Kernradien. Bereits *Rutherford* hat bei der Streuung von α-Teilchen an leichten Kernen festgestellt, daß für kleine Stoßparameter Abweichungen von der reinen Coulombschen Streuung auftreten. Dazu bemerkte Rutherford[1]: „Für Stoßparameter, die einen gewissen Grenzwert unterschreiten, gelangen die α-Teilchen in ein Gebiet, wo die resultierende Kraft anziehend ist. Es ist anzunehmen, daß solche Teilchen entweder wieder aus dem Kern in ungeordneter Richtung emittiert werden oder aber von ihm eingefangen werden und Anlaß sein können für die bei verschiedenen Kernen beobachteten Atomzertrümmerungen." Die größte Distanz zwischen α-Teilchen und Kern, bei der Abweichungen von der Coulombschen Streuung auftreten, kann als Kernradius interpretiert werden. Das Kernvolumen wird dabei in erster Näherung als Kugel betrachtet, da die Kugel bei gegebenem Volumen die kleinste Oberfläche besitzt und damit die kompakteste Bindung der Nukleonen ermöglicht.

Wie bereits die geringe Massenabhängigkeit der mittleren Bindungsenergie pro Nukleon $\bar{B}$ für Kerne mit $A > 20$ zeigt, verhält sich die Kernmaterie wie eine Flüssigkeit mit einer angenähert konstanten Dichte. Daraus folgt, daß das Kernvolumen proportional ist zur Zahl der Nukleonen (Massenzahl A). Hieraus folgt für den Kernradius:

$$R = r_0 A^{\frac{1}{3}}.$$

Im folgenden seien Methoden zur Bestimmung von Kernradien erläutert.

3.3.1. Myonische Atome. Myonen (früher μ-Mesonen genannt) sind instabile Elementarteilchen (vgl. Kap. 10), deren Masse 207mal größer ist als diejenige des Elektrons. Sie zerfallen mit einer Halbwertszeit von $2{,}2 \cdot 10^{-6}$ s in ein Elektron und zwei Neutrinos.

Myonische Atome entstehen, sobald negative Myonen in Materie zur Ruhe kommen. Sie werden vom Coulomb-Feld des Kerns eingefangen, wobei ein Elektron aus dem Atomverband losgelöst wird. Zunächst befindet sich das myonische Atom in einem hoch angeregten Zustand, von dem es schließlich in den Grundzustand übergeht. Dabei werden Röntgen-Quanten abgestrahlt, deren Energie der Differenz der Bindungsenergien entspricht. Es entsteht das charak-

---
[1] Radiation from Radioactive Substances, Cambridge University Press, 1930, S. 279.

teristische myonische Röntgen-Spektrum (Fig. 26). Mit Hilfe von mit Lithium kompensierten Germaniumdioden (S. 153) läßt sich das Röntgen-Spektrum genau messen (Fig. 27).

Die Besonderheit myonischer Atome sind die kleinen Bohrschen Radien. Nach dem klassischen Bohrschen Modell (punktförmige Ladung des Kerns) (s. Bd. III/1, S. 278) umkreist ein geladenes Teilchen der Masse m den Atomkern mit dem Bahnradius

$$r_n = \frac{4\pi\varepsilon_0 \hbar^2}{m e^2} \cdot \frac{n^2}{Z}.$$

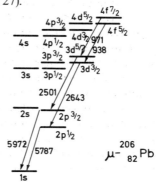

Da die Myonenmasse 207mal größer ist als die Elektronenmasse, wird der entsprechende Bahnradius 207mal kleiner. Für mittelschwere Kerne (Z=45) werden damit die Radien der Kerne und der Myonenbahn ungefähr gleich groß. Da Myonen sich wie Elektronen verhalten und gegenüber der Kernmaterie, außer der Coulomb-Kraft, nur eine schwache Wechselwirkung zeigen, sind sie ausgezeichnete Sonden zum Abtasten der elektrischen Kerneigenschaften. Die Wechselwirkung zwischen Myon und Coulomb-Feld des Kerns läßt sich mit Hilfe von Rechenanlagen genau berechnen, so daß sich die Energien der Myonenzustände angeben lassen. Da diese Energien wesentlich von der Ladungsverteilung im Kern abhängen, kann diese aus den entsprechenden Röntgen-Spektren bestimmt werden.

Fig. 26. Termschema für das myonische ^{206}Pb-Atom. Das Myon hat den Spin 1/2, der sich parallel oder antiparallel zum Bahndrehimpuls des Myons (s: $l=0$; p: $l=1$; d: $l=2$; f: $l=3$) einstellen kann. Die Niveaus sind daher in Dubletts aufgespalten (z. B. $p_{1/2}$, $p_{3/2}$). Die Energieunterschiede sind in keV angegeben (G. Backenstoss, CERN).

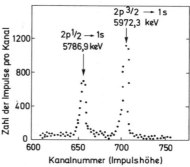

Fig. 27. 2p-1s-Spektrum des myonischen $^{206}_{82}$Pb-Atoms (G. Backenstoss, CERN).

Beispiel: Myonisches $^{206}_{82}$Pb-Atom[1]. Bei punktförmiger Ladung müßte beim Übergang $2p_{\frac{3}{2}} \to 1s_{\frac{1}{2}}$ eine Energie von ca. 16 MeV frei-

---
[1] G. Backenstoss, Umschau in Wissenschaft u. Technik, 1967, Heft 14, S. 442.

gesetzt werden. Gemessen wird eine solche von $5{,}972 \pm 0{,}005$ MeV, was eine Ladungsverteilung über ein endlich großes Gebiet im Kern anzeigt. Nimmt man sie innerhalb einer Kugel gleichmäßig an, so ergäbe sich ein Kernradius von $7{,}081 \pm 0{,}009$ fm. Aus der Streuung von energiereichen Elektronen an Kernen konnte *Hofstadter* zeigen, daß die Ladungsdichte eines Kernes am Kernrand nicht scharf abfällt, sondern innerhalb einer endlichen Distanz stetig gegen null geht. Die obige Annahme ist daher nicht korrekt. Auch diese Feststellung läßt sich mit myonischen Atomen machen, wenn verschiedene Energieübergänge gemessen werden. Einige Beispiele von gemessenen Kernradien sind in Tabelle 5 aufgeführt, zusammen mit Ergebnissen aus Elektronenstreumessungen. Es ist üblich, als Kernradius den Radius einer homogen geladenen Kugel anzugeben, deren Ladungsverteilung dasselbe Ergebnis liefert wie die wirkliche Verteilung.

3.3.2. Streuung energiereicher Elektronen an Kernen. Elektronen der Energie von 200 MeV besitzen eine de Broglie-Wellenlänge von $\lambda = 6{,}2$ fm. Da sie hauptsächlich eine Coulombsche Wechselwirkung auf-

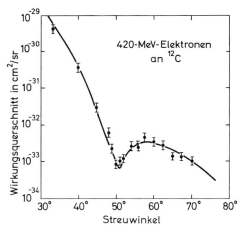

Fig. 28. Winkelverteilung für elastische Streuung von 420-MeV-Elektronen an ^{12}C; die ausgezogene Kurve wurde aufgrund der Streuphasen berechnet (*R. Hofstadter* u. Mitarbeiter).

weisen, sind sie sehr geeignet zum Studium der Ladungsverteilung in Kernen und damit zur Bestimmung von Kernradien. Am Stanford-Elektronen-Linearbeschleuniger haben *R. Hofstadter*[1] (geb. 1915) und

---

[1] Electron Scattering and Nuclear Structure, Rev. Mod. Physics, **28**, 214, 1956.

seine Mitarbeiter erfolgreich Ladungsverteilungen von den leichtesten bis zu den schwersten Kernen gemessen. Für leichte Kerne werden Energien bis 900 MeV, für schwere zwischen 100 und 200 MeV benützt. Gemessen wird die Winkelverteilung der an den Kernen elastisch gestreuten Elektronen. Fig. 28 zeigt ein Beispiel für Kohlenstoff und Fig. 29 für Gold. Allen Diskussionen über elastische Streuprozesse liegt die Rutherfordsche Streuformel für den differentiellen Querschnitt zugrunde (s. Gl. (2.9)). Diese für leichte Teilchen nicht zu großer Energie und für schwere Streukerne gültige Formel ist nur für nichtrelativistische Geschosse anwendbar. Für Elektronen hoher Geschwindigkeit (v/c ≈ 1) und für punktförmiges Streuzentrum berechnete N. F. Mott den differentiellen Querschnitt (in cgs-Einheiten) zu:

$$\sigma_M(\vartheta) = \left(\frac{Ze^2}{2E}\right)^2 \frac{\cos^2(\vartheta/2)}{\sin^4(\vartheta/2)}.$$

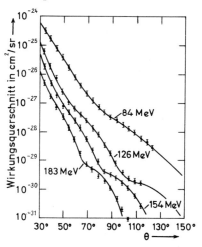

Fig. 29. Elastische Elektronen-Streuung an einem Au-Target bei verschiedenen Energien der einfallenden Elektronen (R. Hofstadter u. Mitarbeiter).

Es bedeutet: E die kinetische Energie des Elektrons und Ze die Ladung des Streukerns.

Wenn der Streukern endliche Ausdehnung besitzt, erfährt obige Gleichung eine weitere Modifikation, die mit dem sog. Formfaktor F ausgedrückt werden kann:

$$\sigma(\vartheta) = \left(\frac{Ze^2}{2E}\right)^2 \frac{\cos^2(\vartheta/2)}{\sin^4(\vartheta/2)} F^2, \quad F = F(E, \vartheta, \rho).$$

Das Quadrat des Formfaktors ergibt sich zu $F^2 \leq 1$. Bei endlicher Ausdehnung der Ladungsverteilung wird der Streuquerschnitt kleiner als bei der Punktladung, da die Streuwellen von verschiedenen Teilen des Kernes durch Interferenzen geschwächt werden. Der Formfaktor F hängt von der Ladungsverteilung im Kern ab[1]. Es ist üblich, die Ausdehnung des Kernes durch den quadratischen Mittelwert $\overline{r^2}$ der La-

---

[1] Klassisch kann $F^2 \leq 1$ folgendermaßen gedeutet werden: Innerhalb des Kernes erfährt das Elektron ein schwächeres Feld als beim punktförmigen Kern. Für einen vorgegebenen Streuwinkel muß der Stoßparameter damit kleiner sein, was ein kleineres $\sigma(\vartheta)$ zur Folge hat.

dungsverteilung zu charakterisieren:

$$\overline{r^2} = \int_0^\infty r^2\, 4\pi r^2\, \rho(r)\, dr \bigg/ \int_0^\infty 4\pi r^2\, \rho(r)\, dr,$$

wobei $\rho(r)$ die Ladungsverteilung angibt. Der Formfaktor ist eine Funktion von $\overline{r^2}$, so daß sich $\overline{r^2}$ aus dem Formfaktor bestimmen läßt. Er läßt sich aus der Messung des differentiellen Wirkungsquerschnittes ermitteln. Als Ladungsdichte $\rho(r)$ für mittlere und schwere Kerne hat sich folgender Ansatz als bestens geeignet erwiesen:

$$\rho(r) = \frac{\rho_0}{1 + e^{(r-h)/d}}.$$

$\rho(r)$ ist in Fig. 30 aufgezeichnet. h und d sind anzupassende Parameter. h ist die Distanz, für die $\rho(h) = \rho_0/2$ wird. Über die Distanz von 4,4 d nimmt die Ladungsdichte von 0,9 ρ_0 auf 0,1 ρ_0 ab (90% – 10% Dicke). Fig. 31 zeigt die aus Elektronenstreumessungen ermittelten Ladungsverteilungen verschiedener Kerne.

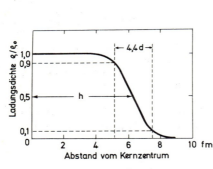

Fig. 30. Kurvenform und Parameter h und d, durch welche die Ladungsdichte angenähert dargestellt wird.

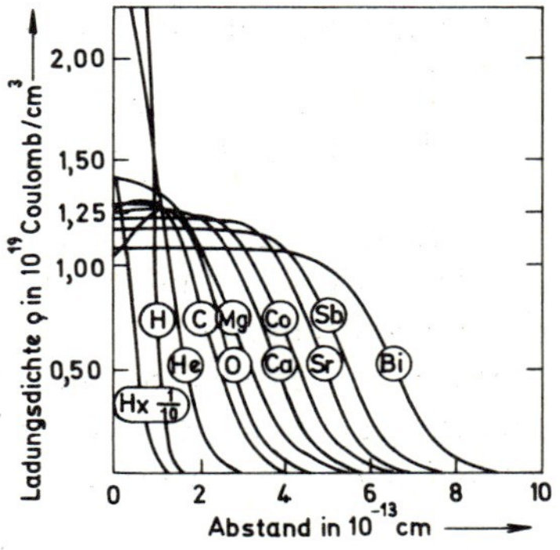

Fig. 31. Verteilung der Ladungsdichte verschiedener Kerne. Beachtenswert die Sonderfälle von Proton(H) und α-Partikel(He) (*R. Hofstadter* u. Mitarbeiter).

Aus $\overline{r^2}$ kann endlich der Radius R einer kugelförmigen Ladung konstanter Ladungsdichte berechnet werden: $R = \sqrt{\frac{5}{3}(\overline{r^2})^{\frac{1}{2}}}$. Mit diesem Radius wird die Beziehung

$$R = r_0 A^{\frac{1}{3}}$$

formuliert. Tabelle 5 gibt einige Kernradien an, die mit Hilfe der elastischen Elektronenstreuung gemessen wurden.

Tabelle 5. Kernradius R, Radius h der halben Ladungsdichte und Oberflächendicke d nach Elektron-Streumessungen (Rev. Mod. Physics, **28**, S. 253, 1956) und nach Messungen an myonischen Atomen (angegeben in fm = 10^{-15} m)

Kern	R μ-Atom[1]	R e⁻-Streuung	h	d
$^1_1$H		1		
$^2_1$D		2,53		
$^4_2$He	4,0	2,08		
$^{10}_5$B	3,56			
$^{12}_6$C	3,45	3,04	~2,3	~2
$^{16}_8$O	3,50			
$^{24}_{12}$Mg	3,89	3,84	2,85	2,6
$^{28}_{14}$S	3,98	3,92	2,95	2,8
$^{40}_{20}$Cu		4,54	3,64	2,5
$^{59}_{27}$Co		4,94	4,09	2,5
$^{122}_{51}$Sb		5,97	5,32	2,5
$^{197}_{79}$Au		6,87	6,38	2,32
$^{209}_{83}$Bi	6,6	7,13	6,47	2,7

Das Konstruktionsschema sphärischer Kerne läßt sich nach Hofstadter in zwei einfachen Regeln zusammenfassen:

$$h = (1{,}07 \pm 0{,}2) \cdot 10^{-13} \, A^{\frac{1}{3}} \, \text{cm},$$

$$d = (2{,}4 \pm 0{,}3) \cdot 10^{-13} \, \text{cm} = \text{konst.}$$

h beschreibt den mittleren Kernradius in Abhängigkeit von der Massenzahl A. Die zweite Regel zeigt, daß eine besondere Eigenschaft der Kernkräfte eine im wesentlichen konstante Oberflächendicke bewirkt.

3.3.3. Anomale α-Streuung an Kernen.

Die in Abschnitt 2.1 behandelte Rutherfordsche Streuung von α-Teilchen an Kernen läßt die Meßergebnisse korrekt wiedergeben, solange die α-Teilchen nur durch die Coulombschen Kräfte beeinflußt sind. Gelangen dagegen die α-Teilchen in Gebiete, in denen sich die Kernkräfte bemerkbar machen, so erfolgen Abweichungen von der Coulomb-Streuung. In diesen Fällen spricht man von anomaler α-Streuung. Im Beispiel von Fig. 9 (S. 24) läßt die Abweichung von der reinen Coulomb-Streuung auf eine Absorption der α-Teilchen durch den Kern schließen.

---

[1] *C.S. Wu*, Columbia University, A. Sommerfeld-Symposium, Sept. 1968, München.

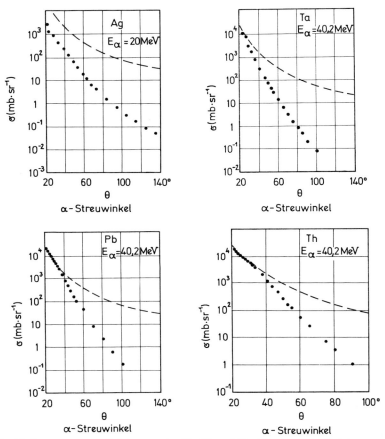

Fig. 32. Streuung von α-Teilchen an Ag, Ta, Pb und Th. Für Ag und α-Teilchen von 20 MeV machen sich die Kernkräfte bereits für fast alle Streuwinkel bemerkbar. Gestrichelte Kurve: Rutherfordsche Streuung.

Fig. 32 zeigt Streumessungen an Ag, Ta, Pb und Th mit α-Teilchen von 20 und 40 MeV Energie. Der entsprechende Rutherfordsche Streuquerschnitt ist als gestrichelte Kurve eingezeichnet. Der Einsatzpunkt der anomalen Streuung hängt vom Wirkungsbereich der Kernkraft ab. Bei Ag machen sich die Kernkräfte bereits für alle Streuwinkel $>20°$ bemerkbar.

Ein wichtiger Punkt, der für diese Diskussion berücksichtigt werden muß, ist folgender: Das auf den Kern einfallende α-Teilchen besitzt nach de Broglie eine Wellenlänge $\lambda = h/mv$. Nach der Beugungstheorie ist ein Beugungseffekt zu erwarten, wenn die Wellenlänge des einfallenden Teilchens von der Größenordnung des Objektes wird. Dies ist bei den hier vorliegenden α-Energien der Fall und bildet einen der Gründe, warum die Zahl der gestreuten α-Teilchen bei der kritischen Energie nicht mehr mit der reinen Coulomb-Streuung übereinstimmt.

3.3.4. Spiegelkerne. Unter den Spiegelkernen (s. S. 40) gibt es eine besondere Gruppe, für die die Protonenzahl Z und die Neutronenzahl N um eins verschieden sind $(N = Z \pm 1)$. Für diese Kerne gilt $A = Z + N = 2Z \pm 1 = 2N \mp 1$.

Beispiel: $^{3}_{1}H$ und $^{3}_{2}He$; $^{13}_{6}C$ und $^{13}_{7}N$.

Die Kernmassen des zweiten Paares dieser Spiegelkerne sind

$$m_{13C} = (6m_p + 7m_n) - [\Delta m' - W_C(Z-1)/c^2]$$
$$m_{13N} = (7m_p + 6m_n) - [\Delta m'' - W_C(Z)/c^2]. \tag{3.6}$$

$\Delta m'$ und $\Delta m''$ bezeichnen die Massendefekte, herrührend allein von den Kernkräften und $W_C(Z)$, die potentielle Coulomb-Energie der Z Protonen im Kern. Der auf S. 42 eingeführte Massendefekt Δm wird gleich $\Delta m = \Delta m' - W_C(Z-1)/c^2$. Wie früher schon erwähnt, führen die Coulomb-Kräfte zu einer Auflockerung der Kernbindung, und $W_C(Z)$ ist daher vom Bindungsanteil, der von den Kernkräften allein herrührt, abzuziehen. Als Differenz der Massen der beiden Spiegelkerne erhält man aus Gl. (3.6)

$$m_{13N} - m_{13C} = m_p - m_n - (\Delta m'' - \Delta m') + W_C(Z)/c^2 - W_C(Z-1)/c^2. \tag{3.7}$$

Nehmen wir zunächst an, der von den Kernkräften herrührende Massendefekt $\Delta m'$ und der Kernradius seien unabhängig von der Art der Nukleonen und nur von ihrer Zahl A abhängig. Dann ist

$$\Delta m'' - \Delta m' = 0.$$

$^{13}_{7}N$ ist ein Positronenstrahler. Dieser Zerfall läßt sich durch die Gleichung
$$^{13}_{7}N \rightarrow ^{13}_{6}C + \beta^+ + \nu + Q$$

darstellen, wobei ν das emittierte Neutrino bedeutet. Der Q-Wert wird (Ruhemasse des Neutrinos = Null; m_0 = Ruhemasse des Positrons) $Q = \left(m_{13N} - (m_{13C} + m_0)\right) c^2$, was der maximalen Energie $E_{max}(\beta^+)$ des emittierten Positrons entspricht:

$$E_{max}(\beta^+) = (m_{13N} - m_{13C}) c^2 - m_0 c^2.$$

Setzt man aus Gl. (3.7) den Wert für $m_{13N} - m_{13C}$ ein, so erhält man

$$E_{max}(\beta^+) + m_0 c^2 = (m_p - m_n) c^2 + [W_C(Z) - W_C(Z-1)]$$
$$= (m_p - m_n) c^2 + \Delta W_C(Z, Z-1). \quad (3.8)$$

$\Delta W_C(Z, Z-1)$ gibt die Differenz der Coulomb-Energie der beiden benachbarten Spiegelkerne an. Wird die Kernladung $Z e$ mit konstanter Dichte über das ganze Kernvolumen (Kernradius R) verteilt, dann resultiert eine Coulomb-Energie

$$W_C(Z) = \frac{3}{5} \frac{1}{4\pi\varepsilon_0} \frac{(Z e)^2}{R}.$$

Herleitung (Fig. 33): Die Gesamtladung des Kernes vom Radius R beträgt $Z e$. Bei gleichmäßiger Verteilung dieser Ladung über das Kernvolumen ergibt sich eine Ladungsdichte

$$\rho = \frac{Q}{\frac{4\pi}{3}R^3} = \frac{3 Z e}{4\pi R^3}.$$

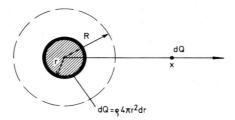

Fig. 33. Zur Herleitung der Coulomb-Energie einer kugelförmigen homogenen Ladungsverteilung. R = Kugelradius, ρ = Ladungsdichte.

Das Volumen einer Kugel vom Radius r enthält somit die Ladung

$$Q_r = \frac{4\pi}{3} r^3 \rho = \frac{Z e}{R^3} r^3.$$

Bringt man eine Ladung $dQ = 4\pi r^2 \rho \, dr$ der Kugelschale mit der Dicke dr aus dem Unendlichen an den Ort der Kugelschale, so ist die Arbeit

$$dA = -\int_{\infty}^{r} \frac{Q_r \, dQ}{4\pi \varepsilon_0 x^2} dx = \frac{4\pi}{3\varepsilon_0} \rho^2 r^4 \, dr$$

aufzuwenden. Sie ist gleich der bei diesem Prozeß gewonnenen potentiellen Coulomb-Energie dW_C. Die totale Coulomb-Energie des Kernes wird damit

$$W_C = \int_0^R \frac{4\pi \rho^2}{3\varepsilon_0} r^4 \, dr = \frac{3}{5} \frac{1}{4\pi\varepsilon_0} \frac{(Z e)^2}{R}.$$

3.3. Kernradien

Als Differenz der Coulomb-Energien für Kerne mit der Kernladung Z und $Z-1$ erhält man

$$\Delta W_C(Z, Z-1) = \frac{3}{5} \frac{e^2}{4\pi \varepsilon_0 R} [(Z)^2 - (Z-1)^2] = \frac{3}{5} \frac{e^2}{4\pi \varepsilon_0 R} (2Z-1).$$

Dieser Ausdruck enthält auch den Fall

$$W_C(1,0) = \frac{3}{5} \frac{e^2}{4\pi \varepsilon_0 R_p}$$

in sich, aus dem ein Radius des Protons infolge der elektromagnetischen Selbstenergie des Protons erschlossen werden könnte. Dieser Anteil ist von der Differenz der Coulomb-Energie $\Delta W_C(Z, Z-1)$ abzuziehen, da im Kern Z ein Proton mehr als im Kern $Z-1$ enthalten ist. Als Coulomb-Energiedifferenz von Spiegelkernen betrachten wir daher

$$\Delta W_C(Z, Z-1) = \frac{3}{5} \frac{e^2}{4\pi \varepsilon_0 R} (2Z-1) - W_C(1,0).$$

Gl. (3.8) erhält so die Form

$$E_{max}(\beta^+) = \frac{3}{5} \frac{e^2}{4\pi \varepsilon_0 R} (2Z-1) - W_C(1,0) - m_0 c^2 - (m_n - m_p) c^2.$$

Setzt man $R = r_0 A^{\frac{1}{3}}$ und $A = 2Z-1$ ein (Z; $N = Z-1$; $A = N+Z$), so ergibt sich

$$E_{max}(\beta^+) = \frac{3}{5} \frac{e^2}{4\pi \varepsilon_0 r_0 A^{\frac{1}{3}}} A - W_C(1,0) - m_0 c^2 - (m_n - m_p) c^2$$

$$= \frac{3}{5} \frac{e^2}{4\pi \varepsilon_0 r_0} A^{\frac{2}{3}} - W_C(1,0) - [m_0 + (m_n - m_p)] c^2. \tag{3.9}$$

$[m_0 + (m_n - m_p)] c^2$ besitzt den Wert 1,804 MeV. $E_{max}(\beta^+)$ in Funktion von $A^{\frac{2}{3}}$ aufgetragen, muß demnach eine Gerade sein, die die Ordinate beim Wert $-W_C(1,0) - 1,804$ MeV schneidet. In Tabelle 6 und Fig. 34 sind für verschiedene Positronenstrahler die experimentellen Werte von $E_{max}(\beta^+)$, ΔW_C und $A^{\frac{2}{3}}$ angegeben.

Die experimentellen Werte von $E_{max}(\beta^+)$ liegen ziemlich gut auf einer Geraden und bestätigen die hier gegebene Theorie. Aus der Steigung $\operatorname{tg}\alpha$ der Geraden kann die Größe r_0 ermittelt werden:

$$r_0 = \frac{1}{4\pi \varepsilon_0} \frac{3}{5} \frac{e^2}{\operatorname{tg}\alpha} = 1{,}30 \cdot 10^{-15} \text{ m} = 1{,}30 \text{ fm}.$$

Die Differenz der Coulomb-Energie von Spiegelkernen führt auf einen Radius R des von den Protonen besetzten Kernvolumens von $R = r_0 A^{\frac{1}{3}} = 1{,}30 \cdot 10^{-15} A^{\frac{1}{3}}$ m.

3. Allgemeine Eigenschaften der Atomkerne

Tabelle 6[1]. *Maximale β^+-Energie und Differenz der Coulomb-Energie für Kerne mit Z und $Z-1$ für verschiedene Z*

Übergang	$E_{max}(\beta^+)$	ΔW_C	$A^{\frac{2}{3}}$
^{11}C-^{11}B	0,96 MeV	2,76 MeV	4,946
^{13}N-^{13}C	1,20	3,00	5,528
^{15}O-^{15}N	1,74	3,54	6,082
^{17}F-^{17}O	1,74	3,55	6,612
^{19}Ne-^{19}F	2,24	4,04	7,120
^{21}Na-^{21}Ne	2,51	4,31	7,612
^{23}Mg-^{23}Na	3,09	4,89	8,088
^{25}Al-^{25}Mg	3,27	5,07	8,550
^{27}Si-^{27}Al	3,85	5,65	9,000
^{29}P-^{29}Si	3,96	5,76	9,440
^{31}S-^{31}P	4,39	6,19	9,868
^{33}Cl-^{33}S	4,51	6,31	10,288
^{35}A-^{35}Cl	4,93	6,73	10,700
^{37}K-^{37}A	5,15	6,95	11,104
^{39}Ca-^{39}K	5,43	7,23	11,500
^{41}Sc-^{41}Ca	4,94	6,74	11,890

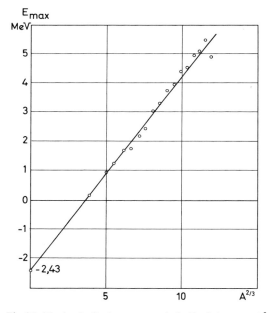

Fig. 34. Maximale Positronenenergie in Funktion von $A^{2/3}$.

[1] Rev. Mod. Phys. **30**, 450, 1958; Phys. Rev. **117**, 1297, 1960.

Dies ist in guter Übereinstimmung mit Werten, die durch Elektronenstreuung an Kernen und mit myonischen Atomen ermittelt wurden.
Mit der Kenntnis von r_0 läßt sich der Term $W_C(1,0)$ ausrechnen:

$$W_C(1,0) = \frac{1}{4\pi\varepsilon_0}\frac{3}{5}\frac{e^2}{r_0} = 0{,}6637 \text{ MeV}.$$

Die Gerade in Fig. 34 muß demnach nach Gl. (3.9) die Ordinate bei $-(W_C(1,0)+1{,}804\text{ MeV}) = -2{,}47\text{ MeV}$ schneiden, sofern die Annahme $\Delta m'' - \Delta m' = 0$ richtig ist. Experimentell ergibt sich ein Wert von $-2{,}43$ MeV, was in guter Übereinstimmung mit dem geforderten Wert ist. $\Delta m'' - \Delta m' = 0$ entspricht der Ladungsunabhängigkeit der Kernkräfte.

3.4. Gesamtdrehimpuls (Kernspin) und magnetisches Dipolmoment der Kerne. Zwei weitere allgemeine Eigenschaften von Kernen sind Spin und magnetisches Dipolmoment, die auf Grund von spektroskopischen Beobachtungen entdeckt wurden. Nach der Erfahrung sind im Zeitmittel die Richtungen von Spin und magnetischem Moment parallel. *W. Pauli* (1900–1958) hat im Jahre 1924 die Vorstellung eines mit einem Drehimpuls und magnetischen Moment ausgestatteten Kerns benutzt, um die Hyperfeinstruktur von Spektrallinien zu erklären. Sie wird bestimmt durch die Wechselwirkung des magnetischen Kernmomentes mit dem magnetischen Moment der Elektronen der Hülle. Wegen der Kleinheit dieser dem Kernspin zugeschriebenen Aufspaltung der Spektralterme spricht man von einer Hyperfeinstruktur (s. Bd. III/1, S. 378). Daneben gibt es auch noch eine Hyperfeinaufspaltung, die durch die verschiedenen Isotope eines Elementes zustande kommt (Isotopie-Effekt).

3.4.1. Kernspin. Der Gesamtdrehimpuls eines Kernes wird als Kernspin bezeichnet. Dabei soll der Kerndrehimpuls[1] $\vec{I} = \sum \vec{j}$ als Resultierende aus den Eigendrehimpulsen $\vec{s}$ und Bahndrehimpulsen $\vec{l}$ (Bewegungen der Nukleonen im Kern) der Nukleonen, die den Kern aufbauen, angesehen werden. Der Drehimpuls eines einzelnen Nukleons ist $\vec{j} = \vec{l} + \vec{s}$ (Fig. 35). Der Kerndrehimpuls $\vec{I}$ ist die Vektorsumme aller $\vec{j}$.

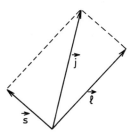

Fig. 35. Zusammensetzung von Spin $\vec{s}$ und Bahndrehimpuls $\vec{l}$ eines Nukleons zum Drehimpuls $\vec{j}$ des Nukleons.

---
[1] Der Gesamtdrehimpuls I ist eine Konstante der Bewegung, während $\vec{j}$ zeitlich nicht konstant zu sein braucht.

Er läßt sich als Vektor von der Länge

$$|\vec{I}| = \sqrt{I(I+1)}\,\hbar$$

darstellen, wobei $\hbar = h/2\pi$ ist und I die ganz- oder halbzahlige Drehimpulsquantenzahl bedeutet[1].

Es zeigt sich, daß die Einstellung des Kernspins in einem äußeren Magnetfeld H_0 gequantelt ist (s. Bd. III/1, Kap. VI, 11 und Kap. IX, 4), d.h. es lassen sich in Richtung von $\vec{H}_0$ nur die Eigenwerte $m\hbar$ messen, wobei m, die magnetische Quantenzahl, die Werte $m = I, I-1, I-2 \ldots -(I-1), -I$ annehmen kann. Total gibt es $(2I+1)$ mögliche m-Werte. Wenn I halbzahlig ist, ist es auch m. Diese Tatsache nennt man Raum- oder Richtungsquantisierung. In Fig. 36 sind zwei Fälle für die Raumquantisierung angegeben:

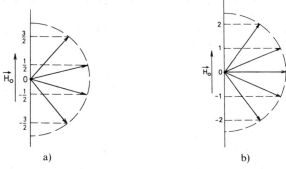

Fig. 36. Richtungsquantisierung des Kernspins im Feld $\vec{H}_0$ für

(a) $I_{max} = 3/2$ und   (b) $I_{max} = 2$.

a) Maximale Spinkomponente $I = \frac{3}{2}\hbar$, entsprechend einem Betrag $|\vec{I}| = \sqrt{\frac{3}{2} \cdot \frac{5}{2}}\,\hbar \approx 1{,}94\,\hbar$.

b) Maximale Spinkomponente $I = 2\hbar$ mit einem Betrag $|\vec{I}| = \sqrt{2 \cdot 3}\,\hbar \approx 2{,}45\,\hbar$.

Bei a) ergeben sich vier, bei b) fünf verschiedene Werte in einem äußeren H-Feld.

Zur Nomenklatur sei bemerkt, daß es sich eingebürgert hat, als Kernspin lediglich die größte Komponente $I\hbar$ des Vektors $\vec{I}$ in einem äußeren Magnetfeld zu verstehen. Oft wird damit sogar nur die Spinquantenzahl gemeint.

---

[1] Es ist üblich, für die Vektoren der Drehimpulse ($\vec{I}, \vec{s}, \vec{l}$) und die zugehörigen Quantenzahlen (I, s, l) dieselben Buchstaben zu benützen.

3.4.2. Magnetisches Dipolmoment der Kerne.

Gekoppelt mit dem Spin, besitzen die Kerne ein magnetisches Dipolmoment $\vec{\mu}$. Dabei wollen wir annehmen, daß das magnetische Dipolmoment als die Summe der magnetischen Dipolmomente der Nukleonen angesehen werden darf, was bisher zu keinen Widersprüchen geführt hat.

Beim Proton sind zwei Beiträge zum magnetischen Dipolmoment wirksam: vom Eigen- und vom Bahndrehimpuls. Beim Neutron fehlt der Beitrag des Bahndrehimpulses. Da sich die Kernmaterie um den Gesamtkernspin $\vec{I}$ als Drehachse bewegt, wobei Eigen- und Bahnbewegung eingeschlossen sind, nimmt auch das Dipolmoment $\vec{\mu}$ an der Rotation teil, so daß im Mittel nur die Komponente des Dipolmomentes in Richtung von $\vec{I}$ ($=z$-Richtung) in Erscheinung tritt. Die Komponenten senkrecht zu $\vec{I}$ heben sich wegen der Rotation im Mittel auf. μ_z sei die Komponente von $\vec{\mu}$ in Richtung von $\vec{I}$. Die Situation ist damit im Zeitmittel analog zu einer um eine Drehachse rotierenden makroskopischen Ladungsverteilung. Ihr magnetisches Moment ist parallel zur Drehachse.

Die z-Komponente des magnetischen Moments ist gegeben durch:

$$\mu_z = g_I \mu_N m, \qquad (3.10)$$

wobei g_I als Kern-g-Faktor bezeichnet wird und m die magnetische Quantenzahl bedeutet. μ_N ist das Kernmagneton, eine Einheit, in der das magnetische Kernmoment gemessen wird. Seine Größe beträgt

$$\mu_N = \frac{e}{2m_p} \hbar = 5{,}0505 \cdot 10^{-27} \, JT^{-1} = 5{,}0505 \cdot 10^{-24} \, erg \cdot G^{-1},$$

e/m_p ist die spezifische Ladung des Protons und $T = Tesla = Vs/m^2$.

Der Kern-g-Faktor, eine den Kern kennzeichnende Größe, ist bis heute nur experimentell ermittelbar[1] und ist der Quotient aus der größten Komponente des magnetischen Dipolmomentes μ in Einheiten des Kernmagnetons und dem Spin in Einheiten von $\hbar$. g_I ist eine reine Zahl:

$$g_I = \mu / I \mu_N.$$

Wie der Kernspin, weist auch das magnetische Moment eine Richtungsquantisierung auf. Die bezüglich einer ausgezeichneten Richtung meßbaren Komponenten betragen:

$$\mu_z = g_I \mu_N m,$$

mit $m = I, I-1, I-2 \ldots -(I-1), -I$.

---
[1] Mit geeigneten Kernmodellen lassen sich Abschätzungen vornehmen.

Wenn man vom magnetischen Moment des Kernes spricht, so bedeutet dies wie beim Spin die größte meßbare Komponente

$$\mu = g_I \mu_N I.$$

In Tabellen wird üblicherweise nicht die größte meßbare Komponente aufgeführt, sondern die reine Zahl $\mu/\mu_N = g_I I$. Sie wird positiv genommen, wenn das magnetische Moment $\vec{\mu}$ so gerichtet ist, als ob es durch Rotation einer positiven Ladung im Sinne des Kernspinvektors erzeugt wäre. Oft wird der Zusammenhang zwischen der größten Komponente des magnetischen Momentes und dem Spin I auch mit Hilfe des gyromagnetischen Verhältnisses γ ausgedrückt:

$$\gamma \equiv \frac{\mu}{I\hbar}.$$

Das gyromagnetische Verhältnis ist definiert als Quotient der größten Komponente des magnetischen Momentes und der mit $\hbar$ multiplizierten Spinquantenzahl I. Zwischen dem gyromagnetischen Verhältnis und dem Kern-g-Faktor besteht damit nach Gl. (3.10) die Beziehung:

$$\gamma = \frac{g_I \mu_N I}{I\hbar}$$

$$= g_I \mu_N/\hbar = g_I \frac{e}{2m_p}.$$

Klassisch läßt sich das gyromagnetische Verhältnis einer auf einem Kreis sich bewegenden punktförmigen Ladung einfach berechnen. Das Teilchen soll die Ladung e und die Masse m aufweisen und sich auf einer Kreisbahn vom Radius r mit der Winkelgeschwindigkeit ω bewegen. Es besitzt daher sowohl ein magnetisches Moment $\vec{\mu}$ als auch einen Drehimpuls $\vec{I}$. $|\vec{I}|$ berechnet sich zu

$$|\vec{I}| = m\,v\,r = m\,r^2\,\omega.$$

Das magnetische Moment μ wird[1] (s. Bd. II, S. 135; $J = e\omega/2\pi$ ist die Stromstärke):

$$\mu = JF = \frac{e\omega}{2\pi}\pi r^2 = \frac{e}{2} r^2 \omega.$$

Als gyromagnetisches Verhältnis ergibt sich für den klassischen Fall

$$\gamma = \frac{e}{2m}.$$

Da γ sowohl von r als auch von ω unabhängig ist, gilt dieses Resultat für irgendein System rotierender geladener Teilchen, deren spezifische

---

[1] Es wird als magnetisches Moment des Kreisstromes der Ausdruck $\mu = JF$ benutzt.

Ladungs konstant ist. Würde man für diesen Fall einen g-Faktor einführen, dann ergäbe es sich zu eins. Der durch die klassische Betrachtungsweise gefundene Zusammenhang zwischen magnetischem Moment und Drehimpuls wird von den Hüllenelektronen erfüllt, sofern nur der Bahndrehimpuls und das durch die Bahnbewegung erzeugte magnetische Moment berücksichtigt werden. Dagegen zeigt das mit dem Elektronenspin, d.h. dem Eigendrall des Elektrons verknüpfte magnetische Moment einen g-Faktor von g = 2,0023.

3.4.3. Magnetisches Dipolmoment von Proton und Neutron

a) Magnetisches Moment des Protons. Der direkte Nachweis des magnetischen Momentes des Protons erfolgte 1933 durch *Estermann, Frisch* und *Stern*[1]. Sie benutzten hierzu die für den Nachweis der Richtungsquantisierung wichtig gewordene Stern-Gerlach-Methode (s. Bd. III/1, VII.5), bei der ein Atom- bzw. Molekularstrahl in einem transversalen, inhomogenen magnetischen Felde abgelenkt wird.

Experimentell bestimmt sich das magnetische Moment des Protons zu[2] $\mu_p = +2,79278\,\mu_N$.

Diese Messung ist in zweifacher Hinsicht von fundamentaler Bedeutung:

1. Das Proton entspricht bezüglich des Zusammenhanges zwischen magnetischem Kernmoment und Kernspin weder der klassischen Vorstellung (g-Faktor = 1) noch dem Elektron. Man spricht daher von einem „anomalen" magnetischen Moment des Protons (g-Faktor des Protons = 5,58556).

2. Das magnetische Protonenmoment dient als Vergleichsbasis für die Messung der magnetischen Momente anderer Kerne (s. Kerninduktion S. 64).

b) Magnetisches Moment des Neutrons. Zur Bestimmung des magnetischen Momentes des Neutrons haben zuerst *Alvarez* und *Bloch* die von *Rabi* entwickelte Molekularstrahl-Resonanzmethode benutzt. Wenn ein Neutronenstrahl ein magnetisiertes Eisenstück durchquert, wird er partiell polarisiert infolge der magnetischen Wechselwirkung des Neutronenmomentes mit dem ma-

---

[1] Zsch. f. Physik **85**, S. 4 und 17, 1933; s. ebenfalls: *Estermann, Simpson* und *Stern*, Phys. Rev., **52**, 535, 1937.
[2] *Taylor* u.a., Rev. Mod. Phys. **41**, 375, 1969.

gnetischen Moment der Atome in der magnetisierten Substanz[1]. Zwei magnetisierte Eisenstücke können als Polarisator und Analysator Verwendung finden. Die Intensität des durchtretenden Neutronenstrahles hängt von der gegenseitigen Richtung der Magnetisierung ab. Sind die Eisenstücke parallel magnetisiert, so läßt sich feststellen, ob die Neutronen auf ihrem Wege zwischen den Eisenstücken eine Umorientierung der Einstellung der magnetischen Momente erfahren haben. Eine solche Umorientierung ist durch eine magnetische Resonanzmethode möglich, wie wir sie anschließend bei der Besprechung der magnetischen Kernresonanz erläutern werden.

Aus diesen Versuchen ergab sich das magnetische Moment des Neutrons zu
$$\mu_n = -1{,}91315\, \mu_N.$$

3.4.4. Methode der magnetischen Kernresonanz

3.4.4.1. Grundlagen. Wir betrachten zunächst den einfachsten Fall eines Kerns in einem konstanten Magnetfeld H_0. Wenn der Spin und damit das magnetische Moment von Null verschieden sind, tritt eine Präzession um die Feldrichtung ein (s. Bd. III/1, S. 302). Diese Präzession heißt Larmor-Präzession.

Die Larmor-Frequenz ν_0 eines Kerns läßt sich analog zu derjenigen eines Elektrons berechnen, indem man das Bohrsche Magneton durch das Kernmagneton ersetzt:
$$\nu_0 = \frac{\omega_0}{2\pi} = \frac{g_I \mu_N}{h} B_0.$$

Unter dem Einfluß des äußeren Feldes $\vec{H}_0$ führt der Kern eine Präzessionsbewegung aus, deren Frequenz ν_0 proportional zum Kern-g-Faktor und zur Stärke des Magnetfeldes H_0 ist.

Beispiel: ν_0 für Protonen in einem Felde
$$|\vec{H}_0| = 10^4\, \text{Oe} = \frac{10^7}{4\pi}\, \text{A/m}, \quad \text{d.h.}\ B_0 = 1\, \text{Vs/m}^2 = 1\, \text{T}.$$

g-Faktor des Protons $g_I = 5{,}58552$:
$$\nu_0 = g_I \frac{e}{2 m_p} \frac{B_0}{2\pi} = 42{,}6\, \text{MHz}.$$

Die Larmor-Frequenz liegt bei dieser Feldstärke im Gebiet der Radiofrequenzen.

---
[1] *F. Bloch*, Phys. Rev., **50**, 259, 1936; **51**, 994, 1937.

3.4. Kernspin und magnetisches Dipolmoment

Berücksichtigen wir nun die räumliche Quantisierung des Kernspins und, damit gekoppelt, des magnetischen Momentes, so ergeben sich $2I+1$ verschiedene Energieniveaus (Fig. 37, Beispiel $I=2$).

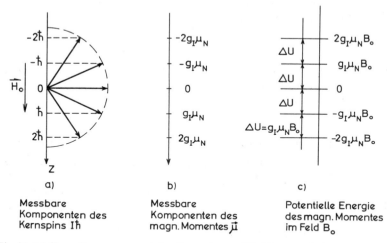

Fig. 37. Meßbare Komponente: a) des Kernspins und b) des magnetischen Moments, c) potentielle Energie des magnetischen Moments im Feld B_0.

Es ist nun möglich, wie bei den Elektronenniveaus des Atoms, zwischen den einzelnen Niveaus Übergänge zu erzeugen. Dabei existieren, analog zu den Übergängen im Atom, Auswahlregeln. Dipolübergänge sind hier nur möglich, wenn sich die Quantenzahl m um $\Delta m = \pm 1$ ändert. Ein absorbiertes Quant erzeugt Übergänge, wenn seine Energie $h\nu$ der Differenz der Energien zweier benachbarter Niveaus entspricht $\quad h\nu = g_I \mu_N B_0$.

Die Frequenz der ein- bzw. ausgestrahlten Photonen ergibt sich hieraus zu

$$\nu = \frac{g_I \mu_N B_0}{h}, \qquad (3.11)$$

was der Larmor-Frequenz ν_0 gleichkommt. Das Ergebnis ist also das folgende: Strahlt man auf eine Substanz, die sich im Magnetfeld H_0 befindet und deren Atomkerne ein magnetisches Moment besitzen, Lichtquanten der Frequenz ν_0 ein, so erfahren die Kerne Übergänge zwischen den Energieniveaus unter Absorption oder Emission von Lichtquanten. Dieses Phänomen nennt man magnetische Kernresonanz oder Kerninduktion.

Wenn eine Gesamtheit von Kernen stimuliert wird und damit kohärent magnetische Übergänge ausführt, nimmt jeder Kern aus der Umgebung die Energie hν auf oder gibt sie ab. Mit der Bestimmung dieser Energie hν und der Kenntnis von B_0 kann aus Gl. (3.11) der Kern-g-Faktor ermittelt werden:

$$g_I = \frac{h\nu}{\mu_N B_0}.$$

Es ist üblich, die g_I-Werte auf den g_I-Faktor des Protons zu beziehen. Für vorgegebenes B_0 wird:

$$\frac{(g_I)_{Kern}}{(g_I)_{Proton}} = \frac{\nu_{Kern}}{\nu_{Proton}}.$$

3.4.4.2. Praktischer Nachweis der magnetischen Kernresonanz

a) Kerninduktion nach Bloch (geb. 1905). Diese Anordnung ist aus Fig. 38 ersichtlich. Die einzelnen Kerne, die wir uns vorerst als unabhängig voneinander vorstellen wollen, befinden sich in einer Flüssigkeitsprobe Fl im Felde B_0 des Magneten. Das für die Induk-

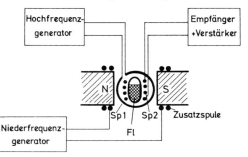

Fig. 38. Magnetische Kernresonanz: Anordnung nach *Bloch*. Sp 1: Anregungsspule. Sp 2: Empfangsspule.

tion wichtige Wechselfeld B_1 wird durch einen Hochfrequenzgenerator in der Spule Sp 1 (Fig. 39) erzeugt. Die Tatsache, daß bei Erreichung der Resonanzfrequenz ν_0 die magnetischen Kernmomente ihre Orientierung gegenüber B_0 ändern, ergibt eine Induktionswirkung in einer Spule Sp 2, die senkrecht zur Anregungsspule steht (vgl. Fig. 39, in der die Anregungsspule Sp 1 und die Empfangsspule Sp 2 größer dargestellt sind). Daher wählte Bloch den Namen Kerninduktion für die gesamte Erscheinung. Da das eingestrahlte Feld die Frequenz ν_0 besitzt, weist das empfangene Signal ebenfalls die Frequenz ν_0 auf. Das Feld B_1, das, wie wir gesehen haben, mit der Frequenz ν_0 rotieren muß, würde in einer Empfängerspule, deren Fläche nicht senkrecht

3.4. Kernspin und magnetisches Dipolmoment

auf der Ebene des rotierenden B_1-Feldes stehen würde, so große Induktionssignale erzeugen, daß der elektronische Nachweis der kippenden Kernmagnetchen sehr erschwert wäre.

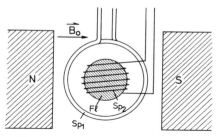

Fig. 39. Anordnung von Empfangs- (Sp_2) und Anregungsspule (Sp_1) bei der Blochschen Kernresonanz-Methode. Fl = Flüssigkeitsprobe.

Zur Erzeugung des rotierenden B_1-Feldes gibt es eine einfache Methode. Anstelle des rotierenden (zirkular polarisierten) B_1-Feldes wird ein linear polarisiertes B_1-Feld mit der Amplitude 2 B_1 benutzt. Dieses läßt sich in ein links- und ein rechtszirkulares Feld B_1 zerlegen, wobei nur das eine zirkulare Feld die Resonanzbedingung erfüllt, während das andere keine Resonanz zeigt. Daraus geht hervor, daß für die Erzeugung der Kerninduktion ein linear polarisiertes B_1-Feld genügt, womit man zu der in Fig. 38 wiedergegebenen Zweispulenanordnung kommt. Es ist heute üblich, von Kerninduktion zu sprechen, wenn diese Zweispulenanordnung vorliegt.

Die Aufnahme eines Kerninduktionssignales geschieht folgendermaßen: Die Frequenz des Feldes B_1 wird konstant gehalten und die Probe in dieses Feld gebracht. Durch geringe Variation des Feldes B_0 wird die Resonanzfrequenz ν_0 geändert. Diese Änderung erfolgt unter Verwendung von Zusatzspulen (vgl. Fig. 38). Wird die Resonanzfrequenz erreicht, so ändern die Kerndipole ihre räumliche Stellung und erzeugen in der Empfangsspule ein Induktionssignal, das verstärkt und gleichgerichtet den y-Platten eines Oszillographen zugeführt wird. An die x-Platten wird eine mit dem Zusatzfeld synchron ändernde kleine Sägezahnspannung angelegt, so daß auf dem Schirm das Induktionssignal in Abhängigkeit der Frequenz der präzessierenden Kernmagnetchen erscheint. Wichtig bei diesem Versuch ist die gute Justierung der Empfangsspule, da sonst eine direkte Induktionswirkung entsteht. Man kann auch die Frequenz des B_1-Feldes modulieren und das Feld B_0 konstant halten, doch bedingt dies einen größeren elektronischen Aufwand. In Tabelle 7 sind für verschiedene

Tabelle 7. Spin, magnetisches Moment in Einheiten des Kernmagnetons und Resonanzfrequenz für ein magnetisches Feld der Induktion $B_0 = 1\,\text{T}$ für verschiedene Nuklide

Z	Kern	A	Spin	Magnetisches Moment $\mu_H/m_K = g_I\,I$	Resonanzfrequenz MHz
0	n	1	$\frac{1}{2}$	$-1{,}913$	29,2
1	H	1	$\frac{1}{2}$	2,792	42,6
1	H	2	1	0,857	6,5
1	H	3	$\frac{1}{2}$	2,978	45,4
2	He	3	$\frac{1}{2}$	$-2{,}127$	32,4
3	Li	6	1	0,821	6,3
3	Li	7	$\frac{3}{2}$	3,255	16,5
4	Be	9	$\frac{3}{2}$	$-1{,}177$	6,0
5	B	10	3	1,800	4,6
5	B	11	$\frac{3}{2}$	2,688	13,7
6	C	13	$\frac{1}{2}$	0,702	10,7
7	N	14	1	0,404	3,1
7	N	15	$\frac{1}{2}$	$-0{,}280$	4,3
9	F	19	$\frac{1}{2}$	2,627	40,1
11	Na	22	3	1,746	4,4
11	Na	23	$\frac{3}{2}$	2,216	11,3
13	Al	27	$\frac{5}{2}$	3,638	11,1
15	P	31	$\frac{1}{2}$	1,130	17,2
17	Cl	35	$\frac{3}{2}$	0,820	4,2
17	Cl	37	$\frac{3}{2}$	0,684	3,5
19	K	39	$\frac{3}{2}$	0,390	2,0
19	K	40	4	$-1{,}298$	2,5
19	K	41	$\frac{3}{2}$	0,214	1,1
29	Cu	63	$\frac{3}{2}$	2,220	11,3
29	Cu	65	$\frac{3}{2}$	2,379	12,1
31	Ga	69	$\frac{3}{2}$	2,010	10,2
31	Ga	71	$\frac{3}{2}$	2,555	13,0
38	Br	79	$\frac{3}{2}$	2,099	10,7
38	Br	81	$\frac{3}{2}$	2,262	11,5
37	Rb	85	$\frac{5}{2}$	1,348	4,1
37	Rb	87	$\frac{3}{2}$	2,741	13,9
49	In	113	$\frac{9}{2}$	5,496	9,3
49	In	115	$\frac{9}{2}$	5,507	9,3
53	I	127	$\frac{5}{2}$	2,793	8,5
55	Cs	133	$\frac{7}{2}$	2,564	5,6
56	Ba	135	$\frac{3}{2}$	0,832	4,2
56	Ba	137	$\frac{3}{2}$	0,931	4,7
81	Tl	203	$\frac{1}{2}$	1,596	24,3
81	Tl	205	$\frac{1}{2}$	1,611	24,6

3.4. Kernspin und magnetisches Dipolmoment

Kerne die Spins, die magnetischen Momente und die Resonanzfrequenzen v_0 für ein Feld von $B_0 = 1\,\text{T}$ angegeben.

b) **Kernresonanz nach Purcell** (geb. 1912). Diese Methode beruht auf demselben Prinzip wie diejenige der magnetischen Kerninduktion. Der Unterschied liegt nur in der geometrischen Anordnung der magnetischen Felder und der Induktionsspule. Während nach Bloch B_0, B_1 und die Normale der Induktionsspule senkrecht

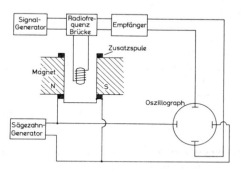

Fig. 40. Kernresonanzmethode nach *Purcell*.

zueinander stehen, fallen bei der Anordnung nach Purcell B_1 und Spulennormale zusammen, da die B_1-Feldspule und die Induktionsspule identisch sind (s. Fig. 40). Das durch B_1 selbstinduzierte Signal wird dabei in einer Brückenschaltung kompensiert. Purcell hat dieses Phänomen „magnetische Kernresonanz" genannt.

Kerne mit dem Spin $\frac{1}{2}$ haben zwei Einstellmöglichkeiten, deren Energieunterschied $2\mu B_0$ beträgt. Legen wir das H_1-Feld an, so ergeben sich durch Absorption Übergänge nach größerer Energie und durch stimulierte Emission solche nach kleinerer Energie. Die Wahrscheinlichkeit für die beiden Übergangstypen ist gleich. Es entstehen daher gleich viele Absorptions- und Emissionsakte; es könnte somit kein Induktionseffekt nachgewiesen werden, wenn beide Energieniveaus gleich besetzt wären. Da jedoch die Energie der beiden Zustände ein wenig verschieden ist, sind im tieferen Zustand etwas mehr Kerne vorhanden als im höheren. Es gilt nach *Boltzmann* (s. Bd. III/1, S. 31 ff.):

$$\frac{N_h}{N_t} = e^{-\frac{2\mu B_0}{kT_s}}.$$

N_h und N_t = Besetzungszahlen des höheren bzw. tieferen Energiezustandes,
T_s = Temperatur,
k = Boltzmannsche Konstante ($1{,}38 \cdot 10^{-23}$ J/Grad).

Bei Zimmertemperatur (290° K) erhält man für $B_0 = 1$ Tesla und Protonen folgenden Wert:

$$\frac{N_h}{N_t} = e^{-\frac{2\mu B_0}{kT_s}} \approx 1 - \frac{2\mu B_0}{kT_s} = 1 - 7,0 \cdot 10^{-6}.$$

Der Überschuß der Population im tieferen gegenüber dem höheren Niveau ist demnach außerordentlich klein (in unserem Zahlenbeispiel weniger als ein tausendstel Prozent), genügt jedoch wegen der großen Zahl der beteiligten Kerne, um eine makroskopisch zu beobachtende Kerninduktion hervorzurufen.

Damit sollen die theoretischen Überlegungen zur Kerninduktion oder magnetischen Kernresonanz vorläufig abgeschlossen werden. Diese Erscheinung ist darum interessant, da sie eine direkte und präzise Messung des gyromagnetischen Verhältnisses (s. S. 62) ermöglicht. Im weitern gibt es viele Anwendungsmöglichkeiten auf verschiedenen Gebieten, vor allem in der Chemie.

3.4.4.3. Bedeutung der magnetischen Kernresonanz für chemische Untersuchungen. Bei Kernen ereignen sich Übergänge, wenn sie mit einem magnetischen Wechselfeld der Frequenz $\omega_0 = \gamma B_0$ bestrahlt werden (γ = gyromagnetisches Verhältnis, B_0 = magnetische Induktion am Ort des Kerns). Für einen isolierten Kern entspricht B_0 der Induktion, die vom benützten Magneten erzeugt wird. Für den Kern dagegen, der sich in einem Atom- oder Molekülverband befindet, kann durch die diamagnetische Wirkung der Elektronenhülle das äußere Feld B_0 geschwächt werden. Es ist dies eine Induktionswirkung in der Elektronenhülle, durch die die magnetische Induktion B_0 am Ort des Kerns verkleinert wird.

Die Abschwächung des Feldes bedingt nun für den abgeschirmten Kern eine etwas kleinere Resonanzfrequenz ω_{abg} gegenüber der Frequenz ω_0 des nicht abgeschirmten Kerns:

$$\omega_{abg} = \gamma(B_0 - \Delta B_0); \quad \omega_0 = \gamma B_0.$$

Die Differenz $\omega_0 - \omega_{abg} = \Delta \omega$ wird als chemische Verschiebung (chemical shift) bezeichnet.

Ein sehr schönes Beispiel zur Illustration liefert Äthylalkohol mit einer Methyl-, einer Methylen- und einer Hydroxylgruppe:

$$CH_3 - CH_2 - OH.$$

In allen drei Gruppen sind Protonen mit dem Spin $\frac{1}{2}$ vorhanden, während ^{12}C und ^{16}O den Spin 0 besitzen. Die Protonen der Methyl-

3.4. Kernspin und magnetisches Dipolmoment

gruppe sind am stärksten, diejenigen der Hydroxylgruppe am schwächsten abgeschirmt. In Fig. 41, welche das magnetische Kernresonanzspektrum von Äthylalkohol wiedergibt, erkennt man die drei Resonanzfrequenzen. Strahlt man eine bestimmte Radiofrequenz ω_0 ein und erhöht langsam das Magnetfeld, dann erfahren zuerst die Protonen der Hydroxylgruppe Resonanzübergänge (in Fig. 41 gehört die Resonanzspitze rechts zu dieser Gruppe), im weiteren folgen die Übergänge in der Methylengruppe und schließlich jene der Methylgruppe mit der stärksten Abschirmung. Diese Feinstruktur des magnetischen Kernresonanzspektrums wurde in den Jahren 1950 und 1951 entdeckt. Für den Chemiker ist dabei die Tatsache wichtig, daß gleiche Kerne in einem Molekül eine verschiedene chemische Verschiebung aufweisen, sofern sie von verschiedenen Elektronenkonfigurationen umgeben sind. In Fig. 41 zeigen die beiden äußersten Resonanzlinien bei einem Feld B_0 von 0,76 T einen Feldstärkenunterschied von $3 \cdot 10^{-6}$ T. Dies bedeutet den kleinen Unterschied

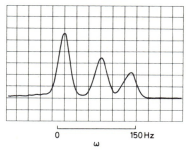

Fig. 41. Kernresonanzspektrum von Äthylalkohol nach *Bloch*, aufgenommen bei $B_0 = 0,76$ T.

von $0,4 \cdot 10^{-5} B_0$, woraus man erkennt, daß es sehr homogene Felder braucht, um Unterschiede in der chemischen Verschiebung nachweisen zu können, müssen doch die Feldinhomogenitäten über das Volumen der etwa 1 cm³ großen Probe beträchtlich kleiner als $10^{-5} B_0$ sein. Sonst erscheint das Resonanzsignal eines bestimmten Kernes als breite Linie, in der Unterschiede wie die chemische Verschiebung untergehen.

In Fig. 42 ist der Einfluß einer Inhomogenität des Feldes B_0 dargestellt. Die vier waagrechten Pfeile deuten an, daß das Feld in der Probe P nach unten zunimmt (Fig. 42a oben). Hat die Larmor-Frequenz die richtige Größe für B_0 am Ort 4 erreicht, so wird ein entsprechendes Signal entstehen. Wird B_0 verstärkt, dann ist es bei 4 zu hoch, dafür entsteht ein Signal bei 3, usw. Es wird also eine breite Linie entstehen, wie sie in der Fig. 42a unten durch eine gestrichelte Linie angedeutet ist. In Fig. 42b findet sich das entsprechende Signal bei vollkommener Homogenität von B_0. Dieses Signal ist schmal und hoch, doch ist die zugehörige schraffierte Fläche gleich groß wie im Falle des inhomogenen Feldes.

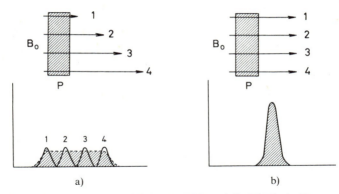

Fig. 42. Einfluß der Inhomogenität des B_0-Feldes auf die Schärfe der Resonanzlinie.

Der zu den beiden äußeren Resonanzlinien der Fig. 41 gehörige Feldunterschied ΔB_0 ist mit $3 \cdot 10^{-6}$ T angegeben worden. Daraus kann der entsprechende Frequenzunterschied abgeleitet werden (vgl. die Berechnung der Larmor-Frequenz für Protonen S. 64):

$$\frac{\Delta v}{v_0} = \frac{\Delta B_0}{B_0} \approx 4 \cdot 10^{-6}.$$

Dies entspricht bei der verwendeten Frequenz von $v_0 = 32$ MHz einer Frequenzverschiebung von $\Delta v \approx 4 \cdot 10^{-6} v_0 = 130$ Hz.

Es ist noch zu erwähnen, daß Δv bei der chemischen Verschiebung proportional zur äußeren Feldstärke B_0 wächst. Dies ist auch ohne weiteres verständlich, da die Induktionswirkung in der Elektronenhülle auch proportional zum äußeren Feld anwächst. Das Spektrum von Äthylalkohol zeigt noch eine weitere, für den Chemiker wichtige Eigenschaft: die zu den drei Gruppen gehörenden Induktionssignale weisen Flächen auf, die sich wie 3:2:1 verhalten (Fig. 41). Dies rührt daher, daß in der Methylgruppe drei gleichwertige Protonen zum Signal beitragen, in der Methylengruppe zwei und in der Hydroxylgruppe nur ein Proton. Die Spektren der magnetischen Kernresonanz sind daher auch für quantitative Analysen höchst bedeutungsvoll. Sie liefern ein außerordentlich wirksames Hilfsmittel für die chemische Analyse und für die Strukturbestimmung.

Neben der eben besprochenen Art der Feinstruktur, die durch die verschiedene Abschirmung der Kerne bedingt ist, gibt es noch eine zweite Art, die Spin-Spin-Wechselwirkung. Auch diese ist in den Jahren 1950 und 1951 aufgefunden worden. Es hat sich gezeigt, daß sie für den Strukturchemiker noch wichtiger ist als die erste Art.

Fig. 43 zeigt nochmals das Spektrum von Äthylalkohol, aber mit größerer Auflösung, d.h. mit noch homogenerem Magnetfeld. Hier sind die Feldinhomogenitäten über die ganze Probe $\lesssim 10^{-7}\,B_0$.

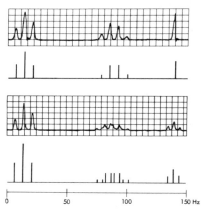

Fig. 43. Kernresonanzspektrum hoher Auflösung von Äthylalkohol (*J. T. Arnold*, Phys. Rev. **102**, 136, 1956).

Oben ist das Spektrum für unreinen (nicht extra reinen), unten dasjenige für reinen Alkohol zu sehen. Rein bedeutet hier, daß in dem Alkohol nur kleinste Spuren von H^+- oder OH^--Ionen vorkommen, wobei $10^{-5}-$ normal schon als Verunreinigung zu gelten hat. Betrachten wir zunächst das obere Spektrum des unreinen Alkohols, so erkennen wir, daß die drei Linien von vorher eine Struktur aufweisen. Die Linie der Methylgruppe zeigt drei Komponenten, deren Intensitäten sich wie 1:2:1 verhalten, diejenige der Methylengruppe vier Komponenten mit den Intensitäten 1:3:3:1. Einzig die Linie der Hydroxylgruppe ist nicht aufgespalten.

Diese weitere Feinstruktur ist unabhängig vom Felde H_0, hat somit ihre Ursache nicht in einem Abschirmungseffekt. Dagegen zeigt sich die höchst bedeutsame Eigenschaft, daß diese Feinstruktur von Einflüssen der magnetischen Momente der benachbarten Kerne abhängt. Unter der Voraussetzung, daß die chemische Verschiebung, gemessen in Hz, viel größer ist als die Aufspaltung durch die Spin-Spin-Kopplung und das Molekül keine Symmetrie aufweist, ist die Zahl der Linien und ihre relativen Intensitäten durch die möglichen Spineinstellungen der Nachbarkerne und durch das statistische Gewicht dieser Stellungen bestimmt. Wir betrachten im Beispiel des Äthylalkohols zuerst die Wechselwirkung zwischen der CH_3-Gruppe mit drei und der

CH_2-Gruppe mit zwei äquivalenten Protonen. Die Einstellmöglichkeiten der Spins in der Methylengruppe sind aus Fig. 44 ersichtlich. Es gibt für die z-Komponente des Gesamtspins der beiden Protonen die drei Möglichkeiten 1, 0, -1, wobei zum Spin 0 das doppelte Gewicht der beiden anderen Möglichkeiten gehört. Die zufolge dieser verschiedenen Einstellmöglichkeiten entstehenden Zusatz-

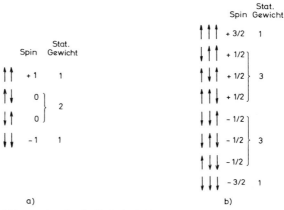

Fig. 44. Zur Erklärung der durch die Spin-Spin-Wechselwirkung verursachten Feinstruktur von Kernresonanzspektren.

felder am Ort der CH_3-Gruppe verursachen also eine dreifache Aufspaltung, wie sie vorher erwähnt worden ist. Das Besondere für den Chemiker liegt in der Tatsache, daß es die benachbarte Gruppe ist, welche diese Feinstruktur bewirkt. Gehen wir nun umgekehrt zu den Einstellmöglichkeiten der Spins der drei äquivalenten Protonen in der CH_3-Gruppe über (Fig. 44), so kommen wir entsprechend auf die vier Möglichkeiten für die z-Komponenten des Gesamtspins von $+\frac{3}{2}$, $+\frac{1}{2}$, $-\frac{1}{2}$ und $-\frac{3}{2}$, die in der benachbarten CH_2-Gruppe eine vierfache Aufspaltung im Intensitätsverhältnis 1:3:3:1 ergeben.

Die Verhältnisse, wie sie durch den Reinheitsgrad bestimmt sind, können schön verfolgt werden, indem man die Struktur in Abhängigkeit vom HCl-Gehalt des Alkohols verfolgt. Fig. 45 zeigt die Resultate für die Methylengruppe bei drei verschiedenen HCl-Konzentrationen. Aus solchen Experimenten lassen sich auch die mittleren Austauschzeiten für die betreffenden Kerne und daraus reaktionskinetische Daten direkt ermitteln.

Ein Wort über die Spin-Spin-Wechselwirkung ist noch notwendig. Es handelt sich nicht um eine direkte Wechselwirkung zwischen

3.4. Kernspin und magnetisches Dipolmoment

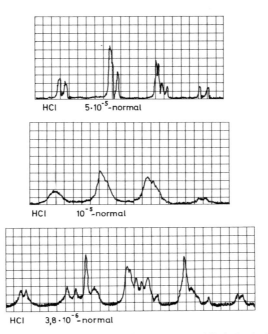

Fig. 45. Kernresonanzspektrum der Methylengruppe von Alkohol mit drei verschiedenen HCl-Zusätzen.

benachbarten Kernen bzw. magnetischen Momenten, da sich diese wegen der raschen Bewegung der Moleküle in Flüssigkeiten aufheben. Der Vorgang besteht zunächst in einer magnetischen Wechselwirkung des magnetischen Kernmomentes mit den Elektronenmomenten der eigenen Elektronenhülle. Diese wirken ihrerseits auf die Elektronenspins der Valenzelektronen, die dann mit dem benachbarten Kern eine weitere Wechselwirkung erzeugen[1].

3.4.4.4. Die Blochschen Gleichungen. Die Flüssigkeitsmenge der zu untersuchenden Substanz befinde sich in einem magnetischen Felde, dessen z-Komponente der Induktion einen konstanten Betrag B_0 aufweise. Die dazu senkrechte Komponente sei dem Betrage nach klein gegenüber B_0 und drehe sich in der xy-Ebene mit der Kreisfrequenz ω. Die drei Komponenten der magnetischen Induktion betragen

$$B_x = B_1 \cos \omega t; \quad B_y = -B_1 \sin \omega t; \quad B_z = B_0. \quad (3.12)$$

---

[1] *Emsley, Feeney* and *Sutcliffe*, High Resolution Nuclear Magnetic Resonance Spectroscopy, Vol. 1 & 2, Pergamon Press, 1965/66.

B_x und B_y zusammen ergeben das sich in der xy-Ebene mit der Kreisfrequenz ω drehende schwache Feld (Fig. 46). Die Kerne der Flüssigkeitsprobe erfahren in einem magnetischen Felde ein Drehmoment und als Folge eine Präzession, deren Larmor-Frequenz bei konstantem Feld B folgenden Wert besitzt:

$$v = \frac{1}{2\pi} \gamma B.$$

Es gilt

$$\frac{d\vec{I}}{dt} = \vec{\mu} \times \vec{B},$$

wobei $\vec{\mu} \times \vec{B}$ das auf den Kernkreisel ausgeübte Drehmoment und $\vec{I}$ den Kernspin bezeichnet. Für diese klassische Betrachtung ersetzen wir $\vec{I}$ mit Hilfe des gyromagnetischen Verhältnisses γ durch μ/γ, und es ergibt sich

$$\frac{1}{\gamma} \frac{d\vec{\mu}}{dt} = \vec{\mu} \times \vec{B}. \tag{3.13}$$

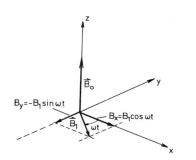

Fig. 46. Zur Herleitung der Blochschen Gleichungen.

Betrachten wir nun eine Gesamtheit von Kernen in der Flüssigkeit, die unter Einwirkung eines homogenen und konstanten Feldes $\vec{H}$ steht. Die magnetischen Kernmomente erzeugen ein magnetisches Moment pro Volumeneinheit $\vec{M}$ (s. Bd. II, S. 134). Summiert man Gl. (3.13) über die Volumeneinheit, so ergibt sich

$$\frac{1}{\gamma} \frac{d\vec{M}}{dt} = \vec{M} \times \vec{B},$$

oder

$$\frac{d\vec{M}}{dt} = \gamma \vec{M} \times \vec{B}. \tag{3.14}$$

Nun betrachten wir den Fall, wo die Induktion B nicht konstant ist, sondern die drei Komponenten

$$B_x = B_1 \cos \omega t; \quad B_y = \pm B_1 \sin \omega t; \quad B_z = B_0$$

aufweist, wie sie für ein Kerninduktionsexperiment notwendig sind. Für ein positives gyromagnetisches Verhältnis γ sind $\vec{\mu}$ und $\vec{I}$ parallel, was bedeutet, daß für den Resonanzfall

$$B_y = -B_1 \sin \omega t$$

3.4. Kernspin und magnetisches Dipolmoment

sein muß. Für negatives γ ($\vec{\mu}$ und $\vec{I}$ sind antiparallel) ist das positive Vorzeichen notwendig. Weiterhin sei $B_0 \gg B_1$. Die konstante Feldkomponente B_0 erzeugt eine Präzession des magnetischen Moments $\vec{M}$ um die z-Achse mit der Larmor-Frequenz $v_0 = \gamma B_0 / 2\pi$. Überdies bewirkt sie im Gleichgewichtszustand pro Volumeneinheit ein magnetisches Moment in Richtung der z-Achse von

$$M_0 = \chi_0 H_0.$$

Diese Gleichgewichtsmagnetisierung und damit eine bestimmte magnetische Energie pro Volumeneinheit wird sich unter Einfluß von thermischen Störungen mit einer gewissen Zeitkonstante T_1 einstellen. Bloch macht für die zeitliche Änderung von M_z den Ansatz

$$\frac{dM_z}{dt} = -(M_z - M_0)/T_1. \tag{3.15}$$

Danach wird sich M_z exponentiell mit der Zeitkonstante T_1 der Magnetisierung M_0 nähern. T_1 heißt „thermische" oder „longitudinale" Relaxationszeit. Sie läßt sich durch paramagnetische Zusätze zur Kerninduktionsprobe stark vermindern, da das relativ große permanente magnetische Moment dieser Atome die Einstellung der magnetischen Kernmomente ins Feld B_0 begünstigt.

Die Komponenten M_x und M_y des magnetischen Moments pro Volumeneinheit erfahren ihrerseits eine Beeinflussung z.B. durch lokale Änderungen des Feldes B_0. Dadurch erhalten die Kernmomente an verschiedenen Orten der Probe eine unterschiedliche Larmor-Frequenz und gelangen in ihrer Präzession außer Phase, so daß die transversalen Komponenten der Magnetisierung M_x und M_y langsam verschwinden. Die Überlagerung dieses Prozesses mit weiteren linienverbreiternden Beiträgen ergibt eine Zeitkonstante T_2, die als transversale Relaxationszeit bezeichnet wird. Bloch machte auch hier die einfachen Ansätze

$$\frac{dM_x}{dt} = -\frac{M_x}{T_2} \quad \text{und} \quad \frac{dM_y}{dt} = -\frac{M_y}{T_2}. \tag{3.16}$$

Danach verschwinden die transversalen Komponenten der Magnetisierung exponentiell mit der Zeit, da die einzelnen Kernmomente nicht mehr in Phase präzessieren.

Die vollständigen Bewegungsgleichungen für das magnetische Moment pro Volumeneinheit $\vec{M}$ ergeben sich, indem zu den drei Komponentengleichungen, in welche Gl. (3.14) aufgespalten werden kann[1], die entsprechenden Zusätze (3.15) und (3.16) hinzugefügt werden. Damit erhält man für $\vec{M}$ folgendes Gleichungssystem:

$$\frac{dM_x}{dt} - \gamma(M_y B_0 + M_z B_y) + \frac{M_x}{T_2} = 0;$$

$$\frac{dM_y}{dt} - \gamma(M_z B_x - M_x B_0) + \frac{M_y}{T_2} = 0; \qquad (3.17)$$

$$\frac{dM_z}{dt} + \gamma(M_x B_y + M_y B_x) + \frac{M_z}{T_1} = \frac{M_0}{T_1}.$$

Diese drei Gleichungen (3.17) werden als die Bloch-Gleichungen bezeichnet. Für die Komponenten der Induktion B sind die drei Komponenten von Gl. (3.12) einzusetzen, wobei für B_y das entgegengesetzte Vorzeichen vom gyromagnetischen Verhältnis γ zu wählen ist.

Erfolgt der Durchgang durch die Resonanz in Zeiten, die gegenüber den Relaxationszeiten T_1 und T_2 groß sind (sog. „slow passage"), so erreicht das Kernsystem für jeden Zeitmoment den stationären Zustand und es ergeben sich folgende Lösungen[2], wobei für $M_0 = \chi_0 H_0$, $\omega_0 = \gamma B_0$ und $\Delta\omega = \omega_0 - \omega$ gesetzt wird und $\gamma > 0$ vorausgesetzt sei:

$$M_x = \chi_0 \omega_0 H_1 T_2 \frac{\Delta\omega \cdot T_2 \cos\omega t + \sin\omega t}{1 + (\Delta\omega \cdot T_2)^2 + (\gamma B_1)^2 T_1 T_2};$$

$$M_y = \chi_0 \omega_0 H_1 T_2 \frac{-\Delta\omega \cdot T_2 \sin\omega t + \cos\omega t}{1 + (\Delta\omega \cdot T_2)^2 + (\gamma B_1)^2 T_1 T_2}; \qquad (3.18)$$

$$M_z = M_0 \frac{1 + (\Delta\omega \cdot T_2)^2}{1 + (\Delta\omega \cdot T_2)^2 + (\gamma B_1)^2 T_1 T_2}.$$

M_x und M_y sind die x- bzw. y-Komponente einer in der xy-Ebene mit der Kreisfrequenz ω umlaufenden Magnetisierung vom Betrage M'. M_x besitzt eine Phasendifferenz $-\varphi$ gegenüber der Komponente $B_x = B_1 \cos(\omega t)$ des eingestrahlten H-Feldes (Fig. 47). Nach Fig. 47 wird

$$M_x = M' \cos(\omega t - \varphi)$$
$$M_y = -M' \sin(\omega t - \varphi). \qquad (3.19)$$

---

[1] Die Komponenten des Vektorprodukts $\vec{M} \times \vec{B}$ sind (vgl. Bd. I, S. 35): $M_y B_0 - M_z B_y$, $M_z B_x - M_x B_0$, $M_x B_y - M_y B_x$.
[2] F. Bloch, Phys. Rev., 70, 471, 1946.

3.4. Kernspin und magnetisches Dipolmoment

Durch Gleichsetzen dieser Ausdrücke mit denjenigen von Gl. (3.18) erhält man

$$\frac{\chi_0 \omega_0 H_1 T_2}{1+(\Delta\omega \cdot T_2)^2 + (\gamma B_1)^2 T_1 T_2} [\Delta\omega \cdot T_2 \cos \omega t + \sin \omega t] \tag{3.20}$$
$$= M' \cos(\omega t - \varphi);$$

$$\frac{\chi_0 \omega_0 H_1 T_2}{1+(\Delta\omega \cdot T_2)^2 + (\gamma B_1)^2 T_1 T_2} [\cos \omega t - (\Delta\omega T_2) \sin \omega t] \tag{3.21}$$
$$= -M' \sin(\omega t - \varphi).$$

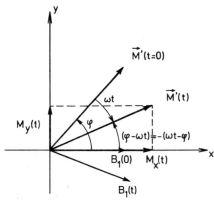

Fig. 47. Phasenverschiebung des Zeigers $\vec{M}'$ gegenüber dem Zeiger $\vec{B}_1$.

Gl. (3.20) ist nur erfüllbar, wenn ihre beiden Seiten bis auf einen konstanten Faktor a die gleiche Zeitabhängigkeit besitzen. Hieraus folgt:

$$\Delta\omega \cdot T_2 \cos \omega t + \sin \omega t = a[\cos(\omega t - \varphi)]$$
$$= a \cos \omega t \cos \varphi + a \sin \varphi \sin \omega t.$$

Die Konstante a und der Phasenwinkel φ sind also bestimmt:

$$\Delta\omega \cdot T_2 = a \cos \varphi;$$
$$1 = a \sin \varphi; \tag{3.22}$$

d. h.
$$a = \sqrt{1+(\Delta\omega \cdot T_2)^2}; \tag{3.23}$$
$$\operatorname{tg} \varphi = 1/\Delta\omega \cdot T_2. \tag{3.24}$$

Der Zeiger $\vec{M}'$ besitzt daher, wie aus Gl. (3.20) und (3.23) hervorgeht, den Betrag

$$M' = \chi_0 H_1 \frac{\omega_0 T_2}{1+(\Delta\omega \cdot T_2)^2 + (\gamma B_1)^2 T_1 T_2} \sqrt{1+(\Delta\omega \cdot T_2)^2}$$
$$= M_0 \frac{\gamma B_1 T_2 \sqrt{1+(\Delta\omega \cdot T_2)^2}}{1+(\Delta\omega \cdot T_2)^2 + (\gamma B_1)^2 T_1 T_2}. \tag{3.25}$$

In allen drei Komponenten von $\vec{M}$ erscheint im Nenner die Größe $(\gamma B_1)^2 T_1 T_2$. Sie ist maßgebend für die sog. Sättigung des Kernspinsystems, d.h. die Erscheinung, daß die energetisch verschiedenen Niveaus der Kernspins gleich bevölkert sind und sich damit Absorptions- und stimulierte Emissionsprozesse kompensieren (s. S. 69/70). Soll Sättigung vermieden werden, so ist die Bedingung $(\gamma B_1)^2 T_1 T_2 \ll 1$ zu erfüllen. Mit dieser Bedingung läßt sich Gl. (3.18) unter Berücksichtigung der Gl. (3.19) und (3.25) und der Abkürzung $\gamma B_1 = \omega_1$ folgendermaßen schreiben:

$$M_x = M_0 \frac{\omega_1 T_2}{\sqrt{1+(\Delta\omega \cdot T_2)^2}} \cos(\omega t - \varphi);$$
$$M_y = -M_0 \frac{\omega_1 T_2}{\sqrt{1+(\Delta\omega \cdot T_2)^2}} \sin(\omega t - \varphi); \tag{3.26}$$
$$M_z = M_0.$$

Diese Gleichungen geben die sich stationär einstellenden Komponenten der Magnetisierung wieder, herrührend von der Wirkung aller Kernmagnetchen, sofern die Durchgangszeit durch die Resonanz groß ist im Vergleich zu den Relaxationszeiten und keine Sättigung auftritt. In diesem Fall erreicht sowohl die Quermagnetisierung $\vec{M}'$ als auch die Längsmagnetisierung M_z ihren Gleichgewichtszustand. Die Längsmagnetisierung wird gleich der statischen Magnetisierung M_0, erzeugt durch das Längsfeld B_0. Die Quermagnetisierung kann als ein in der x y-Ebene mit der Kreisfrequenz ω rotierender Zeiger angesehen werden, dessen Betrag

$$M' = M_0 \frac{\omega_1 T_2}{\sqrt{1+(\Delta\omega \cdot T_2)^2}}$$

von $\Delta\omega = \omega_0 - \omega$ abhängt.

M' erreicht für die Resonanzfrequenz $\omega = \omega_0$ ein Maximum, und der zugehörige Phasenwinkel (vgl. Gl. (3.24)) wird $\varphi = \pi/2$.

3.4. Kernspin und magnetisches Dipolmoment

In Abhängigkeit der Frequenz ω läßt sich Zeiger $\vec{M}'$ graphisch darstellen als Sehne eines Kreises, dessen Mittelpunkt auf der y-Achse im Abstand $M_0 \omega_1 T_2/2$ liegt und dessen Radius $r = M_0 \omega_1 T_2/2$ beträgt (Fig. 48). Nach dieser Darstellung muß gelten

$$M' = M_{max} \sin \varphi. \quad (3.27)$$

Da

$$\sin \varphi = \frac{\operatorname{tg} \varphi}{\sqrt{1 + \operatorname{tg}^2 \varphi}}$$

ist, wird mit Gl. (3.24)

$$\sin \varphi = \frac{1}{\sqrt{1 + (\varDelta \omega \cdot T_2)^2}},$$

so daß Gl. (3.25) tatsächlich den Betrag des Zeigers $\vec{M}'$ für jedes φ richtig angibt. Aus Fig. 48 läßt sich daher der Betrag der Quermagnetisierung $\vec{M}'$ und der Phasenwinkel φ für irgendein ω ablesen. Tabelle 8 gibt für einige ω die Beträge und die Phasenwinkel von $\vec{M}'$ an.

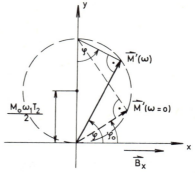

Fig. 48. Graphische Ermittlung der Quermagnetisierung $\vec{M}'$.

Tabelle 8. Quermagnetisierung M' und Phasenwinkel φ für verschiedene Kreisfrequenzen ω

ω	0	$\omega_0 - \dfrac{1}{T_2}$	ω_0	$\omega_0 + \dfrac{1}{T_2}$	∞
$\varDelta\omega = \omega_0 - \omega$	ω_0	$\dfrac{1}{T_2}$	0	$-\dfrac{1}{T_2}$	$-\infty$
φ	$\arcsin \dfrac{1}{\sqrt{1+(\omega_0 T_2)^2}}$	$\dfrac{\pi}{4}$	$\dfrac{\pi}{2}$	$\dfrac{3\pi}{4}$	π
M'	$\dfrac{M_0 \omega_1 T_2}{\sqrt{1+(\omega_0 T_0)^2}}$	$\dfrac{M_0 \omega_1 T_2}{\sqrt{2}}$	$M_0 \omega_1 T_2$	$\dfrac{M_0 \omega_1 T_2}{\sqrt{2}}$	0

Fig. 49 stellt M' in Abhängigkeit von $(\omega_0 - \omega) T_2$ dar. Der Betrag und die Phasenlage der Quermagnetisierung $\vec{M}'$ verhalten sich analog zu Amplitude und Phase der erzwungenen Schwingung eines gedämpften harmonischen Oszillators beim Durchgang durch die Resonanz.

Steht eine Empfängerspule von N Windungen der Fläche F mit ihrer Achse sowohl senkrecht zu B_0 als auch zu B_x und ist ihr ganzes

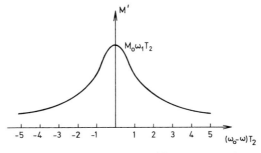

Fig. 49. Abhängigkeit der Quermagnetisierung M' von $(\omega_0 - \omega)T_2$.

Volumen mit Materie gefüllt, so beträgt der durch Kerninduktion erzeugte Induktionsfluß Φ (Fig. 50):

$$\Phi = \mu_0 \, N \, F \, M_y = -\mu_0 \, N \, F \, M' \sin(\omega t - \varphi)$$
$$= -N \, F \, \mu_0 \, \chi_0 \, H_1 \, \frac{\omega_1 T_2}{1 + (\Delta\omega \cdot T_2)^2} \sin(\omega t - \varphi).$$

An den Enden der Spule entsteht eine induzierte Spannung

$$U_i = -\frac{d\Phi}{dt}$$
$$= \mu_0 \, N F M' \, \omega \cos(\omega t - \varphi).$$

Die Amplitude der induzierten Spannung ist unabhängig von der Lage der Normalen der Empfängerspule in der xy-Ebene. Davon betroffen wird lediglich die Phasendifferenz zwischen induzierter Spannung und Feld B_x.

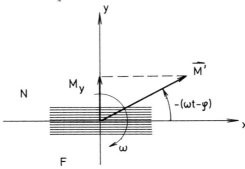

Fig. 50. Zur Berechnung des Induktionssignals in der Empfängerspule. N = Windungszahl und F = Fläche einer Windung der Spule.

3.4. Kernspin und magnetisches Dipolmoment

Für die Resonanzfrequenz $\omega = \omega_0$ ergibt sich mit $\varphi = \pi/2$

$$U_{i,max} = \mu_0 \, N F M'_{max} \, \omega_0 \cos(\omega_0 t - \pi/2)$$
$$= \mu_0 \, N F M'_{max} \, \omega_0 \sin(\omega_0 t).$$

Das B_x-Feld und die induzierte Spannung haben eine Phasendifferenz von $\pi/2$.

In der Ausführung des Kerninduktionsexperimentes nach Bloch, in dem Sende- und Empfangsspule getrennt sind und damit sehr übersichtliche Verhältnisse vorliegen, tritt im Idealfall nur die Kerninduktionsspannung auf. In der praktischen Anordnung ist dies nun keineswegs der Fall. Es wird sogar absichtlich ein kontrollierbarer Anteil des Signals der Senderspule dem Induktionssignal beigemischt. Erfolgt diese Beimischung phasengleich zum Senderfeld $B_x = B_1 \cos \omega t$, dann entsteht in der Empfangsspule die Magnetisierung $J = J_0 \cos(\omega t)$. Zusätzlich wird durch die Kerne die Magnetisierung M_y erzeugt:

$$M_y = -M_0 \frac{\omega_1 T_2}{\sqrt{1+(\Delta\omega \cdot T_2)^2}} \sin(\omega t - \varphi)$$
$$= -M_0 \frac{\omega_1 T_2}{\sqrt{1+(\Delta\omega \cdot T_2)^2}} (\sin \omega t \cos \varphi - \cos \omega t \sin \varphi).$$

Da diese beiden Magnetisierungen nicht in Phase sind, müssen sie wie Zeiger addiert werden. In den praktischen Fällen ist der Betrag von J viel größer als M_y.

Das entsprechende Zeigerdiagramm ist in Fig. 51 dargestellt. Der Zeiger M_y liegt für verschiedene Frequenzen ω auf einem Kreis mit dem Durchmesser $M_0 \omega_1 T_2$, und der Phasenwinkel φ ist durch

$$\text{tg } \varphi = \frac{1}{\Delta\omega \cdot T_2}$$

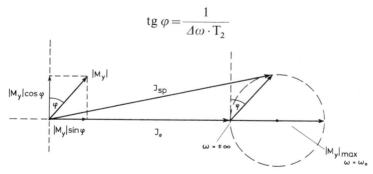

Fig. 51. Zur Berechnung des Induktionssignals mit Beimischung eines Beitrages von der Senderspule, der in Phase zu B_x ist.

bestimmt. Der resultierende Zeiger für die in der Empfangsspule vorhandene Magnetisierung J_{sp} dreht sich mit der Winkelgeschwindigkeit ω. Wie aus der Figur hervorgeht, weist J_{sp} für $\omega = \omega_0$ ein Maximum auf und wird für $\omega = \infty$ am kleinsten. Die von J_{sp} erzeugte Induktionsspannung wird daher

$$|U| = \mu_0 |J_{sp}| \, N F \, \omega \cos(\omega t + \varphi).$$

Aus Fig. 51 ergibt sich für $|J_{sp}|$

$$|J_{sp}| = \sqrt{(J_0 + |M_y| \sin \varphi)^2 + |M_y|^2 \cos^2 \varphi},$$

und da $J_0 \gg |M_y|$ ist, wird

$$|J_{sp}| \cong J_0 + |M_y| \sin \varphi.$$

J_0 gibt Anlaß zu einer mit ω sich ändernden Spannungsamplitude, die meßtechnisch uninteressant ist. $|M_y| \sin \varphi$ dagegen erzeugt eine resonanzartig sich ändernde Spannungsamplitude (Absorptionssignal) in Abhängigkeit von $\Delta \omega$ (Fig. 52):

$$|M_y| \sin \varphi = M_0 \frac{\omega_1 T_2}{1 + (\Delta \omega \cdot T_2)^2}.$$

Für $\omega = \omega_0$ ergibt sich ein Maximum.

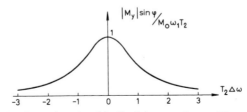

Fig. 52. Absorptionssignal in Funktion von $(\omega_0 - \omega) T_2 = \Delta \omega T_2$.

Erfolgt die Beimischung von J um $\pi/2$ phasenverschoben gegenüber B_x, so ergibt sich ein Zeigerdiagramm, wie es in Fig. 53 dargestellt ist. Aus der Figur liest sich sofort ab, daß für die Frequenz ω'' das Induktionssignal ein Minimum, für ω' ein Maximum aufweist. $|J_{sp}|$ ergibt sich für diesen Fall zu

$$|J_{sp}| = \sqrt{(J_0 + |M_y| \cos \varphi)^2 + |M_y|^2 \sin^2 \varphi}$$
$$\approx J_0 + |M_y| \cos \varphi.$$

J_0 bewirkt wiederum eine meßtechnisch uninteressante Induktionsspannung. $|M_y| \cos \varphi$ erzeugt dagegen in Funktion von $\Delta \omega$ eine Span-

3.4. Kernspin und magnetisches Dipolmoment

nungsamplitude proportional zu (cos φ wird ersetzt durch cos $\varphi =$ $\sqrt{1-\sin^2\varphi} = \Delta\omega \cdot T_2/\sqrt{1+(\Delta\omega \cdot T_2)^2}$):

$$|M_y|\cos\varphi = M_0 \frac{\omega_1 T_2}{\sqrt{1+(\Delta\omega \cdot T_2)^2}}$$

$$\cdot \frac{\Delta\omega\, T_2}{\sqrt{1+(\Delta\omega \cdot T_2)^2}}$$

$$= M_0\, \omega_1\, T_2 \frac{\Delta\omega \cdot T_2}{1+(\Delta\omega \cdot T_2)^2}.$$

Dieses Signal, das als Dispersionssignal bezeichnet wird, ist in Fig. 54 aufgezeichnet.

Je nach der Phasenlage der Beimischung J zeigt das Induktionssignal beim Durchgang durch die Resonanz Absorptions- oder Dispersionscharakter.

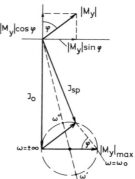

Fig. 53. Zur Berechnung des Induktionssignals mit Beimischung eines Signals von der Senderspule, das gegenüber B_x um $\pi/2$ phasenverschoben ist.

Die Beimischung J in der Empfängerspule kann nicht durch Drehen der Empfängerspule erzeugt werden, da bereits Drehungen um einige Zehntelgrad viel zu große induzierte Spannungen durch das B_x-Feld erzeugen würden. Bloch, Hansen und Packard haben eine einstellbare Beimischung dadurch erreicht, daß am Ende der das B_x-Feld erzeugenden Spule eine halbkreisförmige Scheibe (Trimmer oder paddle) angebracht wird, drehbar um eine Achse parallel zu derjenigen der Senderspule. Durch die im Trimmer erzeugten Wirbelströme kann das B_x-Feld in seiner Richtung wenig verstellt werden, wodurch die Beimischung J in der Empfängerspule nach Größe und Phasenlage fein regulierbar ist.

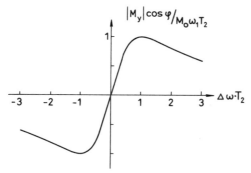

Fig. 54. Dispersionssignal in Funktion von $(\omega_0 - \omega) T_2 = \Delta\omega \cdot T_2$.

3.5. Elektrisches Kernquadrupolmoment.
In den Quadrupolmomenten spiegelt sich eine Abweichung der räumlichen Ladungsverteilung der Kerne von der Kugelsymmetrie wider. Es zeigt sich, daß diese z. T. beträchtlich sind. Da die Energie einer Ladungswolke in einem inhomogenen elektrischen Felde von ihrer Form und Orientierung zum Felde abhängt, liefert eine Messung dieser Energie Aufschluß über die räumliche Verteilung der Ladung. Zur Beschreibung der Ladungsverteilung ist es zweckmäßig, die sog. elektrischen Multipolmomente einzuführen (s. Bd. II, S. 125). Der kugelsymmetrische Anteil der Ladungsverteilung wird durch den Monopol berücksichtigt. Die Polstärke ist gleich der Gesamtladung des Kerns.

Würden in einem Kern die Schwerpunkte der Masse und der Ladung nicht zusammenfallen, so besäße dieser Kern ein elektrisches Dipolmoment. Das elektrische Dipolmoment $\vec{p}$ ist ein Vektor, der den Abstand der Schwerpunkte der positiven und negativen Ladungen, multipliziert mit der positiven Ladung, angibt. Für ein System von Punktladungen q_i wird das Dipolmoment

$$\vec{p} = \sum_i q_i \vec{r}_i,$$

wobei über alle Ladungen zu summieren ist.

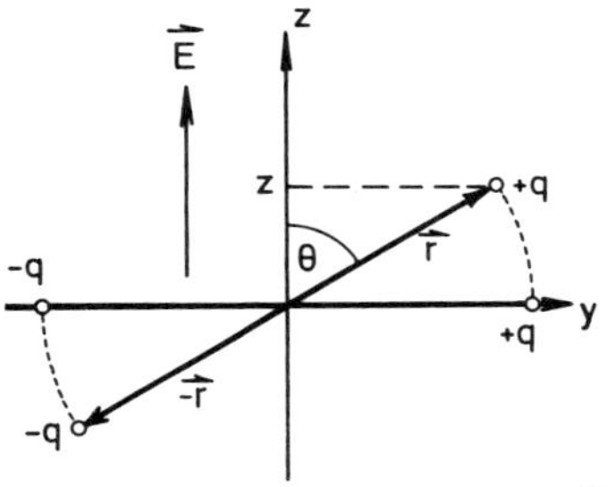

Eine Verallgemeinerung dieser Gleichung für beliebige Ladungsdichte $\rho(x\,y\,z)$ ist

Fig. 55. Elektrischer Dipol im Feld $\vec{E}$.

$$\vec{p} = \int \rho(x\,y\,z)\,\vec{r}\,dx\,dy\,dz.$$

Fig. 55 zeigt einen einfachen Dipol mit dem Moment

$$\vec{p} = q\vec{r} - q(-\vec{r}) = 2q\vec{r}$$

in einem elektrischen Felde $\vec{E}$. Die potentielle Energie des Dipols, bezogen auf eine Orientierung des Dipols senkrecht zu $\vec{E}$, beträgt

$$W = E\{q(-z) + (-q)z\} = -2qzE$$
$$= -2qrE\cos\theta = -\vec{p}\cdot\vec{E}. \tag{3.28}$$

Die Energie ist proportional zur elektrischen Feldstärke und hängt vom Winkel θ zwischen Dipolachse und Feldrichtung ab.

Kerne enthalten keine negativen Ladungen, so daß ein Dipolmoment nur entstehen kann, wenn der Schwerpunkt der Protonenladungen nicht mit dem Kernschwerpunkt zusammenfällt. Obschon bei Übergängen elektrische Dipolmomente möglich sind, fallen im

3.5. Elektrisches Kernquadrupolmoment

Mittel die Schwerpunkte der Protonen und Neutronen eines Kerns zusammen, so daß kein statisches elektrisches Kerndipolmoment existiert.

Das nächst höhere Multipolmoment ist das sog. Quadrupolmoment. Für ein rotationssymmetrisches System von Ladungen (Symmetrieachse z') ist es besonders einfach und wird durch eine einzige Größe Q' gekennzeichnet. Für ein System von Punktladungen q_i ist das Quadrupolmoment Q' bezüglich der z'-Achse definiert als

$$eQ' = \sum_i q_i(3z_i'^2 - r_i^2), \qquad (3.29)$$

wobei die z'-Achse Symmetrieachse der Ladungsverteilung ist. r_i ist die Distanz zwischen der Ladung q_i und dem Schwerpunkt der Ladungsverteilung, und z_i' bedeutet die z'-Koordinate der i-ten Ladung, vom Ladungsschwerpunkt aus gezählt. Nach dieser Definition ist Q' ein Maß für die Abweichung der Ladungsverteilung von der Kugelsymmetrie. Um dies einzusehen, berechnen wir den Mittelwert $\langle z_i'^2 \rangle$ für eine kugelsymmetrische Verteilung. Da in diesem Falle alle Koordinatenachsen gleichwertig sind, also $\langle z_i'^2 \rangle = \langle x_i'^2 \rangle = \langle y_i'^2 \rangle$ ist, und außerdem $\langle x_i'^2 \rangle + \langle y_i'^2 \rangle + \langle z_i'^2 \rangle = \langle r_i^2 \rangle$ gilt, wird $\langle z_i'^2 \rangle = \frac{1}{3} \langle r_i^2 \rangle$. In Gl. (3.29) verschwindet daher $3\langle z_i'^2 \rangle - \langle r_i^2 \rangle$, womit das Quadrupolmoment einer kugelsymmetrischen Ladungsverteilung null ist. Falls ein System von positiven Ladungen längs der Symmetrieachse gestreckt ist (Zigarrenform), wird $\langle z_i'^2 \rangle$ größer als $\frac{1}{3}\langle r_i^2 \rangle$, so daß Q' positiv ist. Für eine abgeplattete Ladungsverteilung (Diskusform) ist Q' negativ.

Die Einheit des Quadrupolmomentes ist die Flächeneinheit. In der Kernphysik wird dafür $1\,b = 1\,\text{barn} = 10^{-24}\,\text{cm}^2$ benützt.

Die Verallgemeinerung von Gl. (3.29) für eine kontinuierliche und rotationssymmetrische Ladungsverteilung ist

$$eQ' = \int \rho(x'\,y'\,z')(3z'^2 - r^2)\,dx'\,dy'\,dz', \qquad (3.30)$$

wobei $\rho(x'\,y'\,z')$ die Ladungsdichte angibt.

Einen einfachen Quadrupol zeigt Fig. 56. Nach der Definitionsgleichung (3.29) besitzt Q' bezüglich der Symmetrieachse z' den Wert

$$eQ' = 2q(3a^2 - a^2) = 4qa^2.$$

Bezogen auf die z-Achse ergibt sich der Wert

$$eQ_z = 2q(3a^2\cos^2\theta - a^2) = 4qa^2\,\frac{3\cos^2\theta - 1}{2} = \frac{3\cos^2\theta - 1}{2}\,eQ'. \qquad (3.31)$$

Befindet sich ein Quadrupol in einem homogenen elektrischen Felde der Stärke E, so ist die potentielle Energie W unabhängig von der Orientierung gegenüber der Feldrichtung. Bezüglich der z-Achse und jeder andern Achse durch den Koordinatennullpunkt ergibt sich (Fig. 56):

$$W/E = q(-z) + qz = 0.$$

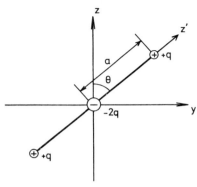

Fig. 56. Einfacher Quadrupol.

Existiert jedoch ein Feldgradient $-\frac{\partial E}{\partial z} = \frac{\partial^2 V}{\partial z^2} \neq 0$, so wird die potentielle Energie richtungsabhängig. Für die folgende Betrachtung sei die Feldverteilung rotationssymmetrisch bezüglich der z-Achse.

Die Richtungsabhängigkeit der Energie zeigt sich, wenn wir die Quadrupolstellung a) in Fig. 57 mit derjenigen von b) vergleichen. Dabei soll der Feldgradient in der z-Richtung positiv sein: $\partial E_z/\partial z > 0$.

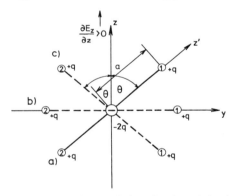

Fig. 57. Abhängigkeit der Energie eines einfachen Quadrupols in einem elektrischen Feld mit nicht verschwindendem Gradienten.

Um den Quadrupol aus der Lage b) in diejenige von a) zu bringen, muß die Ladung 1 in ein stärkeres Feld, die Ladung 2 in ein schwächeres Feld gebracht werden. Die Lage a) besitzt daher eine kleinere potentielle Energie als jene von b). Für die Stellung c) des Quadrupols ist die potentielle Energie offensichtlich dieselbe wie für a), so daß die Energie von einer geraden Potenz von $\cos\theta$ abhängen muß.

3.5. Elektrisches Kernquadrupolmoment

Ein Kern weist eine richtungsabhängige Energie des Quadrupolmomentes auf, wenn das elektrische Feld am Kernort einen Gradienten zeigt.

Massen- und Ladungsverteilungen in Kernen sind bezüglich der Spinachse rotationssymmetrisch. Dies bedeutet, daß Kerne mit Spin null kugelsymmetrische Ladungsverteilung aufweisen und damit kein Quadrupolmoment besitzen (vgl. Abschn. 8.6.3). Kerne mit Spin $\frac{1}{2}$ haben bei jeder vorgegebenen Achse zwei Einstellmöglichkeiten (Fig. 58). Der $\cos\theta$ des Einstellwinkels θ beträgt $\pm 1/\sqrt{3}$, so daß nach Gl. (3.31) $Q_z = 0$ wird. Auch diese Kerne zeigen kein beobachtbares Quadrupolmoment.

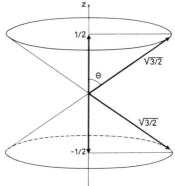

Fig. 58. Einstellmöglichkeiten eines Kerns mit Spin 1/2 bezüglich einer Richtung z.

Im folgenden wollen wir noch die potentielle Energie einer rotationssymmetrischen Ladungsverteilung in einem rotationssymmetrischen elektrischen Felde berechnen. Da das Feld am Kernort zur Hauptsache von den Hüllenelektronen verursacht wird, kann es symmetrisch angenommen werden bezüglich einer Achse durch den Kernschwerpunkt (Fig. 59). Die Symmetrieachse des Feldes sei die z-Achse, diejenige des Kernes die z'-Achse. Der Kernschwerpunkt befinde sich im Nullpunkt beider Koordinatensysteme.

Die potentielle Energie W einer Punktladung q in einem elektrostatischen Potential V(x y z), bezogen auf den Wert V(0 0 0) = 0, beträgt (vgl. Bd. II, Kap. 9):

$$W = q\, V(x\, y\, z).$$

Ein System von Punktladungen besitzt die Energie

$$W = \sum_i q_i V(x_i\ y_i\ z_i). \tag{3.32}$$

Für eine kontinuierliche Ladungsverteilung ergibt sich

$$W = \int \rho(x\, y\, z) V(x\, y\, z)\, dx\, dy\, dz, \tag{3.33}$$

wo $\rho(x\, y\, z)$ die ortsabhängige Ladungsdichte bedeutet. Das Integral ist über das Volumen der Ladungsverteilung zu erstrecken. Gl. (3.33) soll für eine Ladungsverteilung berechnet werden, wie sie in Fig. 59 dargestellt ist. Da das elektrische Feld sich innerhalb des Kernvolumens

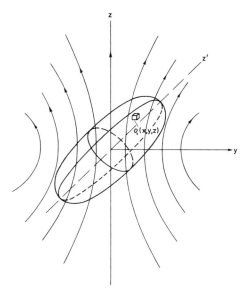

Fig. 59. Zur Berechnung der richtungsabhängigen potentiellen Energie eines Kerns mit positivem Quadrupolmoment in einem rotationssymmetrischen Feld.

nur wenig ändert, weil der Kernradius viel kleiner als der Atomradius ist, kann das Potential V(x y z) in der Umgebung des Kernzentrums in eine Reihe, die nach wenig Gliedern abgebrochen werden kann, entwickelt werden:

$$V(x\,y\,z) = V_0 + \frac{\partial V}{\partial x}\bigg|_0 \cdot x + \frac{\partial V}{\partial y}\bigg|_0 \cdot y + \frac{\partial V}{\partial z}\bigg|_0 \cdot z$$
$$+ \frac{1}{2}\frac{\partial^2 V}{\partial x^2}\bigg|_0 \cdot x^2 + \frac{1}{2}\frac{\partial^2 V}{\partial y^2}\bigg|_0 \cdot y^2 + \frac{1}{2}\frac{\partial^2 V}{\partial z^2}\bigg|_0 \cdot z^2 \quad (3.34)$$
$$+ \frac{\partial^2 V}{\partial x\,\partial y}\bigg|_0 \cdot xy + \frac{\partial^2 V}{\partial x\,\partial z}\bigg|_0 \cdot xz + \frac{\partial^2 V}{\partial y\,\partial z}\bigg|_0 \cdot yz$$
$$+ \cdots .$$

Setzt man V(x y z) in Gl. (3.33) ein, so tragen wegen der Symmetrie der Potentialverteilung von den Gliedern (3.34) nur V_0 und die Glieder mit den zweiten Ableitungen

$$\frac{\partial^2 V}{\partial x^2}, \quad \frac{\partial^2 V}{\partial y^2} \quad \text{und} \quad \frac{\partial^2 V}{\partial z^2}$$

3.5. Elektrisches Kernquadrupolmoment

zum Integral (3.33) bei. Die Terme mit $\left.\dfrac{\partial^2 V}{\partial x \partial y}\right|_0$ etc. verschwinden ebenfalls wegen der vorausgesetzten Symmetrie des Feldes und die Terme mit
$$\frac{\partial V}{\partial x}, \quad \frac{\partial V}{\partial y} \quad \text{und} \quad \frac{\partial V}{\partial z}$$
wegen des Fehlens eines elektrischen Dipolmomentes. Da wir uns nur für die orientierungsabhängige potentielle Energie interessieren, wird im folgenden das Glied mit V_0 weggelassen.

Für das Potential im raumladungsfreien Fall erhält man aus der Maxwellschen Gleichung $\operatorname{div} \vec{E} = -\operatorname{div} \operatorname{grad} V = 0$:

$$\frac{\partial^2 V}{\partial x^2} + \frac{\partial^2 V}{\partial y^2} + \frac{\partial^2 V}{\partial z^2} = 0. \tag{3.35}$$

Wegen der Rotationssymmetrie des Feldes (Fig. 59) ist nach Gl. (3.35)

$$\left.\frac{\partial^2 V}{\partial x^2}\right|_0 = \left.\frac{\partial^2 V}{\partial y^2}\right|_0 = -\frac{1}{2} \left.\frac{\partial^2 V}{\partial z^2}\right|_0. \tag{3.36}$$

Für die potentielle Energie (Gl. (3.33)) ergibt sich damit bei Berücksichtigung der Gl. (3.36) und der Beziehung $x^2 + y^2 = r^2 - z^2$:

$$\begin{aligned}W &= \frac{1}{2} \left.\frac{\partial^2 V}{\partial z^2}\right|_0 \int \{\tfrac{1}{2}(z^2 - r^2) + z^2\} \, \rho(x\,y\,z) \, dx \, dy \, dz \\ &= \frac{1}{2} \left.\frac{\partial^2 V}{\partial z^2}\right|_0 \int \tfrac{1}{2}(3z^2 - r^2) \, \rho(x\,y\,z) \, dx \, dy \, dz.\end{aligned} \tag{3.37}$$

Dieses Resultat läßt sich noch in eine handlichere Form bringen, wenn das Integral auf das Koordinatensystem z' des Kernes bezogen wird (Fig. 60).

Zwischen den beiden Systemen gelten folgende Relationen:

$$y = y' \cos \theta + z' \sin \theta$$
$$z = z' \cos \theta - y' \sin \theta \quad (3.38)$$
$$r^2 = r'^2.$$

Hieraus folgt für den Ausdruck $(3z^2 - r^2)$ in Gl. (3.37): $3z^2 - r^2 =$

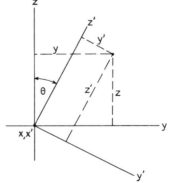

Fig. 60. Die beiden Bezugssysteme x, y, z und x', y', z', wobei die x- und die x'-Achse zusammenfallen.

$3(z'^2 \cos^2 \theta + y'^2 \sin^2 \theta - 2z' y' \sin \theta \cos \theta) - r'^2$. Nach Integration von Gl. (3.37), wobei $3z^2 - r^2$ durch obigen Ausdruck ersetzt ist, verschwindet aus Symmetriegründen der Term mit $z' y'$. Die Energie wird damit $(dx' dy' dz' = dv')$:

$$W = \frac{1}{4} \frac{\partial^2 V}{\partial z^2}\bigg|_0 \int (3z'^2 \cos^2 \theta + 3y'^2 \sin^2 \theta - r'^2) \rho(x' y' z') dv'. \quad (3.39)$$

Aus der Rotationssymmetrie des Kernes und der Beziehung $x'^2 + y'^2 + z'^2 = r'^2$ folgt

$$\int 3y'^2 \sin^2 \theta \, \rho(x' y' z') dv' = \int 3x'^2 \sin^2 \theta \, \rho(x' y' z') dv'$$
$$= \tfrac{1}{2} \int 3(r'^2 - z'^2) \sin^2 \theta \, \rho(x' y' z') dv'.$$

Gl. (3.39) erhält damit die Form

$$W = \frac{1}{4} \frac{\partial^2 V}{\partial z^2}\bigg|_0 \int \{3z'^2 \cos^2 \theta + \tfrac{3}{2}(r'^2 - z'^2)\sin^2 \theta - r'^2\} \rho(x' y' z') dv'$$

$$= \frac{1}{4} \frac{\partial^2 V}{\partial z^2}\bigg|_0 \int \left\{ \frac{3z'^2}{2}(2\cos^2\theta - \sin^2\theta) + \frac{r'^2}{2}(3\sin^2\theta - 2) \right\}$$
$$\cdot \rho(x' y' z') dv' \quad (3.40)$$

$$= \frac{1}{4} \frac{3\cos^2\theta - 1}{2} \frac{\partial^2 V}{\partial z^2}\bigg|_0 \int (3z'^2 - r'^2) \rho(x' y' z') dv'$$

$$= \frac{1}{4} \frac{3\cos^2\theta - 1}{2} \frac{\partial^2 V}{\partial z^2}\bigg|_0 Q' e.$$

Die potentielle Energie des Quadrupols im elektrischen Felde liefert nach Gl. (3.40) ein direktes Maß für das Quadrupolmoment.

Die Quantentheorie ergibt dann:

$$W = \frac{1}{4} \frac{\partial^2 V}{\partial z^2}\bigg|_0 \frac{3I_z^2 - I(I+1)}{I(2I-1)} Q' e.$$

Dabei bedeutet I die Spinquantenzahl des Kernes und I_z die zugehörige z-Komponente.

Obschon die Energieunterschiede zwischen den durch verschiedene Spinwerte I_z gekennzeichneten Unterzuständen sehr klein sind, lassen sie sich mit spektroskopischen Mitteln doch genau messen. Befinden sich die zu untersuchenden Kerne im Feld der eigenen Elektronen und in einem äußeren Hochfrequenzfeld, so erfahren sie elektromagnetische Übergänge, sofern die eingestrahlte Energie dem Niveauunterschied zweier Subzustände entspricht. Die Frequenz, bei der die Übergänge stattfinden, läßt sich mit großer Genauigkeit bestimmen, was zu einer präzisen Bestimmung der Energieunterschiede führt. Um aus den gemessenen Energieunterschieden das Quadrupolmoment zu erhalten, muß der Feldgradient bekannt sein. In vielen Fällen ist dieser Wert ziemlich ungenau bekannt, so daß diese Methode nur in wenigen Fällen zur Bestimmung des Quadrupolmomentes anwendbar ist. Eine andere Möglichkeit zur Bestimmung von Quadrupolmomenten ist die Coulomb-Anregung, bei der Kernzustände durch vorbeifliegende geladene Teilchen angeregt werden.

Wie in Abschnitt 8.5 erläutert wird, besitzen die meisten Kerne ein positives elektrisches Quadrupolmoment (Tabelle 9). Vermutlich sind auch höhere Multipolmomente vorhanden, entsprechend den in Gl. (3.34) weggelassenen höheren Termen. Experimentell konnten sie wegen der kleinen Orientierungsenergie bisher nicht nachgewiesen werden.

Tabelle 9. Elektrische Kernquadrupolmomente für verschiedene Kerne (nach *Kai Siegbahn*, α, β, γ-Ray Spectroscopy, Vol. 2, 1623, 1966)

Kern	Q' in barn	Kern	Q' in barn
$^{2}_{1}H$	$+0,00282$	$^{173}_{70}Yb$	$+3,1$
$^{27}_{13}Al$	$+0,15$	$^{175}_{71}Lu$	$+5,6$
$^{35}_{17}Cl$	-0.080	$^{181}_{73}Ta$	$+3,9$
$^{37}_{17}Cl$	$-0,062$	$^{187}_{75}Re$	$+2,6$
$^{79}_{35}Br$	$+0,33$	$^{201}_{80}Hg$	$+0,5$
$^{113}_{49}In$	$+1,14$	$^{209}_{83}Bi$	$-0,4$
$^{153}_{63}Eu$	$+2,42$		

3.6. Parität und Zeitumkehr. Physikalische Naturgesetze sind Beziehungen zwischen physikalischen Größen, die für jeden beliebigen Raum- und Zeitpunkt unveränderlich gelten. Diese Invarianz gegenüber Verschiebungen in Raum und Zeit ist Ausdruck der Erhaltung von Impuls bzw. Energie. Darauf fußt die Verifizierbarkeit eines Gesetzes und die Möglichkeit seiner Überlieferung. Bis vor kurzem glaubte man, daß alle Naturgesetze auch invariant seien gegenüber Spiegelungen des Raumes und gegenüber Zeitumkehr.

Die Raumspiegelung (s. Bd. III/1, Kap. VI, 3) $\vec{r} \rightarrow -\vec{r}$ (Spiegelung am Nullpunkt des Koordinatensystems) läßt sich wie folgt darstellen:

Die Transformation $\vec{r} \rightarrow -\vec{r}$ oder $x \rightarrow -x$, $y \rightarrow -y$, $z \rightarrow -z$ bedeutet, daß bei festgehaltenem Koordinatensystem die Richtung aller polaren Vektoren, wie Verschiebungen, Geschwindigkeiten usw., umgekehrt wird (Fig. 61a und b). Das resultierende System (Fig. 61b) ist offensichtlich ein Spiegelbild des ursprünglichen bezüglich der yz-Ebene (Fig. 61c).

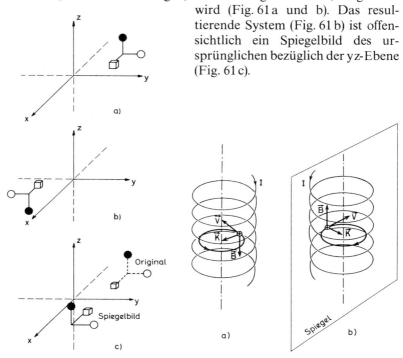

Fig. 61. Raumspiegelung: a) Ursprüngliches System; b) Transformation $\vec{r} \rightarrow -\vec{r}$; c) Drehung um die x-Achse ergibt das Spiegelbild des Originals bezüglich der yz-Ebene.

Fig. 62. Kreisbahn eines positiv geladenen Teilchens im homogenen magnetischen Feld und spiegelbildliche Bewegung.

Die Raumspiegelung ist demnach einer Spiegelung des Systems an einer Ebene äquivalent. Invarianz gegenüber dieser Transformation besagt, daß das gespiegelte System ebenfalls eine physikalisch realisierbare Lösung darstellt. Betrachten wir z. B. ein geladenes Teilchen der Geschwindigkeit $\vec{v}$, das sich in einem homogenen und zeitlich konstanten magnetischen Feld bewegt (Fig. 62a). Das räumlich gespiegelte System (Fig. 62b) ist physikalisch mit dem ursprünglichen gleichberechtigt (die stromdurchflossene Spule im Spiegelbild erzeugt ein nach oben gerichtetes Magnetfeld, so daß auch das Spiegelbild der

3.6. Parität und Zeitumkehr 95

Kreisbahn des geladenen Teilchens eine physikalisch mögliche Bewegung darstellt). Nicht alle Wechselwirkungen sind invariant bezüglich der Raumspiegelung. Wir werden am Ende dieses Abschnitts sehen, daß die schwache Wechselwirkung diese Symmetrie verletzt.

In der Quantenmechanik müssen die Symmetrieeigenschaften eines Systems unter Spiegelung des Raumes auch in seinen Wellenfunktionen zum Ausdruck gebracht werden (s. Bd. III/1, S. 263). Lösungen der Schrödinger-Gleichung lassen sich im allgemeinen, je nach der Symmetrie der Lösungsfunktionen, in zwei Klassen gruppieren. Wir betrachten zunächst ein Teilchen in einem eindimensionalen Potential V(x). Das Potential sei symmetrisch zum Nullpunkt. Eine grundsätzliche Eigenschaft der Schrödinger-Gleichung ist es, daß die stationären Lösungen für ein symmetrisches Potential entweder symmetrisch, d. h. $\psi(x) = \psi(-x)$ oder antisymmetrisch $\psi(x) = -\psi(-x)$ sind (Fig. 63).

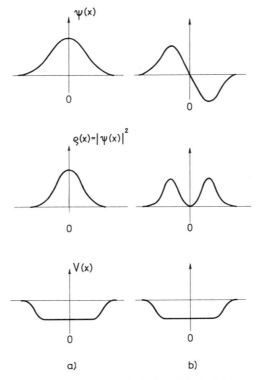

Fig. 63. Symmetrische a) und antisymmetrische b) Wellenfunktionen und ihre Wahrscheinlichkeitsdichten $|\psi(x)|^2$ für ein symmetrisches Potential V(x).

Diese zwei Möglichkeiten werden mit positiver (gerader; symmetrische Lösung) oder negativer (ungerader; antisymmetrische Lösung) Parität bezeichnet (als Symbol für die Parität wird Π benutzt; $\Pi = +$ für positive, $\Pi = -$ für negative Parität). Eine Kombination von symmetrischen und antisymmetrischen Funktionen als Lösung ist ausgeschlossen, da sie einen antisymmetrischen Anteil in der Wahrscheinlichkeitsdichte des Zustandes enthält, was der Symmetrie des Systems widerspricht (Fig. 64) (s. Bd. III/1, Kap. VI, 13).

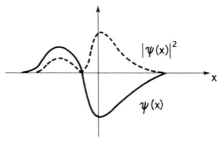

Fig. 64. Eine Wellenfunktion, die bei symmetrischem Potential weder symmetrisch noch antisymmetrisch ist, führt zu einer unphysikalischen Wahrscheinlichkeitsdichte $|\psi(x)|^2$.

Auch für ein dreidimensionales Problem müssen unter Spiegelung aller drei Koordinaten die Wellenfunktionen entweder symmetrisch oder antisymmetrisch sein, wenn der Hamilton-Operator bezüglich $\vec{r}$ symmetrisch ist:

$$\psi(x\ y\ z) = \psi(-x\ -y\ -z)$$
(positive Parität; $\Pi = +$)

$$\psi(x\ y\ z) = -\psi(-x\ -y\ -z)$$
(negative Parität; $\Pi = -$).

Die Lösungen der Schrödinger-Gleichung (s. Bd. III/1, S. 245) in Polarkoordinaten

$$\psi(r, \theta, \varphi) = \frac{u(r)}{r} Y_l^m(\theta, \varphi)$$

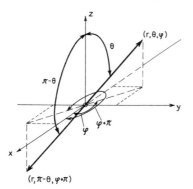

Fig. 65. Spiegelung der Koordinaten am Nullpunkt: $\vec{r} \to -\vec{r}$. Dabei geht $\theta \to \pi - \theta$ und $\varphi \to \pi + \varphi$ über. Der Betrag $|\vec{r}|$ des Ortsvektors bleibt unverändert.

werden bei einer Spiegelung der Koordinaten am Nullpunkt (Raumspiegelung) so verändert, daß die Winkel θ und φ in $\pi - \theta$ und $\varphi + \pi$ übergeführt werden (Fig. 65). Aus den Eigenschaften der Funktionen $Y_l^m(\theta, \varphi)$ folgt, daß für gerade l

die Wellenfunktion symmetrisch, für ungerade l antisymmetrisch ist. Da der radiale Anteil der Wellenfunktion durch die Spiegelung unberührt bleibt, wird die Parität allein durch l bestimmt. Zustände mit geradem l besitzen positive, solche mit ungeradem l negative Parität.

Die Niveaus der Kerne sind neben anderen Größen durch den Gesamtdrehimpuls J und die Parität Π gekennzeichnet. Daß jedes Niveau eine bestimmte Parität besitzt, bedeutet für ein System geladener Teilchen eine symmetrische Ladungsdichte, und damit wird die Existenz eines statischen elektrischen Dipolmomentes der Kerne ausgeschlossen.

Bei der schwachen Wechselwirkung, die für den Betazerfall verantwortlich ist, wird die Paritätssymmetrie durchbrochen. Dieses erstaunliche Resultat wurde 1957 in einem berühmten Experiment von *C.S. Wu* et al.[1], einem Vorschlag von *T.D. Lee* und *C.N. Yang*[2] folgend, gezeigt. Gemessen wurde das Verhältnis der Intensitäten der Betateilchen, die von polarisierten ^{60}Co-Kernen parallel und antiparallel zur Polarisierungsrichtung emittiert wurden (Fig. 66). Wenn die Pari-

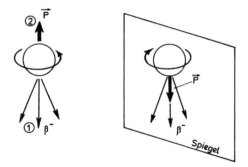

Fig. 66. Nichterhaltung der Parität bei der schwachen Wechselwirkung. Die Elektronen werden vorzugsweise antiparallel zur Polarisationsrichtung der ^{60}Co-Kerne emittiert. Die Kreise mit den Pfeilen zeigen die Richtung, die der ^{60}Co-Polarisation entspricht. Das Spiegelbild (rechts) widerspricht der Erfahrung.

tätssymmetrie für die schwache Wechselwirkung gültig wäre, müßten die Intensitäten der ausgestrahlten β-Teilchen in den zwei Richtungen ① und ② gleich groß sein, denn die eine Situation ist das Spiegelbild der anderen (Fig. 66). Die gemessenen Intensitäten in den zwei

---

[1] *C.S. Wu, E. Ambler, R.W. Hayward, D.D. Hoppes* and *R.P. Hudson*, Phys. Rev., **105**, 1413 (1957).
[2] *T.D. Lee* and *C.N. Yang*, Phys. Rev., **104**, 254 (1956).

Richtungen waren verschieden (die Emissionsrate in Richtung ①
(Fig. 66) ist höher als in Richtung ②), was eine Verletzung der Paritätssymmetrie, d.h. eine Nichterhaltung der Parität bei der schwachen Wechselwirkung bedeutet.

Eine andere Symmetrie-Operation von großer Bedeutung ist die Zeitumkehr. Diese Operation kehrt alle Geschwindigkeits- und Impuls-Vektoren um. Eine Invarianz der physikalischen Gesetze gegenüber dieser Transformation bedeutet, daß ein positives Vorzeichen der Zeit nicht von einem negativen unterschieden werden kann. Sehr wahrscheinlich sind die meisten Wechselwirkungen symmetrisch bezüglich Zeitumkehr (s. Abschnitt 10).

4. Partikelbeschleuniger

4.1. Einleitung. Die erste, mit beschleunigten Protonen ausgelöste Kernreaktion wurde 1932 von *Cockcroft* und *Walton* an Lithium durchgeführt. Ihre Realisierung, auf welche *E. Rutherford* seit langem hinsteuerte, hat der kernphysikalischen Forschung einen unerhörten Auftrieb gegeben. Die Beschleunigung von geladenen Partikeln durch Hochspannungsanlagen erwies sich als wirksames Hilfsmittel zur Untersuchung von Kerneigenschaften. Neben den Projektilen Protonen, Deuteronen, α-Teilchen und Elektronen werden auch schwerere Ionen, wie diejenigen des Kohlenstoffs, Stickstoffs, Sauerstoffs und Neons benutzt. Die Beschleunigungstechnik erlaubt es, den Energiebereich von 0 – ca. 100 MeV kontinuierlich zu überstreichen. Höhere Energien lassen sich bis zu vielen Milliarden Elektronenvolt (GeV) herstellen.

Heute sind vier Beschleunigungsprinzipien üblich, nämlich:

a) Beschleunigung durch eine konstante Hochspannung (Kaskadengenerator, Van de Graaff).

b) Elektromagnetische Induktion (Betatron).

c) Zirkularbeschleunigung unter Resonanzbedingungen (Zyklotron, Synchrozyklotron und Synchotron).

d) Linearbeschleuniger.

4.2. Kaskadengenerator. Bereits 1920 hat *H. Greinacher* (geb. 1880) Schaltungen zur Erzeugung von hohen Gleichspannungen angegeben. Eine davon entspricht dem Kaskadengenerator (vgl. Bd. II, S. 213 – 216), den Cockcroft und Walton neu entdeckten und 1932 zur Erzeugung einer Gleichspannung von 800 kV benutzten.

Wird der Kaskadengenerator mit einem Beschleunigungsrohr für geladene Teilchen verbunden (Fig. 67) und damit belastet, so sinkt die Kaskadenausgangsspannung um so stärker, je höher der Belastungsstrom I ist. Dies bedingt einen Spannungsabfall am Generator. Die Kondensatoren C_1 bis C_3 bilden die Glättungssäule und C'_1 bis C'_3 die Schubsäule. Die Kondensatoren der Glättungssäule werden über die Ventile V_1 bis V_3 nachgeladen, sobald die Potentiale der Knotenpunkte 1' bis 3' der Schubsäule höher werden als diejenigen der entsprechenden Punkte 1 bis 3 der Glättungssäule. Dadurch entsteht eine sog. Welligkeit (Rippel) der Ausgangsspannung.

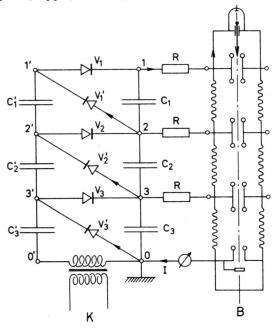

Fig. 67. Schema eines Kaskadengenerators K mit Beschleunigungsrohr B.

Besitzen alle Kondensatoren dieselbe Kapazität C und wird während einer Periode T der eingespeisten Wechselspannung der n-stufigen Kaskade die Ladung Q = IT entzogen, so ergibt sich für die Welligkeit δU und den Spannungsabfall ΔU näherungsweise[1]:

$$\delta U = \frac{Q}{C} \cdot \frac{n+n^2}{2} \tag{4.1}$$

$$\Delta U = \frac{Q}{C} \left(\frac{2}{3} n^3 + \frac{3}{4} n^2 + \frac{7}{12} n \right) \tag{4.2}$$

Fig. 68 zeigt den Kaskadengenerator für 1 MV des Physikalischen Instituts der Universität Basel.

Eine wesentliche Verringerung der Welligkeit und des Spannungsabfalles ergibt sich beim symmetrischen Kaskadengenerator. Fig. 69

---

[1] Handbuch der Physik (Springer), Bd. 44 (1959), *E. Baldinger*: Kaskadengeneratoren.

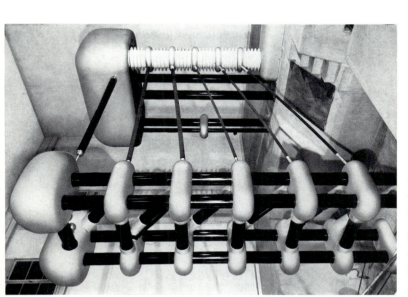

Fig. 68. 6stufiger Kaskadengenerator (1 MV) des Physikalischen Instituts der Universität Basel mit Beschleunigungsrohr. In der Al-Hochspannungshaube (rechts im Bild) sind die Ionenquelle und ein elektrischer Generator untergebracht.

Fig. 70. Ansicht eines von E. Haefely & Cie., Basel, gebauten symmetrischen Kaskadengenerators für 3 MV (Universität Basel) nach Entfernung des Drucktanks.

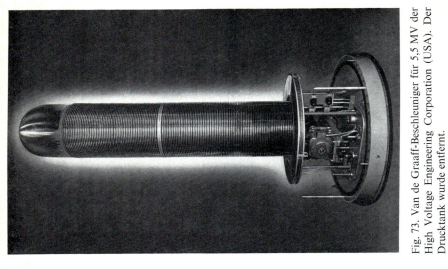

Fig. 73. Van de Graaff-Beschleuniger für 5,5 MV der High Voltage Engineering Corporation (USA). Der Drucktank wurde entfernt.

Fig. 72. Ansicht des von Tuve, Hafstad und Dahl 1933 gebauten Van de Graaff-Beschleunigers für 1,2 MV. Die Personen sind (von links nach rechts): M. A. Tuve, L. Hafstad und O. Dahl.

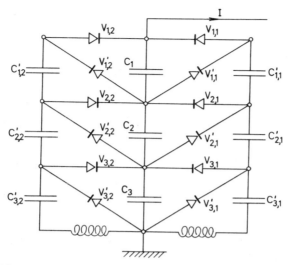

Fig. 69. Schaltschema des symmetrischen Kaskadengenerators.

zeigt eine mögliche Schaltung. In der bisher angegebenen Schaltung (Fig. 67) wirkt die Glättungssäule während der Öffnungszeit der Ventile V_i' ebenfalls als Schubsäule. In der symmetrischen Schaltung dagegen sind Ladungsnachschub und Glättung vollständig getrennte Ereignisse. Dadurch wird sowohl die Welligkeit als auch der Spannungsabfall gegenüber der einfachen Schaltung wesentlich reduziert:

$$\delta U = \frac{1}{2}\frac{Q}{C} \qquad (4.3)$$

$$\Delta U = \frac{Q}{C}\left(\frac{1}{6}n^3 + \frac{1}{4}n^2 + \frac{1}{3}n\right). \qquad (4.4)$$

Fig. 70 zeigt einen symmetrischen Kaskadengenerator.

4.3. Van de Graaff-Generator. Diese Maschine ist ihrer Idee nach recht einfach und wurde von van de Graaff (1901–1967) erfunden. Führend in der weiteren Entwicklung war R. Herb (Einführung des Drucktanks).

Fig. 71 zeigt das Prinzip des Van de Graaff-Generators. Seine Hauptbestandteile sind ein isoliert aufgestellter Leiter, dessen minimale Krümmungsradien zur Vermeidung von Sprühverlusten nicht zu klein sein dürfen, und ein endloses Transportband für die Ladung. Das Aufbringen der Ladung geschieht durch Coronaentladung an

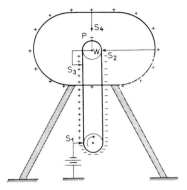

Fig. 71. Prinzipschema eines Van de Graaff-Generators.

den Spitzen S_1 und S_2, wobei S_1 positive und S_2 negative Ladung dem Band zuführt. Über die Spitzen S_3 und S_4 wird die positive Ladung dem Bande entnommen und der Hochspannungselektrode zugeführt (vgl. Bd. II, S. 63). Die Distanz der Spitzen S_4 von der Platte P, die mit der isolierten Welle W verbunden ist, kann so eingestellt werden, daß die Welle W ein geeignetes positives Potential gegenüber der Hochspannungselektrode erhält, damit über die Spitze S_2 das Band negativ geladen wird. Mit dieser Anordnung läßt sich die der Hochspannungselektrode zugeführte positive Ladung erhöhen.

Die höchsten Feldstärken bei idealer Form der Hochspannungselektrode im freien Luftraum treten an den beiden Halbkugeln auf. Liegen diese auf dem Potential V, so ergibt sich eine Oberflächenfeldstärke von $E_0 = V/R$, wobei R den Radius der Halbkugel bezeichnet (s. Bd. II, S. 77). In Normalluft kann eine maximale Feldstärke von ca. 3 MV/m erreicht werden. Bei idealer Isolation sollte sich daher für R = 1 m eine Spannung von 3 MV erzeugen lassen. Die Praxis ermöglicht ca. $\frac{1}{3}$ dieser Spannung.

Zur Erhöhung der erreichbaren Spannungen werden Van de Graaff-Generatoren unter Druck betrieben. Als Druckgas wird Stickstoff mit Drücken bis ca. 20 atü verwendet, wobei ein Zusatzgas (CO_2, CCl_2F_2(Freon), SF_6) zur Erhöhung der Durchschlagsfestigkeit beigemischt wird. In Los Alamos wurde von McKibben ein Druckgas-Van de Graaff-Generator gebaut, der ohne Beschleunigungsrohr 14 MV, mit Rohr 8 MV erzeugt. Fig. 72 zeigt den von Tuve, Hafstad und Dahl 1933 gebauten offenen Van de Graaff für 1,2 MV und Fig. 73 einen modernen Van de Graaff-Generator nach Entfernung des Drucktankes.

Die vom Generator gelieferte Stromstärke stammt vom Ladungsnachschub durch das aufgeladene bewegte isolierte Band. Dieser von Van de Graaff eingeführte Ladungsmechanismus wird heute noch bei den meisten Van de Graaff-Generatoren benützt. Die Bänder bestehen vielfach aus gewobenem Baumwolltuch, imprägniert mit Gummi. Ist σ die Flächendichte der Ladung des Bandes (Geschwindigkeit v und Bandbreite b), so wird die Stromstärke $I_a = \sigma b v$. Mit $\sigma = 3 \cdot 10^{-5}$ C/m², v = 30 m/s und b = 0,5 m erhält man eine Stromstärke von 450 µA. Wird vom Band von der Hochspannungsseite dieselbe Ladung mit entgegengesetztem Vorzeichen wegtransportiert, so vermag der Generator eine Stromstärke von 900 µA zu liefern.

Eine interessante Weiterentwicklung hat der Van de Graaff-Generator im Tandem-Beschleuniger gefunden[1]. Beim Kaskaden- und Van de Graaff-Generator werden die zu beschleunigenden Ionen in der Hochspannungskuppel in einer Ionenquelle erzeugt und in einem Beschleunigungsrohr (s. Fig. 67) beim Durchfallen der Potentialdifferenz U auf die Energie qU gebracht, wobei q die Ladung des Ions bezeichnet. Im Fall des Tandem-Beschleunigers wird die Hochspannung zweimal zur Beschleunigung des Ions benützt (Fig. 74). Es

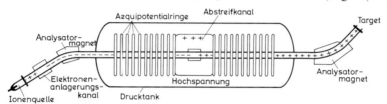

Fig. 74. Prinzip des Tandem-Beschleunigers.

werden negative Ionen der Ladung $-e$ von Erde zur Hochspannung beschleunigt. In der Hochspannungskuppel werden sie beim Durchgang durch ein verdünntes Gas oder eine Folie in positive Ionen (Ladung q) übergeführt (Stripping-Prozeß) und können nun nochmals durch dieselbe Spannung die Energie qU gewinnen. Für $q = +ne$ wird im gesamten die Energie $eU(1+n)$ erreicht.

4.4. Zyklotron. Mit dem Zyklotron hat *E. O. Lawrence* (1901 – 1958) eine außerordentlich wirksame Einrichtung zur Erzeugung von Ionen hoher Energie gefunden. Seine Methode umgeht die Erzeugung hoher Spannungen dadurch, daß das geladene Teilchen der Ladung q dieselbe Spannung U viele Male durchläuft und jedesmal die Energie qU aufnimmt. Die Teilchen werden mit Hilfe eines Magnetfeldes auf einer quasi-zirkularen Bahn gehalten und durch eine hochfrequente Spannung geeigneter Frequenz beschleunigt. Dazu wird ein D-System benützt (der Name stammt von der D-Form der Elektroden), das aus zwei hohlen Elektroden besteht (Fig. 75), die sich in einem Magnetfelde befinden, dessen Feldlinien senkrecht zur D-Oberfläche stehen.

---
[1] Tandem Electrostatic Accelerators, *R. J. Van de Graaff*, Nucl. Instr. and Methods **8**, 195, 1960.

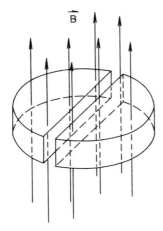 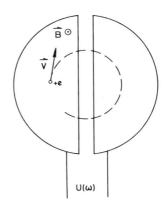

Fig. 75. D-förmige Elektroden des Zyklotrons im magnetischen Feld.

Fig. 76. Kreisbahn eines geladenen Teilchens im B-Feld.

Ein Teilchen der Ladung e, das sich senkrecht zum Felde (magnetische Induktion B) mit der Geschwindigkeit v bewegt, vollführt im Magnetfelde eine Kreisbahn (Fig. 76) (s. Bd. II, S. 207)

$$\frac{m v^2}{r} = e v B, \qquad (4.5)$$

d. h.
$$r = \frac{m v}{e B}.$$

Als Kreisfrequenz des Umlaufes ergibt sich

$$\omega = \frac{v}{r} = \frac{e}{m} B. \qquad (4.6)$$

Alle Teilchen durchlaufen die Kreisbahn unabhängig von ihrer Geschwindigkeit mit derselben Kreisfrequenz ω, solange die spezifische Ladung e/m konstant bleibt; ω ist lediglich von der spezifischen Ladung des Teilchens und der magnetischen Induktion B des Feldes abhängig. Wird daher an das D-System eine Wechselspannung der Frequenz ω angelegt, so erfahren alle Teilchen der positiven Ladung e, die gleichzeitig in der oberen Hälfte der positiven D-Elektrode in den Zwischenraum des D-Systems austreten, eine Beschleunigung und gewinnen beim Durchlaufen des D-Spaltes eine Energie eU, weil die Wechselspannung den Momentanwert U aufweist. Da alle Teilchen dieselbe Kreisfrequenz besitzen, erscheinen sie nach einer halben

4.4. Zyklotron

Periode gleichzeitig in der unteren Austrittsfläche des gegenüberliegenden D's (Fig. 77). In der Zeit T/2 hat die Polarität der angelegten D-Spannung gewechselt, so daß die Ionen wiederum beschleunigt werden und ein weiteres Mal die Energie eU gewinnen. Dieser Prozeß läßt sich wiederholen, wobei der Radius der Teilchenbahn und die Energie des Teilchens sich ständig vergrößern, bis die äußerste noch mögliche Bahn im Zyklotron erreicht wird. Der ganze Beschleunigungsprozeß erfolgt im Hochvakuum, um Zusammenstöße mit Gasatomen und damit Energieverluste zu vermeiden. Die kinetische Endenergie E_k der beschleunigten Teilchen ist bestimmt durch die magnetische Induktion B des Feldes und den äußersten Bahnradius r_m. Aus Gl. (4.6) ergibt sich

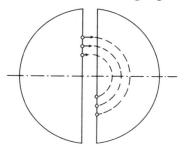

Fig. 77. Nach der halben Periode T/2 erscheinen die Partikel unabhängig von ihrer Geschwindigkeit gleichzeitig in der Austrittsfläche des gegenüberliegenden D's.

$$E_k = \frac{m v^2}{2} = \frac{m}{2}(\omega r_m)^2 = \frac{e^2}{2m}(r_m B)^2.$$

Bei gegebener Kreisfrequenz (bzw. magnetischer Induktion) wächst die Teilchenenergie proportional zum Quadrat des Radius r_m des noch nutzbaren Feldes. Die Energie kann aber nicht beliebig gesteigert werden. Wenn das Verhältnis v/c (c = Lichtgeschwindigkeit) ca. 0,15 wird, hat sich die Masse des Teilchens derart vergrößert, daß die Zyklotronbedingung (Gl. (4.6)) nicht mehr erfüllt ist.

Beispiel eines 60-Zoll-Zyklotrons.

Beschleunigte Partikel: 11-MeV-Protonen,
22-MeV-Deuteronen,
44-MeV-α-Teilchen.

Frequenz für Protonenbetrieb: $\frac{\omega}{2\pi} = \frac{eB}{2\pi m} = 28,9$ MHz.

Zwei D-Elektroden mit 250 kV.
Max. Bahndurchmesser: 126 cm.
Magnet: Poldurchmesser 150 cm,
Max. Feldstärke 19 kG = 1,9 Vs/m^2
= 1,9 T,
Gewicht 218 t.

4.4.1. Stabilitätsbedingungen für die Teilchenbahn.
Soll die Beschleunigung der Teilchen in der angegebenen Art möglich sein, so müssen sie in axialer und radialer Richtung fokussierenden Kräften unterworfen sein, damit sie ihre Bahn stabil durchlaufen. Diese Kräfte führen zu harmonischen Schwingungen der Teilchen um die Gleichgewichtsbahn. Da diese Oszillationen erstmals beim Betatron (s. Abschn. 4.6) berechnet wurden, heißen sie Betatronschwingungen. Große Amplituden der Radialschwingungen vermindern den nutzbaren Radius des magnetischen Feldbereiches, wogegen vertikale Schwingungen die Intensität des beschleunigten Teilchenstrahls infolge von Verlusten an den Endflächen der Beschleunigungskammer herabsetzen.

a) **Radiale Schwingung.** Auf einem Gleichgewichtskreis muß in radialer Richtung die Beziehung (s. Gl. (4.5))

$$m v^2 / r_0 = e v B$$

erfüllt sein. Verläßt das Teilchen den Gleichgewichtskreis (Radius r_0), so ändert sich die Zentripetalkraft wie $1/r$. Eine Zurückführung des Teilchens auf den Gleichgewichtskreis wird erreicht, wenn sich die Lorentzkraft schwächer als $1/r$ ändert, d.h. B muß prop. $1/r^n$ abnehmen mit $0 < n < 1$. n wird als Feldindex bezeichnet. Das Teilchen schwingt infolge der einwirkenden Kraft mit einer Frequenz ω_r um den Gleichgewichtskreis. ω_r kann folgendermaßen berechnet werden: In der Umgebung $r = r_0 + \Delta r$ des Gleichgewichtskreises gilt

$$B(r) = B_0 \left(\frac{r_0}{r}\right)^n = B_0 r_0^n \frac{1}{(r_0 + \Delta r)^n} = B_0 \frac{1}{(1 + \Delta r / r_0)^n} \approx B_0 \left(1 - \frac{n \Delta r}{r_0}\right). \tag{4.7}$$

Im rotierenden Koordinatensystem wirkt auf das Teilchen eine Kraft K. Sie setzt sich zusammen aus der gegen das Zentrum gerichteten Lorentzkraft und der nach außen weisenden Zentrifugalkraft. Als positive Kraftrichtung wird die Richtung von $\vec{r}$ genommen:

$$K = -e v B(r) + \frac{m v^2}{r} = -e v B_0 \left(1 - \frac{n \Delta r}{r_0}\right) + \frac{m v^2}{r_0} \left(1 - \frac{\Delta r}{r_0}\right).$$

Nach Gl. (4.5) ist $m v^2 / r_0 = e v B_0$. K ergibt sich daher zu

$$K = -e v B_0 \cdot \frac{\Delta r}{r_0} (1 - n) = -f_r \Delta r.$$

Für $n < 1$ ergibt sich eine gegen die Gleichgewichtsbahn gerichtete Kraft. f_r entspricht einer Federkonstanten. Die Kraft K erzeugt eine harmonische Schwingung des Teilchens um die Gleichgewichtsbahn mit der Kreisfrequenz ω_r:

$$\omega_r = \sqrt{\frac{f_r}{m}} = \left(\frac{evB_0}{mr_0}\right)^{\frac{1}{2}}(1-n)^{\frac{1}{2}}.$$

Mit Gl. (4.6) ergibt sich
$$\omega_r = \omega(1-n)^{\frac{1}{2}},$$

wo ω die mittlere Kreisfrequenz der Gleichgewichtsbahn bezeichnet.

b) **Axiale Schwingung.** Eine Abnahme der axialen Komponente der Feldstärke mit wachsendem Radius entsprechend Gl. (4.7) bedeutet, daß das Feld mit zunehmendem Abstand z von der Mittelebene des Zyklotronmagnets eine radiale, einwärts gerichtete Komponente H_r aufweist (Fig. 78). Die Berechnung der Komponente H_r erfolgt mit Hilfe des Ampèreschen Verkettungsgesetzes für den in Fig. 78 eingezeichneten geschlossenen Weg:

$$H_r \Delta r - H_0 z + H_0 \left(\frac{r_0}{r_0 + \Delta r}\right)^n z = 0.$$

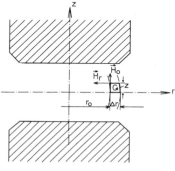

Fig. 78. Zur Berechnung der radial einwärts gerichteten Komponente H_r.

Nach Entwicklung des letzten Gliedes und unter Vernachlässigung der höheren Terme (vgl. Gl. (4.7)) ergibt sich:

$$H_r \Delta r - H_0 z + H_0 z - H_0 r_0^{-1} n z \Delta r = 0,$$

d. h.
$$H_r = \frac{H_0}{r_0} n z.$$
(4.8)

Dieses Feld bewirkt die axiale Fokussierung des bewegten Teilchens (Fig. 79). Mit Gl. (4.8) und (4.6) erhält man:

$$K_z = -evB_r = -ev\frac{nz}{r_0}B(r_0) = -m\omega^2 nz = -f_z z.$$

f_z ist die Federkonstante für die axiale Bewegung. Unter Einfluß der Kraft K_z oszilliert das Teilchen mit der Kreisfrequenz ω_z um die Meridianebene:

$$\omega_z = \sqrt{\frac{f_z}{m}} = \omega n^{\frac{1}{2}}.$$

108   4. Partikelbeschleuniger

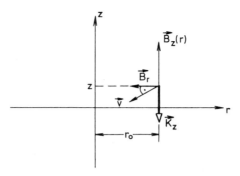

Fig. 79. Vertikale Fokussierungskraft $\vec{K}_z$ im Zyklotron. $z=0$ ist die Symmetrieebene des Magnetfeldes.

c) **Einfluß des elektrischen Hochfrequenzfeldes auf die Fokussierung.** Die von der HF-Spannung erzeugte elektrische Feldstärke sei in einem rechtwinkligen Koordinatensystem dargestellt (Fig. 80). Aus Symmetriegründen sind die Feldbilder in Ebenen par-

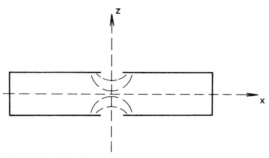

Fig. 80. Einfluß des elektrischen Hochfrequenzfeldes auf die Fokussierung des Teilchenstrahls.

allel zur xz-Ebene identisch. Das von der Hochfrequenzspannung erzeugte Potential in einem Punkt (xz) ist zeitabhängig und läßt sich darstellen als
$$V(x, z, t) = V(x, z) \cos(\omega t + \varphi),$$
wo φ die Phasendifferenz des Potentials darstellt bezüglich des Durchganges des Ions durch die yz-Ebene. Die x-Komponente des elektrischen Feldes erteilt dem Ion die Beschleunigungsenergie. Beim Durchgang durch den Spalt eines Zwei-D-Systems erhält ein Partikel der Ladung q die Energie $q U_0 \cos \varphi$, wo U_0 den Scheitelwert der D-Spannung gegen Erde angibt. Die z-Komponente des Feldes erzeugt in der

Fig. 81b. Polsegment eines Spiralzyklotrons für variable Energie.

Fig. 84. 88-Zoll-Spiralzyklotron des Lawrence Radiation Laboratory, University of California, Berkeley. (Bild: Lawrence Radiation Laboratory.)

ersten Hälfte des D-Spaltes eine fokussierende, in der zweiten Hälfte eine defokussierende Kraft. Erfährt das Teilchen beim D-Durchgang nur eine kleine relative Änderung seiner Energie, so heben sich die beiden Wirkungen weitgehend auf, so daß im gesamten keine Fokussierung vorhanden ist. Eine Fokussierung durch das elektrische Feld wirkt sich in den ersten Umläufen aus, indem das Ion während des Durchgangs Energie gewinnt und damit die defokussierende Wirkung kleiner wird.

4.4.2. Elektrische Beschleunigung der Ionen. Die Energie des Zyklotronstrahles akkumuliert sich durch die Energiegewinne beim wiederholten Durchlaufen der D-Spannung. Der jeweilige Energiezuwachs beträgt $qU_0 \cos \varphi$ und ist vom Scheitelwert der D-Spannung und von der Phasenlage abhängig. Die Energie nimmt daher nur so lange zu, als $-\pi/2 < \varphi < \pi/2$ ist.

Die Kreisfrequenz der Ionenbewegung vermindert sich mit wachsender Energie aus zwei Gründen:
a) Abnehmendes Magnetfeld mit zunehmendem Radius;
b) Massenzunahme der beschleunigten Ionen mit der Energie:

$$m = m_0/\sqrt{1 - v^2/c^2} = m_0 \left(1 + \frac{E}{m_0 c^2}\right).$$

Es bedeutet E die kinetische Energie und m_0 die Ruhemasse des Teilchens.

Beide Einflüsse vermindern die Kreisfrequenz nach Gl. (4.6). Dies hat zur Folge, daß die Phasendifferenz φ mit zunehmender Energie wächst. Da φ höchstens 90° werden darf, wird im Zyklotronbetrieb die Kreisfrequenz der D-Spannung kleiner als die Zyklotronfrequenz (vgl. Gl. (4.6)) gewählt. Werden die Ionen mit $\varphi = 0$ gestartet, so durchlaufen sie im ersten Teil des Beschleunigungsprozesses den D-Spalt bei negativer Phasendifferenz. Mit zunehmender Energie wächst φ und erreicht schließlich positive Werte. Bei üblichen Zyklotrons variiert φ ungefähr zwischen den Extremwerten $-20°$ und 60°. Die Umgebung von 90° wird nicht berührt, da einmal der Energiegewinn pro Umlauf nur noch gering wäre und andererseits aufeinanderfolgende Bahnen der Ionen eng aufeinanderlägen, was eine Auslenkung des Strahles erschweren würde.

4.4.3. Sektorfokussiertes Zyklotron und Synchrozyklotron. Das in den vorigen Abschnitten beschriebene Zyklotron basiert auf der Tatsache, daß in einem zeitlich konstanten Magnetfeld Ionen konstanter Masse Kreisbahnen beschreiben, die mit konstanter Kreisfrequenz durchlaufen werden. Da mit zunehmender Geschwindigkeit der Ionen ihre Masse wächst, kann das von Lawrence angegebene Beschleunigungsprinzip nur bis zu einer gewissen maximalen Energie Anwendung finden. Protonen haben bei 10 MeV Energie bereits eine Massenzunahme von ca. 1 %. Soll auch bei Massenzunahme eine Beschleunigung der Ionen erfolgen, so muß das Magnetfeld mit wachsendem Radius so zunehmen, daß die Umlaufszeit konstant bleibt. Dies ist aber unvereinbar mit den Stabilitätsbedingungen (vgl. Abschn. 4.4.1), die ein Abnehmen des Feldes nach außen verlangen.

Im sektorfokussierten Zyklotron (weitere Bezeichnungen: AVF-Zyklotron (Azimuthally Varying Field), Spiralzyklotron) ist eine Feldanordnung entwickelt worden[1], die ein nach außen zunehmendes Feld gestattet und dennoch den Strahl fokussiert. Dazu wird ein mit dem Azimutwinkel θ variierendes Feld benutzt. Geeignet ist z.B. ein Feld, dessen Feldstärke pro Umlauf mindestens drei Maxima und Minima aufweist. Fig. 81 zeigt eine entsprechende Anordnung, bei der die Gebiete mit größerer und kleinerer Feldstärke durch Spiralen begrenzt sind. Daher stammt der Name Spiralzyklotron. Im Idealfall

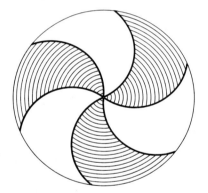

Fig. 81a. Feldanordnung in einem Spiralzyklotron mit dreifacher Periodizität. Die schraffierten Gebiete sind solche mit höherer Feldstärke. Die Feldgebiete sind durch Spiralen begrenzt.

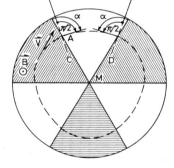

Fig. 82. Zur Erklärung der fokussierenden Kräfte eines Sektorfeldes.

ist $B(r, \theta) = B(r)\{1 + a(r) \cos 3\theta\}$. In einem solchen Felde ist die Bahn des Ions im starken Felde (in Fig. 82 schraffiert) stärker gekrümmt als im schwachen, so daß die Bahn nicht kreisförmig ist, sondern dreieckartig verformt wird. Die Feldstärke nimmt nach außen im

---

[1] L. H. *Thomas*, Phys. Rev., **54**, 580, 1938.

4.4. Zyklotron

Mittel pro Umlauf derart zu, daß die Umlaufszeit der Ionen konstant bleibt. Die mittlere Feldstärke muß der Bedingung

$$B(r) = \omega \frac{m}{e} = \omega \frac{m_0}{e} \frac{1}{\sqrt{1-v^2/c^2}} = \omega \frac{m_0}{e} \frac{1}{\sqrt{1-\omega^2 r^2/c^2}}$$

genügen. Daher gibt es keine zunehmende Phasenverschiebung zwischen Teilchendurchgang und Hochfrequenzspannung, und die D-Spannung beschleunigt die Ionen unabhängig von ihrer Geschwindigkeit.

Die defokussierende Wirkung des nach außen zunehmenden Magnetfeldes wird mit der azimutalen Variation des Magnetfeldes kompensiert. Diese Wirkung ist von Thomas erstmals erkannt worden. Betrachten wir die Bahn eines Ions im dreifach symmetrischen Sektorfeld mit radialer Begrenzung (Fig. 82). In den schraffierten Sektoren ist die Feldstärke gegenüber den unschraffierten erhöht. Entsprechend sind die Krümmungsradien in den schraffierten Zonen kleiner als $\overline{AM}$ (vgl. Fig. 82) und in den unschraffierten größer, so daß die Ionen die Zonengrenzen unter einem Winkel $\alpha > \pi/2$ kreuzen. In einem Querschnitt C–C bzw. D–D durch die Zonengrenze nimmt die magnetische Feldstärke nach außen ab (Fig. 83). Die Situation ist

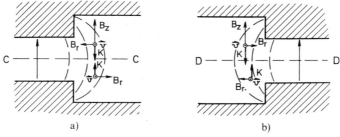

Fig. 83. Fokussierende Kräfte beim Übergang vom starken ins schwache Feld (a) und umgekehrt (b). a) $\vec{v}$ ist nach vorn gerichtet. b) $\vec{v}$ zeigt in die Papierebene hinein.

derjenigen im Feld des klassischen Zyklotrons vollständig analog (s. Fig. 78). Beim Übergang des Ions vom Sektor mit größerer Feldstärke zu demjenigen mit kleinerer (Fig. 83a) oder umgekehrt (Fig. 83b) erfährt es immer eine fokussierende Kraft gegen die Mittelebene. Diese fokussierende Kraft kann dadurch erhöht werden, indem die Grenzen zwischen den Feldsektoren mit verschiedener Feldstärke spiralförmig ausgebildet werden (Fig. 81a). Im Spiralzyklotron ist es so möglich, den Strahl zu fokussieren, obwohl das Feld mit wachsendem Radius

zunimmt. Solche Maschinen sind heute mit Erfolg in Betrieb für die Erzeugung von Teilchenenergien im Gebiet von 20–100 MeV.
Beispiel eines Spiralzyklotrons, Lawrence Radiation Laboratory, Berkeley (Fig. 84).

Endenergie der beschleunigten Partikel: 50-MeV-Protonen,
65-MeV-Deuteronen,
130-MeV-α-Teilchen,
Max. Stromstärke 1 mA.

Hochfrequenz konstant: Einstellbar zwischen 5,5–16,5 MHz, je nach den beschleunigten Partikeln.
D-Spannung: 70 kV.

Magnet: 88 Zoll Poldurchmesser,
3 Sektoren,
17 kG = 1,7 Vs/m^2 max. Mittelwert der Feldstärke, 300 t Gewicht.

Eine andere Umgehung der Schwierigkeiten, die die Massenzunahme mit wachsender Geschwindigkeit für den Betrieb eines klassischen Zyklotrons ergibt, ist das im Synchrozyklotron verwendete Prinzip. Das Magnetfeld entspricht demjenigen des klassischen Zyklotrons. Dagegen wird auf die Beschleunigung eines kontinuierlichen Teilchenstrahles verzichtet (was auf Kosten des zeitlichen Mittels der Stromstärke des Strahles geht) und die Frequenz des Hochfrequenzfeldes der wegen Massenzunahme abnehmenden Kreisfrequenz des Teilchens angepaßt, so daß die Hochfrequenz dauernd mit der Umlauffrequenz übereinstimmt. Diese Anpassung ergibt sich, da das Synchrozyklotron eine sog. Phasenfokussierung zeigt. Sie kann an Fig. 85 erläutert werden: Durchläuft das Ion 1 eines Ionenbündels den D-Spalt im Moment, da die D-Spannung Null ist, so wird es nicht beschleunigt und erscheint nach der Periode T der Hochfrequenz wiederum unter den genau gleichen Bedingungen. Ein Ion 2

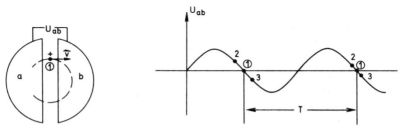

Fig. 85. Zur Phasenfokussierung im Synchrozyklotron.

Fig. 87. 184-Zoll-Synchrozyklotron des Lawrence Radiation Laboratory, University of California, Berkeley. Links: Frequenzmodulierter Resonator. (Bild: Lawrence Radiation Laboratory.)

Fig. 88. Bevatron für 6,2 GeV ohne Strahlenschutz-Betondecke. Rechts unten: Linearbeschleuniger für 10-MeV-Protonen (wurde seither ersetzt durch einen entsprechenden für 20 MeV). Die zu beschleunigenden Protonen durchlaufen in 1,8 s die Bahn $4 \cdot 10^6$ mal, wobei eine Strecke von ca. 480000 km zurückgelegt wird. (Bild: Lawrence Radiation Laboratory.)

Fig. 89. Teilansicht des 28-GeV-Protonenbeschleunigers am CERN. (Bild: Informationsbüro CERN, Genf.) Längs der Teilchenbahn sind einige Segmente des Ringmagneten zu sehen. Im Vordergrund befindet sich eine der Auslenkstationen. Links davon Strahlrohr zur Experimentierhalle.

Fig. 90. Luftbild des 28-GeV-Beschleunigers (CERN) mit den beiden Experimentierhallen. Durchmesser des Rings 200 m. Er ist mit einem Erdwall zugedeckt. Zwischen den Experimentierhallen erkennt man die Zone für Neutrinoexperimente. Bild: Informationsbüro CERN, Genf.)

4.4. Zyklotron

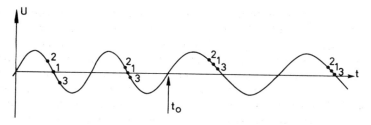

Fig. 86. Beschleunigung der Ionen bei Verkleinerung der Frequenz des HF-Feldes.

des Bündels werde im D-Spalt beschleunigt. Entsprechend nimmt wegen der Massenzunahme die Kreisfrequenz ab (vgl. Gl. (4.6)). Nach einem Umlauf erscheint es später im Spalt und rückt in seiner Phase gegen diejenige des Teilchens 1. Ein Teilchen 3 schließlich kommt zu spät in den D-Spalt und erleidet eine Bremsung, also eine Massenabnahme, was seine Kreisfrequenz erhöht und seine Phase ebenfalls derjenigen von Teilchen 1 annähert. Diese automatische Phasenstabilisierung ermöglicht die Beschleunigung der Ionen dadurch, daß die Frequenz der D-Spannung langsam verkleinert wird. Wird zur Zeit t_0 (Fig. 86) die Frequenz verringert, so erscheint das Bündel (Ion 1, 2, 3) so im Spalt, daß es beschleunigt wird und einem neuen Phasengleichgewicht zustrebt, das dem Durchgang durch den Spalt bei $U=0$ entspricht. Indem die Frequenz genügend langsam kontinuierlich gesenkt wird, hinkt die Phase der Teilchen gegenüber der Hochfrequenz immer nach und der Beschleunigungsprozeß hält an. Mit dieser Methode ist es möglich, Teilchen auf mehrere 100 MeV zu beschleunigen.

Beispiel eines Synchrozyklotrons, Lawrence Radiation Laboratory, Berkeley (Fig. 87).

Endenergie der beschleunigten Partikel: 730-MeV-Protonen,
460-MeV-Deuteronen,
910-MeV-α-Teilchen.
Mittlere Stromstärke 1 µA.

Variable Hochfrequenz: 18 – 36 MHz für Protonen.
13,5 – 18 MHz für Deuteronen und α-Teilchen.
Modulationsfrequenz 64 Hz.

D-Spannung: 9 kV für Protonen.
Magnet: 184 Zoll Poldurchmesser.
23,4 kG = 2,34 Vs/m² max. Feldstärke.
4300 t Gewicht.

4.5. Protonen-Synchrotron. Zirkulare Beschleunigungsmaschinen im GeV-Bereich (1 GeV = 10^9 eV) sind die Protonen-Synchrotrons. Sie sind zur Beschleunigung von Protonen, Deuteronen und schwereren Kernen verwendbar. Der Magnet wird als Ringmagnet ausgebildet und das Magnetfeld zeitlich variiert. Je nach Art der Magnetfeldgestaltung sind zwei Ausführungsformen möglich: Schwache oder starke Fokussierung (s. Abschn. 4.8). Nach der ersten Art sind u.a. folgende Maschinen entwickelt und gebaut worden: Cosmotron, Brookhaven National Laboratory (USA), 3 GeV; Bevatron, University of California (USA), 6,2 GeV (Fig. 88); Protonen-Synchroton, Centre d'Etudes Nucléaires, Saclay (France), 3 GeV. Auf der starken Fokussierung basieren folgende Maschinen: CERN Conseil Européenne pour la Recherche Nucléaire), Genf (Schweiz), 28 GeV; Brookhaven National Laboratory (USA), 30 GeV; Serpukow (UdSSR), 75 GeV; Batavia (USA), 200 GeV. Fig. 89 zeigt einen Ausschnitt aus dem Beschleunigungsring der 28-GeV-Maschine am CERN und Fig. 90 die Gesamtansicht.

In beiden Maschinentypen werden bei schwachem Magnetfeld vorbeschleunigte Teilchen in den Ringmagneten so eingeschossen, daß sie eine Gleichgewichtsbahn durchlaufen. Mit jedem Umlauf nimmt die Partikelenergie zu. Damit die Teilchen auf der Gleichgewichtsbahn bleiben, muß das magnetische Feld entsprechend dem Energiegewinn erhöht werden. Die Partikel bewegen sich damit praktisch auf dem Gleichgewichtskreis, was ermöglicht, die räumliche Ausdehnung des Magnetfeldes klein zu halten. Dies senkt die Herstellungskosten erheblich. Wesentliche Voraussetzungen des erfolgreichen Betriebes solcher Maschinen sind genügende Fokussierungskräfte, so daß eine Beschleunigung im hochfrequenten Felde aufrecht erhalten bleibt.

Für den Gleichgewichtskreis r_0 besteht zwischen Impuls p des Teilchens und magnetischer Induktion B die Beziehung (s. Gl. (4.5)):

$$p = m\,v = e\,r_0\,B. \qquad (4.9)$$

Im relativistischen Fall, wie er hier vorliegt, verändert sich die Masse:

$$m = m_0 / \sqrt{1 - v^2/c^2}. \qquad (4.10)$$

Bezeichnet E die gesamte Energie des Teilchens ($E = m c^2$) und E_0 die Ruheenergie ($E_0 = m_0 c^2$), so gilt

$$E^2 - p^2 c^2 = m^2 c^4 (1 - v^2/c^2) = m_0^2 c^4 = E_0^2, \qquad (4.11)$$

d. h.

$$p = \frac{1}{c}\sqrt{E^2 - E_0^2}.$$

4.5. Protonen-Synchrotron

Nach Gl. (4.9) und (4.11) besteht zwischen magnetischer Induktion B und gesamter Energie die Beziehung

$$B = \frac{1}{e\,c\,r_0}\sqrt{E^2 - E_0^2}. \tag{4.12}$$

Auf dem Gleichgewichtskreis besitzt das Teilchen die Kreisfrequenz ω:

$$\omega = \frac{v}{r_0} = \frac{eB}{m},$$

was nach Gl. (4.10), (4.11) und (4.12)

$$\omega = \frac{\sqrt{E^2-E_0^2}\cdot\sqrt{1-v^2/c^2}}{c\,m_0\,r_0} = \frac{\sqrt{E^2-E_0^2}}{c\,m_0\,r_0}\cdot\frac{E_0}{E} = \frac{c}{r_0}\sqrt{1-E_0^2/E^2} \tag{4.13}$$

ergibt. Im Gegensatz zum Zyklotronbetrieb, wo die Kreisfrequenz des Teilchens unabhängig von seiner Energie ist, wächst hier ω mit der Energie.

Die Beschleunigung der Teilchen erfolgt beim Durchgang durch ein elektrisches Hochfrequenzfeld, dessen Frequenz mit der Umlaufsfrequenz des Teilchens übereinstimmen muß. Bei diesem Beschleuniger ist es möglich, längs der Bahn mehrere Beschleunigungsstrecken einzubauen. Mit zunehmender Teilchenenergie hat die magnetische Induktion B entsprechend anzuwachsen, soll das Teilchen auf seinem Gleichgewichtskreis verharren. Nach Gl. (4.12) besteht zwischen der zeitlichen Änderung der magnetischen Induktion und der entsprechenden Änderung der gesamten Energie für r_0 = konst. die Beziehung

$$\dot{B} = \frac{1}{e\,c\,r_0}\,\frac{1}{\sqrt{E^2 - E_0^2}}\cdot E\dot{E}.$$

Mit Gl. (4.13) erhält man

$$\dot{E} = e\,r_0^2\,\omega\,\dot{B}.$$

Als Energiegewinn $\Delta E = T\dot{E}$ pro Umlauf, wo $T = 1/f$ die Umlaufsperiode bezeichnet, ergibt sich

$$\Delta E = 2\pi\,e\,r_0^2\,\dot{B}.$$

Beim Durchgang durch das Hochfrequenzfeld gewinnt das Teilchen die Energie
$$\Delta E' = e\,V\sin\varphi,$$

wo φ die Phasenlage des Teilchens gegenüber dem beschleunigenden Felde und V den Scheitelwert der Beschleunigungsspannung bedeutet.

Eine weitere Energiezunahme erfolgt durch den Betatroneffekt, indem die sich ändernde magnetische Induktion ein tangentiales elektrisches Feld (II. Maxwellsche Gleichung) erzeugt. Dieser Energiegewinn ist jedoch wesentlich kleiner als derjenige aus dem Hochfrequenzfeld.

4.6. Betatron. Das Betatron, ein Beschleuniger für Elektronen, basiert auf einer einfachen Grundidee[1]. In einem axialsymmetrischen Magnetfeld B_r bewegt sich ein Elektron auf einem Kreis vom Radius r, wenn es mit geeignetem Impuls $\vec{p}$ eingeschossen wird (s. Bd. II, S. 207):

$$p = e\, r\, B_r. \qquad (4.14)$$

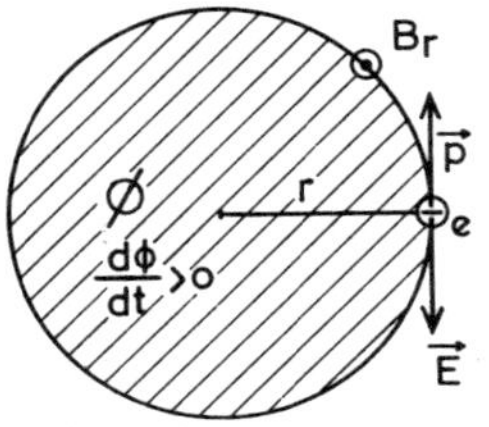

In einem zeitlich variablen B-Feld (Fig. 91) wird eine zur Bahn tangentielle elektrische Feldstärke E(r) (s. Bd. II, S. 107)

Fig. 91. Zur Beschleunigung der Elektronen im Betatron.

$$|\vec{E}(r)| = \frac{1}{2\pi r} \frac{d\Phi}{dt} \qquad (4.15)$$

erzeugt, durch die das Elektron eine Beschleunigung erfährt. Damit das Elektron auf einem Kreis mit festem Radius r_0 bleibt, muß die Zunahme von B_r der Impulszunahme des Elektrons entsprechen.

Für den Gleichgewichtskreis existiert eine Beziehung zwischen der magnetischen Induktion B_r am Ort der Elektronenbahn (Führungsfeldstärke) und der totalen magnetischen Induktionsfluß-Änderung innerhalb der Bahn. Die Impulsänderung des Elektrons in Bahnrichtung wird

$$d\vec{p} = \vec{K}\, dt,$$

wobei $\vec{K} = e\,\vec{E}(r)$ ist. Mit Gl. (4.15) erhält man

$$|d\vec{p}| = \frac{e}{2\pi r_0} d\Phi,$$

was integriert

$$|\vec{p(t)}| = \frac{e}{2\pi r_0} \Phi(t) \qquad (4.16)$$

ergibt. Hieraus und aus Gl. (4.14) folgt

$$\frac{e}{2\pi r_0} \Phi(t) = e\, r_0\, B_r$$

d. h.

$$\Phi(t) = \pi r_0^2\, \overline{B} = 2\pi r_0^2\, B_r.$$

---

[1] R. *Wideroe*, Arch. f. Elektrotechnik, **21**, 400, 1928; E. T. S. *Walton*, Proc. Cambr. Phil. Soc., **25**, 469, 1929; D. W. *Kerst* und R. *Serber*, Phys. Rev., **60**, 53, 1941.

$\Phi(t)$ ist der magnetische Induktionsfluß innerhalb der Elektronenbahn und B_r die magnetische Induktion auf dem Gleichgewichtskreis. Bezeichnet $\bar{B}$ die mittlere magnetische Induktion innerhalb der Gleichgewichtsbahn, dann gilt

$$\bar{B} = 2\,B_r.$$

Für die Gleichgewichtsbahn muß die Führungsfeldstärke B_r die Hälfte der mittleren magnetischen Induktion $\bar{B}$ betragen. Mit einem räumlich homogenen Magnetfeld ist daher das Betatron nicht realisierbar. Zur Verwirklichung dieses Beschleunigers ist ein stärkeres zentrales Feld notwendig, das den Induktionsfluß liefert und ein schwächeres Feld, das die Elektronen auf ihrem Gleichgewichtskreis hält.

Die Energie der Elektronen berechnet sich nach Gl. (4.11) und Gl. (4.16) zu

$$E = \sqrt{(p\,c)^2 + (m_0\,c^2)^2} = \sqrt{\left(\frac{e\,c}{2\pi\,r_0}\,\Phi(t)\right)^2 + (m_0\,c^2)^2},$$

und ihre kinetische Energie E_k wird

$$E_k = E - m_0\,c^2.$$

1941 baute Kerst ein erstes Betatron mit einem Radius des Gleichgewichtskreises $r_0 = 7{,}5$ cm und $B_{r,\max} = 0{,}12$ Vs/m², was einer kinetischen Energie der Elektronen von 2,24 MeV entspricht. Diese Erstausführung von der Größe einer Schreibmaschine ist heute im Smithsonian Museum in Washington (USA) ausgestellt. Die größten Betatrons beschleunigen Elektronen auf 320 MeV Energie. Meistens liegt die Elektronenenergie jedoch zwischen 25 und 40 MeV, da diese optimale Bedingungen für Röntgenaufnahmen an Eisenwerkstücken (industrielle Radiographie) und für therapeutische Zwecke aufweisen. Fig. 92 zeigt ein industriell hergestelltes Betatron.

Das erste von Kerst gebaute Betatron erteilte den Elektronen pro Umlauf eine kinetische Energie von 25 eV. Die Elektronen wurden mit einer Energie von 600 eV eingespritzt. Bei den größeren Apparaten ergeben sich pro Umlauf Energiezunahmen von einigen 100 eV. Zur Gewinnung der Endenergie müssen daher viele Umläufe zurückgelegt werden, so daß Kräfte die Elektronen auf dem Gleichgewichtskreis halten müssen. Für das Betatron wurden erstmals die radialen und die axialen Fokussierungsbedingungen berechnet, wie wir sie bereits beim Zyklotron (vgl. Abschn. 4.4.1) angegeben haben.

Die radiale Elektronenbeschleunigung erzeugt einen Strahlungsverlust. Dieser bedingt eine obere Grenze der erreichbaren Elektronenenergie, da pro Umlauf nur Energiegewinne von einigen 100 eV möglich sind.

4.7. Linearbeschleuniger. Die bereits besprochenen Beschleunigungsanlagen mit Hilfe von Kaskaden- und Van de Graaff-Generatoren sind Gleichspannungsbeschleuniger. Die dem beschleunigten Partikel mitgegebene Energie stammt aus einem einmaligen Durchlaufen der Gleichspannung. Im Tandem-Betrieb läßt sich durch Umladung des Partikels die gleiche Potentialdifferenz zweimal durchlaufen.

Während bei Gleichspannungsbeschleunigern ein zeitlich konstantes Potential vorliegt, benützt der Linearbeschleuniger ein Wechselfeld. Die Struktur des Linearbeschleunigers hängt davon ab, ob Elektronen beschleunigt werden sollen, die bei kleiner Energie bereits Geschwindigkeiten nahe der Lichtgeschwindigkeit besitzen (bei 2 MeV beträgt für Elektronen die Geschwindigkeit bereits 0,98 c) oder ob mit zunehmender Energie die Teilchengeschwindigkeit noch merklich wächst.

4.7.1. Linearbeschleuniger für Elektronen. Bei diesem Beschleunigungsprozeß „reiten" die Elektronen auf einer elektromagnetischen Welle längs der Beschleunigungsstrecke. Bei konstanter Feldstärke E wird das Teilchen auf der Strecke l die kinetische Energie

$$E_{kin} = e\,E\,l$$

aufnehmen. Der Elektronen-Linearbeschleuniger kann als Wellenleiter aufgefaßt werden, in dessen Innern sich eine elektromagnetische Welle mit axialem elektrischem Feld fortpflanzt. Im Gegensatz zum reinen Transversalcharakter einer elektromagnetischen Welle im freien Raum, kann bei geeignetem Schwingungsmodus im Wellenleiter ein elektrisches Feld erzeugt werden, dessen Feldrichtung auf der Achse parallel zu dieser ist. Dieses Feld liefert die beschleunigende Kraft auf die mitgeführten Elektronen.

Die Elektronen erreichen bereits bei einer Energie von ca. 2 MeV nahezu Lichtgeschwindigkeit. Die beschleunigende Welle im Wellenleiter kann sich daher über den größten Teil der Beschleunigungsstrecke mit konstanter Phasengeschwindigkeit (vgl. Bd. II, S. 289) fortpflanzen. Lediglich im ersten Teil der Beschleunigungsstrecke hat sich die Wellengeschwindigkeit mit der Elektronengeschwindigkeit zu ändern. Dies wird erreicht durch Anbringen von Lochblenden in geeigneter Distanz im zylindrischen Wellenleiter (Fig. 93) Durch richtige Dimensionierung von a, b und D läßt sich die Phasen- der Elektronen-Geschwindigkeit anpassen.

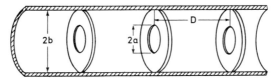

Fig. 93. Aufgeschnittener Wellenleiter für Elektronen-Linearbeschleuniger.

Beispiele für Elektronen-Linearbeschleuniger sind der Stanford-Beschleuniger für 1 GeV, die Orsay-Maschine von 2 GeV und der kürzlich vollendete SLAC-Beschleuniger (Stanford Linear Accelerator) in Stanford für 20 GeV mit einer Länge von 3,2 km (Fig. 94).

4.7.2. Linearbeschleuniger für Protonen. Im Gegensatz zum Elektronenbeschleuniger variiert hier die Geschwindigkeit der zu beschleunigenden Partikel über die gesamte Beschleunigungsstrecke meistens um eine Zehnerpotenz. Die Beschleunigung erfolgt in einem zylindrischen Hohlraumresonator, der zu stehenden Eigenschwingungen angeregt wird (Fig. 95). Bei diesen Schwingungen liegt der elektrische Feldvektor parallel oder antiparallel zur Beschleunigerachse. Durch Einbau von sog. Driftröhren erreicht man, daß die geladenen Partikel sich nur während der richtigen Phase im Felde befinden und so dauernd Energie aufnehmen. Mit zunehmender Partikelgeschwindigkeit werden die Längen der Driftröhren und ihre Abstände größer (Fig. 95b). Die in den Linearbeschleuniger injizierten Partikel werden durch eine Gleichspannung vorbeschleunigt. Linearbeschleuniger für Protonen dienen auch als Vorbeschleuniger für Synchrotrons (s. Fig. 96). Fig. 97 zeigt das Innere des Linearbeschleunigers von

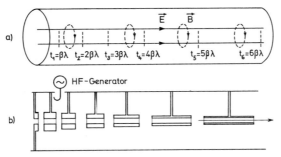

Fig. 95. a) Elektrische Feldstärke längs des Weges eines bewegten Ionenpakets. Zur Zeit t_i durchläuft das Ionenpaket die i-te Beschleunigungsstrecke. b) Schematischer Aufbau der Driftröhren eines Linearbeschleunigers für Ionen. Mit wachsender Ionengeschwindigkeit werden die Driftröhren länger.

Berkeley (Lawrence Radiation Laboratory) für schwere Ionen, der für eine Endenergie von 10 MeV pro Nukleon ausgelegt ist.

Fig. 98 zeigt zusammenfassend die typischen Energiebereiche der verschiedenen Beschleuniger.

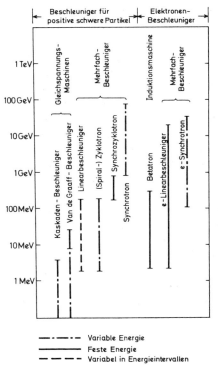

Fig. 98. Energiebereiche der verschiedenen Beschleuniger. (1 TeV = 1 Teraelektronenvolt.)

4.8. Erzeugung schneller Ionen. Elektrische und magnetische Linsen.

Alle in diesem 4. Abschnitt beschriebenen Einrichtungen dienen der Erzeugung von schnellen Ionen. Beim Kaskadengenerator und beim Van de Graaff ist ein spezielles Beschleunigungsrohr erforderlich. Die zu beschleunigenden Partikel werden in einer Ionenquelle erzeugt. Hierzu finden z. B. Hochfrequenzionenquellen (Fig. 99) Verwendung. Die Ionen werden mit einer Einschußoptik (elektrische bzw. magnetische Linsen) in das Beschleunigungsrohr geführt, wo ihnen durch die Hochspannung die kinetische Energie vermittelt wird. Das Beschleunigungsrohr besteht aus einzelnen Stufen. Ein Beispiel zeigt Fig. 100.

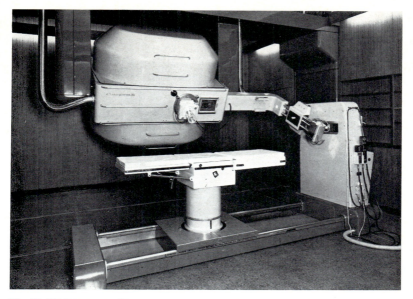

Fig. 92. BBC-Betatron für medizinische Anwendungen (Asklepitron 35). Mit dieser Anlage lassen sich Elektronen und Röntgenstrahlen bis zu 35 MeV Energie erzeugen. Betatron und Behandlungstisch sind beweglich. (Bild: Brown Boveri u. Cie., Baden.)

Fig. 94a. 20-GeV-Elektronen-Stanford-Linearbeschleuniger (Slac). Ansicht des Beschleunigertunnels. Der Wellenleiter des Beschleunigers ist auf einem 61 cm weiten Aluminiumrohr montiert, welches im Boden verankert und justierbar ist. Ein Laserstrahl im Innern des Aluminiumrohrs dient als Referenz für die Ausrichtung. (Bild: Stanford Linear Accelerator Center.)

Fig. 94b. Flugbild des 20-GeV-Elektronen-Stanford-Linearbeschleunigers (Slac). Die Länge beträgt 3,2 km. Oben im Bild befindet sich der Elektronen-Injektor. Im unteren Bildteil ist der Ablenkmagnet mit zwei Targetstationen zu sehen.

Fig. 96. Linearbeschleuniger für 20-MeV-Protonen als Einspritzbeschleuniger für das Bevatron. (Bild: Lawrence Radiation Laboratory.)

Fig. 97. Inneres des Linearbeschleunigers mit Driftröhren für schwere Ionen (HILAC) des Lawrence Radiation Laboratory für 10 MeV pro Nukleon. Blickrichtung in Beschleunigungsrichtung. (Bild: University of California, Lawrence Radiation Laboratory, Berkeley.)

4.8. Elektrische und magnetische Linsen

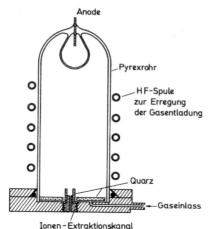

Fig. 99. Hochfrequenz-Ionenquelle.

Damit die Ionen als fokussiertes Bündel auf das Target fallen, bedarf es nochmals einer Ionenoptik. Diese besteht im Beispiel von Fig. 100 aus den Beschleunigungselektroden, die als elektrostatische Linsen wirken. Bevor das Ionenbündel auf das Target einfällt, erfolgt meistens eine magnetische Analyse, so daß nur Partikel von gewünschter spezifischer Ladung und vorgegebenem Impuls das Target treffen (Fig. 101).

Einige Beispiele von speziellen Linsen sind nachfolgend aufgeführt:

1. Elektrostatische Linsen

a) Aperturlinsen (Fig. 102). Die Teilchen gelangen aus einem Gebiet der Feldstärke E_1 in ein solches der Feldstärke E_2 und sollen durch beide Felder eine positive Beschleunigung erfahren: Für $E_1 > E_2$ ergibt sich eine Defokussierung (Fig. 102a), für $E_1 < E_2$ eine Fokussierung (Fig. 102b).

b) Zylinderlinse (Fig. 103). Die beiden Zylinder besitzen denselben Durchmesser. Die Teilchen durchfliegen das Linsenfeld, wobei unabhängig davon, ob $V_1 > V_2$ oder $V_1 < V_2$ ist, immer eine Fokussierung eintritt.

2. Magnetische Linsen

a) Kurze Spule (Fig. 104). Im Magnetfeld einer kurzen Spule bewirken die Komponenten des Feldes senkrecht zur Bewegungsrichtung Kräfte auf das Teilchen. Diese besitzen eine fokussierende Wirkung, wobei sich die Teilchen auf Schraubenlinien bewegen. Fig. 104 zeigt die Projektion der Bewegung in der Papierebene.

b) **Magnetische Sektorlinsen.** Einige Beispiele wurden in Abschnitt 3.2.2 bereits besprochen.

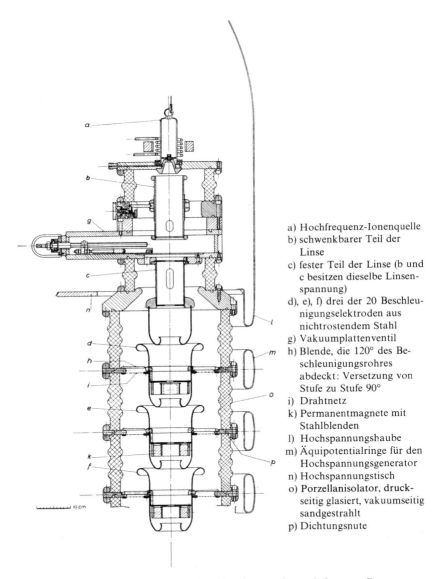

a) Hochfrequenz-Ionenquelle
b) schwenkbarer Teil der Linse
c) fester Teil der Linse (b und c besitzen dieselbe Linsenspannung)
d), e), f) drei der 20 Beschleunigungselektroden aus nichtrostendem Stahl
g) Vakuumplattenventil
h) Blende, die 120° des Beschleunigungsrohres abdeckt: Versetzung von Stufe zu Stufe 90°
i) Drahtnetz
k) Permanentmagnete mit Stahlblenden
l) Hochspannungshaube
m) Äquipotentialringe für den Hochspannungsgenerator
n) Hochspannungstisch
o) Porzellanisolator, druckseitig glasiert, vakuumseitig sandgestrahlt
p) Dichtungsnute

Fig. 100. Erste Stufen eines Beschleunigungsrohres mit Ionenquelle.

4.8. Elektrische und magnetische Linsen

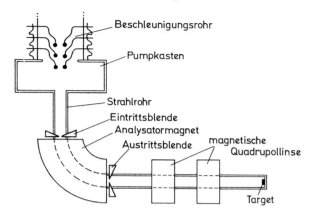

Fig. 101. Magnetische Analyse und Fokussierung des Ionenstrahls.

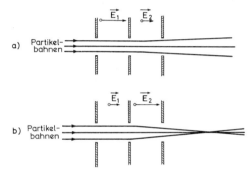

Fig. 102. a) Defokussierende und b) fokussierende Aperturlinse.

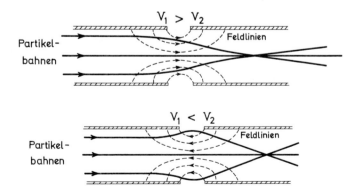

Fig. 103. Zylinderlinse. Für das Potential $V_1 \neq V_2$ ergibt sich immer eine Fokussierung.

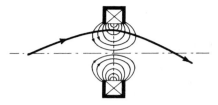

Fig. 104. Kurze Spule als magnetische Linse. Die Bahn des Teilchens ist schraubenförmig. Aufgetragen ist die Projektion der Bahn auf die Papierebene.

c) **Fokussierung mit Hilfe axialer magnetischer Quadrupolfelder.** Dies sind Felder mit konstantem Betrag des Feldgradienten, was bedeutet, daß $\partial H_x/\partial y$ und $\partial H_y/\partial x$ konstant sind. Fig. 105 zeigt ein derartiges Quadrupolfeld. In diesem Falle ist $H_x = Ay$, $H_y = Ax$, d. h. $|H| = \sqrt{H_x^2 + H_y^2} = A|r|$. Praktisch läßt sich ein derartiges Feld mit einer Anordnung, wie sie Fig. 106 zeigt, herstellen.

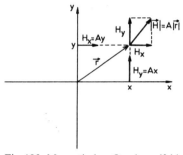

Fig. 105. Magnetisches Quadrupolfeld: $H_x = Ay$; $H_y = Ax$.

Wir betrachten ein positives Teilchen, welches sich in yz- bzw. xz-Ebene längs der z-Achse bewegt (Fig. 107). In der yz-Ebene ist nur die x-Komponente $H_x = Ay$ vorhanden, so daß die Teilchen eine divergierende Kraft erfahren, die um so größer ist, je weiter sich

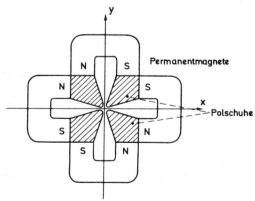

Fig. 106. Erzeugung eines magnetischen Quadrupolfeldes mit vier Permanentmagneten. Die z-Achse zeigt senkrecht zur Zeichenebene nach vorn.

4.8. Elektrische und magnetische Linsen

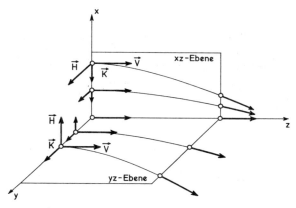

Fig. 107. Bewegung eines Bündels positiver Teilchen im magnetischen Quadrupolfeld. In der xz-Ebene erfolgt eine Fokussierung, in der yz-Ebene eine Defokussierung.

das Teilchen von der z-Achse entfernt. Ein parallel einfallendes Bündel wird defokussiert. Für die xz-Ebene ist die Situation genau umgekehrt. Das Bündel erfährt eine Fokussierung.

Werden nun zwei Quadrupolfelder hintereinandergeschaltet, jedoch um 90° gegeneinander verdreht, so läßt sich im gesamten eine Fokussierung erzielen. Diese Kombination bezeichnet man als magnetische Quadrupollinse (Fig. 108). Die Situation ist jener in der Optik analog,

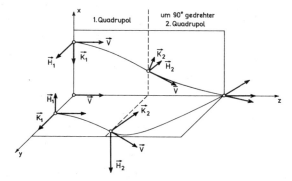

Fig. 108. Zwei um 90° verdrehte magnetische Quadrupole als Linse.

wo ein Linsenduplet aus Sammel- und Zerstreuungslinse vorliegt. In der xz-Ebene haben wir die Kombination einer Sammel- und einer Zerstreuungslinse gleicher Brennweite ($f_1 = -f_2 = f$) (Fig. 109a), in der xy-Ebene jene einer Zerstreuungs- und Sammellinse (Fig. 109b).

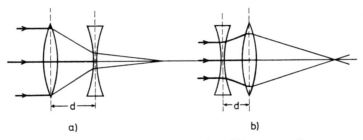

Fig. 109. Linsenduplet aus Sammel- und Zerstreuungslinse.

Die Brennweitengleichung für das Duplet ist (vgl. Bd. II, S. 356):

$$\frac{1}{f'} = \frac{1}{f_1} + \frac{1}{f_2} - \frac{d}{f_1 f_2} = \frac{d}{f^2},$$

d. h.
$$f' = \frac{f^2}{d}.$$

Die Brennweite f' des Duplets ist für $0 < d < f$ immer positiv, was einer Fokussierung entspricht. Die Quadrupollinse zeigt wie eine optische Linse (vgl. Bd. II, S. 370) den Astigmatismus. Ein zylindrisches Teilchenbündel wird z. B. zuerst in der yz-Ebene und hernach in der xz-Ebene in eine Brenngerade fokussiert. Diese Tatsache wird ausgenützt, wenn es gilt, ein Partikelbündel durch einen Schlitz hindurchfallen zu lassen.

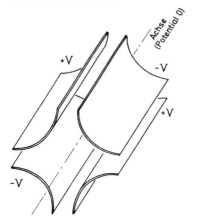

Fig. 110. Elektrisches Quadrupolfeld.

Diese Fokussierung mit alternierenden Gradienten des Feldes wird heute bei Hochenergiemaschinen wie Protonen-Synchrotrons benützt, um die Strahlenbündel auf ihrem langen Wege fokussiert zu behalten.

Analog zum magnetischen Quadrupol läßt sich auch ein elektrischer Quadrupol angeben. Fig. 110 zeigt ein elektrisches Quadrupolfeld. Sein Potential ist gegeben durch $V = -Axy$. Hieraus erhält man $E_x = -\partial V/\partial x = Ay$ und $E_y = -\partial V/\partial y = Ax$. Die Äquipotentiallinie der Elektrode, d. h. die Schnittlinie der Elektrode mit der xy-Ebene besitzt die Gleichung $V_0 = -Axy$.

5. Kernphysikalische Meßgeräte

5.1. Einleitung. Die meisten Methoden zum Nachweis energiereicher Partikel basieren auf der Ionisation von Atomen und Molekülen oder auf der Erzeugung von Elektron-Lochpaaren in Festkörpern (Ionisationskammer, Zählrohr, Wilson-Kammer, Funkenkammer, photographische Emulsion, Halbleiterzähler). In der Blasenkammer kommt indirekt die Ionisierung ebenfalls zur Wirkung, indem durch δ-Elektronen, d.h. durch das Teilchen ausgelöste Elektronen, lokale Erhitzung erzeugt wird, die für die Blasenentstehung in einer überhitzten Flüssigkeit verantwortlich ist. Im Szintillationszähler erzeugt die einfallende Strahlung angeregte Atome, deren Lichtemission zum Nachweis herangezogen wird. Im Čerenkov-Zähler endlich bewirkt eine zeitlich veränderliche elektrische Polarisation des Zählermediums eine Lichtemission, sofern sich in diesem Medium ein geladenes Teilchen mit größerer Geschwindigkeit als der Phasengeschwindigkeit des Lichts in diesem Medium bewegt.

Die photographische Emulsion, die hier nicht weiter zur Diskussion kommen soll, besteht aus einem dicken Gelatinefilm, in welchem kleine Silberhalogenid-Kristalle in hoher Konzentration eingebettet sind. Durchquert ein geladenes Teilchen die Emulsion, so werden durch Anregung und Ionisation die Silberhalogenid-Körner längs der Spur aktiviert. Sie lassen sich anschließend durch Entwicklung in Silberkörner überführen, die unter dem Mikroskop als Teilchenspur beobachtbar sind. Die Dichte der entwickelten Körner hängt von der Ionisationsdichte ab.

5.2. Ionisationskammer. Sie ist das älteste in der Kernphysik benutzte elektrische Meßgerät. Mit ihrer Hilfe haben bereits Becquerel, das Ehepaar Curie und Rutherford grundlegende Erkenntnisse über das Wesen radioaktiver Strahlen gewonnen. Ein einfaches Beispiel einer Ionisationskammer ist das Goldblattelektroskop.

Die wesentlichen Bestandteile einer Ionisationskammer sind zwei auf verschiedenem Potential gehaltene Elektroden. Im Raum zwischen den Elektroden befindet sich ein Gas unter geeignetem Druck. Die von der einfallenden Strahlung im Gas erzeugten Ionenpaare werden durch das elektrische Feld bewegt, so daß im Kammerkreis ein meßbarer Strom entsteht. Da die Ströme vielfach sehr klein sind, werden zu ihrer Messung Verstärker benutzt. Diejenige Elektrode, die zum Verstärker führt, wird Sammelelektrode genannt. Sie wird wegen möglichen Kriechströmen nahe dem Erdpotential gehalten. Die auf dem Potential der Spannungsquelle gehaltene Elektrode heißt Hochspannungselektrode. Eine viel gebrauchte Form der Ionisationskammer ist die Parallelplattenkammer mit Schutzring (Fig. 111). Mit dem Schutzring wird ein definiertes Meßvolumen der Ionisationskammer abgegrenzt.

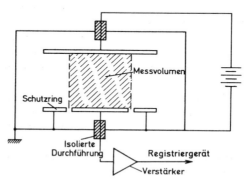

Fig. 111. Parallelplattenkammer mit Schutzring.

5.2.1. Konstante Ionisation im Meßvolumen. Das Gas der Parallelplattenkammer werde über das gesamte Meßvolumen gleichmäßig und kontinuierlich ionisiert (z. B. im Strahlungsfeld einer intensiven und weit entfernten γ-Quelle). Diffusions- und Rekombinationsprozesse seien zunächst ausgeschlossen. Wir bezeichnen mit

$\dot{n}_0$ die von der Strahlung pro Volumen- und Zeiteinheit erzeugte Zahl der Ionenpaare. Nach Voraussetzung sei $\dot{n}_0$ über das gesamte Zählvolumen konstant.

$n^+(x)$, $n^-(x)$ bezeichnen die Dichten der positiven bzw. negativen Ladungsträger an der Stelle x. Die x-Koordinate der Hochspannungsplatte sei 0.

Die im Kammerkreis vorhandene Stromstärke I setzt sich aus zwei Anteilen zusammen (Fig. 112): der eine rührt von den bewegten positiven, der andere von den negativen Ladungsträgern her. Bezeichnen v^+ bzw. v^- die Beträge der entsprechenden Wanderungsgeschwindigkeiten, so gilt (s. Bd. II, S. 199)

$$I = Fe(n^+ v^+ + n^- v^-). \tag{5.1}$$

5.2. Ionisationskammer

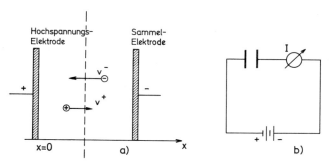

Fig. 112. Zur Berechnung der Stromstärke bei homogener und konstanter Ionisation im Meßvolumen. a) Geschwindigkeiten der positiven und negativen Ladungsträger. b) Gesamtstromkreis.

F ist die Querschnittsfläche des Meßvolumens und e die Elementarladung (es werden einfach geladene Ionen angenommen).

Im stationären Zustand des Ionisationskammerbetriebes zeigen sich in Funktion von x bestimmte Dichten n^+ bzw. n^- der Ladungsträger. In jedem Zeitelement dt muß für irgendein Volumenelement F dx die Differenz zwischen ab- und zuwandernden Ladungsträgern eines Vorzeichens gleich sein der Zahl der durch Ionisation entstandenen (Fig. 113a):

$$\dot{n}_0 \, dt \cdot F \, dx = (n^+ + dn^+) v^+ \, F \, dt - n^+ v^+ \, F \, dt.$$

Hieraus folgt:

$$\frac{dn^+}{dx} = \frac{\dot{n}_0}{v^+},$$

d.h.

$$n^+(x) = \frac{\dot{n}_0}{v^+} x + \text{konst}.$$

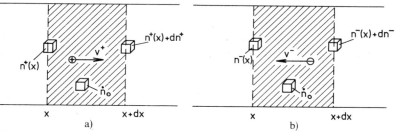

Fig. 113. Zur Berechnung des stationären Stromes im Ionisationskammerkreis. a) $n^+(x)$ ist die Dichte der positiven Ladungsträger am Ort x. b) $n^-(x)$ bezeichnet die Dichte der negativen Ladungsträger. Von der Strahlung werden pro Volumen- und Zeiteinheit $\dot{n}_0$ Ionenpaare erzeugt.

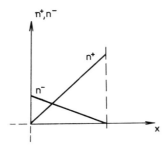

Fig. 114. Dichte der positiven bzw. negativen Ladungsträger für verschiedene Orte x bei homogener Ionisierung im stationären Zustand.

Da für $x=0$, $n^+(0)=0$ ist (aus der Hochspannungselektrode gelangen keine Ionen ins Gas, und die unmittelbar an der Elektrode erzeugten werden sofort weggezogen), wird die Konstante null und somit (Fig. 114)

$$n^+(x) = \frac{\dot{n}_0}{v^+} x. \qquad (5.2)$$

Die Dichte der positiven Ladungsträger wächst linear an mit zunehmender Distanz von der positiven Elektrode.

Entsprechendes gilt für die negativen Ladungsträger (Fig. 113 b):

$$\dot{n}_0 \, dt \cdot F \, dx = n^- \, v^- \, F \, dt - (n^- + dn^-) \, v^- \, F \, dt$$

$$\frac{dn^-}{dx} = -\frac{\dot{n}_0}{v^-} \quad \text{und} \quad n^-(x) = -\frac{\dot{n}_0}{v^-} x + \text{konst.}$$

Bei den negativen Ladungsträgern lautet die Randbedingung, daß am Ort der negativen Elektrode $(x=d)$ $n^- = 0$ ist. Dadurch wird (Fig. 114):

$$n^-(x) = \frac{\dot{n}_0}{v^-} (d-x). \qquad (5.3)$$

Ihre Dichte steigt mit wachsender Distanz von der negativen Elektrode linear an. Mit Hilfe der Gl. (5.2) und (5.3) kann nun der Ionisationsstrom (Gl. (5.1)) berechnet werden:

$$I = Fe(n^+ v^+ + n^- v^-) = e \, \dot{n}_0 \, F \, d.$$

Er wird bei Vernachlässigung von Rekombination und Diffusion (I stellt den sog. Sättigungsstrom dar, s. Bd. II, S. 227) gleich der Ladung eines Ions mal der Zahl der im Meßvolumen pro Zeiteinheit erzeugten Ionen. I ist somit ein Maß für die von der Strahlung erzeugten Zahl der Ionenpaare pro Volumen- und Zeiteinheit.

Da die Dichten n^+ und n^- der Ladungsträger im allgemeinen für verschiedene x nicht gleiche Werte annehmen, entsteht eine Raumladung ρ:

$$\rho(x) = e(n^+ - n^-) = e \, \dot{n}_0 \left(\frac{x}{v^+} - \frac{d-x}{v^-} \right),$$

die in der Ionisationskammer ein zusätzliches Feld E_ρ erzeugt. Es ist für alle praktischen Fälle wesentlich kleiner als das von der Spannungsquelle erzeugte, andernfalls wären v^+ und v^- merklich vom Ort x abhängig. Für geringe Rekombination muß die Kammerspannung $U \gg E_\rho \, d$ sein.

5.2.2. Impulsbetrieb der Ionisationskammer. Wir betrachten wiederum eine Parallelplatten-Ionisationskammer mit Vernachlässigung von Rekombinations- und Diffusionsverlusten. Im Gegensatz zur homogenen Ionisierung behandeln wir jetzt eine Ionisierung, wie sie z.B. durch ein α-Teilchen erzeugt wird. Dies bedeutet, daß die primäre Ionisierung nur längs der Bahn des α-Teilchens erfolgt.

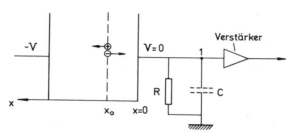

Fig. 115. Ionisationskammer mit einem Ionenpaar. C und R: Kapazität bzw. Widerstand der Eingangsstufe.

Vorerst sei ein einziges Ionenpaar am Ort x_0 (Fig. 115) vorhanden. Dabei werde angenommen, daß es genügend weit vom Rand des Meßvolumens entfernt sei, so daß kein Ladungsverlust die Messung verfälschen kann. Die positive Elektrode wirke als Sammelelektrode. Unter dem Einfluß des elektrischen Feldes beginnen die Ladungen $\pm e$ zu wandern, werden getrennt und bewirken auf der Sammelelektrode eine Potentialänderung. Sie wird durch die unterschiedliche Influenzwirkung der beiden getrennten Ionen verursacht. Dadurch erhält die Kapazität C der Eingangsstufe (C bezeichnet die Kapazität des Punktes 1 gegen Erde (vgl. Fig. 115)) eine bestimmte Ladung. Diejenige, herrührend vom positiven Ion, sei mit $q_+(t)$, jene vom negativen Ion mit $q_-(t)$ bezeichnet. Diese Ladungen besitzen dasselbe Vorzeichen wie die Ladung des Ions. Zur Zeit $t=0$ sind beide Ladungen entgegengesetzt gleich groß, da die Ionen denselben Ladungsbetrag aufweisen und dieselbe räumliche Position einnehmen. Wandern die beiden Ionen in entgegengesetzter Richtung, so ändern sich die durch Influenz erzeugten Ladungen, und die Eingangskapazität C wird geladen. Im Laufe der Zeit nimmt $q_+(t)$ ab und $q_-(t)$ zu. Der Kondensator erhält die Ladung $Q_C = q_+(t) + q_-(t)$, so daß seine Potentialänderung

$$V_C = \frac{q_+(t) + q_-(t)}{C}$$

wird, sofern $t \ll RC$, die Zeitkonstante des RC-Kreises (Fig. 115), ist. Sollte dies nicht der Fall sein, so fließt ein Teil der durch Influenz erzeugten Ladung weg, und die Potentialänderung wird entsprechend kleiner.

Wenn das negative Ion die Sammelelektrode erreicht hat, ist $q_-(t) = -e$. Ist die Sammelzeit t_2 des positiven Ions größer als diejenige des negativen (t_1), dann ergibt sich für $t_1 < t < t_2$:

$$V_C(t) = \frac{-e + q_+(t)}{C}.$$

Für die Sammelzeit t_2 des positiven Ions wird, da $q_+(t_2) = 0$ ist,

$$V_C(t_2) = -e/C.$$

Erst wenn beide Ladungsarten auf den entsprechenden Elektroden angelangt sind und $t_2 \ll RC$ ist, erscheint am Eingang des Verstärkers die volle Potentialänderung $-e/C$.

Das zeitliche Verhalten von $q_+(t)$ und $q_-(t)$ bestimmt die Potentialänderung. Bewegt sich in einem ebenen Plattenkondensator eine Ladung mit der Geschwindigkeit v, so fließt im Kreis ein Strom der Stärke (vgl. Bd. II, S. 199)

$$I = \frac{e}{d} v,$$

die dem Eingangskondensator im Zeitelement dt die Ladung

$$dq = -I\,dt = -\frac{e}{d} v\,dt$$

entzieht (Fig. 116). Bewegen sich die entgegengesetzten Ladungsträger (Fig. 116) von der Stelle x_0 aus mit konstanter Geschwindigkeit v_+ bzw. v_-, so werden

$$q_+(t) = -\frac{e}{d} v_+ t \quad \text{bzw.} \quad q_-(t) = -\frac{e}{d} v_- t.$$

Die Potentialänderung des Verstärkereingangs wird daher

$$V_C(t) = \frac{q_+(t) + q_-(t)}{C} = -\frac{e}{C} \frac{v_+ + v_-}{d} t.$$

Man hat nun Ionen- und Elektronensammlung zu unterscheiden.

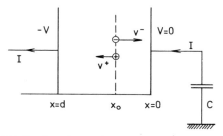

Fig. 116. Zur Berechnung des Stromes für ein Ionenpaar.

5.2.2.1. Ionensammlung.
Sind beide Ladungsträger Ionen, so haben sie Geschwindigkeiten gleicher Größenordnung. In Tabelle 10 sind einige Werte der Beweglichkeiten u (als Beweglichkeit bezeichnet man den Quotienten Geschwindigkeit/Feldstärke) angegeben [1].

Tabelle 10. Beweglichkeit von Ionen in verschiedenen Gasen bei 15° C und 1 Atm

$$\text{Einheit:} \quad 1\,\frac{\text{cm/s}}{\text{V/cm}} = 10^{-4}\,\frac{\text{m/s}}{\text{V/m}}$$

Gas	Beweglichkeit	
	u^+	u^-
Luft	1,37	1,8
H_2	5,7	8,6
N_2	1,29	1,82
O_2	1,33	1,80
He	5,1	6,3
A	1,37	1,7
CO_2	0,79	0,95
SO_2	0,41	0,41

Für die Ionensammlung sind drei Stadien zu unterscheiden. t_1 sei die Sammelzeit für negative, t_2 für positive Ionen. Die Zeitkonstante des Eingangskreises sei $RC \gg t_2$.

a) Beobachtungszeit t liegt zwischen 0 und $t_1 < t_2$: Der Potentialanstieg (Gl. (5.4)) ist linear in der Zeit, wobei seine Steigung der Summe $(v_+ + v_-)$ der Geschwindigkeiten proportional ist.

b) Zeitintervall $t_1 \leq t \leq t_2$. Das Potential steigt weiterhin linear in der Zeit an. Die Steigung ist nur noch proportional v_+, da die negativen Ladungsträger die Sammelelektrode bereits erreicht haben.

c) Zeit $t > t_2$. Das Potential V_C bleibt praktisch konstant, sofern $t \ll RC$ ist. Für größere Zeiten macht sich der exponentielle Abfall

---
[1] E. Segrè, Exp. Nuclear Physics, Vol. 1 (1953), S. 11.

von V_C mit der Zeitkonstante RC bemerkbar. Für $t = t_2$ wird das Maximum von V_C erreicht:

$$|V_C| = \frac{e}{C} \frac{v_+ t_2 + v_- t_1}{d} = \frac{e}{C},$$

da $v_+ t_2 + v_- t_1 = d$ wird.

Die Impulshöhe ist unabhängig vom Entstehungsort des Ionenpaares. Sofern beide Ladungsträger die entsprechenden Elektroden erreicht haben, ist der Eingangskondensator mit der Ladung eines Ladungsträgers (in diesem Falle $-e$) aufgeladen.

Zum Nachweis der gesammelten Ladungen wird ein ladungsempfindlicher Verstärker (sog. ballistischer Verstärker, dessen Ausgangsimpuls proportional der gesammelten Ladung ist) benützt.

5.2.2.2. Elektronensammlung. In diesem Falle gilt für die Zeitkonstante RC des Eingangskreises (Fig. 115), die Elektronensammelzeit t_1 und die Sammelzeit der positiven Ionen:

$$t_1 \ll RC \ll t_2.$$

Die positiven Ionen bleiben während der Meßzeit praktisch am Ort, und es gilt

$$|V_C| = \frac{e}{C} \frac{v_- t}{d}.$$

Das Potential steigt linear an bis zur Zeit $t_1 = x_0 / v_-$ und erreicht den Wert

$$|V_C| = \frac{e}{C} \frac{x_0}{d}.$$

Für $t > t_1$ sinkt es wie oben exponentiell ab. Man erkennt: Bei Elektronensammlung ist das maximale Potential V_C vom Entstehungsort x_0 des Ionenpaares abhängig.

Werden nun durch ein α-Teilchen längs der Bahn viele Ionenpaare erzeugt, so kann nach den vorhergehenden Überlegungen für jedes Ionenpaar V_C berechnet werden. Der gesamte Potentialanstieg (er soll auch mit V_C bezeichnet werden) ergibt sich als Summe der Beiträge der einzelnen Ionenpaare.

Im Falle der Ionensammlung werden die maximalen Potentiale V_C unabhängig von der Lage der α-Teilchenspur, falls sich seine Bahn noch ganz im Meßvolumen befindet. V_C wird damit proportional der kinetischen Energie E des α-Teilchens, sofern die mittlere Arbeit zur Erzeugung eines Ionenpaares als konstant betrachtet werden kann, was für α-Teilchen von einigen MeV Energie gut erfüllt ist. Ein α-Teilchen erzeugt $z = E/W$ Ionenpaare (W bezeichnet die mittlere

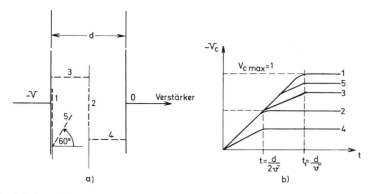

Fig. 117. Potentialänderung $-V_c$ für verschiedene α-Bahnen. a) Die Lage der α-Bahnen im Kondensator. b) Entsprechende Potentialverläufe in Funktion der Zeit.

Arbeit für die Erzeugung eines Ionenpaares). An der Eingangskapazität entsteht nach Sammlung aller Ionen das Potential $|V_C| = z\,e/C$.

Bei der Elektronensammlung ist die Situation eine andere. Hier ist der Beitrag eines Elektrons zum Potential V_C vom Entstehungsort abhängig. Fig. 117 zeigt einige Beispiele. Es ist möglich, aus der Impulsform die Lage der Bahn in der Kammer festzustellen.

Die Abhängigkeit der Impulsform von der Lage der Bahn kann durch ein geeignetes Gitter (Fig. 118) vermieden werden (Gitterkammer). Das Gitter ist auf einem Potential zwischen $-V$ und 0, so daß zwischen Gitter und Auffängerelektrode eine relativ hohe Feldstärke herrscht. Bewegungen von Ladungen im Raum zwischen Gitter und Hochspannungselektrode erzeugen keine Potentialänderungen des Auffängers, sofern das Gitter eine genügend gute Abschirmwirkung hat. Die das Gitter durchlaufenden Elektronen dagegen erzeugen Potentialänderungen auf dem Auffänger, die unabhängig vom Herkunftsort des Elektrons sind.

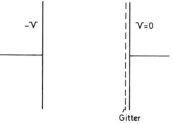

Fig. 118. Ionisationskammer mit Gitter.

5.2.2.3. Rekombination und Diffusion

A) Rekombination. Die von den ionisierenden Strahlen erzeugten Ionenpaare können sich durch verschiedene Vorgänge wieder vereinigen. Man spricht von einer Rekombination. Liegt Rekombination vor, so ist bei homogener Ionisierung im Zählvolumen der gemessene Ionisationsstrom I nicht mehr ein einfaches Maß für die pro Zeit- und Volumeneinheit erzeugte Zahl $\dot{n}_0$ der Ionenpaare. Der Ionisationsstrom wird kleiner als der Sättigungsstrom. Bei Impulsbetrieb ist die Proportionalität zwischen Potentialanstieg V_C und kinetischer Energie E des ionisierenden Teilchens gestört. Soll $\dot{n}_0$ bzw. E quantitativ bestimmt werden, dann müssen in beiden Fällen Rekombinationsverluste berücksichtigt werden.

Es lassen sich drei Rekombinationsarten unterscheiden: Volumen-, Kolonnen- und Eigenrekombination.

a) Volumenrekombination. Es handelt sich um die Wiedervereinigung von zwei Ladungsträgern mit entgegengesetzten Vorzeichen, die nicht beim selben Ionisierungsprozeß entstanden sind. Dieser Fall tritt hauptsächlich bei homogener Ionisierung auf. Bei Impulsbetrieb spielt er praktisch keine Rolle, sofern die Untergrundionisation nicht zu hoch ist.

Die Rekombinationsrate dn/dt pro Volumeneinheit ist dem Produkt der Dichte der positiven und negativen Ladungsträger proportional:
$$dn/dt = -\alpha n^+ n^-.$$

α heißt der Rekombinationskoeffizient. Sein Wert hängt von Art, Druck und Temperatur des Gases ab. Für Rekombination zwischen positiven und negativen Ionen bei Atmosphärendruck ist α von der Größenordnung 10^{-12} m^3/s. Sind die negativen Ladungsträger Elektronen, so ist α ca. 10^4 mal kleiner. Der Vorteil der Elektronensammlung liegt in der viel kürzeren Sammelzeit und in wesentlich kleineren Rekombinationsverlusten.

b) Die Kolonnenrekombination. Diese Rekombinationsart tritt längs Teilchenspuren mit großer Ionisierungsdichte auf. Es handelt sich ebenfalls um die Wiedervereinigung von zwei Ladungsträgern entgegengesetzter Ladung, die nicht aus demselben Ionisierungsprozeß stammen. Die Theorie dieser Rekombination stammt von *Jaffé*[1]. Sie ist nur anwendbar auf Gase wie z. B. Sauerstoff oder Luft, für welche sich die Elektronen sofort an Atome anlagern und negative Ionen bilden. Die Kolonnenrekombination ist stark vom Winkel zwischen Teilchenbahn und der Richtung des elektrischen Feldes abhängig. Für Felder parallel zur Bahn wird sie am größten. Es genügen bereits einige Grad, um die Rekombination wesentlich zu verkleinern. Wenn der Winkel frei verfügbar ist, sollte die Feldrichtung rechtwinklig zur Bahn gelegt werden.

---

[1] Annalen der Physik, **42** (1913), 303.

Aus der Jafféschen Theorie kann die Rekombination im allgemeinen nicht berechnet werden, da die in der Theorie angenommene radiale Dichteverteilung der Ionen um die Teilchenspur unbekannt ist. Die Theorie gibt aber eine experimentelle Möglichkeit zur Bestimmung der Rekombination. Dazu wird für Teilchen gleicher Energie die reziproke Impulshöhe in Funktion der reziproken Feldstärke aufgetragen. Für nicht zu große Rekombinationsverluste ergeben sich bei konstantem Druck Geraden, die sich für $1/E \to 0$ in einem Punkt, dem reziproken Sättigungswert schneiden (Fig. 119).

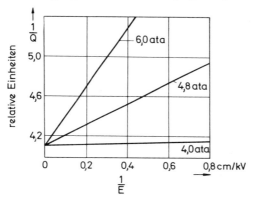

Fig. 119. Sättigungsgeraden für Luft von verschiedenem Druck und Po-α-Teilchen. Die Arbeit/Ionenpaar ergibt sich zu $W = (34,95 \pm 0,18)$ eV. (*C. Biber, P. Huber* und *A. Müller*, Helv. Phys. Acta, **28**, 503, 1955.)

Wie bereits erwähnt, gilt die Jafésche Theorie nicht für Rekombination zwischen Elektronen und positiven Ionen. Diese Rekombination ist jedoch selbst für kleine Feldstärken (einige 100 V/cm) und höhere Drucke (ca. 10 atü) noch sehr klein.

c) Eigenrekombination. Diese Rekombinationsart tritt erst bei hohen Drucken auf. Dabei verliert das primär durch Ionisation erzeugte Elektron durch Zusammenstöße auf kurze Distanz einen großen Teil seiner Energie. Es entfernt sich nur wenig vom positiven Ion. Damit wird die potentielle Energie zwischen den Ladungsträgern ungefähr gleich der thermischen Energie des Elektrons:

$$\frac{e^2}{4\pi\varepsilon_0 d} \approx \frac{3}{2} kT.$$

d bezeichnet die Distanz zwischen positivem Ion und Elektron. Weil das Elektron unter Einfluß der Coulomb-Kraft zum ursprünglichen

Atom zurückgezogen wird, ist diese Rekombinationsart unabhängig von der Ionisierungsdichte. Für schwach ionisierende Strahlung bei hohen Drücken ist die Eigenrekombination der Hauptgrund für Sättigungsverluste.

B) Diffusion. In der Zeit t entfernt sich ein Ion von seinem ursprünglichen Ort infolge Diffusion im Mittel um die Strecke

$$s_D = \sqrt{2Dt},$$

wo D den Diffusionskoeffizienten bezeichnet. Unter dem Einfluß eines äußeren Feldes verschiebt es sich um

$$s = vt.$$

v bezeichnet seine Wanderungsgeschwindigkeit. Das Verhältnis der beiden Strecken ist

$$\frac{s_D}{s} = \sqrt{\frac{2D}{v^2 t}} = \sqrt{\frac{2D}{vs}}.$$

Beispiele:

a) Kammerfüllung N_2. $D^+ \approx D^- \approx 3 \cdot 10^{-2}$ cm^2/s.
$E = 1000$ V/cm; $p = 760$ mm Hg bei 15° C; $u^+ \approx u^- \approx 2$ cm^2/sV; $v^+ \approx v^- \approx 1 \cdot 10^3$ cm/s. Für $s \approx 1$ cm wird $s_D/s \approx 10^{-2}$.

b) Kammerfüllung reines Argon (negative Ladungsträger sind Elektronen). $D^- \approx 7 \cdot 10^{+3}$ cm^2/s. $v^- \approx 0,6 \cdot 10^6$ cm/s für $E = 760$ V/cm und $p = 760$ Torr. Für $s = 1$ cm wird $s_D/s \approx 0,15$.

Bei kleinem Verhältnis s_D/s ist der Einfluß der Diffusion gering. Für übliche Betriebe von Ionisationskammern machen sich Diffusionseffekte erst bei Berücksichtigung kleiner Effekte an der Impulsform bemerkbar.

5.3. Festkörperzähler

5.3.1. Einleitung[1].
Festkörperzähler sind im Prinzip Ionisationskammern, deren Gasfüllung durch einen geeigneten Festkörper ersetzt wird. Brauchbare Zähler ließen sich erst herstellen, als chemisch reine Halbleiter wie Si oder Ge erhältlich wurden.

Festkörperzähler sind in verschiedener Hinsicht gasgefüllten Ionisationskammern überlegen. Infolge der größeren Dichte des Materials

---

[1] *G. Dearnaley* and *D.C. Northrop*, Semiconductor Counters for Nuclear Radiations, E. u. F. N. Spon Limited, London, 1966; *W. Czulius, H.D. Engler* u. *H. Kuckuck*, Halbleiter-Sperrschichtzähler, Erg. d. exakten Naturwissenschaften, Band XXXIV, 1962.

lassen sich wesentlich höhere Teilchenenergien bei gleichem Meßvolumen abbremsen. 1 mm Si besitzt ca. dasselbe Bremsvermögen wie 1 m Luft von Atmosphärendruck (für 5-MeV-α-Teilchen beträgt die Reichweite in Silizium 26 µm, in Luft unter Normalbedingungen 3,5 cm). Andererseits können Festkörperzähler auch sehr dünn gemacht werden, so daß sie nur einen kleinen Prozentsatz der Teilchenenergie im Meßvolumen absorbieren. Damit lassen sich sog. dE/dx-Zähler bauen, die den Energieverlust pro Weglänge bestimmen. In Kombination mit einer Messung der kinetischen Energie des Partikels lassen sich geladene Teilchen identifizieren.

Ein weiterer Vorteil des Festkörperzählers gegenüber der gasgefüllten Ionisationskammer ist die höhere Genauigkeit von Energiemessungen. Der Grund ist der, daß in Gasen die mittlere Arbeit für die Erzeugung eines Ionenpaares ca. 30 eV, in Festkörpern dagegen für die Entstehung eines Elektron-Lochpaares nur ca. 3 eV beträgt. Entsprechend wird das von einem Teilchen bestimmter Energie erzeugte integrierte Signal im Festkörperzähler rund 10mal größer als in der Ionisationskammer, da 10mal mehr Ladungsträger vorhanden sind. Die statistischen Schwankungen werden so für Festkörperzähler ca. dreimal kleiner als für Ionisationskammern. Ein zusätzlicher Vorteil endlich ist die Möglichkeit hoher Zählraten, da die Impulsanstiegszeit nur $10^{-10} - 10^{-7}$ s beträgt. Diesen Vorteilen stehen natürlich auch Nachteile gegenüber. Gegenwärtig lassen sich nur Festkörperzähler mit relativ kleiner Fläche herstellen (einige cm^2). Die umgebende Atmosphäre und Alterungserscheinungen verschlechtern meistens die Zähleigenschaften. Endlich zeigen sie Strahlungsschäden, was ihre Lebensdauer begrenzt.

5.3.2. Sperrschichtzähler. Diese Zähler haben als Ausgangsmaterial die Halbleiter Si oder Ge. Ihre Grundlage ist die Strahlungsempfindlichkeit geeigneter p-n-Übergänge, die in der Sperrichtung betrieben werden.

Silizium und Germanium sind 4-wertig. Es sind Halbleiter, d.h. Kristalle ohne metallische Bindung, bei denen die elektrische Leitung überwiegend elektronisch, d.h. ohne Ionentransport, stattfindet. Im Vergleich zu Metallen ist ihre elektrische Leitfähigkeit sehr klein. Für reines Si ist sie bei 0° C ca. $10^{-3} \, \Omega^{-1} \, m^{-1}$, für Ag erreicht sie den Wert $10^8 \, \Omega^{-1} \, m^{-1}$.

Die elektrische Leitfähigkeit der Halbleiter läßt sich durch geeignete Zusätze wesentlich erhöhen. Zwei Arten von Zusätzen sind gebräuchlich und entsprechend gibt es zwei Typen von Halbleitern:

n-Typ: Dotierung mit 5-wertigen Elementen (z.B. Phosphor, Arsen, Antimon). Diese Zusatzatome können Donatoren werden (sog. ionisierte Donatoren) für je ein Leitungselektron (Fig. 120), wodurch die spezifische Leitfähigkeit sehr stark ansteigt. Werden einem Si-Kristall ($5 \cdot 10^{22}$ Si-Atome/cm^3), z.B. $5 \cdot 10^{16}$ As-Atome/cm^3, zugesetzt, so steigt seine Leitfähigkeit auf $3{,}3 \cdot 10^2 \, \Omega^{-1} \, m^{-1}$, bei einem Zusatz von $5 \cdot 10^{14}$ As-Atome/cm^3 nur auf $10 \, \Omega^{-1} \, m^{-1}$. Bei Zusatz eines 5-wertigen Elementes spricht man von n-Leitung (n steht für bewegliche negative Ladungsträger (Elektronen)), und der Halbleiter wird ein n-Typ-Halbleiter genannt.

 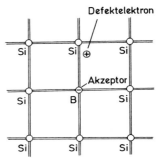

Fig. 120. Fünfwertiges Element (z.B. Phosphor) im Siliziumgitter wirkt als Donator.

Fig. 121. Dreiwertiges Element (z.B. Bor) im Siliziumgitter wirkt als Akzeptor.

p-Typ: Beimischung von 3-wertigen Elementen (z.B. Bor, Aluminium, Gallium (Akzeptoren)). Diese Zusatzatome können ein Elektron binden; im Gitter bleibt eine Elektronenbindung offen, was als Elektronenloch oder Defektelektron bezeichnet wird (Fig. 121). Diese Löcher können durch wandernde Elektronen aus den Bindungen aufgefüllt werden, und damit ermöglichen sie eine elektrische Leitung. Da die Löcher im Felde sich wie positive Ladungen verschieben (sie wandern gegen die Kathode), spricht man von p-Leitung (p steht für bewegliche positive Ladungsträger (Löcher)), und die entsprechenden Halbleiter werden als p-Typ-Halbleiter bezeichnet.

5.3.2.1. p-n-Übergang ohne äußeres Feld. Was geschieht in einem System, das einen Übergang von n-Material zu einem p-Material aufweist? Die Konzentration der n- oder p-Störstellen soll in den entsprechenden Halbleitern konstant sein und an der Grenze auf null absinken (idealer, flächenhafter Übergang). Da in beiden Halbleitern die Konzentrationen der beweglichen Ladungsträger (Elektronen im n-Typ, Löcher im p-Typ) sehr unterschiedlich sind, diffundieren die jeweiligen Majoritätsträger — damit bezeichnen wir die in einem Halbleitertyp hauptsächlich vorkommenden beweglichen Ladungsträger — durch die Trennfläche hindurch. Im n-Gebiet erzeugen die im Gitter festgehaltenen ionisierten Donatoren und die hinzukommenden Löcher eine positive Raumladung, während im p-Halbleiter sich durch die ionisierten Akzeptoren und die durch die Trennfläche hindurch diffundierten Elektronen eine negative Raumladung ausbildet. Diese Raumladungen wachsen so lange an, bis das durch sie erzeugte elektrische Feld einen solchen Strom an Elektronen und Löchern erzeugt, daß der Diffusionsstrom kompensiert wird. Dadurch wird ein stationärer Zustand der Ladungsträgerkonzentration der p-n-Anordnung erreicht. Die entstandenen Raumladungen sind genau entgegengesetzt gleich groß, da bei diesem Prozeß weder Ladung zu- noch wegfließt.

Durch die Raumladungen bildet sich in der Umgebung der Trennfläche eine elektrische Feldzone, deren Dicke durch die Ausdehnung der Raumladungszonen gegeben ist. Die Feldstärke steigt gegen die Trennschicht an, wo sie ein Maximum erreicht, da immer neue Raumladungsschichten zum Felde beitragen. Als Folge des Feldes ergibt sich zwischen den Rändern der Feldzone eine Spannung, die nicht nur von der Größe der Raumladung, sondern auch von deren Verteilung abhängt. Ist die Raumladung nahe an der Trennfläche lokalisiert, so ergibt sich eine kleine Spannung. Die Situation kann mit einer Plattenionisationskammer verglichen werden (sofern die Raumladungszonen klein sind), deren Platten mit der Raumladung geladen

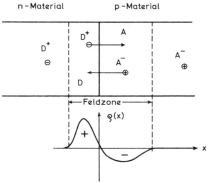

Fig. 122. n-p-Übergang. D und D$^+$ stellen neutrale bzw. ionisierte Donatoren, A und A$^-$ neutrale bzw. ionisierte Akzeptoren dar. Durch Diffusion der beweglichen Ladungsträger entsteht eine Feldzone ($\rho(x)$ = Ladungsdichte).

sind und deren Potentialdifferenz diejenige ist, die durch die Raumladungen erzeugt wird. Der p-n-Übergang besitzt entsprechend eine Kapazität, die dieser fiktiven Ionisationskammer-Kapazität gleich ist. Bei ausgedehnten Raumladungszonen kann die Anordnung durch eine geeignete Ersatzkapazität beschrieben werden. Das hier beschriebene Verhalten des p-n-Überganges ist in Fig. 122 dargestellt.

5.3.2.2. p-n-Übergang mit äußerem Feld. Wird an den Kristall eine Spannung angelegt, die die Wirkung der Raumladung verstärkt (Betrieb der Diode in Sperrichtung, s. Fig. 123), dann liegt die Spannung praktisch über der Feldzone. Dieser Teil des Kristalls ist gegenüber den übrigen Gebieten des Halbleiters hochohmig, da die freien Ladungsträger in der Feldzone durch das Raumladungsfeld aus dem p- bzw. n-Bereich wegtransportiert wurden. Ein äußeres elektrisches Feld, angelegt in Sperrichtung der Diode, wird das Raumladungsgebiet noch weiter ausdehnen (Fig. 124), da zusätzlich die Löcher und die Elektronen im p- bzw. n-Halbleiter von der Trennfläche wegbewegt werden. Die erweiterte Feldzone, in der die Summe der raumladungsbedingten und der äußeren Feldstärke wirksam ist, bewirkt eine Verkleinerung der Ersatzkapazität.

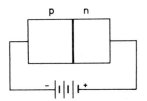

Fig. 123. p-n-Übergang in Sperrichtung vorgespannt.

Gegenüber der gasgefüllten Ionisationskammer zeigt der Sperrschicht-Halbleiterzähler den Unterschied, daß in seinem Zählvolumen (entspricht der Feldzone) keine konstante Feldstärke existiert und daß seine Kapazität von der angelegten Spannung abhängig ist.

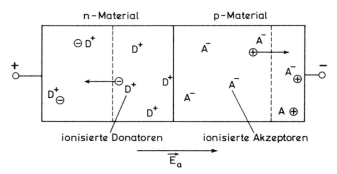

Fig. 124. Zur Erweiterung der Feldzone durch ein äußeres Feld E_a.

5.3.2.3. Ionisierende Teilchen in der Feldzone.
Durchquert ein ionisierendes Teilchen, z. B. ein α-Teilchen, den Halbleiterkristall, so erzeugt es Elektron-Loch-Paare entlang seiner Bahn (Fig. 125), analog zu den Ionenpaaren im Gas der Ionisationskammer. In der Feldzone werden diese Ladungsträger durch das Feld getrennt. Dies hat einen kurzzeitigen Stromstoß in Richtung des Sperrstromes zur Folge.

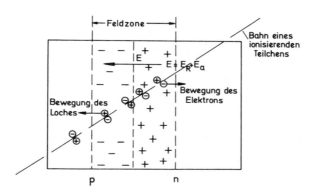

Fig. 125. Ionisierendes Teilchen durchquert die Feldzone, wobei entlang der Bahn Elektron-Loch-Paare erzeugt werden.

Durch ihn wird die Raumladung und damit der stationäre Zustand etwas gestört. Der ursprüngliche Raumladungszustand wird durch Diffusion von Löchern aus dem p- und von Elektronen aus dem n-Halbleiter wieder hergestellt.

Außerhalb der Feldzone erzeugte Ladungsträger wandern in einem wesentlich schwächeren Felde, als es in der Feldzone vorhanden ist. Hat der an den Halbleiterzähler angeschlossene Verstärker eine kurze Zeitkonstante, so liefern diese Ladungsträger nur einen unwesentlichen Beitrag zum Impuls, sofern sie nicht in der unmittelbaren Nachbarschaft der Feldzone entstehen.

5.3.2.4. Quantitative Zählereigenschaften

a) Dicke der Feldzone. Am p-n-Übergang liege keine Spannung. Wir nehmen an, daß die Konzentration der Störstellen konstant und an der Grenze $x=0$ auf Null abfalle. N_A bzw. N_D bezeichne die Konzentration der Akzeptoren bzw. der Donatoren (Fig. 126). Sie seien alle ionisiert. Überdies nehmen wir an, daß in der Feldzone das p-Gebiet vollständig von den Löchern und das n-Gebiet von den Elektronen entblößt sei. Man spricht von einer an Ladungsträgern

144 5. Kernphysikalische Meßgeräte

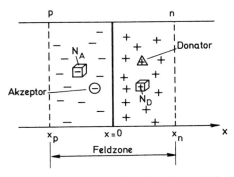

Fig. 126. Zur Berechnung der Feldstärke in der Feldzone.

verarmten Zone (Depletion layer). Die Raumladungsdichte $\rho(x)$ wird allgemein

$$\rho(x) = e\big(N_D(x) - N_A(x) + p(x) - n(x)\big),$$

wo $p(x)$ und $n(x)$ die Konzentration von Löchern bzw. Elektronen angibt. Mit den obigen Annahmen vereinfacht sie sich zu

$$\rho(x) = e\,N_D \quad \text{für} \quad 0 \leq x \leq x_n;$$
$$\rho(x) = -e\,N_A \quad \text{für} \quad x_p \leq x \leq 0.$$

Diese Raumladung erzeugt ein elektrisches Feld. Betrachtet man eine dünne Schicht der Raumladungszone im p-Gebiet, so wird die von ihr herrührende Verschiebungsdichte $dD = \tfrac{1}{2}\rho(x)\,dx$ und damit der Beitrag zur Feldstärke (Fig. 127):

$$dE = \frac{dD}{\varepsilon} = \frac{\rho(x)}{2\varepsilon}\,dx = -\frac{e\,N_A}{2\varepsilon}\,dx,$$

dabei bedeutet $\varepsilon = \varepsilon_r\,\varepsilon_0$ die absolute Dielektrizitätskonstante.

Um die Feldstärke an der Stelle x im p-Gebiet zu erhalten (Fig. 127), müssen die Feldbeiträge der verschiedenen Schichten der Raumladungszonen berücksichtigt werden. Für das p-Gebiet geben alle Schichten, die links von x liegen, einen negativen Feldbeitrag, die rechts liegenden aber einen positiven, so daß

$$E_p(x) = -\int_{|x|}^{|x_p|} |dE| + \int_0^{|x|} |dE| = -\frac{e\,N_A}{2\varepsilon}(-|x| + |x_p|) + \frac{e\,N_A}{2\varepsilon}|x|$$
$$= \frac{e\,N_A}{\varepsilon}\left(|x| - \frac{|x_p|}{2}\right)$$

5.3. Festkörperzähler

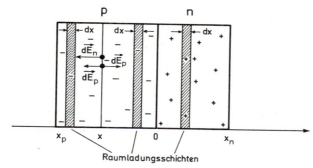

Fig. 127. Zur Berechnung der Feldstärke in der Feldzone. Zur Feldstärke an der Stelle x tragen bei: die Schicht im n-Gebiet mit $d\vec{E}_n$ und die Schichten im p-Gebiet mit $d\vec{E}_p$ bzw. $-d\vec{E}_p$.

wird. Einen entsprechenden Beitrag $E_n(x)$ liefert das n-Gebiet:

$$E_n(x) = -\int_0^{x_n} \frac{eN_D}{2\varepsilon} dx = -\frac{eN_D}{2\varepsilon} |x_n|.$$

Hieraus ergibt sich die totale Feldstärke $E_{t,p}(-x)$ im p-Gebiet zu

$$E_{t,p}(x) = \frac{eN_A}{\varepsilon} |x| - \frac{e}{2\varepsilon}(N_A |x_p| + N_D |x_n|),$$

wobei $x_p \leq x \leq 0$ ist. Die Feldrichtung zeigt im p-Gebiet in die negative x-Richtung. Für das n-Gebiet ergibt sich entsprechend

$$E_{t,n}(x) = \frac{eN_D}{\varepsilon} |x| - \frac{e}{2\varepsilon}(N_A |x_p| + N_D |x_n|),$$

wobei $0 \leq x \leq x_n$ ist. An den Stellen $x = x_n$ und $x = x_p$ ist die Feldstärke Null und sinkt innerhalb der Feldzone von den Grenzen x_p bzw. x_n linear gegen die Trennfläche (Dotierungsgrenze) $x = 0$ ab (Fig. 128),

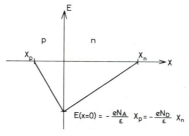

Fig. 128. Verlauf der Feldstärke in der Raumladungszone (das Verhältnis x_p/x_n ist nicht maßstäblich).

wo sie denselben Wert erreicht:

$$E_t(0) = -\frac{e}{2\varepsilon}(N_A|x_p| + N_D|x_n|)$$

$$= -\frac{e}{\varepsilon}N_A|x_p| = -\frac{e}{\varepsilon}N_D|x_n|.$$

Die Feldrichtung ist in beiden Gebieten entgegengesetzt zur x-Achse. Zwischen den Grenzen der Feldzone herrscht eine Spannung $|U|$:

$$|U| = \left|\int_{x_n}^{0}\left(\frac{eN_D}{\varepsilon}x - \frac{e}{2\varepsilon}(N_A|x_p| + N_D|x_n|)\right)dx\right|$$
$$+ \left|\int_{0}^{x_p}\left(\frac{eN_A}{\varepsilon}x - \frac{e}{2\varepsilon}(N_A|x_p| + N_D|x_n|)\right)dx\right|$$
$$= \frac{e}{2\varepsilon}(N_D + N_A)|x_n||x_p|.$$

In der Feldzone ist die totale Raumladung (= Summe der positiven und negativen Raumladungen) null, da sie lediglich durch Verschieben der Löcher und Elektronen entstanden ist:

$$eN_A|x_p| = eN_D|x_n|. \tag{5.4}$$

Daher ergibt sich für die Diffusionsspannung U_d

$$U_d = \frac{e}{2\varepsilon}(N_A x_p^2 + N_D x_n^2). \tag{5.5}$$

Multipliziert man Gl. (5.5) mit $\left(\frac{1}{N_A} + \frac{1}{N_D}\right)$ und benützt man Gl. (5.4) in der Form $N_A/N_D = x_n/x_p$, dann erhält man

$$(|x_p| + |x_n|)^2 = \frac{2\varepsilon}{e}\left(\frac{1}{N_A} + \frac{1}{N_d}\right)U_d$$

und hieraus die Dicke d der Feldzone

$$d = |x_p| + |x_n| = \left(\frac{2\varepsilon}{e} \cdot \left(\frac{1}{N_A} + \frac{1}{N_D}\right)U_d\right)^{\frac{1}{2}}. \tag{5.6}$$

Wie wir bei der qualitativen Erörterung des Halbleiter-Sperrschichtzählers erfahren haben, ist die Ausdehnung der Feldzone identisch mit der Dicke des Meßvolumens. Gl. (5.6) zeigt, daß d groß gemacht werden kann, wenn eine der beiden Dotierungen klein bleibt. Man

5.3. Festkörperzähler

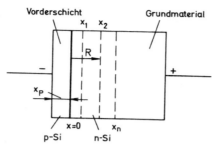

Fig. 129. Prinzipielle Anordnung des Sperrschichtzählers. Als p-Schicht wirkt die mit Gold bedampfte Vorderschicht.

wählt daher eine hochdotierte Vorderschicht (vgl. Fig. 129), die auf ein gering dotiertes Grundmaterial aufgebracht wird. In der Praxis wird $N_A/N_D = 10^4$ bis 10^7 gewählt, wenn n-Material als Ausgangsmaterial benutzt wird. Die Dicke der p-Zone wird nach Gl. (5.4) viel kleiner als diejenige der n-Zone, und es wird

$$d \approx x_n = \left(\frac{2\varepsilon}{e} \frac{U_d}{N_D}\right)^{\frac{1}{2}}.$$

Mit der geringen Dotierung einer Zone werden drei Vorzüge des Zählers erreicht:
1. Vergrößerung der Dicke des Meßvolumens. Praktisch erreicht man Werte bis zu einigen Millimetern.
2. Scharf begrenzte Vorderfläche der Feldzone.
3. Kleine Kapazität des Zählers.

Eine äußere Spannung U_a in Sperrichtung der Diode vergrößert die Dicke der Feldzone auf:

$$d = \left(\frac{2\varepsilon}{e} \frac{U_d + U_a}{N_D}\right)^{\frac{1}{2}}.$$

Die Raumladungskapazität erhält den Wert

$$C = \frac{\varepsilon F}{d} = \sqrt{\frac{e\varepsilon}{2} \frac{N_D}{U_d + U_a}} F.$$

Sie wird klein, wenn die Diodenfläche F und die Konzentration der Donatoren klein sind und die äußere Spannung U_a groß ist. Im allgemeinen ist $U_a \gg U_d$, da U_d von der Größenordnung 1 V ist. Kleine Konzentration der Donatoren bedeutet großen spezifischen Widerstand.

Für Silizium als Grundmaterial ($\varepsilon_r = \varepsilon/\varepsilon_0 = 11,8$) ergeben sich zahlenmäßig für d und C folgende Beziehungen:

$$d = 3,62 \cdot 10^4 \sqrt{\frac{U_d + U_a}{N_D}} \text{ mm}; \tag{5.7}$$

$$C = 2,90 \cdot 10^{-4} \text{ F} \cdot \sqrt{\frac{N_D}{U_d + U_a}} \text{ pF}, \tag{5.8}$$

sofern die Spannungen in Volt, die Konzentration pro cm³ und die Fläche in cm² angegeben werden (vgl. Fig. 130).

Beispiel eines Si-Sperrschichtzählers: Als Grundmaterial werde n-Si ($\varepsilon_r = 11,8$) benutzt, dessen spezifischer Widerstand bei Zimmertemperatur 2000 Ω cm ist, was einer Störstellenkonzentration N_D von

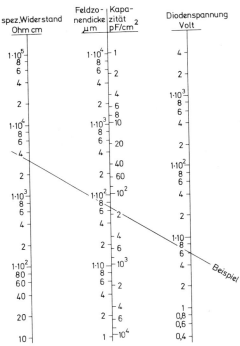

Fig. 130. Nomogramm des Zusammenhangs zwischen spez. Widerstand bei Zimmertemperatur (Störstellenkonzentration), Diodenspannung und Feldzonendicke bzw. Kapazität pro cm² für n-Silizium (nach *J. L. Blankenship*). Beispiel: Für die Bremsung von 10-MeV-α-Teilchen ist eine Feldzonendicke von 70 µm erforderlich. Ein spez. Widerstand von 3,2 kΩ cm ergibt eine Diodenspannung von 6 V.

5.3. Festkörperzähler

$2{,}6 \cdot 10^{12}$ cm^{-3} entspricht. Bei einer Spannung von $U_d + U_a = 100$ V ergibt sich nach Gl.(5.7) oder Fig. 130: d = 225 µm. In Wirklichkeit zeigt sich eine Feldzonendicke von 220 µm. Bei dieser Dicke lassen sich Protonen einer Energie von 5,5 MeV noch abstoppen. Als Kapazität berechnet sich C zu 47 pF/cm^2, gemessen wird 52 pF/cm^2. Das einfache Modell, das wir der Berechnung zugrunde gelegt haben, erweist sich als recht zufriedenstellend. Fig. 130 zeigt ein Nomogramm für Silizium-Zähldioden, das den Zusammenhang zwischen spezifischem Widerstand (Störstellenkonzentration), Diodenspannung und Feldzonendicke (bzw. Kapazität pro cm^2) vermittelt.

b) **Laufzeiten der Ladungsträger.** Durchläuft ein ionisierendes Teilchen die Feldzone, so erzeugt es längs seines Weges Elektron-Lochpaare. Der an der Diode durch Wanderung dieser Ladungsträger erzeugte Spannungsstoß braucht zu seinem Aufbau eine Zeitdauer, die durch die Sammelzeit der Ladungsträger gegeben wird. Wir wollen hier den Fall betrachten, bei dem das ionisierende Teilchen seine gesamte Energie in der Feldzone verliert. Überdies betrachten wir einen Zähler, wie er im vorigen Abschnitt gekennzeichnet wurde. Die Feldzone besitzt eine Dicke x_n, die im schwach dotierten Gebiet liegt und eine Feldstärke $E_{t,n}(x) = \dfrac{eN_D}{\varepsilon}(x - x_n)$ aufweist. Die Wanderungsgeschwindigkeit v eines Ladungsträgers läßt sich aus der Beweglichkeit u und der Feldstärke E(x) bestimmen: $v(x) = u E_{t,n}(x)$. Zur Durchquerung der Strecke $x_2 - x_1$ in der Feldzone (Fig. 129) wird daher die Zeit

$$t = \int_{x_2}^{x_1} \frac{dx}{v(x)} = \int_{x_2}^{x_1} \frac{dx}{u E_{t,n}(x)} = \frac{\varepsilon}{eN_D u} \int_{x_2}^{x_1} \frac{dx}{(x - x_n)} = \frac{\varepsilon}{eN_D u} \cdot \ln\left(\frac{x_n - x_1}{x_n - x_2}\right)$$

gebraucht.

Hat das Teilchen im n-Gebiet die Reichweite R, so haben die Löcher maximal den Weg R zurückzulegen: $x_2 = R$, $x_1 = 0$. Die dazu benötigte Laufzeit wird

$$t_{max,p} = \frac{\varepsilon}{eN_D u_p} \ln\left(\frac{x_n}{x_n - R}\right).$$

Die Elektronen dagegen müssen von ihrem Entstehungsort x_1 ($0 \leq x_1 \leq R$) bis zur Grenze des n-Gebietes wandern ($x_2 = x_n$). Da für x_n die Feldstärke und damit auch die Wanderungsgeschwindigkeit null wird, brauchen sie bis zur Zonengrenze eine unendlich lange Zeit. Da jedoch der letzte Teil des Wegstückes nur noch wenig zum Impuls beiträgt und überdies der Verstärker diesen letzten und langsamen Anstieg nicht mehr überträgt, genügt es, die Integration lediglich bis $x_2 = x_n - \delta$

zu erstrecken, wo δ eine kleine Strecke ist. Die Laufzeit wird

$$t_{max,\,n} = \frac{\varepsilon}{e N_D u_n} \ln\left(\frac{x_n - \delta}{\delta}\right).$$

Beispiel: Wir nehmen die gleiche Zähldiode wie S. 148. $N_D = 2{,}6 \cdot 10^{12}$ cm^{-3}; $u_n = 1900$ cm^2/Vs; $u_p = 450$ cm^2/Vs. Bei $U = 100$ V beträgt $x_n = 2{,}2 \cdot 10^{-2}$ cm. $\delta = x_n/100$. Beide Ladungsträgersorten sollen die Strecke $x_2 - x_1 = x_n - \delta = \frac{99}{100} x_n$ zurücklegen.
Als Laufzeiten ergeben sich

$$t_{max,\,p} = \frac{\varepsilon}{e N_D u_p} \ln \frac{x_n}{x_n - x_2} = 2{,}6 \cdot 10^{-7}\,\text{s}.$$

$$t_{max,\,n} = 6{,}1 \cdot 10^{-8}\,\text{s}.$$

Kleinere Laufzeiten lassen sich durch höhere Dotierung des Grundmaterials erreichen, wodurch aber die Dicke der verfügbaren Feldzone kleiner wird. Auch durch Kühlung läßt sich die Laufzeit verringern, da die Beweglichkeit mit sinkender Temperatur zunimmt. Sperrschichtzähler besitzen infolge der kurzen Anstiegszeit und des guten Energieauflösungsvermögens vielfache Anwendungsmöglichkeiten in der Kernphysik.

5.3.2.5. Anwendungsmöglichkeiten. Schaltungen für Zähldioden sind denjenigen von Ionisationskammern analog (Fig. 131).

Auch für Zähldioden kann die Idee des Schutzringes Verwendung finden. Die Goldschicht wird dazu getrennt als innere Kreisfläche und als umgebender Kreisring aufgedampft (Fig. 132). Der Kreisring dient als Schutzring, die Kreisfläche als Sammelelektrode. Zwei für Messungen geeignete Schaltungen sind in Fig. 133 dargestellt.

a) Detektoren für geladene Teilchen. Hohe Zählrate und gutes Energieauflösungsvermögen sind Merkmale der Zähldiode.

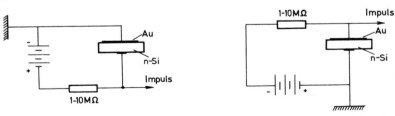

Fig. 131. Schaltung von p-n-Dioden. Grundmaterial n-Silizium. Durch Oxydation der einen Fläche entsteht eine Schicht mit p-Typ-Eigenschaften. Aufgedampfte Goldschicht als Elektrode.

Ein Beispiel eines Spektrums von ^{241}Am gibt Fig. 134. Das Energieauflösungsvermögen beträgt ca. 0,2 %.

b) **^{3}He-Spektrometer für schnelle Neutronen.** Zwei Zähldioden in kleinem Abstand mit gegeneinandergekehrten Zählflächen, wobei der Zwischenraum mit ^{3}He-Gas gefüllt ist, stellen ein Spektrometer für schnelle Neutronen mit gutem Energie-Auflösungsvermögen dar. Der Abstand zwischen den Detektoren beträgt ca. 1 mm, und der ^{3}He-Gasdruck kann variiert werden. Die Energie der Produkte der Reaktion

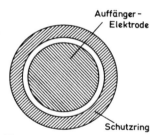

Fig. 132. Schutzring-Anordnung.

$$^3\text{He} + n \rightarrow {}^1\text{H} + {}^3\text{H} + 0{,}76 \text{ MeV}$$

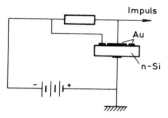
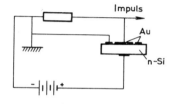

Fig. 133. Meßanordnung mit Schutzring.

wird einzeln in je einem der beiden Zähler absorbiert und gemessen. Die Summe der beiden Zählimpulse ist proportional zur Summe aus Neutronenenergie und Q-Wert. Für langsame Neutronen ergibt sich ein Impuls bei 0,76 MeV. Der positive Q-Wert der Reaktion erlaubt es, Untergrundereignisse, die zu kleineren Energien als 0,76 MeV führen, als solche zu erkennen. Bei 5 atü ^{3}He-Druck, Zimmertemperatur und 1 mm Distanz beträgt die Ansprechwahrscheinlichkeit für thermische Neutronen ($\sigma_{th} = 5400$ b) ca. 7 %, bei 2-MeV-Neutronen ca.

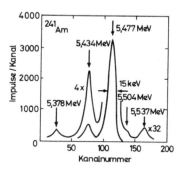

Fig. 134. α-Spektrum von ^{241}Am, gemessen mit einem Gold-Silizium-Sperrschichtzähler. Energie-Auflösungsvermögen 0,25 % (nach *J.L. Blankenship*, IRE Trans. on Nucl. Sci. NS-7, 192, 1960).

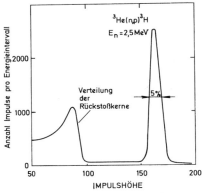

Fig. 135. Impulsverteilung, aufgenommen mit einem ^{3}He-Spektrometer bei Bestrahlung mit 2,5-MeV-Neutronen (nach *A. Sayres* und *M. Coppola*, Rev. Sci. Instr. **35**, 431, 1964).

$10^{-3}\%$. Fig. 135 zeigt das Spektrum von 2,5-MeV-Neutronen.

Anstelle von ^{3}He läßt sich auch ^{6}Li als Targetmaterial des Doppelzählers verwenden (Fig. 136). Die benützte Reaktion ist

$$^6\text{Li} + n \to {}^3\text{H} + {}^4\text{He} + 4{,}78 \text{ MeV}.$$

Ein Beispiel für den Nachweis von 1,99-MeV-Neutronen zeigt Fig. 137.

c) dE/dx- und E-Zähler. Ein dünner Oberflächen-Sperrschichtzähler erlaubt es, den Energieverlust dE eines Teilchens längs des Weges dx zu messen (differentieller Energieverlust dE/dx). Mit einem dahinter geschalteten Zähler mit dicker Feldzone läßt sich die ge-

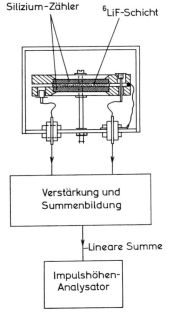

Fig. 136. Doppelzähler für Neutronen mit ^{6}LiF als Targetmaterial (nach *T. A. Love* and *R. B. Murray*, IRE Trans. Nucl. Sci. NS-8, Nr. 1, 91, 1961).

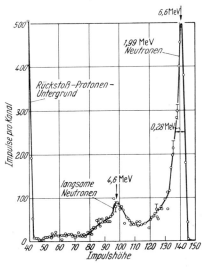

Fig. 137. Spektrum monoenergetischer Neutronen der Energie 1,99 MeV mit ^{6}LiF-Doppelzähler gemessen (nach *T. A. Love* und *R. B. Murray*, IRE Trans. Nucl. Sci. NS-8, Nr. 1, 1961).

samte Teilchenenergie E bestimmen. Beide Größen zusammen sind charakteristische Merkmale eines Teilchens, die seine Art bei Energien unterhalb derjenigen der Minimumionisierung eindeutig bestimmen[1].

5.3.2.6. Lithiumkompensierte Halbleiterzähler. Ein Nachteil der Halbleiter-Sperrschichtzähler gegenüber dem Szintillationszähler (s. Abschn. 5.6) ist das dünne Zählvolumen, das durch die Dicke der Feldzone bestimmt wird. Die Dicke ist überdies von der Zählerspannung abhängig. Eine Vergrößerung des Zählvolumens erreicht man durch Einführung einer sogenannt eigenleitenden Materialschicht (intrinsic zone oder i-Zone) zwischen n- und p-Typ-Schicht, in dem z. B. bei einem p-Grundmaterial die Akzeptoren durch eingewanderte Donatoren vollständig kompensiert werden. Man spricht dann von einer p-i-n-Struktur. Die i-Zone bildet eine Materialschicht mit hohem spezifischem Widerstand, wo nur noch thermisch aktivierte Ladungsträger auftreten. Bei in Sperrichtung angelegter Spannung ist die Feldzone im wesentlichen durch die Dicke der eigenleitenden i-Zone bestimmt.

Eine geeignete Methode zur Erzeugung einer p-i-n-Struktur wurde 1960 von E. M. Pell[2] vorgeschlagen. Dazu wird metallisches Lithium in die eine Seite eines schwach p-dotierten Si-Einkristalles eindif-

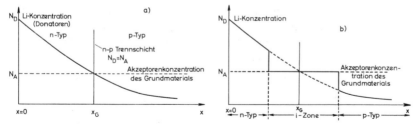

Fig. 138. Donatorenkonzentration (Li^+) N_D und Akzeptorenkonzentration N_A a) vor und b) nach dem Ionendriftprozeß. In der kompensierten Zone (i-Zone) ist $N_D = N_A$.

fundiert. Die Li-Atome wirken als Donatoren, so daß sich eine n-p-Struktur mit hochdotierter n-Schicht bildet (Fig. 138a). Zur Erzeugung der i-Zone werden nun die sehr beweglichen positiven Li-Ionen durch ein in Sperrichtung zeigendes elektrisches Feld von der n- in die p-Schicht eingeschleust. Durch diesen Driftprozeß findet ein Abbau der Donatorenkonzentration im n-Gebiet und eine ent-

---
[1] *H. E. Wegner*, dE/dx-E Semiconductor Detector Systems. National Academy of Sciences, Washington, Publication 871, 1961.
[2] *E. M. Pell*, Journ. Appl. Phys., 31, 291, 1960.

sprechende Anreicherung im p-Gebiet statt. Hier formieren sich die Li^+-Ionen mit den Akzeptoren zu stabilen Dipolen. Durch diese Kompensation entsteht eine i-Zone mit gleicher Konzentration der Donatoren und Akzeptoren, so daß bewegliche Ladungsträger lediglich noch thermisch erzeugbar sind. Der Kompensationsvorgang ist selbstregulierend. In der kompensierten Zone $x > x_G$ (Grenzfläche) kann die Lithiumkonzentration höchstens den Wert der Akzeptorenkonzentration N_A annehmen, und für $x < x_G$ ist eine Verarmung der Li-Konzentration höchstens auf den Wert N_A möglich, weil sonst durch die Veränderung der Raumladung derartige Felder entstehen, die automatisch die Li^+-Ionen von Überschuß- in Mangelgebiete leiten. Das Wachstum der Dicke der i-Zone schreitet im Driftprozeß solange fort, als ein äußeres Feld in Sperrichtung wirksam bleibt. Die Wanderungsgeschwindigkeit ist von Spannung und Temperatur abhängig. Fig. 138b zeigt die Li-Konzentration nach dem Driftprozeß, wobei sich zwischen n- und p-Schicht eine eigenleitende Zone ausgebildet hat. Sie läßt sich viele Millimeter dick machen.

Das beschriebene Verfahren ist auch für Germanium verwendbar. Es lassen sich empfindliche Volumina von mehreren 10 cm^3 herstellen. Um das Li-Profil aufrecht zu halten, müssen Li-gedriftete Ge-Zähler bei einer Temperatur von 90° K oder weniger betrieben werden. Wegen der hohen Ordnungszahl von Germanium ($Z = 32$) stellen diese Zähler sehr empfindliche Detektoren für γ-Strahlen dar. Fig. 139 zeigt das γ-Spektrum einer Probe mit radioaktivem Niederschlag, herrührend von einer Kernexplosion.

5.4. Funkenkammer. *L. Madansky* und *R. W. Pidd*[1] beschrieben 1948 einen Plattenfunkenzähler. Er bestand aus zwei dünnen, auf je einem Kreisring aufgespannten Kupferfolien, die einen Abstand von 1 mm aufwiesen. Bei einer Spannung von 3000 V und einer Gasfüllung (90% A und 10% n-Butan) von 2 Atm konnten sehr kurze Anstiegszeiten ($\leq 10^{-8}$ s) der Impulse, die durch ionisierende Teilchen ausgelöst wurden, nachgewiesen werden.

Einen großen Fortschritt der Funkenkammer als Zähler für energiereiche Teilchen erbrachten 1959 *S. Fukui* und *S. Miyamoto*[2]. Sie benutzten Glas mit leitender Oberfläche bzw. Metallplatten für die Elektroden der Kammer, deren Distanzen zwischen 0,5 und 2 mm variierte. Die Gasfüllung bestand aus einem Gemisch von Neon und Argon bei Atmosphärendruck. Um den örtlich lokalisierten Funken-

---

[1] *L. Madansky* und *R. W. Pidd*, Phys. Rev., **73**, 1215, 1948.
[2] Nuovo Cimento, **11**, 113, 1959.

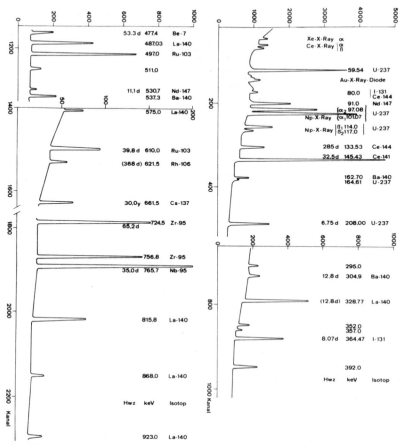

Fig. 139. γ-Spektrum einer Probe radioaktiven Staubes aus der Luft (chin. H-Atombombenversuch vom 27. 12. 1968), aufgenommen mit einem Li-kompensierten Germaniumzähler. Aktives Zählvolumen 3 cm³. (*O. Huber, J. Halter, P. Winiger*, Phys. Institut der Universität Fribourg.)

übergang zu erzeugen, wird eine Kammerspannung von einigen kV kurz nach Durchgang eines ionisierenden Teilchens angelegt. Die Zeitspanne (Verzögerungszeit) zwischen Teilchendurchgang und angelegter Kammerspannung muß genügend klein sein, damit die durch Ionisation erzeugten Ionenpaare lokale Funkenüberschläge hervorrufen. Im vorliegenden Beispiel konnte bei 2 µs Verzögerungszeit eine 100%ige Ansprechwahrscheinlichkeit festgestellt werden, wogegen sich für 10 µs bereits nur noch zufällige Überschläge einstellten.

156   5. Kernphysikalische Meßgeräte

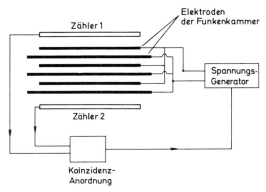

Fig. 140. Schematische Anordnung einer Funkenkammer.

Fig. 140 zeigt schematisch die Anordnung einer Funkenkammer. In heute üblichen Systemen werden zentimeterdicke Platten mit Oberflächen von Quadratmetern benutzt. Diese sind meistens in einem Gehäuse dicht eingeschlossen, so daß sich beliebige Gasfüllungen verwenden lassen. Als günstig haben sich Neon und Argon und Neon mit Heliumzusatz erwiesen. An die Kammer wird kurzzeitig mit einem elektronischen Schalter (z. B. Wasserstoff-Thyratron) eine Spannung angelegt. Dazu wird ein geladener Kondensator mit der Platte verbunden. Die Steuerung erfolgt durch einen geeigneten Koinzidenzimpuls. Je nach der Zähleranordnung und der Koinzidenzschaltung lassen sich verschiedenartige Ereignisse festhalten (Fig. 141). Die erzeugten Funken werden zu ihrer Lokalisierung in zwei zueinander senkrechten Richtungen photographiert. Mit Hilfe von Spiegeln werden beide Ansichten auf demselben Bilde festgehalten.

Drei Zeitintervalle sind für den Betrieb der Funkenkammer wichtig:

1. Empfindlichkeitsdauer. Sie gibt die Zeit an, während der die Kammer nach Durchgang des ionisierenden Teilchens lokale Funkendurchschläge ermöglicht. Sie beträgt etwa $1-2$ μs.

2. Ansprechzeit. Sie ist die Zeit zwischen Durchgang des ionisierenden Teilchens und Auftreten der örtlichen Funken. Die Anstiegszeit des angelegten Spannungsstoßes und die Durchschlagszeit der Gasstrecke bestimmen ihre Größe. Es lassen sich Zeiten von 10^{-8} s erreichen.

3. Wartezeit. Bis die Kammer wieder betriebsbereit ist, vergeht die Wartezeit. Es müssen die entstandenen Ionen abtransportiert[1], der Kondensator aufgeladen und nach der Aufnahme der Film

---
[1] Nuclear Instruments and Methods, 24, 423, 1963.

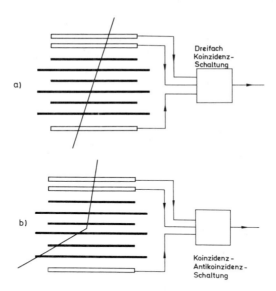

Fig. 141. Funkenkammer mit a) Dreifach-Koinzidenz-Schaltung und b) mit Koinzidenz-Antikoinzidenz-Schaltung.

weitertransportiert werden. Zur Reinigung der Kammer von Ionen wird ein Feld von einigen 100 V/cm dauernd an die Platten gelegt. Dadurch wird die Erholungszeit der Kammer verkürzt. Erholungszeiten der Kammer von ca. 10 ms sind erreichbar.

Funkenkammern haben Eigenschaften, die sie zu einem vorzüglichen Instrument für die Hochenergiephysik machen. Funkenkammern lassen sich auch im Magnetfeld betreiben. Mit wenig Aufwand läßt sich überdies ein ausgedehntes Meßvolumen hoher mittlerer Dichte erzielen.

5.5. Zählrohr. Dieses viel angewendete Nachweisinstrument für Strahlen wurde bereits in Bd. II, S. 233–236 beschrieben.

Hier soll noch über Zählverluste berichtet werden, wenn das Zählrohr im Geiger-Bereich benützt wird. Irgendeine Strahlung löse im Zählrohr n Primärereignisse pro Sekunde aus. Im allgemeinen ist die Zählrate $n' < n$. Fallen zwei im Zählrohr ausgelöste Ereignisse zeitlich so nahe zusammen, daß sie im Zählrohr selber oder in der Elektronik nicht mehr als zwei getrennte Ereignisse registriert werden, so treten Zählverluste auf. Es sollen hier die vom Zählrohr stammenden Zählverluste untersucht werden.

158   5. Kernphysikalische Meßgeräte

Wird ein Zählrohr (Fig. 142) mit einer großen Stoßrate betrieben, so zeigen die im Zählrohr entstehenden Impulse unterschiedliche Größen. *Stever*[1] hat als erster dieses Verhalten untersucht. Der einem

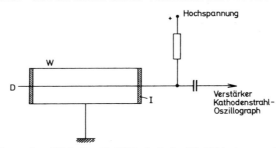

Fig. 142. Schaltung eines Zählrohrs. D: Zählrohrdraht; W: Zählrohrmantel; I: Isolator.

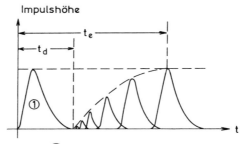

Fig. 143. Einem ersten Impuls ① rasch folgende weitere Impulse zeigen unterschiedliche Amplituden (Steverdiagramm).

Impuls folgende Impuls ist in der Amplitude um so kleiner, je rascher er seinem Vorgänger folgt (Fig. 143). Während der Zeit t_d, der Totzeit, entsteht kein weiterer Impuls. Erst nach der Erholungszeit t_e des Zählrohrs erscheint wieder ein Impuls normaler Höhe.

Dieses Verhalten läßt sich folgendermaßen erklären:

a) Innerhalb der Totzeit wird durch die positive Raumladung im Rohr das elektrische Feld am Draht so stark herabgesetzt, daß keine Elektronenlawinen mehr entstehen. Das Zählrohr ist unempfindlich auf ionisierende Ereignisse.

b) Der Ionenschlauch wandert zur Kathode. Die Wirkung der Raumladung vermindert sich, und die Feldstärke nimmt wieder zu. Bei einer bestimmten Feldstärke setzt die Elektronenlawine erneut ein, wächst weiter mit zunehmender Feldstärke und erreicht nach der Erholungszeit ihren vollen Wert. Für ein Zählrohr mit Argon-

---

[1] *H.G. Stever*, Phys. Rev., **61**, 38, 1942.

5.5. Zählrohr

Alkoholfüllung (70 Torr A, 15 Torr C_2H_5OH, $U = 1100$ V, Zähldrahtdurchmesser 0,2 mm, Zählrohrdurchmesser 2 cm) beträgt die Totzeit ca. 100 µs.

Der nachfolgende Impuls soll nach der Zeit t des registrierten Vorgängers wieder gezählt werden. Für einen empfindlichen Verstärker und eine gemessene Zählrate $n' \ll 1/t_d$ können wir t der Totzeit gleichsetzen, da bereits unmittelbar nach der Totzeit wieder kleine Impulse erscheinen. Ist n' die Zählrate, so gibt $n' t_d$ den Bruchteil der Zeit an, für den das Zählrohr unempfindlich ist. Die Zählverlustrate wird daher

$$n - n' = n \, n' \, t_d,$$

wobei n die wahre Stoßrate angibt. Hieraus ergibt sich

$$n = \frac{n'}{1 - n' t_d}.$$

Beispiel: $t_d = 100$ µs, $n' = 1000/s$.

$$n = \frac{1000}{1 - 0{,}1} \approx 1110,$$

d.h. die Zählverlustrate beträgt 11 %.

Eine bequeme Methode zur Bestimmung von Zählverlusten ist die Messung der Abklingkurve eines geeigneten radioaktiven Präparates. Dessen Halbwertszeit muß genau bekannt und von solcher Größe sein, daß sich die Änderung der Quellstärke in vernünftigen Meßzeiten beobachten läßt. Fig. 144 stellt den Logarithmus der experimentell bestimmten Zählrate n' in Abhängigkeit der Zeit dar. Für große Zeiten werden die Zählverluste vernachlässigbar klein, da die Quellstärke des Präparates genügend abgeklungen ist. Es ergibt sich daher eine Gerade (exponentielle Abnahme der Quellstärke).

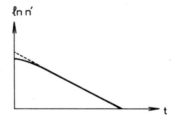

Fig. 144. Bestimmung von Zählverlusten: Aufgetragen wird der Logarithmus der Zählrate n' in Funktion der Zeit.

Sie kann gegen kleinere Zeiten extrapoliert werden (gestrichelte Kurve) und stellt so die verlustlose Zählrate dar. Aus der Differenz von extrapolierter Geraden und Meßkurve kann für jedes n' der Zählverlust abgelesen werden.

Eine andere Möglichkeit zur Bestimmung von Zählverlusten ist die Zweiquellenmethode. Dabei werden die Zählraten der beiden einzelnen und beider Quellen zusammen verglichen.

5.6. Szintillationszähler. Bestimmte Stoffe, sog. Szintillatoren, haben die Eigenschaft, daß beim Durchgang von schnellen, geladenen Teilchen kurzzeitig sichtbares oder Licht im nahen UV erzeugt wird. Diese Eigenschaft wurde bereits sehr früh zum Nachweis von geladenen Teilchen benutzt. *Rutherford* und seine Mitarbeiter, *Geiger* und *Marsden*, verwendeten Zinksulfid bei den 1910 durchgeführten und berühmt gewordenen Untersuchungen der Streuung von α-Teilchen an verschiedenen Kernen. Der Beobachter, ausgerüstet mit einer Lupe, zählte visuell die Lichtblitze. Die Entwicklung der Photo-Elektronenvervielfacher (Multiplier) hat diese alte Szintillationsmethode sehr wirksam gemacht. Es entstand der Szintillationszähler. Er enthält ein geeignetes Szintillatormaterial. Ein Teil der einfallenden Teilchen- bzw. Quantenenergie wird in ihm in Licht umgesetzt. Dieses löst aus der Photokathode des Vervielfachers Elektronen aus, die in den nachfolgenden Stufen (Dynoden) vervielfacht werden. Diese Vervielfachung beruht auf der Sekundäremission von Elektronen durch die auf die Dynode einfallenden schnellen Elektronen. Fig. 145 zeigt den schematischen Aufbau eines Szintillationszählers.

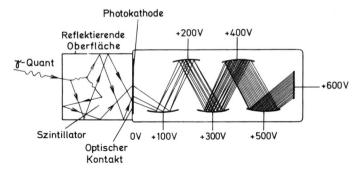

Fig. 145. Szintillator mit Elektronenvervielfacher.

Für mehrstufige Vervielfacher kann die Verstärkung so weit erhöht werden, daß sich einzelne Photoelektronen nachweisen lassen. Bei vielstufigen Vervielfachern (10 und mehr Dynoden) können Verstärkungsgrade bis 10^{10} erreicht werden. Eine Begrenzung der Ausnützung ist durch den Dunkelstrom des Vervielfachers gegeben, der durch die thermische Emission von Elektronen aus der Kathode entsteht. Durch Wahl eines geeigneten Kathodenmaterials und Kühlung kann er auf ein tragbares Maß herabgedrückt werden. Zur Verminderung des vom Dunkelstrom erzeugten Untergrundes lassen sich

5.6. Szintillationszähler

auch Koinzidenzschaltungen ausnützen. Eine moderne Form eines Photo-Elektronenvervielfachers zeigt Fig. 146.

Szintillatorstoffe existieren in allen drei Aggregatzuständen. Bei den festen gibt es organische und anorganische. Unter den organischen sind die Plastikszintillatoren besonders bequem, da sie praktisch in beliebiger Form und Größe zur Verfügung stehen. Dasselbe gilt von den flüssigen, deren für die Szintillation wesentliche Bestandteile organischer Natur sind.

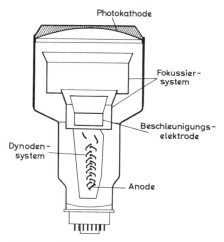

Fig. 146. Aufbau des Photo-Elektronenvervielfachers Valvo 58 AVP.

Wichtige, die Verwendbarkeit eines Szintillationszählers charakterisierende Eigenschaften sind: Ansprechwahrscheinlichkeit für die betreffende Strahlung, Zerfallszeit der Anregung, Relation zwischen Teilchenenergie und Impulsgröße und Energieauflösungsvermögen. Um eine gute Ansprechwahrscheinlichkeit zu erhalten, muß die Photokathode auf das im Szintillator erzeugte Licht möglichst empfindlich sein. Da diese Forderung nicht immer erfüllbar ist, werden sog. Wellenlängenschieber benützt. Dies sind Stoffe, die kürzere Wellenlängenbereiche in längere umsetzen. Überdies wird durch diese Maßnahme die Resonanzabsorption im Szintillator vermindert. Tabelle 11 enthält Angaben über die relative Lichtausbeute für Elektronen, die Wellenlänge des Lichts mit maximaler Emission und die Abklingzeit für einige viel benützte Szintillationsmaterialien.

Besondere Vorteile der organischen Szintillatoren sind die kleinen Abklingzeiten der Lichtemission. Gegenüber den festen anorganischen

Tabelle 11. Relative Lichtausbeute, Abklingzeit und Wellenlänge der Strahlung für verschiedene Szintillatoren

Szintillator	Relative Lichtausbeute für Elektronen bezogen auf Anthrazen	Abklingzeit ns	Wellenlänge der Strahlung bei max. Emission Å
Anorganische Kristalle			
NaI (Tl aktiviert)*	2,3	230	4100
CsI (Tl aktiviert)*	0,9	800	5950 (diffus)
ZnS (Ag aktiviert)	3	200	4500
Organische Kristalle			
Anthrazen $C_{14}H_{10}$	1	30	4480
Stilben(trans) $C_{14}H_{12}$	0,5	6	3850
Flüssiger Szintillator			
Scintol 6**	0,8	2,4	4300
Plastik-Szintillator			
Naton 136**	0,65	1,3	4250
Gasförmiger Szintillator			
Xenon		10–100	UV (Benützung von Quaterphenyl als Wellenlängenschieber)

* Der Tl-Zusatz beträgt ca. 0,1 Mol-%.
** Handelsname.

Stoffen weisen sie für γ-Quanten kleinere Ansprechwahrscheinlichkeiten auf.

Mit NaI(Tl)-Kristallen mit geeigneten Reflektoren sind ausgedehnte Untersuchungen gemacht worden über die Relation zwischen Lichtausbeute und Teilchenenergie für verschiedene Strahlen und Kristallformen. Die Form des Szintillators ist bedeutsam für die Überführung des erzeugten Lichtes zur Photokathode.

a) Photonen. Eine Messung[1] der Impulshöhe-Energie-Abhängigkeit für einen NaI(Tl)-Szintillationszähler zeigt Fig. 147. Aufgetragen ist der Quotient aus Impulshöhe und Photonenenergie in Funktion der Photonenenergie von 20–800 keV.

b) Protonen und α-Teilchen. Von 1–18 MeV ergibt sich eine gute Linearität zwischen Impulshöhe und Protonenenergie (Fig. 148).

---
[1] Rev. Sci. Instr., **27**, 589 (1956).

Es wurde auch gefunden, daß für Energien < 10 MeV Elektronen und Deuteronen beim selben Energieverlust wie Protonen etwa dieselbe Impulshöhe erzeugen.

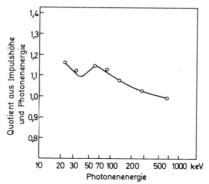

Fig. 147. Quotient aus Impulshöhe und Photonenenergie (bei 662 keV auf 1 normiert) in Funktion der Photonenenergie für einen NaI(Tl)-Kristall. Abmessungen: 1,5 Zoll Durchmesser und 1,0 Zoll hoch. MgO als Reflektor. (Nach *D. Engelkemeir*, Rev. Sci. Instr. **27**, 589, 1956.)

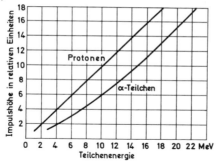

Fig. 148. Höhe der in einem NaI(Tl)-Kristall durch Protonen und α-Teilchen erzeugten Impulse im Energiebereich von 1 – 20 MeV. (Nach *F. S. Eby* und *W. K. Jentschke*, Phys. Rev. **96**, 911, 1954.)

Bei α-Teilchen zeigt sich für Energien < 20 MeV keine Linearität. Die Impulshöhe vermindert sich mit wachsendem spezifischen Energieverlust, d. h. zunehmender spezifischer Ionisierung (Fig. 148).

5.6.1. Absolute Ansprechwahrscheinlichkeit eines NaI(Tl)-Kristalles für γ-Strahlen. Die absolute Ansprechwahrscheinlichkeit $\varepsilon_t(E_\gamma)$ für eine γ-Energie E_γ ist gegeben durch

$$\varepsilon_t(E_\gamma) = \frac{n_t}{\Omega_z \, n_0/4\pi}. \tag{5.9}$$

Es bezeichnet: $n_0/4\pi$ die Zahl der von der Quelle pro Raumwinkel- und Zeiteinheit emittierten γ-Quanten, Ω_z den Raumwinkel, unter dem von der punktförmigen Quelle aus der Zählkristall erscheint, und n_t die Zählrate für die γ-Quanten.

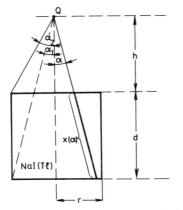

Fig. 149. Zur Berechnung der absoluten Ansprechwahrscheinlichkeit eines NaI(Tl)-Kristalls.

Die Anordnung von Quelle und Kristall zeigt Fig. 149. Die γ-Quelle sei punktförmig und befinde sich auf der Achse des zylindrischen NaI(Tl)-Kristalls in der Distanz h von der vorderen Fläche. Für die Berechnung wird angenommen, daß zwischen Quelle und Kristall keine Absorption von γ-Strahlen auftrete. Der Kristall habe für die Energie E_γ einen totalen linearen Absorptionskoeffizienten μ_a. Eine Schicht des Materials der Dicke dx reduziert damit die Rate der γ-Quanten um (Fig. 150)

$$dn = -n(x)\mu_a dx,$$

wobei n(x) die Rate der auf die Schicht einfallenden γ-Quanten bedeutet. Nach einer Schicht endlicher Dicke x ergibt sich bei konstantem Absorptionskoeffizienten die Ausfallsrate n:

$$n(x) = n'_0 e^{-\mu_a x}.$$

n'_0 bezeichnet die Einfallsrate. Die die Schicht durchsetzende Intensität nimmt exponentiell mit der Dicke x ab. Im Kristall gibt es daher $n'_0(1 - e^{-\mu_a x})$ Wechselwirkungen pro Zeiteinheit.

Die Zählrate für γ-Strahlen im Kristall wird (Annahme: jede Wechselwirkung gibt Anlaß zu einem registrierten Impuls (vgl. Fig. 149))

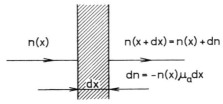

Fig. 150. Verminderung der Intensität von γ-Strahlen in der Schicht dx.

5.6. Szintillationszähler

$$n_t = \int_0^{\alpha_2} \frac{n_0}{4\pi} (1 - e^{-\mu_a x(\alpha)}) \, 2\pi \sin \alpha \, d\alpha.$$

Nach Gl. (5.9) ergibt sich als absolute Ansprechwahrscheinlichkeit $\varepsilon_t(E_\gamma)$:

$$\varepsilon_t(E_\gamma) = \frac{4\pi n_t}{n_0 \Omega_z} = \frac{\int_0^{\alpha_2} (1 - e^{-\mu_a x(\alpha)}) \sin \alpha \, d\alpha}{\int_0^{\alpha_2} \sin \alpha \, d\alpha}.$$

Die Integration des Zählers ist in zwei Schritten durchzuführen:

$0 \leq \alpha \leq \alpha_1 \left(\text{tg } \alpha_1 = \frac{r}{h+d} \right)$

mit $x = d/\cos \alpha$;

$\alpha_1 \leq \alpha \leq \alpha_2 \left(\text{tg } \alpha_2 = \frac{r}{h} \right)$

mit $x = \frac{r}{\sin \alpha} - \frac{h}{\cos \alpha}$.

Die letzte Beziehung ergibt sich aus Fig. 151.

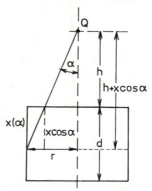

Fig. 151. Zur Berechnung der Strecke $x(\alpha)$.

Damit die absolute Ansprechwahrscheinlichkeit berechnet werden kann, muß außer der Geometrie des Kristalls und der Anordnung der Quelle der lineare Absorptionskoeffizient μ_a für die γ-Strahlung bekannt sein. Da Wechselwirkungsprozesse der γ-Quanten mit dem Kristall, die keine Energie übertragen (sog. Rayleigh-Streuung, vgl. Bd. III/1, V, 10), nicht nachweisbar sind, darf dieser Anteil zum totalen linearen Absorptionskoeffizienten nicht berücksichtigt werden.

Fig. 152 zeigt den auf Rayleigh-Streuung korrigierten totalen linearen Absorptionskoeffizienten μ_a/ρ für NaI.

Nach Fig. 149 ist es klar, daß die absolute Ansprechwahrscheinlichkeit für ganz kleine und sehr große Distanzen h am größten wird, da in beiden Fällen die mittleren Wege $\overline{x(\alpha)}$, die von den γ-Quanten im Kristall durchlaufen werden, einen maximalen Wert annehmen. Tabelle 12 enthält einige Zahlenangaben für einen NaI(Tl)-Kristall von 3,8 cm Durchmesser und 2,5 cm Höhe in Funktion der Distanz h.

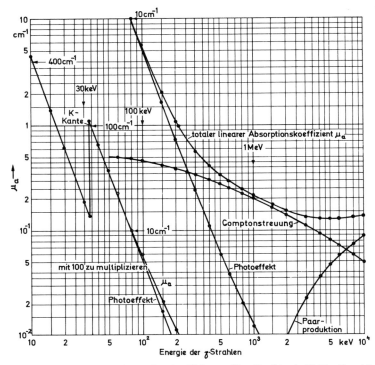

Fig. 152. Totaler linearer Absorptionskoeffizient μ_a für γ-Strahlen in NaI im Bereich von 10 keV – 10 MeV und seine Aufteilung in die durch Photoeffekt, Compton-Effekt und Paarproduktion bedingten Anteile. (Nach P.R. Bell, Handbuch der Physik, XLV, 109 1958.)

Tabelle 12. *Absolute Ansprechwahrscheinlichkeit für einen NaI(Tl)-Kristall* (3,8 cm $\varnothing$, 2,5 cm Höhe) *für verschiedene γ-Energien und Distanzen Quelle–Kristall*

Energie E_γ MeV	Distanz h, cm				
	0	1	10	50	∞
0,02	1	1	1	1	1
0,01	1	0,93	0,97	0,99	1
1	0,38	0,26	0,34	0,4	0,42
5	0,25	0,17	0,22	0,26	0,26
10	0,27	0,18	0,24	0,28	0,3

Die hier ausgeführten Erläuterungen über die absolute Ansprechwahrscheinlichkeit von Zählern lassen sich sinngemäß auf andere Zähler und Neutronen übertragen.

5.6.2. Anwendung für die γ-Spektroskopie.
Die Anordnung eines einfachen γ-Spektrometers zeigt das Blockschema von Fig. 153.

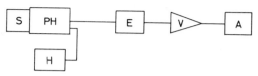

Fig. 153. Blockschema eines Szintillationszählers. S: Szintillator; PH: Photo-Elektronenvervielfacher; E: Emitter-Folgestufe; H: Netzgerät für Multiplierspannung; V: Verstärker; A: Ein- oder Vielkanal-Analysator.

Als Szintillator für γ-Strahlen wird sehr häufig ein mit Thallium aktivierter NaI-Kristall zylindrischer Form (gebräuchliche Dimension 3,8 cm Durchmesser und 3,8 cm hoch) benutzt.

Die von monochromatischen γ-Strahlen der Energie E_0 erzeugten Impulsspektren weisen im allgemeinen eine komplizierte Form auf. Die im Impulsspektrometer registrierte Impulshöhenverteilung gibt das Energiespektrum der Elektronen wieder, das durch Wechselwirkung der γ-Quanten mit dem NaI-Kristall entsteht.

Die wichtigsten Merkmale eines γ-Spektrums sind die Photospitzen, herrührend von der photoelektrischen Absorption der γ-Quanten, und das kontinuierliche Compton-Spektrum mit der Compton-Kante, erzeugt durch die Compton-Streuung. Bei einer Quantenenergie $E_0 \geqq$ 1,02 MeV machen sich zusätzlich Spitzen, die von der Paarbildung herrühren, bemerkbar. Ein schematisches Spektrum für $E_0 =$ 0,835 MeV zeigt Fig. 154. Beim Photoeffekt (s. Bd. III/1, S. 158) absorbiert ein gebundenes Elektron das γ-Quant und erhält die Energie $E_\gamma - E_B$, wobei E_B die Bindungsenergie des Elektrons bedeutet. Die

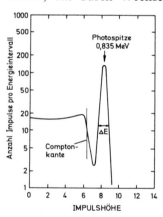

Fig. 154. Spektrum einer γ-Linie mit $E_\gamma = 0{,}835$ MeV, gemessen mit einem zylindrischen NaI(Tl)-Kristall der Höhe 7,6 cm und vom Durchmesser 7,6 cm (3 × 3 Zoll); ΔE bezeichnet die Breite der Photolinie auf halber Höhe.

Elektronenlücke in der Hülle wird durch Sekundärprozesse wieder gefüllt. Dabei wird E_B in Röntgenquanten wieder emittiert. Die Ausbeute des Fluoreszenzlichts wird proportional zur γ-Energie, vorausgesetzt, daß alle sekundären Prozesse zur Fluoreszenz beitragen. Im Spektrum erscheint eine Linie, die Photospitze. Position und Höhe der Photospitze sind ein direktes Maß für die Energie und die Anzahl der Photonen.

Ein Einzelereignis bei der Compton-Streuung ist durch den Streuwinkel φ des Photons und durch den Winkel ψ des Rückstoß-Elektrons charakterisiert (Fig. 155). Die Energie des Elektrons hängt vom Winkel ψ ab und liegt zwischen den Werten 0 und $hv \Big/ \left(1 + \dfrac{m_0 c^2}{2hv}\right)$ (s. Bd. III/1, S. 166).

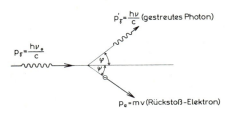

Fig. 155. Compton-Streuung. p_γ ist der Impuls des einfallenden und p'_γ der des gestreuten γ-Quants.

Bei der Paarproduktion (s. Bd. III/1, S. 166) erzeugt ein Photon der Energie $E > 2m_0 c^2$ im Felde eines Kernes oder eines Elektrons ein Elektronenpaar. Bezeichnen T^+ und T^- die kinetischen Energien von Positron bzw. Elektron, so gilt im ersten Fall

$$T^+ + T^- = hv_0 - 2m_0 c^2,$$

da $2m_0 c^2$ für die Ruheenergie des Elektronenpaares aufgewendet werden muß. Das entstandene Positron wird meistens innerhalb des Kristalls durch Paarvernichtung verschwinden. In den meisten Fällen wird das Positron vollständig gebremst und annihiliert erst dann mit einem Elektron. Dabei werden zwei γ-Quanten der Energie $m_0 c^2 = 0{,}511$ MeV in entgegengesetzter Richtung emittiert. Entweicht eines

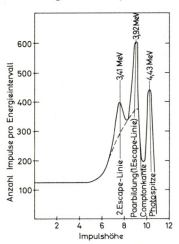

Fig. 156. Spektrum von γ-Quanten der Energie 4,43 MeV, gemessen mit einem 3×3 Zoll NaI(Tl)-Kristall.

der beiden Quanten aus dem Kristall ohne weitere Wechselwirkungen (Fig. 156), so entsteht eine Linie der Energie $E_1 = E_\gamma - 0{,}511$ MeV (sog. single escape peak). Verlassen beide Quanten den Zähler, so ergibt sich eine zweite Linie mit der Energie $E_2 = E_\gamma - 1{,}02$ MeV (sog. double escape peak). Falls die Energie beider Vernichtungs-Quanten im Kristall absorbiert wird, dann trägt dieses Ereignis zur Photospitze bei.

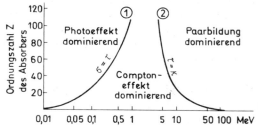

Fig. 157. Hauptgebiete der Wechselwirkung von γ-Strahlen mit Materie. Kurve ① gibt jene Ordnungszahlen und γ-Energien an, für die die Wirkungsquerschnitte für Photo (σ)- und Compton-Effekt (τ) einander gleich sind. Für Kurve ② ist der Wirkungsquerschnitt für Compton-Effekt (τ) und jener für Paarbildung (κ) derselbe.

Die in Fig. 157 eingezeichneten Kurven zeigen jene Z-Werte der Absorber und Energien h ν der γ-Quanten für die die Wirkungsquerschnitte für Photo(σ)- und Compton-Effekt (τ) bzw. Compton- und Paarbildungseffekt (κ) gleich sind. Für kleine Energien und für hohe Z ist der Photoeffekt maßgebend, für große Energien und hohe Z dagegen der Paarbildungseffekt. Der Compton-Effekt dominiert für Energien in der Umgebung von 1 – 4 MeV für alle Z-Werte.

5.6.3. Diskriminierung zwischen γ-Quanten, Protonen und α-Teilchen.

Das Fluoreszenzlicht setzt sich im allgemeinen aus mehreren Komponenten mit verschiedenen Abklingzeiten zusammen. Es wurde festge-

Tabelle 13. *Anteil der kurz- und langlebigen Lichtkomponenten in Anthrazen für verschiedene Strahlen. Die Intensität der langlebigen Komponenten ist in Prozent der kurzlebigen angegeben*

	Relative Intensität der kurzlebigen Komponenten	Relative Intensität der langlebigen Komponenten	Photonenzahl/MeV der langlebigen Komponenten
5-MeV-α-Teilchen	1	20%	350
5-MeV-Neutronen (Rückstoßprotonen)	4	14%	980
5-MeV-Elektronen	10	3,5%	610

stellt, daß das Intensitätsverhältnis der schnell zur langsam abklingenden Komponente von der Natur des das Licht erzeugenden Teilchens abhängt. Dieser Unterschied erlaubt eine Diskriminierung z.B. zwischen γ-Quanten und Protonen. Die Verhältnisse in Anthrazen für verschiedene Teilchen sind in Tabelle 13 angegeben.

5.6.4. Energieauflösung und Zählstatistik. Für die Güte der Trennung von zwei γ-Linien unterschiedlicher Energie ist das Energieauflösungsvermögen eines Spektrometers maßgebend. Es ist üblich, als Maß des Energieauflösungsvermögens die Breite ΔE der Photolinie für $E_\gamma = 0{,}661$ MeV (^{137}Cs) bei halber Höhe anzugeben (vgl. Fig. 154). Diese Breite ändert sich proportional zur Quadratwurzel der Photonenenergie E_γ. Betrachtet man den speziellen Fall eines Szintillationszählers, für den man die thermische Emission der Photokathode vernachlässigt und alle t Dynoden des Vervielfachers dieselbe mittlere Verstärkung $\bar{s}$ pro Stufe aufweisen, so erhält man pro einfallendes Teilchen bestimmter Energie an der Anode im Mittel $\overline{N}$ Elektronen:

$$\overline{N} = \bar{n}\,\bar{p}\,\bar{s}^t.$$

Dabei bedeutet:

$\bar{n}$ die mittlere, vom einfallenden Teilchen erzeugte Photonenzahl (in vielen Fällen proportional zur Energie des Teilchens) und

$\bar{p}$ die Wahrscheinlichkeit dafür, daß das Photon in der Photokathode ein Elektron auslöst, das die 1. Dynode erreicht.

Die Zahl der erzeugten Photonen ist statistisch verteilt. Man darf ihre Verteilung (die Erzeugung von n Photonen besitzt die Wahrscheinlichkeit P(n)) als Normal- oder Gauß-Verteilung betrachten, wenn $\bar{n} \gg 1$ ist. In diesem Falle gibt $dP(n)$ die Wahrscheinlichkeit an, daß n zwischen n und n+dn liegt. Sie wird

$$dP(n) = \frac{1}{\sigma\sqrt{2\pi}}\,e^{-(n-\bar{n})^2/2\sigma^2}\,dn.$$

Der Parameter σ heißt die mittlere Schwankung oder die Standardabweichung vom Mittelwert. Er gibt die Breite der Verteilung der Abweichungen $z = n - \bar{n}$ vom Mittelwert an. Die Standardabweichung bedeutet, daß mit einer Wahrscheinlichkeit von 68,3 % der gemessene Wert höchstens um $\pm \sigma$ vom wahren abweicht. Für eine beliebige Abweichung z vom Mittelwert ist die gestrichelte Fläche (Fig. 158) die Wahrscheinlichkeit P_z, daß der gemessene Wert um mehr als $\pm z$ vom wahren Wert abweicht. Es ergibt sich: $P_z = 2 \int_{\bar{n}+z}^{\infty} dP(n)$. Für

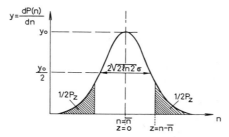

Fig. 158. Wahrscheinlichkeitsdichte dP(n)/dn einer Normalverteilung. σ bezeichnet die Standardabweichung vom Mittelwert $\bar{n}$. $z = n - \bar{n}$ gibt die Abweichung vom Mittelwert. Auf halber Höhe hat die Wahrscheinlichkeitsdichte eine Breite von $2\sqrt{2\ln 2}\,\sigma \approx 2{,}354\,\sigma$. Die gestrichelte Fläche bedeutet für eine Normalverteilung die Wahrscheinlichkeit P_z, daß der gemessene Wert um mehr als $\pm z$ vom wahren Wert abweicht.

$z = \pm 2\sigma$ ist die Wahrscheinlichkeit, daß der wahre Wert außerhalb $\bar{n} \pm 2\sigma$ liegt, nur noch 4,54 %.

Tabelle 14 enthält P_z für verschiedene Verhältnisse z/σ.

Tabelle 14. *Wahrscheinlichkeit P_z der Normalverteilung für verschiedene z/σ*

z/σ	0,5	0,674	1	2	3
P_z	0,617	0,500	0,317	0,046	0,003

Der Faktor $\dfrac{1}{\sigma\sqrt{2\pi}}$ normiert die Wahrscheinlichkeit so, daß $\int_0^\infty dP(n) = 1$ wird. $dP(n)/dn$ nennt man die Wahrscheinlichkeitsdichte. Sie hat die Form einer symmetrischen Glockenkurve (Fig. 158). Ihr Maximum y_0 wird für $n = \bar{n}$ erreicht. Auf halber Höhe $dP(n)/dn = y_0/2$ besitzt die Wahrscheinlichkeitsdichte eine Breite von $2\sigma\sqrt{2\ln 2} = 2{,}354\,\sigma$. Die Größe σ^2 wird als Varianz der Wahrscheinlichkeitsdichte bezeichnet. Aus der Statistik ergibt sich [1]

$$\sigma^2 = \bar{n}.$$

Die Wahrscheinlichkeitsdichte für die Photonenzahl n weist nach unseren vereinfachten Annahmen auf halber Höhe eine Breite von $2{,}354\,\sigma$ auf. Die Halbwertsbreite wird damit proportional zur Wurzel aus der mittleren Photonenzahl $\bar{n}$. Da $\bar{n}$ proportional der Energie E_γ ist, wird die Breite der Photolinie proportional zu $\sqrt{E_\gamma}$. NaI(Tl)-Kristalle von 2,5 cm Höhe und 3,8 cm Durchmesser zeigen für

---

[1] *Yardley Beers*, Theory of Error, Addison Wesley Publishing Company, 1953.

^{137}Cs-γ-Strahlen (E$_\gamma$ = 0,661 MeV) ein Energieauflösungsvermögen zwischen 8 und 9%. Größere Kristalle haben ein schlechteres Auflösungsvermögen.

Die hier angeführten Bemerkungen gelten sinngemäß für alle übrigen statistischen Zählprozesse.

5.7. Čerenkov-Zähler. Bewegt sich ein geladenes Teilchen in einem Medium mit einer Geschwindigkeit v, die größer ist als die Lichtgeschwindigkeit in diesem Medium, so wird eine schwache, teilweise im sichtbaren Gebiet liegende Strahlung, die sog. Čerenkov-Strahlung, erzeugt. Sie wurde 1934 von P. A. Čerenkov entdeckt.

Qualitativ läßt sich diese Strahlung folgendermaßen erklären: Durchläuft z. B. ein Elektron ein Dielektrikum, so erzeugt es in seiner unmittelbaren Umgebung eine Polarisation, die durch eine Verschiebung der gebundenen Elektronen in den Atomen des Materials zustande kommt. Die zeitliche Veränderung dieser Polarisation kann unter Umständen zur Emission einer elektromagnetischen Strahlung führen. Ein langsam bewegtes Elektron erzeugt eine kugelsymmetrische Polarisation (Fig. 159), so daß die emittierte Strahlung durch Interferenz ausgelöscht wird. Hat dagegen das Elektron eine Geschwindigkeit, die größer ist als die Lichtgeschwindigkeit im Medium, so ergibt sich eine axialsymmetrische Polarisation bezüglich der Flugrichtung des Elektrons (Fig. 160), die entlang der Bewegungsrichtung des Teilchens ein Dipolfeld bewirkt. Diese Asymmetrie kommt zustande, weil das vom Teilchen emittierte elektromagnetische Feld sich langsamer ausbreitet als das Teilchen selbst und dieses damit in Vorwärtsrichtung sein eigenes Coulombfeld überholt. Es gibt eine

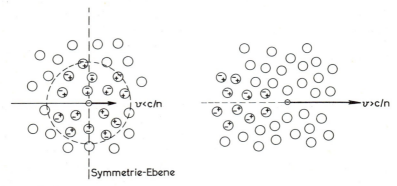

Fig. 159. Kugelsymmetrische Polarisation bei langsam bewegtem Elektron: v < c/n.

Fig. 160. Polarisation bei schnell bewegtem Elektron: v > c/n.

Ausstrahlungsrichtung, in der die Strahlungen der zeitlich aufeinanderfolgenden polarisierten Bezirke eine Wellenfront aufbauen (Fig. 161). Für alle andern Richtungen löschen sich die von den verschiedenen Abschnitten der Bahn ausgestrahlten Wellenzüge aus. Die kegelförmige Wellenfront ist dadurch ausgezeichnet (Fig. 161), daß das von A emittierte Licht zum Durchlaufen der Strecke $\overline{AC}$ dieselbe Zeit braucht, wie das Teilchen für die Strecke $\overline{AB}$. Von den dazwischenliegenden Wellenzentren A', A'' usw. haben ebenfalls alle Wellenzüge die Wellenfront $\overline{BC}$ erreicht. Sie bildet einen Kegelmantel mit der Fortpflanzungsrichtung des Teilchens als Achse und entspricht dem Machschen Kegel bei einer Bewegung mit Überschallgeschwindigkeit. Als Machscher Winkel φ ergibt sich

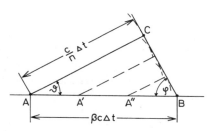

Fig. 161. Zur Entstehung der Wellenfront der Čerenkov-Strahlung. Im Zeitelement Δt wird vom Licht die Strecke $\overline{AC}$ und vom Elektron $\overline{AB}$ zurückgelegt. ϑ bezeichnet den Čerenkov- und φ den Machschen Winkel.

$$\sin \varphi = \frac{c/n}{\beta c} = \frac{1}{n\beta},$$

wo c die Lichtgeschwindigkeit im Vakuum, n die Brechzahl des Mediums und $\beta = v/c$ das Verhältnis Teilchengeschwindigkeit zur Lichtgeschwindigkeit im Vakuum bedeutet. Als Čerenkov-Winkel ϑ wird der Winkel zwischen der Wellennormalen und der Flugrichtung des Teilchens bezeichnet. Für ihn gilt:

$$\cos \vartheta = \frac{c/n}{\beta c} = \frac{1}{n\beta} = \sin \varphi. \qquad (5.10)$$

Hieraus folgt:

1. Für ein Medium der Brechzahl n muß die Teilchengeschwindigkeit mindestens $v_{min} = c/n$ betragen ($\beta_{min} = 1/n$), damit eine Čerenkov-Strahlung auftritt.
2. Der maximale Emissionswinkel der Strahlung ergibt sich für $\beta = 1$. Es gilt $\cos \vartheta_{max} = 1/n$.
3. Der Čerenkov-Winkel hängt nur von der Teilchengeschwindigkeit und nicht von der Teilchenmasse ab.

Die Čerenkov-Strahlung beruht auf einer Energieübertragung vom bewegten geladenen Teilchen auf die Atome des Dielektrikums. Das Licht wird daher von dem durch das Teilchen polarisierten Medium und nicht vom Teilchen selbst emittiert. Die Theorie des

Čerenkov-Effektes zeigt, daß pro Bahnelement ds die Energie (angegeben in J/m)

$$\frac{dE}{ds} = \frac{\pi Z^2 e^2}{\varepsilon_0 c^2} \int \left(1 - \frac{1}{\beta^2 n^2}\right) v\, dv$$

$$= 1,0 \cdot 10^{-43} Z^2 \int \left(1 - \frac{1}{\beta^2 n^2}\right) v\, dv \qquad (5.11)$$

emittiert wird, wo Ze die Ladung des bewegten Teilchens und v die Frequenz in Hz der emittierten Strahlung bedeutet. Eine Strahlung ist nur bei Frequenzen möglich, für die $\beta n(v) > 1$ ist. Dies beschränkt die Strahlung auf Wellenlängen, die größer sind, als sie in den UV-Absorptionsbändern des Mediums auftreten. Im sichtbaren Bereich des Spektrums überwiegt die blaue Komponente der Strahlung, was die bläuliche Čerenkov-Strahlung bestätigt, die z.B. den Kern eines Swimming-Pool-Reaktors umgibt.

Die Zahl der emittierten Photonen dN/ds pro cm Weglänge eines Teilchens ergibt sich aus (5.11) zu

$$\frac{dN}{ds} = \frac{\pi}{\varepsilon_0} \left(\frac{Ze}{c}\right)^2 \int \frac{1}{hv} \left(1 - \frac{1}{\beta^2 n^2}\right) v\, dv$$

$$= 1,5 \cdot 10^{-12} Z^2 \int \left(1 - \frac{1}{\beta^2 n^2}\right) dv \qquad (5.12)$$

$$= 1,5 \cdot 10^{-12} Z^2 \int (1 - \cos^2 \vartheta)\, dv \quad \text{Photonen/cm}.$$

Wir betrachten den sichtbaren Bereich ($\Delta v = 3 \cdot 10^{14}\,\text{s}^{-1}$; $\Delta \lambda = 3500 - 5500\,\text{Å}$ entspricht dem Empfindlichkeitsbereich von Photomultipliern mit CsSb-Kathoden und Glasmantel) und Glas oder Plexiglas als Medium ($n \approx 1,5$). Wird die Dispersion vernachlässigt, so ergibt sich aus Gl. (5.12)

$$dN/ds = 1,5 \cdot 10^{-12} \cdot Z^2 \sin^2 \vartheta \int dv.$$

Für $Z = 1$ und $\beta \approx 1$ erhält man für Glas 260 Photonen/cm. Der Energieverlust pro cm Weglänge beim Čerenkov-Effekt wird für den obigen Spektralbereich bei einer mittleren Lichtquantenenergie von ca. 3 eV rund 800 eV/cm, was wesentlich kleiner ist als der Energieverlust infolge Ionisation. Der Energieverlust der Elektronen durch Ionisationsprozesse unter denselben Bedingungen beträgt ca. 3 MeV/cm. Die Lichtausbeute des Čerenkov-Zählers ist bedeutend geringer als diejenige des Szintillationszählers bei gleichem Energieverlust im Material. Čerenkov-Zähler besitzen dagegen die folgenden

wichtigen Vorteile:
1. Kurze Dauer des Lichtimpulses ($<10^{-10}$ s).
2. Die Ausstrahlungsrichtung ϑ des Čerenkov-Lichtes ist ein Maß für die Teilchengeschwindigkeit.
3. Geeignet als Schwellenzähler für Teilchengeschwindigkeiten. Unterhalb der Grenzgeschwindigkeit ($\beta = 1/n$) des Teilchens spricht der Zähler nicht an. Oberhalb dieser Grenze vergrößert sich die Lichtintensität mit der Geschwindigkeit.

In der Praxis werden hauptsächlich die Eigenschaften 2 und 3 ausgenützt. Einen einfachen Geschwindigkeitszähler hat Huq[1] angegeben. Für den Öffnungswinkel 2α des Perspex-Kegels verläßt ein paralleles Lichtbündel den Kegel, sofern die Teilchengeschwindigkeit einen bestimmten Wert besitzt. Mit $\vartheta = 2\alpha$ ergibt sich (vgl. Fig. 162)

nach Gl. (5.10) $\beta = \dfrac{1}{n \cos \vartheta} = \dfrac{1}{n \cos 2\alpha}$. Für andere Geschwindigkeiten ist das den Kegel verlassende Čerenkov-Licht nicht parallel; es kann durch ein geeignetes optisches System gegenüber dem parallelen Licht unterdrückt werden.

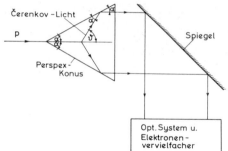

Fig. 162. Čerenkov-Zähler.(Nach *Huq*, Nuclear Instruments and Methods, **2**, 342, 1958.)

Über die Schärfe des Richtungswinkels ϑ des emittierten Čerenkov-Lichtes soll noch folgende Angabe gemacht werden: Wird Wasser als Medium benützt, so ändert sich die Brechzahl bei 20 °C zwischen 3500 und 5500 Å von $n = 1{,}3489$ auf $1{,}3344$. Ist $\beta \approx 1$, dann wird das Licht in einem Hohlkegel emittiert, dessen halber Öffnungswinkel zwischen $\vartheta_1 = 41° 27{,}7'$ und $\vartheta_2 = 42° 9{,}3'$ liegt.

5.8. Wilson-Kammer. Die Wilson-Kammer hat bei der Entwicklung der Kernphysik eine wichtige Rolle gespielt. Sie war das erste Instrument, das sichtbare Teilchenspuren erzeugte.

---
[1] Nuclear Instruments and Methods, **2**, 342, 1958.

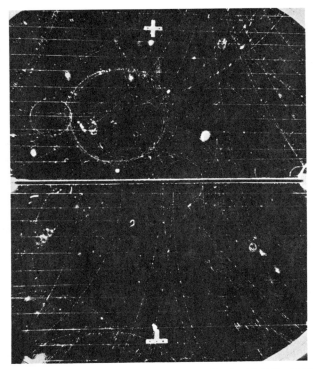

Fig. 163. Elektronenspuren in einer Wilsonkammer. In der Bleifolie (Dicke 25 μm) im Zentrum der Kammer sind durch γ-Strahlen Elektronenpaare ausgelöst worden. Mittlere Energie dieser Elektronen ca. 100 MeV. (Nach W.M. *Powell* und E. *Hayward*, Lawrence Radiation Laboratory, University of California, Berkeley, USA.)

Der Entstehung von Teilchenspuren müssen instabile Zustände zugrunde liegen, die beim Durchgang des Teilchens in makroskopisch beobachtbare Effekte ausmünden. Bei der Wilson-Kammer sind es übersättigte Dämpfe, die in einzelne Flüssigkeitströpfchen kondensieren.

1912 ist es C.T.R. *Wilson*[1] gelungen, die Bahnen von α- und β-Teilchen sichtbar zu machen und zu photographieren. Die von den Teilchen erzeugten Ionen wirken als Kondensationskerne für Wassertröpfchen, wenn durch adiabatische Expansion des mit Dampf gesättigten Gases beim Teilchendurchgang eine gewisse Übersättigung erzeugt wird. Bei α-Teilchen ist für Luft unter Normalbedingungen die Ionisation so dicht, und damit die entstehenden Tröpfchen so

---

[1] C.T.R. *Wilson*, Proc. Roy. Soc. A, **85**, 285, 1911; **87**, 277, 1912.

5.8. Wilson-Kammer 177

Fig. 164. $^{14}N(\alpha, p)^{17}O$-Reaktion mit der Wilsonkammer aufgenommen. Die meisten α-Spuren sind geradlinig. Ein Ereignis zeigt die (α, p)-Reaktion an ^{14}N, wobei das Proton, eine feine Spur hinterlassend, schräg rückwärts emittiert wird. Die Energie des α-Teilchens beim Stoß beträgt 3,9 MeV (*P.M.S. Blackett* und *D.S. Lees*, Proc. Roy. Soc. **A 136**, 325, 1932).

benachbart, daß sie sich optisch nicht mehr auflösen lassen. Schnelle β-Teilchen zeigen einzelne Tröpfchen, so daß sie sich entlang der Spur direkt zählen lassen (Fig. 163).

Mit der Wilsonschen Nebelkammer war es erstmals möglich, die Bahnen atomarer Projektile direkt zu sehen. Diese Methode hat denn auch enorm zur Klärung atomarer und kernphysikalischer Probleme beigetragen. Fig. 164 zeigt die 1925 gemachte Aufnahme[1] der $^{14}N(\alpha, p)^{17}O$-Reaktion. Sie bestätigte klar die von Rutherford entwickelte Vorstellung über Kernumwandlungen. Die Wilson-Kammer

---
[1] *P.M.S. Blackett*, Proc. Roy. Soc. A, **107**, 349, 1925.

war mit Stickstoff und 10% Sauerstoff gefüllt. Als Quelle der α-Teilchen wurden ^{212}Bi und ^{212}Po benutzt. Die meisten α-Spuren verlaufen geradlinig. Einige sind am Ende der Spur geknickt, was von elastischen Stößen zwischen α-Teilchen und Stickstoffatomen herrührt. Ein Ereignis zeigt die (α, p)-Reaktion an ^{14}N, wobei das Proton, eine feine Spur hinterlassend, in Rückwärtsrichtung emittiert wird. Der Endkern ^{17}O macht sich in einer kurzen dicken Spur bemerkbar.

5.9. Blasenkammer. Bei der Blasenkammer, die 1952 von D. A. Glaser erfunden wurde, besteht die Instabilität in der Überhitzung der Flüssigkeit, die zur Bildung von Dampfblasen führt. Das ionisierende Teilchen markiert seine Bahn mit Dampfbläschen der Flüssigkeit.

Die erste von Glaser betriebene Blasenkammer bestand aus einem dickwandigen Glaskolben, gefüllt mit Äthyläther ($C_2H_5OC_2H_5$), der für kurze Zeit in einen überhitzten Zustand gebracht wird. Äthyläther hat bei 1 Atm den Siedepunkt bei 34,6 °C. Die Flüssigkeit wurde auf 130 °C erwärmt und unter 20 Atm Druck gehalten. Wurde die Kammer mit ^{60}Co-γ-Strahlen (12,6 MCi in einer Entfernung von ca. 10 m) bestrahlt[1], so trat ein heftiges Sieden auf, sobald der Druck vermindert wurde. Ohne γ-Quelle verstrich im Mittel eine Zeitspanne von ca. 60 s zwischen Druckerniedrigung und Beginn des Siedens.

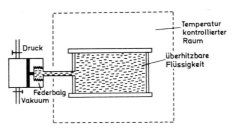

Fig. 165. Schematischer Aufbau einer Blasenkammer.

Fig. 165 zeigt schematisch den Aufbau einer Blasenkammer. Die Flüssigkeit wird über den Siedepunkt erwärmt und in der flüssigen Phase gehalten mit einem äußeren Druck, der größer ist als der Dampfdruck der Flüssigkeit bei der gewählten Temperatur. Durch Expansion der Flüssigkeit erfolgt eine Druckreduzierung und damit eine Überhitzung, so daß sie für kurze Zeit empfindlich wird für eine Blasenbildung durch ionisierende Strahlen. Bevor die gesamte

---

[1] Phys. Rev., **87**, 665, 1952; Nuovo Cimento, **2**, Suppl. 2, 361, 1954.

5.9. Blasenkammer

Flüssigkeit zu sieden beginnt, wird durch Rekompression die Blasenbildung rückgängig gemacht.

Der Vorgang der Auslösung der Blasenbildung ist noch nicht restlos geklärt. Neben Ionisierungsprozessen erfolgen Anregungen der Atome und Moleküle längs der Bahn des einfallenden Teilchens. Die Lebensdauer der Anregung für ein ungestörtes Atom ist von der Größenordnung 10^{-8} s. Sie kann durch Zusammenstöße wesentlich verkleinert werden. In einer Flüssigkeit ist die Zeit zwischen aufeinanderfolgenden Stößen zweier Atome ca. 10^{-12} s. Die Chance für sog. Stöße zweiter Art, bei denen das Atom seine Anregungsenergie in kinetische Energie der beiden Stoßpartner umwandelt, wird daher genügend hoch, so daß lokale Erwärmungen der Flüssigkeit eintreten können.

In einer Flüssigkeitsblase vom Radius r herrscht gegenüber der umgebenden Flüssigkeit ein Überdruck

$$\Delta p = \frac{2\sigma}{r}, \qquad (5.13)$$

wo σ die Oberflächenspannung und r den Blasenradius bezeichnet. Dieser Überdruck ist halb so groß wie derjenige einer Flüssigkeitsblase in Luft (vgl. Bd. I, S. 267), da die Blase in Luft eine innere und äußere Oberfläche aufweist.

Um eine Blase vom Radius r isotherm und reversibel zu bilden, ist eine Arbeit notwendig, die der Energie der entstehenden Oberfläche entspricht. Mit Gl. (5.13) ergibt sich

$$W = 4\pi r^2 \sigma = \frac{16\pi \sigma^3}{(\Delta p)^2}.$$

Diese Energie muß vom ionisierenden Teilchen lokal aufgebracht werden (man spricht von sog. Formierungskernen), damit ein Bläschen vom Überdrucke Δp entsteht (latentes Bild der Spur). Der Formierungskern für ein Bläschen hat eine gewisse Lebensdauer, die von der thermischen Leitfähigkeit der Kammerflüssigkeit abhängt. Fließt die lokal erzeugte Wärme in die Umgebung ab, bevor eine Blase entsteht, so ist der Anlaß für die Markierung einer Spur verschwunden. Die Lebensdauer für Formierungskerne, die zu einer Blasenbildung führen, ist höchstens 1 ms für große lokale Erwärmung und kann für kleine Kerne bis zu 0,1 µs absinken. Diese Situation hat zwei Konsequenzen:

1. Die Blasenkammer läßt sich nicht durch äußere Zähler steuern, da der Expansionsmechanismus länger dauert als die Lebensdauer der die Blasen erzeugenden Formierungskerne.
2. Der Untergrund einer Blasenkammer ist sehr klein.

Die Blasenentstehung beansprucht ca. 10^{-2} s in einer üblichen Kammer. Aufeinanderfolgende Aufnahmen können in Abständen von ca. 1 s erfolgen. Die Blasenkammer ist wegen der hohen Dichte des Kammermaterials ein ideales Nachweisinstrument für Wechselwirkungen, die mit Teilchen von gepulsten Beschleunigungsanlagen an den Atomkernen der Kammerflüssigkeit erfolgen, wie z. B. beim Protonsynchrotron, das ca. alle 3 s einen Teilchenschwarm produziert. Als Kammerfüllungen stehen eine ganze Anzahl Flüssigkeiten zur Verfügung. Tabelle 15 gibt einige Beispiele mit den Betriebsdaten und der Dichte der Flüssigkeit an.

Tabelle 15. Flüssigkeiten und Betriebsgrößen für Blasenkammern

Substanz	Betriebsdruck atü	Betriebstemp. °C	Dichte g/cm^3	Hauptsächlicher Verwendungszweck
Wasserstoff	5	−246	0,05	Reines Protonentarget
Deuterium	7	−241	0,13	Differenz gegen Protonentarget ergibt Neutronentarget
Helium	1	−269	0,10	
Propan (C_3H_8)	21	58	0,43	
Isopentan (C_5H_{12})	23	157	0,5	
WF_6	29	149	2,42	Untersuchungen von γ-Wechselwirkungen
Xenon	26	−20	2,3	

Tabelle 16. Eigenschaften von Wilson-Kammer, Blasenkammer und photographischer Emulsion

Art der Kammer	Dichte der Kammerfüllung bzw. der Emulsion. g/cm^3	Hypothetisches Magnetfeld für eine 10% genaue Impulsmessung relativistischer Teilchen bei 5 cm Länge des Segmentes der Bahn. Gauß ($= 10^{-4}$ Vs/m^2)	Anzahl Ereignisse ($\sigma = 1$ mb/Nukleon) pro 50 einfallende Teilchen
Wilson-Kammer 1 ata A, 20 °C	0,0017	2400	0,0003
Blasenkammer			
Wasserstoff	0,06	6900	0,008
Helium	0,13	8200	0,015
Propan	0,43	25000	0,07
Xenon	2,3	140000	0,34
Photographische Emulsion	4,0	150000	0,59

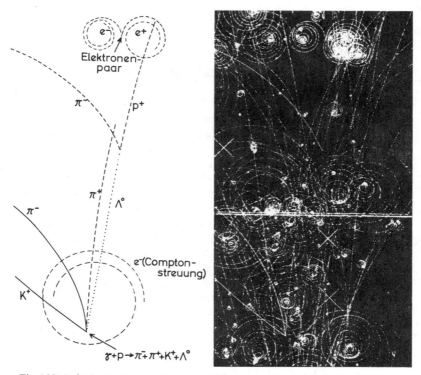

Fig. 166. Aufnahme mit einer Wasserstoff-Blasenkammer am Deutschen Elektronen-Synchrotron (DESY) in Hamburg. Wechselwirkung von 2,6-GeV-γ-Strahlen mit Wasserstoff.

Als Richtmaß für die Betriebsbedingungen kann folgendes gelten: Der Betriebsdruck beträgt ca. $\frac{2}{3}$ des kritischen Druckes, und die Betriebstemperatur liegt $2(T_K - T_S)/3$ über dem Siedepunkt T_S, wobei T_K die kritische Temperatur (s. Bd. I, S. 364) angibt.

Blasenkammern benützt man fast ausschließlich in Kombination mit starken magnetischen Feldern, so daß sich aus den Krümmungen der Spuren die Teilchenimpulse bestimmen lassen (Fig. 166).

Eine Zusammenstellung einiger Eigenschaften von Wilson-Kammer, Blasenkammer und photographischer Emulsion zeigt Tabelle 16.

6. Radioaktivität

6.1. Einleitung. Die Entdeckung der Radioaktivität durch Henri Becquerel im Jahre 1896 ist ein typisches Beispiel, wie sich neue Erkenntnisse gewinnen lassen. In der Sitzung der französischen Akademie der Wissenschaften[1] vom 20. Januar 1896 zeigte *Henri Poincaré* eine von Dudin und Barthélémy hergestellte Radiographie. *Becquerel* fragte nach dem genauen Entstehungsort der X-Strahlung (heute als Röntgenstrahlung bezeichnet) in der sie produzierenden Röhre. Es wurden ihm jene Wandpartien der Glasröhre genannt, die von den Kathodenstrahlen getroffen werden, worauf Becquerel erwiderte, daß dies die Stellen des grün fluoreszierenden Glases seien. Beide Gelehrten schlugen nun vor, andere fluoreszierende Stoffe auf die Erzeugung von Röntgen-Strahlen zu untersuchen. Becquerel unternahm sofort Versuche an Uranylsalzen, da sie ohne irgendwelche Dotierung durch Fremdsubstanzen bei Bestrahlung mit Licht starke Phosphoreszenz zeigten. Bereits am 2. März 1896 teilte Becquerel in einer weiteren Akademiesitzung mit, daß Uran die Fähigkeit besitzt, auch ohne Einwirkung von Licht, eine photographische Platte zu schwärzen und damit Träger einer bisher unbekannten Strahlung ist. Diese Eigenschaft wurde später durch *Madame Curie* als Radioaktivität bezeichnet. Becquerel setzte seine Versuche mit sorgfältig im Dunkeln gehaltenen Uranmineralien fort und benutzte auch nicht phosphoreszierende Verbindungen. Er beobachtete, daß die Schwärzung um so stärker ausfiel, je höher der Urangehalt des Minerals war. Hieraus zog Becquerel den Schluß, daß die unbekannte Strahlung aus den Uranatomen stammen müsse.

1897 begann *Marie Curie-Sklodowska* (1867–1934) ihre Untersuchungen der Radioaktivität. Ionisationskammer (zur Erzeugung einer konstanten Kammerspannung diente der von Pierre Curie entdeckte Piezo-Effekt) und Quadrantelektrometer erlaubten ihr die präzise Messung der schwachen, durch die radioaktive Strahlung erzeugten Ionisationsströme. Damit besaß sie ein ausgezeichnetes Instrumentarium, das sie für alle ihre Untersuchungen immer wieder benützte. Sie zeigte nun genauer, was bereits Becquerel mit Hilfe der

---

[1] Conférence Cinquantième Anniversaire de la Découverte de la Radioactivité, Paris 1946, Musée National d'Histoire Naturelle et École Polytechnique.

Photoplatte nachwies, daß die Intensität der emittierten Strahlung mit dem Urangehalt des Minerals zunimmt und unabhängig von dessen chemischer Bindung ist. Es handelt sich um ein atomares Phänomen. Bald entdeckte sie jedoch in der Pechblende ein Uranmineral, das wesentlich stärker, als dem Urangehalt entsprechend, aktiv war. Diese Feststellung ließ für Marie Curie nur eine Interpretation zu: Die Pechblende muß noch eine oder mehrere unbekannte radioaktive Substanzen enthalten. Von diesem Moment an galt es lediglich, die geeigneten chemischen Methoden zur Separierung der unbekannten Elemente zu finden. Bei allen sich im Verlauf dieser Arbeiten einstellenden Schwierigkeiten zweifelte Madame Curie nie an der Existenz dieser Elemente. 1898 konnte das Element Polonium, benannt nach dem Heimatland von Marie Curie, Polen, und nur wenige Monate später das Element Radium (das „Strahlende") isoliert werden. Wie spätere Erkenntnisse ergaben, ist die Radioaktivität eine Eigentümlichkeit des Kerns.

6.2. Der radioaktive Zerfall und das Zerfallsgesetz. Nach der spektakulären Entdeckung radioaktiver Elemente wurde 1902 von E. *Rutherford* (1871 – 1937) und F. *Soddy* (1877 – 1956) die kühne Idee ausgesprochen[1], daß Radioaktivität mit der Umwandlung des betreffenden Elementes verknüpft sei. Diese Vorstellung konnte 1904 durch L. Ramsey und F. Soddy experimentell verifiziert werden, indem sie in Radiumsalzen Helium nachwiesen. Diese Feststellung wurde sehr früh richtig gedeutet: Helium ist ein Zerfallsprodukt gewisser radioaktiver Elemente. Die Umwandlung von Elementen, die mit der Entdeckung der Radioaktivität beobachtet wurde, zerstörte eine Lehrmeinung des vorigen Jahrhunderts: Die Unwandelbarkeit der Elemente.

Zur Darlegung des von Rutherford stammenden Zerfallsgesetzes betrachten wir eine große Zahl N gleichartiger, radioaktiver Kerne. Bezeichnet λ die Wahrscheinlichkeit, daß ein Kern pro Zeiteinheit zerfällt, so gilt

$$dN = -\lambda N\,dt, \quad (6.1)$$

vorausgesetzt, daß die Kerne unabhängig voneinander zerfallen. dN gibt an, wie viele Kerne im Zeitelement dt durch Aussendung einer bestimmten Strahlung zerfallen. Die Größe λ ist eine für den radioaktiven Kern kennzeichnende Konstante, die insbesondere unabhängig vom Alter des Kerns ist. Sie heißt Zerfallskonstante und wird in s^{-1} angegeben. Aus der Beziehung (6.1) berechnet sich die

---

[1] E. *Rutherford* und F. *Soddy*, Phil. Mag., **4**, 569, 1902; **5**, 441, 561, 1903.

Zahl der Zerfälle/s zu
$$A = |dN/dt| = \lambda N. \qquad (6.2)$$

Die Aktivität A der Substanz wird in Curie gemessen.

Definition: Die Aktivität ist 1 Curie (1 Ci), wenn die radioaktive Substanz $3{,}70 \cdot 10^{10}$ Zerfälle/s aufweist.

Für irgendeine radioaktive Substanz der Aktivität 1 Ci besteht daher zwischen der Zahl der aktiven Kerne N und der Zerfallskonstanten λ die Beziehung

$$N\lambda = 3{,}7 \cdot 10^{10} \, s^{-1}.$$

Beispiel: 1 Ci ^{32}P mit $\lambda = 5{,}5 \cdot 10^{-7} \, s^{-1}$ enthält $N = 6{,}7 \cdot 10^{16}$ Kerne.
1 Ci ^{235}U mit $\lambda = 3{,}1 \cdot 10^{-17} \, s^{-1}$ enthält $N = 1{,}2 \cdot 10^{27}$ Kerne.

Da die Zerfallskonstante unabhängig von der Zeit ist, liefert die Integration der Beziehung (6.1):

$$N(t) = N_0 e^{-\lambda t}, \qquad (6.3)$$

wobei N_0 die Zahl der zur Zeit $t=0$ vorhandenen radioaktiven Kerne angibt. Die Zahl der radioaktiven Kerne nimmt nach Gl. (6.3) exponentiell mit der Zeit ab. Nach der Zeit $\tau = 1/\lambda$ existiert noch der e-te Teil der anfänglichen radioaktiven Menge. τ wird als Zeitkonstante bezeichnet und entspricht der mittleren Lebensdauer.

Statt durch die Zerfallskonstante λ kann der Zerfall durch die Halbwertszeit T charakterisiert werden. Die Halbwertszeit bezeichnet jenes Zeitintervall, in dem die Hälfte der anfänglich vorhandenen Kerne zerfällt:

$$N(t+T) = N(t)/2.$$

Mit der Halbwertszeit T lautet das Zerfallsgesetz

$$N(t) = N_0 \, 2^{-t/T}. \qquad (6.4)$$

Setzt man die Beziehungen (6.3) und (6.4) einander gleich, dann folgt

$$-\lambda t = -\ln 2 \, \frac{t}{T},$$

d. h.
$$T = \ln 2 / \lambda = 0{,}693/\lambda.$$

Die Zahl der Kerne, deren Lebensdauer zwischen t und $t + dt$ endigt, d. h. die in diesem Zeitintervall zerfallen, beträgt nach Gl. (6.1)

$$dN = N\lambda \, dt = N_0 \lambda e^{-\lambda t} dt.$$

6.2. Der radioaktive Zerfall und das Zerfallsgesetz

Die Summe der Lebensdauer τ_i aller N_0 Kerne beträgt daher

$$L = \sum \tau_i = \int_0^\infty t\,dN = N_0 \lambda \int_0^\infty t\,e^{-\lambda t}\,dt = N_0/\lambda,$$

da der Wert des Integrals $1/\lambda^2$ beträgt. Als mittlere Lebensdauer τ ergibt sich

$$\tau = \frac{L}{N_0} = \frac{1}{\lambda} = \frac{T}{\ln 2} \approx 1{,}44\,T,$$

und es wird

$$\tau \lambda = 1. \tag{6.5}$$

Die Zahl der zu irgendeinem Zeitpunkt vorhandenen radioaktiven Kerne $N(t)$ kann mit (6.5) und (6.2) folgendermaßen angegeben werden:

$$N(t) = A(t)/\lambda = A(t)\,\tau,$$

d.h. die Anzahl der zu einer bestimmten Zeit vorhandenen radioaktiven Kerne ist gegeben durch das Produkt aus Aktivität A und mittlerer Lebensdauer τ.

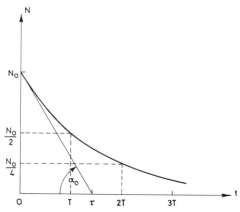

Fig. 167. Exponentieller Zerfall einer radioaktiven Substanz. N_0 = Zahl der radioaktiven Kerne zur Zeit $t=0$; T = Halbwertszeit; τ = mittlere Lebensdauer.

Fig. 167 zeigt den exponentiellen Zerfall einer radioaktiven Substanz mit der Halbwertszeit T bzw. der Zerfallskonstanten $\lambda = \ln 2/T$. Die Steilheit der Kurve zu irgendeinem Zeitpunkt

$$dN/dt = -N_0 \lambda e^{-\lambda t} = -N\lambda = -A$$

gibt die momentane Aktivität A an.

Eine halblogarithmische Darstellung der Zerfallskurve liefert ein einfaches Kriterium (Fig. 168) für das Vorliegen einer einzigen radioaktiven Substanz mit einer Zerfallskonstanten λ:

$$\ln(N/N_0) = \ln(A/A_0) = -\lambda t = -\frac{\ln 2}{T} t.$$

In der halblogarithmischen Aufzeichnung ist die Zerfallskurve eine Gerade mit der Steigung $-\ln 2/T = -\lambda$.

Besitzt ein radioaktives Nuklid i unabhängige Zerfallsmöglichkeiten mit den Zerfallskonstanten λ_i, so gilt

$$dN = -\sum_i \lambda_i N \, dt,$$

d.h.

$$N = N_0 e^{-\lambda t} \quad \text{mit} \quad \lambda = \sum_i \lambda_i.$$

Die Aktivität der i-ten Zerfallsart wird

$$A_i = \lambda_i N,$$

und die totale Aktivität A

$$A = \sum_i \lambda_i N.$$

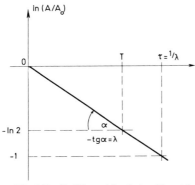

Fig. 168. Halblogarithmische Darstellung des Aktivitätsverhältnisses A/A_0 in Funktion der Zeit.

Beispiel:

Relative Zerfallswahrscheinlichkeit

$^{64}_{29}\text{Cu} + e^- \rightarrow {}^{64}_{28}\text{Ni} + \nu; \quad \lambda_1 = 6{,}3 \cdot 10^{-6} \, \text{s}^{-1} \quad 42\%$

$^{64}_{29}\text{Cu} \quad \rightarrow {}^{64}_{30}\text{Zn} + e^- + \bar\nu; \quad \lambda_2 = 5{,}8 \cdot 10^{-6} \, \text{s}^{-1} \quad 39\%$

$\quad \rightarrow {}^{64}_{28}\text{Ni} + e^+ + \nu; \quad \lambda_3 = 2{,}9 \cdot 10^{-6} \, \text{s}^{-1} \quad 19\%$

Beispiel für zwei Zerfallsmöglichkeiten. Mit der Anfangsaktivität A_0 wird für jeden späteren Zeitpunkt die Aktivität für den betreffenden Zerfall:

$$A_1 = \lambda_1 A_0 e^{-(\lambda_1 + \lambda_2)t}$$

und

$$A_2 = \lambda_2 A_0 e^{-(\lambda_1 + \lambda_2)t},$$

d.h.

$$A_1/A_2 = \lambda_1/\lambda_2.$$

Das Aktivitätsverhältnis bleibt zeitlich konstant.

Liegt dagegen ein Gemisch von zwei radioaktiven Nukliden mit den Zerfallskonstanten λ_1 und λ_2 vor, dann besitzt es eine Aktivität

$$A = A_1 + A_2 = \lambda_1 N_{1,0} e^{-\lambda_1 t} + \lambda_2 N_{2,0} e^{-\lambda_2 t}.$$

Besteht das radioaktive Gemisch aus einer kurzlebigen und einer langlebigen Substanz (z. B. $T_1 \ll T_2$), so wird für $t \gg T_1$ praktisch nur noch die langlebige Aktivität übrigbleiben. Die Zerfallskurve für $t \gg T_1$ ist ungefähr identisch mit derjenigen der Substanz mit der kleinen Zerfallskonstanten λ_2. Durch Extrapolation dieser Kurve bis zur Zeit $t = 0$ (Fig. 169) läßt sich aus der Differenz mit der beobachteten Zerfallskurve des Gemisches jene des kurzlebigen Nuklids bestimmen.

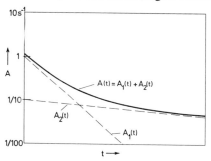

Fig. 169. Aktivität des Gemisches einer kurz- und einer langlebigen radioaktiven Substanz in Funktion der Zeit. In der halblogarithmischen Darstellung ist die Zerlegung in kurz- und langlebige Komponente möglich.

6.3. Radioaktive Zerfallsreihe und radioaktives Gleichgewicht. Oft ist das durch einen radioaktiven Zerfall entstehende neue Nuklid ebenfalls radioaktiv. So können mehrere aufeinanderfolgende Zerfälle auftreten, was zu einer radioaktiven Zerfallsreihe führt. Bekannt sind die radioaktiven Zerfallsreihen der natürlich radioaktiven Nuklide ^{238}U, ^{235}U, ^{232}Th und des künstlich erzeugten ^{237}Np, die als radioaktive Familie bezeichnet werden (Fig. 170). Die genetischen Zusammenhänge ihrer aufeinanderfolgenden Nuklide werden durch die Art des Zerfalls bestimmt:

α-Zerfall: Emission eines ^{4}He-Kernes. Das Nuklid $^A_Z X$ geht über in $^{A-4}_{Z-2} Y$.

β^--Zerfall: $^A_Z X \to ^A_{Z+1} Y$. Im Kern verwandelt sich ein Neutron in ein Proton unter Emission eines Elektrons und eines Antineutrinos.

γ-Zerfall: $^A_Z X^* \to ^A_Z X$. Übergang des angeregten Kernes in einen tieferen Zustand unter Emission eines Photons.

Im folgenden betrachten wir eine Zerfallsreihe mit nur drei Mitgliedern, wobei das dritte Nuklid stabil sein soll:

$$X \xrightarrow{\lambda_X} Y \xrightarrow{\lambda_Y} Z \text{ (stabil)}.$$

188 6. Radioaktivität

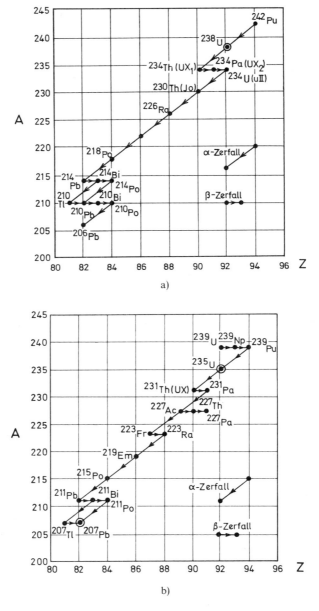

Fig. 170. Die vier radioaktiven Familien: a) ^{238}U-Familie, b) ^{235}U-Familie.

6.3. Radioaktive Zerfallsreihe und radioaktives Gleichgewicht   189

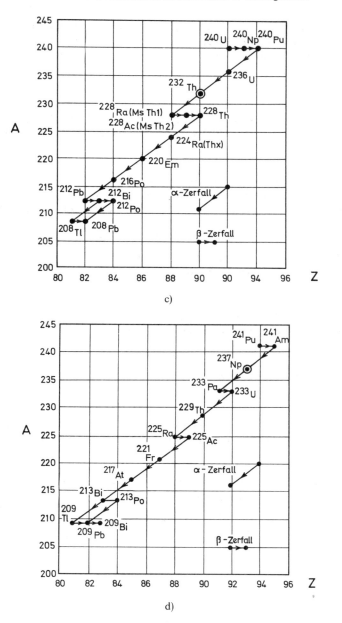

Fig. 170. Die vier radioaktiven Familien: c) ^{232}Th-Familie und d) ^{237}Np-Familie.

Ein Beispiel ist ^{90}Sr, das für die radioaktive Gefährdung des menschlichen Lebensmilieus von besonderer Bedeutung ist. Es zerfällt durch β^--Emission in ^{90}Y, das durch einen weiteren β^--Zerfall ins stabile ^{90}Zr übergeht:

$$^{90}\text{Sr} \xrightarrow{T_X = 28\,a} {}^{90}\text{Y} \xrightarrow{T_Y = 64{,}2\,h} {}^{90}\text{Zr}.$$

Zur Zeit t sei von den Nukliden X, Y und Z je folgende Anzahl Kerne vorhanden: N_X, N_Y bzw. N_Z. Die jeweilige Aktivität beträgt

$$N_X \lambda_X \quad \text{und} \quad N_Y \lambda_Y.$$

$N_X \lambda_X$ und $N_Y \lambda_Y$ bezeichnen die pro Zeiteinheit zerfallenden X-Kerne (d.h. die Entstehungsrate des Y-Nuklids) bzw. die Zerfallsrate der Y-Kerne. Daher gilt für die Änderungsrate der Zahl der Y-Kerne

$$dN_Y/dt = N_X \lambda_X - N_Y \lambda_Y. \tag{6.6}$$

Im folgenden werde zunächst der spezielle Fall behandelt, daß zur Zeit $t=0$ nur X-Kerne, jedoch noch keine Y-Kerne vorhanden sind:

$$N_Y(t=0) = 0; \quad N_X(t=0) = N_{X,0}.$$

Die Aktivität $N_X \lambda_X$ wird durch den normalen exponentiellen Zerfall des X-Nuklids gegeben und beträgt somit

$$N_X \lambda_X = N_{X,0} \lambda_X e^{-\lambda_X t}. \tag{6.7}$$

Damit ergibt sich Gl. (6.6) zu

$$dN_Y/dt = N_{X,0} \lambda_X e^{-\lambda_X t} - N_Y \lambda_Y. \tag{6.8}$$

Aus dieser Beziehung läßt sich die Anzahl Kerne N_Y für irgendeine Zeit t berechnen. Wir versuchen den Lösungsansatz

$$N_Y(t) = N_{X,0}(a_X e^{-\lambda_X t} + a_Y e^{-\lambda_Y t}), \tag{6.9}$$

wobei a_X und a_Y zu bestimmende Koeffizienten darstellen. Damit ändert sich $N_Y(t)$ zeitlich wie

$$dN_Y/dt = N_{X,0}(-a_X \lambda_X e^{-\lambda_X t} - a_Y \lambda_Y e^{-\lambda_Y t}). \tag{6.10}$$

Mit den Beziehungen (6.9) und (6.10) erhält Gl. (6.8) folgende Form:

$$e^{-\lambda_X t}(-a_X \lambda_X - \lambda_X + a_X \lambda_Y) = 0. \tag{6.11}$$

Da die Beziehung (6.9) für jede Zeit erfüllt sein muß, ergibt sich aus Gl. (6.11) die Forderung

$$-a_X \lambda_X - \lambda_X + a_X \lambda_Y = 0, \quad \text{d.h.} \quad a_X = \frac{\lambda_X}{\lambda_Y - \lambda_X}.$$

6.3. Radioaktive Zerfallsreihe und radioaktives Gleichgewicht

Der Koeffizient a_Y hängt vom Wert N_Y zur Zeit $t = 0$ ab. Für unseren Fall wurde $N_Y(t=0) = 0$ angenommen. Hieraus und aus Gl. (6.9) folgt

$$a_X + a_Y = 0, \quad \text{d. h.} \quad a_Y = -a_X.$$

Damit ist nach Gl. (6.9) $N_Y(t)$ bestimmt:

$$N_Y(t) = N_{X,0} \frac{\lambda_X}{\lambda_Y - \lambda_X} (e^{-\lambda_X t} - e^{-\lambda_Y t}). \tag{6.12}$$

Die Lösung des allgemeinen Falles, für den $N_{Y,0}$ radioaktive Kerne zur Zeit $t=0$ vorhanden sind, folgt aus Gl. (6.12) durch Addition eines weiteren Terms, der den Zerfall der Anfangsmenge beschreibt:

$$N_Y(t) = N_{X,0} \frac{\lambda_X}{\lambda_Y - \lambda_X} (e^{-\lambda_X t} - e^{-\lambda_Y t}) + N_{Y,0} e^{-\lambda_Y t}. \tag{6.13}$$

Beispiel: $^{90}Sr \xrightarrow{T=28a} {}^{90}Y \xrightarrow{T=64{,}2h} {}^{90}Zr.$

$N_{Sr,0} \lambda_{Sr} = 1 \text{ Ci}.$

$N_{Y,0} = 0.$

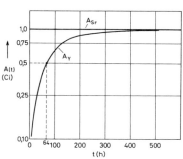

Fig. 171. Aktivität von ^{90}Sr und anwachsende Aktivität von ^{90}Y in halblogarithmischer Darstellung.

Fig. 171 zeigt im halblogarithmischen Maßstab den Zerfall von ^{90}Sr und das Anwachsen von ^{90}Y.

Da nach Voraussetzung $N_Y(t=0) = 0$ ist, erreicht $N_Y(t)$ für eine bestimmte Zeit t_m einen maximalen Wert. t_m ist bestimmt aus der Forderung $dN_Y/dt = 0$. In diesem Zeitmoment müssen daher die Aktivitäten der beiden radioaktiven Substanzen X und Y gleich sein:

$$N_X(t_m) \lambda_X = N_Y(t_m) \lambda_Y,$$

d. h.

$$N_{X,0} \lambda_X e^{-\lambda_X t_m} = N_{X,0} \lambda_Y \frac{\lambda_X}{\lambda_Y - \lambda_X} (e^{-\lambda_X t_m} - e^{-\lambda_Y t_m}).$$

Hieraus folgt

$$1 = \frac{\lambda_Y}{\lambda_Y - \lambda_X} \left(1 - \frac{e^{-\lambda_Y t_m}}{e^{-\lambda_X t_m}}\right),$$

d. h.

$$\lambda_X e^{-\lambda_X t_m} = \lambda_Y e^{-\lambda_Y t_m},$$

und durch Logarithmieren erhält man

$$\ln \lambda_X - \lambda_X t_m = \ln \lambda_Y - \lambda_Y t_m,$$

d.h.

$$t_m = \frac{\ln(\lambda_Y/\lambda_X)}{\lambda_Y - \lambda_X}. \qquad (6.14)$$

Führt man anstelle der Zerfallskonstanten die Halbwertszeiten ein, so wird

$$t_m = \frac{T_X T_Y}{(T_X - T_Y) \ln 2} \ln(T_X/T_Y). \qquad (6.15)$$

Für das obige Beispiel erreicht die Yttriumaktivität das Maximum zur Zeit $t_m = 764$ h.

Spezialfälle:

a) $\lambda_X > \lambda_Y$.

Als Aktivitätsverhältnis ergibt sich mit $N_Y(t=0) = 0$ aus den Gln. (6.7) und (6.12)

$$\frac{N_Y \lambda_Y}{N_X \lambda_X} = \frac{\lambda_Y}{\lambda_Y - \lambda_X}(1 - e^{-(\lambda_Y - \lambda_X)t}) = \frac{\lambda_Y}{\lambda_X - \lambda_Y}(e^{(\lambda_X - \lambda_Y)t} - 1). \qquad (6.16)$$

Da der Exponent von Gl. (6.16) positiv ist, wächst das Aktivitätsverhältnis monoton mit der Zeit an. Für den Extremfall $\lambda_X \gg \lambda_Y$ und für Zeiten $t \gg T_X = \ln 2/\lambda_X$ besitzt die Tochtersubstanz die Aktivität

$$N_Y \lambda_Y \approx N_X \lambda_Y (e^{(\lambda_X - \lambda_Y)t} - 1) = N_{X,0} \lambda_Y (e^{-\lambda_Y t} - e^{-\lambda_X t})$$

$$\approx N_{X,0} \lambda_Y e^{-\lambda_Y t}.$$

Dieses Resultat besagt, daß die Muttersubstanz X in die Tochter Y zerfällt, bevor eine ins Gewicht fallende Abnahme der Nuklide Y stattfindet. Die Situation ist derjenigen gleichwertig, bei der von Anfang an nur Y-Atome vorhanden sind.

b) $\lambda_X < \lambda_Y$, $N_{Y,0} = 0$.

In diesem Falle vergrößert sich das Aktivitätsverhältnis vom Werte null an und erreicht asymptotisch einen konstanten Betrag. Für $t(\lambda_Y - \lambda_X) \gg 1$ wird nach Gl. (6.16):

$$\frac{N_Y \lambda_Y}{N_X \lambda_X} = \frac{\lambda_Y}{\lambda_Y - \lambda_X} = \frac{T_X}{T_X - T_Y}.$$

c) Im Falle, daß $\lambda_X \ll \lambda_Y$ ist, präsentiert sich Gl. (6.16) in der Form

$$N_Y \lambda_Y = N_X \lambda_X (1 - e^{-\lambda_Y t}).$$

Für $t\lambda_Y \gg 1$, d.h. $t \gg T_Y/\ln 2$ erhält man das ideale radioaktive Gleichgewicht:

$$N_Y \lambda_Y = N_X \lambda_X.$$

Die Aktivitäten der Mutter- und Tochtersubstanz sind einander gleich. Beispiel:

$$^{90}Sr \xrightarrow{T_X = 28\,a} {}^{90}Y \xrightarrow{T_Y = 64{,}2\,h} {}^{90}Zr.$$

Für Zeiten $t \gg 64\,h$ sind die ^{90}Sr- und die ^{90}Y-Aktivität dieselben.

6.4. Erzeugung radioaktiver Kerne durch Kernreaktionen. Mit Hilfe von Kernreaktionen (s. Abschn. 7) können radioaktive Kerne erzeugt werden. Als Beispiel sei aufgeführt:

$$^{197}Au + n \to {}^{198}Au + \gamma. \qquad (6.17)$$

^{198}Au ist radioaktiv und zerfällt (β^--Zerfall):

$$^{198}Au \xrightarrow{T = 2{,}7\,d} {}^{198}Hg + e^- + \bar{\nu}.$$

Der Wirkungsquerschnitt der Reaktion (6.17) für thermische Neutronen ($v = 2000$ m/s) beträgt $\sigma = 99$ b. Wird eine Schicht Gold der Dicke dx mit einem Strahl thermischer Neutronen der Intensität Φ (als Intensität bezeichnet man die Anzahl Neutronen, die pro Zeiteinheit die Flächeneinheit durchsetzen. Einheit: 1 cm^{-2} s^{-1}) bombardiert, so erfolgen pro Zeiteinheit und Flächeneinheit

$$dZ = \Phi N' \sigma \, dx$$

Reaktionen, d.h. es werden dZ radioaktive Goldkerne ^{198}Au erzeugt. N' bezeichnet die Anzahl der ^{197}Au-Kerne/Volumeneinheit und σ den Wirkungsquerschnitt von ^{197}Au für Neutroneneinfang. $dZ/N'dx = \Phi \sigma = \lambda$ ist die Wahrscheinlichkeit, pro Targetkern und Zeiteinheit ein radioaktives Goldatom zu produzieren. Diese Größe entspricht formal der im vorherigen Abschnitt eingeführten Zerfallskonstanten. Bezeichnet man nämlich mit N die Zahl der Targetkerne (^{197}Au), welche der Intensität Φ ausgesetzt sind, so werden pro Zeiteinheit $N\Phi\sigma = N\lambda$ radioaktive ^{198}Au-Kerne erzeugt. Der Neutroneneinfang tritt bei dieser Betrachtungsweise anstelle des Zerfalls der Muttersubstanz mit der Aktivität $N\lambda$. Es liegt somit folgendes „Zerfallsschema" vor:

$$^{197}Au + n \xrightarrow{\lambda_X} {}^{198}Au \xrightarrow{\lambda_Y} {}^{198}Hg. \qquad (6.18)$$

Im Unterschied zum radioaktiven Zerfall ist in vielen Fällen bei der Produktion radioaktiver Nuklide durch Kernreaktionen die Zahl der Targetkerne N praktisch konstant, da von ihnen nur ein kleiner

Bruchteil durch die Reaktion umgewandelt wird. Überdies entsprechen diese aktivitätserzeugenden Reaktionen dem Fall $\lambda_X \ll \lambda_Y$, da von den vielen vorkommenden Targetkernen nur ein kleiner Prozentsatz reagiert. Der Aktivitätsverlauf der ^{198}Au-Quelle entspricht daher dem Fall 6.3c:

$$N_Y \lambda_Y = N_X \lambda_X (1 - e^{-\lambda_Y t}). \tag{6.19}$$

Die zur Zeit $t=0$ pro Zeit- und Masseneinheit erfolgende Zunahme der Aktivität $N_Y \lambda_Y$ der Produktkerne Y bezeichnet man als Ergiebigkeit (Yield) ε der sie erzeugenden Kernreaktion:

$$\varepsilon = \frac{1}{m_X} \left(\frac{d(N_Y \lambda_Y)}{dt} \right)_{t=0}.$$

Der Zeitpunkt $t=0$ wird gewählt, da nur hier die Änderung der Anzahl N_Y allein durch die Produktionsrate gegeben ist. Die Ergiebigkeit gibt also die Produktionsrate von Aktivität zur Zeit $t=0$ an, und ist gleich der Anfangssteilheit der Aktivität der Tochtersubstanz Y. Für obiges Beispiel (6.18) erhält man somit aus Gl. (6.19) für die Ergiebigkeit ε:

$$\varepsilon = \frac{1}{m_X} \left(\frac{d(N_Y \lambda_Y)}{dt} \right)_{t=0} = \frac{1}{m_X} N_X \lambda_X \lambda_Y. \tag{6.20}$$

Die Produktionsrate $N_X \lambda_X$ für die ^{198}Au-Kerne (Y-Kerne) wird nach Gl. (6.20)

$$N_X \lambda_X = m_X \varepsilon / \lambda_Y = m_X \varepsilon \tau_Y. \tag{6.21}$$

Mit Gl. (6.21) erhält man als akkumulierte Aktivität $N_Y \lambda_Y$ (s. Gl. (6.19)) für die Zeit t:

$$N_Y \lambda_Y = m_X \varepsilon \tau_Y (1 - e^{-\lambda_Y t}). \tag{6.22}$$

Ihr Maximum erreicht sie erst für $t \to \infty$:

$$(N_Y \lambda_Y)_{max} = m_X \varepsilon \tau_Y = N_X \lambda_X.$$

Doch bereits nach 6 Halbwertszeiten T_Y wird

$$(N_Y \lambda_Y)_{t=6T_X} \approx (N_Y \lambda_Y)_{max},$$

da $e^{-6\lambda_Y T_Y} = e^{-6\ln 2} = 2^{-6} = 1/64$ ist. Längere Bestrahlungszeiten liefern praktisch keinen Zuwachs der Y-Aktivität mehr.

Beispiel: Erzeugung von radioaktivem Au-198 mit thermischen Neutronen.

Target 1 g ^{197}Au: $N_X = \dfrac{6{,}02 \cdot 10^{23}}{197} \approx 3 \cdot 10^{21}$ ^{197}Au-Kerne.

Intensität thermischer Neutronen: $\Phi = 10^{10} \dfrac{\text{Neutronen}}{\text{cm}^2 \, \text{s}}$.

Produktionsrate für die ^{198}Au-Kerne:

$$m_X \, \varepsilon/\lambda_Y = N_X \, \lambda_X = \Phi \, N_X \, \sigma,$$

wobei σ der Einfangsquerschnitt ($\sigma = 98{,}8\,\text{b} = 98{,}8 \cdot 10^{-24}\,\text{cm}^2$) für thermische Neutronen ist. Damit wird für den vorgegebenen Neutronenfluß

$$\frac{1}{m_X} N_X \, \lambda_X = 10^{10} \cdot 3 \cdot 10^{21} \cdot 99 \cdot 10^{-24} \approx 3 \cdot 10^9 \; ^{198}\text{Au-Kerne/gs},$$

was einer „effektiven Aktivität" des Targets von ca. 0,1 Ci/g entspricht.

Als Ergiebigkeit ε für die Produktion der ^{198}Au-Kerne erhält man ($\lambda_Y = \ln 2 / T_Y$ mit $T_Y = 2{,}7\,\text{d}$)

$$\varepsilon = \frac{1}{m_X} N_X \, \lambda_X \, \lambda_Y \approx 0{,}2 \, \frac{\ln 2}{2{,}7} \approx 0{,}025 \,\text{Ci pro Gramm und Tag}.$$

Die maximal erzeugte Aktivität von Au-198 wird damit

$$\frac{1}{m_X} (N_Y \, \lambda_Y)_{\max} = \varepsilon / \lambda_Y = \frac{1}{m_X} N_X \, \lambda_X = 0{,}1 \,\text{Ci/g}.$$

Sie wird zu 98,4% nach einer Bestrahlungszeit von $t = 6 T_Y \approx 16\,\text{d}$ erreicht.

6.5. Prozesse des radioaktiven Zerfalls

6.5.1. Übersicht über die Zerfallsmöglichkeiten.
Unter dem radioaktiven Zerfall versteht man die spontane Umwandlung instabiler Atomkerne oder Elementarteilchen. Diese Prozesse sind von Energieumsatz und einer Emission von Partikeln, der radioaktiven Strahlung, begleitet und führen zu End- oder Tochterkernen bzw. -teilchen, die sich außer beim γ-Zerfall von den Anfangs- oder Mutterkernen bzw. Partikeln in der elektrischen Ladung und/oder Massenzahl unterscheiden. Damit ein Zerfall eintritt, muß die Masse des Mutterkerns größer als die Summe der Massen der Endprodukte sein. Diese erhalten also stets eine gewisse kinetische Energie, deren Summe man Zerfallsenergie nennt. Die radioaktiven Zerfälle lassen sich nach der Art der emittierten Partikel unterscheiden und damit in sechs Hauptgruppen aufteilen.

Vergleicht man die Massen isobarer Kerne miteinander, so zeigt es sich, daß die Bindungsenergie um so geringer ist, die Kerne also um so instabiler sind, je weiter man sich von einem durch die Massenzahl bestimmten optimalen Verhältnis von Neutronen- zu Protonenzahl entfernt. Außerdem ergibt sich, daß die Bindungsenergie pro Nukleon

bei schweren Kernen kleiner als bei mittleren ist. Aus diesem Verhalten der Bindungsenergie lassen sich drei Ursachen für die Kerninstabilität erkennen:
1. Übergroße Kernmasse,
2. Neutronenüberschuß,
3. Protonenüberschuß.

Eine vierte Instabilität tritt auf, wenn sich Kerne in angeregten Zuständen befinden.

Überschwere Kerne spalten sich spontan in zwei ungefähr gleich große Teile auf oder emittieren α-Teilchen. Die spontane Spaltung fällt allerdings nur bei Transuranen mit $A > 250$ ins Gewicht. Um das Verhältnis von Neutronen zu Protonen zu erhöhen bzw. zu verringern, werden vom Kern Elektronen aus der Hülle absorbiert (Elektroneneinfang) oder Positronen (β^+-Zerfall) emittiert bzw. Elektronen (β^--Zerfall) ausgesandt. Diese drei Prozesse sind mit der Emission eines Neutrinos bzw. Antineutrinos verknüpft.

Kerne in angeregten Zuständen zerfallen entweder elektromagnetisch durch Emission von Photonen (γ-Zerfall) oder bei genügend hoher Anregungsenergie durch starke Wechselwirkung unter Emission von Nukleonen oder leichten Kernen (Deuteron, Triton, α-Teilchen etc.). Wenn aus quantenmechanischen Gründen die Photonenemission behindert ist, können Kerne auch strahlungslos in einen

Tabelle 17. *Möglichkeiten des radioaktiven Zerfalls*

Zerfallstyp	Zerfallsschema	Elementarprozeß
α-Zerfall	$^A_Z X \to {^{A-4}_{Z-2}} Y + {^4_2}He$	quantenmechanischer Tunneleffekt des α-Teilchens
β^--Zerfall	$^A_Z X \to {^A_{Z+1}} Y + e^- + \bar{\nu}_e$	$n \to p + e^- + \bar{\nu}_e$ (auch für isolierte Neutronen)
β^+-Zerfall	$^A_Z X \to {^A_{Z-1}} Y + e^+ + \nu_e$	$p \to n + e^+ + \nu_e$ (isolierte Protonen sind stabil)
Elektroneneinfang	$^A_Z X + e^- \to {^A_{Z-1}} Y + \nu_e$	$p + e^- \to n + \nu_e$ (nur durch gebundene Protonen)
γ-Zerfall	$^A_Z X^* \to {^A_Z} X + h\nu$ Paaremission oder innere Konversion	elektromagnetischer Übergang zu tieferem Niveau
spontane Spaltung	$^A_Z X \to {^{A_1}_{Z_1}} Y_1^* + {^{A_0}_{Z_0}} Y_2^*$	Aufbruch in zwei etwa gleich große mittlere Kerne

Kerne in angeregten Zuständen werden mit einem Stern bezeichnet (*) oder, falls sie metastabil sind, mit ^{m} (z.B. $^{60}Co^m$).

tiefern Zustand übergehen, indem ein Hüllenelektron die Anregungsenergie des Kerns zur Überwindung der Bindungsenergie und als kinetische Energie übernimmt (innere Konversion). Bei Anregungsenergien $E^* > 2m_e c^2$ besteht auch die Möglichkeit einer inneren Paarbildung, d.h. im Feld des Kerns entsteht ein Elektron-Positron-Paar.

In Tabelle 17 sind die wichtigsten Arten der Radioaktivität zusammengefaßt und die entsprechenden Elementarprozesse aufgeführt.

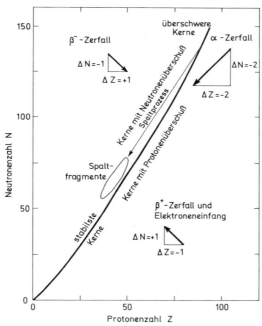

Fig. 172. Energetisch günstigstes Verhältnis von Neutronen zu Protonen (ausgezogene Linie) und Typen des radioaktiven Zerfalls.

Fig. 172 zeigt schematisch das optimale Verhältnis von Neutronen zu Protonen und die Auswirkung der verschiedenen Typen des radioaktiven Zerfalls. Demnach entstehen z.B. durch spontane Spaltung überschwerer Kerne neutronenreiche mittlere Kerne, die durch β^--Zerfälle ein günstigeres Neutron/Proton-Verhältnis erreichen.

6.5.2. Alphazerfall. Da die zwei Neutronen und zwei Protonen des $^4_2$He-Kerns ausgesprochen stark aneinander gebunden sind ($E_B \approx$ 28 MeV), bilden sich in mittleren und schweren Kernen als Unterstrukturen (Cluster) bevorzugt α-Teilchen, die sich im Potential des durch die übrigen Nukleonen gebildeten Kernrumpfes bewegen. Die potentielle Energie setzt sich aus einem elektrostatischen und einem der starken Wechselwirkung entsprechenden Anteil zusammen (s. Fig. 173). Außerhalb des Kerns verläuft das Potential wie dasjenige eines α-Teilchens im elektrischen Feld einer Punktladung $(Z-2)e$, während im Innern der Potentialverlauf durch beide Wechselwirkungen bestimmt wird. Das abstoßende Coulomb-Potential bildet mit

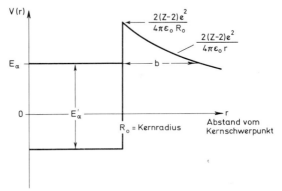

Fig. 173. Zur Entstehung der Coulomb-Barriere durch Zusammenwirken von elektrostatischer und starker Wechselwirkung.

dem anziehenden Kernpotential einen von einem Wall umgebenen Topf, in dem sich das α-Teilchen bewegt. Die Höhe V_0 und Breite b des Potentialwalls hängen von der Zerfallsenergie E_α, vom Kernradius R_0 und von der Ordnungszahl Z des Mutterkerns ab:

$$b = R_1 - R_0 = \frac{2(Z-2)e^2}{4\pi\varepsilon_0 E_\alpha} - R_0 \qquad V_0 = \frac{2(Z-2)e^2}{4\pi\varepsilon_0 R_0} - E_\alpha,$$

wobei R_1 derjenige Ort ist, wo die Höhe des Coulomb-Potentials gleich der Energie E_α wird. Die Zerfallswahrscheinlichkeit λ ist gleich dem Produkt aus n, der Anzahl Stöße von α-Teilchen gegen die Barriere pro Zeiteinheit, und aus der Transmission w, der Wahrscheinlichkeit dafür, daß der Potentialwall bei einmaligem Versuch durchstoßen wird. Die Größe n läßt sich für einen eindimensionalen Potentialtopf der Breite $2R_0$ abschätzen mit der Annahme, daß jedes der N im Mittel vorhandenen α-Teilchen mit der Geschwindigkeit v zwischen den beiden Topfrändern hin- und herpendelt:

$$n = N \frac{v}{2R_0}. \tag{6.23}$$

6.5. Prozesse des radioaktiven Zerfalls

Die Geschwindigkeit v ist durch die kinetische Energie E'_α bestimmt, die das α-Partikel im Topf besitzt (vgl. Fig. 173):

$$v = \sqrt{2E'_\alpha/m_\alpha}.$$

Die Transmission w läßt sich quantenmechanisch berechnen (vgl. Bd. III/1, VI.6):

$$w = \exp\left[-2\int_{R_0}^{R_1} \frac{\sqrt{2m_\alpha}}{\hbar}(\sqrt{V(r) - E_\alpha})\,dr\right]$$

$$\approx \exp\left[-2\frac{\sqrt{2m_\alpha E_\alpha}}{\hbar} R_1\left(\frac{\pi}{2} - 2\sqrt{\frac{R_0}{R_1}}\right)\right]. \quad (6.24)$$

Setzt man bei R_1 die Zerfallsenergie E_α der Coulombenergie $2(Z-2)e^2/(4\pi\varepsilon_0 r)$ gleich, so erhält man für R_1 den Wert

$$R_1 = \frac{2(Z-2)e^2}{4\pi\varepsilon_0 E_\alpha}$$

und

$$w \approx \exp\left[-\frac{(Z-2)e^2}{\varepsilon_0 \hbar}\sqrt{\frac{m_\alpha}{2E_\alpha}} + \frac{4e}{\hbar}\sqrt{\frac{(Z-2)R_0 m_\alpha}{\pi\varepsilon_0}}\right]. \quad (6.25)$$

Mit den Gln. (6.23) und (6.25) ergibt sich für den Logarithmus der Zerfallswahrscheinlichkeit

$$\log \lambda = \log n\,w$$

$$\approx \log \frac{Nv}{2R_0} + \frac{4e}{\hbar}\sqrt{\frac{m_\alpha}{\pi\varepsilon_0}}\sqrt{(Z-2)R_0} - \frac{e^2}{\varepsilon_0 \hbar}\sqrt{\frac{m_\alpha}{2}}\frac{Z-2}{\sqrt{E_\alpha}}. \quad (6.26)$$

Für einen typischen α-Strahler setzen wir $N \approx 1$; $v \approx 2 \cdot 10^7$ m/s, einer Energie $E'_\alpha = 8$ MeV entsprechend; $R \approx 9$ fm; $Z \approx 90$ und erhalten numerisch

$$\log \frac{\lambda}{10^{21}\,s^{-1}} \approx 1{,}28\sqrt{\frac{(Z-2)R_0}{10^{-15}\,m}} - 1{,}71(Z-2)\sqrt{\frac{1\,MeV}{E_\alpha}}. \quad (6.27)$$

$10^{21}\,s^{-1}$ ist die Frequenz, mit der die α-Teilchen gegen die Barriere stoßen. Der Ausdruck (6.27) stellt damit den Logarithmus der Transmission dar.

Gl. (6.27) wird durch Fig. 174, in der die Zerfallswahrscheinlichkeiten als Funktion von $(Z-2)E_\alpha^{-\frac{1}{2}}$ aufgetragen sind, illustriert.

Wenn die Zerfallsenergie etwa 4 MeV unterschreitet, dann sinkt für $Z > 80$ die Zerfallswahrscheinlichkeit unter $10^{-19}\,s^{-1}$, womit sich wegen der Seltenheit die Zerfallsprozesse nicht mehr beobachten

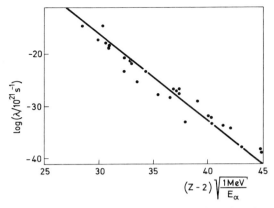

Fig. 174. Zusammenhang zwischen Zerfallswahrscheinlichkeit und Zerfallsenergie von α-Strahlern. Die Punkte entsprechen den beobachteten Werten, und die Gerade ist nach Gl. (6.27) berechnet.

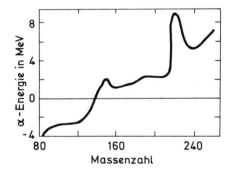

Fig. 175. Die α-Instabilität schwerer Kerne. Für $A \gtrsim 140$ sind die α-Energien positiv und die Kerne damit gegen α-Zerfall grundsätzlich instabil. Die ausgeprägten Anstiege von E_α bei $A \approx 138$ und $A \approx 208$ sind eine Folge der Schalenstruktur der Kerne.

lassen. Eine Massenanalyse zeigt, daß alle Kerne, die schwerer als $^{140}_{57}$La sind, α-Teilchen emittieren können (Fig. 175). Außer bei einigen Kernen seltener Erden konnte die α-Aktivität aber nur für $A > 208$, also für Kerne, die schwerer als Blei sind, nachgewiesen werden.

Die Abschätzung der Zerfallswahrscheinlichkeiten in Gl. (6.26) ließ den Bahndrehimpuls des emittierten α-Teilchens unberücksichtigt. Falls Mutter- und Tochterkern ungleichen Kernspin aufweisen, erhalten der Endkern und das α-Teilchen bezüglich dem gemeinsamen Schwerpunkt einen Bahndrehimpuls $l\hbar$, der durch Spin und Parität der beteiligten Kerne bestimmt ist:

6.5. Prozesse des radioaktiven Zerfalls

$|I_M - I_T| \leq l \leq I_M + I_T$ und $\quad l$ gerade, wenn kein Paritätswechsel,
$\quad l$ ungerade bei Paritätswechsel.

Bei nicht verschwindendem Bahndrehimpuls ($l \neq 0$) tritt zum Potential $V(r)$ in (6.24) ein weiterer Term, der Zentrifugalterm, hinzu:

$$V(r) \to V(r) + \frac{l(l+1)\hbar^2}{2m_\alpha r^2}.$$

Dadurch wird die Barriere merklich erhöht und als Folge davon der α-Zerfall stark behindert. In diesem Fall ist der Übergang in einen angeregten Zustand des Tochterkerns trotz geringerer Zerfallsenergie oft wahrscheinlicher als der Zerfall in den Grundzustand. Fig. 176 zeigt schematisch die Verhältnisse bei ^{208}Tl, dem Tochterkern von ^{212}Bi. Im Energiespektrum der α-Teilchen von ^{212}Bi treten also sechs verschiedene Linien auf (Feinstruktur des α-Spektrums), und außerdem ist der Zerfall i. allg. von Gammastrahlung begleitet.

Als andere Ursache einer Feinstruktur des Energiespektrums von α-Teilchen ist ein vorgängiger β^--Zerfall möglich, wenn nämlich der β^--Zerfall zu verschiedenen Niveaus führt und der α-Zerfall vor dem Übergang in den Grundzustand eintritt. Diese Vorgänge sind am Beispiel von ^{212}Bi → ^{212}Po → ^{208}Pb in Fig. 177 erläutert.

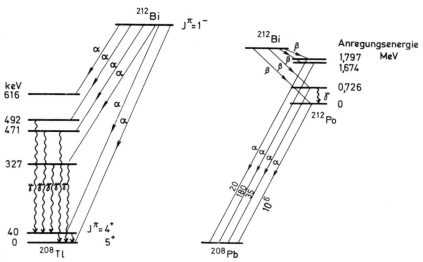

Fig. 176. Feinstruktur des α-Spektrums als Folge eines großen Unterschieds der Drehimpulse des Mutter- und des Tochterkerns im Grundzustand.

Fig. 177. Feinstruktur des α-Spektrums infolge eines vorgängigen β-Zerfalls. Die Halbwertszeit von ^{212}Po beträgt nur etwa $T = 3 \cdot 10^{-7}$ s.

6.5.3. Betazerfall

6.5.3.1. Berechnung des β-Spektrums und der Zerfallskonstanten. Die verschiedenen Möglichkeiten des leptonischen Kernzerfalls, d.h. des Zerfalls unter Emission und eventueller Absorption von Leptonen (Elektronen und Neutrinos), sind in Tabelle 17 (S. 196) dargestellt und werden in Abschnitt 8.4.2 vom Gesichtspunkt der Energieerhaltung aus diskutiert.

Wir wollen nun, einer Theorie von Fermi (1934) folgend, das Impulsspektrum der Elektronen beim β^--Zerfall berechnen. Der Anfangszustand eines β-instabilen Systems besteht aus dem Mutterkern (beschrieben durch die Wellenfunktion Ψ_i) und der Endzustand aus dem Tochterkern und den beiden Leptonen ($\Psi_f = \psi_f \varphi_e \varphi_{\bar{v}}$). In Analogie zum Fall der Photonenemission angeregter Atome (s. Bd. III/1, Kap. VII, 3) setzt man für die Übergangswahrscheinlichkeit w den Ausdruck an:

$$w = \frac{2\pi}{\hbar} |H_{if}|^2 \rho. \qquad (6.28)$$

Dabei bedeutet:

$$H_{if} = \int \Psi_f^* \mathcal{H} \Psi_i \, d\tau$$

das Matrixelement des Hamiltonoperators $\mathcal{H}$, der die schwache Wechselwirkung zwischen Leptonen und Kernen repräsentiert, und

$$\rho = \frac{dn_\beta}{dT_e}$$

die Dichte der unterscheidbaren Endzustände. Die Wellenfunktionen Ψ_i und $\Psi_f = \psi_f \varphi_e \varphi_{\bar{v}}$ kennzeichnen den Anfangskern bzw. das System im Endzustand, welches aus dem Endkern (ψ_f), dem Elektron (φ_e) und dem Antineutrino ($\varphi_{\bar{v}}$) besteht.

Für die mathematische Behandlung des β^--Zerfalls sind nun die unterscheidbaren Energiezustände des Endsystems abzuzählen und das Matrixelement zu berechnen.

Zur Normierung der Wellenfunktionen betrachten wir das System in einem Volumen V_K. Ein Elektron nimmt also, wenn sein Impuls zwischen p_e und $p_e + dp_e$ liegt, den sechsdimensionalen Phasenraum

$$dV_{ph} = V_K 4\pi p_e^2 \, dp_e \qquad (6.29)$$

in Anspruch. Zwei Elektronenzustände sind nach der Heisenbergschen Unschärferelation unterscheidbar, wenn sich ihre Lage im Phasenraum um mindestens $\Delta V_{ph} = h^3$ unterscheidet. Dem Phasenraum (6.29) entsprechen demnach

$$dn_e = \frac{dV_{ph}}{\Delta V_{ph}} = \frac{4\pi}{h^3} V_K p_e^2 dp_e \qquad (6.30)$$

unterscheidbare Zustände des Elektrons. Analog gilt für das Antineutrino

$$dn_{\bar{v}} = \frac{4\pi}{h^3} V_K p_{\bar{v}}^2 dp_{\bar{v}} \qquad (6.31)$$

und, weil die kinetischen Energien des Elektrons (T_e) und des Antineutrinos ($T_{\bar{v}}$) mit der Zerfallsenergie (E_β = max. kinetische Energie des Elektrons) durch

$$E_\beta = T_e + T_{\bar{v}} \quad \text{und} \quad p_{\bar{v}} c = T_{\bar{v}} = E_\beta - T_e$$

verknüpft sind (die Energie des Rückstoßkerns wird vernachlässigt), für $p_{\bar{v}}$ und $dp_{\bar{v}}$:

$$p_{\bar{v}} = \frac{E_\beta - T_e}{c} \quad \text{und} \quad dp_{\bar{v}} = -\frac{dT_e}{c}. \qquad (6.32)$$

Die Anzahl dn_β unterscheidbarer Zerfallskanäle für $p_e < p < p_e + dp_e$ ist gleich dem Produkt aus dn_e und

$$dn_{\bar{v}} = \frac{4\pi}{h^3} V_K \frac{(E_\beta - T_e)^2}{c^2} \cdot \frac{dT_e}{c};$$

$$dn_\beta = dn_e \, dn_{\bar{v}} = \left(\frac{4\pi}{h^3} V_K\right)^2 p_e^2 \, dp_e \, \frac{(E_\beta - T_e)^2}{c^3} dT_e.$$

Für die Dichte der unterscheidbaren Endzustände erhalten wir somit

$$\rho = \frac{dn_\beta}{dT_e} = \frac{16\pi^2}{h^6 c^3} V_K^2 p_e^2 (E_\beta - T_e)^2 \, dp_e.$$

Zur Berechnung des Matrixelements H_{if} nehmen wir näherungsweise an, daß die Wellenfunktionen für Elektron und Antineutrino innerhalb des Kerns konstante Amplitude besitzen: $|\varphi_e| = |\varphi_{\bar{v}}| = 1/\sqrt{V_K}$.

Ferner zerlegen wir den Hamilton-Operator $\mathscr{H}$ in ein Produkt aus einem reduzierten dimensionslosen Hamilton-Operator $\mathscr{M}$ und aus einer Kopplungskonstanten g für die schwache Wechselwirkung zwischen Anfangs- und Endzustand. Wir erhalten damit

$$H_{if} = \frac{g}{V_K} \int \Psi_f^* \mathscr{M} \Psi_i \, d\tau = \frac{g}{V_K} M_{if}$$

und

$$w(p_e) dp_e = \frac{2\pi}{\hbar} |H_{if}|^2 \rho = \frac{g^2}{2\pi^3 \hbar^7 c^3} |M_{if}|^2 p_e^2 (E_\beta - T_e)^2 \, dp_e. \qquad (6.33)$$

Die Coulomb-Wechselwirkung zwischen Elektron und Endkern läßt sich durch einen Faktor $F(Z, T_e)$ auf der rechten Seite von

Gl. (6.33) berücksichtigen. Diesen Faktor nennt man Fermi-Funktion, und er ist in Fig. 178 dargestellt.

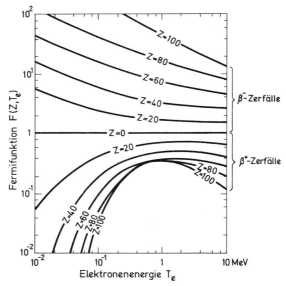

Fig. 178. Fermi-Funktionen $F(Z, T_e)$ für den β- und den β^+-Zerfall.

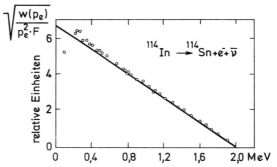

Fig. 179. Kurie-Diagramm für den β-Zerfall von ^{114}In. (Nach *J.L. Lawson* und *J.M. Cork*, Phys. Rev., **57**, 982, 1940).

Als β-Spektrum wird üblicherweise die normierte Impulsverteilung

$$\sqrt{\frac{w(p_e)}{p_e^2 \cdot F(Z, T_e)}} = \sqrt{\frac{g^2}{2\pi^3 \hbar^7 c^3}} |M_{if}| (E_\beta - T_e) = \text{const}(E_\beta - T_e)$$

aufgetragen. Dieses Diagramm (Fig. 179) ist unter dem Namen Kurie-Plot bekannt.

Zur Berechnung der Zerfallswahrscheinlichkeit λ müssen wir die Zerfallswahrscheinlichkeit $w(p_e) dp_e$ über alle Impulswerte integrieren:
$$0 < p_e \leq p_{max}$$

$$\lambda = \frac{g^2}{2\pi^3 \hbar^7 c^3} |M_{if}|^2 \int_0^{p_{max}} (E_\beta - T_e)^2 p_e^2 \, F(Z, T_e) \, dp_e$$
$$= \frac{g^2 m_0^5 c^4}{2\pi^3 \hbar^7} |M_{if}|^2 \, f(Z, W_0) = \lambda_0 |M_{if}|^2 \, f(Z, W_0) \qquad (6.34)$$

mit $f(Z, W_0)$, dem Fermi-Integral

$$f(Z, W_0) = \int_1^{W_0} F(Z, W) (W_0 - W)^2 \sqrt{W^2 - 1} \, W \, dW. \qquad (6.35)$$

Dabei ist
$$W_0 = \frac{E_\beta + m_0 c^2}{m_0 c^2}$$

und
$$W = \frac{T_e + m_0 c^2}{m_0 c^2}.$$

Mit $\lambda = \ln 2/T$ (T = Halbwertszeit) erhält man nach Gl. (6.34) aus den experimentell zu bestimmenden Werten der Halbwertszeit T und der integrierten Energieverteilung $f(Z, W_0)$ ein Maß für das reduzierte Matrixelement $|M_{if}|$:

$$f T = \frac{\ln 2}{\lambda_0 |M_{if}|^2} \approx \frac{5000}{|M_{if}|^2} \, s.$$

Der β^+-Zerfall läßt sich theoretisch gleich behandeln. Ein Unterschied besteht lediglich in der Fermi-Funktion $F(Z, T_e)$, die für den β^+-Zerfall Werte <1 annimmt (vgl. Fig. 178).

6.5.3.2. Auswahlregeln für den β-Zerfall. Das beim β^--Zerfall emittierte Leptonenpaar $e + \bar{\nu}$ besitzt entweder den Spin $S_L = 0$ oder $S_L = 1$. Im ersten Fall spricht man von einem Fermi-Übergang (antiparallele Spins), im zweiten von einem Gamow-Teller-Übergang (parallele Spins). Für Gamow-Teller-Übergänge ist die Kopplungskonstante g_{GT} etwa 20% größer als diejenige für Fermi-Übergänge $g_F \approx 1,406 \cdot 10^{-62}$ Jm^3. Als qualitative Regel für Kernzerfälle gilt ganz allgemein: Die Übergangswahrscheinlichkeit ist um so kleiner je größer die Drehimpulsdifferenz ΔI zwischen Anfangs- und Endkern ist. So spricht man auch beim β-Zerfall von erlaubten Übergängen, wenn der Bahndrehimpuls beim Zerfall $l = 0$ ist und von ein-, zwei- und dreifach verbotenen Übergängen für $l = 1, 2$ bzw. 3. Außerdem gibt es supererlaubte Zerfälle, wenn Anfangs- und Endkern Spiegelkerne sind und damit analoge Nukleonenkonfigurationen besitzen. Im letzten Fall ist das fT-Produkt $10^3 - 10^4$ s.

In Tabelle 18 sind die Auswahlregeln zusammengestellt und in Tabelle 19 mit je einem Beispiel belegt.

Tabelle 18. *Auswahlregeln für β-Zerfälle. ΔI ist die Differenz der Spins von Anfangs- und Endkern*

	Bahndreh-impuls	Drehimpulsänderung ΔI		Paritäts-änderung
		Fermi	Gamow-Teller	
supererlaubt	0	0	0	nein
erlaubt	0	0	0, ±1 (außer 0→0)	nein
einfach (Parität) verboten	1	±1	0, ±1	ja
einfach (eindeutig) verboten	1	–	±2	ja
zweifach verboten	2	±2	±1, ±2, ±3	nein

Tabelle 19. *Beispiele zu den Auswahlregeln für β-Zerfälle. Die Übergangstypen sind mit F für Fermi- und mit GT für Gamow-Teller-Übergang bezeichnet*

Zerfall	I_A^π	I_E^π	ΔI	Δπ	Typ und Verbot	E_β in MeV	T
$^3H \xrightarrow{\beta^-} {}^3He$	$1/2^+$	$1/2^+$	0	nein	GT+F supererlaubt	0,019	12,4 a
$^{14}O \xrightarrow{\beta^+} {}^{14}N^*$	0^+	0^+	0	nein	F, erlaubt	1,811	72 s
$^6He \xrightarrow{\beta^-} {}^6Li$	0^+	1^+	1	nein	GT, erlaubt	3,50	0,81 s
$^{123}Sn \xrightarrow{\beta^-} {}^{123}Sb$	$11/2^-$	$7/2^+$	2	ja	GT, einfach verboten	1,4	129 d
$^{26}Al \xrightarrow{\beta^+} {}^{26}Mg^*$	5^+	2^+	3	nein	GT, zweifach verboten	1,2	$7,4 \cdot 10^5$ a
$^{40}K \xrightarrow{\beta^-} {}^{40}Ca$	4^-	0^+	4	ja	GT, dreifach verboten	1,3	$1,3 \cdot 10^9$ a

Fig. 180 zeigt die Häufigkeit der verschiedenen fT-Werte und ergibt etwa folgendes Bild:

f T-Werte	Verbot
$10^3 - 10^4$ s	supererlaubt
$10^4 - 10^8$ s	erlaubt
$10^6 - 10^{10}$ s	einfach verboten
$10^{10} - 10^{14}$ s	zweifach verboten
$10^{14} - 10^{19}$ s	dreifach verboten

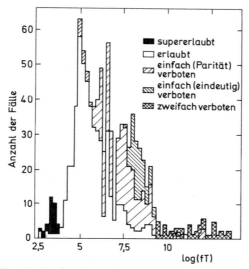

Fig. 180. Häufigkeitsverteilung der fT-Werte (in s gemessen).

6.5.3.3. Elektroneneinfang. Ein Kern mit Protonenüberschuß kann ein Hüllenelektron absorbieren und ein Neutrino emittieren, wobei das Neutrino die um die Bindungsenergie des Elektrons reduzierte Zerfallsenergie wegträgt. Durch diesen Prozeß wird die Neutronenzahl auf Kosten der Protonen um eins erhöht. Falls die Zerfallsenergie ausreicht, wird bevorzugt ein Elektron aus der K-Schale eingefangen, da dieses die weitaus größte Aufenthaltswahrscheinlichkeit am Kernort besitzt (s. Bd. III/1, Kap. IX, 3). Liegt die Zerfallsenergie E_{EC} oberhalb der Schwelle für den β^+-Zerfall, d.h. gilt

$$E_{EC} = (M_X + m_0 - M_Y) c^2 > 2 m_0 c^2$$

mit M_X, M_Y und m_0 als Massen des Mutterkerns, des Tochterkerns bzw. des Elektrons, so tritt der β^+-Zerfall als Konkurrenzprozeß auf.

Der Elektroneneinfang läßt sich praktisch nur durch die nachfolgende Emission charakteristischer Röntgenstrahlung oder durch allfällige Auger-Elektronen nachweisen. Auger-Elektronen werden emittiert, wenn beim Auffüllen einer Elektronenlücke die Differenz der Bindungsenergien von einem äußeren Hüllenelektron übernommen wird. So kann die K-Schale aus der L-Schale komplettiert werden, indem ein Elektron z.B. aus der M-Schale die der K_α-Röntgenstrahlung entsprechende Energie übernimmt und damit den Atomverband verläßt. Durch den Auger-Effekt entsteht eine weitere Elektronenlücke.

Bei kleiner Zerfallsenergie kommen nur die äußeren Elektronen für den Einfang in Betracht. In solchen Fällen läßt sich die Zerfallswahrscheinlichkeit durch die chemische Bindung etwas beeinflussen.

6.5.4. Gammazerfall und innere Konversion

6.5.4.1. Gammazerfall. Der Gammazerfall ist ein elektromagnetischer Übergang eines Kerns aus einem angeregten Energieniveau in ein tieferes. In Abschnitt 8.5.2. wird der γ-Zerfall ausführlich behandelt, so daß hier nur die Auswahlregeln und mittleren Lebensdauern für γ-Übergänge zusammengefaßt werden.

Spin-0-Kerne besitzen außer einem elektrischen Monopol ($+Ze$) kein elektromagnetisches Moment. Deshalb sind Übergänge zwischen Niveaus mit Spin 0 durch Gammaemission streng verboten. Für alle andern Fälle gilt qualitativ, daß der Zerfall um so wahrscheinlicher eintritt, je kleiner die Differenz der Drehimpulse des Anfangs- und des Endzustandes ist. Wenn wir diese Drehimpulse mit I_a und I_e bezeichnen, so ergibt sich für den Drehimpuls l des Systems Endkern + Gammaquant die Bedingung

$$|I_a - I_e| \leq l \leq I_a + I_e.$$

Einem Übergang mit $\Delta I = l$ entspricht die Ausstrahlung eines elektrischen oder magnetischen 2^l-Pols. Elektrische Übergänge mit ungeradem l und magnetische mit geradem l rufen eine Paritätsänderung zwischen Anfangs- und Endkern hervor. Die mittleren Lebensdauern τ_{el} für elektrische und τ_m für magnetische Übergänge von γ-aktiven Kernen lassen sich nach dem Einteilchenmodell (s. Abschn. 8.5.2) berechnen:

$$\tau_{el} = \frac{1}{\alpha} \cdot \frac{\hbar}{E_\gamma} \cdot \frac{1}{S(l)} \left(\frac{c\hbar}{R E_\gamma}\right)^{2l}$$

$$\tau_m = \tau_{el}(l, E_\gamma) \cdot k \left(\frac{m_p c R}{\hbar}\right)^2.$$

(6.36)

Dabei bedeutet α die Feinstrukturkonstante, E_γ die Zerfallsenergie, R den Kernradius, $k \approx \frac{1}{10}$ eine Konstante und m_p die Protonenmasse. Der statistische Faktor

$$S(l) = \frac{2(l+1)}{l \left[\prod_{\nu=1}^{l}(2\nu+1)\right]^2} \left(\frac{3}{l+3}\right)^2$$

ergibt die starke Abhängigkeit der Lebensdauer von der Multipolordnung des Übergangs. (Die Gln. (6.36) gelten nur unter der Annahme, daß der Bahndrehimpuls des Protons im Endzustand Null ist.)

6.5.4.2. Innere Konversion. Als Konkurrenzprozeß zur γ-Emission tritt besonders bei schweren Kernen, geringen Zerfallsenergien und hoher Multipolordnung des Übergangs die sog. innere Konversion auf. Es handelt sich dabei um den strahlungslosen Übergang eines angeregten Kernzustands in einen tieferen durch elektromagnetische Wechselwirkung des Kerns mit einem Hüllenelektron. Wenn die Zerfallsenergie E_γ größer als die Bindungsenergie E_B eines K-Elektrons ist, so tritt bevorzugt K-Konversion auf. Die Energie E_e der Konversionselektronen ergibt sich aus der Beziehung

$$E_e = E_\gamma - E_B$$

und führt zu einem Spektrum, wie es schematisch Fig. 181 zeigt. Wegen der Aufspaltung des L- und M-Niveaus sind die L- und M-Linien mehrfach.

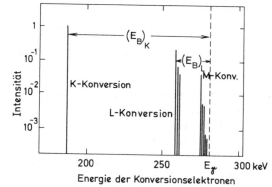

Fig. 181. Schematisches Spektrum der Konversionselektronen für $^{203}_{80}$Hg ($E_\gamma = 280$ keV).

Durch innere Konversion entsteht in der Elektronenhülle eine Vakanz. Beim Auffüllen dieses Niveaus aus einer höheren Schale wird die Energiedifferenz durch ein charakteristisches Röntgenquant oder ein Auger-Elektron weggetragen.

Das Verhältnis von Konversionsprozessen N_e zu Gammaemissionen N_γ nennt man den Konversionskoeffizienten

$$\alpha = \frac{N_e}{N_\gamma},$$

womit α zwischen Null und Unendlich liegt. Der totale Konversionskoeffizient α setzt sich aus den partiellen zusammen:

$$\alpha = \alpha_K + \alpha_L + \alpha_M + \cdots,$$

wobei $\alpha_K, \alpha_L, \ldots$ die Verhältnisse aus konvertierten Elektronen der K-, L-, ... Schale zu Gammaquanten bezeichnen.

Unter der Bedingung, daß die Zerfallsenergie E_γ klein gegenüber der Ruheenergie $m_0 c^2$ des Elektrons, aber groß gegenüber dessen Bindungsenergie ist, erhält man für die K-Konversionskoeffizienten bei einem elektrischen bzw. magnetischen Übergang der Multipolordnung l die Werte

$$E\,l\text{-Übergang:} \quad \alpha_K = \frac{l}{l+1} Z^3 \left(\frac{1}{137}\right)^4 \left(\frac{2 m_0 c^2}{E_\gamma}\right)^{l+\frac{5}{2}}$$

$$M\,l\text{-Übergang:} \quad \alpha_K = Z^3 \left(\frac{1}{137}\right)^4 \left(\frac{2 m_0 c^2}{E_\gamma}\right)^{l+\frac{3}{2}}.$$

Durch innere Konversion werden insbesondere $0 \to 0$-Übergänge möglich, falls Anfangs- und Endzustand dieselbe Parität besitzen. Ist schließlich die Energiedifferenz zwischen Anfangs- und Endzustand größer als $2 m_0 c^2$ und der γ-Übergang verboten (z.B. $0 \to 0$), so tritt innere Paarerzeugung, d.h. die Emission eines Elektron-Positron-Paares auf.

6.5.5. Kernzerfall durch spontane Spaltung. Aus der Bindungsenergie pro Nukleon in Funktion der Massenzahl (s. Fig. 233) geht hervor, daß grundsätzlich alle Kerne mit $A \geq 100$ gegen spontane Spaltung instabil sein müßten. Dieses Phänomen wird nun freilich nur bei schweren Kernen wie Th, U, Pu etc. beobachtet, d.h. für $A \gtrsim 232$. Der Grund dafür liegt in der außerordentlich kleinen Wahrscheinlichkeit eines Spaltfragments kleiner Energie, den Coulomb-Potentialwall, welcher den Mutterkern umgibt, zu durchdringen. Die Transparenz dieser Barriere nimmt jedoch rasch zu, wenn die Zerfallsenergie anwächst. So beträgt für Uran die Zerfallsenergie bereits mehr als 160 MeV. Transurane, wie ^{254}Cf und ^{256}Fm, zerfallen praktisch ausschließlich durch spontane Spaltung. Diese Zerfallsart scheint schließlich der Erzeugung überschwerer Kerne eine Grenze zu setzen.

6.6. Wechselwirkung von Kernstrahlung mit Materie. Zur Diskussion der Wechselwirkung mit Materie müssen wir die Partikel der Kernstrahlung in drei Klassen einteilen: 1. elektrisch geladene schwere ($m \gg$ Elektronenmasse) Teilchen, 2. Elektronen, 3. γ-Quanten und andere neutrale Partikel. Schnelle ($v >$ Geschwindigkeit der Hüllenelektronen) geladene schwere Teilchen übertragen ihre Energie durch das weitreichende elektromagnetische Feld in kleinen Beträgen auf viele Atome der Materie, indem sie diese ionisieren oder in angeregte

Zustände versetzen. Dabei werden sie i. allg. nur wenig aus ihrer Anfangsrichtung abgelenkt und besitzen eine für ihre Energie und für die Bremsmaterie charakteristische Reichweite.

Demgegenüber können schnelle Elektronen beim Stoß mit Hüllenelektronen große Energiebeträge verlieren und stark aus ihrer Flugrichtung abgelenkt oder bei Abbremsung im Feld eines Kerns zur Emission von Bremsstrahlung veranlaßt werden.

Energiereiche γ-Quanten werden entweder gestreut (meist Compton-Effekt) oder vollständig absorbiert (vor allem Photo-Effekt oder Paarerzeugung), d.h. sie verlieren ihre volle Energie oder einen wesentlichen Teil davon in einem einzigen Prozeß. Die Wechselwirkung von Photonen mit Materie ist in Bd. III/1, Kap. V.7–V.10 ausführlich behandelt. Neutronen sowie neutrale Mesonen und Hyperonen reagieren praktisch nur mit den Kernen der Materie oder zerfallen, bevor sie einen Kern erreichen.

6.6.1. Wechselwirkung schwerer geladener Teilchen mit Materie. Nach einer Theorie von N. Bohr ergibt sich als Bremsvermögen eines homogenen Materials für ein Partikel mit der Ladung z und der Geschwindigkeit $v = \beta c$ durch Ionisationsverluste:

$$-\frac{dE}{dx} = \frac{z^2 e^4 n}{4\pi \varepsilon_0^2 m_0 v^2} \left(\ln \frac{2 m_0 v^2}{\bar{I}(1-\beta^2)} - \beta^2 \right), \qquad (6.37)$$

wobei n die Dichte der Elektronen im Bremsmaterial, $\bar{I}$ das mittlere Ionisationspotential der Moleküle und m_0 die Elektronenmasse bedeutet. Gl. (6.37) gibt das experimentelle Bremsvermögen für große Energien gut wieder, weicht aber bei kleinen Energien stark von den gemessenen Werten ab. Diese Diskrepanz rührt daher, daß Protonen und Kerne bei Geschwindigkeiten, die etwa mit denjenigen der Hüllenelektronen übereinstimmen, Elektronen einfangen und damit weniger stark ionisieren.

In Fig. 182 ist das experimentelle Bremsvermögen eines beliebigen Materials für ein einfach positiv geladenes Partikel als Funktion seiner kinetischen Energie E_k schematisch aufgetragen. Diese Kurve besitzt bei $E_k \approx 3 M_0 c^2$, also bei einer kinetischen Energie, die der dreifachen Ruheenergie entspricht, ein Minimum. Der Minimalwert von $-dE/dx$ hängt nur von der Ladung des Teilchens sowie von der Elektronendichte und vom mittleren Ionisationspotential des Bremsmaterials ab. Für Luft (NTP) beträgt bei Minimumionisation $-(dE/dx)_{min} \approx 2$ keV/cm. Für $E_k \approx 800\, \bar{I}$ erreicht das Bremsvermögen ein Maximum, welches in Luft bei $-(dE/dx)_{max} \approx 1$ MeV/cm liegt.

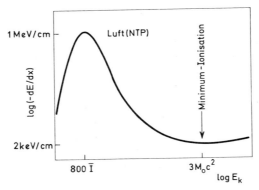

Fig. 182. Schematischer Verlauf des Bremsvermögens. Die Werte gelten für beliebige einfach positiv geladene schwere Teilchen in Luft unter Normalbedingungen.

Integriert man das reziproke Bremsvermögen zwischen der Anfangsenergie E_0 und Null, so erhält man die Reichweite R des Partikels:

$$R = \int_{E_0}^{0} \frac{dE}{dE/dx}.$$

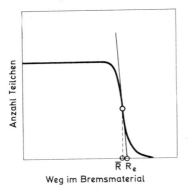

Fig. 183. Anzahl geladener schwerer Partikel, die mit einheitlicher Energie einfallen, in Funktion des im Bremsmaterial zurückgelegten Weges.

Die Reichweite ist experimentell nicht eindeutig festgelegt. Nach Fig. 183 nimmt die Anzahl der Teilchen, welche mit einheitlicher Energie auf ein Bremsmaterial einfallen, nur allmählich auf Null ab. Die Reichweite zeigt also eine gewisse Streuung. Es läßt sich jedoch eine mittlere Reichweite R und eine extrapolierte Reichweite R_e (Schnittpunkt der Wendetangente mit x-Achse) definieren.

Fig. 184 zeigt die Reichweiten von Protonen, Deuteronen und α-Teilchen in Luft für den Energiebereich 0,6 – 60 MeV.

Die für die Erzeugung eines Elektron-Ionen-Paares im Mittel nötige Energie ist nur wenig von der Art und Energie des ionisierenden Partikels abhängig. Man nennt diese Energie W die Arbeit pro Ionenpaar. Sie läßt sich nach der in Abschnitt 5.2.2. behandelten Methode bestimmen und beträgt für Gase (vgl. Tabelle 20) ca. 30 eV.

6.6. Wechselwirkung von Kernstrahlung mit Materie

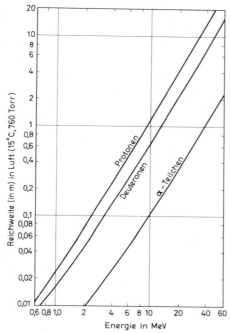

Fig. 184. Reichweite von Protonen, Deuteronen und Alpha-Teilchen in Luft von Atmosphärendruck und 15° C im Energiebereich von 0,6—60 MeV. (Nach *H. Bethe* und *J. Ashkin*, aus *E. Segrè*, Experimental Physics, Vol. I, John Wiley and Sons, New York 1953.)

Tabelle 20. *Arbeit W pro Ionenpaar für verschiedene Gase*

Gas	Arbeit pro Ionenpaar in eV	Gas	Arbeit pro Ionenpaar in eV
H_2	37,0	A	26,4
He (sehr rein)	46,0	Kr	24,1
N_2	36,3	Luft	35,0
O_2	32,2	CO_2	34,3
Ne	36,8	CH_4	29,4

6.6.2. Wechselwirkung von Elektronen mit Materie. Elektronen verlieren beim Durchgang durch Materie ihre Energie sowohl durch Ionisations- und Anregungsprozesse als auch durch Bremsstrahlung. Überdies erfahren sie oft Ablenkungen um große Winkel. Wenn wir uns auf β-Strahlen beschränken, so ist das Energiespektrum der einfallenden Elektronen ein Kontinuum. Unter diesen Bedingungen ist eine mathematische Behandlung der Reichweite-Energiebeziehung und des Bremsvermögens außerordentlich schwierig.

Empirisch ergibt sich dagegen näherungsweise ein überraschend einfacher Zusammenhang zwischen der Anzahl β-Teilchen und der Dicke des Bremsmaterials (s. Fig. 185): Die Zählrate der Elektronen nimmt bei festem Abstand zwischen Quelle und Detektor mit wachsender Absorberdicke vorerst etwa exponentiell ab und erreicht bei der maximalen Reichweite den Wert Null. Die maximale Reichweite entspricht einem β-Teilchen maximaler Energie, das ohne Ablenkung seine Energie ausschließlich durch Ionisationsprozesse verliert.

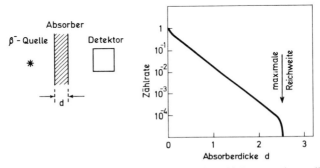

Fig. 185. Bestimmung der Reichweite von β-Strahlen. Links: experimentelle Anordnung. Rechts: Zählrate in Funktion der Absorberdicke d (schematisch).

6.7. Mößbauer-Effekt. Der von *R. L. Mößbauer* (geb. 1929) im Jahre 1958 entdeckte Effekt hat der Physik eine sehr präzise Meßmethode für Photonenenergien gebracht. Die bisherige Genauigkeit der Energiemessung ließ sich damit um viele Zehnerpotenzen steigern. Gleichzeitig wurde die bereits von *W. Kuhn* 1927 gesuchte Resonanzabsorption von γ-Strahlen durch Kerne in spektakulärer Weise demonstriert. Was für atomare Strahlungen seit langem beobachtet wurde (z. B. Resonanzabsorption der gelben Natriumstrahlung durch Natriumatome), ist mit dem Mößbauer-Effekt auch für gewisse Kern-γ-Strahlungen möglich geworden.

Der Mößbauer-Effekt beruht auf einer rückstoßfreien Emission und Absorption der betreffenden γ-Strahlung. Für ein freies Atom ist dies nie möglich. Beträgt die Energie des γ-Überganges E_0 und der Impuls des Atoms unmittelbar vor der γ-Emission $\vec{p}$, so ist die Anfangsenergie $E_a = E_0 + (|\vec{p}|^2/2m)$, wo m die Atommasse bedeutet. Nach Emission des γ-Quants (Wellenzahl $|\vec{k}| = 2\pi/\lambda$, Impuls $h\nu/c = \hbar|\vec{k}|$)

6.7. Mößbauer-Effekt

(Fig. 186) besitzt das Atom im Grundzustand die Energie $E_e = |\vec{p} + m\vec{v}_R|^2/2m$. $\vec{v}_R$ ist die Rückstoßgeschwindigkeit des Atoms. Als Energiedifferenz ergibt sich

$$\Delta E = E_a - E_e = E_0 + \frac{|\vec{p}|^2}{2m} - |\vec{p} + m\vec{v}_R|^2/2m$$

$$= E_0 - \vec{p} \cdot \vec{v}_R - \frac{m}{2} v_R^2. \tag{6.38}$$

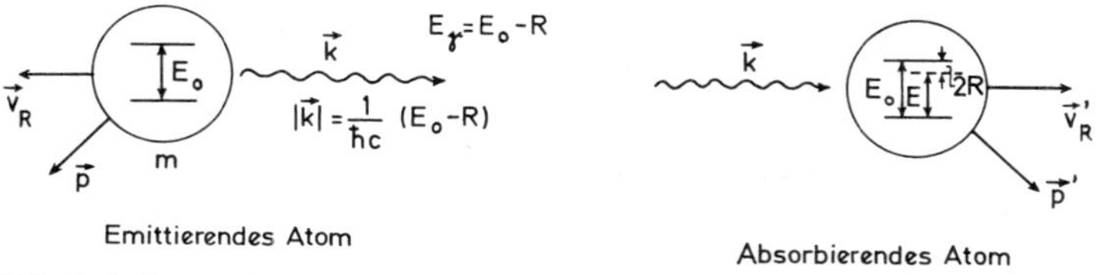

Fig. 186. Emission und Absorption von γ-Quanten bei freien Atomen. R: Rückstoßenergie; v_R und v'_R: Rückstoßgeschwindigkeiten; $\vec{p}$: Impuls des emittierenden Atoms vor der γ-Emission; $\vec{p}'$: Impuls des absorbierenden Atoms vor der γ-Absorption.

Im Mittel beträgt die Energiedifferenz $\langle \Delta E \rangle = E_0 - (m v_R^2/2)$. Sie ist durch den Doppler-Effekt (Term $\vec{p} \cdot \vec{v}_R$) verschmiert. $R = (m/2) v_R^2$ ist die Rückstoßenergie des Atoms, so daß die mittlere Energie des emittierten Lichtquants nach Gl. (6.38)

$$h\nu = \hbar c |\vec{k}| = E_0 - \frac{m}{2} v_R^2$$

wird, da bei isotroper Verteilung der Impulse der Gasatome und der Rückstoßgeschwindigkeiten der Mittelwert $\langle \vec{p} \cdot \vec{v}_R \rangle$ verschwindet. Die γ-Energie ist gegenüber dem rückstoßfreien Fall um die Rückstoßenergie vermindert.

Bei der Absorption des γ-Quants durch den Kern eines ebenfalls freien Atoms geschieht dieselbe Rückstoßübertragung noch einmal. Damit fehlt für die Anregung des Absorberkerns im Mittel die Energie $\Delta E' = 2R$. Resonanz-Absorption könnte nur stattfinden, wenn die Linienbreite des γ-Spektrums $\Gamma \gtrsim 2R$ wäre. Für ^{57}Fe, eines der meistbenutzten Mößbauer-Isotope, beträgt $E_0 = 14{,}4$ keV, die Rückstoßenergie $R = 1{,}9 \cdot 10^{-3}$ eV und die natürliche Linienbreite $\Gamma = 4{,}6 \cdot 10^{-9}$ eV.

Die hier geschilderte Schwierigkeit hat *R. Mößbauer* dadurch überwunden, daß er die emittierenden und die absorbierenden Atome in ein Kristallgitter einbaute. Sofern die emittierten γ-Quanten keine Schwingungen des Gitters anregen, übernimmt dieses den gesamten Rückstoß, und die Rückstoßenergie wird damit praktisch null, weil die Masse M des Kristalls viel größer ist als die Masse m des Atoms: $M \gg m$. Die Wahrscheinlichkeit, daß ein γ-Quant von einem im Gitter eingebauten radioaktiven Nuklid rückstoßfrei, d.h. ohne Energieaustausch mit dem Gitter emittiert wird, ist gleich dem sog. Debye-Waller-Faktor. Dieser Faktor f beträgt für ein harmonisch an die Ruhelage gebundenes Atom $f = e^{-\langle x^2 \rangle / \lambdabar^2}$, wobei $\langle x^2 \rangle$ die mittlere quadratische Entfernung aus der Ruhelage in Richtung des emittierten Photons und $\lambdabar$ dessen Wellenlänge ($\lambdabar = \lambda / 2\pi$) angeben. Eine Herleitung[1] übersteigt den Rahmen dieses Buches. Die rückstoßfreie γ-Emission erhält hohe Wahrscheinlichkeit für kleines $\langle x^2 \rangle$ und großes λ, was tiefe Temperaturen und kleine γ-Energie, d.h. geringe Rückstoßenergie bedeutet. Im sog. Debye-Modell wird das Frequenzspektrum der Gitterschwingungen parabolisch gewählt: $I(\omega) = a\,\omega^2$ für $0 < \omega \leq \omega_D$. ω_D hängt durch die Gleichung $\hbar \omega_D = k \Theta_D$ mit der sog. Debye-Temperatur Θ_D zusammen. Mit diesem Modell ergeben quantenmechanische Berechnungen für den Exponenten des Debye-Waller-Faktors

$$\langle x^2 \rangle / \lambdabar^2 = \frac{6R}{k\Theta_D} \left[\frac{1}{4} + \left(\frac{T}{\Theta_D} \right)^2 \int_0^{\Theta_D/T} \frac{x\,dx}{e^x - 1} \right],$$

wobei R die Rückstoßenergie des Atoms bedeutet. Bei Temperaturen $T \leq \Theta_D$ wird die Wahrscheinlichkeit für rückstoßfreie γ-Emission hoch. Für ^{57}Fe ist $\Theta_D = 490°$ K, und somit läßt sich der Mößbauer-Effekt bei Zimmertemperatur nachweisen. Der Debye-Waller-Faktor hat für ^{57}Fe und $T = 300°$ K den Wert $f \approx 0{,}8$, d.h. ca. 80% der γ-Emissionen sind rückstoßfrei.

6.7.1. Experimenteller Nachweis des Mößbauer-Effekts. Wie bereits erwähnt, ist ^{57}Fe ein häufig als Quelle einer Mößbauer-Linie benutztes Nuklid. Fig. 187 zeigt das Niveauschema dieses Kerns.

Der Nachweis der Resonanzabsorption der von der Mößbauer-Quelle emittierten Strahlung erfolgt durch die Messung der Transmission eines Absorbers, der dieselbe Atomart wie die Quelle besitzt und gegen sie die relative Geschwindigkeit v hat. Für $v = 0$ liegt die maximale Resonanzabsorption vor. Mit zunehmender Geschwindigkeit v (nicht relativistisch; für den allg. Fall s. Bd. III/1, S. 106) verschiebt sich durch den Doppler-Effekt die Frequenz v_a der auf den Absorber einfallenden Strahlung (s. Bd. II, S. 291):

$$v_a = v\left(1 + \frac{v}{c}\right).$$

---

[1] Vgl. *H. Wegener*, Der Mößbauer-Effekt und seine Anwendungen in Physik und Chemie, B.I. Hochschultaschenbücher, Mannheim 1965.

6.7. Mößbauer-Effekt

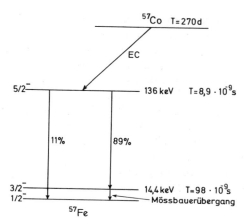

Fig. 187. Zerfallsschema von ^{57}Co.

Mit wachsendem v steigt damit die Transmission, da sich das Emissionsspektrum relativ zur Lage des Absorptionsbereiches verschiebt. Die Absorption ist abhängig von der Energie der Photonen und damit von der relativen Geschwindigkeit v. Die spektrale Verteilung dieser Absorption nennt man das Absorptionsspektrum. Wird eine Lorentz-Verteilung (vgl. Fig. 188a) beider Spektren angenommen, so

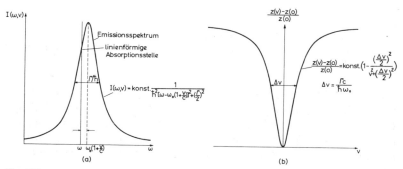

Fig. 188.
a) Lorentz-Verteilung des Emissionsspektrums (Breite Γ) und linienförmige Absorptionsstelle. $\omega\left(1+\dfrac{v}{c}\right)$ ist die Frequenz der Emission bezüglich des mit der Geschwindigkeit v bewegten Absorbers.
b) zeigt den Verlauf der Funktion $\dfrac{z(v)-z(0)}{z(0)}$, wobei $z(v)$ und $z(0)$ die Zählraten bei bewegtem bzw. ruhendem Absorber bedeuten. Δv = Halbwertsbreite der Kurve.

ist unmittelbar einzusehen, daß die maximale Absorption dann vorliegt, wenn beide Spektren übereinander liegen. Dies ist der Fall für unbewegten Absorber (v = 0), falls keine zusätzlichen elektrischen und magnetischen Festkörperfelder auf den Absorberkern wirksam sind. Mit zunehmender Geschwindigkeit v verringern sich die übereinanderliegenden Flächen der Spektren, was einen Anstieg der Transmission zur Folge hat. Bestünde das Absorptionsspektrum aus einer einzigen Linie, so ergäbe sich für die Transmission in Funktion der Absorbergeschwindigkeit (Fig. 188 b) eine Lorentz-Kurve mit derselben Halbwertsbreite Γ_v, wie sie das Emissionsspektrum zeigt: $\Gamma_v = \Gamma$. Die wirkliche Situation wird komplizierter, weil das Absorptionsspektrum ebenfalls eine Lorentz-Kurve der Breite Γ aufweist (Fig. 189). Die

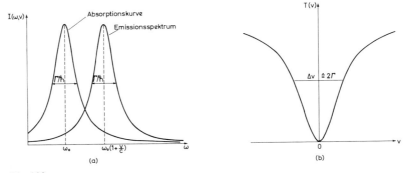

Fig. 189.
a) Emissions- und Absorptionsspektrum sind vom Lorentz-Typ.
b) Die Transmission T ist eine Lorentz-Kurve mit der Breite Δv. Ihr entspricht eine Energiebreite von 2Γ.

Zählrate in Funktion von v ist wiederum eine Lorentz-Kurve. Qualitativ läßt sich für feldfreie Absorber und Quelle einsehen, daß ihre Breite Γ_v jedoch doppelt so groß wie die des Emissionsspektrums ist: $\Gamma_v = 2\Gamma$. Maximale Absorption liegt für v = 0 vor. Für positives und negatives v überstreicht das Emissionsspektrum die Absorptionskurve so, daß jede Bewegungsrichtung zur totalen Breite der Transmissionskurve den Beitrag Γ liefert.

Fig. 190 zeigt eine Anordnung zur Messung des Mößbauer-Effektes. Die Bewegung des Absorbers erfolgt mit Hilfe einer gleichmäßig angetriebenen Spindel, deren Umdrehungsfrequenz regulierbar ist. Zur Abschirmung der beim EC-Prozeß auftretenden Röntgen-Strahlung dient ein 0,5 mm dickes Al-Blech. Fig. 191 gibt eine Messung des

6.7. Mößbauer-Effekt

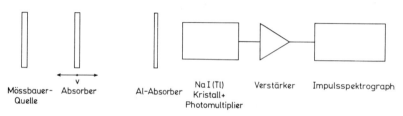

Fig. 190. Anordnung zur Messung des Mößbauer-Effekts.

Mößbauer-Effektes wieder, wie sie im Rahmen des Praktikums für Physiker an der Universität Basel durchgeführt wird[1]. Aufgetragen sind Meßpunkte, die während des Tages und in der Nacht aufgenommen wurden. So hätte sich ein Einfluß von elektrischen und mechanischen Störungen feststellen lassen.

Als Quelle wurde eine Folie rostfreien Stahls mit eindiffundiertem ^{57}Co, der Muttersubstanz von ^{57}Fe, benutzt. Als Absorber diente eine 0,03 mm dicke Folie aus rostfreiem Stahl.

Die Halbwertsbreite des experimentell bestimmten Impulsraten-Spektrums in Funktion der Absorbergeschwindigkeit v beträgt $\Delta v = 2 v_{\frac{1}{2}} = 2 \cdot 0{,}26 \text{ mm/s} \pm 20\%$. Dieser Halbwertsbreite des Geschwindigkeitsspektrums entspricht eine Energiebreite Γ_v von $\hbar \omega_0 \frac{v_{\frac{1}{2}}}{c} = \Gamma_v/2$, d.h.

$$\Gamma_v = \frac{2 \hbar \omega_0 v_{\frac{1}{2}}}{c}.$$

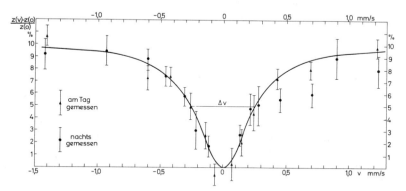

Fig. 191. Experimentelle Werte von $\frac{z(v) - z(0)}{z(0)}$. $\Delta v =$ Halbwertsbreite der Kurve. (Aus dem Praktikum für Vorgerückte der Universität Basel.)

---
[1] *Cl. Baader*, Protokoll zum Versuch „Mößbauer-Effekt", 1968.

220   6. Radioaktivität

Nach obigen Angaben ist $\Gamma_v = 2\Gamma$, wo Γ die Breite des Emissionsspektrums angibt. Für ^{57}Fe erhält man aus dem Experiment

$$\Gamma_v = \frac{2\hbar\omega_0 v_{\frac{1}{2}}}{c} = \frac{2 \cdot 14{,}4 \cdot 10^3 \cdot 0{,}26 \cdot 10^{-1}}{3 \cdot 10^{10}} \text{ eV} = (2{,}6 \pm 0{,}5) \cdot 10^{-8} \text{ eV}.$$

Als experimentell gemessene Breite des Emissionsspektrums ergibt sich so $\Gamma = (1{,}3 \pm 0{,}25) \cdot 10^{-8}$ eV. Korrigiert man diesen Wert für die endliche Dicke des Absorbers, so ergibt sich $\Gamma = (5{,}7 \pm 1{,}1) \cdot 10^{-9}$ eV, was mit dem Literaturwert[1] $\Gamma = 4{,}6 \cdot 10^{-9}$ eV befriedigend übereinstimmt.

Der Mößbauer-Effekt ermöglicht außerordentlich genaue Messungen von Energiedifferenzen und damit von Frequenzunterschieden in atomaren Systemen. Die Bestimmung relativer Energiedifferenzen $\Delta E/E$ in der Größenordnung von $10^{-3} \Gamma/E$ ist möglich geworden.

Eines der spektakulärsten Experimente, die der Mößbauer-Effekt ermöglichte, war die Bestimmung der Energie-Änderung von Lichtquanten im Gravitationsfeld der Erde (s. Bd. III/1, S. 119).

Kerne besitzen eine Wechselwirkung mit ihrer Umgebung. Die Einflüsse kristallinterner Felder auf die magnetischen Momente der Kerne erzeugen eine Hyperfeinaufspaltung und Niveauverschiebungen der Spektrallinien (vgl. Bd. III/1). Sie liegen in der Größenordnung von 10^{-5} bis 10^{-9} eV und lassen sich damit durch den Mößbauer-Effekt feststellen. Sind die äußeren elektronischen Verhältnisse bekannt, dann lassen sich aus den Messungen Kerneigenschaften bestimmen. Im weiteren lassen sich aus der Aufspaltung der Kern-Zeeman-Linien die inneren magnetischen Felder berechnen. Zur Feststellung dieser Aufspaltung wird z.B. als Absorber ferromagnetisches Eisen benützt, während die Quelle aus rostfreiem Stahl mit eindiffundiertem ^{57}Co besteht.

Eine interessante Beobachtung bildet die sog. Isomerieverschiebung. Ein Kern besitzt im allgemeinen im Grund- und in einem angeregten Zustand verschiedene Ausdehnungen, so daß die elektromagnetische Wechselwirkung zwischen Kernladung und Elektronen am Kernort etwas verschieden ist. Dies erzeugt eine Verschiebung der Mößbauer-Resonanz, die proportional ist zu $(\Delta R/R) \Delta |\psi(0)|^2$, wobei $\Delta R/R$ den relativen Unterschied der Radien der beiden Zustände und $\Delta |\psi(0)|^2$ die Differenz der Dichten der Elektronen am Kernort zwischen Quelle und Absorber bedeutet.

Diese Beispiele illustrieren die Fruchtbarkeit des Mößbauer-Effektes für die direkte Beobachtung verschiedenartigster Effekte, die

---
[1] *H. Frauenfelder*, The Mössbauer Effect. W. A. Benjamin, New York 1962.

zum Verständnis mancher Erscheinungen wie chemischer Bindung, Bänderstruktur des Festkörpers, Ladungsstruktur chemischer Zustände u.a.m. beitragen.

6.8. Aktivierungsanalyse.

Die Aktivierungsanalyse ist ein Beispiel für die vielen technischen Anwendungen, welche der kernphysikalischen Forschung entsprungen sind. Diese Analysenmethode bedingt häufig keine Zerstörung des zu untersuchenden Gutes und ist noch für Spuren des nachzuweisenden Elements brauchbar. Sie beruht auf dem Nachweis der Radioaktivität, die durch Bestrahlung des betreffenden Elementes mit Neutronen, geladenen Teilchen oder Photonen erzeugt wird, und ist deshalb nur auf solche Nuklide anwendbar, welche durch diese Bestrahlung in radioaktive übergeführt werden. Die erzeugte Aktivität ist ein Maß für die im Untersuchungsgut enthaltene Anzahl Atome des gesuchten Elementes, wenn die Isotopenhäufigkeit des an der Reaktion teilnehmenden Nuklids berücksichtigt wird.

Enthält das Untersuchungsobjekt N Kerne des nachzuweisenden Nuklids, welche sich in einem über die ganze Probe konstanten Teilchenfluß Φ befinden, so werden pro Zeiteinheit

$$Z = N \Phi \sigma$$

radioaktive Kerne erzeugt. Dabei bedeutet σ den Wirkungsquerschnitt der Erzeugungsreaktion (vgl. Abschn. 6.4). Erfolgt die Bestrahlung während einer Zeit t, die viel größer ist als die Halbwertszeit des entstehenden radioaktiven Nuklids, so bildet sich ein radioaktives Gleichgewicht (vgl. Abschn. 6.3). Bei Bestrahlungsabbruch ist eine Sättigungsaktivität

$$A_0 = N \Phi \sigma$$

vorhanden. Wenn A_0, Φ und σ bekannt sind, kann N bestimmt werden. Diese direkte und absolute Aktivierungsanalyse wird meistens nicht ausgenützt, da sie die Kenntnis der absoluten Werte von Aktivität, Neutronenfluß und Reaktions-Querschnitt verlangt, die vielfach nicht sehr genau bekannt sind.

Ist die Bestrahlungsdauer t nicht sehr groß gegenüber der Halbwertszeit T des erzeugten Nuklids, so besteht am Ende der Bestrahlung eine Anfangsaktivität A (vgl. Abschn. 6.4):

$$A = N \Phi \sigma (1 - e^{-\ln 2 \cdot t/T}) = N \Phi \sigma (1 - 2^{-t/T}).$$

Am meisten verwendet wird die Neutronen-Aktivierungsanalyse. Als Neutronenquellen werden hauptsächlich Reaktoren und Beschleuniger kleiner Energie benutzt. Reaktoren liefern thermische Neutronenflüsse von bis zu 10^{15} Neutronen/cm² s. Bei thermischen Neutronenflüssen eines Reaktors von 10^{13} Neutronen/cm² s und einer Bestrahlungsdauer von 1 h lassen sich über 50 Elemente bei einem Gehalt von nur 10^{-9} g in der untersuchten Probe[1] nachweisen. Die für den Nachweis empfindlichsten Elemente sind: Ag, Al, As, Au, Br, Co, Cs, Cu, Dy, Er, Eu, Ga, Ge, Ho, I, In, Ir, La, Lu, Mn, Na, Nb, Pd, Pr, Re, Rh, Sb, Sm, Sr, U, V, W und Yb. Bei Elementen mit sehr hohem Neutronen-Einfangsquerschnitt kann die Nachweisgrenze bis 10^{-13} g getrieben werden. Mit Hilfe der ³H(d, n)⁴He-Reaktion lassen sich mit Deuteronenenergien im Bereich von 100 bis 200 keV etwa 10^{11} Neutronen/s von 14 MeV Energie erzeugen, so daß in einem Abstand von 2 cm von der Quelle Neutronenflüsse von ca. 10^9 n/cm² s entstehen. Mit 14-MeV-Neutronen lassen sich eine Anzahl weiterer Elemente nachweisen wie N, O, F, Si, P, Cr und Fe.

Die Aktivierungsanalyse gehört zu den empfindlichsten Nachweismethoden von Nukliden. Einige wichtige Elemente wie H, He, Be, B und C lassen sich dagegen mit dieser Methode nicht oder nur schlecht erfassen.

Bei der Aktivierungsanalyse wird meistens eine Vergleichsmethode benutzt, bei der gleichzeitig mit der zu untersuchenden Probe eine Standardprobe, die das nachzuweisende Nuklid in bekannter Menge enthält, im selben Teilchenfluß bestrahlt wird. Die Aktivitäten (Zählraten) A bzw. A_{St} der Proben für das nachzuweisende Nuklid werden mit derselben Meßeinrichtung unter identischen Bedingungen bestimmt. Dann gilt

$$\frac{A}{m} = \frac{A_{St}}{m_{St}}, \quad (6.39)$$

wobei m bzw. m_{St} die Masse der gesuchten Substanz in der Probe bzw. in der Standardprobe angibt. Sind die beiden Proben unterschiedlich bezüglich ihrer Absorption für Neutronen und die emittierte Kernstrahlung, dann ist noch ein experimentell zu bestimmender Korrekturfaktor in Gl. (6.39) einzuführen. Mit Hilfe dieser Vergleichsmethode können Genauigkeiten von einigen Prozent erzielt werden.

Läßt sich die Aktivität des zu untersuchenden Elements wegen zusätzlicher Aktivitäten anderer Nuklide nicht bestimmen, so muß zunächst das betreffende Element chemisch abgetrennt werden. Die Analyse kann damit nicht zerstörungsfrei durchgeführt werden. Um die Schwierigkeiten einer quantitativen Trennung zu umgehen, wird

---

[1] Die Probe muß so dünn sein, daß der Neutronenfluß praktisch konstant ist und die nachzuweisende Strahlung in der Probe nicht wesentlich absorbiert wird.

der aktivierten Probe eine bestimmte Menge (z.B. 10–20 mg) des gesuchten Elementes als Träger beigegeben. Träger und radioaktives Isotop verhalten sich chemisch genau gleich. Nach der chemischen Trennung kann festgestellt werden, wieviel vom Träger im abgetrennten Substrat vorhanden ist (chemische Ausbeute der Trennung), so daß eine entsprechende Korrektur sich leicht anbringen läßt.

Aktivierungsanalysen sind heute wohletablierte Untersuchungsmethoden, mit denen sich rasch und genau, oft zerstörungsfrei arbeiten läßt. Viele Gebiete der Naturwissenschaften, der Medizin, der Ingenieurwissenschaften, der Ethnologie, der Kunstwissenschaft, der Archäologie, der Kriminalistik u.a.m. bedienen sich ihrer.

6.9. Altersbestimmungen mit Hilfe radioaktiver Nuklide. Der radioaktive Zerfall erlaubt unter bestimmten Umständen die Messung von Zeitdifferenzen und kann damit zu Altersbestimmungen von Proben ausgenützt werden. Wir wollen hier zwei typische und praktisch auch wichtige Altersbestimmungen darlegen.

6.9.1. Uran-Blei-Methode. Diese Methode findet für die Altersbestimmung von uranhaltigen Gesteinen Verwendung. Im Zeitpunkt der Verfestigung enthält das Gestein (dieser Zeitpunkt sei $t=0$) eine bestimmte Anzahl $N_U(0)$ ^{238}U-Atome. Im Laufe der Zeit zerfällt ein Teil dieser Atome sukzessive zu ^{206}Pb, da die Zwischenprodukte kurze Halbwertszeiten gegenüber dem Alter t des Gesteins besitzen. Ist die Zerfallskonstante des Urans im Laufe dieser geologischen Zeitdauer konstant geblieben, so sind zur Zeit t noch

$$N_U(t) = N_U(0)\, 2^{-t/T} \qquad (6.40)$$

^{238}U-Atome im Gestein enthalten. $N_U(0) - N_U(t) = Y$ gibt die Anzahl zerfallener ^{238}U-Atome seit der Verfestigung des Gesteins an. Da die Zwischenprodukte der ^{238}U-Reihe gegenüber dem Alter des Gesteins kurze Halbwertszeiten haben, bedeutet Y auch die Zahl der im Material entstandenen ^{206}Pb-Atome $N_{206Pb}(t)$. Falls alle Bleiatome aus dem Uranzerfall stammen, gilt daher

$$N_{206Pb}(t) = N_U(0) - N_U(t),$$

was mit Gl. (6.40) zu der Beziehung

$$N_{206Pb}(t) = \frac{N_U(t)}{2^{-t/T}} - N_U(t) = N_U(t)(2^{t/T} - 1) \qquad (6.41)$$

führt. Diese Gleichung enthält neben der bekannten Halbwertszeit T des Urans-238 noch das im heutigen Mineral vorhandene

Verhältnis $N_{206Pb}(t)/N_U(t)$, das sich z.B. massenspektrometrisch bestimmen läßt. Aus der Beziehung (6.41) läßt sich damit das Alter t des Gesteins festlegen:

$$t = \frac{T}{\log 2} \log \left(\frac{N_{206Pb}(t)}{N_U(t)} + 1 \right).$$

Beispiel: Pechblende aus dem großen Bärensee, Canada.

$$N_{206Pb}(t)/N_U(t) = 0{,}180, \quad T = 4{,}56 \cdot 10^9 \text{ a},$$

$$t = \frac{T}{\log 2} \log 1{,}18 = 0{,}24 \, T = 1{,}09 \cdot 10^9 \text{ a}.$$

Ist das Gesteinsalter $t \ll T$, so läßt sich $2^{t/T}$ von Gl. (6.41) approximieren:

$$2^{t/T} \approx 1 + \frac{t}{T} \ln 2.$$

Gl. (6.41) erhält damit die Form

$$t = \frac{N_{206Pb}(t)}{N_U(t)} \frac{T}{\ln 2} = \frac{N_{206Pb}(t)}{N_U(t)} \frac{1}{\lambda} = \frac{N_{206Pb}(t)}{N_U(t)} \tau.$$

λ bzw. τ bezeichnen die Zerfallskonstante bzw. die mittlere Lebensdauer des ^{238}U.

Anstelle von Uran können auch andere langlebige radioaktive Nuklide zu Altersbestimmungen herangezogen werden. Oft benutzt werden Kalium-40, das durch Elektronen-Einfang in ^{40}A und durch β^--Zerfall in ^{40}Ca übergeht (T = 1,3 · 10^9 a), Rubidium-87 (β^--Zerfall, T = 4,7 · 10^{10} a) mit Übergang in ^{87}Sr und Samarium-147 (α-Zerfall, T = 1,3 · 10^{11} a) mit Zerfall in ^{143}Nd.

Nach diesen Methoden werden heute die Alter von Mineralien bestimmt, und damit stehen den Geologen Datierungsmöglichkeiten für die Verfestigung von Gesteinen zur Verfügung, die für das Verständnis des geologischen Geschehens von besonderem Interesse sind. Einige Beispiele von Gesteinsaltern zeigt Tabelle 21.

6.9.2. ^{14}C-Methode[1]. Vier Fakten bilden die Grundlage für die Messung des Alters biologischer Objekte nach der ^{14}C-Methode, wobei das Alter nicht bei der Geburt, sondern mit dem Ausscheiden des betreffenden Objektes aus dem Biorhythmus zu zählen anfängt. Es sind dies: Die Erzeugung von Neutronen in der Atmosphäre durch

---

[1] *W.F. Libby*, History of Radiocarbon Dating, Proceedings of Monaco Symposium „Radioactive Dating and Methods of Low Level Counting", March 1967, IAEA, Wien 1967.

6.9. Altersbestimmungen mit Hilfe radioaktiver Nuklide

Tabelle 21. *Altersbestimmungen von Gesteinen nach Radioaktivitäts-Methoden*

U-Pb-Methode

Gestein	$\dfrac{\text{Anzahl }^{206}\text{Pb-Atome}}{\text{Anzahl }^{238}\text{U-Atome}}$ heute	Alter in 10^6 a
St. Joachimsthaler Pechblende	0,0302	227
Pechblende vom großen Bärensee (Kanada)	0,180	1090
Gestein aus Süd-Rhodesien (höchstes Alter)	0,49	2600

Rb-Sr-Methode[1]

Gestein	^{87}Rb ppm	^{87}Sr (aus Rb-Zerfall) ppm	Alter in 10^6 a
Adula-Paragneis	177	0,456	175 ± 7
Monte-Rosa-Granit	377	0,504	91 ± 4
Bergell-Granit (Forno-Hütte)	363	0,134	25,1 ± 15
Monte-Leone-Gneis (Simplon-Tunnel)	162	0,0269	11 ± 1
Erstfelder-Gneis	112	0,504	305 ± 12
Gastern-Granit	128	0,518	275 ± 11
Grimsel-Granodiorit (Grimsel-Paß)	202	0,0410	13,8 ± 1,6
Ultrabasische Scholle (Gotthard-Massiv)	129	0,506	264 ± 11
Fibbia-Granitgneis (Gotthard-Paß)	312	0,0735	14,6 ± 1,5
Granit, Monte Orfono (Südalpen)	233	0,941	274 ± 11
Paragneis Radönt (Silvretta)	110	0,496	306 ± 13

die kosmische Strahlung, der große Wirkungsquerschnitt der ^{14}N(n, p)^{14}C-Reaktion für langsame Neutronen, die große Lebensdauer des radioaktiven Nuklids ^{14}C (T = 5730 a) und die vollständige Durchmischung des durch (n, p)-Reaktionen entstandenen ^{14}C in der Biosphäre. Die Idee der Ausnützung des ^{14}C-Nuklids für Altersbestimmungen stammt von *W. F. Libby* (geb. 1908): ^{14}C wird mit CO_2 von der lebenden Materie aufgenommen, und es wird damit der ^{14}C-Gleichgewichtsgehalt in die pflanzlichen und tierischen Stoffe eingebaut. Mit dem Absterben des betreffenden Organismus hört der Austausch auf, und der spätere Gehalt an ^{14}C ist ein Maß für die seit dem Absterben abgelaufene Zeit. Ist noch die Hälfte des ursprünglichen ^{14}C-Gehaltes vorhanden, so ist die verflossene Zeitspanne gleich der Halbwertszeit des ^{14}C-Nuklids von T = 5730 a. Damit wurde eine Möglichkeit zur Datierung biologischer Objekte

---

[1] Nach *E. Jäger, E. Niggli* und *E. Wenk*, Beiträge zur Geologischen Karte der Schweiz, Neue Folge, 134. Lieferung, 1967.
ppm = Parts per million.

entdeckt, die insbesondere für Urgeschichte, Altertumsforschung und Biologie von Interesse ist.

Die große Schwierigkeit der ^{14}C-Altersbestimmung bildet die äußerst geringe Aktivität des zu untersuchenden Materials. Da durch die Neutronen der kosmischen Strahlung pro cm^2 der Erdoberfläche und s nur ein bis zwei ^{14}C-Kerne erzeugt werden, ist der Gehalt an radioaktivem ^{14}C in der lebenden Materie sehr gering. Neben der kleinen Erzeugungsrate des ^{14}C trägt hierzu noch die Tatsache bei, daß das atmosphärische CO_2 sich hauptsächlich in die anorganischen, im Meereswasser aufgelösten kohlenstoffhaltigen Stoffe einlagert. Der in den Ozeanen enthaltene Kohlenstoff übertrifft ca. 30mal jenen der Bio- und Atmosphäre zusammen. Daraus ergibt sich, daß in der lebenden Materie ca. ein ^{14}C-Kern auf 10^{12} C-Kerne kommt, was eine spezifische Aktivität von nur ca. $\frac{1}{6}$ Zerfall pro s und g Kohlenstoff erzeugt. Für die Messung solcher Aktivitäten wurden spezielle Zähleranordnungen mit kleinem Untergrund (Antikoinzidenzeinrichtungen) entwickelt. Sie erlauben heute Bestimmungen von Altern bis zu ca. 50000 a, einem Zeitabschnitt also, der für die Prähistorie besonders interessant ist.

Die Genauigkeit der ^{14}C-Altersbestimmung läßt sich prüfen, indem Messungen an historisch dokumentierten Proben gemacht werden. Ein Vergleich ist auch mit Jahrringproben von Bäumen bis auf ca. 5000 a v. Chr. möglich. Dabei ergeben sich folgende Abweichungen[1]:

Wahres Alter	^{14}C-Alter zu klein um
1000 a v. Chr.:	100 a
1400 a v. Chr.:	150 a
1800 a v. Chr.:	200 a
2200 a v. Chr.:	300 a
2600 a v. Chr.:	400 a
3200 a v. Chr.:	500 a

Werden die ^{14}C-Messungen mit Hilfe der oben angegebenen Vergleichsmessungen korrigiert, so stimmen die ^{14}C-Altersangaben z. B. von ägyptischen oder römischen Proben mit dem bekannten historischen Alter gut überein. Im Zeitabschnitt von 2000–3300 v. Chr. differieren die ^{14}C-Angaben im Mittel um weniger als 150 a vom historisch bekannten Alter.

---

[1] *H. E. Suess*, Bristlecone pine calibration of the radiocarbon time scale from 4100 B.C. to 1500 B.C., Proc. of the Monaco Symposium on Radioactive Dating, S. 143, IAEA, Wien 1967; *E. K. Ralph* und *H. N. Michael*, Problems of the radiocarbon calendar, Archaeometry, Vol. 10, 3 (1967).

7. Erhaltungssätze und Kernreaktionen

7.1. Einleitung. In diesem Kapitel werden einige für die Physik der Kernreaktionen wichtige Erhaltungssätze behandelt. Sie spielen eine wesentliche Rolle bei der Beurteilung der Kernvorgänge, da sie sich mit denjenigen Größen befassen, die beim Prozeßablauf ungeändert bleiben. Für unsere Bedürfnisse können diese Erhaltungssätze in drei Gruppen unterteilt werden:

a) Energie-, Impuls- und Drehimpulserhaltung;

b) Invarianz gegenüber Zeitumkehr und Spiegelung der räumlichen Koordinaten;

c) Isospinerhaltung.

a) **Energie-, Impuls- und Drehimpulserhaltung.** Die große Bedeutung dieser Erhaltungssätze ist in der klassischen Physik seit langem erkannt worden, wenn auch ihre Hintergründe erst nach und nach sichtbar wurden. Die Erhaltungssätze konnten als Symmetrie-Eigenschaften des Naturgeschehens gedeutet werden. So entspricht der Energie-, Impuls- und Drehimpulserhaltung eine Symmetrie (Invarianz) bezüglich einer Transformation der Zeit, des Ortes bzw. einer Raumdrehung.

b) **Paritätserhaltung und Zeitumkehrinvarianz.** Für die Kernwechselwirkungen sind vor allem die Invarianz gegenüber der Umkehr von räumlichen (Paritätserhaltung) und zeitlichen (Zeitumkehrinvarianz) Koordinaten von Interesse. Diese Symmetrieeigenschaften unterscheiden sich von den obenerwähnten:

Nicht alle physikalischen Wechselwirkungen sind invariant unter der Spiegelung der räumlichen Koordinaten. Die schwache Wechselwirkung, die z.B. für den Betazerfall verantwortlich ist, verletzt die Paritätserhaltung (s. Abschn. 3.6, S. 93).

Kernreaktionen sind unter Zeitumkehr invariant.

c) **Isospinerhaltung.** Der Begriff der Erhaltung des Isospins ist verknüpft mit der experimentellen Evidenz der Ladungsunabhängigkeit der Kernkräfte. Dieses Prinzip besagt, daß für äquivalente Raum- und Spinzustände die von der starken Wechselwirkung stammenden Kräfte zwischen irgendeinem der Paare von Nukleonen $n-n$, $n-p$ bzw.

p−p nur vom totalen Drehimpuls, Bahndrehimpuls, Spin und der Parität und nicht von ihrem Ladungszustand abhängen.

Die Tatsache, daß die stark wechselwirkenden Teilchen in Gruppen mit relativ kleiner Massendifferenz zwischen den einzelnen Mitgliedern jeder Gruppe zerfallen, bildet die Grundlage für die Zuordnung dieser Teilchen in Ladungs- oder Isospinmultipletts. Diese sind charakterisiert durch eine Isospinquantenzahl τ mit der Multiplizität $2\tau+1$. Die Komponenten der Multipletts, welchen die verschiedenen Teilchen in der Gruppe entsprechen, sind durch die Werte τ_3, die von $-\tau$ bis $+\tau$ laufen, charakterisiert.

Neutron und Proton können demzufolge als Subzustände eines Nukleonendubletts mit dem Isospin $\tau=\frac{1}{2}$ betrachtet werden. Analog zum Spindublett (s. Bd. III/1, S. 328) kann das Nukleonendublett durch zwei Isospinfunktionen χ_p und χ_n dargestellt werden. Dann hat τ_3 die Eigenwerte $+\frac{1}{2}$ und $-\frac{1}{2}$. Der Ladungszustand eines Teilchens oder eines Kerns in einem Isospinmultiplett steht in folgender Beziehung[1] zur dritten Komponente τ_3 des Isospinoperators:

$$Z=\frac{Q}{e}= B/2 +\tau_3, \qquad (7.1)$$

wo Z die Ordnungszahl, Q die elektrische Ladung und B die Baryonenzahl des Systems bedeutet.

Die Erhaltung der dritten Komponente τ_3 des Isospins ist gleichbedeutend mit der simultanen Erhaltung von elektrischer Ladung Q und Baryonenzahl B (vgl. Gl. (7.1)) und damit nach der Erfahrung allgemein gültig. Der Isospin τ dagegen bleibt nur bei starken Wechselwirkungen erhalten. Dies ist gleichbedeutend mit der Ladungsunabhängigkeit der starken Wechselwirkung. Die Erhaltung des Isospins bei der starken Wechselwirkung ist identisch mit der Invarianz dieser Wechselwirkung unter Isospin-Rotationen. Im Rahmen dieses Isospinformalismus besteht zwischen Neutron und Proton kein grundsätzlicher Unterschied. Ihre Verschiedenheit äußert sich nur in Effekten der elektromagnetischen und der schwachen Wechselwirkung.

Die folgenden Abschnitte sollen die Bedeutung der Erhaltungssätze für die quantitative Behandlung von Kernreaktionen illustrieren.

7.2. Energie- und Impulssatz. Nach der speziellen Relativitätstheorie ist die Masse m der Energie $E=mc^2$ äquivalent, wo c die Lichtgeschwindigkeit bedeutet. Bei nicht zu hohen Partikelenergien können

---

[1] Dies gilt für Nukleonen, Kerne und Pi-Mesonen, d.h. für Teilchen mit der sog. Seltsamkeitszahl (strangeness number) 0.

jedoch Energie- und Impulssatz nach den Gesetzen der nichtrelativistischen Mechanik behandelt werden. Wir wollen hier zur Illustrierung der Abweichung des klassischen vom relativistischen Fall die kinetische Energie eines Nukleons betrachten.
Es gelten folgende Beziehungen (s. Bd. III/1, S. 113):

$$E_{kin,rel} = m_0 c^2 \left(\frac{1}{\sqrt{1-\beta^2}} - 1 \right); \quad p = \frac{m_0 c \beta}{\sqrt{1-\beta^2}},$$

$$E_{kin,kl} = \frac{p^2}{2m_0}; \quad E_{kin,rel} = \sqrt{p^2 c^2 + m_0^2 c^4} - m_0 c^2$$

$$= m_0 c^2 \left\{ \sqrt{1 + \frac{p^2}{m_0^2 c^2}} - 1 \right\}.$$

Dabei bedeutet: p Impuls des Teilchens; m_0 Ruhemasse des Teilchens. Ist $p^2 \ll m_0^2 c^2$, so läßt sich die Wurzel entwickeln und nach wenig Gliedern abbrechen:

$$E_{kin,rel} \approx m_0 c^2 \left\{ \frac{p^2}{2 m_0^2 c^2} - \frac{p^4}{8 m_0^4 c^4} + \cdots \right\} = \frac{p^2}{2m_0} - \frac{p^4}{8 m_0^3 c^2} + \cdots.$$

Es ergibt sich zwischen klassischer und relativistischer Behandlung der Unterschied:

$$\Delta E_{kin} = E_{kin,kl} - E_{kin,rel} \approx \frac{p^4}{8 m_0^3 c^2}.$$

Für ein Nukleon mit $E_{kin} = 10$ MeV und $m_0 c^2 \approx 10^3$ MeV wird

$$\Delta E_{kin} \approx \frac{p^4}{8 m_0^3 c^2} = \frac{(p^2/2m_0)^2}{2 m_0 c^2} \approx \frac{(10 \text{ MeV})^2}{2 \cdot 10^3 \text{ MeV}} = 50 \text{ keV},$$

was $\frac{1}{2}\%$ der kinetischen Energie ausmacht. Bei genaueren Berechnungen müssen in diesem Energiebereich bereits, wie hieraus ersichtlich ist, die relativistischen Formeln Anwendung finden.

Betrachtet man den Ablauf einer Kernreaktion in einem abgeschlossenen System, so muß die Gesamtenergie erhalten bleiben, d.h. Anfangs- und Endenergie des Systems sind einander gleich. Bei bekannten Anfangs- und Endprodukten läßt sich daher mit dem Energiesatz die Energietönung Q der Reaktion angeben (vgl. Abschn. 3.2.3, S. 41). Umgekehrt kann aus einer Q-Bestimmung eine unbekannte Masse der in Wechselwirkung tretenden Kerne ermittelt werden. Diese Art der Massenbestimmung erfolgt z.B. für kurzlebige Nuklide und für das Neutron.

Beispiel: Die Bestimmung der Mindestenergie E_γ (sog. Schwellenenergie) für die Photospaltung des Deuterons (vgl. Abschn. 8.2) liefert die Neutronenmasse: $m_n = m_d - m_p + E_\gamma/c^2$.

Der Q-Wert der ^{2}D$(\gamma, n)^1$H-Reaktion ergibt sich zu $Q = -E_\gamma$, was dem Betrage nach der Bindungsenergie des Deuterons entspricht. Dabei wird von einem kleinen Beitrag (1,3 keV), herrührend von der Impulsübertragung des Photons auf das Deuteron, abgesehen.

Experimentell werden die kinetischen Energien (bzw. Impulse) der Endprodukte mit Hilfe geeigneter Nachweisinstrumente (Ionisationskammer, Festkörperzähler, magnetischer Analysator) bestimmt. Für geladene Anfangsprodukte bestimmt die Beschleunigungsspannung die kinetische Energie. Bei Neutronen als Geschosse kann sie aus der als bekannt vorausgesetzten Erzeugungsreaktion berechnet werden.

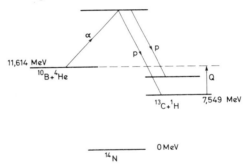

Fig. 192. Niveauschema zur Erläuterung der Reaktion ^{10}B$(\alpha, p)^{13}$C.

Führt die Reaktion zu einem angeregten Zustand des Endkernes, so vermindert sich die kinetische Energie der Endprodukte um den Betrag der Anregungsenergie. Energetisch läßt sich der gesamte Ablauf des Prozesses in einem Energieniveauschema darstellen, wie es Fig. 192 für die ^{10}B$(\alpha, p)^{13}$C-Reaktion zeigt. Die Energieskala wird von einem bestimmten Nullpunkt aus gezählt (in unserem Beispiel bestimmt der Grundzustand von ^{14}N den Nullpunkt). Mit Hilfe des Energiesatzes und mit Kenntnis der kinetischen Energien der an der Reaktion beteiligten Partikel lassen sich die Anregungsenergien des Endkernes bestimmen.

Die Erhaltung des Gesamtimpulses der an einer Reaktion beteiligten Partikel liefert ein weiteres Hilfsmittel zur quantitativen Erfassung der Vorgänge. Fig. 193 zeigt das Vektordiagramm der Impulse für ein System, in dem der Targetkern in Ruhe ist (Laborsystem),

7.2. Energie- und Impulssatz

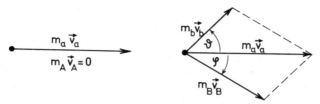

Fig. 193. Impulsdiagramm zur Reaktion A(a, b)B.

wobei a und A die Anfangs- und b und B die Endprodukte der Reaktion darstellen. $\vec{v}_a, \vec{v}_A = 0, \vec{v}_b$ und $\vec{v}_B$ sind die Geschwindigkeiten im Laborsystem, m_A, m_a, m_b und m_B bezeichnen die Massen. ϑ und φ bedeuten die Winkel zwischen der Richtung des einfallenden Teilchens a und der Flugrichtung der Teilchen b bzw. B im Laborsystem. $\vec{v}_a, \vec{v}_b$ und $\vec{v}_B$ liegen in einer Ebene. Der Impulssatz verlangt, daß die Summe der Impulskomponenten in Einfallsrichtung bzw. senkrecht dazu, vor und nach der Reaktion gleich sein müssen:

$$m_a v_a = m_b v_b \cdot \cos \vartheta + m_B v_B \cdot \cos \varphi$$
$$0 = m_b v_b \cdot \sin \vartheta - m_B v_B \cdot \sin \varphi. \qquad (7.2)$$

Durch Elimination von φ aus den beiden Gleichungen ergibt sich:

$$m_B^2 v_B^2 = m_b^2 v_b^2 + m_a^2 v_a^2 - 2 m_a m_b v_a v_b \cos \vartheta. \qquad (7.3)$$

Für den obigen Prozeß lautet der Energiesatz (nichtrelativistisch):

$$\tfrac{1}{2} m_a v_a^2 + Q = \tfrac{1}{2} m_b v_b^2 + \tfrac{1}{2} m_B v_B^2, \qquad (7.4)$$

wobei Q die Energietönung der Reaktion ist. Bei bekanntem Q kann aus den beiden Gln. (7.3) und (7.4) für einen gegebenen Emissionswinkel des Teilchens b seine Energie berechnet werden. Sie wird am größten, wenn der Endkern in Rückwärtsrichtung ($\varphi = \pi$) davonfliegt.

Mit Hilfe von Energie- und Impulssatz können über den Verlauf der Reaktion A(a, b) B weitere Details angegeben werden. Es kann z. B. die Energie des Partikels b bei beliebigem Beobachtungswinkel ϑ berechnet werden für eine Energie E_a der einfallenden Teilchen und eine Energietönung Q der Reaktion. Eliminiert man in Gl. (7.3) die Größe $(m_B v_B)^2$ mit Hilfe von Gl. (7.4), wobei die Geschwindigkeiten durch die Energien ausgedrückt werden $(v = (2E/m)^{\frac{1}{2}})$, so ergibt sich

$$Q = \left(\frac{m_a}{m_B} - 1 \right) E_a + E_b \left(1 + \frac{m_b}{m_B} \right) - 2 \frac{\sqrt{m_a m_b}}{m_B} \sqrt{E_a E_b} \cdot \cos \vartheta. \qquad (7.5)$$

Diese Gleichung ist unabhängig vom speziellen Reaktionsmechanismus. Gl. (7.5) ermöglicht eine Q-Wertsbestimmung, wenn für einen gegebenen Winkel ϑ die Energie E_b des Reaktionsproduktes b gemessen wird. Am bequemsten ist es, unter dem Winkel $\vartheta = \pi/2$ zu messen, weil das letzte Glied dann verschwindet. Umgekehrt kann aus Gl. (7.5) bei bekanntem Q-Wert die Energie E_b berechnet werden. Die Auflösung der quadratischen Gl. (7.5) ergibt

$$\sqrt{E_b} = \frac{\sqrt{m_a m_b}}{m_B + m_b} \cdot \left\{ \cos\vartheta \pm \sqrt{\cos^2\vartheta + \frac{m_B(m_b + m_B)}{m_a m_b}\left(\frac{Q}{E_a} + 1 - \frac{m_a}{m_B}\right)} \right\} \sqrt{E_a}. \quad (7.6)$$

Da für $\sqrt{E_b}$ nur reelle und positive Werte physikalisch sinnvoll sind, müssen sowohl der Radikand als auch der Klammerausdruck { } positiv sein. Eine Reaktion tritt daher nicht ein, wenn Q/E_a genügend klein ist, m_a/m_B einen gewissen Wert übersteigt und bei großen Reaktionswinkeln ϑ. In allen diesen Fällen kann wegen Nichterfüllbarkeit des Energie- oder/und Impulssatzes die Reaktion nicht stattfinden. Für

$$Q/E_a + 1 - m_a/m_B > 0 \quad (7.7)$$

wird der Wurzelausdruck in der Klammer $> |\cos\vartheta|$, so daß das negative Vorzeichen vor der Wurzel physikalisch unmöglich wird. Unter den Bedingungen von Ungleichung (7.7) wird für jeden Winkel ϑ ein Teilchen b mit eindeutiger Energie emittiert. Wenn der Wurzelausdruck reell und kleiner als $|\cos\vartheta|$ wird, so treten unter demselben Winkel (Laborsystem) zwei Partikel-Energien auf. Diese zwei Teilchengruppen b entsprechen z. B. den beiden in Vor- und Rückwärtsrichtung auftretenden Gruppen im Schwerpunktssystem, wobei die Geschwindigkeit des Schwerpunktes entgegengesetzt und dem Betrage nach größer ist als jene des rückwärtsfliegenden Teilchens. Im Laborsystem entstehen so unter dem gleichen Winkel ϑ zwei energetisch verschiedene Teilchengruppen. Mit Gl. (7.6) lassen sich alle diese Verhältnisse präzis diskutieren.

Einige konkrete Beispiele sollen die Ausführungen illustrieren.

a) $D(d, n)^3He$-Reaktion

Diese Reaktion dient häufig als Quelle monochromatischer Neutronen. Der positive Q-Wert beträgt $Q = 3,27$ MeV. Wegen der Coulomb-Abstoßung der zwei aufeinandertreffenden Deuteronen läuft die Reaktion bei $E_d = 0$ nicht ab. Ohne daß die Genauigkeit wesentlich beeinträchtigt wird, können anstelle der relativen Atom-

7.2. Energie- und Impulssatz

massen die Massenzahlen benutzt werden mit den Werten: $A_n = 1$, $A_d = 2$, $A_{3He} = 3$. Gl. (7.6), quadriert, vereinfacht sich damit zu

$$E_n = \frac{1}{8} \left\{ \cos\vartheta \pm \sqrt{\cos^2\vartheta + 6\left(\frac{3{,}27}{E_d} + \frac{1}{3}\right)} \right\}^2 E_d, \qquad (7.8)$$

wobei die Energien in MeV angegeben sind. Für diese Reaktion gibt es für jede Energie E_d und jeden Winkel ϑ nur eine einzige Energie E_n. Das negative Vorzeichen des Wurzelausdruckes in Gl. (7.8) ist physikalisch unmöglich. Unter $\vartheta = \pi/2$ ergibt sich eine Neutronenenergie von

$$E_n = \frac{1}{8} \cdot 6 \left(\frac{3{,}27}{E_d} + \frac{1}{3}\right) E_d = 2{,}45 \text{ MeV} + E_d/4.$$

Pro MeV Erhöhung der Einfallsenergie vergrößert sich die Neutronenenergie um 0,25 MeV. Zwischen Vorwärts- und Rückwärtsrichtung der Neutronen verändert sich ihre Energie für $E_d = 1$ MeV von

$$E_n(\vartheta = 0) = \tfrac{1}{8}\{1 + \sqrt{3 + 3{,}27 \cdot 6}\}^2 = 4{,}14 \text{ MeV}$$

nach

$$E_n(\vartheta = \pi) = \tfrac{1}{8}\{-1 + \sqrt{3 + 3{,}27 \cdot 6}\}^2 = 1{,}76 \text{ MeV}.$$

Die Neutronenenergie kann sowohl durch Änderung der Bombardierungsenergie E_d als auch durch Veränderung des Beobachtungswinkels ϑ variiert werden.

b) $^3\text{He}(n, p)^3\text{H}$-Reaktion

Diese Reaktion besitzt für thermische Neutronen (als thermisch bezeichnet man solche mit der kinetischen Energie $E \approx kT = 0{,}025$ eV) einen hohen Wirkungsquerschnitt von $\sigma_t \approx 5000$ b. Der Q-Wert beträgt 0,76 MeV. Dieses Beispiel demonstriert die Verhältnisse für thermische Neutronenreaktionen. Gl. (7.6) liefert für die Protonenenergie ($E_n \approx 0$)

$$E_p = \frac{m_{3H}}{m_{3H} + m_{1H}} Q \approx \frac{3}{4} Q.$$

Die Protonenenergie wird unabhängig vom Emissionswinkel der Protonen im Laborsystem. Physikalisch liegt der Grund hierfür darin, daß Labor- und Schwerpunktssystem zusammenfallen, so daß die beiden Reaktionsprodukte entgegengesetzt voneinander wegfliegen:

$$\vartheta + \varphi = \pi, \quad \text{wobei } E_p + E_{3H} = Q \text{ ist}.$$

Für $E_n > 0$ wird die Protonenenergie abhängig vom Emissionswinkel ϑ. Da $m_n < m_{3H}$, ist die Wurzel in Gl. (7.6) für jede Einfallsenergie E_n größer als $|\cos\vartheta|$, so daß nur das positive Vorzeichen im Klammerausdruck zulässig ist und E_p für jeden Winkel ϑ nur einen bestimmten Wert aufweist.

$$\sqrt{E_p} \approx \tfrac{1}{4}\{\cos\vartheta + \sqrt{\cos^2\vartheta + 12(Q/E_n + 2/3)}\}\sqrt{E_n}.$$

In der Vorwärtsrichtung besitzen die Protonen die maximale Energie. Werden in einem Zähler (z. B. Festkörperzähler, Ionisationskammer) sowohl die Energie der Protonen als auch diejenige der ^{3}H-Teilchen gemessen, so ergibt sich aus dem Energiesatz (Gl. (7.4))

$$E_{^1H} + E_{^3H} = E_n + Q.$$

Die gesamte Energie ist ein Maß für die Energie der einfallenden Neutronen. Im Spektrum der Summenimpulse erscheint bei der Energie $E_n + Q$ eine mehr oder weniger breite Linie (Fig. 194). Die Anwendbarkeit dieses einfachen Neutronenzählers wird begrenzt durch die gleichzeitig an ^{3}He auftretende elastische Neutronenstreuung (s. *H. Neuert*, Kernphysikalische Meßverfahren, 1966).

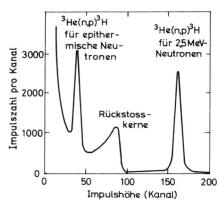

Fig. 194. Spektrum der Impulse eines ^{3}He-Zählers für 2,5-MeV-Neutronen (Rev. Sci. Instr., 35, 431, 1964).

c) Endotherme Reaktion

Ist der Q-Wert negativ, so ergeben sich aus dem Energie- und Impulssatz weitere Merkmale des Reaktionsablaufes. Das wichtigste ist die Energieschwelle, die das einfallende Teilchen zur Auslösung der Reaktion überwinden muß. Die kleinste Energie des einfallenden Teilchens, bei der die Reaktion möglich wird, nennt man Schwellenenergie E_s. Nach Gl. (7.6) wird für negatives Q und genügend kleine Einfallsenergie E_a die Wurzel imaginär, d.h. physikalisch ist der

Reaktionsablauf unmöglich. Mit zunehmender Energie E_a gibt es einen minimalen Wert E_s, die Schwellenenergie, für die der Wurzelausdruck null wird, wobei für ϑ der Wert $0°$ einzusetzen ist. Dies bedeutet, daß beim Einsetzen der Reaktion die Teilchen b in Vorwärtsrichtung emittiert werden:

$$1+\frac{m_B(m_b+m_B)}{m_a m_b}\left(\frac{Q}{E_s}+1-\frac{m_a}{m_B}\right)=0.$$

Hieraus folgt für die Schwellenenergie E_s:

$$E_s=-\frac{m_b+m_B}{m_b+m_B-m_a}Q. \qquad (7.9)$$

Betrachtet man die Reaktion im Schwerpunktssystem, so besitzen bei der Schwelle die entstehenden Reaktionsprodukte die kinetische Energie Null. Die Energie im Laborsystem stammt vollständig von der Energie des Schwerpunktes her. Mit zunehmender Einfallsenergie ($E_a > E_s$) erscheinen im Laborsystem Teilchen b mit wachsendem Emissionswinkel ϑ. Für $\vartheta = \pi/2$ können erstmals b-Partikel beobachtet werden, wenn die Einfallsenergie E der folgenden Bedingung genügt (vgl. Gl. (7.6)):

$$\frac{m_B(m_b+m_B)}{m_a m_b}\left(\frac{Q}{E}+1-\frac{m_a}{m_B}\right)=0,$$

d.h.

$$E=-\frac{m_B}{m_B-m_a}Q.$$

Der Bereich unmittelbar oberhalb der Schwellenenergie entspricht der Situation, bei der unter kleinen Winkeln ($\vartheta \ll 1$) zwei E_b-Werte auftreten (vgl. S. 232).

Beispiel: $^{16}O(n,\alpha)^{13}C$-Reaktion. $Q = -2,21$ MeV.

Die Schwellenenergie der Reaktion beträgt nach Gl. (7.9)

$$E_s=\frac{4+13}{17-1}\,2,21\text{ MeV}=2,35\text{ MeV}.$$

Fig. 195 zeigt den experimentell bestimmten Wirkungsquerschnitt

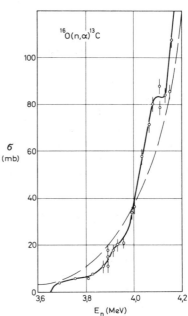

Fig. 195. Wirkungsquerschnitt der $^{16}O(n,\alpha)$-Reaktion in Funktion der Neutronenenergie (Helv. Phys. Acta, **28**, 227, 1955).

der (n, α)-Reaktion an ^{16}O in Funktion der Neutronenenergie (sog. Anregungsfunktion). Daß die Reaktion nicht bereits für die Schwellenenergie nachweisbar ist, zeigt, daß die Wahrscheinlichkeit für den Austritt der α-Teilchen aus dem Zwischenkern bei kleinen Energien infolge des Coulomb-Walles sehr klein ist.

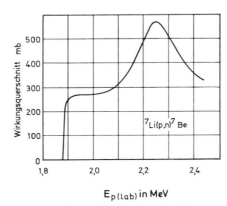

Fig. 196. Wirkungsquerschnitt der ^{7}Li(p, n)^{7}Be-Reaktion in Abhängigkeit der Protonenenergie (Phys. Rev., **109**, 105, 1958).

Fig. 196 zeigt die Anregungsfunktion der Reaktion ^{7}Li(p, n)^{7}Be. Der Q-Wert beträgt Q = −1,6433 MeV. Die Schwellenenergie berechnet sich nach Gl. (7.9) zu $E_s = (8,02384/7,01655) \cdot 1,6433$ MeV = 1,8792 MeV. Da für Neutronen kein Coulomb-Wall existiert, läßt sich die Schwellenenergie experimentell sehr genau bestimmen ($E_{s,\,exp} = (1880,6 \pm 0,3)$ keV).

Schwellenreaktionen können für die Eichung von Partikelenergien benützt werden.

7.2.1. Anwendung von Energie- und Impulssatz auf elastische und inelastische Streuprozesse. Die im vorigen Kapitel angestellten Überlegungen lassen sich ebenfalls auf Streuprozesse übertragen, da, wie bereits betont, die Ergebnisse unabhängig sind von der Art der Kernwechselwirkung. Hier wollen wir besonders die wichtige Gruppe der elastischen Streuprozesse untersuchen, da sie für die Erkennung von Kerneigenschaften und als meßtechnische Hilfsmittel bedeutungsvoll sind.

Bei einer elastischen Streuung bleibt die kinetische Energie erhalten: Es ist daher Q = 0. Wenn das einfallende Partikel a nach dem Prozeß wieder beobachtet wird, ist $m_a = m_b$ und $M_B = M_A$ zu setzen. Gl. (7.6) reduziert sich damit auf die Form (E'_a bezeichnet die Energie nach der elastischen Streuung)

$$\sqrt{E'_a} = \frac{m_a}{m_a + m_A} \left\{ \cos \vartheta \pm \sqrt{\cos^2 \vartheta + \frac{m_A^2 - m_a^2}{m_a^2}} \right\} \sqrt{E_a}, \quad (7.10)$$

wo E_a die Einfallsenergie bezeichnet. Für den zentralen Stoß ($\vartheta = \pi$; $m_a \leq m_A$) ergibt sich (da der Ausdruck in der Klammer positiv sein muß, ist nur das +-Zeichen physikalisch sinnvoll)

$$E'_a = \left(\frac{m_A - m_a}{m_A + m_a} \right)^2 E_a. \quad (7.11)$$

Sofern $m_A \gg m_a$ (Neutronenstreuung an schweren Kernen) ist, wird das leichte Teilchen mit nahezu der vollen Energie rückwärts gestreut. Für $m_A = m_a$ (z. B. Streuung von Neutronen an Wasserstoff) verliert beim zentralen Stoß das Neutron seine gesamte kinetische Energie (Bremsung von Neutronen in wasserstoffhaltigen Substanzen). Ist die Masse des Streukerns m_A kleiner als diejenige des einfallenden Teilchens m_a, so werden Teilchen nur bis zu einem maximalen Winkel, der durch die Bedingung $\cos^2 \vartheta_{max} = (m_a^2 - m_A^2)/m_a^2$ bestimmt ist, gestreut. Für $m_A \ll m_a$ ist lediglich noch der Streuwinkel $\vartheta = 0$, d. h. Vorwärtsstreuung, zulässig (z. B. Bremsung von Ionen durch Wechselwirkung mit verhältnismäßig schwach gebundenen Elektronen).

Die Energie des Rückstoßkernes ergibt sich aus Gl. (7.6), indem m_b durch m_A, m_B durch m_a und ϑ durch φ ersetzt werden:

$$\sqrt{E'_A} = \frac{\sqrt{m_a m_A}}{(m_a + m_A)} \{ \cos \varphi + \sqrt{\cos^2 \varphi} \} \sqrt{E_a}$$

$$= 2 \frac{\sqrt{m_a m_A}}{m_a + m_A} \cos \varphi \cdot \sqrt{E_a}, \quad (7.12)$$

d. h.

$$E'_A = \frac{4 m_a m_A}{(m_a + m_A)^2} \cos^2 \varphi \cdot E_a.$$

Elastische Streuprozesse lassen sich sehr einfach im Schwerpunktssystem (S-System) beschreiben. Dabei bleibt der Schwerpunkt des Systems während des gesamten Prozeßablaufes in Ruhe. Fig. 197 zeigt die Verhältnisse im Schwerpunktssystem und im Laborsystem (L-System). Bei der elastischen Streuung im S-System sind die Beträge der Geschwindigkeiten der Teilchen nach dem Stoß unabhängig vom Streuwinkel ϑ_S. Vom S-System kann auf das L-System transformiert werden, wenn zu allen Geschwindigkeiten des S-Systems die Schwer-

238   7. Erhaltungssätze und Kernreaktionen

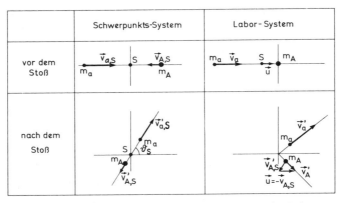

Fig. 197. Elastische Streuung im Schwerpunktssystem und im Laborsystem.

punktsgeschwindigkeit $\vec{u} = -\vec{v}_{A,S}$ addiert wird. Weil $|u| = |v_{A,S}|$, läßt sich $\vec{v}'_A$ durch eine einfache graphische Konstruktion ermitteln (Fig. 198a).

Eine analoge Konstruktion ist auch für die inelastische Streuung möglich (Fig. 198b). In diesem Falle lauten im S-System Impuls- und Energiesatz:

$$m_a \vec{v}_{a,S} + m_A \vec{v}_{A,S} = m_a \vec{v}'_{a,S} + m'_A \vec{v}'_{A,S} = 0$$
$$\tfrac{1}{2} m_a v'^2_{a,S} + \tfrac{1}{2} m'_A v'^2_{A,S} = E + Q,$$
(7.13)

wobei E die gesamte kinetische Energie im S-System vor dem Stoß, Q die Energietönung der Reaktion und die gestrichenen Größen Geschwindigkeiten und Massen nach dem Stoß bezeichnen. Die Geschwindigkeit $v'_{A,S}$ nach dem Stoß ergibt sich aus Gl. (7.13) für $m'_A \approx m_A$ zu:

$$v'_{A,S} = \sqrt{\frac{2 m_a (E + Q)}{m_A (m_a + m_A)}}.$$
(7.14)

$v'_{A,S}$ ist im S-System ebenfalls unabhängig vom Streuwinkel ϑ_S. Durch Addition der Schwerpunktsgeschwindigkeit u zu $v'_{A,S}$ ergibt sich die Geschwindigkeit des Rückstoßkernes v'_A im L-System. Die entsprechende graphische Konstruktion zeigt ebenfalls Fig. 198. Für die elastische Streuung (Q=0) variiert v'_A im L-System zwischen 0 (für $\vartheta = 0$) und $2v'_{A,S}$, während bei der inelastischen Streuung (Q<0) die Rückstoßgeschwindigkeit v'_A im L-System zwischen einem Minimum $u - v'_{A,S}$ und einem Maximum $u + v'_{A,S}$ liegt. Überdies erscheinen im L-System Rückstoßkerne nur noch unter Winkeln $\vartheta < 90°$. Der maximale Streuwinkel wird durch die Tangente an den Kreis vom Punkt 0 aus festgelegt.

Aus Fig. 198 können auch die Relationen zwischen den Streuwinkeln ϑ_S und φ im S- bzw. L-System hergeleitet werden. Für die elastische Streuung läßt sich aus Fig. 198a direkt ablesen:

$$2\varphi + \vartheta_S = \pi, \quad \text{d.h.} \quad \varphi = \pi/2 - \vartheta_S/2.$$

7.2. Energie- und Impulssatz

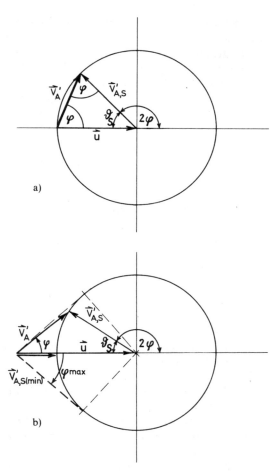

Fig. 198. Graphische Ermittlung der Rückstoßgeschwindigkeit im Laborsystem für a) elastische und b) inelastische Streuung.

Aus Fig. 198b erhält man für die inelastische Streuung die Beziehung:

$$\frac{\sin\varphi}{\sin(\pi-(\varphi+\vartheta_S))} = \frac{v'_{A,S}}{u} = \frac{v'_{A,S}}{v_{A,S}}.$$

Bei elastischem Stoß zwischen Partikeln gleicher Masse ($m_a = m_A$) erfolgt im L-System die Streuung derart, daß die Geschwindigkeiten der beiden Teilchen im nichtrelativistischen Fall senkrecht aufeinander stehen. Dies läßt sich einfach einsehen. Im S-System fliegen die beiden Partikel mit entgegengesetzter Geschwindigkeit ($|\vec{v}'_{a,s}| = |\vec{v}'_{A,s}|$) auseinander. Die graphische Ermittlung der Geschwindigkeiten $\vec{v}'_a$ und v'_A im L-System zeigt Fig. 199, woraus $\varphi + \vartheta = \pi/2$ evident wird als Winkel über einem Kreisdurchmesser.

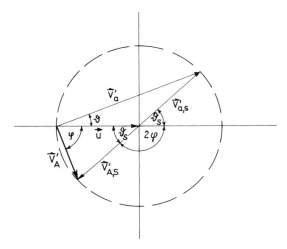

Fig. 199. Graphische Ermittlung der Rückstoßgeschwindigkeit für den elastischen Stoß von Partikeln gleicher Masse ($m_a = m_A$).

Die elastische Streuung zwischen Neutron und Proton spielt für die Energiebestimmung von Neutronen eine große Rolle. Beim zentralen elastischen Stoß wird die gesamte kinetische Energie des Neutrons auf das Proton übertragen (abgesehen von der Auswirkung der kleinen Massendifferenz der beiden Partikel) und kann damit einfach bestimmt werden. Beim thermischen Uranreaktor (s. Kap. 9) werden die bei der Spaltung entstehenden schnellen Neutronen durch Streuprozesse am Moderator verlangsamt.

7.2.2. Übersicht über Neutronenreaktionen. In Tabelle 22 sind die wichtigsten Reaktionen von Neutronen mit Atomkernen aufgeführt. Die Wechselwirkungen sind nach abnehmendem Querschnitt geordnet. Bei leichten Kernen ist die Reihenfolge allerdings nicht eindeutig, weil die verschiedenen Kerne in diesem Bereich des periodischen Systems zu große Unterschiede und Eigenheiten zeigen.

Die häufigste Wechselwirkung von Neutronen mit Kernen ist die elastische Streuung. Sie tritt bei beliebigen Energien und bei allen

7.2. Energie- und Impulssatz

Tabelle 22. Übersicht über Neutronenreaktionen

Neutronenenergie	Leichte Kerne A < 30	Mittlere Kerne 30 < A < 100	Schwere Kerne A > 100
0 – 1 keV	elast. Streuung (n, γ)	elast. Streuung (n, γ)	elast. Streuung (n, γ) Spaltung von bestimmten Kernen in allen Energiebereichen
1 – 500 keV	elast. Streuung (n, p)-Reaktion (n, γ)	elast. Streuung (n, γ)	elast. Streuung (n, γ)
0,5 – 10 MeV	elast. Streuung (n, p) (n, α) inelast. Streuung	elast. Streuung inelast. Streuung (n, p) (n, α)	elast. Streuung inelast. Streuung (n, p) (n, γ)
10 – 200 MeV	Verdampfungsreaktionen: (n, 2n), (n, np), (n, 2p), (n, 3n) etc. Inelastische und elastische Streuung (n, p) und (n, α)		
0,2 – 2 GeV	Verdampfungsreaktionen Inelastische und elastische Streuung Mesonenproduktion		
$E_n > 2$ GeV	Zusätzlich Hyperonenproduktion		

Kernen auf und besitzt für $E_n < 10$ MeV vielfach den größten Teilwirkungsquerschnitt.

Für Energien unterhalb 0,5 MeV steht bei den meisten Kernen die (n, γ)-Reaktion, d.h. der Neutroneneinfang, an zweiter Stelle. Mit steigender Energie E_n nimmt die Aufenthaltsdauer τ eines einfallenden Neutrons innerhalb des Wechselwirkungsabstandes R ($\approx$ Kernradius) des Targetkernes (Massenzahl A) ab:

$$\tau \approx R\sqrt{\frac{m}{2E_n}} = r_0 A^{\frac{1}{3}} \sqrt{\frac{A}{2NE_n}}, \quad N = \text{Avogadrosche Zahl}.$$

Damit verringert sich auch die Wahrscheinlichkeit für den Neutroneneinfang, und zwar um so stärker, je kleiner die Massenzahl des Targetkernes ist.

Inelastische Streuung tritt vor allem bei Kernen auf, die viele Niveaus im Energiebereich der einfallenden Neutronen besitzen. Mittlere und schwere Kerne haben schon zwischen 0 und wenigen MeV viele angeregte Zustände, so daß die inelastische Streuung von entsprechend großer Bedeutung ist.

Reaktionen, bei denen geladene Teilchen (vorwiegend Protonen und α-Teilchen) emittiert werden, sind bei mäßigen Energien ($E_n < 10$ MeV) und schweren Kernen durch die Coulomb-Barriere behindert. Sie treten daher in diesem Energiebereich vor allem bei leichten Kernen mit kleiner Höhe und Breite des Coulomb-Walles auf.

Wenn die Energie der einfallenden Neutronen die Bindungsenergie pro Nukleon übersteigt, treten Verdampfungsreaktionen in den Vordergrund. Für die Erzeugung von Mesonen und Hyperonen schließlich sind Neutronenenergien oberhalb etwa 200 MeV bzw. 1,6 GeV notwendig (vgl. Kap. 10).

7.3. Drehimpuls- und Paritätserhaltung[1]. Es ist sinnvoll, die Folgen der Drehimpulserhaltung bei Kernreaktionen gleichzeitig mit denjenigen der Paritätserhaltung zu behandeln. Dabei beschränken wir uns auf Kernreaktionen vom Typ $a + A \to B + b$ (S. 254). Daß der Anfangszustand nur zwei Teilchen enthält, ist experimentell bedingt. Die Zahl der Reaktionsprodukte dagegen hängt von der totalen Energie ab, die für die Reaktion zur Verfügung steht. Falls diese Energie genügend groß ist, können drei und mehr Partikel auftreten. Für eine kinetische Energie E_a des einfallenden Teilchens von $E_a < 10$ MeV dagegen werden meistens nur zwei Reaktionsprodukte erzeugt. Solche Reaktionen zeigen besonders deutlich die Folgen der Erhaltungssätze, weshalb wir uns auf diesen Reaktionstyp beschränken.

Die Eigendrehimpulse (Spins) der vier an der Reaktion beteiligten Teilchen seien $\vec{I}_A, \vec{I}_a, \vec{I}_B$ und $\vec{I}_b$. Außer den Spins besitzt das System der Teilchen A und a vor der Reaktion bezüglich dem Schwerpunkt den Bahndrehimpuls $\vec{l}$. Der entsprechende Bahndrehimpuls des Systems der Teilchen B und b nach der Reaktion sei $\vec{l}'$. Vor bzw. nach der Reaktion besitzt das System demnach den Gesamtdrehimpuls

$$\vec{J}_{vor} = \vec{I}_A + \vec{I}_a + \vec{l} \qquad (7.15)$$

bzw.

$$\vec{J}_{nach} = \vec{I}_B + \vec{I}_b + \vec{l}'. \qquad (7.16)$$

Drehimpulserhaltung für ein isoliertes System fordert

$$\vec{I}_A + \vec{I}_a + \vec{l} = \vec{I}_B + \vec{I}_b + \vec{l}'. \qquad (7.17)$$

---

[1] Die Abschnitte 7.3 – 8.7 wurden unter Mitarbeit von Prof. *S. E. Darden*, University of Notre Dame, Southbend, Ind., USA, verfaßt.

7.3. Drehimpuls- und Paritätserhaltung

Daher gilt auch für die z-Komponente des Gesamtdrehimpulses:

$$M_A + M_a + m = M_B + M_b + m', \qquad (7.18)$$

wobei M die z-Komponente des Drehimpulses $\vec{I}$ für den Kern und m jene für den Bahndrehimpuls $\vec{l}$ bezeichnet (m' ist die Komponente des Bahndrehimpulses $\vec{l}'$ nach der Reaktion). Wird als Quantisierungs-Achse die Flugrichtung der einfallenden Partikel gewählt, so ist die z-Komponente m des Bahndrehimpulses null.

Zur Beschreibung der Paritätserhaltung der Reaktion A(a, b) B muß die Wellenfunktion des Systems vor und nach der Reaktion bekannt sein. Wenn die Teilchen A und a weit voneinander entfernt sind, kann die Wellenfunktion des Systems vor der Reaktion in der Produktform

$$\psi_{\text{vor}} = \psi_A \psi_a \sum_l \psi_{A+a}^l \qquad (7.19)$$

angesetzt werden. ψ_A und ψ_a sind die Wellenfunktionen der Partikel im Eingangskanal und ψ_{A+a}^l beschreibt die relative Bewegung der beiden Teilchen. Da die totale Wellenfunktion i.a. Anteile verschiedener Bahndrehimpulse enthält, besitzt sie keine eindeutige Parität (vgl. Bd. III/1, S. 265). Wir können jedoch einen Term dieser Wellenfunktion auswählen, der einer gewissen Partialwelle entspricht und damit eine eindeutige Parität besitzt. Die Funktion ψ_{A+a}^l ist z.B. ein solcher Term. Sie enthält einen Winkelanteil (er ist proportional einer Kugelfunktion $Y_l^m(\vartheta, \varphi)$), der zu einem bestimmten Bahndrehimpuls gehört.

Ein entsprechender Ausdruck kann dem System nach der Reaktion zugeordnet werden:

$$\psi_{\text{nach}} = \psi_B \psi_b \sum_{l'} \psi_{B+b}^{l'}. \qquad (7.20)$$

Die Parität π eines Zustandes, der durch einen Term der Summe von (7.19) beschrieben werden kann, ist dann gegeben durch das Produkt der Paritäten der einzelnen Wellenfunktionen:

$$\pi_{\text{vor}} = \pi_A \pi_a \pi_l. \qquad (7.21)$$

Nach Bd. III/1, S. 265 gilt $\pi_l = (-1)^l$, wobei positive und negative Parität mit $+1$ bzw. -1 bezeichnet ist. Daher wird Gl. (7.21)

$$\pi_{\text{vor}} = \pi_A \pi_a (-1)^l.$$

Im Laufe der Kernreaktion wird die Wellenfunktion (Gl. (7.19)) in jene von Gl. (7.20) übergeführt. Die Paritätserhaltung verlangt für die einzelnen Terme

$$\pi_{vor} = \pi_A \pi_a (-1)^l = \pi_{nach} = \pi_B \pi_b (-1)^{l'}. \tag{7.22}$$

Wie bereits erwähnt, sind bei einer Kernreaktion normalerweise mehrere relative Bahndrehimpulse möglich, so daß eine Anzahl Spin- und Paritätswerte J^π_{vor} und J^π_{nach} vorkommt. Trotzdem lassen sich wichtige Informationen aus der Anwendung der Gl. (7.17) und (7.22) gewinnen.

Beispiele:
^{3}He(d, p)^{4}He-Reaktion. Hier wird das System ^{3}He + d in dasjenige von ^{4}He + p übergeführt, wobei eine Energie von 18,3 MeV frei wird. Für Einfallsenergien der Deuteronen weit unter 1 MeV ist nur der Bahndrehimpuls $l = 0$ von Bedeutung (Deuteronen mit $l \neq 0$ kommen bei kleinen Energien nicht in den Bereich der Kernkräfte), so daß nach Gl. (7.15) und (7.22) gilt:

$$J^\pi_{vor} = \tfrac{1}{2}^+ \quad \text{oder} \quad \tfrac{3}{2}^+.$$

Die positive Parität ergibt sich aus dem geraden l-Wert und den positiven Paritäten der Grundzustände von ^{3}He und d. Spin und Parität des Grundzustandes des Endkerns ^{4}He sind $I^\pi = 0^+$. Die Parität des Protons ist positiv. Demnach können infolge der Paritätserhaltung nur gerade l'-Werte der emittierten Teilchen auftreten. Gl. (7.17) lautet daher:

$$\tfrac{1}{2} = \tfrac{1}{2} + \vec{l}' \quad \text{oder} \quad \tfrac{3}{2} = \tfrac{1}{2} + \vec{l}'.$$

Der Wert $J_{vor} = \tfrac{1}{2}$ entspricht $l' = 0$ und $J_{vor} = \tfrac{3}{2}$ dem Wert $l' = 2$. Wegen der Paritätserhaltung kann $l' = 1$ nicht auftreten.

Die Winkelverteilung der Partikel B und b nach der Reaktion hängt von der Wellenfunktion $\psi^{l'}_{B+b}$ ab. Läuft z.B. die Reaktion mit dem Gesamtspin $J^\pi = \tfrac{3}{2}^+$ ab (was bei kleinen Einfallsenergien der Fall ist), so ist die Wellenfunktion der auslaufenden Teilchen proportional der Summe:

$$\sum_{m'=-2}^{+2} Y_2^{m'}(\vartheta, \varphi).$$

Für unpolarisierte Deuteronen und ^{3}He-Targetkerne sind alle fünf m'-Werte gleich wahrscheinlich. Dies ist so, weil ein aus unorientierten Teilchen gebildetes System selber unorientiert bleibt, vorausgesetzt, daß der Bahndrehimpuls vor der Reaktion keine Orientierung durch den Einfluß der Spin-Bahn-Kopplung bewirkt. Diese Voraussetzung ist hier erfüllt, denn bei kleiner Einfallsenergie ist $l = 0$.

7.3. Drehimpuls- und Paritätserhaltung

Die Funktionen $Y_2^{m'}(\vartheta, \varphi)$ sind (s. Bd. III/1, S. 250):

$$Y_2^0(\vartheta, \varphi) = \sqrt{\frac{5}{4\pi}}(\tfrac{3}{2}\cos^2\vartheta - \tfrac{1}{2})$$

$$Y_2^{\pm 1}(\vartheta, \varphi) = \mp\sqrt{\frac{15}{8\pi}}\sin\vartheta\cos\vartheta\, e^{\pm i\varphi} \qquad (7.23)$$

$$Y_2^{\pm 2}(\vartheta, \varphi) = \sqrt{\frac{15}{32\pi}}\sin^2\vartheta\, e^{\pm 2i\varphi}.$$

Die zu erwartende Winkelverteilung der emittierten Protonen muß ein Mittel sein aus den Verteilungen, die den fünf m'-Werten entsprechen. Der differentielle Wirkungsquerschnitt ist proportional zur Wahrscheinlichkeitsdichte $|\psi_{B+b}^{l'}|^2$. Die Berechnung, die jedoch den Rahmen dieser Betrachtungen übersteigt, ergibt

$$\sigma(\vartheta) \propto |Y_2^0|^2 + |Y_2^1|^2 + |Y_2^{-1}|^2 + |Y_2^2|^2 + |Y_2^{-2}|^2$$

$$= \frac{5}{4\pi}\left(\frac{9}{4}\cos^4\vartheta - \frac{3}{2}\cos^2\vartheta + \frac{1}{4}\right) + \frac{15}{4\pi}\sin^2\vartheta\cos^2\vartheta + \frac{15}{16\pi}\sin^4\vartheta = \frac{5}{4\pi}.$$

Wie einfach zu verifizieren ist, wird die rechte Seite unabhängig von ϑ, d.h. man erwartet eine isotrope Verteilung der Protonen.

Die emittierten Protonen weisen keine Polarisation auf, da weder die Spins noch der Bahndrehimpuls eine besondere Richtung auszeichnen. Dieses Bild ändert sich für Bahndrehimpulse $l > 0$ oder bei Polarisation der Deuteronen und/oder der ^{3}He-Kerne. In diesem Falle sind die durch die verschiedenen m'-Werte gekennzeichneten Subzustände ungleichmäßig bevölkert, was eine anisotrope Verteilung der auslaufenden Teilchen verursacht. Diese hängt vom Polarisationszustand der einlaufenden Teilchen ab. Befinden sich z.B. die ^{3}He-Targetkerne ausschließlich im $M_A = +\tfrac{1}{2}$- und die Deuteronen im $M_a = +1$-Zustand, so ist offensichtlich nur eine z-Komponente $M = +\tfrac{3}{2}$ des Gesamtdrehimpulses möglich. Es können in diesem Falle keine Protonen in der Polarisationsrichtung (= Einfallsrichtung) emittiert werden, da das System $B + b$ in Flugrichtung des Protons keine Bahndrehimpulskomponenten aufweist und höchstens die Spinkomponente $M_b = \tfrac{1}{2}$ mitführt. Die Erhaltung der z-Komponente des Gesamtdrehimpulses für in Einfallsrichtung emittierte Protonen ist unmöglich. Sie wird nur gewährleistet, sofern die Protonen mindestens eine Komponente des Bahndrehimpulses mit $m' = 1$ in der Polarisationsrichtung mitführen. Dies gibt auch Anlaß zu einer ungleichmäßiger Besetzung der $M_b = \pm \frac{1}{2}$-Zustände der auslaufenden Protonen, d.h. zu einer Polarisation dieser Partikel. Für $\vartheta = 90°$ z.B. wird nach Gl. (7.23) nur die Partialwelle mit $m' = +2$ einen Beitrag liefern. In diesem Falle müssen wegen der Drehimpulserhaltung alle emittierten Protonen die magnetische Spinquantenzahl $M_b = -\frac{1}{2}$ aufweisen, d.h. voll polarisiert sein. Der Erhaltungssatz für den Drehimpuls macht sich also nicht nur in der Winkelverteilung der ausgestrahlten Teilchen, sondern auch in der Besetzung der Spinzustände bemerkbar, d.h. in der Polarisation dieser Teilchen.

^{9}Be$(\alpha, n)^{12}$C-Reaktion. Diese Reaktion hat einen positiven Q-Wert von 5,18 MeV. Im Grundzustand von ^{9}Be ist $I^\pi = \frac{3}{2}^-$, in demjenigen von ^{12}C $I^\pi = 0^+$. Für den Bahndrehimpuls $l = 2$ des anfänglichen Systems sind folgende Spin- und Paritätswerte zu erwarten:

$$\vec{J}^\pi_{vor} = \frac{3}{2}^- + \vec{2}^+ \to \frac{1}{2}^-; \quad \frac{3}{2}^-; \quad \frac{5}{2}^-; \quad \frac{7}{2}^-.$$

Da der Endkern ^{12}C den Spin 0 besitzt, sind die relativen Bahndrehimpulse der auslaufenden Teilchen eindeutig bestimmt. Es ergibt sich aus $\vec{J}^\pi_{nach} = \vec{J}^\pi_{vor}$ und Gl. (7.16) (der 0^+-Zustand des ^{12}C-Kernes auf der rechten Seite wird weggelassen):

$$\vec{J}^\pi_{vor} = \tfrac{1}{2}^- = \vec{J}^\pi_{nach} = \tfrac{1}{2}^+ + \vec{l}'; \quad \vec{l}' = \vec{1}$$
$$= \tfrac{3}{2}^- \quad\quad = \tfrac{1}{2}^+ + \vec{l}'; \quad \vec{l}' = \vec{1}$$
$$= \tfrac{5}{2}^- \quad\quad = \tfrac{1}{2}^+ + \vec{l}'; \quad \vec{l}' = \vec{3}$$
$$= \tfrac{7}{2}^- \quad\quad = \tfrac{1}{2}^+ + \vec{l}'; \quad \vec{l}' = \vec{3}.$$

Der Endkern ^{12}C kann auch in einem angeregten Zustand zurückgelassen werden. Der erste angeregte Zustand liegt bei einer Anregungsenergie von 4,4 MeV und hat $J^\pi = 2^+$. In diesem Falle können die Neutronen daher mehr als einen l'-Wert aufweisen. Für $J^\pi_{vor} = \frac{5}{2}^-$ z.B. wird nach Gl. (7.17) und (7.22) $\frac{5}{2}^- = \vec{l}' + \vec{2}^+ + \vec{\frac{1}{2}}^+$, was für l' die Werte 1, 3 und 5 zuläßt. Je nach dem Paritätswert des Gesamtsystems treten nur gerade oder ungerade Bahndrehimpulse auf. Für einen einzigen Paritätswert des Gesamtsystems wird die Winkelverteilung der emittierten Teilchen symmetrisch zu $\vartheta = 90°$, was aus den Symmetrieeigenschaften der Kugelfunktionen $Y_l^{m'}(\vartheta, \varphi)$ folgt. Zu geraden (bzw. ungeraden) l' bzw. m' gehören Kugelfunktionen, die symmetrisch (bzw. antisymmetrisch) sind bezüglich $\vartheta = \pi/2$. Die Winkelverteilung ist proportional zu $\sum_{m'} |\sum_{l'} \alpha_{l'}^{m'} Y_l^{m'}(\vartheta, \varphi)|^2$, so daß $\sigma(\vartheta)$ symmetrisch wird. Hierbei erstreckt sich die Summierung der Absolutquadrate über die möglichen Kanalspinprojektionen und daher über die möglichen m'-Werte. Die Koeffizienten $\alpha_{l'}^{m'}$ sind noch vom Gesamtdrehimpuls $\vec{J}$ und dessen Projektionen abhängig.

Eine Verletzung der Paritätserhaltung für Kernwechselwirkungen hätte, trotz bestimmter Parität im Eingangskanal, eine Mischung von geraden und ungeraden l'-Werten zur Folge, was zu einer asymmetrischen Winkelverteilung führen würde.

7.4. Zeitumkehrinvarianz und ihre Bedeutung für Kernreaktionen.

Ein anschauliches und einfaches Beispiel der Zeitumkehrinvarianz in der Kernphysik liegt bei Umkehrreaktionen vor:

$$\text{Reaktion: } a + A \to B + b;$$
$$\text{Umkehrreaktion: } b + B \to A + a.$$
(7.24)

Invarianz unter Zeitumkehr bedeutet, daß die physikalischen Gesetze genau dieselben bleiben bei rückwärtslaufender Zeit. Wenn die Geschwindigkeit eines Planeten umgekehrt wird, läuft er in derselben Bahn rückwärts. Bewegt sich ein geladenes Teilchen unter Einfluß eines magnetischen Feldes (erzeugt durch den Strom in einer Spule) auf einer Kreisbahn, so bewegt es sich bei Zeitumkehr genau im umgekehrten Sinne auf derselben Bahn. Zeitumkehr bedeutet hier nicht nur Umkehrung der Geschwindigkeit des Teilchens, sondern auch Umkehrung der Stromrichtung in der Spule.

Um eine Folge der Zeitumkehrinvarianz für Kernreaktion einzusehen, betrachten wir die klassische Darstellung der Reaktion (7.24). Fig. 200a zeigt die einfallenden Teilchen a und A vor und die nach

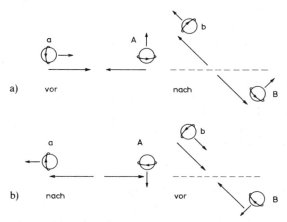

Fig. 200. Zeitumkehr. a) Reaktion $a + A \to B + b$. b) Reaktionsverlauf bei Zeitumkehr.

der Reaktion auslaufenden Teilchen b und B, wobei die Spins aller Teilchen eine bestimmte Orientierung aufweisen sollen. Fig. 200b ist das klassische Bild der Reaktion von Fig. 200a nach der Zeitumkehr-Operation. Rückwärtslaufende Zeit bedeutet nicht nur eine Umkehrung der Geschwindigkeiten, sondern auch aller Spinrichtungen.

Um die Wirkung der Zeitumkehrinvarianz für eine Reaktion darstellen zu können, muß zwischen ein- und auslaufenden Wellen eine Beziehung angegeben werden. Die elastische Streuung von Teilchen kann z.B. mit Hilfe von Streuphasen (vgl. Abschn. 8.3) beschrieben werden. Diese Beschreibungsart läßt sich auch auf Reaktionen anwenden, wenn die Phasen und die Amplituden der verschiedenen auslaufenden Wellen spezifiziert werden. Dazu wird der Begriff des Reaktionskanals eingeführt. Ein Reaktionskanal ist gekennzeichnet durch ein auslaufendes Teilchenpaar B und b in bestimmten Energie- und Spinzuständen und gegebenem relativem Bahndrehimpuls. Als Eingangskanal wird die entsprechende Festlegung für das einlaufende Teilchenpaar A und a gemacht. Die komplexe Amplitude der auslaufenden Kugelwelle in einem Reaktionskanal K', die von einer einfallenden Partialwelle mit relativem Bahndrehimpuls l_K und der Amplitude eins im Kanal K herrührt, nennt man Reaktions- bzw. Streuamplitude $S_{K'K}$. Die Buchstaben K und K' stehen hier für sämtliche, die Kanäle festlegenden Größen:

K(K'): Teilchenpaar A und a (B und b),

Energie der Teilchen E_K ($E_{K'}$),

relativer Bahndrehimpuls l_K ($l_{K'}$),

z-Komponenten der Teilchenspins M_A und M_a (M_B und M_b).

Die Amplituden für alle möglichen K- und K'-Werte bilden eine Matrix, die Streumatrix oder S-Matrix. Da für einen einfallenden Teilchenfluß mit der Amplitude eins im Kanal K die Reaktion so abläuft, daß das Quadrat der Summe der Kanalwellenfunktionen nach der Reaktion wieder eins sein muß (Erhaltung der Wahrscheinlichkeit oder Unitarität der Streumatrix), ist

$$|S_{K'K}| \leq 1.$$

Findet nur elastische Streuung statt und werden die Spins nicht berücksichtigt, so erfolgt die Emission der Teilchen wieder in den Eingangskanal. Dann gilt $|S_{K'K}| = 1$ (Voraussetzung: elastische Streuung und keine Änderung der Spin- und Bahndrehimpuls-Zustände).

7.4. Zeitumkehrinvarianz und ihre Bedeutung für Kernreaktionen 249

Im Falle der elastischen Streuung erhält die auslaufende Kugelwelle gegenüber der einlaufenden eine Phasenverschiebung 2δ (s. Abschn. 8.3), so daß nach der obigen Festlegung der Streuamplitude

$$S_{K'K} = e^{2i\delta} \quad \text{für } K' = K$$
$$= 0 \quad \text{für } K' \neq K$$

wird. Im allgemeinen ist $|S_{K'K}| < 1$, da in der Regel die in einem gegebenen Eingangskanal einfallenden Teilchen in mehreren Kanälen auslaufende Teilchen erzeugen.

Für eine Reaktion vom Typus (7.24) in einem bestimmten Reaktionskanal, charakterisiert durch das entsprechende S-Matrixelement $S_{K'K}$, bedeutet Invarianz unter Zeitumkehr: Das Matrixelement $S_{K'K}$ und jenes der Umkehrreaktion $S_{KK'}$ sind bis auf das Vorzeichen identisch, wobei für die Umkehrreaktion die Richtungen aller Spins und Geschwindigkeiten umzudrehen sind. Werden die z-Komponenten der Drehimpulse explizit aufgeschrieben, so ergibt sich:

$$S_{K'K}(m_{K'}, M_B, M_b; m_K, M_A, M_a)$$
$$= S_{KK'}(-m_K, -M_A, -M_a; -m_{K'}, -M_B, -M_b). \quad (7.25)$$

Das bekannteste Resultat der Gl. (7.25) ist das sog. Reziprozitätstheorem, eine Relation zwischen den Querschnitten einer Reaktion und ihrer Umkehrreaktion. Zur Herleitung dieses Theorems müssen die Reaktionsquerschnitte durch die Streumatrixelemente ausgedrückt werden. Wir können uns hier nur mit dem einfachsten Fall abgeben, für den ein- und auslaufende Teilchen den relativen Bahndrehimpuls null aufweisen. Dennoch gilt das Resultat allgemein. Der Querschnitt einer Reaktion $K \to K'$ ist proportional zu $|1 - S_{K'K}|^2$. Da die Amplitude $S_{K'K}$ durch eine einfallende Welle mit der Amplitude eins erzeugt wird, ergibt sich aus der Definition des Querschnittes:

$$\sigma_{K'K} = \frac{\pi}{k_K^2} |1 - S_{K'K}|^2; \quad K \to K', \quad l_K = l_{K'} = 0 \quad \text{mit} \quad k_K = \frac{1}{\hbar} m_a v_a.$$

Für unpolarisierte Teilchen und Targetkerne ergibt sich der Wirkungsquerschnitt als Mittelwert über die Spinzustände der Teilchen A und a; da ferner die Intensität der emittierten Teilchen ohne Bezug auf die Spinrichtung bestimmt wird, muß auch über alle Spinzustände der Teilchen B und b summiert werden. Der totale Reaktionsquer-

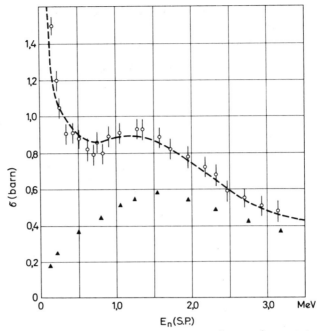

Fig. 201. Experimentelle Wirkungsquerschnitte der ^{3}He(n, p)^{3}H-Reaktion (ϕ). Aus dem Reziprozitätstheorem mit Hilfe der inversen Reaktion ^{3}H(p, n)^{3}He berechnete Querschnitte (---) und Verlauf des Wirkungsquerschnitts der ^{3}H(p, n)^{3}He-Reaktion (▲).

schnitt ergibt sich damit zu

$$\sigma_{A+a \to B+b} = \frac{\pi}{k_K^2} \frac{1}{(2I_A+1)(2I_a+1)} \sum_{M_A, M_a, M_B, M_b} |1 - S_{K'K}|^2 \quad (7.26)$$

Für die Umkehrreaktion erhält man

$$\sigma_{B+b \to A+a} = \frac{\pi}{k_{K'}^2} \frac{1}{(2I_B+1)(2I_b+1)} \sum_{M_B, M_b, M_A, M_a} |1 - S_{KK'}|^2$$

mit (7.27)

$$k_{K'} = \frac{1}{\hbar} m_b v_b.$$

Aus der Invarianz gegenüber Zeitumkehr folgt das Reziprozitätstheorem:

$$\sigma_{A+a \to B+b} k_K^2 (2I_A+1)(2I_a+1)$$
$$= \sigma_{B+b \to A+a} k_{K'}^2 (2I_B+1)(2I_b+1). \quad (7.28)$$

Es soll am Beispiel der ^{3}He(n, p)^{3}H-Reaktion illustriert werden. Die offenen Kreise in Fig. 201 zeigen den experimentellen Wirkungsquerschnitt dieser Reaktion in Funktion der Neutronen-Energie. Die gestrichelte Kurve ist aus dem Wirkungsquerschnitt der Umkehrreaktion ^{3}H(p, n)^{3}He und Gl. (7.28) berechnet worden. Die Übereinstimmung mit den Meßpunkten bestätigt das Reziprozitätsgesetz recht gut, was auch andere Vergleiche dieser Art tun.

Die Invarianz unter Zeitumkehr ist auch für Polarisationsexperimente bei Kernreaktionen von Interesse. Gl. (7.25) führt hier zu einer Relation zwischen Querschnitt und Polarisation von Teilchen, die in einer Reaktion emittiert werden, und dem Querschnitt für die Umkehrreaktion, wenn diese von polarisierten Teilchen induziert wird.

7.5. Isospin und Kernreaktionen. Die Erhaltung des Isospins (S. 227) ist bei Kernreaktionen wegen eines Beitrags der elektromagnetischen Wechselwirkung nur angenähert erfüllt, spielt aber dennoch eine beachtliche Rolle. Dieser Erhaltungssatz präsentiert sich in seiner Formulierung ähnlich wie der Drehimpulssatz. Wir betrachten die Reaktion A + a → B + b, wobei τ_A, τ_a, τ_B und τ_b die Isospins der beteiligten Teilchen bezeichnen (s. Kernmodelle, Abschn. 8.3.2). Für das System A + a ist der Gesamtisospin τ die Summe der Isospinvektoren $\tau = \tau_A + \tau_a$. Die Isospinvektoren des Ausgangskanals τ_B und τ_b müssen sich nun zum selben Gesamtisospinwert zusammensetzen. Somit drückt sich die Isospinerhaltung in Analogie zu Gl. (7.17) folgendermaßen aus:

$$\tau_A + \tau_a = \tau_B + \tau_b. \qquad (7.29)$$

Besonders übersichtlich sind Reaktionen mit $\tau_A = \tau_a = \tau_b = 0$. Dies sind z.B. ($\alpha$, d)-, (d, α)-, (^{6}Li, d)- und (^{6}Li, α)-Reaktionen an Targetkernen mit $\tau_A = 0$, sowie inelastische Streuung von Deuteronen und α-Teilchen an diesen Kernen. Deuteronen und ^{6}Li-Kerne haben im Grundzustand Spin 1. Wegen des Pauli-Prinzips stellen deshalb diese Kerne die Isospin-Singulettzustände der entsprechenden Nukleonensysteme dar. Nach Gl. (7.29) dürfen bei diesen Reaktionen und Streuprozessen nur Endzustände mit Isospin $\tau_B = 0$ auftreten. Diese Vorhersage wurde experimentell geprüft. Dazu wird das Verhältnis des Querschnitts für eine Reaktion mit einem bestimmten Isospinwert des Endzustandes (z.B. $\tau_B = 1$) zu demjenigen mit $\tau_B = 0$ gemessen. Sofern der Erhaltungssatz gültig ist, sollte dieses Verhältnis null sein. Obwohl auch andere Faktoren (statistische Faktoren wie 2J + 1) dieses Verhältnis beeinflussen, werden doch im allgemeinen größere Querschnitte für Zustände mit $\tau_B = 0$ als für solche mit $\tau_B = 1$ gemessen. Diese Verhältnisse illustriert z. B. die ^{14}N(d, α)^{12}C-Reaktion[1]. Der Wirkungsquerschnitt für die Anregung des Endzustandes mit $J=1$ und $\tau_B=1$, bei 15,11 MeV Anregungsenergie, ist mit demjenigen für den Zustand $J=2^+$, $\tau_B=0$ und 12,71 MeV Anregungsenergie verglichen worden. Der Wirkungsquerschnitt für den Zustand $\tau_B=1$ beträgt nur 3% desjenigen für $\tau_B=0$. Der Erhaltungssatz für den Isospin besitzt auch dann eine wesentliche Bedeutung für die Diskussion von Kernreaktionen, wenn die reagierenden Kerne einen Isospin $\neq 0$ besitzen. Zur Erläuterung mögen Reaktionen dienen, die sich bei der Bombardierung von ^{9}Be mit Protonen einstellen. Von Interesse sind hier folgende:

a) ^{9}Be(p, α)^{6}Li*; 3,56 MeV Anregungsenergie von ^{6}Li, $\tau_B=1$.

b) ^{9}Be(p, α)^{6}Li; Grundzustand, $\tau_B=0$.

c) ^{9}Be(p, d)^{8}Be; Grundzustand, $\tau_B=0$.

Der Wirkungsquerschnitt für die erste Reaktion zeigt ein ausgeprägtes Maximum[2] für $E_p=2,56$ MeV (Fig. 202a). Dieses Maximum entspricht einem Resonanzzustand des Zwischenkerns ^{10}B (8,89 MeV Anregungsenergie). Der Isospin dieses Zustandes setzt sich vektoriell aus den Isospins des ^{9}Be ($\tau_A=\frac{1}{2}$) und des Protons ($\tau_a=\frac{1}{2}$) zusammen, so daß für den Zwischenkern die Werte $\tau=0$ oder 1 in Frage kommen. Die Querschnitte für die Reaktionen b) und c) sollten die Resonanz nur dann aufweisen, wenn der Isospin des betreffenden Endkerns gleich ist demjenigen des Zwischenkerns. Die entsprechenden Querschnitte dieser Reaktion sind in Fig. 202b und c dargestellt[3]. Da die Resonanz bei 2,56 MeV Protonenenergie nur im Falle der Reaktion a) stark auftritt, ist eine Zuordnung $\tau=1$ für den Resonanzzustand in ^{10}B gegeben.

Hochangeregte Zustände eines Kerns besitzen im allgemeinen keinen eindeutigen Isospinwert, da die Coulomb-Wechselwirkung in vielen Fällen zu einer starken Mischung von τ-Werten führt.

7.6. Resonanz- und direkte Reaktionen

7.6.1. Einleitung. Im allgemeinen konzentriert sich das Interesse an Kernreaktionen auf zwei Problemkreise. Der eine umfaßt die Frage, ob die Einzelheiten einer Reaktion mit den heute bekannten Modellen

---

[1] *C.P. Browne, W.A. Schier* und *I.F. Wright*, Nucl. Physics **66**(1965), 49; *W.A. Schier* und *C.P. Browne*, Phys. Rev. **138**B (1965), 857.
[2] *J.B. Marion*, Phys. Rev. **103**, 713 (1956).
[3] *G. Weber, L.W. Davis* und *J.B. Marion*, Phys. Rev. **104**, 1307 (1956).

7.6. Resonanz- und direkte Reaktionen

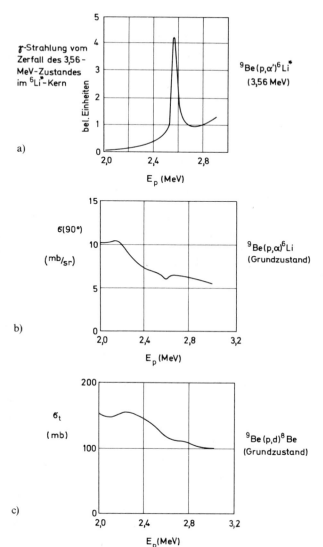

Fig. 202.
a) γ-Strahlung vom Zerfall des 3,56-MeV-Zustandes von ^{6}Li* in Funktion der Protonenenergie (Phys. Rev., **103**, 713, 1956).
b) Differentieller Querschnitt σ (90°) der ^{9}Be(p, α)^{6}Li-Reaktion in Funktion der Protonenenergie (Phys. Rev., **104**, 1307, 1956).
c) Totaler Querschnitt für die ^{9}Be(p, d)^{8}Be-Reaktion in Funktion der Protonenenergie (Phys. Rev., **104**, 1307, 1956).

und Theorien der Kernstruktur verstanden werden können. Hier liegt das Interesse bei der Kernreaktion selbst. Der andere befaßt sich mit der Untersuchung von Niveaus des Zwischenkerns oder des Endkerns.

Der einfachste Reaktionstyp ist die Zweikörper-Reaktion, d.h. die Reaktion vom Typus

$$A + a \rightarrow B + b + Q. \tag{7.30}$$

A bezeichnet den Targetkern, a das einfallende Teilchen (Kern, Nukleon oder Gammaquant), B den Rest- oder Endkern und b das emittierte Teilchen. Q ist die Energietönung der Reaktion. Obschon der Unterschied zwischen a und A bzw. b und B oft künstlich ist, werden meistens die leichten Teilchen (Nukleonen oder leichte Kerne) als Geschosse oder wegen ihrer größeren Reichweite und Energie als emittierte Teilchen bezeichnet. Falls die Endteilchen B bzw. b mit den Teilchen A bzw. a identisch sind, spricht man von einem Streuprozeß. Für genügend hohe Energien können mehr als zwei Teilchen den Endzustand bilden. Im folgenden werden wir uns aber auf Zweikörperreaktionen beschränken.

Als eine der wichtigsten Eigenschaften einer Reaktion des Typs (7.30) gilt der Reaktionsquerschnitt. Der totale Reaktionsquerschnitt kann als Funktion der Einfallsenergie, der differentielle Querschnitt als Funktion der Energie und des Emissionswinkels gemessen werden. Hinzu kommen die Spinpolarisationsmessungen für die auslaufenden Teilchen. Noch kompliziertere Messungen betreffen Bestimmungen von Intensität und Polarisation der auslaufenden Teilchen bei polarisierten einfallenden Teilchen und Targetkernen. Da wesentliche Züge eines Reaktionsmechanismus sich oft schon bei der Energie- und Winkelabhängigkeit des Querschnitts bemerkbar machen, werden wir uns der Einfachheit halber allein mit den Querschnitten beschäftigen.

Maßgebend für die Zeitdauer der Reaktion ist der Reaktionsmechanismus. Diese Zeiten liegen zwischen etwa 10^{-23} s (das ist die Zeit, die ein mit nahezu Lichtgeschwindigkeit fliegendes Teilchen braucht, um einen Kern zu durchqueren) für die ganz schnellen Reaktionen und bis zu 10^{-13} s für die sehr „langsamen" Reaktionen, wie sie z.B. beim Einfang eines langsamen Neutrons auftreten. Die „schnellen" Reaktionen werden mit der Theorie der direkten Reaktionen, die „langsamen" mit der Theorie der Resonanzreaktionen behandelt. Diese zwei Reaktionsarten bilden Extremfälle. In Wirklichkeit verlaufen viele Reaktionen zwischen diesen zwei Extremen und zeigen gleichzeitig Eigenschaften beider Reaktionstypen. Im allgemeinen sollten beide Theorien verkoppelt werden. Obwohl dieses Problem, zum Teil aus rein mathematischen Gründen, noch nicht endgültig gelöst ist, hofft man, daß sich eine vollständige Reaktionstheorie entwickeln läßt.

Eine elementare Behandlung der zwei oben erwähnten Reaktionsarten wird in den folgenden zwei Abschnitten gegeben.

7.6.2. Resonanzreaktionen. Die Theorie der Resonanzreaktionen ist in dem Sinne keine fundamentale Theorie, als sie die Eigenschaften der Reaktionen nicht auf die Nukleon-Nukleon-Wechselwirkung zurückführt. Sie ist vielmehr ein Formalismus, der aus den allgemeinen quanten-physikalischen Eigenschaften eines Kerns gewisse, für die Reaktionsprozesse wichtige Eigenschaften herleitet. Dieser Formalismus enthält Parameter, welche experimentell von Fall zu Fall ermittelt werden müssen. Die so gewonnenen Parameter sind für die Struktur der betreffenden Kerne charakteristisch, und eine wirkliche Theorie der Kernstruktur müßte in der Lage sein, sie zu berechnen.

Die wesentlichen Ideen des Resonanzformalismus treten bereits beim einfachen Problem der elastischen Streuung von spinlosen, ungeladenen Teilchen an spinlosen Kernen in Erscheinung. Der Einfachheit halber betrachten wir nur Streubeiträge mit dem Bahndrehimpuls l gleich null.

Nach der Methode von *Vogt*[1] wird angenommen, daß die Wechselwirkung zwischen Teilchen und Kern durch ein einfaches Einteilchenpotential V(r) repräsentiert werden kann, d.h., daß die Wechselwirkung nur vom Abstand der beiden Reaktionspartner abhängt. Dieses Potential kurzer Reichweite sei zentralsymmetrisch. Dann läßt sich die Schrödingergleichung separieren (s. Bd. III/1, VI, 10). Ersetzt man den Radialteil R(r) der Wellenfunktion durch den Ausdruck:

$$R(r) = \frac{u(r)}{r},$$

so erhält man die Differentialgleichung:

$$\frac{-\hbar^2}{2M}\frac{d^2 u}{dr^2} + \left(V(r) + \frac{l(l+1)\hbar^2}{2Mr^2}\right)u = Eu, \qquad (7.31)$$

---

[1] E. *Vogt*, Resonance Reactions; aus Nuclear Reactions, Vol. I, *Endt* u. *Demeur* (1959), North Holland Publ. Co. (Amsterdam).

welche sich für $l=0$ auf:

$$\frac{-\hbar^2}{2M}\frac{d^2u}{dr^2}+V(r)u=Eu \qquad (7.32)$$

reduziert. M ist die reduzierte Masse des Kern-Teilchen-Systems. Für ein Potential kurzer Reichweite läßt sich eine Distanz a definieren, so daß $V(r)$ für $r>a$ null wird. Damit wird der Raum in zwei Gebiete aufgeteilt. Im ersten, dem sog. inneren Gebiet $r\leq a$, existiert eine Wechselwirkung zwischen Kern und Teilchen. Das zweite heißt äußeres Gebiet ($r>a$). Dort besteht außer der Coulombschen keine Wechselwirkung zwischen Teilchen und Kern. Bei neutralen Partikeln, wie wir sie hier betrachten wollen, entfällt die Coulomb-Wechselwirkung. Für die zwei Gebiete wird Gl. (7.32) separat geschrieben:

$$-\frac{\hbar^2}{2M}\frac{d^2u_I}{dr^2}+V(r)u_I=Eu_I, \quad r\leq a$$

$$-\frac{\hbar^2}{2M}\frac{d^2u_{II}}{dr^2}=Eu_{II}, \quad r>a. \qquad (7.32\text{a})$$

Die Lösung $u_{II}(r)$ ist eine lineare Kombination der zwei Funktionen e^{-ikr} und e^{ikr} mit $k=\sqrt{2ME}/\hbar$ als Wellenzahl. Die einfallenden Teilchen beschreiben wir durch die ebene Welle e^{ikz}, die sich nach sphärischen Besselfunktionen $j_l(kr)$ und Legendre-Polynomen $P_l(\cos\theta)$ entwickeln läßt:

$$e^{ikz}=\sum_{l=0}^{\infty}(2l+1)i^l j_l(kr)P_l(\cos\theta). \qquad (7.33)$$

Diese Entwicklung entspricht einer Zerlegung der ebenen Welle in Partialwellen, deren jede durch eine bestimmte Bahndrehimpuls-Quantenzahl l gekennzeichnet ist.

Asymptotisch ($kr\gg 1$) verhalten sich die sphärischen Besselfunktionen wie:

$$j_l(kr)=\frac{1}{kr}\sin(kr-l\pi/2),$$

womit man asymptotisch für die ebene Welle schreiben kann:

$$e^{ikz}(kr\to\infty)$$
$$=\frac{1}{kr}\sum_{l=0}^{\infty}(2l+1)i^l P_l(\cos\theta)\frac{e^{i(kr-l\pi/2)}-e^{-i(kr-l\pi/2)}}{2i} \qquad (7.33\text{a})$$

und für den $l=0$ Anteil (mit $kr\to\infty$):

$$(e^{ikz})_{l=0}=\frac{1}{kr}\frac{e^{ikr}-e^{-ikr}}{2i}. \qquad (7.33)$$

7.6. Resonanz- und direkte Reaktionen

Durch das Potential werden die Teilchen gestreut, was sich in einer Phasenverschiebung der auslaufenden gegenüber der einfallenden Kugelwelle ausdrückt. Die vollständige Wellenfunktion für $l=0$ im äußeren Gebiet setzt sich daher aus der einfallenden und der auslaufenden Welle zusammen:

$$u_{II}(r) = r\,\psi_{II}(r) = r(e^{ikz})_{l=0} + r\,\psi_{gestr}(r)$$

$$= \frac{U e^{ikr} - e^{-ikr}}{2ik}, \qquad (7.34)$$

wobei die Streuung der Teilchen in der Streufunktion U enthalten ist[1]. U ist energieabhängig und läßt sich durch die Streuphase δ_0 ausdrücken: $U = e^{2i\delta_0}$. Dabei bedeutet δ_0 die Phasenverschiebung der gestreuten Welle gegenüber der einfallenden Partialwelle mit $l=0$ (s. S. 249). Aus den Gln. (7.33) und (7.34) erhält man die gestreute Welle

$$\psi_{gestr} = \psi_{II} - (e^{ikz})_{l=0} = -(1-U)\,e^{ikr}/2ikr, \qquad (7.34a)$$

und damit den totalen Streuquerschnitt (vgl. Abschn. 8.3)

$$\sigma_{str} = \frac{|\psi_{gestr}|^2\, 4\pi r^2\, v}{\text{Teilchenfluß}} = \frac{\pi}{k^2}|1-U|^2. \qquad (7.35)$$

Die Streufunktion wird für jede Energie durch die Bedingung bestimmt, daß die beiden Lösungen u_I und u_{II} am Rande des Potentials stetig aneinander anschließen:

$$\left(\frac{du_I}{dr}\Big/u_I\right)_a = \left(\frac{du_{II}}{dr}\Big/u_{II}\right)_a. \qquad (7.36)$$

Bei bekanntem Potential V(r) läßt sich Gl. (7.32a) im Prinzip lösen und das dimensionslose Verhältnis

$$a\left(\frac{du_I}{dr}\Big/u_I\right)_a \equiv \frac{1}{R} \qquad (7.36a)$$

berechnen. Durch Einsetzen von u_{II} aus Gl. (7.34) in Gl. (7.36) ergibt sich eine Beziehung zwischen U und der Größe R:

$$R = \frac{i}{ka}\,\frac{e^{-2ika} - U}{e^{-2ika} + U}, \qquad (7.37)$$

oder

$$U = e^{-2ika}\,\frac{1 + ikaR}{1 - ikaR}. \qquad (7.38)$$

---

[1] U ist identisch mit der Streuamplitude $S_{KK'}$ mit $K' = K$ des Abschnitts 7.4.

Die Relation (7.38) stellt zunächst lediglich eine Neuparametrisierung der Funktion U dar. Bevor wir auf die eigentliche Resonanzstreuung eingehen, betrachten wir einen einfachen Grenzfall: die Streuung an einer undurchdringlichen Kugel.

Da die Wellen nicht in das Innere der Kugel eindringen können, werden sie gegenüber der einlaufenden um den Betrag a, den Kugelradius, verschoben. Die entsprechende Phasenverschiebung ist $\delta_0 = -2\pi a/\lambda = -ka$. Dasselbe Resultat folgt aus Gl. (7.38), wenn für R der Wert null eingesetzt wird. R = 0 bedeutet demnach eine bei r = a verschwindende Wellenfunktion, was der Streuung an einer harten Kugel entspricht.

Um die Entstehung von Resonanzen innerhalb des Rahmens der Gln. (7.35) bis (7.38) zu begreifen, brauchen wir uns nur allgemein an die Entstehung von Eigenzuständen in der Quantenmechanik zu erinnern (s. Bd. III/1, S. 219). Die Eigenzustände besitzen ihren Ursprung in den Randbedingungen, die der Wellenfunktion auferlegt werden (in analoger Weise erscheinen die Eigenschwingungen einer Saite, sobald sie an beiden Enden eingespannt wird). Im Fall des Potentials V(r) des Streuproblems führt die Randbedingung bei r = a, zusammen mit der Gl. (7.32), zu einem vollständigen Satz von Eigenfunktionen u_λ und Energieeigenwerten E_λ. So lautet beispielsweise für ein Teilchen in einem unendlich tiefen rechteckigen Potentialtopf die Randbedingung $u_\lambda(a) = 0$. Die zugehörigen Eigenfunktionen im inneren Gebiet sind die Sinusfunktionen

$$u_\lambda(r) \propto \sin kr, \quad \text{mit } k = \lambda \pi/a, \quad \lambda = 1, 2, 3, \ldots,$$

was aus Gl. (7.32a) hervorgeht. Im wirklichen Streuproblem gehorchen die Wellenfunktionen keiner strengen Randbedingung, so daß die „wirklichen" u_l keine Eigenfunktionen von stationären Zuständen sind. Sie sind vielmehr Funktionen, die ungebundenen Zuständen endlicher Energiebreite entsprechen: Trotzdem ähneln diese nichtstationären Zustände den gebundenen Zuständen manchmal so sehr, daß in erster Näherung eine Beschreibung der Resonanzzustände durch Eigenfunktionen stationärer Zustände erlaubt ist. Durch die Auferlegung einer Randbedingung wird jedenfalls ein vollständiger Satz von Funktionen u_λ erzeugt. Die „wirkliche" Funktion läßt sich dann durch eine Reihe von u_λ entwickeln. Durch die Wahl einer vernünftigen Randbedingung sollte die Funktion u(r) in der Nähe einer Resonanz vorwiegend durch einen einzelnen Term dieser Entwicklung gegeben werden.

Zur quantitativen Formulierung dieses Gedankenganges für den vorliegenden Fall, führen wir eine willkürliche Randbedingung ein

7.6. Resonanz- und direkte Reaktionen

und bezeichnen die daraus resultierenden Eigenfunktionen mit $u_\lambda(r)$. Der Einfachheit halber wählen wir als Randbedingung

$$\left.\frac{du_\lambda}{dr}\right|_{r=a} = 0. \tag{7.39}$$

Die $u_\lambda(r)$ sind natürlich nur im inneren Gebiet definiert und bilden ein orthonormiertes System, d. h.

$$\int_0^a u_\lambda(r) u_{\lambda'}(r) dr = \delta_{\lambda\lambda'}, \quad \delta_{\lambda\lambda'} = \begin{cases} 1 & \text{für } \lambda = \lambda' \\ 0 & \text{für } \lambda \neq \lambda'. \end{cases}$$

Es wird nun die Lösung des Streuproblems (Gl. (7.32a)) nach den Funktionen u_λ entwickelt:

$$u_I(r) = \sum_\lambda A_\lambda u_\lambda(r), \tag{7.40}$$

wobei die A_λ energieabhängig sind und durch die Beziehung $A_\lambda = \int_0^a u_\lambda(r) u_I(r) dr$ gegeben werden. Die Funktionen u_I und u_λ sind Lösungen derselben Gleichung:

$$\frac{d^2 u_\lambda}{dr^2} + \frac{2M}{\hbar^2}(E_\lambda - V) u_\lambda = 0, \tag{7.41a}$$

$$\frac{d^2 u_I}{dr^2} + \frac{2M}{\hbar^2}(E - V) u_I = 0. \tag{7.41b}$$

Durch Multiplikation der Gln. (7.41a) und (7.41b) mit u_I bzw. u_λ und Subtraktion der entstehenden Gleichungen ergibt sich

$$u_I \frac{d^2 u_\lambda}{dr^2} - u_\lambda \frac{d^2 u_I}{dr^2} = \frac{2M}{\hbar^2}(E - E_\lambda) u_\lambda u_I. \tag{7.42}$$

Integration von Gl. (7.42) über den Bereich $r = 0$ bis $r = a$ liefert:

$$\left(u_I \frac{du_\lambda}{dr}\right)_a - \left(u_\lambda \frac{du_I}{dr}\right)_a = \frac{2M}{\hbar^2}(E - E_\lambda) \int_0^a u_\lambda u_I dr. \tag{7.42a}$$

Mit der obigen Definition für A_λ und der Randbedingung (7.39) ergibt sich aus Gl. (7.42a)

$$A_\lambda = \frac{\hbar^2 u_\lambda(a)}{2M(E_\lambda - E)} \left.\frac{du_I}{dr}\right|_a.$$

Gl. (7.40) erhält damit die Form

$$u_I(r) = \sum_\lambda \frac{\hbar^2}{2M} \frac{u_\lambda(a)}{(E_\lambda - E)} \left.\frac{du_I}{dr}\right|_a u_\lambda(r). \tag{7.43}$$

Für die R-Funktion erhalten wir schließlich

$$R \equiv \frac{u_l(a)}{a \left.\dfrac{du_l}{dr}\right|_a} = \frac{\hbar^2}{2Ma} \sum_\lambda \frac{u_\lambda^2(a)}{E_\lambda - E} = \sum \gamma_\lambda^2/(E_\lambda - E), \qquad (7.44)$$

wobei γ_λ^2 die sog. reduzierte Breite des Zustandes der Energie E_λ ist:

$$\gamma_\lambda^2 = \frac{\hbar^2}{2Ma} u_\lambda^2(a). \qquad (7.44\text{a})$$

Mit Gl. (7.44) haben wir das Problem neu parametrisiert. Anstelle der unbekannten energieabhängigen Funktion U erscheinen die unendlich vielen Konstanten E_λ und γ_λ^2. Der Vorteil dieses Vorgehens liegt darin, daß für Energien in der Nähe einer gewissen Resonanzenergie E_0 der Nenner des entsprechenden Termes der Summe (7.44) klein wird, so daß die R-Funktion sich durch diesen einzigen Term approximieren läßt:

$$R \approx \gamma_0^2/(E_0 - E). \qquad (7.45)$$

Durch Einsetzen in Gl. (7.38) folgt

$$\begin{aligned}U &\approx e^{-2ika} \left\{ \frac{1 + ik a \gamma_0^2/(E_0 - E)}{1 - ik a \gamma_0^2/(E_0 - E)} \right\} \\ &= e^{-2ika} \left(1 + \frac{2ik a \gamma_0^2}{E_0 - E - ik a \gamma_0^2} \right) \\ &= e^{-2ika} \left(1 + \frac{i \Gamma_0}{E_0 - E - i \Gamma_0/2} \right),\end{aligned} \qquad (7.46)$$

mit

$$\Gamma_0 = 2k a \gamma_0^2. \qquad (7.46\text{a})$$

Wenn wir den Ausdruck (7.46) in die Formel (7.35) für den Querschnitt einsetzen, erhalten wir die bekannte Breit-Wigner-Formel für die Resonanzstreuung von ungeladenen spinlosen Teilchen mit $l=0$:

$$\begin{aligned}\sigma_0 &= \frac{\pi}{k^2} \left| 1 - e^{-2ika} - \frac{e^{-2ika} i \Gamma_0}{E_0 - E - i \Gamma_0/2} \right|^2 \\ &= \frac{\pi}{k^2} \left| 1 - e^{-2ika} \right|^2 - \frac{2\pi}{k^2} \frac{\Gamma_0 (E_0 - E) \sin 2k a + \Gamma_0^2 \sin^2 k a}{(E_0 - E)^2 + \Gamma_0^2/4} \\ &\quad + \frac{\pi}{k^2} \frac{\Gamma_0^2}{(E_0 - E)^2 + \Gamma_0^2/4}.\end{aligned} \qquad (7.47)$$

Der Ausdruck für den Streuquerschnitt σ_0 zerfällt also in drei Summanden: Der erste Term von Gl. (7.47) stellt den Wirkungsquerschnitt für Potentialstreuung dar. Es ist die Streuung, die weit weg von Resonanzen, d.h. für $E_0 - E \gg \Gamma_0$ allein wirksam ist. Nach unserem einfachen Modell ist diese Streuung mit derjenigen an einer harten Kugel identisch und wird durch eine Potentialstreuphase $\delta_0 = -ka$ charakterisiert. Dies geht aus der Relation (7.45) und der Randbedingung (7.39) hervor, denn für $\Gamma_0/(E_0 - E) \approx 0$ gilt i.a. auch $R \approx \gamma_0^2/(E_0 - E) \approx 0$, was nach Gl. (7.38) der Streuung an einer harten Kugel entspricht. Im dritten Term des Ausdrucks (7.47) erscheint die reine Resonanzstreuung, welche allein vom Resonanzzustand herrührt. Die Form dieses Resonanzquerschnitts in Funktion der Energie zeigt Fig. 203. Dies ist die sog. Breit-Wigner-Resonanzform, benannt

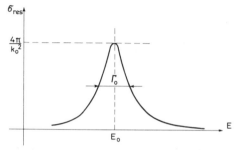

Fig. 203. Breit-Wigner-Form der Resonanzkurve. $\Gamma_0 =$ Halbwertsbreite. k_0 ist die der Resonanzenergie E_0 entsprechende Wellenzahl.

nach den Physikern G. Breit und E. Wigner. Die Resonanzkurve zeigt große Ähnlichkeit zu den Resonanzkurven der Mechanik (s. Bd. I, S. 156) und jener von elektrischen Schwingkreisen (Bd. II, S. 185). Die Bildung eines Zustandes bei der Resonanzstreuung ist in der Tat analog zu diesen klassischen Resonanzprozessen. Ein Maß für die Energieschärfe des Zustands ist die Breite Γ_0 der Resonanzkurve bei halber Höhe. Das Maximum erscheint bei der Resonanzenergie E_0. Für $\Gamma_0 \ll E_0$ ist die Resonanzkurve nahezu symmetrisch und zeigt mit wachsender Breite zunehmende Asymmetrie. Eine qualitative Behandlung der Form des Streuquerschnitts in der Nähe eines einzelnen Resonanzzustandes soll hier noch eingefügt werden. Für den relativen Bahndrehimpuls null zwischen Teilchen und Kern ist der Streuquerschnitt als Funktion der Streuphase (s. S. 292):

$$\sigma_0 = 4\pi \lambdabar^2 \sin^2 \delta_0, \quad \text{mit} \quad \lambdabar = \frac{1}{k}. \qquad (7.47a)$$

Der Bahndrehimpuls l bedingt den Querschnitt

$$\sigma_l = 4\pi \lambda^2 (2l+1) \sin^2 \delta_l, \qquad (7.47\mathrm{b})$$

wobei δ_l die Streuphase für Teilchen mit Bahndrehimpuls l ist. Der Faktor $(2l+1)$ trägt der Tatsache Rechnung, daß die Zahl der Teilchen in der einfallenden Welle mit Bahndrehimpuls $\hbar l$ wie die Fläche eines Rings mit den Radien $r_l = \hbar l/\hbar k \propto l$ und $r_{l+1} = \hbar(l+1)/\hbar k \propto (l+1)$ zunimmt (Fig. 204).

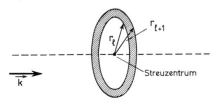

Fig. 204. Ringfläche für Teilchen mit Bahndrehimpuls $l\hbar$.

Wir betrachten nun den Fall eines isolierten Resonanzzustandes mit dem Drehimpuls $J = l \neq 0$. Außer bei einer Resonanz ist die Streuphase für $l \neq 0$ normalerweise relativ klein, wenn die Energie der einfallenden Teilchen nicht zu groß ist. Es ist also zu erwarten, daß beim Durchschreiten der Resonanzenergie die Streuphase sich kontinuierlich von $\delta_l \approx 0$ nach $\delta_l \approx \pi$ ändert. Bei der Resonanzenergie E_r nimmt der Querschnitt und somit $\sin^2 \delta_l$ seinen Maximalwert an, d.h. für $E = E_r$ wird $\delta_l = \pi/2$. Ferner besitzt der Resonanzzustand eine endliche Lebensdauer, die durch den Grad der Kompliziertheit des Zustands (z.B. ob es sich um eine Einteilchen- oder Mehrteilchenanregung handelt) und die Größe der zu durchdringenden Zentrifugalbarriere (s. Gl. (7.31)) bedingt wird. Als Maß für die Lebensdauer τ des Zustandes verwenden wir die zu ihr umgekehrt proportionale Energiebreite $\Gamma = \hbar/\tau$ (s. S. 266). Vergleicht man (7.47b) mit dem Resonanzterm von (7.47), so ergibt sich für die Streuphase δ_l:

$$\operatorname{tg} \delta_l = \Gamma/2(E_r - E) \qquad (7.47\mathrm{d})$$

und für den totalen Streuquerschnitt in der Nähe einer Resonanz

$$\sigma_l = \frac{\pi \lambda^2 (2l+1)\,\Gamma^2}{(E_r - E)^2 + \Gamma^2/4}. \qquad (7.47\mathrm{e})$$

Die Beziehung (7.47e) berücksichtigt nur die Resonanzstreuung der Partialwelle mit dem Bahndrehimpuls l. Hinzu kommt eine eventuell

7.6. Resonanz- und direkte Reaktionen

nicht resonante Streuung in anderen (z. B. $l=0$) Drehimpulszuständen. Gl. (7.47e) ist die Breit-Wigner-Form des Querschnittes für eine isolierte Resonanz. Sie ist in guter Übereinstimmung mit dem Querschnittsverlauf für solche Fälle.

Der zweite Term des Ausdrucks (7.47) berücksichtigt die Interferenz zwischen Potential- und Resonanzstreuung. Der Einfluß dieser Interferenz auf den Querschnitt kann sehr leicht an einigen Beispielen erläutert werden.

a) Potentialstreuung sehr klein: $ka \approx 0$. In diesem Fall ist die Streuung zum größten Teil Resonanzstreuung. Der Querschnitt hat die Form einer Resonanzkurve wie in Fig. 203.

b) Potentialstreuung mit $ka = \pi/4$. Für diesen Fall hat die Potentialstreuamplitude $(1-e^{-2ika})$ den Wert $1+i$, und der Interferenzterm reduziert sich auf

$$\sigma_I = -\frac{2\pi \Gamma_0}{k^2} \left\{ \frac{(E_0-E)+\Gamma_0/2}{(E_0-E)^2+\Gamma_0^2/4} \right\}.$$

Dieser Ausdruck ist für $E<E_0+(\Gamma_0/2)$ negativ, für $E>E_0+\Gamma_0/2$ positiv und weist damit destruktive Interferenz unterhalb und konstruktive oberhalb der Energie $E_0+\Gamma_0/2$ auf (Fig. 205a). Fig. 205b zeigt den entsprechenden totalen Querschnitt. Das Maximum erscheint nicht mehr bei $E=E_0$.

c) $ka = \pm \pi/2$. Die Potentialstreuung erreicht mit dieser Phase ihren Maximalwert $\sigma_{pot} = 4\pi/k^2$. Die Resonanzstreuung interferiert destruktiv mit der Potentialstreuung, und die Resonanz erscheint im Querschnitt als eine umgekehrte Breit-Wigner-Kurve (Fig. 206).

Zahlreiche Beispiele von Resonanzquerschnitten sind experimentell nachgewiesen. Einige Resonanzen für Neutron-Kern-Streuungen zeigen Fig. 207 und 208. Fig. 207 gibt den Wirkungsquerschnitt von Schwefel für die Streuung von Neutronen als Funktion der Energie wieder. Die Resonanzen bei 375 und 700 keV weisen die in Fig. 205a dargestellten destruktiven Interferenzen sehr deutlich auf und entsprechen Zuständen des Zwischenkerns ^{33}S, die von Neutronen mit dem Bahndrehimpuls null gebildet werden. Da der Targetkern ^{32}S Spin und Parität $J^\pi = 0^+$ besitzt, müssen diese Zustände Spin und Parität $J^\pi = \frac{1}{2}^+$ haben $(J=|l\pm\frac{1}{2}|, \pi=(-1)^l)$. Jenen Resonanzen, welche keine Interferenzminima aufweisen, müssen Bahndrehimpulse $l>0$ zugeschrieben werden. Wegen der relativ niedrigen Bombardierungsenergie zeigen Neutronen mit $l>0$ prak-

264   7. Erhaltungssätze und Kernreaktionen

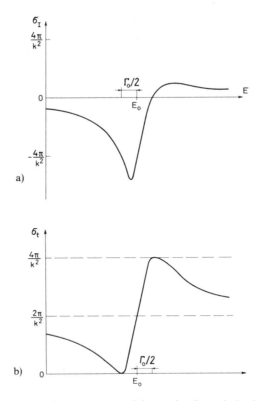

Fig. 205. Verlauf des Interferenzterms σ_I und des totalen Querschnitts bei $ka = \pi/4$

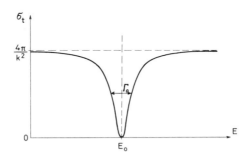

Fig. 206. Verlauf des totalen Querschnitts bei einer Phasenverschiebung $ka = \pm \pi/2$. Resonanzstreuung interferiert destruktiv mit der Potentialstreuung (umgekehrte Breit-Wigner-Kurve).

7.6. Resonanz- und direkte Reaktionen 265

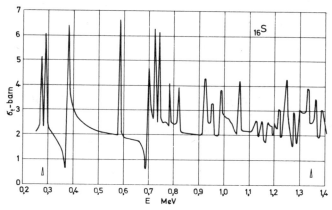

Fig. 207. Totaler Wirkungsquerschnitt von Schwefel für Neutronen im Energieintervall 0,2—1,4 MeV (Neutron Cross Sections, BNL-325).

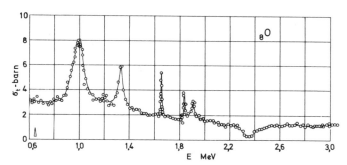

Fig. 208. Totaler Wirkungsquerschnitt von Sauerstoff für Neutronen im Energieintervall 0,6—3,0 MeV (Neutron Cross Sections, BNL-325).

tisch keine Potentialstreuung, so daß für diese Resonanzen höchstens schwache Interferenzeffekte sichtbar werden. Fig. 208 zeigt den Wirkungsquerschnitt von Sauerstoff für Neutronen im Energiebereich zwischen 0,6 und 3,0 MeV. Neben den Resonanzen für $l>0$ erscheint bei 2,4 MeV eine negative Resonanz, wie sie in Fig. 206 gezeigt wurde. Diese kann nur eine s-Wellen-Resonanz sein, da bei dieser Energie die Potentialstreuphase für $l>0$ kaum den Wert von 90° erreichen kann. Die Tatsache, daß der Querschnitt im Interferenzminimum nicht ganz auf null sinkt, spricht für einen kleinen Beitrag der Potentialstreuung von Neutronen mit Bahndrehimpulsen $l>0$. Aus der Beziehung $\delta_0 = -\mathrm{k}\,\mathrm{a} = -90°$ erhalten wir für Sauerstoff einen Radius der „harten Kugel"

$$a = \frac{\pi/2}{\sqrt{\frac{2ME_0}{\hbar^2}}} \approx 4{,}8 \cdot 10^{-15} \, m,$$

was mit dem aus der Relation $R = 1{,}4 \, A^{\frac{1}{3}} \cdot 10^{-15}$ m berechneten Wert von $3{,}5 \cdot 10^{-15}$ m nicht gut übereinstimmt (s. Abschn. 4.1). Eine gute Übereinstimmung ist jedoch kaum zu erwarten. Der „Hart-Kugel-Radius" ist lediglich ein Parameter zur Beschreibung der Potentialstreuung. Er bezeichnet den Radius derjenigen harten Kugel, deren Potentialstreuung identisch ist mit jener des wirklichen Kernes.

Im Falle von zwei oder mehr nahe beieinander liegenden Resonanzen gibt es zusätzlich zur Interferenz zwischen Potential- und Resonanzstreuung eine Interferenz zwischen den Resonanzen. Je nach dem relativen Vorzeichen der reduzierten Amplituden γ_λ (Gl. (7.44a)) kann diese Interferenz konstruktiv oder destruktiv sein.

Die reduzierte Breite γ_λ^2 hat eine wichtige physikalische Bedeutung. Nach Gl. (7.44a) besitzt γ_λ^2 den Wert $(\hbar^2/2Ma)u_\lambda^2(a)$, wobei $u_\lambda(a)$ die Eigenfunktion an der Grenze zwischen innerem und äußerem Gebiet ist. Da die Normierungsbedingung $\int_0^a u_\lambda^2(r) \, dr = 1$ erfüllt sein muß und $u_\lambda(r)$ einen ziemlich glatten Verlauf zwischen dem Wert $u_\lambda(0)$ bei $r = 0$ und dem Maximalwert bei $r = a$ aufweist, wird $u_\lambda^2(a)$ angenähert durch die Beziehung $u_\lambda^2(a) \approx \overline{2u_\lambda^2(r)} = 1/a \int_0^a 2u_\lambda^2(r) \, dr = 2/a$ gegeben. Damit erhält man

$$\gamma_\lambda^2 \approx \frac{\hbar^2}{Ma^2} \quad \text{und} \quad \Gamma_\lambda \approx \frac{2k\hbar^2}{Ma}. \tag{7.48}$$

Die Lebensdauer τ des Resonanzzustandes und die Energiebreite Γ_λ sind durch die Unschärferelation $\Delta E \, \Delta t = \Gamma_\lambda \tau \approx \hbar$ verknüpft. Beim Einsetzen von Γ_λ aus Gl. (7.48) ergibt sich die Lebensdauer

$$\tau \approx \frac{Ma}{2\hbar k}. \tag{7.49}$$

Mit Verwendung des Ausdruckes $\hbar k = Mv$ für den Teilchenimpuls folgt

$$\tau \approx \frac{a}{2v}, \tag{7.50}$$

wobei v die Teilchengeschwindigkeit bezeichnet. Die Lebensdauer $a/2v$ entspricht ungefähr der Zeit, die das Teilchen zum Durchqueren des Kerns braucht. Die Resonanzzustände des Einteilchenpotentials zerfallen daher in der kürzest möglichen Zeit. In diesem einfachen Modell besteht der Resonanzzustand aus dem Targetkern und dem ihn umkreisenden Teilchen. Es werden überhaupt keine Freiheitsgrade des Targetkerns angeregt, da mit einem Einteilchenpotential kein Mechanismus dafür vorliegt. Man könnte behaupten, der Ausdruck (7.50) überschätze die Lebenszeit, weil die Aufenthaltszeit innerhalb des Kerns infolge der größeren Teilchengeschwindigkeit viel kleiner als a/v ist. Dies ist wahr; die Teilchenwellen erleiden jedoch am Rande des Potentialtopfes eine teilweise Reflexion, welche die Austrittswahrscheinlichkeit wesentlich herabsetzt. Dadurch wird die Lebenszeit wieder länger. Diese Effekte kompensieren sich gegenseitig, so daß die Beziehung (7.50) ungefähr richtig ist. Die Breite γ_λ^2 nennt man die Einteilchenbreite. Sie ist eine obere Grenze für die Breite eines Zustandes.

Resonanzzustände können auch durch Teilchen mit Bahndrehimpulsen $l>0$ gebildet werden. In solchen Fällen muß die Beziehung (7.47) für den Querschnitt durch entsprechende Terme ergänzt werden. Die Breiten dieser Resonanzen enthalten einen Faktor, der die etwas kleinere Wahrscheinlichkeit für Durchdringung der Zentrifugalbarriere bei $l>0$ berücksichtigt. Bei niedrigeren Energien wird dieser Faktor äußerst klein. Dadurch erklärt sich z. B. die Tatsache, daß Neutronenquerschnitte bei sehr tiefen Energien (E<1 keV) nur s-Resonanzen ($l=0$) aufweisen. Für geladene einfallende Teilchen gibt es zusätzlich die Coulomb-Barriere, die die Resonanzen noch schärfer macht.

Obschon die bisherige Diskussion nur für ein Einteilchenstreupotential durchgeführt wurde, gilt Gl. (7.46) für elastische Streuung im allgemeinen, da letzten Endes die Entstehung einer Resonanz auf der Existenz von Randbedingungen beruht. In Wirklichkeit stellt die Einteilchenwechselwirkung der Gl. (7.47) eine sehr große Vereinfachung dar. Die Wechselwirkung zwischen Teilchen und Kern ist beträchtlich komplizierter, denn das einfallende Teilchen kann auch mit mehreren Nukleonen des Targetkerns in Wechselwirkung treten. Solange der Kern einen auch nur einigermaßen gut definierten Rand besitzt, sind Resonanzen im Querschnitt zu erwarten.

Ein Beispiel liefert der Querschnitt von Sauerstoff für Neutronen (Fig. 208). Die reduzierten Breiten der Resonanzen bei $E_n=1,32$ MeV und $E_n=1,91$ MeV sind etwa zehnmal kleiner als die Einteilchenwerte. Die relativ breite Resonanz bei $E_n=1,0$ MeV hingegen hat ein γ_0^2, das sehr nahe am Einteilchenwert liegt. Dieser Zustand in ^{17}O hat eine Anregungsenergie von 5,35 MeV, einen Drehimpuls $\frac{3}{2}$ und positive Parität. Er besteht aus einem ^{16}O-Rumpf plus einem Neutron in einem $d_{\frac{3}{2}}$-Einteilchenzustand. Solche Zustände können als ungebundene Schalenmodellzustände (S. 312) betrachtet werden. Falls die Anregungsenergie eines Zwischenkernzustandes hoch genug ist, kann er auf mehrfache Weise zerfallen, z. B. durch Emission von Gammastrahlen in tiefer liegende Zustände desselben Kerns oder durch Emission eines Nukleons. Wegen der relativ geringen Stärke der elektromagnetischen Kräfte gegenüber Kernkräften sind die Gammazerfallswahrscheinlichkeiten meistens sehr klein gegenüber der Wahrscheinlichkeit für Teilchenemission. Der Zerfall durch Emission eines bestimmten Teilchens wird möglich, sobald genügend Energie dafür vorhanden ist. Im Falle der ^{16}O(n, α)^{13}C-Reaktion liegt z.B. die Schwellenenergie (s. S. 235) bei $E_n = 2,5$ MeV, so daß Resonanzzustände oberhalb dieser Energie durch Neutronen- und Alpha-Emission zerfallen können.

Zu jeder möglichen Zerfallsweise i eines Resonanzzustandes gehört eine entsprechende Zerfallswahrscheinlichkeit W_i, die mit der partiellen Lebensdauer τ_i durch die Beziehung

$$W_i = \frac{1}{\tau_i} \tag{7.51}$$

verknüpft ist. Die totale Zerfallswahrscheinlichkeit ist die Summe über die energetisch möglichen Zerfallsweisen:

$$W = \sum_i W_i = \sum \frac{1}{\tau_i}. \tag{7.52}$$

Die Zerfallswahrscheinlichkeit W ist reziprok zur Lebensdauer τ des Zustandes. Da die totale Breite Γ und die Lebensdauer durch die Beziehung $\Gamma = \hbar/\tau$ verbunden sind, kann die Breite auch als eine Summe von partiellen Breiten $\Gamma_i = \hbar/\tau_i$ ausgedrückt werden:

$$\Gamma = \sum_i \Gamma_i. \tag{7.52a}$$

Die totale Breite Γ steht im Nenner des Breit-Wigner-Ausdrucks, denn diese Breite bestimmt die Energieunschärfe des Zustandes.

Für eine isolierte Resonanz läßt sich die Breit-Wigner-Formel für einen Reaktionsquerschnitt wie folgt schreiben:

$$\sigma_{\text{Reak}}^{(\alpha, \beta)} = \frac{\pi \lambda_\alpha^2 (2J+1)}{(2I+1)(2i+1)} \frac{\Gamma_\alpha \Gamma_\beta}{(E-E_\lambda)^2 + \Gamma^2/4}. \tag{7.53}$$

Hier bedeutet α den Eingangskanal (Teilchensorte, Bahndrehimpuls, Kanalspin) und β den Ausgangskanal. Die statistischen Faktoren

7.6. Resonanz- und direkte Reaktionen 269

$(2J+1;\ 2I+1;\ 2i+1)$ enthalten die Drehimpulse des Resonanzniveaus J, des Targetkernes I und des einfallenden Teilchens i. Der Faktor Γ_α im Zähler ist proportional der Wahrscheinlichkeit für die Bildung des Niveaus oder der Zerfallswahrscheinlichkeit über den Kanal α. Γ_β gibt die Zerfallswahrscheinlichkeit über den Kanal β an. Der Ausdruck (7.53) ist im Einklang mit dem Reziprozitätstheorem, wie sich durch Einsetzen in Gl. (7.28) des Abschn. 7.4 leicht feststellen läßt.

Falls mehrere Resonanzen zum Reaktionsquerschnitt beitragen, müssen die entsprechenden Breit-Wigner-Terme hinzugefügt werden. Die Beziehung (7.53) enthält weder einen Interferenzterm noch einen Term, der dem Potentialquerschnitt der Gl. (7.47) ähnlich ist. Sie beschreibt eine reine Resonanzreaktion, die bei einer bestimmten Energie über ein relativ scharfes Niveau des Zwischenkerns verläuft. Reaktionen, deren Querschnitte nur eine schwache Energieabhängigkeit aufweisen, verlaufen i. allg. nicht über einzelne Zustände des Zwischenkerns und können daher kaum im Rahmen einer einfachen Resonanztheorie behandelt werden. Allerdings spielen solche Reaktionen in der Kernphysik eine sehr große Rolle. Sie treten unter Umständen gleichzeitig mit Resonanzreaktionen auf und können mit ihnen interferieren. Solche Reaktionen werden im nächsten Abschnitt besprochen.

Aus Gl. (7.53) läßt sich für neutroneninduzierte Reaktionen mit nicht negativem Q-Wert ein interessantes Ergebnis für $E_n \rightarrow 0$ herleiten. Die tiefstliegenden Resonanzen besitzen einen Bahndrehimpuls null, da die Zentrifugalbarriere für $l > 0$ eine verschwindend kleine Neutronenbreite zur Folge hat. Entsprechend läßt sich der Querschnitt in der Nähe der tiefstliegenden Resonanz (vgl. Gl. (7.53)) schreiben:

$$\sigma_{\text{Res}}(n, \beta) \propto \frac{\lambda_n^2 \sqrt{E_n}\, \Gamma_\beta}{E_r^2 + (\Gamma_\beta + \Gamma_n)^2/4}, \tag{7.54}$$

wobei in Gl. (7.46a) für $E_n \rightarrow 0$ $k_a \propto \sqrt{E_n}$ gesetzt wurde. Ist der Q-Wert der Reaktion viel größer als die Resonanzenergie, d. h. $Q_{n,\beta} \gg E_r$, so ändert sich Γ_β für $E_n \rightarrow 0$ kaum mit der Neutronenenergie, und Gl. (7.54) vereinfacht sich zu

$$\sigma_{n,\beta} \propto \lambda_n^2 \sqrt{E_n} \propto \frac{1}{\sqrt{E_n}} \propto \frac{1}{v_n}, \tag{7.55}$$

wobei v_n die Neutronengeschwindigkeit bezeichnet. Bei abnehmender Neutronenenergie nimmt der Querschnitt umgekehrt proportional mit v_n zu (1/v-Gesetz). Je kleiner E_r und Γ_β sind, um so größer wird

$\sigma_{n,\beta}$ bei hinreichend kleiner Neutronenenergie. Diese Absorptionsquerschnitte können in gewissen Fällen enorm groß werden. Ein spektakuläres Beispiel liegt bei ^{135}Xe vor. Dank einer Resonanz bei $E_n = 0{,}082$ eV, erreicht der (n, γ)-Querschnitt für thermische Neutronen den Wert von $2{,}7 \cdot 10^6$ b.

Die Breit-Wigner-Formeln (vgl. Gl. (7.47) und (7.53)) haben umfangreiche Anwendungen in der Physik der Kernreaktionen und Kernstreuung gefunden. Durch Vergleich der gemessenen mit den nach den Breit-Wigner-Ausdrücken berechneten Querschnitten können Spins, Paritäten, Bahndrehimpulse, reduzierte Breiten und Energien der Resonanzniveaus bestimmt werden. Dies sind die Größen, die von einem Kernmodell oder einer Kerntheorie vorausgesagt werden müssen.

7.7. Direkte Reaktionen

7.7.1. Einleitung. Das Studium direkter Reaktionen betrifft eines der aktuellen Probleme der Kernphysik. Solche Reaktionen sind nach zwei Gesichtspunkten interessant: 1. Ist die Struktur der beteiligten Kerne bekannt, so erhält man Informationen über den Reaktionsmechanismus. 2. Beim Vorliegen eines direkten Mechanismus lassen sich aus den Messungen wichtige Einzelheiten der Struktur von Anfangs- und Endkern gewinnen.

Im Abschn. 7.6.1 wurde auf die Reaktionszeit als Kriterium für den Mechanismus hingewiesen. Eine direkte Reaktion läuft relativ schnell ab, was eine sehr gute zeitliche Lokalisation der Reaktion bedeutet. Entsprechend der kleinen Zeitunschärfe Δt existiert eine relativ große Unschärfe ΔE in der Energie; $\Delta E \approx \hbar/\Delta t$. Dies bedeutet, daß die Reaktionsdaten wie Querschnitt, Winkelverteilung usw. sich nur langsam mit der Energie verändern. Für $\Delta t \approx 10^{-22}$ s z.B. beträgt ΔE einige MeV. Eine langsame Veränderung des Querschnitts in Funktion der Bombardierungsenergie ist damit ein Kennzeichen für eine direkte Reaktion, was in scharfem Kontrast zu einer Resonanzreaktion steht, wo der Querschnitt ein Resonanzverhalten zeigt.

Direkte Reaktionen können auch durch die kleine Zahl von Freiheitsgraden (Anregung von wenigen Nukleonen des Targetkerns) klassifiziert werden. Von diesem Standpunkt aus kann z.B. die sog. formelastische Streuung von Nukleonen durch das reelle optische Potential (s. Kap. 8) als eine „direkte" Streuung angesehen werden, wobei die Freiheitsgrade im wesentlichen diejenigen des gestreuten Nukleons sind. Sie unterscheidet sich dadurch von der compoundelastischen Streuung (Anregung vieler Freiheitsgrade). Ein zweites

7.7. Direkte Reaktionen

Beispiel einer direkten Reaktion bietet die Anregung von kollektiven Kernzuständen (s. Abschn. 8.6) durch inelastische Streuung. Eine große und wichtige Klasse von direkten Reaktionen bilden die sog. Transfer-Reaktionen, die symbolisch durch

$$(A+a)+B \rightarrow (B+a)+A \qquad (7.56)$$

dargestellt werden. A, B und a sind Nukleonen oder Kerne. Das wohl bekannteste Beispiel einer Transfer-Reaktion ist die Deuteron-Abstreifreaktion (Stripping-Reaktion). Dabei bedeutet $(A+a) = (p+n)$ das Deuteron und B den Targetkern. Während der Reaktion löst sich das eine Nukleon vom anderen ab und lagert sich am Targetkern an, ohne daß dieser angeregt wird. Beispiel (d, p)-Reaktion:

$$(d=n+p)+B \rightarrow (D=B+n)+p. \qquad (7.57)$$

Damit die Reaktion nach (7.57) als direkte Reaktion verläuft, muß der betreffende Zustand des Endkerns D zu einem wesentlichen Teil aus der Konfiguration Anfangskern + Neutron in einem Einteilchenzustand (B+n) bestehen. Es spielen bei diesem Prozeß wenige Freiheitsgrade eine Rolle, denn der Targetkern bleibt unangeregt und stellt lediglich den Rumpf des Endkernes dar. Im Unterschied zur Compound-Reaktion (Bildung eines relativ langlebigen Zwischenzustandes C*)

$$d+B \rightarrow C^* \rightarrow D+p, \qquad (7.58)$$

bildet sich in der Abstreifreaktion kein Zwischenkern.

Die Umkehrreaktion einer Abstreifreaktion (7.57) ist die sog. Aufpick-(Pickup-)Reaktion. Ein einfallendes Proton entreißt dem Targetkern ein Neutron, und es entsteht ein Deuteron:

$$p+(B+n) \rightarrow B+(d=n+p). \qquad (7.59)$$

Je nach der Zahl von Konfigurationen im Targetkern können sich verschiedene Zustände des Endkernes bilden.

Das übertragene Teilchen in einer Abstreif- oder Aufpick-Reaktion kann auch aus einem Agglomerat mehrerer Nukleonen bestehen („Cluster"). Beispiele dieser Art sind z.B. die Zwei-Nukleon-Abstreifreaktionen:

$$\begin{aligned} (^3He=n+2p)+X &\rightarrow (Y=X+2p)+n \\ (^6Li=\alpha+d)+X &\rightarrow (Y=X+d)+\alpha. \end{aligned} \qquad (7.60)$$

Da der Grundzustand von ^6Li in guter Näherung durch eine lockere Verbindung eines Deuterons und eines Alphateilchens beschrieben wird, liegt die Deutung nahe, daß diese Reaktion überwiegend durch Austausch eines Deuterons erfolgt. Beispiel:

$$(^6\text{Li} = \alpha + \text{d}) + {}^{12}\text{C} \rightarrow ({}^{14}\text{N} = {}^{12}\text{C} + \text{d}) + \alpha. \tag{7.61}$$

Eine gegebene Reaktion kann manchmal durch Austausch von zwei verschiedenen Nukleonen-Agglomeraten ablaufen. Die $^{10}\text{B}(^6\text{Li, d})^{14}\text{N}$-Reaktion z. B. könnte entweder durch Transfer eines α-Teilchens

$$(^6\text{Li} = \alpha + \text{d}) + {}^{10}\text{B} \rightarrow ({}^{14}\text{N} = {}^{10}\text{B} + \alpha) + \text{d} \tag{7.62}$$

oder eines ^{8}Be-Kerns

$$^6\text{Li} + ({}^{10}\text{B} = {}^8\text{Be} + \text{d}) \rightarrow ({}^{14}\text{N} = {}^6\text{Li} + {}^8\text{Be}) + \text{d} \tag{7.63}$$

vor sich gehen. Offensichtlich hängt die Wahrscheinlichkeit für die Reaktionsart (7.62) davon ab, wieweit ^{6}Li aus α und d und ^{14}N aus ^{10}B + α bestehen.

Das Entsprechende gilt für die Reaktion (7.63). Dabei ist zu erwähnen, daß die zwei Reaktionen (7.62) und (7.63) sich keineswegs gegenseitig ausschließen. Ein gegebener Zustand vom ^{14}N-Kern kann sowohl Beiträge der Konfigurationen (^{6}Li + ^{8}Be) als auch (^{10}B + α) enthalten. Qualitativ lassen sich die zwei Möglichkeiten aufgrund der Winkelverteilung der emittierten Deuteronen unterscheiden. Für den Fall (7.62) sollte das Deuteron vorwiegend in der Vorwärtsrichtung emittiert werden, da es keine wesentliche Wechselwirkung mit dem Targetkern aufweist (Fig. 209). Beim Reaktionstyp (7.63) dagegen werden im Schwerpunktssystem die Deuteronen vorzugsweise rückwärts emittiert, da sich in diesem System die Targetkerne vor der Reaktion in dieser Richtung bewegen (Fig. 210).

Der Austausch von Nukleonen-Agglomeraten mit der Vorstellung von der Clusterstruktur der beteiligten Kerne mag zunächst als im Widerspruch zum Schalenmodell erscheinen. Daß dies nicht unbedingt der Fall ist, läßt sich durch Rechnungen mit den Wellenfunktionen des Schalenmodells beweisen[1].

Die Schalenmodell-Wellenfunktion, die im wesentlichen ein Produkt von Einteilchenwellenfunktionen sämtlicher Nukleonen des Kerns ist, läßt sich als Produkt von zwei Cluster-Wellenfunktionen und einer Funktion, die deren relative Bewegung beschreibt, ausdrücken. Die Wellenfunktionen der zwei beteiligten Cluster bestehen aus Produkten von Schalenmodellfunktionen. Als Beispiel betrachten wir ^{6}Li in

---
[1] *I. Rotter*, Clustereigenschaften leichter Kerne. Fortschritte der Physik 16 (1968), 195.

7.7. Direkte Reaktionen 273

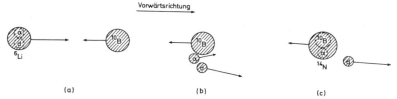

Fig. 209. Anschauliche Deutung der $(^6\text{Li}=\alpha+\text{d})+{}^{10}\text{B} \to ({}^{14}\text{N}=\alpha+{}^{10}\text{B})+\text{d}$-Reaktion im Schwerpunktssystem.
a) ^{6}Li- und ^{10}B-Kern nähern sich.
b) Abstreifung des α-Teilchens.
c) Das Deuteron fliegt in der Vorwärtsrichtung weiter.

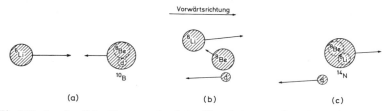

Fig. 210. Anschauliche Deutung der $^6\text{Li}+({}^{10}\text{B}={}^8\text{Be}+\text{d}) \to ({}^6\text{Li}+{}^8\text{Be}={}^{14}\text{N})+\text{d}$-Reaktion im Schwerpunktssystem.
a) ^{6}Li- und ^{10}B-Kerne nähern sich.
b) Abstreifung des ^{8}Be-Agglomerates.
c) Das Deuteron fliegt in der Rückwärtsrichtung weiter.

seinem Grundzustand. Nach dem Schalenmodell (s. Abschn. 8.5) sind je zwei Neutronen und Protonen im (1 s)-Einteilchenzustand mit entgegengesetzten Spins und ein Neutron und ein Proton je in einem (1 p)-Zustand mit dem Gesamtdrehimpuls J=1. Wegen der Spin-Kopplung der zwei ungeraden Nukleonen zeigt der Grundzustand den Bahndrehimpuls $l_p+l_n=0$ und den Spin $S_n+S_p=1$. Die entsprechende Wellenfunktion, die eine geeignete Kombination von Einteilchen-Wellenfunktionen der sechs Nukleonen ist, ist der Wellenfunktion eines Deuterons und eines α-Teilchens in einem Zustand mit dem relativen Bahndrehimpuls L=0 äquivalent. Dies ist klar, da derjenige Teil der Wellenfunktion, der das α-Teilchen darstellt, in beiden Fällen derselbe ist, nämlich die Wellenfunktion der vier (1 s)-Nukleonen. Der Anteil, der die zwei (1 p)-Nukleonen darstellt, entspricht der Wellenfunktion des Deuterons und der Wellenfunktion für die relative Bewegung der zwei Cluster (Fig. 211).

Es gibt noch andere direkte Reaktionsprozesse, die besonders bei hohen Bombardierungsenergien auftreten. Für diese Prozesse typisch

Fig. 211. Anschauliche Darstellung von ^{6}Li im Grundzustand nach dem Schalenmodell und nach einem Zwei-Cluster-Modell.
a) Schalenmodell: Die zwei (1p)-Nukleonen kreisen mit entgegengesetztem Bahndrehimpuls ($\vec{L} = \vec{l}_p + \vec{l}_n = 0$) und parallelem Spin ($\vec{S} = \vec{s}_p + \vec{s}_n = 1$) um das α-Teilchen.
b) Clustermodell: Die relative Bewegung der zwei Nukleonen ist eine Schwingung um deren Schwerpunkt mit $l = 0$. Dasselbe gilt für die Schwingung des Schwerpunkts der Nukleonen relativ zum α-Teilchen.

ist die quasielastische Streuung, die symbolisch geschrieben wird als:

$$a + (B + b) \to a + b + B. \tag{7.64}$$

Das einfallende Teilchen a wird von einem Nukleon (oder dem Cluster b), das sich innerhalb des Targetkerns (B + b) befindet, gestreut. Die zwei Teilchen verlassen den Endkern B, ohne mit ihm in Wechselwirkung zu kommen. Obschon der Endzustand aus drei Teilchen besteht, hat die Reaktion im Grunde genommen einen Zweiteilchencharakter. Der Reaktionstyp $X(p, p\,\alpha)Y$, wo $X = Y + \alpha$ ist, kann z.B. als eine elastische Streuung des Protons an einem α-Cluster im Targetkern X betrachtet werden. Da das gebundene α-Cluster im X-Kern eine gewisse Impulsverteilung besitzt, weicht die Winkelverteilung der gestreuten Protonen von der Streuung an freien α-Teilchen ab. Ferner wird der Rückstoßimpuls des Endkerns bei festem Beobachtungswinkel der Protonen keinen eindeutigen Wert annehmen, sondern eine Verteilung aufweisen, die die Impulsverteilung des α-Clusters im Targetkern widerspiegelt. Messungen von Energiespektren und Winkelverteilungen der auslaufenden Teilchen geben daher Auskunft über die Impulsverteilung der Nukleonen-Agglomerate, und sie lassen erkennen, bis zu welchem Grad der Targetkern als eine Verbindung des Endkernes mit dem ausgestoßenen Cluster betrachtet werden darf.

7.7.2. Deuteronen-Abstreif- und Aufpick-Reaktionen. Die Ausführungen von Abschnitt 7.7.1 über die Deuteronen-Abstreif- und Aufpick-Reaktionen werden hier erweitert. Fig. 212 zeigt schematisch eine

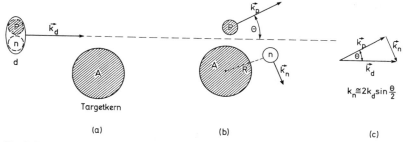

Fig. 212. Schematische Darstellung einer Deuteronen-Abstreif-Reaktion.
a) Das Deuteron nähert sich dem Targetkern.
b) Das Neutron, mit dem Wellenvektor $\vec{k}_n$, wird absorbiert, während das Proton weiterfliegt.
c) Impulsdiagramm für den Abstreifprozeß.

(d, p)-Abstreifreaktion an einem Targetkern A. Das Neutron wird in einem gebundenen Zustand des Endkerns (A+n) eingefangen (Fig. 212b). Für Bombardierungsenergien im Bereich von 6 MeV $<E_b<10$ MeV und für eine Bindungsenergie des Neutrons von $E_n \approx 8$ MeV, erhält das Proton die Summe dieser zwei Energien, abzüglich der Bindungsenergie des Deuterons:

$$E_p \approx E_b + E_n - 2{,}2 \text{ MeV} \approx 14 \text{ MeV}.$$

Diese Energie ist ungefähr gleich der doppelten Einfallsenergie des Deuterons, so daß Deuteronen- und Protonenimpuls etwa gleiche Beträge besitzen. Wegen der lockeren Bindung des Deuterons und des Einfangs des Neutrons in einer äußeren Bahn, spielt sich die Reaktion in der Oberflächenregion des Kernes ab. Das Neutron überträgt dem Kernrumpf den Bahndrehimpuls

d.h.
$$l_n \hbar \approx p_n R,$$
$$l_n \approx k_n R. \tag{7.65}$$

p_n bezeichnet den Betrag des Neutronenimpulses und R den Kernradius. Aus dem Impulsdreieck (Fig. 212c) erhält man $p_n \approx 2p_d \sin(\theta/2)$, sofern $|\vec{p}_n| \ll |\vec{p}_d|$ ist und der Rückstoßimpuls des Rumpfes A vernachlässigt wird. Die Protonen werden damit vorwiegend unter dem Winkel

$$\theta_{\max} \approx 2 \arcsin\left(\frac{l_n}{2k_d R}\right) \tag{7.66}$$

emittiert. Für $l_n = 0$ (Gl. (7.66)) zeigt die Winkelverteilung ein ausgeprägtes Maximum bei $\theta_{\max} = 0°$. Mit $R \approx 5 \cdot 10^{-15}$ m und $E_d \approx 8$ MeV erhält man nach Gl. (7.66) $\theta_{max} \approx 14°$ für $l_n = 1$ und $\theta_{max} \approx 30°$ für $l_n = 2$.

Gl. (7.66) läßt sich auch auf die (p, d)-Aufpick-Reaktion anwenden, falls die Protonenenergie im Bereich 10 MeV $< E_p <$ 18 MeV liegt. Die Winkelverteilungen von Abstreif- und Aufpick-Reaktionen sind daher i. a. durch ein Maximum gekennzeichnet, dessen Lage mit dem Bahndrehimpuls des übertragenen Nukleons korreliert ist. Obwohl die Beziehung (7.66) nur für den Fall $k_d \approx k_p$ gilt, besteht eine Korrelation zwischen l_n und θ_{max}, solange die Reaktion als direkte, d. h. ohne Bildung eines Zwischenkernes, verläuft.

Die quantenmechanische Behandlung von Abstreif- und Aufpick-Reaktionen ist sehr weit entwickelt, geht jedoch über den Rahmen dieses Buches hinaus. Wir versuchen hier dennoch den Inhalt dieser Theorie aus einfachen Überlegungen zu erhalten. Dazu benutzt man die Theorie der ebenen Wellen, die ursprünglich von *Butler*[1] auf diese Reaktionen angewendet wurde. In dieser Näherung werden die Wellenfunktionen der ein- und auslaufenden Teilchen durch ebene Wellen beschrieben. Wir betrachten hier die (p, d)-Aufpick-Reaktion und lassen die Spins der beteiligten Teilchen außer acht. Die Wellenfunktion der einfallenden Protonen ist

$$\psi_p = e^{i\vec{k}_p \cdot \vec{r}_p}, \tag{7.67}$$

wobei $\vec{r}_p$ den Ortsvektor des Protons und $\vec{k}_p$ dessen Wellenvektor angibt. $\vec{r}_p$ wird auf den Schwerpunkt des Systems Proton-Targetkern bezogen. Der Einfachheit halber sei der Targetkern unendlich schwer angenommen, so daß Labor- und Schwerpunktssystem zusammenfallen. Die auslaufenden Deuteronen sollen durch die Wellenfunktion

$$\psi_d = \Phi_d(\vec{r}_{pn}) e^{i\vec{k}_d \cdot \vec{r}_d} \tag{7.68}$$

dargestellt werden, wobei $\vec{r}_d$ den Ortsvektor des Deuterons bedeutet (Fig. 213). Die Wellenfunktion $\Phi_d(\vec{r}_{pn})$, als Lösung der Schrödinger-Gleichung des Deuterons (s. Abschn. 8.2), beschreibt die innere Bewegung von Proton und Neutron im Deuteron. $\vec{r}_{pn}$ ist der relative Ortsvektor des Neutrons bezüglich des Protons. Für die Ortsvektoren gilt die Beziehung (Fig. 213)

$$\vec{r}_d = \vec{r}_p + \vec{r}_{pn}/2. \tag{7.69}$$

Für das Folgende soll der Targetkern aus einem Rumpf und einem Neutron (Bahndrehimpuls l) in einem Einteilchenzustand bestehen.

---

[1] S. T. *Butler*, Proc. Roy. Soc. (London) **A 208**, 559 (1951).

7.7. Direkte Reaktionen

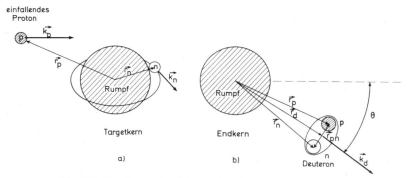

Fig. 213. Zur Veranschaulichung der (p, d)-Aufpick-Reaktion.
a) Situation vor und b) nach der Reaktion.

Somit läßt sich die Wellenfunktion des Targetkerns als

$$\psi_T = \psi_0\, \xi_l(r_n)\, Y_l^m(\theta_n, \varphi_n) \tag{7.70}$$

schreiben, wo ψ_0 die Wellenfunktion des Rumpfes angibt. Da er durch die Reaktion nicht betroffen wird, muß ψ_0 nicht weiter spezifiziert werden. $\xi_l(r_n)$ ist der radiale Anteil der Einteilchenfunktion des Neutrons und $Y_l^m(\theta_n, \varphi_n)$ gibt die Winkelabhängigkeit an. Die vollständige Wellenfunktion im Anfangszustand ist das Produkt aus (7.67) und (7.70):

$$\psi_A = \psi_p\, \psi_T = \psi_0\, \xi_l(r_n)\, Y_l^m(\theta_n, \varphi_n)\, e^{i\vec{k}_p \cdot \vec{r}_p}. \tag{7.71}$$

Für den Endzustand ist die Wellenfunktion das Produkt aus (7.68) und der Funktion des Endkerns ψ_0:

$$\psi_E = \psi_d\, \psi_0 = \psi_0\, \Phi_d(\vec{r}_{pn})\, e^{i\vec{k}_d \cdot \vec{r}_d}. \tag{7.72}$$

Der Ablauf des Aufpickprozesses läßt sich wie folgt beschreiben: Nähert sich das Proton dem Targetkern, so zieht es das Neutron aus dem Targetkern heraus, und die beiden Nukleonen fliegen als Deuteron weiter. Die Darstellung der Protonen- und Deuteronenwelle durch ebene Wellen entspricht der Vernachlässigung jeglicher Wechselwirkung zwischen Proton und Targetkern sowie zwischen Deuteron und Endkern. Demgemäß ist die für die Reaktion verantwortliche Wechselwirkung diejenige zwischen Proton und eingefangenem Neutron, d.h. die Neutron-Proton-Wechselwirkung V_{np}. Der Reaktionsquerschnitt ist der Wahrscheinlichkeit proportional, daß V_{np} einen Übergang zwischen Anfangs- und Endzustand verursacht (vgl. dazu

Bd. III/1, Kap. VII, 2):

$$\sigma(\vec{k}_p \to \vec{k}_d) \propto |(\psi_E |V_{np}| \psi_A)|^2. \qquad (7.73)$$

$(\psi_E |V_{np}| \psi_A)$ bedeutet das Matrixelement bzw. die Übergangsamplitude für den Übergang. Dieses Matrixelement ist gegeben durch

$$(\psi_E |V_{np}| \psi_A) = \int \psi_E^* V_{np} \psi_A \, d\tau, \qquad (7.74)$$

wobei $d\tau$ anstelle von $d^3\vec{r}_p \, d^3\vec{r}_n \ldots$ steht. Da der Rumpf während der Reaktion unverändert bleibt, läßt sich die Integration von Gl. (7.74) über die Koordinaten der Rumpfnukleonen ausführen. Somit vereinfacht sich Gl. (7.74) zu

$$\begin{aligned}(\psi_E |V_{np}| \psi_A) = \int \Phi_d^*(\vec{r}_{np}) \, e^{-i\vec{k}_d \cdot \vec{r}_d} V_{np} \, \xi_l(\vec{r}_n) Y_l^m(\theta_n, \varphi_n) \\ \cdot e^{i\vec{k}_p \cdot \vec{r}_p} \, d^3\vec{r}_n \, d^3\vec{r}_p, \end{aligned} \qquad (7.75)$$

und es sind nur noch die Koordinaten des Neutrons und des Protons von Bedeutung. Die Wechselwirkung V_{np} hat gegenüber dem Kerndurchmesser eine kurze Reichweite, so daß eine Null-Reichweite- (zero Range) Näherung zulässig ist:

$$V_{np}(\vec{r}_{np}) = V_0 \, \delta(\vec{r}_{np}). \qquad (7.76)$$

Die Deltafunktion $\delta(\vec{r}_{np})$ besitzt die folgenden Eigenschaften:

$$\delta(\vec{r}_n - \vec{r}_p) = 0 \quad \text{für } \vec{r}_n \neq \vec{r}_p \qquad (7.77\text{a})$$

$$\int \delta(\vec{r}_n - \vec{r}_p) \, d^3(\vec{r}_n - \vec{r}_p) = 1, \qquad (7.77\text{b})$$

$$\int f(\vec{r}_p) \, g(\vec{r}_n) \, \delta(\vec{r}_{np}) \, d^3\vec{r}_p = f(\vec{r}_n) \, g(\vec{r}_n). \qquad (7.77\text{c})$$

Beim Einsetzen von (7.76) in (7.75) und nach Integration über $d^3\vec{r}_p$ gemäß (7.77c) ergibt sich

$$(\psi_E |V_{np}| \psi_A) = \Phi_d^*(0) \, V_0 \int e^{-i(\vec{k}_d - \vec{k}_p) \cdot \vec{r}_n} \, \xi_l(\vec{r}_n) Y_l^m(\theta_n, \varphi_n) \, d^3\vec{r}_n. \qquad (7.78)$$

Dieser Ausdruck ist das Matrixelement für einen bestimmten Wert von $\vec{k}_d - \vec{k}_p = \vec{k}_n$, dem übertragenen Neutronenimpuls. Um das Integral (7.78) auszuführen, ist eine Entwicklung der ebenen Welle nach Kugelfunktionen nötig. Gl. (7.78) wird besonders einfach in einem Koordinatensystem, dessen z-Achse mit der Richtung von

7.7. Direkte Reaktionen

$\vec{k}_n$ zusammenfällt. Mit dieser Wahl lautet der Exponentialfaktor in (7.78)

$$e^{-i(\vec{k}_d - \vec{k}_p)\cdot\vec{r}_n} = e^{-i\vec{k}_n\cdot\vec{r}_n} = e^{-ik_n z_n}$$

$$= \sum_{l'=0}^{\infty}(2l'+1)(-i)^{l'}j_{l'}(k_n r_n)P_l(\cos\theta_n), \quad (7.79)$$

wobei $j_{l'}(k_n r_n)$ die sphärischen Bessel-Funktionen bedeuten. Wird (7.79) in (7.78) eingesetzt, so ergibt sich nach Integrationen über θ_n und φ_n und unter Berücksichtigung der Orthogonalität der $Y_l^m(\theta,\varphi)$

$$(\psi_E|V_{np}|\psi_A) = V_0\,\Phi_d^*(0)(2l+1)(-i)^l\int_0^\infty \xi_l(r_n)j_l(k_n r_n)r_n^2\,dr_n. \quad (7.80)$$

Das Produkt $r_n^2\,\xi_l(r_n)$ hat ein ziemlich scharfes Maximum an der Kernoberfläche $r_n \approx R$, denn die Einteilchenfunktion $\xi_l(r_n)$ entspricht einer Bahn am Rande des Kerns. Außerhalb des Kerns fällt $\xi_l(r_n)$ rasch ab.

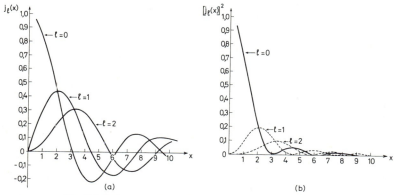

Fig. 214. Sphärische Bessel-Funktionen und ihre Quadrate.
a) Die Funktionen $j_l(k_n R)$ für $l=0$, 1 und 2.
b) $(j_l(k_n R))^2$ für dieselben Bahndrehimpulse.

Somit können wir das Integral in (7.80) annähernd proportional zu $j_l(k_n R)$ setzen, was für den Querschnitt die Beziehung

$$\sigma(\vec{k}_p \to \vec{k}_d) \propto (j_l(k_n R))^2 \quad (7.81)$$

ergibt. Die Winkelabhängigkeit des Querschnitts ist in der Abhängigkeit der $j_l(k_n R)$ von k_n enthalten. In Fig. 214a wird $j_l(k_n R)$ für $l=0$, 1 und 2 als Funktion von $k_n R$ aufgetragen. Fig. 214b zeigt $(j_l(k_n R))^2$ für die gleichen l-Werte. Die Verschiebung des Maximums gegen höhere Werte von $k_n R$ mit zunehmendem l wurde schon im Zusammenhang mit Fig. 212 erklärt.

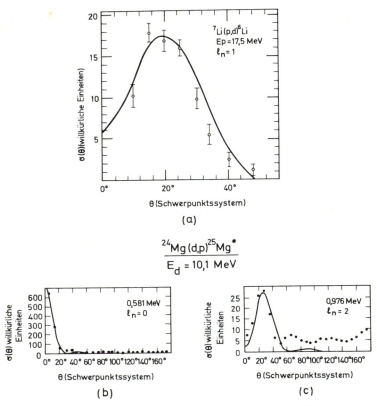

Fig. 215. Vergleich des experimentellen Querschnitts mit theoretischen Voraussagen.
a) Winkelverteilung der Deuteronen aus der ^{7}Li(p, d)^{6}Li-Reaktion. Berechnete Werte für $R = 5{,}8 \cdot 10^{-15}$ m (ausgezogene Kurve). (Nach *E. F. Bennett* und *D. R. Maxson*, Phys. Rev., **116**, 131, 1959.)
b) Winkelverteilung der Protonen der ^{24}Mg(d, p)^{25}Mg*-Reaktion für den 581-keV-Zustand. Berechnete Kurve für $l_n = 0$, $R = 5{,}2 \cdot 10^{-15}$ m.
c) Winkelverteilung der Protonen aus der ^{24}Mg(d, p)^{25}Mg*-Reaktion für den 976-keV-Zustand. Berechnete Kurve für $l_n = 2$ und $R = 5{,}2 \cdot 10^{-15}$ m. (*R. Middleton* und *S. Hinds*, Nucl. Phys., **34**, 409, 1962.)

Einige Beispiele von gemessenen und nach der Theorie der ebenen Wellen (Theorie von Butler) berechneten differentiellen Querschnitten sind in Fig. 215 aufgeführt. Fig. 215a zeigt die Winkelverteilung der Deuteronen für die Reaktion ^{7}Li(p, d)^{6}Li bei einer Protonenenergie $E_p = 17{,}5$ MeV. Die ausgezogene Kurve wurde unter der Annahme $l_n = 1$ für das übertragene Neutron berechnet, was in Übereinstimmung mit dem Schalenmodell steht. Die beste Anpassung zwischen Theorie und Experiment wurde mit $R = 5,8 \cdot 10^{-15}$ m erzielt.

Fig. 215b und c zeigen Winkelverteilungen der Protonen der ^{24}Mg(d, p)^{25}Mg*-Reaktion. Die Resultate von Fig. 215b entsprechen dem Fall, daß der Endkern ^{25}Mg in seinem ersten angeregten Zustand mit der Anregungsenergie $E_a = 581$ keV und $J = \frac{1}{2}^+$ zurückgelassen wird. Die berechnete Kurve, die die experimentellen Ergebnisse gut wiedergibt, zeigt das für $l_n = 0$ charakteristische Maximum bei $\theta = 0°$. Fig. 215c gibt die Verteilung der Protonen, die den Endkern im zweiten angeregten Zustand ($E_a = 976$ keV) zurücklassen. Die ausgezogene Kurve entspricht dem theoretischen Ergebnis für einen übertragenen Bahndrehimpuls $l_n = 2$. Da der Grundzustand des Targetkerns ^{24}Mg $J^\pi = 0^+$ ist, kann das Abstreifen eines Neutrons mit $l_n = 2$ entweder zu einem $J = l + \frac{1}{2} = \frac{5}{2}$ oder $J = l - \frac{1}{2} = \frac{3}{2}$ Zustand des Endkerns führen. Der Spin des übertragenen Nukleons wird in der einfachen Theorie nicht berücksichtigt, so daß eine Unterscheidung der zwei J-Werte aufgrund dieser Rechnungen nicht möglich ist. Durch andere Messungen wurde der Spin des 976-keV-Zustands zu $J = \frac{3}{2}$ gefunden. Aus Fig. 215c ist ersichtlich, daß Theorie und Experiment für Emissionswinkel $\theta > 50°$ nicht übereinstimmen. Diese und ähnliche Schwierigkeiten der Ebenen-Wellen-Theorie werden weitgehend behoben bei Einbeziehung der Wechselwirkungen der einfallenden Teilchen mit dem Targetkern und der auslaufenden mit dem Endkern. Dazu müssen die ebenen Wellen durch mit optischen Potentialen berechnete Wellenfunktionen ersetzt werden. Solche Berechnungen ergeben meist gute Übereinstimmung zwischen Theorie und Experiment über einen weiten Bereich von Targetkernmassen und Bombardierungsenergien, was zeigt, daß die wesentlichen Züge des Reaktionsmechanismus von der Theorie gut beschrieben werden. Ein Beispiel, die Winkelverteilung der Neutronen der ^{16}O(d, n)^{17}F-Reaktion, zeigt Fig. 216. Die Kurve, die die oben erwähnten Wechselwirkungen sowie einen kleinen Beitrag von Zwischenkernbildung berücksichtigt, ist in bester Übereinstimmung mit den Messungen. Die Auswertung solcher Experimente mit der verfeinerten Form der Theorie liefert eine Fülle von Informationen über die Kernstruktur.

Einige weitere Beispiele von direkten Reaktionen zeigen die Fig. 217 und 218. In Fig. 217 ist die Winkelverteilung der Neutronen der ^{40}Ca(^{3}He, n)^{42}Ti-Reaktion dargestellt. Da sowohl der Target- als auch der Restkern $J^\pi = 0^+$ besitzen, kann das übertragene Diproton nur den Bahndrehimpuls $l = 0$ mitbringen. Die ausgezogene Kurve zeigt das Resultat der oben erwähnten verfeinerten Theorie. Als letz-

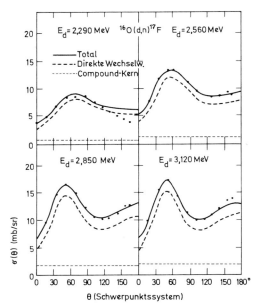

Fig. 216. Winkelverteilung der Neutronen aus der ^{16}O(d, n)^{17}F-Reaktion (Grundzustand). Berechnete Kurve für $l_p = 2$ des abgestreiften Protons. Eine Beeinflussung der ein- und auslaufenden Wellen durch den Target- bzw. Endkern sowie ein kleiner Beitrag von Zwischenkernreaktionen wurden berücksichtigt. (*Dietzsch* et al., Nucl. Phys., **A 114**, 330, 1968.)

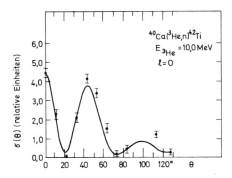

Fig. 217. Winkelverteilung der Neutronen der ^{40}Ca(^{3}He, n)^{42}Ti-Reaktion für eine ^{3}He-Energie von 10 MeV. Die ausgezogene Kurve gibt die berechneten Wirkungsquerschnitte für einen übertragenen Bahndrehimpuls des Diprotons von $l = 0$. (*M. H. Shapiro*, Nucl. Phys., **A 114**, 401, 1968.)

7.7. Direkte Reaktionen

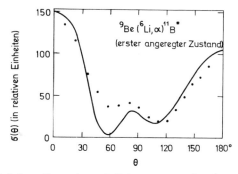

Fig. 218. Winkelverteilung der α-Teilchen aus der ^{9}Be(^{6}Li, α)^{11}B-Reaktion (erster angeregter Zustand). Einfallsenergie E(^{6}Li) = 3,25 MeV. Ausgezogene Kurve unter Benützung von ebenen Wellen berechnet unter der Annahme, daß die beiden Reaktionsarten (7.82) und (7.83) beitragen. (*J. J. Leigh*, Phys. Rev., **123**, 2145, 1961.)

tes Beispiel zeigt Fig. 218 die Winkelverteilung der ^{9}Be(^{6}Li, α)^{11}B*-Reaktion, die zum ersten angeregten Zustand von ^{11}B führt. Die Reaktion könnte entweder durch Übertragung eines Deuterons, d. h.

$$(^6\text{Li} = \alpha + d) + {}^9\text{Be} \rightarrow ({}^{11}\text{B} = {}^9\text{Be} + d) + \alpha \qquad (7.82)$$

oder durch Austausch eines ^{5}He-Agglomerats

$$({}^9\text{Be} = \alpha + {}^5\text{He}) + {}^6\text{Li} \rightarrow ({}^{11}\text{B} = {}^6\text{Li} + {}^5\text{He}) + \alpha \qquad (7.83)$$

ablaufen. Die Kurve in Fig. 218 wurde mit der Näherung für ebene Wellen berechnet, unter der Annahme, daß die beiden Prozesse (7.82) und (7.83) eine Rolle spielen. Die gute Übereinstimmung zwischen Theorie und Experiment läßt auf die Richtigkeit dieser Annahme schließen. Es müssen jedoch weitere Resultate von zusätzlichen Messungen abgewartet werden, bevor der Reaktionsmechanismus solcher Transfer-Reaktionen sichergestellt ist.

8. Kernmodelle[1]

8.1. Einleitung. 1934 ist ein erstes Kernmodell von *Elsasser*[2] vorgeschlagen worden. Seither sind an Modellen u.a. das Tröpfchenmodell, das ein anschauliches und quantitatives Bild der Kernspaltung liefert, das optische Modell für die Erklärung vieler Streuprozesse, das Schalenmodell, welches die Eigenschaften von Einnukleonen-Zuständen, und das Kollektivmodell, welches jene von mehreren Nukleonen beschreibt, entwickelt worden. Jedes Modell beschränkt sich naturgemäß auf bestimmte Kernphänomene. Zu einem qualitativen und quantitativen Verständnis der Kerneigenschaften sind mehrere der entwickelten und sich ergänzenden Kernmodelle notwendig.

Bevor auf die Kernmodelle eingegangen wird, soll die Nukleon-Nukleonkraft näher geprüft werden. Diese Kraft, zwischen zwei Nukleonen (zwei Protonen, zwei Neutronen oder Proton-Neutron) wirkend, kommt direkt im Deuteron und bei den Streuprozessen zweier Nukleonen zur Wirkung und kann hier untersucht werden. Aber auch die Eigenschaften stabiler Kerne liefern zusätzliche Informationen über die Nukleon-Nukleon-Wechselwirkung. So ist z.B. in Abschn. 3.2.3 darauf hingewiesen worden, wie die konstante Dichte der Kernmaterie die kurze Reichweite der Kernkraft widerspiegelt.

8.2. Deuteron. Das Deuteron ist das einfachste Beispiel für einen zusammengesetzten Kern. Trotz dieser Einfachheit reichen die heutigen Kenntnisse noch nicht aus, um seine Eigenschaften aus Grundprinzipien herzuleiten, da das Kraftgesetz nicht explizite bekannt ist. Bereits beim scheinbar einfachen Kern des Deuteriums treten Schwierigkeiten in der Behandlung des Problems auf, die für das gesamte Gebiet der Kernphysik typisch sind.

Vier experimentelle Daten über das Deuteron sind hier von besonderer Bedeutung:
1. Bindungsenergie.
2. Drehimpuls.

---

[1] Verfaßt in Zusammenarbeit mit Prof. Dr. *S.E. Darden*, University of Notre Dame, Indiana, USA.
[2] *W.M. Elsasser*, J. phys. et radium, **5** (1934), 389, 635.

3. Magnetisches Dipolmoment.
4. Elektrisches Quadrupolmoment.

Wird das Deuteron mit Gammastrahlen durch den Kernphotoeffekt in seine Bestandteile aufgespaltet und die dazu erforderliche Mindestenergie genau bestimmt, so läßt sich die Bindungsenergie präzis angeben. Fig. 219 zeigt schematisch die Methode. Die γ-Strahlung wird als Bremsstrahlung von Elektronen bekannter Energie erzeugt.

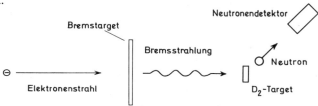

Fig. 219. Anordnung zur Bestimmung der Bindungsenergie des Deuterons mit Hilfe des Kern-Photoeffekts.

Die Mindestenergie der Elektronen, bei welcher der Kernphotoeffekt, d. h. die Spaltung des Deuterons in ein Proton und ein Neutron, gerade einsetzt, gibt direkt die Bindungsenergie des Deuterons. Sie beträgt $(2{,}22467 \pm 0{,}00005)$ MeV.

Drehimpuls, magnetisches Dipolmoment und elektrisches Quadrupolmoment des Deuterons bestimmt man nach den in Abschn. 3 erläuterten Methoden. Sie betragen:

$I = 1\hbar$;

$\mu = (0{,}857348 \pm 0{,}000003)\,\mu_N$ (μ_N bezeichnet das Kernmagneton);

$Q'/e =$ Quadrupolmoment $= 2{,}82 \cdot 10^{-27}$ cm^2.

Die Bindungsenergie des Deuterons von 2,23 MeV ist klein gegenüber der Bindungsenergie eines Nukleons in schweren Kernen (≈ 8 MeV, vgl. Abschn. 3.2.3) und vor allem bezüglich ihrer potentiellen Energie. Diese läßt sich mit folgender Überlegung abschätzen: Die de Broglie-Wellenlänge eines Nukleons im Kern ist höchstens von der Größenordnung des Kerndurchmessers 2R. Aus $\lambda = h/p$, wobei λ die Wellenlänge und p den Impuls des Nukleons bezeichnen, ergibt sich für ein Nukleon mit der Wellenlänge $\lambda \approx R$

der Impuls: $\qquad p \approx h/R$

und die kinetische Energie: $\quad E_k = \dfrac{p^2}{2m} \approx \dfrac{h^2}{2m R^2}$.

Mit $R = 6 \cdot 10^{-15}$ m (mittelschwerer Kern) und $m = 1{,}67 \cdot 10^{-27}$ kg (Nukleon) erhält man $E_k \approx 3{,}0 \cdot 10^{-12}$ J ≈ 20 MeV.

Die Bindungsenergie eines einzelnen Nukleons beträgt ca. 8 MeV. Dies entspricht einer Tiefe des Potentialtopfs von ca. 30 MeV.

Für ein System von zwei Teilchen (m_1, m_2) lautet die zeitunabhängige Schrödinger-Gleichung (s. Bd. III/1, Kap. VI, 10):

$$-\frac{\hbar^2}{2\mu} \Delta \psi(r, \theta, \varphi) + V(r) \psi(r, \theta, \varphi) = E \psi(r, \theta, \varphi). \qquad (8.1)$$

Es bedeutet:

$\mu = $ reduzierte Masse $= \dfrac{m_1 m_2}{m_1 + m_2}$;

$V(r) = $ Potentielle Energie der beiden Teilchen in Funktion ihres Abstandes r (Wechselwirkungsenergie);

$E = V(r) + E_k = $ Gesamtenergie des Deuterons;

$E_k = $ Kinetische Energie der beiden Teilchen.

Wir vernachlässigen zunächst den Spin der Nukleonen und nehmen an, daß das Deuteron im Grundzustand, wie das Wasserstoffatom, den Bahndrehimpuls null besitze und die Kraft eine Zentralkraft sei. Damit erhält man für den Radialteil $R(r)$ der Wellenfunktion:

$$-\frac{\hbar^2}{2\mu} \frac{1}{r^2} \frac{d}{dr}\left(r^2 \frac{dR(r)}{dr}\right) + V(r) R(r) = E R(r) \qquad (8.2)$$

Mit dem Ansatz $R(r) = u(r)/r$ kann Gl. (8.2) vereinfacht werden (s. Gl. (7.32)):

$$-\frac{\hbar^2}{2\mu} \frac{d^2 u}{dr^2} + V(r) u = E u. \qquad (8.3)$$

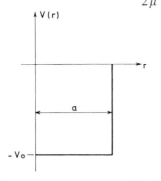

Fig. 220. Rechteckiger Potentialtopf für die n-p-Wechselwirkung.

Die einfachste Annahme über das Potential $V(r)$ ist ein rechteckiger Potentialtopf (Fig. 220) der Tiefe V_0 und der Breite a. Aus dem Rutherfordschen Streuexperiment weiß man, daß die Breite a klein ist ($a < 10^{-14}$ m). Der negative Wert von V_0 entspricht einer Anziehung. Zwei Bereiche sind nun zu unterscheiden:

$$0 < r \leq a: \quad V = -V_0, \qquad (8.4)$$

$$r > a: \quad V = 0. \qquad (8.5)$$

8.2. Deuteron

Für diese Bereiche lautet die Wellengleichung:

$$-\frac{\hbar^2}{2\mu}\frac{d^2 u(r)}{dr^2} = (V_0 + E) u(r) \tag{8.6}$$

und

$$-\frac{\hbar^2}{2\mu}\frac{d^2 u(r)}{dr^2} = E u(r). \tag{8.7}$$

Die Gesamtenergie E des Deuterons ist $E = -V_0 + E_k$, was der Bindungsenergie des Deuterons entspricht: $E = 2{,}226$ MeV. Zur Lösung der Gl. (8.6) und (8.7) führt man die Wellenzahlen k_I und k_{II} ein:

$$\frac{\hbar^2}{2\mu} k_I^2 = V_0 + E \quad \text{im Gebiet } r \leq a \tag{8.8}$$

und

$$\frac{\hbar^2}{2\mu} k_{II}^2 = -E \quad \text{für } r > a.$$

Gl. (8.6) und (8.7) erhalten damit die Formen

$$\frac{d^2 u_I(r)}{dr^2} + k_I^2 u_I(r) = 0 \quad \text{für } r \leq a \tag{8.9}$$

und

$$\frac{d^2 u_{II}(r)}{dr^2} - k_{II}^2 u_{II}(r) = 0 \quad \text{für } r > a. \tag{8.10}$$

Gl. (8.9) besitzt die partikuläre Lösung (Fig. 221)

$$u_I(r) = u_{0,I} \sin(k_I r) \quad \text{für } r \leq a. \tag{8.11}$$

Die auch mögliche Lösung $u(r) \propto \cos(k_I r)$ ist auszuschließen, da sie für $r \to 0$ die Wellenfunktion $\psi(r)$ auf ∞ anwachsen ließe.

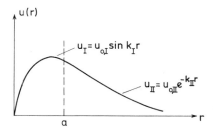

Fig. 221. Radiale Wellenfunktionen u_I und u_{II} für das Deuteron. An der Stelle $r = a$ schließen u_I und u_{II} sowie deren Ableitungen stetig aneinander an.

Gl. (8.10) ergibt als partikuläre Lösung eine Exponentialfunktion:

$$u_{II}(r) = u_{0,II} e^{-k_{II} r} \quad \text{für } r > a. \qquad (8.12)$$

Die mathematisch auch zulässige Lösung $u(r) \sim e^{k_{II} r}$ ist auszuschließen (s. Bd. III/1, S. 217).

An der Grenze $r = a$ des Potentialtopfes müssen die beiden Lösungen und deren Ableitungen stetig aneinander anschließen (s. Bd. III/1, VI, 4) (Fig. 221):

$$u_I(a) = u_{II}(a)$$

$$\left. \frac{d u_I(r)}{dr} \right|_a = \left. \frac{d u_{II}(r)}{dr} \right|_a.$$

Hieraus folgt:

$$\left(\frac{d u_I(r)}{dr} \bigg/ u_I(r) \right)_{r=a} = \left(\frac{d u_{II}(r)}{dr} \bigg/ u_{II}(r) \right)_{r=a}. \qquad (8.13)$$

Unter Benützung der Größen $u_I(r)$ und $u_{II}(r)$ von Gl. (8.11) und (8.12), ergibt sich aus Gl. (8.13)

$$k_I \operatorname{ctg}(k_I a) = -k_{II} \qquad (8.14)$$

und mit Berücksichtigung von Gl. (8.8)

$$\operatorname{ctg}^2(k_I a) = -\frac{E}{V_0 + E}. \qquad (8.15)$$

Da die Tiefe des Potentialtopfes $V_0 \gg |E|$ ist, wird

$$\operatorname{ctg} k_I a \ll 1,$$

d. h.

$$k_I a \approx \pi/2$$

und mit Gl. (8.8)

$$V_0 a^2 \approx \frac{\hbar^2}{2\mu} (\pi/2)^2.$$

Dieses Ergebnis zeigt den Zusammenhang zwischen Tiefe V_0 und Ausdehnung a des Potentialtopfes, der die beiden Nukleonen im Deuteron zusammenhält. Aus dem Wert $V_0 \approx 30$ MeV läßt sich die Reichweite der Wechselwirkung der beiden Nukleonen unter den gemachten Annahmen angeben:

$$a \approx \sqrt{\frac{\hbar^2}{2\mu V_0} (\pi/2)^2} = 1{,}8 \cdot 10^{-15} \text{ m} = 1{,}8 \text{ fm}.$$

Die starke Wechselwirkung hat eine sehr kurze Reichweite. Nach
H. Yukawa[1] (geb. 1907) entsteht die Wechselwirkung zwischen zwei
Nukleonen durch virtuelle Ausstrahlung bzw. Absorption von π-Mesonen. Wegen der Unschärferelation können diese höchstens
während der Zeitdauer $\Delta t \approx \hbar/\Delta E$ das Nukleon verlassen, wo
$\Delta E \approx m_\pi c^2$ ist (m_π = Masse des π-Mesons). Besäße das π-Meson
die Grenz-Geschwindigkeit c, so würde es eine Distanz von $c\Delta t =$
$\hbar/m_\pi c \approx 1,3 \cdot 10^{-15}$ m zurücklegen, was der oberen Grenze der Reichweite der Kernkraft entspricht.

Bahndrehimpuls null und Spin eins des Deuterons im Grundzustand bedeuten Parallelstellung der Spins von Neutron und Proton.
Aus der Nichtexistenz eines gebundenen Zustandes mit Spin null
schließt man auf eine Spin-Spin-abhängige Wechselwirkung der
beiden Nukleonen. Die Bindungsenergie ist bei Parallelstellung der
Spins größer als bei antiparalleler Einstellung. Überdies kann — da
der Bahndrehimpuls null kein magnetisches Moment zur Folge hat —
erwartet werden, daß das magnetische Moment des Deuterons gleich
der Summe der magnetischen Momente von Proton und Neutron ist.
Sie beträgt 0,880 μ_N, was mit dem magnetischen Moment des Deuterons
von 0,857 μ_N ziemlich gut übereinstimmt. Der Unterschied liegt jedoch
weit außerhalb der Fehlergrenzen der experimentellen Werte, so
daß neben $l=0$ noch ein Beitrag $l \neq 0$ zum Grundzustand gehört
(es können wegen der positiven Parität des Grundzustandes nur
gerade l-Werte auftreten (s. S. 243)). Einen eindeutigen Beweis für
einen Beitrag $l \neq 0$ liefert die Existenz eines elektrischen Quadrupolmomentes von $+2,82 \cdot 10^{-27}$ cm^2 des Deuterons, denn ein Zustand
mit $l=0$ wäre kugelsymmetrisch und würde kein Quadrupolmoment
besitzen. Dies bedeutet, daß die Wechselwirkung einen nichtzentralen
Anteil enthält.

8.3. Nukleon-Nukleon-Streuung. Weitere Informationen über die
Nukleon-Nukleonkraft liefern Nukleon-Nukleon-Streuexperimente.
Im folgenden sollen Coulomb-Wechselwirkungen ausgeschlossen
sein. Die experimentelle Anordnung für einen Streuversuch zeigt
schematisch Fig. 222.

Gemessen wird z.B. die Winkelverteilung der gestreuten Nukleonen
in Funktion der Energie der einfallenden Nukleonen. Aus dieser Verteilung, der Zahl der Targetnukleonen, dem einfallenden Teilchenfluß
und der Bestrahlungszeit kann der differentielle Streuquerschnitt
(s. Abschn. 2.1) berechnet werden. Dann lassen sich weitere Phänomene

---

[1] Proc. phys. math. Soc. Japan, **17**, 48, 1935.

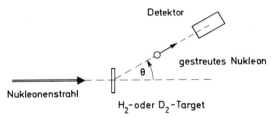

Fig. 222. Schematische Anordnung zur Messung der Winkelverteilung der Nukleon-Nukleon-Streuung.

(z. B. solche der Polarisation), die beim Streuprozeß auftreten, ermitteln.

Zunächst sei festgestellt, daß für die Nukleon-Nukleon-Streuung bei nicht zu großen Einfallsenergien nur Teilchen mit kleinem Bahndrehimpuls in Wechselwirkung treten. Dies liegt in der kurzen Reichweite der Kernkraft begründet und läßt sich mit der folgenden halbklassischen Betrachtungsweise einsehen: Fliegt ein Nukleon mit dem Impuls p an einem zweiten Nukleon vorbei, so besitzt das System den Bahndrehimpuls

$$\vec{L} = \vec{r} \times \vec{p} \qquad (8.16)$$

mit dem Betrage $\quad L = x\,p,$

wo x den Stoßparameter des Teilchens angibt. Damit eine Wechselwirkung zwischen den beiden Nukleonen eintritt, muß x von der Größe der Reichweite a der Kernkraft sein. Maximal ergibt sich ein Bahndrehimpuls des Zweinukleonensystems von $L_{max} = l_{max}\,\hbar \approx a\,p = a\,\hbar\,k$, wo l die Bahndrehimpulsquantenzahl bezeichnet. Die Wellenzahl $k = 2\pi/\lambda$ ist mit dem Impuls durch folgende Relation verknüpft:

$$p = \hbar\,k. \qquad (8.17)$$

Hieraus folgt
$$l_{max} \approx k\,a.$$

Kinetische Energie E_k im Schwerpunktssystem und Wellenzahl k erfüllen die Beziehung

$$E_k = \frac{p^2}{2\mu} = \frac{\hbar^2 k^2}{2\mu},$$

wobei μ die reduzierte Masse des Systems ist ($\mu = M/2$; $M =$ Nukleonenmasse). Für eine gegebene Energie wird daher bei der Wechselwirkung der beiden Nukleonen höchstens eine Bahndrehimpulsquanten-

8.3. Nukleon-Nukleon-Streuung

zahl l_{max} auftreten. Dieses Resultat gilt für alle Kernreaktionen, wobei die Größe a durch die die Reaktion kennzeichnende Wechselwirkungsdistanz zu ersetzen ist.

Beispiel: Neutron-Proton-Streuung mit $E_k = 20$ MeV im Laborsystem. Im Schwerpunktssystem ist $E_{k,s} = 10$ MeV und

Aus $\quad\quad\quad \mu = \tfrac{1}{2} \cdot 1{,}67 \cdot 10^{-27}$ kg.

$$k = \sqrt{\frac{2\mu E_{k,s}}{\hbar^2}} = 4{,}8 \cdot 10^{14} \, m^{-1} \quad \text{und} \quad a = 1{,}8 \cdot 10^{-15} \, m$$

folgt $l_{max} = k\,a = 0{,}9$. Bei dieser Energie werden im wesentlichen nur Nukleonen mit $l = 0$ und 1 gestreut. Bei ca. zehnmal kleineren Energien treten nur noch Streuprozesse mit $l = 0$ auf.

Die einfallenden Neutronen stellen wir wiederum als ebene Welle dar und können damit deren asymptotische Darstellung ($k\,r \to \infty$) (s. Kap. 7.6.2., Gl. 7.33a) als Summe von ein- und auslaufenden Wellen auffassen:

mit $\quad\quad\quad e^{ikz}(k\,r \to \infty) = \psi_{einl} + \psi_{ausl},$

$$\psi_{einl} = \frac{e^{-ikr}}{2ikr} \sum_{l=0}^{\infty} (2l+1)(-1)^{l+1} P_l(\cos\theta) \tag{8.17}$$

und

$$\psi_{ausl} = \frac{e^{ikr}}{2ikr} \sum_{l=0}^{\infty} (2l+1) P_l(\cos\theta). \tag{8.18}$$

Betrachten wir reine s-Streuung, d.h. ausschließlich Streuung von Partikeln mit $l = 0$, dann ergibt sich:

$$\psi_{l=0} = [e^{ikz}]_{l=0} = \frac{1}{kr} \frac{e^{ikr} - e^{-ikr}}{2i}. \tag{8.19}$$

Durch die Streuung erfährt die auslaufende Kugelwelle eine Veränderung. Tritt keine Absorption von Teilchen auf, so erfährt die auslaufende Welle eine reelle Phasenverschiebung $2\delta_0$ gegenüber der einlaufenden (Fig. 223).

Damit läßt sich einfallende und gestreute Welle mit der Wellenfunktion

$$\psi_{tot}(l=0) = \psi_{l=0} + \psi_{gestr} = \frac{1}{kr} \frac{e^{i2\delta_0} e^{ikr} - e^{-ikr}}{2i} \tag{8.20}$$

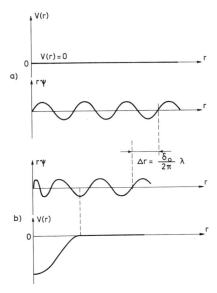

Fig. 223. Darstellung der Phasenverschiebung δ_0 der auslaufenden gegenüber der einlaufenden Welle a) ohne Wechselwirkungspotential ($\delta_0 = 0$) und b) mit Wechselwirkungspotential.

darstellen. Die gestreute Welle ergibt sich zu

$$\psi_{\text{gestr}} = \psi_{\text{tot}}(l=0) - \psi_{l=0} = \frac{1}{kr} \frac{e^{i2\delta_0} e^{ikr} - e^{ikr}}{2i}$$

$$= \frac{e^{ikr} \cdot e^{i\delta_0}}{kr} \frac{(e^{i\delta_0} - e^{-i\delta_0})}{2i} = \frac{e^{ikr} \cdot e^{i\delta_0}}{kr} \sin \delta_0. \tag{8.21}$$

Da die Streuung in diesem Falle (d.h. für $l=0$) isotrop ist, erhält man für den totalen Fluß der pro Sekunde gestreuten Teilchen:

$$|\psi_{\text{gestr}}|^2 4\pi r^2 v = \frac{4\pi v}{k^2} \sin^2 \delta_0,$$

wobei v die Geschwindigkeit der Partikel angibt. Da der einfallende Teilchen-Fluß $|v|$ Teilchen pro Flächen- und Zeiteinheit entspricht, berechnet sich der totale Wirkungsquerschnitt σ_t des Streuprozesses zu

$$\sigma_t = \frac{4\pi}{k^2} \sin^2 \delta_0. \tag{8.22}$$

Wegen der Unabhängigkeit der Streuung von der Raumrichtung ergibt sich der differentielle Streuquerschnitt zu

$$\frac{d\sigma}{d\Omega} = \frac{\sigma_{tot}}{4\pi} = \frac{1}{k^2} \sin^2 \delta_0. \tag{8.23}$$

Für $\delta_0 = 0$ findet keine Streuung statt, d.h. die auslaufenden Wellen erleiden keine Verschiebung und der Streuquerschnitt verschwindet. Er erreicht seinen Maximalwert für $\delta_0 = 90°$.

Für ein abstoßendes Potential ergibt sich eine negative Phasendifferenz. Das Vorzeichen der Streuphase liefert daher eine wichtige Information über die Wechselwirkung, die dem Streuprozeß zugrunde liegt. Er läßt sich jedoch nicht aus der Messung bei einer einzigen Energie bestimmen. Der Energieverlauf der Phasen δ für $l = 0$ und höhere Bahndrehimpulse enthält erst die gesamte Information über die Nukleon-Nukleon-Wechselwirkung, die aus Streuexperimenten erhältlich ist.

8.3.1. Neutron-Proton-Streuung bei kleinen Energien (E < 10 MeV).

Bei kleinen Energien werden hauptsächlich Teilchen mit dem Bahndrehimpuls null ($l = 0$) gestreut. Da zwei Spinzustände der beiden Nukleonen vorkommen, gibt es zwei Streuphasen. Der Gesamtdrehimpuls besitzt bei Parallelstellung der Spins den Wert 1. Die zu diesem Zustand gehörende Streuphase heißt Triplettphase wegen der drei Einstellmöglichkeiten des Gesamtspins bezüglich einer vorgegebenen Richtung. Im Falle antiparalleler Einstellung der zwei Spins bildet sich ein Singulettzustand.

Für eine Neutron-Proton-Streuung (Strahl und Target unpolarisiert) ist nach der Statistik die Wahrscheinlichkeit für die Bildung eines Triplettzustandes dreimal größer als jene für den Singulettzustand. Dies kommt daher, daß der Spinzustand $S = 1$ (Triplettzustand) drei Realisierungsmöglichkeiten $S_z = \pm 1, 0$, derjenige mit $S = 0$ jedoch nur eine mit $S_z = 0$ besitzt. Somit wird der totale Streuquerschnitt ein gewogenes Mittel aus den Querschnitten dieser zwei Spinzustände:

$$\sigma_t = \frac{4\pi}{k^2} (\tfrac{3}{4} \sin^2 \delta_{0,tr} + \tfrac{1}{4} \sin^2 \delta_{0,s}) \quad \text{(für } l=0\text{).} \tag{8.24}$$

$\delta_{0,tr}$ bezeichnet die Phase für den Triplett- und $\delta_{0,s}$ diejenige für den Singulettzustand.

Aus der einfachen Theorie des Deuterons, das den einzig möglichen gebundenen (n−p)-Triplettzustand darstellt, ergab sich (S. 288) für die Tiefe V_0 und die Breite a des Triplett-Potentials: $V_0 \approx 30$ MeV,

$a = 1,8 \cdot 10^{-15}$ m. Diese Werte ermöglichen, den totalen Streuquerschnitt für den Triplettzustand

$$\sigma_{tr} = \frac{4\pi}{k^2} \sin^2 \delta_{0,tr}$$

direkt anzugeben, da $\delta_{0,tr}$ sich berechnen läßt. Die Triplett-Phasenverschiebung kann aus der Forderung bestimmt werden, daß die radialen Wellenfunktionen für $r < a$ bzw. $r > a$ stetig aneinander anschließen, genau wie wir dies auch für den Grundzustand des Deuterons forderten (vgl. S. 288). Im Gegensatz zum Grundzustand des Deuterons liegt jetzt ein System mit positiver Gesamtenergie E vor. Damit erhalten wir die Gleichungen:

$$u_I(r) = r\psi_I = \sin k' r \qquad \text{für } r < a,$$
$$u_{II}(r) = r\psi_{II} = \sin(kr + \delta_{0,tr}) \qquad \text{für } r > a.$$

Hier bedeutet $k' = \sqrt{2\mu(E_k + V_0)/\hbar^2}$ die Wellenzahl innerhalb ($r < a$) und $k = \sqrt{2\mu E_k/\hbar^2}$ diejenige außerhalb ($r > a$) des Potentialtopfes. E_k gibt die kinetische Energie im Schwerpunktssystem für $r > a$ an. Die Stetigkeitsbedingung für u(r) an der Stelle $r = a$ verlangt

$$\left(\frac{du_I(r)/dr}{u_I(r)}\right)_{r=a} = \left(\frac{du_{II}(r)/dr}{u_{II}(r)}\right)_{r=a},$$

d.h. $\qquad k' \operatorname{ctg}(k' a) = k \operatorname{ctg}(k a + \delta_{0,tr}).$

Betrachten wir den Grenzfall $E_k \to 0$, d.h. $k a \ll 1$, so ergibt sich

$$\operatorname{ctg}(k a + \delta_{0,tr})_{E_k \to 0} = \operatorname{ctg} \delta_{0,tr} = \frac{k'}{k} \operatorname{ctg}(k' a).$$

Als Triplett-Querschnitt erhält man für $E_k \to 0$

$$\sigma_{tr} = \frac{4\pi}{k^2} \sin^2 \delta_{0,tr} = \frac{4\pi}{k^2} \frac{1}{1 + \operatorname{ctg}^2 \delta_{0,tr}}$$
$$= \frac{4\pi}{k^2 + k'^2 \operatorname{ctg}^2(k' a)}.$$

Für $E_k \to 0$ werden $(k')_{E_k \to 0} = k'_0 = \sqrt{2\mu V_0/\hbar^2}$ und $k \to 0$. Damit ergibt sich

$$\sigma_{tr} = \frac{4\pi}{k_0'^2 \operatorname{ctg}^2(k_0' a)}. \tag{8.25}$$

Mit den Werten $V_0 \approx 30$ MeV und $a \approx 1,8$ fm erhält man

$$\sigma_{tr} \approx 1,1 \text{ barn}.$$

σ_{tr} hängt sehr empfindlich vom Wert k'_0 a ab. Der experimentell bestimmte totale n−p-Streuquerschnitt an freien Wasserstoffatomen[1] beträgt bei kleinen Neutronenenergien ($E_k \rightarrow 0$) ca. 20 barn, so daß nach Gl. (8.24) der Singulett-Streuquerschnitt ca. 80 barn betragen muß. Die Singulett-Streuung bedeutet die Bildung eines Zustandes des Proton-Neutron-Systems mit Spin Null und entspricht einem ungebundenen Zustand des Deuterons.

8.3.2. Proton-Proton-Streuung bei kleinen Energien ($E < 10$ MeV).

Die p−p-Streuung unterscheidet sich gegenüber der n−p-Streuung in zwei Belangen: Vorhandensein eines Coulomb-Feldes und Vorliegen identischer Teilchen.

In unserem Problem des Zwei-Protonen-Zustandes bedeutet dies folgendes: Für den Bahndrehimpuls null ist die räumliche Wellenfunktion symmetrisch bei Vertauschung der zwei Teilchen, weil die Winkelabhängigkeit für $l = 0$ durch das Legendresche Polynom $P_0 = 1$ gegeben ist. Da die Gesamtwellenfunktion antisymmetrisch sein muß, muß dies vom Spin bewirkt werden. Die Spin-Wellenfunktion läßt sich durch die Spinquantenzahlen s_z der zwei Teilchen ausdrücken. Antisymmetrie verlangt hier zwei verschiedene Werte für s_z, so daß das eine Teilchen $s_z = +\frac{1}{2}$, das andere $s_z = -\frac{1}{2}$ besitzen muß. Die z-Komponente des Gesamtspins hat damit als einzige Möglichkeit den Wert null. Im Zustand $l = 0$, $S = 1$ existiert das p−p-System nicht. Die Streuung von Protonen an Protonen bei kleinen Energien erfolgt somit ausschließlich im Singulettzustand.

Die aus den Streuexperimenten gewonnene und auf Coulomb-Effekte korrigierte Singulett-Streuphase ist praktisch identisch mit der Singulett n−p-Streuphase, was auf nahezu gleiche Kernkräfte im Singulett-Zustand der beiden Systeme hinweist. Indirekte Überlegungen (die n−n-Streuung ist bisher experimentell nicht durchführbar) zeigen das gleiche Verhalten für die n−n-Streuung. Diese Tatsache zeigt die Ladungsunabhängigkeit der Kernkräfte. Es macht sich hier in den Wechselwirkungen zwischen Nukleonen und im Verhalten von Kernen eine Symmetrie bemerkbar, die sich durch den Isospin τ erfassen läßt. Da nach den experimentellen Erfahrungen die Kernkraft zwischen zwei in einem vorgegebenen Raum- und Spin-Zustand vorliegenden Nukleonen unabhängig davon ist, ob es sich um zwei Protonen, zwei Neutronen oder ein Proton und ein Neutron handelt (neuere Experimente weisen auf eine mögliche ge-

---

[1] Bei gebundenen H-Atomen ergeben sich auch Einflüsse der chemischen Bindung der H-Atome.

ringe Ladungsabhängigkeit der Kernkraft hin), können Proton und Neutron als zwei Zustände eines einzigen Teilchens, des Nukleons, betrachtet werden. Fig. 224 zeigt das Zweinukleonen-System mit dem Gesamtspin null. Weiterhin sei ein räumlich vollkommen symmetrischer Zustand vorhanden ($l=0$). Diese drei bezüglich Kernkräften identischen Zustände unterscheiden sich lediglich in der Zahl der Protonen bzw. Neutronen. Sie bilden einen dreifach degenerierten Zustand. Die drei Subzustände lassen sich nun durch die Isospin-Quantenzahl kennzeichnen.

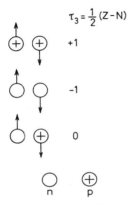

Fig. 224. Isospintriplett des Zweinukleonen-Systems im Spinzustand $S=0$.

Die in Fig. 224 dargestellten drei Spinsingulett-Zweinukleonen-Zustände lassen sich jetzt durch die Isospinkomponente τ_3 unterscheiden. Das p–p-System besitzt die Isospin-Komponente $\tau_3 = +1$, das n–n-System $\tau_3 = -1$ und das n–p-System $\tau_3 = 0$. Die drei Zustände erscheinen als Triplett des Isospinzustandes $\tau = 1$.

Die Ladungsunabhängigkeit der Kernkraft entspricht der Aussage, daß das Kernpotential nicht von der Orientierung des Isospins $\vec{\tau}$ abhängt.

Außer dem Spin-Singulettzustand des Deuterons ($\tau=1, \tau_3=0$) existiert der Spin-Triplettzustand, der den Grundzustand des Deuterons bildet (s. S. 285). Dies ist der einzige gebundene Zweinukleonenzustand, da die beiden Triplettzustände des p–p- und n–n-Systems wegen des Pauli-Prinzips ausgeschlossen sind. Diese Tatsache kommt im Isospin-Formalismus ebenfalls klar zum Ausdruck. Der Isospin τ des Zweinukleonenzustandes addiert sich vektoriell aus den beiden Isospins τ_1 und τ_2 der beiden Nukleonen: $\tau = \tau_1 + \tau_2$. Es resultieren die beiden Werte $\tau=1$ und 0. Die Zustände $\tau=1$ liefern das in Fig. 224 dargestellte Triplett, entsprechend den drei Einstellmöglichkeiten des Isospins. $\tau=0$ läßt nur die einzige Komponente $\tau_3=0$ zu, was dem Triplettzustand ($S=1$) des Deuterons entspricht.

8.3.3. Proton-Proton- und Proton-Neutron-Streuung bei höheren Energien.

Aus den Proton-Proton-Streumessungen bei höheren Energien (bis zu einigen hundert MeV) sind die Streuphasen für die verschiedenen Bahndrehimpulse und Spinzustände ermittelt worden. Eines der interessantesten Ergebnisse stellt der Energieverlauf der Phase

8.3. Nukleon-Nukleon-Streuung

$\delta_0 (l = 0)$ (Fig. 225) dar. Die Phase ist für kleine Energien positiv und steigt zunächst an, entsprechend einem anziehenden Potential. Oberhalb ca. 250 MeV wechselt sie das Vorzeichen. Dieses Ergebnis zeigt, daß das Proton-Proton-Potential nicht von der Form sein kann, wie sie in Fig. 223 b angenommen wurde. In diesem Falle könnten die Streuphasen nie negativ werden, weil die Wellenlänge des Teilchens innerhalb des Potentials immer kleiner bliebe als außerhalb. Das Negativ-

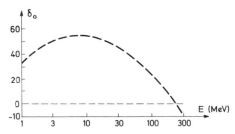

Fig. 225. Verlauf der δ_0-Phase für die Proton-Proton-Streuung. (Nach M. A. Preston, Physics of the Nucleus, Addison-Wesley Publ. Co. 1962, S. 102.)

werden der Phase bei höheren Energien verlangt einen komplizierteren Potentialverlauf, sofern kein explizit impulsabhängiges Potential vorausgesetzt wird. Eine einfache Erklärung des Auftretens einer negativen Phase ist das sog. „hard-core"-Potential. Danach verhalten sich die Nukleonen bei kleinen Abständen wie starre Kugeln, d.h. sie zeigen einen harten Nukleonenkern. Fig. 226 zeigt ein „hard-core"-Potential in Verbindung mit einem anziehenden Potential. Für ein „hard-core"-Potential allein bleibt die Phasenverschiebung immer negativ, da die Welle nicht in den harten Kern eindringen kann. Wenn zum „hard-core"-Potential ein anziehendes Potential dazukommt, überwiegt bei kleinen Energien des einfallenden Teilchens die positive Phasenverschiebung im Potentialtopf die negative des abstoßenden Rumpfes (Fig. 226), weil die Wellenlängen innerhalb und außerhalb des Potentialtopfes sehr verschieden sind. Bei hohen Energien dagegen vermag der Potentialtopf die negative Phasenverschiebung des „hard-core"-Potentials nicht mehr zu kompensieren und es resultiert eine negative Phasenverschiebung (Fig. 226c).

Neben den Streuexperimenten, d.h. der Bestimmung der Winkelverteilung der gestreuten Nukleonen, können wichtige Kerneigenschaften an Hand von sog. Polarisationsexperimenten erhalten werden. Ein Nukleonenstrahl kann einen bestimmten Polarisationsgrad aufweisen. Bezogen auf eine Quantisierungsachse (z.B. ein

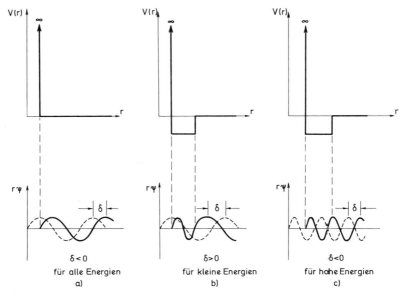

Fig. 226. Wirkung eines „hard-core"-Potentials zusammen mit einem anziehenden Potential auf eine Wellenfunktion bei niederen und hohen Energien. a) Nur abstoßendes Potential. Hard-core-Potential zusammen mit anziehendem Potential b) für kleine und c) für hohe Energien.

äußeres Magnetfeld) existieren zwei Zustände des Nukleons, für die die Spinachse parallel bzw. antiparallel zur Bezugsrichtung liegt. Man spricht von einem vollständig polarisierten Nukleonenstrahl, wenn sich sämtliche Nukleonen im gleichen Spinzustand befinden. Sind jedoch beide Spinzustände mit Nukleonen besetzt, so wird als Polarisation P des Nukleonenstrahls

$$P = \frac{N^+ - N^-}{N^+ + N^-}$$

festgesetzt, wo N^+ die Zahl der Nukleonen mit Spin parallel, N^- mit Spin antiparallel zur Bezugsrichtung angibt. 50% Polarisation heißt daher: $N^+ = 3N^-$, d.h. die Zahl der Nukleonen mit Spinrichtung parallel zur Bezugsrichtung ist dreimal höher als jene mit Spinrichtung antiparallel.

Besitzt die Nukleon-Nukleon-Wechselwirkung eine Abhängigkeit von der Orientierung des Spins bez. des Bahndrehimpulses, so erhält ein unpolarisierter Strahl durch die Streuung einen von der Richtung der auslaufenden Teilchen abhängigen Polarisationsgrad. Dieser

8.3. Nukleon-Nukleon-Streuung

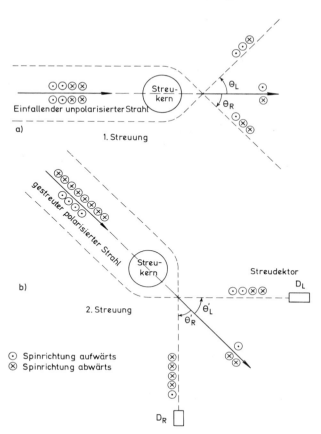

Fig. 227. Zum Nachweis der Polarisation durch eine Doppelstreuung.
a) Bei der ersten Streuung wird der unter dem Winkel θ nach links bzw. nach rechts gestreute Strahl partiell polarisiert.
b) Bei der zweiten Streuung ergibt sich ein Intensitätsunterschied zwischen dem nach links und dem nach rechts gestreuten Strahl.

läßt sich durch einen zweiten Streuprozeß nachweisen (Fig. 227). Wenn die Streuung z. B. bei paralleler Stellung von Spin und Bahndrehimpuls wahrscheinlicher ist als bei antiparalleler, muß der nach links (Fig. 227a) gestreute Strahl einen Überschuß an Nukleonen mit Spin aufwärts aufweisen. Umgekehrt verhält es sich für den nach rechts gestreuten Strahl. Die gestreuten Strahlen sind polarisiert. Sie weisen aber keinen Intensitätsunterschied auf wegen der anfänglichen Symmetrie bezüglich der Strahlachse. Die Polarisation kann nur mittels eines zweiten Streuprozesses[1] nachgewiesen werden. Bei diesem Streuprozeß werden nun mehr Nukleonen nach rechts (Streuwinkel θ'_R) gestreut, weil die Zahl der Nukleonen, deren Spin und Bahndrehimpuls parallel gerichtet sind und zu einer Rechtsablenkung Anlaß geben, größer ist. Bei einfallendem polarisiertem Strahl werden die Detektoren D_L und D_R einen Intensitätsunterschied registrieren, der vom Polarisationsgrad des Strahles und vom Streukern (Analysatorvermögen des Streuprozesses) abhängt (Fig. 227b). Durch solche Experimente konnte eine starke Spin-Bahn-Abhängigkeit der Kernkraft für p−p- und p−n-Systeme aufgedeckt werden. Wegen der oben erwähnten Ladungsunabhängigkeit der Kernkraft zeigt vermutlich das n−n-System eine analoge Spin-Bahn-Wechselwirkung.

Der erste direkte Nachweis polarisierter Strahlen aufgrund einer Spin-Bahn-Kopplung erfolgte 1952 für Protonen durch *Heusinkveld* und *Freier*[2] und für Neutronen 1953 durch *Huber* und *Baumgartner*[3] und gleichzeitig durch *Ricamo*[4]. Eine typische Meßanordnung für die Bestimmung von Polarisationseffekten bei der Nukleon-Nukleon-Streuung zeigt[5] Fig. 228. Der interne Strahl eines Synchrozyklotrons trifft auf ein Beryllium-Target auf. Die um 13° elastisch gestreuten Protonen, deren Polarisation P_1 in einem Doppelstreuexperiment zu 16% bestimmt wurde, werden mit Hilfe eines Magneten in den Kanal einer Betonabschirmung gelenkt und fallen auf ein zweites Target aus flüssigem Wasserstoff. Mit dieser Anordnung erreicht man eine starke Reduktion der Untergrundstrahlung. Ein Szintillationszähler-Teleskop registriert die um θ nach links bzw. rechts gestreuten Protonen (bzw. Rückstoßprotonen). Aus den Zählraten $I(\theta, \varphi)$ für die Azimutwinkel $\varphi = 0$ (Linksstreuung) und $\varphi = \pi$ (Rechtsstreuung), bezogen auf eine konstante Intensität des einfallenden Strahls, ergibt sich

$$P_1 P_2 = \frac{I(\theta, 0) - I(\theta, \pi)}{I(\theta, 0) + I(\theta, \pi)}. \tag{8.26}$$

---

[1] Für Polarisationsexperimente werden heute vielfach Quellen polarisierter Teilchen benutzt. Eine erste solche Quelle wurde im Basler Institut in Betrieb gesetzt (L. Brown, E. Baumgartner, P. Huber, H. Rudin und H. R. Striebel, Helv. Phys. Acta, Supplementum VI, 1961).
[2] M. Heusinkveld u. G. Freier, Phys. Rev. **85**, 80, 1952.
[3] P. Huber u. E. Baumgartner, Helv. Phys. Acta, **26**, 420, 1953; E. Baumgartner u. P. Huber, Helv. Phys. Acta, **26**, 545, 1953.
[4] R. Ricamo, Helv. Phys. Acta, **26**, 423, 1953.
[5] O. Chamberlain u. E. Segré, Phys. Rev. **102**, 1659, 1956; O. Chamberlain, E. Segré, R. D. Tripp, C. Wiegand, T. Ypsilantis, Phys. Rev. **105**, 288, 1957.

8.3. Nukleon-Nukleon-Streuung

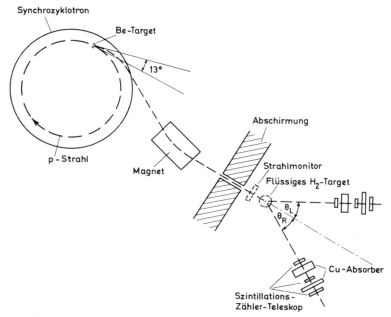

Fig. 228. Experimentelle Anordnung für ein p-p-Polarisationsexperiment. (Phys. Rev. **102**, 1659, 1956.)

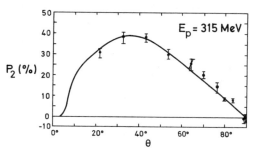

Fig. 229. Polarisation P_2 bei der p-p-Streuung für $E_p = 315$ MeV in Funktion des Streuwinkels. (Nach *O. Chamberlein*, Phys. Rev., **105**, 296, 1957.)

P_2 bedeutet die Polarisation, die unpolarisierte Protonen bei der Streuung an Protonen unter dem Winkel θ erhalten und P_1 die Polarisation der einfallenden Protonen. Die Meßergebnisse der Polarisation P_2 in Funktion des Streuwinkels im Schwerpunktssystem zeigt Fig. 229. Die Messung braucht nur für Streuwinkel zwischen 0 und

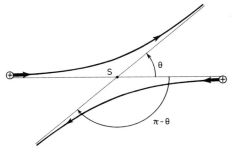

Fig. 230. p-p-Streuung im Schwerpunktssystem. S: Schwerpunkt.

90° zu erfolgen, da im Schwerpunktssystem $I(\theta, 0) = I(\pi - \theta, \pi)$ ist (Fig. 230). Hieraus folgt unmittelbar nach Gl. (8.26):

$$P_2(\theta) = -P_2(\pi - \theta).$$

Für die Erklärung dieser experimentell bestimmten Polarisation P_2 muß eine Spin-Bahn-Wechselwirkung eingeführt werden.

Noch eine weitere interessante Eigenschaft der Nukleon-Nukleon-Kraft wird aus n−p-Streuexperimenten bei hohen Energien ersichtlich: Die Kernkraft zeigt Austauschcharakter. Diese Eigenschaft bewirkt, daß bei Streuprozessen eine gewisse Wahrscheinlichkeit für den Austausch der beiden Nukleonen existiert, was einen Beitrag zu einer Rückwärtsstreuung des einfallenden Nukleons liefert. Auch der abstoßende Rumpf des Nukleon-Nukleon-Potentials gibt Anlaß für eine Rückwärtsstreuung, die jedoch die Größe des experimentell gefundenen Streuquerschnitts (Fig. 231) für große Streuwinkel nicht zu erklären vermag.

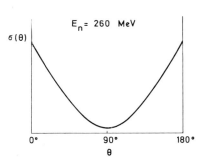

Fig. 231. Differentieller Querschnitt für die n-p-Streuung bei 260 MeV im Schwerpunktssystem. (Phys. Rev. **79**, 96, 1950.)

Eine Austauschkraft kann durch ein Austauschpotential beschrieben werden, z. B. durch das sog. Majorana-Potential $V_m(r) P_{12}$. Hier bedeutet $V_m(r)$ ein zentrales Potential und P_{12} den sog. Austauschoperator. Dieser Operator vertauscht die Raumkoordinaten der zwei wechselwirkenden Teilchen. Für zwei Teilchen, 1 und 2, gilt

$$P_{12} \psi(\vec{r}_1, \vec{r}_2) = \psi(\vec{r}_2, \vec{r}_1). \quad (8.27)$$

Der Effekt dieses Operators auf eine Wellenfunktion zweier Teil-

8.3. Nukleon-Nukleon-Streuung

chen ist eine Umkehrung des Vorzeichens, wenn die Wellenfunktion räumlich antisymmetrisch ist. Für die Funktion

ergibt sich $\quad \psi(\vec{r}_1, \vec{r}_2) = \psi_a(\vec{r}_1)\psi_b(\vec{r}_2) - \psi_a(\vec{r}_2)\psi_b(\vec{r}_1)$ \hfill (8.28)

$$P_{12}\,\psi(\vec{r}_1, \vec{r}_2) = \psi(\vec{r}_2, \vec{r}_1) = \psi_a(\vec{r}_2)\psi_b(\vec{r}_1) - \psi_a(\vec{r}_1)\psi_b(\vec{r}_2) = -\psi(\vec{r}_1, \vec{r}_2).$$

Falls die Funktion $\psi(\vec{r}_1, \vec{r}_2)$ räumlich symmetrisch ist, ergibt sich keine Vorzeichenänderung. Hieraus folgt, daß die Wechselwirkungsenergie des Majorana-Potentials entgegengesetztes Vorzeichen besitzt, je nachdem die betreffende Wellenfunktion räumlich symmetrisch oder antisymmetrisch ist. Es ist wichtig zu beachten, daß dieser Austausch sich nur auf die räumlichen Koordinaten bezieht. Ein einfaches, Austauscheigenschaften enthaltendes Potential, das die in Fig. 231 gezeigte Rückwärtsstreuung annähernd erklären kann, ist das sog. Serber-Potential:

$$V_s(r_{12}) = \frac{V(r_{12})}{2}\{1 + P_{12}\},$$
$$r_{12} = |\vec{r}_1 - \vec{r}_2|.$$
\hfill (8.29)

Aus Gl. (8.28) folgt, daß für antisymmetrische Zustände

$$V_s(r_{12})\,\psi(\vec{r}_1, \vec{r}_2) = 0,$$

und für symmetrische Zustände

$$V_s(r_{12})\,\psi(\vec{r}_1, \vec{r}_2) = V(r_{12})\,\psi(\vec{r}_1, \vec{r}_2)$$

ist. Das Potential ist also nur in räumlich symmetrischen Zuständen wirksam. Da der Austausch der räumlichen Koordinaten der zwei Teilchen der Transformation der Kugelkoordinaten

$$\theta \to \pi - \theta; \quad \varphi \to \pi + \varphi$$

gleichkommt, folgt aus der Symmetrieeigenschaft der $P_l(x)$, daß nur Legendre-Polynome mit geradem l-Wert in der gestreuten Welle auftreten. Der differentielle Streuquerschnitt, der dem Quadrat der Amplitude der gestreuten Welle proportional ist, wird somit symmetrisch um 90°, in Übereinstimmung mit dem Experiment (Fig. 231).

Zusammenfassend kann aus den Eigenschaften des Deuterons und der Nukleon-Nukleon-Streuung über die Nukleon-Nukleon-Kraft folgendes gesagt werden:

Die Nukleon-Nukleon-Wechselwirkung ist stark anziehend und von kurzer Reichweite. Sie zeigt darüber hinaus eine Spin-Spin-Abhängigkeit, einen nicht zentralen „Tensor"-Beitrag, eine Spin-

Bahn-Wechselwirkung, einen abstoßenden Anteil für kleine Distanz und Austauschcharakter.

8.4. Tröpfchenmodell. Wie die Flüssigkeit hat die Kernmaterie eine nahezu konstante Dichte. Konstante Dichte folgt aus der in Abschn. 3.3 angegebenen Beziehung zwischen Kernradius und Massenzahl A:

$$R = r_0 A^{\frac{1}{3}}.$$

Setzt man kugelförmige Kerne mit $r_0 = 1{,}4$ fm voraus und benützt man in erster Näherung als Kernmasse $M = A \cdot m_p$, wobei m_p die Protonenmasse bedeutet, so ergibt sich die Kerndichte ρ_k zu

$$\rho_k = \frac{m_p A}{4\pi r_0^3 A/3} = \frac{3 m_p}{4\pi r_0^3} \approx 1{,}5 \cdot 10^{17} \text{ kg/m}^3.$$

Die Kräfte zwischen Nukleonen sind Molekularkräften insofern ähnlich, als beide erst bei kleinen Abständen (klein bedeutet Größenordnung der Dimensionen der Kerne bzw. Moleküle) wirksam werden (im Gegensatz z.B. zu Coulomb- oder Gravitationskräften) und bei noch kleineren Distanzen abstoßend wirken. Die Hauptunterschiede der beiden Kräfte beziehen sich auf Betrag und Reichweite. In der Kernmaterie kommt zusätzlich zur Kernkraft noch die abstoßende Coulomb-Kraft zwischen den Protonen hinzu. Im Bereich der Kernmaterie gibt es unter üblichen Umständen nur winzige Flüssigkeitströpfchen, jedoch keine Seen[1].

Die Ähnlichkeit zwischen Kern- und Flüssigkeitstropfen kommt quantitativ bei der Berechnung der Energie eines Kerntröpfchens zum Ausdruck. *Von Weizsäcker* hat folgende halbempirische Beziehung für die Energie eines Kernes angegeben:

$$M(Z, A) c^2 = m_p Z c^2 + m_n (A - Z) c^2 - \alpha_V A + \alpha_0 A^{\frac{2}{3}}$$
$$+ \alpha_C Z^2 / A^{\frac{1}{3}} + \alpha_a ((A - 2Z)^2 / A) + \alpha_s / A^{\frac{3}{4}}.$$
(8.30)

Es bedeutet: m_p Protonenmasse, m_n Neutronenmasse, A Massenzahl und Z Ordnungszahl.

Die ersten zwei Glieder sind die Ruheenergien der Neutronen und Protonen. Die übrigen Glieder berücksichtigen die Kernbindungsenergie. Die Proportionalität des dritten Gliedes zur Massenzahl ist in der Tatsache begründet, daß jedes Nukleon der Kernmaterie wegen der Sättigung der Kernkraft nur mit den unmittelbaren Nachbarn in Wechselwirkung tritt (die Flüssigkeit zeigt dasselbe Ver-

---

[1] Makroskopische Agglomerationen scheinen in den „Neutronensternen" (Pulsare) verwirklicht zu sein.

halten). Der Koeffizient α_V besitzt einen Wert von ca. 14 MeV. Das vierte Glied trägt der reduzierten Bindung der Oberflächennukleonen Rechnung und entspricht der Oberflächenenergie des Flüssigkeitstropfens; $\alpha_0 \approx 13$ MeV. Dieser Summand ist proportional der Kernoberfläche $4\pi r_0^2 A^{\frac{2}{3}}$. Das fünfte Glied enthält die elektrostatische Energie für eine homogen verteilte Ladung. Nach Abschn. 3.3.4 ergibt sich als Coulomb-Energie W_C

$$W_C = \frac{3}{5} \frac{1}{4\pi\varepsilon_0} \frac{(Ze)^2}{r_0 A^{\frac{1}{3}}}$$

und damit

$$\alpha_C = \frac{3}{5} \frac{1}{4\pi\varepsilon_0} \frac{e^2}{r_0} = 0{,}6 \text{ MeV}.$$

Das sechste Glied trägt der sog. Asymmetrieenergie Rechnung ($\alpha_a \approx 19$ MeV), eine Folge des Pauli-Prinzips. Der Kern ist aus Z Protonen und N Neutronen aufgebaut, wobei die Nukleonen in bestimmten Quantenzuständen vorliegen (Fig. 232). Ist $Z = N$, lassen

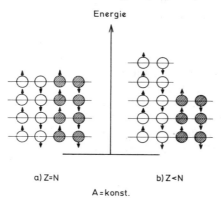

Fig. 232. Schematische Darstellung der Neutronen- und Protonenzustände.

sich nach dem Pauli-Prinzip in jedem Zustand, der durch eine horizontale Linie dargestellt sei, zwei Neutronen bzw. Protonen unterbringen. Die Energie des Systems (von der Coulomb-Energie wird abgesehen, da sie bereits im fünften Glied berücksichtigt wurde) ist offensichtlich minimal (Fig. 232). Sind dagegen mehr Neutronen als Protonen vorhanden, dann wird für A = konst. die Systemsenergie größer, weil zusätzlich Neutronen in höheren Energiezuständen untergebracht werden müssen. Die Zahl der in den höheren Niveaus unterzubringenden Neutronen beträgt $N - Z = A - 2Z$. Damit wird

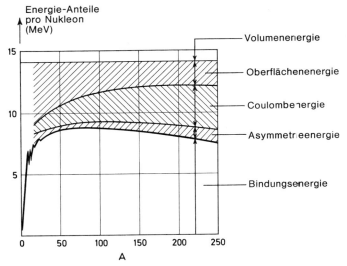

Fig. 233. Bindungsenergie pro Nukleon in Funktion der Nukleonenzahl A.

die Zusatzenergie einmal proportional zu $A-2Z$ und dann zur mittleren Energie $\alpha_a(A-2Z)/A$ dieser Neutronen. Das letzte Glied endlich berücksichtigt den Einfluß der Paarung der Neutronen und der Protonen. α_s ist für g g-Kerne (gerade Protonen- und Neutronenzahl) negativ, für u u-Kerne (ungerade Protonen- und Neutronenzahl) positiv und für g u- bzw. u g-Kerne Null. Der Wert von α_s ist ca. 33 MeV. Die Koeffizienten α sind durch Vergleich von Gl. (8.30) mit experimentell gewonnenen Ergebnissen erhalten worden. Aus Gl. (8.30) ergibt sich für die Bindungsenergie B pro Nukleon

$$B = \frac{m_p Z + m_n(A-Z) - M(Z,A)}{A} c^2$$
$$= \alpha_V - \alpha_0 A^{-\frac{1}{3}} - \alpha_C Z^2 A^{-\frac{4}{3}} - \alpha_a((A-2Z)/A)^2 - \alpha_s A^{-\frac{7}{4}}.$$ (8.31)

Die verschiedenen Beiträge zur Bindungsenergie sind in Fig. 233 als Funktion der Nukleonenzahl A ohne Berücksichtigung des letzten Terms dargestellt. Für $A > 20$ lassen sich mit dem Tröpfchenmodell die Bindungsenergien auf mindestens 1 % genau berechnen. Für Kerne mit kleinerem A ist das Modell ungenügend.

8.4.1. Kernspaltung. Als Folge der mit zunehmender Massenzahl A wachsenden Coulomb-Energie nimmt die Bindungsenergie pro Nukleon oberhalb $A = 60$ langsam ab. Dies ist der Grund für das Frei-

8.4. Tröpfchenmodell

werden von Energie bei der Spaltung von schweren Kernen und läßt sich mit Hilfe des Tröpfchenmodells leicht verstehen[1]. Als Kernspaltung bezeichnet man einen Prozeß, bei dem der Kern in zwei nicht sehr verschieden schwere Bruchstücke zerfällt.

Die aufeinanderfolgenden Phasen der Kernspaltung gleichen dem in Fig. 234 dargestellten Zerfall eines Tröpfchens. Wird mechanische Energie zugeführt, so beginnt es zu schwingen. Besitzt die Schwingung genügend Energie, so schnürt sich der Tropfen ein, und es bilden sich zwei Bruchstücke (Fig. 234 c, d). Damit dies geschieht, muß die Vergrößerung der Oberflächenenergie durch die Anregungsenergie aufgebracht werden.

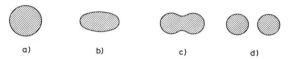

Fig. 234. Spaltung eines Flüssigkeitströpfchens.

Die Kernspaltung verläuft über ähnliche Zwischenzustände. Der große Unterschied zur Flüssigkeit besteht im Vorhandensein der Coulomb-Energie. Für schwere Kerne nimmt bei der Spaltung die Coulomb-Energie stärker ab als die Oberflächenenergie zu.

Beispiel: $^{238}_{92}$U-Kern.

Oberflächenenergie $\alpha_0 A^{\frac{2}{3}} \approx 500$ MeV

Coulomb-Energie $\alpha_C \dfrac{Z^2}{A^{\frac{1}{3}}} \approx 815$ MeV.

Energie von zwei gleich großen Spaltfragmenten ($Z/2 = 46$, $A/2 = 119$):

Oberflächenenergie $2\alpha_0 (A/2)^{\frac{2}{3}} \approx 630$ MeV

Coulomb-Energie $2 \cdot \alpha_C \dfrac{(Z/2)^2}{(A/2)^{\frac{1}{3}}} \approx 515$ MeV.

Der Unterschied der Energie von ca. 170 MeV erscheint zum größten Teil als kinetische Energie der zwei Spaltfragmente. Nach dieser Betrachtung ist eine spontane Spaltung des $^{238}_{92}$U-Kernes möglich. Was sie jedoch sehr unwahrscheinlich macht, ist die notwendige Energie zur Einleitung des Spaltprozesses. Wird der Kern deformiert, so wächst seine Oberflächenenergie E_0 infolge Vergrößerung der Oberfläche, die elektrostatische Abstoßungsenergie E_C dagegen

---

[1] *N. Bohr* u. *J. A. Wheeler*, Phys. Rev. **56**, 426 (1939).

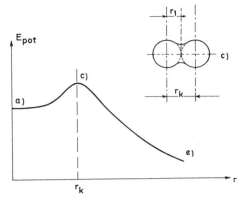

Fig. 235. Potentielle Energie beim Spaltprozeß in Funktion der Distanz der Spaltprodukte.

vermindert sich, da sich die Ladungen gegenseitig entfernen. Als Deformationsenergie E_D ergibt sich

$$E_D = \Delta E_O + \Delta E_C.$$

Bei positiver Deformationsenergie ist dem System Energie zuzuführen und die Spaltung erfolgt nicht unbehindert (Potential-Barriere); wenn hingegen E_D null oder negativ ist, wird der Kern eine prompte Spaltung zeigen. Die Bedingung für die spontane Spaltung lautet daher:

$$|\Delta E_C| > \Delta E_O.$$

Diese Bedingung ist erfüllt für Kerne mit $Z \geqq 110$. Für diese Ordnungszahlen sind die Kerne instabil gegen Spaltung, und dies ist der Grund für eine obere Grenze der künstlich in makroskopischen Mengen herstellbaren Kerne.

Berechnungen des Tröpfchenmodells geben für den Zwischenkern ^{236}U, der durch Absorption eines Neutrons aus ^{235}U entsteht, eine zur Erzeugung der Spaltung notwendige Energie (sog. kritische Energie) von 6,5 MeV, für ^{239}U, entstanden aus $^{238}U + n$, eine solche von 7 MeV. Dieser Unterschied bedingt die für die Praxis sehr einschneidende Tatsache, daß sich ^{235}U, nicht aber ^{238}U, mit langsamen Neutronen spalten läßt. Bei der Absorption eines langsamen Neutrons durch ^{235}U wird ein Energiebetrag von 6,8 MeV, in ^{238}U dagegen nur von 5,5 MeV frei. Dieser Unterschied läßt sich aus der halbempirischen Beziehung von *von Weizsäcker* (Gl. (8.30)) berechnen.

Fig. 235 zeigt die potentielle Energie des Systems (d.h. im wesentlichen die Summe aus Coulomb- und Oberflächenenergie) als Funktion des Abstandes zwischen den Spaltfragmenten: a) entspricht dem Ausgangszustand (Fig. 234a), c) dem Zustand größter potentieller Energie, der ungefähr dem Hantelzustand (Fig. 234c) zuzuordnen ist. Die kinetische Energie der Spaltfragmente kann angenähert aus der potentiellen Energie im Zustand c berechnet werden:

$$E_k \text{(Spaltung)} \approx \frac{1}{4\pi\varepsilon_0} \frac{(Z/2)^2 e^2}{r_k},$$

mit $r_k = 2 r_1 = 2 r_0 (A/2)^{\frac{1}{3}}$. Zahlenmäßig ergibt sich nach diesem Modell für ^{236}U:

$$E_k = \frac{1}{4\pi\varepsilon_0} \cdot \frac{1}{4} \cdot \frac{Z^2 e^2}{2 r_0 (A/2)^{\frac{1}{3}}} \approx 230 \text{ MeV},$$

was der richtigen Größenordnung entspricht. Eine Berücksichtigung aller Energieterme gibt eine weit bessere Übereinstimmung mit experimentellen Ergebnissen. Die bei der Spaltung von ^{235}U auftretenden Energiebeträge sind in Abschn. 9.2.2, S. 368 detailliert aufgeführt. Bei der Spaltung eines ^{235}U-Kerns durch ein thermisches Neutron wird demnach eine Energie von $E_f = 204$ MeV freigesetzt, wovon etwa $Q = 192$ MeV $= 3{,}07 \cdot 10^{-11}$ J im Reaktor absorbiert wird.

Ein typischer Leistungsreaktor erzeugt eine Wärmeleistung von etwa $P_t = 1$ GW $= 10^9$ W, was bei einem Wirkungsgrad von $\eta = 0{,}33$ einer elektrischen Leistung $P_e = \eta P_t = 330$ MW entspricht. Dazu sind $P_t/Q \approx 0{,}33 \cdot 10^{20}$ Spaltprozesse pro Sekunde oder bei einem Dauerbetrieb während eines Jahres ($t = 3{,}15 \cdot 10^7$ s) die Spaltung von

$$m = P_t A t / Q N_A \approx 400 \text{ kg } ^{235}U$$

notwendig, wobei $A = 0{,}235$ kg die Masse eines Grammatoms ^{235}U und N_A die Avogadrosche Zahl bezeichnet.

8.4.2. Energiefläche der Kerne.

Nach Gl. (8.31) ergibt sich für die Gesamtenergie E eines Kerns

$$E = Z m_p c^2 + (A-Z) m_n c^2 - BA = Z m_p c^2 + (A-Z) m_n c^2$$
$$- \alpha_V A + \alpha_0 A^{\frac{2}{3}} + \alpha_C Z^2 A^{-\frac{1}{3}} + \alpha_a \frac{(A-2Z)^2}{A} + \alpha_s A^{-\frac{3}{4}}. \tag{8.32}$$

E läßt sich in einem dreidimensionalen, rechtwinkligen Koordinatensystem mit den Achsen N, Z und E veranschaulichen. Die Nuklide liegen auf der durch die Beziehung (8.32) gegebenen Fläche, der sog. Energiefläche, deren Sohle von den β-stabilen Kernen bevölkert ist.

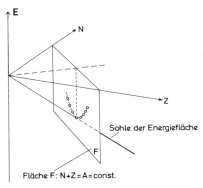

Fläche F: N+Z = A = const.

Fig. 236. Schematische Darstellung der Gesamtenergie der Kerne.

Fig. 236 zeigt schematisch die Gesamtenergie E. Fig. 237 gibt die Gesamtenergien in Funktion der Ordnungszahl Z wieder. Für $A = 102$ existieren zwei stabile Nuklide (Fig. 237 a). Für ungerade A (Fig. 237 b) ist nur ein stabiles Nuklid vorhanden, da $\alpha_s = 0$ ist (Ausnahmen ^{113}In, ^{113}Cd; ^{123}Sb, ^{123}Te). Es wird jedoch vermutet, daß sowohl ^{113}In als auch ^{123}Te gegen Elektroneneinfang mit großer Halbwertszeit instabil sind.

Die übrigen isobaren Kerne mit ungeradem A zeigen entweder einen EC-, β^+- oder β^--Zerfall, je nachdem, ob ein Protonenüberschuß oder -mangel vorliegt. Bei geradem A liegen für g g- und u u-Kerne zwei verschiedene Z-Abhängigkeiten der Gesamtenergie E vor, da α_s für

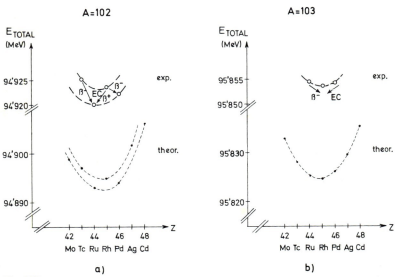

Fig. 237.
a) Gesamtenergie der Kerne für gerades $A = 102$ in Abhängigkeit der Ordnungszahl. Es existieren zwei stabile Nuklide.
b) Gesamtenergie der Kerne für ungerades $A = 103$. In diesem Falle existiert nur ein stabiles Nuklid.

u u-Kerne positiv, für g g-Kerne aber negativ ist. Kerne mit geradem A können demnach zwei stabile Isobare aufweisen (Fig. 237a). Allgemein sind β-Zerfälle dann möglich, wenn folgende Ungleichungen erfüllt sind (M (A, Z) bezeichne die Kern-, M_a(A, Z) die Atommasse des betreffenden Nuklids und m die Elektronenmasse):

β^--Zerfall: $\quad {}^A_Z X \to {}^A_{Z+1} Y + e^- + \bar{\nu}$.
$Z \to Z+1$
Der Energiesatz verlangt für diesen Prozeß (die Ruhemasse des Neutrinos wird null gesetzt):

$$M(A, Z) c^2 \geq M(A, Z+1) c^2 + m c^2.$$

Addiert man auf beiden Seiten $Z m c^2$, d.h. die Ruheenergie von Z Hüllenelektronen, so erhält man die mit Atommassen geschriebene Ungleichung:

$M_a(A, Z) \geq M_a(A, Z+1),$
d.h.
$M_a(A, Z) - M_a(A, Z+1) \geq 0.$

β^+-Zerfall: $\quad M_a(A, Z) - M_a(A, Z+1) \leq -2m.$
$Z+1 \to Z$

Elektronen-Einfangprozeß: $M_a(A, Z) - M_a(A, Z+1) \leq -E_e(A, Z)/c^2.$
$Z+1 \to Z$
$E_e(A, Z)$ ist die Ionisationsenergie für das eingefangene Elektron im Atom der Ordnungszahl Z.

Diese Ungleichungen sind graphisch in Fig. 238 dargestellt, wobei ΔM_a die Massendifferenz von $M_a(A, Z)$ und $M_a(A, Z+1)$ angibt.

Bei genügend kleinen Zerfallsenergien ist für den Zerfall $Z+1 \to Z$ energetisch nur der Elektronen-Einfangprozeß möglich, da im β^+-Zerfall die Ruhemasse 2m aufgebracht werden muß. Mit kleiner werdender Zerfallsenergie lassen sich nur an den leicht gebundenen äußeren Elektronen Einfangprozesse erzielen. Fehlt auch diese Energie, so sind für ungerade A beide Isobare (A, Z+1) und (A, Z) stabil.

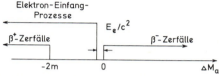

Fig. 238. Graphische Darstellung der möglichen Beta-Prozesse in Abhängigkeit von der Massendifferenz ΔM_a benachbarter isobarer Atome. E_e ist die Bindungsenergie für das eingefangene Elektron im Atom der Ordnungszahl $Z+1$.

Für gewisse u u-Kerne sind sowohl ein β^+-(bzw. EC-Prozeß) als auch ein β^--Zerfall oder alle drei Zerfallsarten nebeneinander möglich (Fig. 237a). Solche Nuklide sind z.B. ^{40}K und ^{64}Cu. Es ist im Prinzip auch möglich, daß ein doppelter β-Zerfall auftritt, für den der Kern (A, Z) durch gleichzeitige Emission von zwei β^--Partikeln in den Kern (A, Z + 2) übergeht. Ein doppelter β-Zerfall ist sehr unwahrscheinlich, wurde aber kürzlich bei ^{82}Se und ^{130}Te nachgewiesen [1].

Nach Fig. 237a, die typisch für mittlere und schwere Kerne ist, sollten u u-Kerne immer instabil sein. Mit Ausnahme von ^{180}Ta und der ganz leichten Kerne (^{2}H, ^{6}Li, ^{10}B, ^{14}N) trifft dies zu.

Die Massenformel Gl. (8.30) kann auch für eine Abschätzung von Zerfallsenergien der β-Prozesse benutzt werden. Bezeichnet $E_{k,\,max}$ die maximale kinetische Energie des kontinuierlichen β-Spektrums, so gilt nach dem Energiesatz für die drei β-Prozesse und unter der Annahme, daß keine γ-Emission stattfindet:

β^-- und EC-Prozeß: $\quad E_{k,\,max} = (M_a(A, Z) - M_a(A, Z+1))\,c^2$.

β^+-Prozeß: $\quad E_{k,\,max} = (M_a(A, Z) - M_a(A, Z-1))\,c^2 - 2mc^2$.

8.5. Schalenmodell. Mehrere experimentell ermittelte Kerneigenschaften verraten eine ausgeprägte Schalenstruktur der Kerne, analog zur Schalenstruktur der Atomhülle. Hier seien einige dieser Schaleneffekte angegeben:

a) Die Bindungsenergie eines Nukleons zeigt für bestimmte Kerne ein ausgeprägtes Maximum. Ein Beispiel ist in Tabelle 23 wiedergegeben. Angegeben ist die Bindungsenergie B_n des letzten Neutrons

$$B_n = [M(Z, A-1) + m_n - M(Z, A)] \cdot c^2$$

und B_p des letzten Protons für Kerne in der Umgebung von Blei.

Tabelle 23. Bindungsenergie B_n des letzten Neutrons und B_p des letzten Protons für Kerne in der Umgebung von Blei

Kern	B_n(MeV)	Kern	B_p(MeV)
$^{207}_{82}$Pb	6,7	$^{208}_{82}$Pb	9,0
$^{208}_{82}$Pb	7,4	$^{209}_{83}$Bi	3,7
$^{209}_{82}$Pb	3,9	$^{210}_{84}$Po	5,0
$^{210}_{82}$Pb	5,2		

---

[1] *T. Kirsten, W. Gentner* u. *O. A. Schaeffer*, Zeitschr. f. Physik, **202**, 273 (1967).

8.5. Schalenmodell

Auffällig ist die starke Bindung des 126sten Neutrons und des 82sten Protons in Pb-208. Überprüft man sämtliche Kernmassen, so zeigt sich, daß die Bindungsenergie gegenüber Nachbarnukliden immer dann groß wird, wenn die Zahl der Protonen bzw. Neutronen den Wert 2, 8, 20, 28, 50, 82 oder 126 annimmt. Dieser Effekt hat sein Analogon in den besonders hohen Werten der Ionisationsenergien der Edelgasatome. Die obigen Zahlen werden als magisch bezeichnet, da für die betreffenden Kerne Eigenschaften festgestellt wurden, die von denjenigen der Nachbarkerne abweichen, ohne daß hierfür anfänglich ein sichtbarer physikalischer Grund vorgelegen hätte. Dank der größeren Bindungsenergie und damit Stabilität zeichnen sich Kerne mit magischen Protonen- oder Neutronenzahlen (sind sowohl Protonen- als auch Neutronenzahl magisch, so ist der Kern doppelmagisch) auch durch eine höhere Zahl von stabilen Isotopen oder Isotonen (gleiche Neutronenzahl) aus. Zinn, mit $Z=50$, besitzt 10 stabile Isotope, während die Nachbarelemente mit geradem Z 7 bzw. 8 Isotope besitzen. Blei mit $Z=82$ und Bi mit $N=126$ sind die beiden schwersten stabilen Elemente.

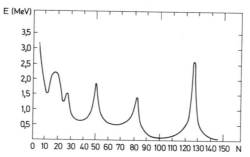

Fig. 239. Energie des ersten angeregten Zustandes von gg-Kernen in Funktion der Neutronenzahl.

b) Fig. 239 zeigt die Energie des ersten angeregten Zustandes eines Nuklids in Funktion der Neutronenzahl N für gg-Kerne (Kerne mit gerader Protonen- und Neutronenzahl). Bei den magischen Kernen 20, 28, 50, 82 und 126 sind die Anregungsenergien deutlich größer als für Nachbarkerne.

c) Ein drittes Beispiel für eine Auszeichnung magischer Kerne ist der Verlauf des experimentell bestimmten elektrischen Kernquadrupolmomentes Q_0 in Abhängigkeit von der Neutronen- oder Protonenzahl (Fig. 240). In der Umgebung magischer Nukleonenzahlen wird Q_0 klein oder null, wogegen es für dazwischen liegende Zahlen be-

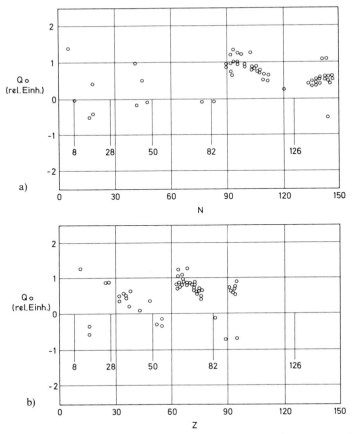

Fig. 240. Kernquadrupolmomente in Abhängigkeit a) der Neutronen- und b) der Protonenzahl.

trächtliche Werte annimmt. Verschwinden des Quadrupolmoments bedeutet eine kugelsymmetrische Ladungsverteilung im Kern, was bei allen gg-Kernen im Grundzustand und bei magischen Kernen der Fall ist. Nichtsphärische Kerne mit Spin Null werden in Abschn. 8.6 behandelt.

Es erhebt sich nun die Frage: Was ist der physikalische Grund für eine Schalenstruktur des Kerns? Warum gibt es in den Energiezuständen der Nukleonen für bestimmte Nukleonenzahlen größere Energieunterschiede, so daß sich Nukleonengruppen energetisch deutlich von Nachbargruppen abheben?

8.5. Schalenmodell

Die Schalenstruktur der Atomhülle ist die Folge zweier Gegebenheiten: anziehendes Coulomb-Potential, in dem die Elektronen gebunden sind, und das Pauli-Prinzip. Analoge Fakten führen auch im Atomkern zu einer Schalenstruktur. In einem durch bestimmte Quantenzahlen charakterisierten Zustand lassen sich höchstens zwei Neutronen bzw. zwei Protonen unterbringen, wobei die beiden Nukleonen entgegengesetzten Spin aufweisen. Besitzt der Kern z.B. gleich viele Neutronen wie Protonen ($Z = N = A/2$), so werden die Zustände mit den beiden Nukleonenarten paarweise bis zu einem energiereichsten Niveau aufgefüllt (Fig. 241). Die Nukleonen bewegen sich im Kerninnern praktisch frei, da die meisten Nukleonenzusammenstöße zu schon besetzten Zuständen führen würden. Sie befinden sich also in dieser Näherung in einem Potentialtopf, der im Innern flach ist und gegen die Wände steil ansteigt. Fig. 242 zeigt die potentielle Energie eines Nukleons, welches sich durch den Kern bewegt.

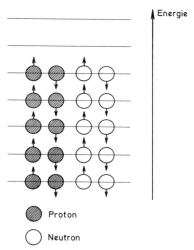

Fig. 241. Schematische Darstellung der Niveaubesetzung für einen Kern mit $A = 20$.

Als Modell für eine quantitative Berechnung der Zustände in einem Einteilchenpotential sei ein zentralsymmetrischer, rechteckiger Potentialtopf von unendlicher Tiefe angenommen. Die Energie werde vom

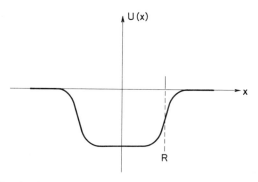

Fig. 242. Einteilchenpotential $U(x)$ eines Kernes. R = Kernradius.

Boden des Topfes aus gezählt:

$$V(r) = 0 \quad r < a$$
$$V(r) = \infty \quad r \geq a. \tag{8.33}$$

Für ein zentralsymmetrisches und zeitunabhängiges Potential bleibt der Bahndrehimpuls konstant. Die z-Komponenten des Bahndrehimpulses besitzen für ein bestimmtes l die Eigenwerte $m = l$, $l-1, \ldots, -l$. Weil ein zentralsymmetrisches Feld vorliegt, ist die Energie aller m Zustände dieselbe. Der Zustand mit dem Bahndrehimpuls l ist $(2l+1)$-fach entartet. Mit dem unendlich tiefen Potentialtopf wird das Problem vereinfacht, weil die Wahrscheinlichkeit, im Gebiet $r > a$ ein Teilchen zu finden, Null ist. Die Wellenfunktion $\psi(r)$ muß am Rande $r = a$ des Potentialtopfes verschwinden.

Für ein Zentralpotential läßt sich die Schrödinger-Gleichung immer in einen radialen und einen Winkelanteil aufspalten:

$$\psi(r, \theta, \varphi) = R(r) Y_l^m(\theta, \varphi),$$

da der Bahndrehimpuls und seine z-Komponente konstante Bewegungsgrößen sind.

Aus der Schrödinger-Gleichung erhält man für den radialen Anteil der Wellenfunktion die Gleichung (Bd. III/1, S. 249):

$$-\frac{\hbar^2}{2m} \frac{1}{r^2} \frac{d}{dr}\left(r^2 \frac{dR(r)}{dr}\right) + \frac{l(l+1)\hbar^2}{2mr^2} R(r) = E_k R(r). \tag{8.34}$$

Als Lösungen ergeben sich die Funktionen:

$$R(r) = \frac{1}{\sqrt{kr}} J_{l+\frac{1}{2}}(kr),$$

wobei $J_{l+\frac{1}{2}}(kr)$ die Besselschen Funktionen bezeichnen[1] und die kinetische Energie E_k des Teilchens durch $E_k = \hbar^2 k^2 / 2m$ gegeben ist. Fig. 243 zeigt $J_{l+\frac{1}{2}}(kr)$ für $l = 1$. Die möglichen Werte von k und damit die Energieeigenwerte der Zustände werden durch die Forderung des Verschwindens der Wellenfunktion am Rande $r = a$ des Kerns festgelegt. Aus den Nullstellen $A_{l,n}$ der Besselschen Funktionen erhält man

$$k_{l,n} \cdot a = A_{l,n},$$

d.h.

$$E_{l,n} = \frac{\hbar^2 k_{l,n}^2}{2m} = \frac{\hbar^2 A_{l,n}^2}{2ma^2}. \tag{8.35}$$

---

[1] Diese gewöhnlichen Bessel-Funktionen halbzahliger Ordnung sind mit den sphärischen Bessel-Funktionen $j_l(kr)$ (s. S. 256) durch die folgende Beziehung verknüpft:

$$j_l(kr) = \sqrt{\frac{\pi}{2kr}} J_{l+\frac{1}{2}}(kr).$$

8.5. Schalenmodell

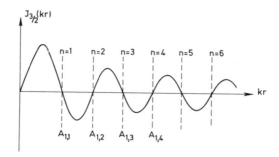

Fig. 243. Besselsche Funktion $J_{3/2}(k\,r)$. $A_{l,n}$ bezeichnet die n-te Nullstelle.

Die Nukleonenzustände sind durch die Quantenzahlen n und l gekennzeichnet. Die ganze Zahl n numeriert laufend die Nullstellen (Knoten) der Bessel-Funktion (s. Fig. 243), wobei die Nullstelle für $k\,r = 0$ nicht einbezogen wird. Man bezeichnet n als die radiale Quantenzahl. Bei derselben mittleren kinetischen Energie zweier Nukleonen im Potentialtopf von Fig. 242 besitzt dasjenige mit höherem Bahndrehimpuls eine größere mittlere Entfernung vom Kernzentrum und ist entsprechend schwächer gebunden. Für die l-Werte $l = 0, 1, 2, 3, \ldots$ benützt man wie bei den Atomzuständen zur Bezeichnung die Buchstaben s, p, d, f. Man spricht daher von 1s, 2s, 1p ... Zuständen. Jeder dieser Zustände kann gemäß den $(2l+1)$ m-Werten (magnetische Quantenzahl) und den zwei Spineinstellungsmöglichkeiten $2(2l+1)$ Nukleonen einer Sorte enthalten. In Fig. 244 ist die Anordnung der Niveaus für einen Potentialtopf entsprechend Gl. (8.33) mit einem Radius $a = 5,7$ fm dargestellt. Die Energien der Zustände (n, l) werden nach Gl. (8.35) bestimmt. Fig. 244 enthält die Nullstellen $A_{l,n}$ der Bessel-Funktionen $J_{l+\frac{1}{2}}(k\,r)$ (s. z.B. Funktionentafeln von *Jahnke* und *Emde*), die Energien der entsprechenden Zustände für $a = 5,7$ fm und die Besetzungszahlen $N_{l,n}$ dieser Zustände.

Dieses Niveauschema ergibt besonders stabile Nukleonenkonfigurationen bei den Protonen- oder Neutronenzahlen 2, 8, 20, 34, 58, 92 und 132. Mit diesen Zahlen sind die Nukleonenschalen aufgefüllt, und ein nächstes Teilchen ist gegenüber den übrigen Schalen in einem energetisch wesentlich höheren Niveau unterzubringen. Mit Ausnahme einiger Werte steht jedoch diese Zahlenfolge im Widerspruch zu den experimentell ermittelten magischen Zahlen (vgl. S. 313). Die Berechnungen und damit die zugrunde liegenden Annahmen sind nicht ausreichend zur befriedigenden Wiedergabe der Erfahrung. Einen besseren Satz von magischen Zahlen erhält man durch die

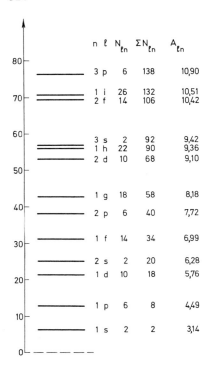

Fig. 244. Niveauschema für ein Nukleon im zentralsymmetrischen, rechteckigen Potentialtopf von unendlicher Tiefe. n = radiale Quantenzahl, l = Bahndrehimpuls, $A_{l,n}$ = Nullstellen der Bessel-Funktion $J_{l+1/2}(k\,r)$. Das Niveauschema entspricht einem Topfradius a = 5,7 fm. N_n gibt die Nukleonen einer Sorte (Neutronen bzw. Protonen) im Quantenzustand (n, l) und $\sum N_{ln}$ die Gesamtzahl der Protonen oder Neutronen bis und mit dem (n, l)-ten Zustand. Besonders ausgeprägt sind die Zahlen 2, 8, 20, 34, 58 und 92.

Einführung einer Spin-Bahn-Kopplung:

$$V_{l,s} = v(r)\,\vec{l}\cdot\vec{s}, \qquad (8.36)$$

wobei $\vec{l}$ den Bahndrehimpuls, $\vec{s}$ den Spin des Nukleons und $v(r)$ eine anziehende (negative) Wechselwirkungsenergie bezeichnet. Nach dieser Beziehung hängt die Energie eines Zustands von der relativen Einstellung zwischen Spin und Bahndrehimpuls des Nukleons ab. Es ist dies eine Wechselwirkung, die für atomare Niveaus die Feinstruktur ergibt. In der Kernmaterie ist diese Wechselwirkung dagegen wesentlich stärker. Sie hat zwar eine analoge Form, ist jedoch nicht elektromagnetischen Ursprungs.

Zur Berechnung des Betrages der Spin-Bahn-Kopplung ersetzen wir das skalare Produkt $\vec{l}\cdot\vec{s}$ in Gl. (8.36). Ein Nukleon mit Bahndrehimpuls $\vec{l}$ und Spin $\vec{s}$ besitzt den Gesamtdrehimpuls

$$\vec{j} = \vec{l} + \vec{s}. \qquad (8.37)$$

8.5. Schalenmodell

Da die Spinquantenzahl $\pm\frac{1}{2}$ ist, gilt $j = l \pm \frac{1}{2}$. Durch Quadrieren von Gl. (8.37) erhält man

$$\vec{l}\cdot\vec{l} + 2\vec{l}\cdot\vec{s} + \vec{s}\cdot\vec{s} = \vec{j}\cdot\vec{j},$$

oder

$$\vec{l}\cdot\vec{s} = \frac{\vec{j}\cdot\vec{j} - \vec{l}\cdot\vec{l} - \vec{s}\cdot\vec{s}}{2}. \qquad (8.38)$$

Werden für die Quadrate der Drehimpulse die Werte $j(j+1)$, $l(l+1)$ bzw. $\frac{1}{2}(\frac{1}{2}+1)$ eingesetzt, so ergibt sich

und

für $j = l + \frac{1}{2}$ $\vec{l}\cdot\vec{s} = l/2$

für $j = l - \frac{1}{2}$ $\vec{l}\cdot\vec{s} = -(l+1)/2$.

Um die experimentell festgestellten magischen Zahlen richtig wiederzugeben, müssen die Zustände mit $j = l + \frac{1}{2}$ tiefer liegen als jene für $l - \frac{1}{2}$, was ein negatives v(r) bedeutet. Die Verhältnisse in der Kernmaterie sind denjenigen der Atomhülle gerade entgegengesetzt, wo bei parallelem $\vec{l}$ und $\vec{s}$ die Energie des Zustandes größer ist. Der Einfluß der Spin-Bahn-Kopplung auf das Niveauschema von Fig. 244 ist einfach anzugeben, wenn v(r) als rechteckiger Potentialtopf angenommen wird.

$$v(r) = -v_0 \quad \text{für } r < a$$
$$= 0 \quad \text{für } r \geq a. \qquad (8.38)$$

Bei Parallelstellung von Spin und Bahndrehimpuls resultiert eine Energieerniedrigung, für Antiparallelstellung eine Energieerhöhung des Niveaus. Die Aufspaltung für einen Zustand mit dem Bahndrehimpuls $l = 2$ ist in Fig. 245 dargestellt. Sämtliche Niveaus (außer für $l = 0$) von Fig. 244 bzw. 246a werden durch die Spin-Bahn-Kopplung aufgespalten. Mit wachsendem l steigt die Aufspaltung. Das hieraus entstehende Niveauschema für $v_0 = 2$ MeV ist in Fig. 246b angegeben. Es zeigt eine Folge von Besetzungszahlen, die bis auf 126 genau bei den beobachteten magischen Zahlen größere Energieunterschiede zum nächsthöheren Niveau aufweisen. Die Zahl 50 z.B. entsteht, in-

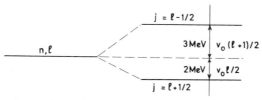

Fig. 245. Aufspaltung eines Niveaus durch die Spin-Bahn-Wechselwirkung: $l = 2$, $v_0 = 2$ MeV.

8. Kernmodelle

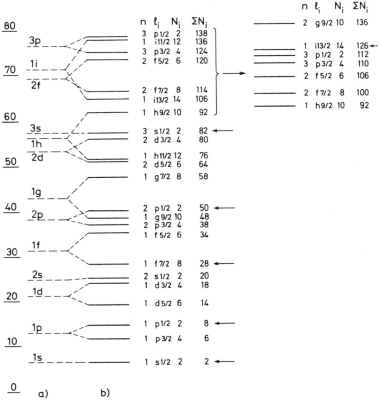

Fig. 246. Niveauschema mit und ohne Spin-Bahn-Kopplung. a) entspricht Fig. 252. Aufspaltung der Niveaus durch die Spin-Bahn-Kopplung (Gl. (8.36)): $v_0 = 2$ MeV. Aufgeführt sind die Quantenzahlen n und l, die Anzahl N_i der Protonen bzw. Neutronen pro Quantenzustand n, l und die Summe über N_i. Die magischen Zahlen 2, 8, 28, 50 und 82 werden nun deutlich erkennbar. Die Unstimmigkeiten für Nukleonenzahlen > 82 rühren von den steilen Wänden des Potentialtopfes her. Berechnungen mit einem abgerundeten Potentialtopf ergeben eine Reihenfolge der Besetzung, wie sie rechts oben angegeben ist.

dem vom 1g-Zustand die Energie des Zustands g $^9/_2$ gesenkt und jene des g $^7/_2$-Zustands erhöht wird. Um auch die magische Zahl 126 zu erhalten (Fig. 246 b, rechts oben), ist es noch notwendig, einen abgerundeten Potentialtopf zu benutzen. In diesem Falle wird für höhere Bahndrehimpulse der Zustand weniger stark gebunden, da

8.5. Schalenmodell

sich die Nukleonen in einem schwächeren Potential befinden. Mit dem abgerundeten Potential tritt auch die magische Zahl 20 deutlich in Erscheinung und die Lücke zwischen den Nukleonenzahlen 14 und 18 verschwindet. Über die wirkliche Reihenfolge der Zustände entscheidet letztlich das Experiment.

Mit dem Niveauschema von Fig. 246b lassen sich die Spins der Grundzustände der meisten Kerne richtig voraussagen. Dabei werden die Niveaus so besetzt, daß bei gerader Protonen- und bei gerader Neutronenzahl der totale Drehimpuls Null wird. Dieses Auffüllungsprinzip wird durch die Tatsache erhärtet, daß die Grundzustände aller gerade-gerade-Kerne (sog. g g-Kerne mit geraden Protonen- und geraden Neutronenzahlen) den Gesamtdrehimpuls Null aufweisen.

Für einen Kern mit ungerader Nukleonenzahl bestimmt nach diesem einfachen Modell das unpaarige Nukleon den Kern-Drehimpuls. Tabelle 24 führt einige Beispiele von nach dem Schalenmodell berechneten und experimentell bestimmten Spinwerten auf.

Tabelle 24. Spinwert nach Schalenmodell und experimentell bestimmte Werte

Kern	Zustand des unpaarigen Nukleons $n\,l\,j$	Spinwert nach Schalenmodell	gemessener Spinwert
$^{7}_{3}$Li	$1\,p^{3}/_{2}$	$^{3}/_{2}$	$^{3}/_{2}$
$^{17}_{8}$O	$1\,d^{5}/_{2}$	$^{5}/_{2}$	$^{5}/_{2}$
$^{23}_{11}$Na	$1\,d^{5}/_{2}$	$^{5}/_{2}$	$^{3}/_{2}$
$^{29}_{14}$Si	$2\,s^{1}/_{2}$	$^{1}/_{2}$	$^{1}/_{2}$
$^{67}_{30}$Zn	$1\,f^{5}/_{2}$	$^{5}/_{2}$	$^{5}/_{2}$
$^{117}_{50}$Sn	$2\,d^{3}/_{2}$	$^{3}/_{2}$	$^{1}/_{2}$
$^{207}_{82}$Pb	$3\,p^{1}/_{2}$	$^{1}/_{2}$	$^{1}/_{2}$

Aufgrund des in Fig. 246 dargestellten Niveauschemas sind die hohen Energien für die ersten angeregten Zustände magischer Kerne verständlich. Die einzige Möglichkeit der Anregung dieser Kerne besteht nach dem Schalenmodell in der Überführung von einem oder mehreren Nukleonen in ein höheres Niveau. Da für die magischen Kerne diese weit über dem Grundniveau liegen, sind die Anregungsenergien besonders hoch. Beispiel: Beim doppelt magischen Kern $^{208}_{82}$Pb liegt der erste angeregte Zustand 2,70 MeV über dem Grundzustand. Für den nicht-magischen Kern besteht die Möglichkeit, durch Umgruppierung der Nukleonen innerhalb der nicht-abgeschlossenen Schale oder durch Überführung eines Nukleons in eine benachbarte Unterschale einen angeregten Zustand zu bilden. Beispiel: Für $^{206}_{82}$Pb ist die Neutronenschale noch nicht aufgefüllt. Der 1. angeregte Zustand mit $I=2$ wird durch Umgruppierung der Neutronen ca. 0,8 MeV über dem Grundzustand gebildet.

Die wesentliche Idee des Schalenmodells besteht darin, ein Einteilchenpotential so zu wählen, daß das Produkt der Wellenfunktionen der einzelnen Nukleonen die Wellenfunktion des Kerns gut approximiert. Dieses Potential ist für jeden Kern anzupassen. Um dem Pauli-Prinzip Rechnung zu tragen, muß für identische Teilchen ein antisymmetrisiertes Produkt[1] benutzt werden. Dieses Modellpotential beschreibt naturgemäß nicht die volle Kernwechselwirkung, und es muß noch eine Zweiteilchenwechselwirkung (Restwechselwirkung) hinzugefügt werden.

Bei einem doppelt magischen Kern, z.B. $^{16}_{8}$O, befinden sich alle Nukleonen in abgeschlossenen Schalen. Da sämtliche Nukleonen einer gegebenen Schale den gleichen Bahndrehimpuls besitzen und eine abgeschlossene Schale eine gerade Zahl von Nukleonen enthält, zeigen alle doppelt magischen Kerne in ihrem Grundzustand eine positive Parität. Dasselbe gilt auch für die Grundzustände aller g g-Kerne, weil immer nur eine gerade Zahl von Nukleonen in einer Schale vorkommt. Um die Parität eines Zustandes nach dem Schalenmodell zu bestimmen, genügt es, die Summe der l-Werte der in nicht abgeschlossenen Schalen liegenden Nukleonen zu berücksichtigen.

Wir kehren nun wieder zurück zu den Kernzuständen. Um die Struktur der Zustände mit mehr als einem Nukleon außerhalb der abgeschlossenen Schalen zu beschreiben, wird der Begriff der Nukleonenkonfiguration eingeführt. Eine reine Konfiguration liegt vor, wenn jedes Nukleon sich in einem bestimmten Zustand befindet, so daß sich die Drehimpulse sämtlicher Nukleonen zu einem bestimmten Wert zusammensetzen. Beispiel: Der Grundzustand von ^{16}O besitzt nach dem einfachen Schalenmodell eine reine Konfiguration: zwei Neutronen (bzw. Protonen) sind im 1 s $^{1}/_{2}$-, vier im 1 p $^{3}/_{2}$- und zwei im 1 p $^{1}/_{2}$-Zustand. Mit dem achten Neutron bzw. Proton wird die 1 p $^{1}/_{2}$-Schale abgeschlossen, und der Gesamtdrehimpuls erhält den Wert 0. Gesamtspin und Parität des Grundzustandes des ^{16}O-Kernes sind

---

[1] Die Parität der Wellenfunktion ist lediglich durch den winkelabhängigen Anteil bestimmt, der in dem Produkt aus Kugelfunktionen $Y_l^m(\theta, \varphi)$ ist, wobei die Bahndrehimpulse der einzelnen Nukleonen durch die l_i gegeben sind. Da die $Y_l^m(\theta, \varphi)$ unter Spiegelung der Raumkoordinaten symmetrisch oder antisymmetrisch sind, je nachdem l gerade oder ungerade ist, hängt die Parität der gesamten Wellenfunktion von der Summe der l-Werte aller Nukleonen im Kern ab. Ist sie gerade oder ungerade, hat der Zustand eine positive bzw. negative Parität.

8.5. Schalenmodell

somit $J^\pi = 0^+$. Die Wahrscheinlichkeit für die Konfiguration dieses Zustandes ist praktisch eins, weil alle anderen Konfigurationen eine wesentlich höhere Energie aufweisen (Fig. 246). Für Kerne mit nichtabgeschlossenen Schalen trifft dies nicht mehr zu. Beispiel: ^{18}O-Kern. Er bestehe aus einem ^{16}O-Rumpf plus zwei Neutronen. Nach Fig. 246 stehen für die zwei Restneutronen die Zustände 1 d $^5/_2$, 1 d $^3/_2$ und 2 s $^1/_2$ zur Verfügung. Nach Messungen sind Spin und Parität des Grundzustandes von ^{18}O $J^\pi = 0^+$, wonach die Drehimpulse der beiden Restneutronen sich kompensieren. Sofern die Wechselwirkungsenergie der beiden Neutronen allein durch das Einteilchenpotential gegeben wäre (Gl. (8.36)), befänden sich die beiden Neutronen im Grundzustand im 1 d $^5/_2$-Zustand, weil hier die Energie am kleinsten ist. Damit entstände wiederum eine reine Konfiguration mit den drei entarteten Zuständen $J = 0^+$, 2^+ und 4^+ (wegen des Pauli-Prinzips sind die Zustände 1^+, 3^+ und 5^+ nicht möglich).

Die Restwechselwirkung hat zur Folge, daß die Wahrscheinlichkeit für das Auftreten anderer Konfigurationen von Null verschieden wird, sofern diese energetisch von der Grundkonfiguration nicht zu verschieden sind. In unserem Falle des 1 d $^5/_2$-Niveaus sind weitere mögliche Niveaus 2 s $^1/_2$ und 1 d $^3/_2$.

Dieselbe Wechselwirkung der beiden Neutronen im Falle von ^{18}O, die die Konfigurationsmischung verursacht, führt zu einer Aufhebung der Entartung der 0^+-, 2^+- und 4^+-Zustände der (1 d $^5/_2)^2$-Konfiguration.

Untersuchungen an geeigneten Kernreaktionen ermöglichen die direkte Messung der Beiträge der verschiedenen Konfigurationen zu einem Kernzustand. Besonders dienlich sind dazu die sog. „Stripping"- oder Abstreifreaktionen (s. Abschn. 7.7). Betrachten wir die (d, p)-Stripping-Reaktion an $^{17}_8$O. Dabei wird das Neutron des Deuterons abgestreift und vom Targetkern eingefangen, wobei $^{18}_8$O als Endkern entsteht. Die Anregungsenergien der Zustände des Endkernes sind nun eindeutig mit der kinetischen Energie der auslaufenden Protonen korreliert. Wird der Grundzustand gebildet, so besitzen die Protonen die höchste Energie. Eine klassischen Vorstellungen entsprechende Darstellung dieser Reaktion zeigt Fig. 247. Der Targetkern $^{17}_8$O mit $J^\pi = \frac{5}{2}^+$ kann aus einem $^{16}_8$O-Rumpf plus einem Neutron in einem 1 d $^5/_2$-Zustand aufgefaßt werden. Da der Grundzustand des Endkerns $^{18}_8$O $J^\pi = 0^+$ besitzt, muß das Neutron in einem 1 d $^5/_2$-Zustand eingefangen werden, damit der Gesamtdrehimpuls null wird.

Es entsteht die Konfiguration (1 d $^5/_2)^2$. Die Intensität der auslaufenden Protonen ist ein Maß für die Wahrscheinlichkeit der Abstreif-

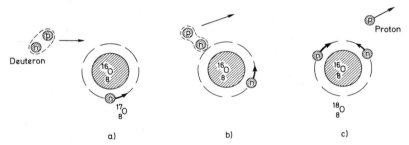

Fig. 247. Anschauliche Darstellung einer Deuteronenabstreif-Reaktion.
a) Das Deuteron nähert sich dem ^{17}O-Kern.
b) Ablösung des Neutrons vom Deuteron und Einfang in einer Bahn um den ^{16}O-Rumpf.
c) Das Proton fliegt allein weiter unter Zurücklassung eines ^{18}O-Endkerns.

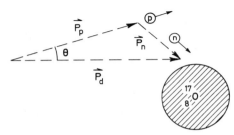

Fig. 248. Impulsdiagramm der (d, p)-Abstreifreaktion an ^{17}O.

reaktion. Daß das Neutron in einem d-Zustand eingefangen wird, läßt sich aus der Winkelverteilung der auslaufenden Protonen ermitteln. Fig. 248 zeigt den Impulsvektor des Deuterons als Summe von Proton- und Neutronimpuls im Moment der Reaktion. Ein Beispiel zu diesen Überlegungen zeigt Fig. 249 mit der Winkelverteilung der Protonen aus der $^{17}_{8}$O (d, p) $^{18}_{8}$O-Reaktion. Das Maximum der Protonenintensität liegt bei ca. 30°, was in diesem Falle für $l_n = 2$ kennzeichnend ist (s. Gl. 7.66). Aus der Größe des Wirkungsquerschnittes konnte der Beitrag der (1 d $^{5}/_{2})^{2}_{0}$-Konfiguration zum Grundzustand des $^{18}_{8}$O-Kernes auf ca. 45% geschätzt werden.

Ein anderes Experiment gestattet die Bestimmung des Beitrags der $(2 s \; ^{1}/_{2})^{2}_{0}$-Konfiguration zum $^{18}_{8}$O-Grundzustand. Dazu wird eine sog. Doppelabstreifreaktion ausgeführt. Als Geschosse werden Tritonen ($^{3}_{1}$H) und als Targetkern $^{16}_{8}$O benutzt. Die zwei Neutronen des Tritiums können zusammen abgestreift und vom $^{16}_{8}$O-Kern eingefangen werden. Da die beiden Neutronen im Tritium Bahndrehimpuls null

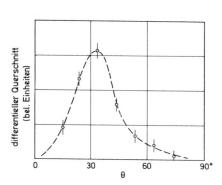

Fig. 249. Winkelverteilung der Protonen aus der Reaktion $^{17}O(d, p)^{18}O$. Energie der Deuteronen 10 MeV. (Nach *Wiza* u.a., Phys. Rev., **141**, 975, 1966.)

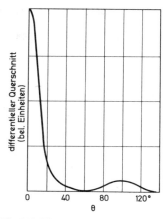

Fig. 250. Winkelverteilung der Protonen aus der $^{16}O(t, p)^{18}O$-Reaktion. Energie der Tritonen 7,7 MeV. (Nach *R. Middleton* und *D.J. Pullen*, Nucl. Phys., **51**, 63, 1964.)

und entgegengesetzten Spin aufweisen, führen sie keinen inneren Drehimpuls mit sich. Im weiteren hat der ^{18}O-Grundzustand Spin null, so daß die beiden Neutronen ohne Bahndrehimpuls vom Rumpf $^{16}_{8}O$ eingefangen werden. Die gemessene Winkelverteilung der auslaufenden Protonen muß daher bei $\theta = 0°$ das Maximum aufweisen (Fig. 250).

Ein weiteres Beispiel für die Anwendung des Schalenmodells auf angeregte Zustände liefert der Kern $^{210}_{83}Bi$. Ein Proton und ein Neutron finden sich außerhalb des doppelt magischen Rumpfes. Nach dem Niveauschema (Fig. 246) sollte sich dieses Proton in einem 1 h $^9/_2$- und das Neutron in einem 2 g $^9/_2$-Zustand befinden. Die Zusammensetzung der Drehimpulse dieser beiden Nukleonen ($l_p = 5$, $l_n = 4$) führt zu 10 Zuständen mit negativer Parität und den totalen Drehimpulsen $J = 0, 1, \ldots, 9$. Ist das Einteilchenpotential die einzige Wechselwirkung zwischen den Nukleonen, so besitzen alle 10 Zustände dieselbe Energie. Besteht dagegen eine direkte Wechselwirkung zwischen den beiden unpaarigen Nukleonen, so wird das degenerierte Niveau in 10 Subniveaus aufgespalten. Experimentell werden 10 Niveaus mit den geforderten Spinwerten verteilt über einen Energiebereich von ca. 600 keV festgestellt.

Außer durch Spin und Parität können die Niveaus, besonders bei leichten Kernen, auch durch den Isospin gekennzeichnet werden. Fig. 251 zeigt die tiefsten Zustände der Nuklide ^{10}Be, ^{10}B und ^{10}C

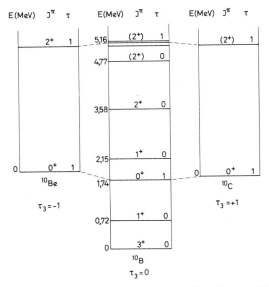

Fig. 251. Die tiefsten Niveaus der Kerne ^{10}Be, ^{10}B und ^{10}C.

mit den zugehörigen Spin-, Paritäts- und Isospinwerten. Um die hier nicht interessierende Coulomb-Energie auszuschalten, sind die von der Coulomb-Energie bewirkten Anteile der Niveauenergie gleichgesetzt.

Diejenigen Niveaus, die mit einer gestrichelten Linie verbunden sind, bilden ein Isospintriplett. Alle drei Niveaus eines solchen Tripletts besitzen (abgesehen von kleinen Coulomb-Effekten) dieselbe Struktur, d.h. ihre Wellenfunktionen sind praktisch identisch, und sie unterscheiden sich lediglich in der relativen Anzahl der Neutronen und Protonen, die im Niveau untergebracht sind. Zu jedem τ-Wert gehören $(2\tau+1)$ mögliche τ_3-Werte. Sie bestimmen die Zahl der Isobaren, die das betreffende Niveau aufweisen. Isospin-0-Zustände gibt es für $A=10$ nur in ^{10}B, Isospin-1-Zustände dagegen in ^{10}Be$(\tau_3=-1)$, ^{10}B$(\tau_3=0)$ und ^{10}C$(\tau_3=+1)$. Isospin-2-Zustände liegen bei höheren Energiewerten und finden sich in den Nukliden ^{10}Li, ^{10}Be, ^{10}B, ^{10}C und ^{10}N. Isospinmultipletts zeigen sich vor allem bei leichten Kernen, sind aber auch bei schwereren Kernen feststellbar.

8.5.1. Magnetische Momente. Für die Prüfung des Schalenmodells sind die magnetischen Dipolmomente μ der Kerne empfindlicher als Spin und Parität. Mehrere Konfigurationen und Nukleonenzustände können zum selben Spinwert führen, wobei

8.5. Schalenmodell

aber die magnetischen Momente unterschiedliche Werte aufweisen. Als einfachste Näherung (extremes Einteilchenmodell) nehmen wir für g u-Kerne und u g-Kerne an, das magnetische Moment werde allein durch das unpaarige Nukleon verursacht. Im Falle eines g u-Kerns (unpaariges Neutron) mit $J = j = l + \frac{1}{2}$ sollte das magnetische Moment des Kerns demjenigen des Neutrons entsprechen, da der Bahndrehimpuls des Neutrons keinen Beitrag zu μ leistet. Die übrigen Fälle sind weniger einfach, lassen sich aber mit Hilfe einer halbklassischen Betrachtung behandeln, analog zur Berechnung der g-Faktoren der Atomhülle (s. Bd. III/1, Kap. IX, 6). Dazu benützen wir das in Fig. 252 dargestellte Vektordiagramm und erhalten:

$$\mu'_j = \mu_l \frac{j(j+1) + l(l+1) - 3/4}{2\sqrt{j(j+1)} \cdot \sqrt{l(l+1)}} + \mu_s \frac{j(j+1) - l(l+1) + 3/4}{\sqrt{j(j+1)} \cdot \sqrt{3}}. \quad (8.39)$$

Experimentell mißt man als magnetisches Moment die größte Komponente μ von μ'_j längs eines äußeren H-Feldes:

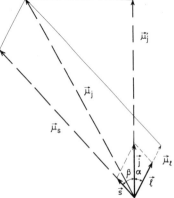

$$\mu = \frac{j}{|j|} \mu'_j = \frac{j}{\sqrt{j(j+1)}} \mu'_j$$

$$= \left\{ g_l \frac{j(j+1) + l(l+1) - 3/4}{2(j+1)} \right. \quad (8.40)$$

$$\left. + g_s \frac{j(j+1) - l(l+1) + 3/4}{2(j+1)} \right\} \mu_N,$$

wobei für die Momente μ_l und μ_s die Werte $g_l \sqrt{l(l+1)} \mu_N$ bzw. $g_s \sqrt{s(s+1)} \mu_N$ eingesetzt wurden. g_l und g_s bezeichnen die entsprechenden g-Faktoren (s. Abschn. 3.4.2).

Für den Fall $j = l + \frac{1}{2}$ ergibt sich

$$\mu/\mu_N = l\, g_l + \tfrac{1}{2} g_s = g_l (j - \tfrac{1}{2}) + \tfrac{1}{2} g_s \quad (8.41)$$

und für $j = l - \frac{1}{2}$

$$\mu/\mu_N = g_l \frac{j(2j+3)}{2(j+1)} - g_s \frac{j}{2(j+1)}. \quad (8.42)$$

Die Beziehungen Gl. (8.41) und (8.42) sind die sog. Schmidt-Schülerschen Voraus-

Fig. 252. Vektordiagramm des magnetischen Moments nach dem extremen Einteilchenmodell. $l = 1$ und $\vec{j} = \vec{l} + \vec{s}$. Die Bahndrehimpulsvektoren sind mit ausgezogenen, die magnetischen Momente mit gestrichelten Linien angegeben.

sagen für die magnetischen Momente (Schmidt-Schüler-Linien). Experimentell zeigt sich, daß nur wenige Kerne der einen oder andern Voraussage genügen, daß aber fast alle Meßwerte zwischen den zwei Grenzen für $j = l \pm \frac{1}{2}$ liegen. Fig. 253 und 254 zeigen die Meßwerte in Funktion des Kernspins.

Ziemlich nahe der theoretischen Voraussage sind die magnetischen Momente von Kernen, die gegenüber einer abgeschlossenen Schale ein Nukleon zuviel oder zuwenig besitzen (Beispiel: ^{17}O, ^{15}N, ^{39}K, ^{89}Y und ^{207}Pb). Die Tatsache, daß die meisten Meßpunkte zwischen den Schmidt-Schüler-Linien liegen, ist kaum überraschend. Wie bereits früher angedeutet wurde, führt die Restwechselwirkung zwischen Nukleonen in unabgeschlossenen Schalen zu Abweichungen vom extremen Einteilchenmodell. Selbst wenn diese Nukleonen einer einzigen Schale angehören, liegen üblicherweise verschie-

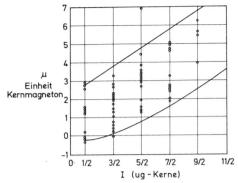

Fig. 253. Magnetische Momente für ug-Kerne (ungerade Protonenzahl) als Funktion des Kernspins. Die Schmidt-Schüler-Linien sind die ausgezogenen Kurven (theoretische Voraussagen).

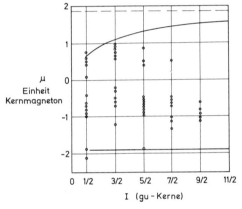

Fig. 254. Magnetische Momente für gu-Kerne (ungerade Neutronenzahl) in Funktion des Kernspins. Ausgezogen sind die Schmidt-Schüler-Linien (theoretische Voraussagen).

dene Kopplungsmöglichkeiten zum selben Drehimpuls vor. Als Beispiel sei ^{7}Li angeführt. Die drei Nukleonen außerhalb des He-Rumpfes liegen in der $1p^{3}/_{2}$-Schale und setzen sich auf verschiedene Arten zum Drehimpuls $\frac{3}{2}$ zusammen. Nach dem extremen Einteilchemodell kompensieren die beiden Neutronen ihren Drehimpuls, so daß Spin und magnetisches Moment von ^{7}Li ausschließlich vom unpaarigen Proton herrühren. In diesem Falle wäre $\mu(^7\text{Li}) = 3{,}79\ \mu_N$. Es ist aber auch möglich, daß die zwei Neutronen ihren Drehimpuls addieren und mit dem Drehimpuls des Protons durch Vektoraddition zum Gesamtdrehimpuls $\frac{3}{2}$ ergänzen.

Der Grundzustand von ^{7}Li besteht in Wirklichkeit aus einem Gemisch solcher und ähnlicher Konfigurationen, was zu einem von den Schmidt-Schülerschen Voraussagen abweichenden Wert für μ führt.

8.5.2. Elektromagnetische Übergänge.

Wie angeregte Atome können auch angeregte Kerne durch Ausstrahlung elektromagnetischer Energie (Gammastrahlen) in einen tieferliegenden Zustand übergehen. Da die Energiedifferenz zweier Niveaus eines Atomkernes im Bereich von keV bis MeV liegt, besitzen Gammastrahlen i. allg. wesentlich kürzere Wellenlängen als Licht, das bei atomaren Übergängen emittiert wird. Gammastrahlen der Energie 1 MeV haben die Wellenlänge $\lambda = c/v = hc/E \approx 1{,}2 \cdot 10^{-12}$ m.

Liegt die Anregungsenergie eines Kernzustandes höher als die Bindungsenergie eines Nukleons, so erfolgt der Zerfall normalerweise durch Teilchenemission viel rascher als durch Gammaemission. Für gebundene, angeregte Zustände dagegen sind meistens elektromagnetische Übergänge die rascheste Möglichkeit zum Wegtransport der Anregungsenergie.

Als erstes soll hier aufgrund klassischer Betrachtungen Einsicht in die physikalischen Vorgänge gewonnen werden, die bei der Ausstrahlung elektromagnetischer Energie auftreten. Dies führt uns zwangsläufig zu den häufigst vorkommenden Arten der Gammastrahlung.

Die einfachste Quelle elektromagnetischer Strahlung ist der schwingende elektrische Dipol (Fig. 255) (s. auch Bd. II, S. 191). Die ausgesandte Strahlung besitzt eine charakteristische Winkelabhängigkeit, die auf der räumlichen Anordnung und Bewegung der Ladungen des Dipols gründet und aus Symmetriegründen rotationssymmetrisch um die z-Achse sein muß, wenn der Dipol in der z-Achse schwingt. Der Vektor der elektrischen Feldstärke liegt in Ebenen, die die z-Achse

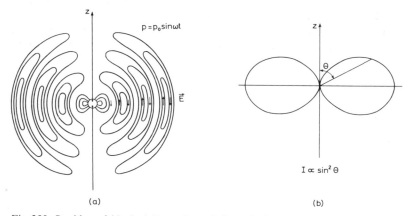

Fig. 255. Strahlungsfeld eines längs der z-Achse schwingenden elektrischen Dipols.

330 8. Kernmodelle

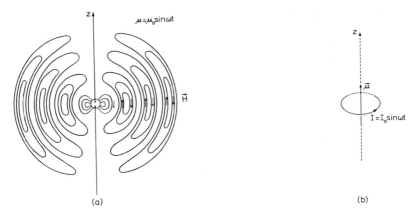

Fig. 256. Strahlungsfeld des magnetischen Dipols.

enthalten. Die magnetische Feldstärke ist parallel zur x y-Ebene und normal zur elektrischen. Weit weg vom Dipol ($r \gg \lambda$; λ Wellenlänge der emittierten Strahlung) ändert sich die Intensität des Strahlungsfeldes mit $\sin^2 \theta$, wobei θ den Winkel zwischen Fortpflanzungsrichtung und z-Achse angibt.

Der schwingende magnetische Dipol (Fig. 256) erzeugt ein der elektrischen Dipolstrahlung ähnliches Strahlungsfeld, in welchem die E- und H-Felder gegenseitig vertauscht sind.

Ein drittes Beispiel für die Erzeugung eines Strahlungsfeldes stellt der schwingende Quadrupol dar. Einen einfachen elektrischen Quadrupol illustriert Fig. 257a. Er besteht aus zwei Dipolen und ist symmetrisch zur x y-Ebene. Die Intensitätsverteilung der Strahlung in großer Entfernung vom Quadrupol besitzt eine $\sin^2(2\theta)$-Abhängigkeit. Fügt man den vier Ladungen des Quadrupols von Fig. 257a je die Ladung

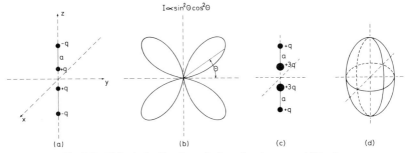

Fig. 257. Elektrische Quadrupole, bestehend aus zwei Dipolen.

8.5. Schalenmodell

2q hinzu, so ergibt sich der in Fig. 257c dargestellte Quadrupol. Ein ähnlicher Quadrupol wird durch eine kontinuierliche Ladungsverteilung (Fig. 257d) erzeugt. Durch Schwingung dieser Ladungsverteilung um die Gleichgewichtslage entsteht ebenfalls ein Quadrupol-Strahlungsfeld.

Es gibt weitere spezielle Ladungs- und Stromkonfigurationen, die bei zeitlicher Veränderung zu entsprechend komplizierteren Strahlungsfeldern führen. Mit jeder dieser Strahlungsquellen ist eine räumliche Symmetrie verbunden. Der elektrische Dipol z.B. kehrt bei Spiegelung (Paritätsoperation) sein Vorzeichen um. Seine Symmetrie ist daher ungerade bzw. antisymmetrisch. Der elektrische Quadrupol und der magnetische Dipol dagegen sind symmetrisch bei Spiegelung des Ladungssystems (Fig. 258).

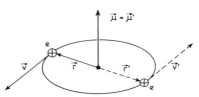

Fig. 258. Ein magnetisches Dipolmoment $\vec{\mu} = \frac{1}{2} e \vec{r} \times \vec{v}$ ist invariant gegenüber der Paritäts-Operation. Die gestrichenen Größen entsprechen den gespiegelten.

Die drei oben beschriebenen Strahlungsarten benennt man kurz als E1-(elektrische Dipolstrahlung), E2-(elektrische Quadrupolstrahlung) und M1-Strahlung (magnetische Dipolstrahlung).

Da die γ-Emission einen Quantenprozeß darstellt, läßt sie sich rein klassisch nicht beschreiben. Eine gewisse Einsicht in die physikalische Natur der Übergänge kann aber dennoch mit klassischen Vorstellungen gewonnen werden. Die elektromagnetische Energie wird erst beim Übergang in ein niedrigeres Energieniveau abgestrahlt. Das ausgestrahlte Feld wird durch die Eigenschaften von Anfangs- und Endzustand bestimmt. Betrachten wir z.B. den Übergang zwischen zwei Zuständen, die sich im Rahmen des Schalenmodells als Einteilchenzustände eines gu- oder ug-Kernes beschreiben lassen, wobei der Kern aus einem gg-Rumpf und einem Leuchtnukleon in einem Einteilchenniveau bestehe. Der Anfangs- bzw. Endzustand des unpaarigen Nukleons sei ein $p\,^1/_2$- bzw. $p\,^3/_2$-Zustand. Der Kernrumpf bleibt daher vom Übergang unberührt. Der Übergang erfolge mit Spinänderung und ohne Änderung der Parität: $J_a^\pi = \frac{1}{2}^-, J_z = \frac{1}{2} \to J_e^\pi = \frac{3}{2}^-$, $J_z = \frac{3}{2}$. Beim Übergang klappt der Nukleonenspin um, was einem Umklappen des Spinanteils des magnetischen Momentes des Leuchtnukleons entspricht. Das emittierte elektromagnetische Feld ist klassisch betrachtet demjenigen des schwingenden magnetischen Dipols analog. Damit ist auch die Tatsache in Einklang, daß dieser

Übergang ohne Paritätsänderung erfolgt, was mit dem früher erwähnten Symmetriecharakter des magnetischen Dipols in Einklang steht. Man erwartet also, daß beim Übergang $\frac{1}{2}^- \to \frac{3}{2}^-$ (oder $\frac{3}{2}^- \to \frac{1}{2}^-$) eine magnetische Dipolstrahlung vorherrscht, was experimentell auch meistens bestätigt wird. Übergänge mit Spinänderung $\Delta J = \pm 1$, $\Delta J_z = \pm 1, 0$ und ohne Paritätsänderung sind meistens mit einer M1-Strahlung gekoppelt. Den Drehimpuls ΔJ übernimmt das ausgestrahlte Photon.

Die Relationen zwischen Spin- und Paritätsänderungen bei elektromagnetischen Übergängen und den entsprechenden Eigenschaften des ausgestrahlten Feldes sind Inhalt der Auswahlregeln.

Diese lassen sich in folgende drei Gleichungen fassen:

Auswahlregeln für γ-Übergänge

$|J_e - J_a| \leq L \leq J_e + J_a; \quad \Delta \Pi = (-1)^L$ für elektrische Übergänge

$\qquad\qquad\qquad\qquad\quad \Delta \Pi = -(-1)^L$ für magnetische Übergänge

Der Übergang $J_a = 0$ in $J_e = 0$ mit Ausstrahlung eines Photons ist streng verboten. Er ist jedoch möglich durch Emission von zwei Photonen oder durch Emission eines Elektronenpaares.

Bei einem 2^L-Pol-Übergang werden L Drehimpulseinheiten vom Photon weggeführt. Dennoch kann wegen der Vektorregel für die Addition der Drehimpulse eine Spinänderung $\Delta J \leq L$ vorkommen, vorausgesetzt, daß die Anfangs- und Endspinwerte der Zustände genügend groß sind. Ein $3^- \to 2^+$-Übergang z. B. könnte über die Ausstrahlung 5 verschiedener Multipole erfolgen: E1, M2, E3, M4, E5. Sowohl bei elektrischen wie auch bei magnetischen Übergängen tritt in fast allen Fällen die niedrigste Multipolordnung in Erscheinung, da die Intensität bzw. die Übergangswahrscheinlichkeit mit zunehmender Multipolordnung stark abnimmt. Am Beispiel einer elektrischen Dipol- bzw. Quadrupolstrahlung sei dies erläutert (vgl. Fig. 255 und 257).

Für die Emission einer Dipolstrahlung genügt eine Drehimpulsänderung von $\hbar$. Dies läßt sich durch eine relativ einfache Zustandsänderung des Kerns realisieren. Für die Emission einer Quadrupolstrahlung muß sich dagegen der Drehimpuls um $2\hbar$ ändern, was mit einer wesentlich komplizierteren Konfigurationsänderung verbunden ist. Dieser Übergang ist damit viel unwahrscheinlicher als der Dipolübergang. Die Übergangswahrscheinlichkeiten sind proportional zu $(kR)^{2L}$, wobei R den Kernradius und k die Wellenzahl der emittierten Strahlung angibt. Somit ist die Dipolemission um den Faktor $(kR)^{-2}$ wahrscheinlicher als die Quadrupolemission. Für eine γ-Energie von 1 MeV und R = 5 fm beträgt dieser Faktor $\approx 10^4$. Zusätzlich zu diesem Faktor spielen für die Übergangswahrscheinlichkeiten strukturelle Eigenschaften der Anfangs- und Endzustände eine wichtige Rolle (s. Abschn. 6.5.4.1).

Für einen angeregten Zustand, dessen Zerfall nur durch γ-Emission erfolgen kann, ist die Lebensdauer τ durch den reziproken Wert der Summe der Übergangswahrscheinlichkeiten W_j gegeben:

$$\tau = \frac{1}{\Sigma W_j}.$$

Solche Lebensdauern variieren zwischen ca. 10^{-16} s und 10^8 s. Maßgebend für die Lebensdauer sind die Eigenschaften des Anfangs- und Endzustands und deren Energieunterschied.

Das Schalenmodell ermöglichte die Erklärung der sog. Kernisomerie. Es handelt sich hier um angeregte Zustände mit ungewöhnlich großer Lebensdauer. Die meisten isomeren Kerne besitzen ungerade Nukleonenzahlen zwischen 39 und 49 bzw. 63 und 81. Da die Übergangswahrscheinlichkeit den Faktor $(kR)^{2L}$ enthält, bedeutet eine lange Lebensdauer eine relativ große Drehimpulsänderung $\Delta J = L$. Die Häufung der Isomere bei gewissen Nukleonenzahlen kann nun durch das Schalenmodell sehr befriedigend erklärt werden. Aus Fig. 246 zeigt sich, daß bei der Protonen- bzw. Neutronenzahl 49 die $2p\,\frac{1}{2}$-Schale sich aufzufüllen beginnt; darunter liegt die $1g\,\frac{1}{2}$-Schale. Die entsprechenden Niveaus liegen so nahe beieinander, daß für Kerne in diesem Gebiet niederenergetische Übergänge mit großer Drehimpulsänderung bestehen ($\frac{1}{2}^- \rightleftarrows \frac{9}{2}^+$). Nach den Auswahlregeln müssen es M4 oder höhere Übergänge sein, die eine entsprechend große Lebensdauer besitzen. Beispiel: ^{115}In mit 49 Protonen; Grundzustand $\frac{9}{2}^+$ und isomerer Zustand $\frac{1}{2}^-$ mit 340 keV Anregungsenergie. Halbwertszeit 4,4 h.

8.5.3. Elektrische Kernquadrupolmomente. Mit dem Einteilchenmodell in seiner extremen Form kann das Quadrupolmoment einfach abgeschätzt werden. In dieser groben Näherung wird der g g-Kernrumpf als kugelsymmetrisch angenommen, so daß Q_0 allein durch das unpaarige Nukleon verursacht wird. Für einen u g-Kern (unpaariges Proton) gilt (s. Abschn. 3.5):

$$Q_0 = \frac{1}{e} \int \rho(\vec{r})(3z^2 - r^2)\,d\tau = \int |\psi_p|^2\, r^2\,(3\cos^2\theta - 1)\,d\tau, \quad (8.43)$$

wobei ψ_p die Wellenfunktion des unpaarigen Protons und $d\tau$ das Volumenelement bedeutet. Da der Faktor $(3\cos^2\theta - 1) \leq 2$ ist, erhält man für u g-Kerne

$$|Q_0| \approx \langle r^2 \rangle, \tag{8.44}$$

wobei $\langle r^2 \rangle$ das gemittelte Quadrat des Abstandes des Protons vom Kernzentrum ist.

Für g u-Kerne liefert das unpaarige Neutron keinen Beitrag zu Q_0. Nach dem extremen Einteilchenmodell sollte das Quadrupolmoment verschwinden, abgesehen von einem ganz kleinen Beitrag, der von der Bewegung des Rumpfes herrührt. Dies stimmt nun keineswegs mit der Erfahrung überein. Es zeigt sich, daß die Quadrupolmomente von g u-Kernen und von u g-Kernen sich kaum unterscheiden und daß sie wesentlich größer sind als sie durch Gl. (8.44) abgeschätzt werden. Offensichtlich treten Erscheinungen auf, die mit dem einfachen Schalenmodell nicht mehr zu behandeln sind. Der Grund für die großen Quadrupolmomente sind beträchtliche Deformationen des gesamten Kernrumpfes. An einem einfachen Beispiel sei dies demonstriert. Dazu betrachten wir einen Kern in Form eines Rotationsellipsoids (Fig. 259), dessen Ladungsdichte ρ konstant sei. Besitzt der Kern die Gesamtladung Ze und das Volumen V_K:

$$V_K = \frac{4\pi}{3} b^2 a,$$

so ergibt sich die Ladungsdichte

$$\rho = \frac{3}{4} \frac{Ze}{\pi a b^2}.$$

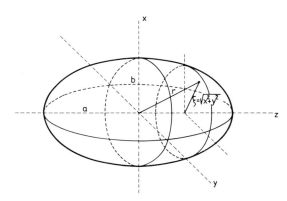

Fig. 259. Berechnung des Quadrupolmoments eines deformierten Kerns.

Das Quadrupolmoment berechnet sich aus

$$Q_0 = \frac{1}{e} \int \rho(3z^2 - r^2)\, d\tau.$$

Führt man die Koordinate $\xi = \sqrt{x^2 + y^2}$ ein (Fig. 259) und setzt $r^2 = z^2 + \xi^2$, dann erhält man

$$\tfrac{1}{2} Q_0 = \frac{\rho}{e} \int_0^a \int_0^{\xi_z} (2z^2 - \xi^2)\, 2\pi\, \xi\, d\xi\, dz,$$

wobei $\xi_z = b\sqrt{1 - z^2/a^2}$ den Radius der Kreisfläche des Rotationsellipsoides an der Stelle z angibt. Die Berechnung des Doppelintegrals ergibt

$$Q_0 = \frac{2}{5}(a^2 - b^2)\, Z. \tag{8.45}$$

Der Kern $^{158}_{64}$Gd hat ein Quadrupolmoment $Q_0 = 10 \cdot 10^{-24}$ cm^2. Für einen mittleren Kernradius $(a+b)/2 \approx R = 1{,}4 \cdot A^{1/3} = 7{,}5$ fm ergibt sich mit Gl. (8.45) eine Deformation a/b des Kerns von $a/b \approx 1{,}4$. Um die experimentell festgestellten Quadrupolmomente erklären zu können, müssen die Kerne stark deformiert sein. Es machen sich hier sog. kollektive Eigenschaften von mehreren Nukleonen bemerkbar, die außerhalb des Bereichs des Schalenmodells liegen.

8.6. Kollektives Modell

8.6.1. Einführung. Die oben erwähnten großen Quadrupolmomente der schweren Kerne sind aufgrund der vorangehenden Abschnitte über Kern-Modelle nicht zu verstehen. Das Schalenmodell ergibt für Kerne mit abgeschlossenen Schalen ein verschwindendes Quadrupolmoment, und für Kerne mit nicht abgeschlossenen Schalen wird das Quadrupolmoment oft viel zu klein. Da die wenigen Nukleonen der nicht-aufgefüllten Schalen i.a. die beobachteten Quadrupolmomente nicht verursachen können, muß geschlossen werden, daß ein nichtkugelsymmetrischer Rumpf hierfür verantwortlich ist. Es sind also kollektive Effekte in dem Sinne wirksam, daß mehrere Nukleonen zusammen die Erscheinungen bewirken. Entsprechend werden auch dynamische Kollektiveffekte erwartet, bei denen mehrere Nukleonen im Kern eine koordinierte Bewegung ausführen. In diesem Kernmodell existiert ein nicht-kugelsymmetrischer Kernrumpf, der in Wechselwirkung mit den äußeren Nukleonen steht. Angeregte Energiezustände werden durch Rotation und Vibration des Rumpfes und durch Einteilchenzustände der äußeren Nukleonen erzeugt. Dieses Modell wird als kombiniertes Kernmodell (unified model) bezeichnet. Es wurde durch die

Pionierarbeiten von *A. Bohr* und *B. R. Mottelson*[1] begründet und ist seither in mehreren Richtungen durch vielfältige Beiträge ausgebaut und verfeinert worden.

Diejenigen Kernanregungen, welche kollektiven Bewegungen entsprechen, unterscheiden sich stark von den Einnukleonenzuständen des Schalenmodells. Um ein Nukleon von einem Einteilchenzustand in einen nächsten zu bringen, muß üblicherweise eine Energie von ca. 1 MeV aufgewendet werden. Die Anregungsenergien vieler Kollektivzustände schwerer Kerne dagegen sind in der Größenordnung von 100 keV. Während die Einteilchenzustände stark vom Drehimpuls abhängen und damit von Kern zu Kern große Unterschiede zeigen, ändern sich Kollektivzustände i. a. relativ langsam mit der Massenzahl.

Es ist ein Merkmal der kollektiven Anregungen, daß sie sich gut mit elektromagnetischen Wechselwirkungen studieren lassen. Das Beispiel der sog. „Coulomb-Anregung" ist hierfür charakteristisch. Es handelt sich dabei um die Anregung des Kernes durch das elektrische Feld eines vorbeifliegenden, geladenen Teilchens.

In den folgenden Abschnitten werden einige der einfachsten Kollektivanregungen besprochen.

8.6.2. Oberflächenschwingungen von sphärischen Kernen. In diesem Abschnitt werden die kollektiven Schwingungen von kugelsymmetrischen oder fast kugelsymmetrischen Kernen behandelt. Dabei werden nur g g-Kerne betrachtet. Wird ein sphärischer Kern, wir denken ihn als Flüssigkeitströpfchen, angeregt, so beginnt er zu schwingen. Es zeigen sich periodische Abweichungen der Oberfläche von ihrer Gleichgewichtsform. Diese Abweichungen lassen sich durch Kugelfunktionen $Y_\lambda^\mu(\theta, \varphi)$ beschreiben:

$$Y_\lambda^\mu(\theta, \varphi) = C_\lambda^\mu P_\lambda^\mu(\cos\theta) e^{i\mu\varphi},$$

wobei $|\mu| \leq \lambda$ ist und der Normierungsfaktor C_λ^μ die Werte

$$C_\lambda^\mu = \sqrt{\frac{2\lambda+1}{4\pi}} \sqrt{\frac{(\lambda-\mu)!}{(\lambda+\mu)!}}$$

annimmt. Für den Radius R kann man schreiben

$$R = R_0 \left(1 + \sum_{\lambda\mu} \alpha_{\lambda,\mu} Y_\lambda^\mu(\theta, \varphi)\right)$$
$$= R_0 \left[1 + \sum_\mu \left(\alpha_{1\mu} Y_1^\mu(\theta, \varphi) + \alpha_{2\mu} Y_2^\mu(\theta, \varphi) + \cdots\right)\right]. \tag{8.46}$$

---
[1] *A. Bohr* und *B. R. Mottelson*, Dan. Mat. Fys. Medd., **27**, Nr. 16 (1953).

8.6. Kollektives Modell

R bedeutet den Abstand Kernzentrum-Oberfläche in Funktion der Winkel θ und φ. R_0 ist der Gleichgewichtsradius der Kugelform. Die Schwingungen lassen sich durch eine periodische Veränderung der Koeffizienten $\alpha_{\lambda,\mu}$ um den Wert Null darstellen. Die Terme mit $Y_1^\mu(\theta,\varphi)$ führten zu einer Schwingung des Kernschwerpunkts, was einer periodischen äußeren Kraft bedürfte. Diese Terme sind daher Null. Die einfachsten Schwingungen sind die sog. Quadrupolschwingungen, die durch den Term $\alpha_{2\mu} Y_2^\mu(\theta,\varphi)$ beschrieben werden. Für diese Quadrupolschwingung gilt:

$$R = R_0 \left[1 + \sum_\mu \alpha_{2\mu} Y_2^\mu(\theta, \varphi) \right]. \tag{8.47}$$

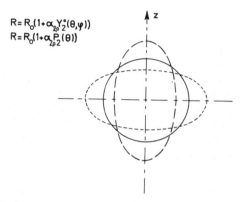

Fig. 260. Schwingung der Kernoberfläche um die Gleichgewichtslage. Quadrupolschwingung mit $\mu = 0$. Der Kern bleibt rotationssysmmetrisch um die z-Achse und besitzt aufeinanderfolgend die Form eines gestreckten bzw. abgeplatteten Rotationsellipsoids.

Ein einfaches Beispiel einer solchen Schwingung zeigt Fig. 260. Zur Beschreibung einer beliebigen Ellipsoidfläche braucht man fünf Kugelfunktionen:

$$Y_2^0(\theta,\varphi) = \sqrt{\frac{5}{16\pi}} (3\cos^2\theta - 1)$$

$$Y_2^{\pm 1}(\theta,\varphi) = \mp \sqrt{\frac{15}{8\pi}} \sin\theta \cos\theta \, e^{\pm i\varphi} \tag{8.48}$$

$$Y_2^{\pm 2}(\theta,\varphi) = \sqrt{\frac{15}{32\pi}} \sin^2\theta \, e^{\pm 2i\varphi}.$$

Die fünf Parameter $\alpha_{2\mu}$ sind unabhängige Größen, so daß sich der Kern wie ein fünfdimensionaler harmonischer Oszillator verhält. Er ist fünf unabhängigen eindimensionalen Oszillatoren äquivalent.

Die quantenmechanische Behandlung des eindimensionalen Oszillators liefert die Eigenwerte

$$E_n = \hbar\omega(n + \tfrac{1}{2}), \quad n = 0, 1, 2, \ldots, \tag{8.49}$$

wobei ω die Eigenfrequenz des Oszillators angibt und durch einen elastischen Parameter C bzw. einen Massenparameter B bestimmt wird:

$$\omega = \sqrt{C/B}.$$

Die Anregungsenergien des Oszillators erhalten damit die Werte

$$E = E_n - E_0 = n\hbar\sqrt{C/B}. \tag{8.50}$$

Für $n=1$ besitzt der Kern ein Vibrationsquant (1 Phonon). Infolge der fünf verschiedenen μ-Werte lassen sich die Schwingungen auf fünf verschiedene Arten anregen, entsprechend fünf unabhängigen Bewegungen der Kernoberfläche. Für $\mu = 0$ (Fig. 260) bleibt die Oberfläche symmetrisch um die z-Achse. $\mu \neq 0$ schließt eine Bewegung um die z-Achse ein, die eine Drehimpulskomponente in z-Richtung mit sich bringt. Aus einer halbklassischen Betrachtungsweise kann dies erläutert werden. Dabei beschränken wir uns auf den Fall $\mu = \pm 2$, so daß Gl. (8.47) sich auf die Form

$$R = R_0 \left(1 + \alpha_{2,2} Y_2^2(\theta, \varphi) + \alpha_{2,-2} Y_2^{-2}(\theta, \varphi)\right) \tag{8.51}$$

reduziert. Da die Distanz R reell ist, muß $\alpha_{2,2}$ gleich dem konjugiert komplexen Wert von $\alpha_{2,-2}$ sein: $\alpha_{2,2} = \alpha_{2,-2}^*$. Setzt man $\alpha_{2,2} = a + ib$ und führt nach Gl. (8.48) die Werte der Kugelfunktionen ein, so ergibt sich

$$R = R_0 \left[1 + 2\sqrt{\frac{15}{32\pi}} \sin^2\theta(a\cos 2\varphi - b\sin 2\varphi)\right]. \tag{8.52}$$

Wir betrachten eine Schwingung:

$$a = \alpha' \sin\omega t$$
$$b = \alpha' \cos\omega t.$$

Die Gleichung der Oberfläche erhält damit die Form

$$R = R_0[1 - \alpha' \sin^2\theta \sin(2\varphi - \omega t)], \tag{8.53}$$

wobei α' eine Konstante ist. Gl. (8.53) beschreibt eine Bewegung, die einer um die z-Achse laufenden Oberflächenwelle entspricht (Fig. 261).

8.6. Kollektives Modell

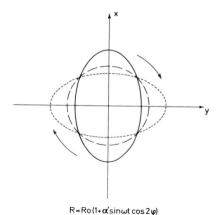

$R = R_0(1 + \alpha' \sin \omega t \cos 2\varphi)$

Fig. 261. Darstellung einer Quadrupolschwingung mit $\mu = 2$. Das Bild zeigt einen Schnitt in der xy-Ebene für $t = 0$ (punktierte Linie) und $t = T/4 = \pi/2\omega$ (gestrichelte Linie). Das Kernellipsoid dreht sich in der Pfeilrichtung um die z-Achse.

Die Funktionen $Y_2^\mu(\theta, \varphi)$ sind Eigenfunktionen des Drehimpuls-Operators (s. Bd. III/1, S. 257) mit den Eigenwerten $L_z = \mu \hbar$ und $L^2 = \lambda(\lambda + 1)\hbar^2$, und ihre Parität ist $(-1)^\lambda$. Der erste angeregte Zustand ist ein solcher mit $J^\pi = 2^+$.

Für den Fall $n = 2$ sind zwei Vibrationszustände vorhanden, die sich mit den fünf μ_1- bzw. μ_2-Werten auf 15 verschiedene Arten (s. Tabelle 25) kombinieren lassen.

Tabelle 25. *Mögliche Kombinationen von zwei Vibrationsquanten.* (Die mit einem Stern versehenen Kombinationen sind bereits in den vorangehenden enthalten.)

μ_1	μ_2	$J_z = \mu_1 + \mu_2$	J	μ_1	μ_2	$J_z = \mu_1 + \mu_2$	J
2	2	4	4	0	-1	-1	2
2	1	3	4	0	-2	-2	4
2	0	2	4	-1	2	1	4*
2	-1	1	4	-1	1	0	2*
2	-2	0	4	-1	0	-1	2*
1	2	3	4*	-1	-1	-2	2
1	1	2	2	-1	-2	-3	4
1	0	1	2	-2	2	0	4*
1	-1	0	2	-2	1	-1	4*
1	-2	-1	4	-2	0	-2	4*
0	2	2	4*	-2	-1	-3	4*
0	1	1	2*	-2	-2	-4	4
0	0	0	0				

Infolge der Kombinationsmöglichkeiten ergibt sich ein größter J_z-Wert von 4. Dies entspricht einem Zustand mit dem Drehimpuls $J = 4$. Die weiteren Möglichkeiten gehören offensichtlich zu den zwei Zuständen $J=2$ und $J=0$. Es ergibt sich damit ein Triplett 0^+, 2^+, 4^+ (Fig. 262). Die Energie dieses Tripletts ist doppelt so hoch wie diejenige des einfach angeregten Zustandes (2^+). Im Gebiet der Massenzahlen $40 < A < 150$ existieren mehrere Kerne, deren tiefste Niveaus mit diesem Schema übereinstimmen. Einige Beispiele zeigt Fig. 263.

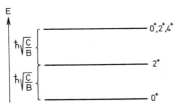

Fig. 262. Einfache Vibrations-Quadrupolzustände eines sphärischen Kerns.

Wie Fig. 239 (S. 313) zeigt, wird die Energie des ersten angeregten Zustandes in der Nähe magischer Kerne merklich größer, was im Sinne des Vibrationsmodelles auf eine besonders hohe Oberflächenspannung und somit auf einen hohen elastischen Parameter C dieser Kerne hinweist. Es ergeben sich zwei theoretische Voraussagen des Vibrationsmodelles über die Natur der γ-Strahlung:

1. Die emittierte Strahlung sollte vorwiegend E2-Charakter aufweisen.

2. Im Abschn. 8.5.2 wurde festgestellt, daß ein E2-Übergang mit der Änderung von zwei Drehimpulseinheiten verknüpft ist. Da das einem Quadrupol-Übergang zugeordnete Vibrations-Quant den Drehimpuls 2 besitzt, ändert sich die Vibrations-Quantenzahl beim E2-Übergang um eins. Es existiert also die Auswahlregel $\Delta n = 1$. Der Übergang vom zweiten 2^+-Zustand zum Grundzustand muß viel schwächer sein als derjenige vom ersten 2^+-Zustand (Fig. 264). Diese Erwartungen werden in vielen Fällen weitgehend erfüllt.

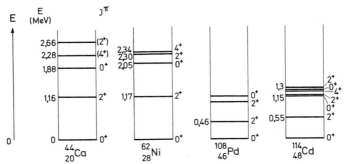

Fig. 263. Tiefste Niveaus einiger gg-Kerne mit typischer Vibrationsstruktur.

8.6. Kollektives Modell

Außer den Ein- und Zwei-Vibrations-Quanten-Zuständen sind auch Drei-Quanten-Zustände beobachtet worden. Berücksichtigung der Terme mit $\lambda=3$ in Gl. (8.46) führt zu Schwingungen, die durch die Glieder $\alpha_{3\mu} Y_3^\mu(\theta, \varphi)$ beschrieben werden. Wegen der sieben Werte von μ (vgl. Y_λ^μ-Werte, Bd. III/1, S. 250) und infolge des asymmetrischen Charakters der Funktion $Y_3^\mu(\theta, \varphi)$ besitzt der Ein-Quanten-Zustand Spin und Parität $J^\pi = 3^-$. Fig. 265 zeigt ein einfaches Beispiel einer Oktupolschwingung.

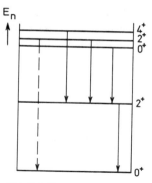

Fig. 264. E2-Übergänge nach dem Vibrationsmodell. Der gestrichelte Übergang ist durch die Auswahlregel $\Delta n = 1$ verboten.

Nach dem hier dargelegten harmonischen Vibrationsmodell sollten die einfachen Vibrationszustände kein statisches Quadrupolmoment aufweisen, da es sich um eine Schwingung um einen kugelsymmetrischen Gleichgewichts-Zustand handelt. Es wurden jedoch Quadrupolmomente beobachtet, was darauf hinweist, daß das Modell nicht alle diesbezüglichen Eigenschaften erklären kann.

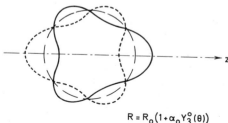

$R = R_0(1 + \alpha_0 Y_3^0(\theta))$

Fig. 265. Beispiel einer Oktupolschwingung. Die Schwingung ist rotationssymmetrisch bez. der z-Achse.

8.6.3. Kollektive Bewegungen von deformierten Kernen

8.6.3.1. Einleitung.
Die großen Quadrupolmomente der schweren Kerne sind, wie bereits erwähnt, durch permanente Kerndeformationen zu deuten. Ist z.B. der Kern rotationsellipsoidisch deformiert und ist seine Ladungsdichte konstant, so wäre z.B. ein Achsenverhältnis des Ellipsoids von $a/b = 1,4$ (vgl. S. 335) notwendig zur Erzeugung eines Quadrupolmomentes von 10^{-23} cm². Die Ursache der Deformation und der Grund, weshalb bei bestimmten Massenzahlen defor-

mierte Kerne auftreten, hängt von Einzelheiten der Wechselwirkung der betreffenden Nukleonen im Kern ab. Diese Deformationen und ihre Auswirkungen auf die Kernstruktur liefern Aussagen über Rotations- und Vibrationszustände, die überraschend gut mit Beobachtungen übereinstimmen.

Setzt man eine axialsymmetrische Deformation voraus, so kann die Kernoberfläche durch die Gleichung (s. Gl. (8.46))

$$R = R_0 \left(1 + \beta Y_2^0(\theta)\right) \quad (8.54)$$

beschrieben werden, wobei β den Deformationsparameter bezeichnet. Gl. (8.54) wird auf ein Koordinatensystem bezogen, dessen Ursprung mit dem Kernschwerpunkt zusammenfällt. Daß nur die Funktion $Y_2^0(\theta)$ zur Beschreibung benutzt wird, hat folgende Gründe: Wegen der vorausgesetzten Axialsymmetrie kommen nur Funktionen des Winkels θ in Frage. Eine beliebige axialsymmetrische Oberfläche ließe sich mittels der Funktionen $Y_n^0(\theta)$, $n = 1, 2, 3, \ldots$ darstellen. Für g g-Kerne, die den Spin Null besitzen, sind nur gerade Werte von n zulässig, da die Kernform symmetrisch bez. der Normalebene zur Symmetrieachse durch den Kernmittelpunkt sein muß (Fig. 266). Weil der Kernspin Null ist, gibt es keinen physikalischen Grund für die Auszeichnung der +z- vor der −z-Richtung. Die Kernoberfläche kann daher nur durch gerade Potenzen von $\cos \theta$ beschrieben werden. Nach den bisherigen Erfahrungen kann man sich auf n = 2 beschränken.

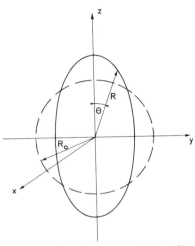

Fig. 266. Rotationssymmetrisch deformierter Kern. xy-Ebene: Symmetrieebene.

Für langgestreckte Kerne ist $\beta > 0$, für abgeplattete < 0. Für die Mehrzahl der Nuklide wird $\beta > 0$ festgestellt.

Eine Übersicht der experimentell bestimmten Kerndeformationen zeigt Fig. 267. Die Kurve zeigt den Deformationsparameter β in Funktion der Massenzahl A, wie er durch Messungen der Quadrupolmomente bestimmt wurde. Auffallend ist die starke Deformation bei den Kernen der seltenen Erden.

Das dynamische Verhalten eines deformierten Kernes wird mittels kollektiver Veränderlichen beschrieben. Da wir nur rotationssym-

8.6. Kollektives Modell 343

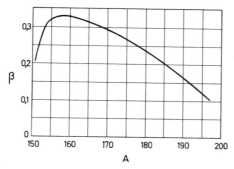

Fig. 267. Deformationsparameter β in Funktion der Massenzahl (Handbuch der Physik, XXXIX, 491, 1957).

metrisch deformierte Kerne betrachten, wird die Orientierung ihrer Symmetrieachse z' in einem raumfesten Koordinatensystem durch die Winkel θ', φ' angegeben (Fig. 268).

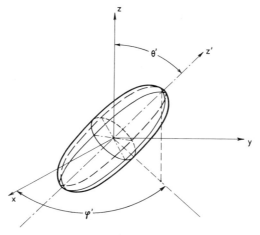

Fig. 268. Orientierung eines rotationssymmetrisch deformierten Kerns in einem raumfesten System. z': Symmetrieachse der Deformation.

Infolge der Kernsymmetrie bezüglich der z'-Achse gibt es keine Kollektivbewegung um diese Achse. Der Kern ist bezüglich dieser Richtung rotationssymmetrisch, so daß sämtliche Winkellagen identische Verhältnisse aufweisen. Nur einzelne Nukleonen können bezüglich der z'-Achse Drehimpulskomponenten aufweisen, die aber keinen Beitrag zu einem kollektiven Effekt liefern. Das kollektive

Phänomen besteht in einer Art Oberflächenwelle um eine Achse, die senkrecht zur Symmetrieachse z' steht, so daß die Oberflächenform erhalten bleibt. Die Experimente zeigen, daß sich der deformierte Kern nicht als starrer Körper bewegt. In seiner einfachsten Gestalt schreibt das Kollektivmodell den meisten tiefliegenden Zuständen der g g-Kerne Kollektivbewegungen zu. Für u g- und g u-Kerne sind die Zustände eine Kombination der Kollektivbewegung des gg-Rumpfes und einer Einteilchenbewegung des unpaarigen Nukleons, das sich nun im Potential des deformierten Rumpfes befindet. Zusätzlich können die deformierten Kerne auch Schwingungen um ihre Gleichgewichtsform ausführen (vgl. Abschn. 8.6.3.3). Die Aufspaltung der Zustände in Rotations-, Schwingungs- und Einteilchenzustände erinnert an die Behandlung zweiatomiger Moleküle (Rotations-, Vibrations- und Elektronenzustände (s. Bd. III/1, S. 419)).

8.6.3.2. Rotationen deformierter g g-Kerne. Die Behandlung dieser Zustände ist identisch mit derjenigen zweiatomiger Moleküle (s. Bd. III/1, S. 421). Beim starren Rotator hängen Energie und Drehimpuls durch folgende Relation zusammen:

$$E_J = \frac{\hbar^2 J(J+1)}{2 I_0}, \qquad (8.55)$$

wobei $I_0 = I_1 = I_2$ das Hauptträgheitsmoment bedeutet und $I_3 = 0$ ist. Der Winkelanteil der Wellenfunktionen dieser Zustände hat die Form

$$\psi_{JM} = Y_J^M(\theta, \varphi).$$

Für Kerne mit Spin Null darf J nur gerade Werte annehmen. Es ist dies eine Folge der bereits erwähnten Kernsymmetrie. Eine Drehung um 180° um eine Achse senkrecht zur Symmetrieachse z' führt den Kern in eine vollständig identische Lage über. Die Wellenfunktion muß für diese Drehung ungeändert bleiben, was nur für gerade J-Werte gilt: $Y_J^M(\theta, \varphi) = (-1)^J Y_J^M(\pi - \theta, \varphi + \pi)$. Die Rotationszustände besitzen daher positive Parität. Die Energiewerte der Gl. (8.55) bilden die sog. Rotationsbande des Grundzustands (Fig. 269). Die Anregungsenergien der Niveaus weisen nach Gl. (8.55) die folgenden Verhältnisse auf: $E_J/E_2 = J(J+1)/6$.

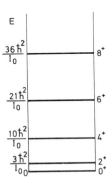

Fig. 269. Rotationsbande eines g g-Kerns.

Eine Zusammenfassung der experimentellen Ergebnisse für g g-Kerne der seltenen Erden und schwerer Kerne gibt Fig. 270. Die

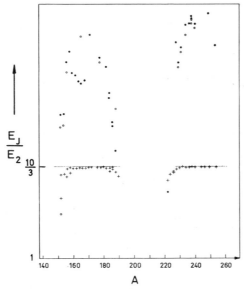

Fig. 270. Verhältnis der Anregungsenergien E_J/E_2 für gg-Kerne und Massenzahlen $150 \leq A \leq 190$ und $220 \leq A \leq 260$. Der Wert 10/3 ist das Verhältnis nach Gl. (8.55) für $J=4$. (K. Siegbahn, α-, β- und γ-Ray Spectroscopy, Vol. 1, S. 635, 1966, North Holland Publ. Co.)

- Kerne mit $J^\pi = 2^+$
- ○ Kerne mit $J^\pi = 0^+$
- + Kerne mit $J^\pi = 4^+$

Diese Angaben beziehen sich auf Zustände mit der Energie E_J. E_2 bedeutet in allen Fällen den ersten angeregten 2^+-Zustand.

vom Modell geforderten Niveaus sind vorhanden, und sie bestätigen die kollektive Natur dieser Zustände. Zwei instruktive Beispiele stellen die Nuklide $^{238}_{92}$U und $^{170}_{72}$Hf (Fig. 271) dar. In Fig. 271 ist jeweils links das experimentell bestimmte Niveauschema angegeben, wie es aus einem Coulomb-Anregungsexperiment[1] gewonnen wurde. Die Meßanordnung zeigt Fig. 272. Als einfallende Teilchen benutzte man schwere Ionen ($^{20}_{10}$Ne, $^{32}_{16}$S und $^{40}_{18}$A). Vermöge ihrer hohen Ladung eignen sie sich besonders für die Anregung von Kollektivzuständen. Die vom Zerfall der angeregten Zustände stammenden γ-Strahlen werden durch einen NaI-Szintillationszähler nachgewiesen. Eine Koinzidenzanordnung für die γ-Strahlen und die inelastisch gestreuten Ionen reduziert den Untergrund.

In Fig. 271 ist das Niveauschema entsprechend Gl. (8.55) angegeben, angepaßt an den Grund- und den ersten angeregten Zustand.

---

[1] F. S. Stephens u. a., Phys. Rev. Letters, **3**, 435, 1959.

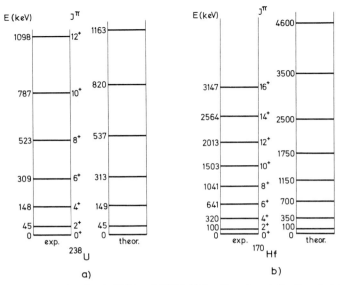

Fig. 271. Rotationsbanden in $^{238}_{92}$U und $^{170}_{72}$Hf. Links: Experimentelles Resultat. Rechts: Nach Gl. (8.55) berechnet.

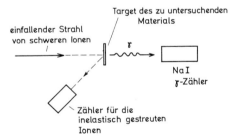

Fig. 272. Schematische Darstellung der Meßanordnung zum Nachweis der Coulomb-Anregung.

Die beobachteten Zustände zeigen für größere Bahndrehimpulse etwas kleinere Energien als die Theorie es fordert. Auf die Gründe für diese Unterschiede kann nicht eingegangen werden. Diese Abweichungen zeigen, daß das hier besprochene Modell noch Verfeinerungen bedarf.

Aus den beobachteten Abständen der Niveaus lassen sich die Trägheitsmomente der betreffenden Kerne berechnen. Sie zeigen wesentlich kleinere Werte als diejenigen, die man für einen entsprechenden starren Körper erwartet. Dies bedeutet, daß in den deformierten Kernen sich nur die äußeren Nukleonen an der Rotation beteiligen. Über die magnetischen Momente der Rotationszustände lassen sich ebenfalls einfache Voraussagen machen, da das gesamte Moment durch die Rotation entsteht. Würden Protonen und Neutronen ihren Anzahlen entsprechend zur Rotation beitragen, so ergäbe sich ein g-Faktor von $g = Z/A$. Die experimentellen g-Faktoren sind durchschnittlich kleiner als Z/A, was nach dieser einfachen Vorstellung einen höheren Anteil der Neutronen an der Rotation vermuten ließe.

Beispiel: g-Faktor des 2^+-Zustandes von $^{164}_{62}$Sm beträgt $g = 0{,}31 \pm 0{,}06$; $Z/A = 0{,}4$.

8.6.3.3. Schwingungen. Neben Rotationszuständen können bei deformierten Kernen auch Schwingungszustände auftreten. Drei einfache Schwingungsarten seien hier erwähnt:

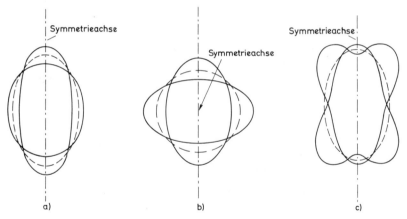

Fig. 273. Schwingungen deformierter Kerne.
a) β-Schwingung. b) γ-Schwingung. c) Oktupolschwingung.

a) **β-Schwingungen.** Sie sind axialsymmetrisch und lassen sich durch zeitlich periodische Änderung des Deformationsparameters β darstellen (Fig. 273a). Diese Schwingungen sind mit keinem Drehimpuls in Richtung der Symmetrieachse verbunden, so daß die ihnen entsprechenden Zustände Spin und Parität $J^\pi = 0^+$ besitzen. Dem Vibrationszustand können aber gleichzeitig Rotationszustände, wie sie im vorigen Abschnitt beschrieben wurden, überlagert sein

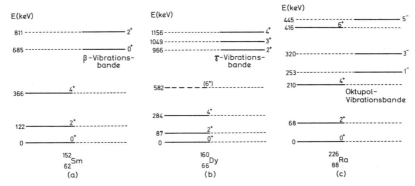

Fig. 274. Vibrations-Rotations-Zustände von g g-Kernen. Die Banden sind auf verschiedenartigen Vibrationszuständen aufgebaut: a) β-Vibration. b) γ-Vibration. c) Oktupolschwingung. Eine eindeutige Zuordnung ist nicht für alle Fälle möglich.

(Fig. 274a). Da der rotierende Kern bezüglich der Äquatorebene symmetrisch ist, hat die Rotationsbande dieselbe Struktur wie für den Grundzustand.

b) γ-Schwingungen. Die axialsymmetrische Form des Kernes bleibt dabei nicht erhalten. Die γ-Schwingungen bedeuten, daß sich die Koeffizienten $\alpha_{2,\pm 2}$ in Gl.(8.51) (Fig. 273 b) periodisch ändern. Die mit der γ-Schwingung gekoppelten Rotationsbanden besitzen Spin und Parität $2^+, 3^+, 4^+, \ldots$ (Fig. 274b).

c) **Oktupolschwingungen.** Es sind dies wieder axialsymmetrische Schwingungen, die eine birnenförmige Gestalt (Fig. 273c) aufweisen. In Richtung der Symmetrieachse ist der Drehimpuls Null. Wegen der Antisymmetrie der Kugelfunktion $Y_3^0(\theta,\varphi)$ besitzen die Zustände negative Parität. Spin und Parität sind $1^-, 3^-, 5^-, \ldots$ (Fig. 274c).

8.6.3.4. Deformierte u g- und g u-Kerne. In der einfachsten Näherung werden die deformierten ungeraden Kerne als eine Kombination eines deformierten g g-Rumpfes und eines Nukleons betrachtet, das sich im Potential des deformierten Rumpfes bewegt. Für jeden Zustand des unpaarigen Nukleons sollte demnach eine Rotationsbande auftreten. Einzelheiten zu behandeln, übersteigt den Rahmen dieses Buches.

8.7. Optisches Modell

8.7.1. Einleitung. Das Schalen- und das kollektive Modell ermöglichen ein Verständnis der Kernstruktur und vor allem der tiefsten Energieniveaus der Kerne. Das optische Modell dagegen zielt auf die Klärung von Erscheinungen bei Streuprozessen. Wie der Name andeutet, enthält das Modell Vorstellungen, die optischen Phänomenen (Brechung und Beugung) analog sind.

Die Winkelverteilungen[1] von an schweren Kernen gestreuten Nukleonen zeigen eine Beugungsstruktur. Umfassendere Messungen[2] des totalen Neutronenquerschnittes von mittelschweren und schweren Kernen in Funktion der Energie und Massenzahl führten zum optischen Modell[3], das die experimentellen Befunde zu klären vermochte.

Die Wechselwirkung des einfallenden Teilchens mit dem Targetkern wird nach dem optischen Modell durch ein Einteilchenpotential dargestellt. Insofern kann dieses Modell als eine Verallgemeinerung des Schalenmodelles angesehen werden. Im Unterschied dazu wird der Streuprozeß durch gemittelte Eigenschaften der Kernwechselwirkungen und der Kernzustände erklärt, so daß das optische Modell keine Aussagen über einzelne Zustände liefert. Dieses Vorgehen rechtfertigt sich durch die hohen Anregungsenergien des im Streuprozeß gebildeten Zwischenkernes (=Targetkern+absorbiertes Partikel), so daß die Niveaus i. a. dicht nebeneinander liegen und sich gegenseitig völlig überlappen.

8.7.2. Streuung langsamer Neutronen. Wir betrachten hier die Streuung von Neutronen mit Energien im Grenzfall $E \to 0$ an einem isolierten Kern. Für das optische Potential wird der Ausdruck

$$V(r) = -V_0(1 + i\,\xi) \quad \text{für } r \leq R \qquad (8.57)$$
$$= 0 \qquad\qquad\qquad r > R$$

angesetzt, mit dem Kernradius $R = r_0 A^{\frac{1}{3}}$. Diese Potentialform wurde 1954 durch *Feshbach*, *Porter* und *Weisskopf* eingeführt. Es sind drei Parameter, die das Potential charakterisieren: Reichweite R, Potentialtiefe V_0 und Imaginärteil $V_0\,\xi$. V_0 ist verantwortlich für die Streuung der einfallenden Nukleonen, $V_0\,\xi$ dagegen für eine teilweise Absorption in der Kernmaterie, wobei Kernreaktionen hier eingeschlossen sind. Die Situation ist analog zu einer trüben Glaskugel, auf die Licht einfällt: es resultiert sowohl eine Streuung als auch eine Absorption des Lichtes.

Aus experimentellen Daten ergibt sich für langsame Neutronen die Tiefe des Potentialtopfes V_0 zu ca. 50 MeV und ξ wird $\approx 0{,}03$. Die

---

[1] *Fernbach, Serber* und *Taylor*, Phys. Rev. **75**, 1352 (1949).
[2] *H.H. Barschall*, Phys. Rev. **86**, 431 (1952).
[3] *H. Feshbach, C.E. Porter* u. *V.F. Weisskopf*, Phys. Rev. **96**, 448 (1954).

Wirkung des Potentials von Gl. (8.57) auf die einfallenden Teilchen kann mit Hilfe der in Abschn. 8.3.1 gegebenen Diskussion über die n−p-Streuung verstanden werden. Da wir uns auf kleine Einfallsenergien beschränken, werden nur Neutronen mit dem Bahndrehimpuls $l=0$ gestreut. Abgesehen vom imaginären Anteil des Potentials — wir wollen ihn zunächst außer acht lassen — ist unser Problem identisch mit der bereits behandelten n−p-Streuung. Der totale Querschnitt ergibt sich proportional zu $\sin^2 \delta_0$, wobei δ_0 für $E \to 0$ durch

$$\operatorname{ctg} \delta_0 = \frac{k'}{k} \operatorname{ctg}(k' R) \tag{8.58}$$

gegeben wird. Es bedeuten: $k = \sqrt{2ME/\hbar^2}$ die Wellenzahl des Neutrons außerhalb und $k' = \sqrt{2M(E+V_0)/\hbar^2}$ diejenige innerhalb des Potentialtopfes sowie δ_0 die Streuphase. Der Querschnitt besitzt Maxima bei $\delta_0 = \pi/2, 3\pi/2 \ldots$. Nach Gl. (8.58) ergibt sich dafür die Bedingung

$$k' R = (n+\tfrac{1}{2}) \pi,$$

d.h.
$$(n+\tfrac{1}{2}) \lambda' = 2R \quad \text{für } n = 0, 1, 2, \ldots . \tag{8.59}$$

Bei diesen Wellenlängen λ' erreicht der Streuquerschnitt Maxima. Die Bedingung von Gl. (8.59) bedeutet die Bildung von stehenden Wellen innerhalb des Kernes. Die damit verbundenen Maxima im Querschnitt entsprechen Einteilchenzuständen des gestreuten Teilchens im Potentialtopf Gl. (8.57). Sie werden darum als Einteilchenresonanzen bezeichnet. Bei Erfüllung der Bedingung Gl. (8.59) erfährt die auslaufende Kugelwelle gegenüber der einfallenden eine Phasenverschiebung von $2\delta_0 = \pi$.

Für das Verständnis des imaginären Anteils des Potentials Gl. (8.57) ist die Einführung eines Brechungsindexes $n(k)$ der Kernmaterie nützlich.

Mit $E \ll V_0$ und $\xi \ll 1$ ergibt sich:

$$n(k) \equiv \frac{\lambda}{\lambda'} = \frac{k'}{k} = \sqrt{\frac{E + V_0(1+i\xi)}{E}}$$

$$= \left(\frac{V_0}{E}\right)^{\frac{1}{2}} \left(\frac{E}{V_0} + 1 + i\xi\right)^{\frac{1}{2}} \approx \left(\frac{V_0}{E}\right)^{\frac{1}{2}} (1+i\xi)^{\frac{1}{2}} \tag{8.60}$$

$$\approx \left(\frac{V_0}{E}\right)^{\frac{1}{2}} + i \cdot \tfrac{1}{2} \left(\frac{V_0}{E}\right)^{\frac{1}{2}} \cdot \xi .$$

Beschreibt man die einfallenden Neutronen außerhalb des Kerns durch die Wellenfunktion $\psi \propto e^{ikr}$, dann lautet die Wellenfunktion

8.7. Optisches Modell

im Innern:
$$\psi' \approx e^{ik'r} = e^{iknr} = e^{ik\left(\frac{V_0}{E}\right)^{\frac{1}{2}}r} \cdot e^{-\frac{k}{2}\xi\left(\frac{V_0}{E}\right)^{\frac{1}{2}}r}$$
$$= e^{iKr-\xi\frac{K}{2}r}, \quad \text{mit } K = k\left(\frac{V_0}{E}\right)^{\frac{1}{2}} = \left(\frac{2MV_0}{\hbar^2}\right)^{\frac{1}{2}}.$$

K ist die Wellenzahl innerhalb des Kerns für $E \to 0$. Der Term $\xi K r/2$ im obigen Ausdruck bewirkt eine Schwächung der einfallenden Welle im Kern und entspricht einer Absorption der Teilchen. Die einfallenden Partikel werden durch eine Kernwechselwirkung derart beeinflußt, daß die Kohärenz mit der einfallenden Welle verloren geht. Dies könnte z. B. durch eine Kernreaktion geschehen, wobei ein neuer Endkern und ein anderes auslaufendes Teilchen entstehen. Eine weitere Möglichkeit bestände in einem inelastischen Streuprozeß. Endlich sind auch elastische Streuprozesse über einen langlebigen Zwischenkern möglich. Für Nukleonenenergien von einigen MeV benötigt die direkte (sog. form-elastische) Streuung eine Zeitdauer, welche etwa der Dauer τ der Kerndurchquerung des Nukleons entspricht:

$$\tau \approx \frac{R}{v} \approx 10^{-22} \text{ s}.$$

Die Zwischenkernzustände besitzen eine Lebensdauer zwischen $10^{-12} - 10^{-21}$ s. Die elastische Streuung, welche über diese Zustände führt, heißt „compound"-elastische Streuung. Sie spielt für Neutronenenergien unterhalb einiger MeV eine wichtige Rolle und zeigt bei Erfüllung der Bedingung $2R = (n + \frac{1}{2})\lambda'$ (vgl. Gl. (8.59)) eine starke Zunahme des Streuquerschnittes. Dies läßt sich aus folgender Überlegung einsehen (Fig. 275): Die Wellenfunktionen müssen am Rande

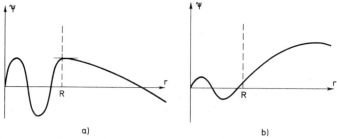

Fig. 275. Wellenfunktion ψ eines Neutrons im Potential $V(r) = -V_0(1+i\xi)$ für $l = 0$ und $E \to 0$. Die Dämpfung der Wellenfunktion innerhalb des Kerns wird vernachlässigt. R = Kernradius.
a) Resonanzbedingung erfüllt.
b) Resonanzbedingung nicht erfüllt.

des Kerns stetig aneinander anschließen. Für eine gegebene Amplitude der einfallenden Welle (vorgegebene Strahlintensität) erreicht die Welle im Kerninnern ihre größte Amplitude bei Erfüllung der Bedingung von Gl. (8.59) (Fig. 275 a). Dies liegt daran, daß in diesem Falle die innere und die äußere Wellenfunktion an der Kernoberfläche mit horizontalen Tangenten aneinander anschließen. Damit ergibt sich ein Maximum des Absorptionsquerschnittes bei der Einteilchenresonanz.

Fig. 276 stellt den experimentellen Neutronenquerschnitt mittlerer und schwerer Kerne für Energien $E \to 0$ dar. Die Meßanordnung für

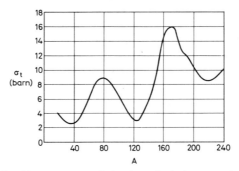

Fig. 276. Totaler Neutronenquerschnitt für mittelschwere und schwere Kerne bei kleinen Neutronenenergien ($E \to 0$). Die Kurve stellt den Mittelwert der experimentell bestimmten Werte dar.

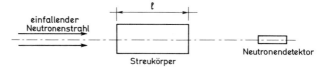

Fig. 277. Anordnung zur Messung des totalen Neutronenquerschnitts.

totale Neutronenquerschnitte zeigt Fig. 277 (Transmissionsexperiment). Gemessen wird die Intensität I bzw. I_0 eines monochromatischen Neutronenstrahles mit und ohne Absorber. Sofern der vom Streukörper aus gemessene Raumwinkel des Neutronendetektors genügend klein ist, gelangt nur ein geringer Bruchteil der gestreuten Neutronen in den Detektor, so daß die Schwächung der Strahlintensität ein direktes Maß für den totalen Querschnitt darstellt. In einer dünnen Schicht dx des Streukörpers wird der Bruchteil

$$dI/I = -n_0 \, \sigma_t \, dx$$

gestreut oder absorbiert, wobei n_0 die Zahl der Streukerne pro Volumeneinheit des Absorbers (Streukörper) ist. Besitzt der Streukörper die Länge l, so ergibt sich

Somit erhält man

$$\int_{I_0}^{I} dI/I = - \int_0^l n_0\, \sigma_t\, dx.$$

d. h.
$$\ln(I/I_0) = -n_0\, \sigma_t\, l, \tag{8.61}$$

$$I/I_0 = e^{-n_0 \sigma_t l}.$$

Aus dem experimentell bestimmten Verhältnis I/I_0 kann bei bekanntem n_0 der totale Querschnitt bestimmt werden.

Die Einteilchenresonanzen sind in Fig. 276 bei $A = 80$ und $A = 170$ deutlich erkennbar. Der totale Querschnitt enthält Beiträge sowohl von der direkten (formelastischen) als auch von der „compound"-elastischen Streuung. Der Beitrag der letzteren muß aus den Eigenschaften der Niveaus der Zwischenkerne ermittelt werden. Auch hier zeigt sich die Wirkung der Einteilchenresonanz deutlich, wobei jedoch zu bemerken ist, daß der „compound"-elastische Querschnitt eine Vielkörpereigenschaft des Zwischenkernes darstellt, indem viele, relativ langlebige Resonanzzustände des Zwischenkernes mitspielen. Die resonanzartigen Maxima von Fig. 278 werden als Riesenresonanzen bezeichnet.

Bemerkenswert in Fig. 278 (weniger ausgeprägt in Fig. 276) ist das Auftreten von zwei Maxima im Gebiet der schweren Kerne. Hier spiegelt sich die Deformation dieser Kerne wider. Grob können wir sagen, daß deformierte Kerne gleichzeitig zwei Werte des Kernradius (große und kleine Halbachse des Ellipsoides) aufweisen.

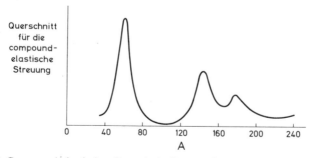

Fig. 278. Compound-elastischer Querschnitt für energiearme Neutronen in Funktion der Massenzahl A.

8.7.3. Streuung von Teilchen im MeV-Gebiet. Das im vorangehenden Abschnitt benutzte Potential eignet sich ebenfalls zur Beschreibung der Streuung von Teilchen im MeV-Energiegebiet. Dabei werden sich auch Teilchen mit Bahndrehimpuls $l > 0$ am Streuprozeß beteiligen. Zusätzlich ergeben sich energieabhängige Parameter des Potentials, was sich aus den Eigenschaften der Kernmaterie verstehen läßt.

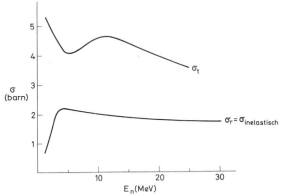

Fig. 279. Totaler Querschnitt σ_t und Reaktionsquerschnitt σ_r von $_{50}$Sn in Funktion der Neutronenenergie.

Fig. 279 zeigt den totalen Querschnitt σ_t und den Reaktionsquerschnitt σ_r (darin sind alle Kernwechselwirkungen mit Ausnahme der elastischen Streuung zusammengefaßt) des Kerns $_{50}$Sn in Funktion der Neutronenenergie E_n. Im Verlauf des totalen Querschnittes zeigt sich in der Gegend von 10 MeV ein breites Maximum. Die Ursache ist eine Interferenz[1] zwischen der den Kern durchquerenden und der am Kern vorbeilaufenden Welle. Vernichten sich diese beiden Wellen durch Interferenz, so erleidet die ungestört einfallende Welle die größtmögliche Änderung, was sich im Maximum des Streuquerschnittes bemerkbar macht. Betrachten wir den Kern grob als eine Scheibe der Dicke R' (Fig. 280), so lautet die Bedingung für eine destruktive Interferenz:

$$(K - k) R' = (2n + 1)\pi$$
$$n = 0, 1, 2, 3, \ldots. \tag{8.62}$$

K und k bezeichnen die Wellenzahlen innerhalb bzw. außerhalb des Kerns. Mit $K = \sqrt{2M(E + V_0)/\hbar^2}$ und $k = \sqrt{2ME/\hbar^2}$ ergibt sich

$$\left(\frac{2M}{\hbar^2}\right)^{\frac{1}{2}} R' \{\sqrt{E + V_0} - \sqrt{E}\} = (2n + 1)\pi. \tag{8.63}$$

---

[1] J. M. Peterson, Phys. Rev. **125**, 955 (1962).

8.7. Optisches Modell 355

Für vorgegebenes n muß bei zunehmendem Kernradius R' auch die Energie E anwachsen, damit die Bedingung (8.63) erfüllt bleibt. Nach dieser Vorstellung verschiebt sich das breite Maximum mit steigender Massenzahl gegen höhere Energien, was durch das Experiment auch gut bestätigt wird. Wie bereits erwähnt, müssen die das optische Potential beschreibenden Parameter eine bestimmte Energieabhängigkeit aufweisen, wenn sämtliche Meßergebnisse richtig wiedergegeben werden sollen.

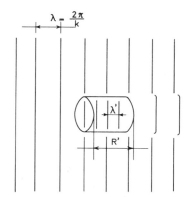

Fig. 280. Zur Interferenz zwischen der den Kern durchquerenden und der vorbeilaufenden Welle.

Dabei wächst der Imaginäranteil mit zunehmender Energie bis ins Gebiet von 100 MeV. Dagegen vermindert sich der Realteil, bis er bei ca. 400 MeV das Vorzeichen ändert.

Die Ursache für das Abnehmen des Realteils des optischen Potentials mit zunehmender Neutronenenergie ist nicht einfach einzusehen. Dagegen ist die Zunahme des Imaginärteils aus folgenden Erwägungen verständlich: Die Absorption eines einfallenden Teilchens in der Kernmaterie erfolgt durch Wechselwirkungen mit den Nukleonen des Kernes. Wie beim Schalenmodell erwähnt (vgl. Abschn. 8.5), sind diese Wechselwirkungen bei kleiner Energie wegen des Pauli-Prinzips zum großen Teil verboten, was sich in einem schwachen imaginären Potential äußert. Mit zunehmender Neutronenenergie dagegen werden immer mehr Übergänge erlaubt, da die verfügbare Energie die Überführung von Nukleonen in unbesetzte Zustände gestattet. Dies erklärt das Anwachsen des imaginären Potentials. Es steigt von 1—2 MeV bei kleinen Energien bis auf ca. 10 MeV bei 50 MeV Neutronenenergie.

Somit absorbiert der Kern Nukleonen geringer Energie nur schwach. Erst bei höheren Energien wird der Kern im optischen Sinne undurchsichtig. Dann beträgt der Absorptionsquerschnitt (Reaktionsquerschnitt) $\sigma_r \approx \pi R^2$, wobei R den Kernradius bezeichnet. Für $\lambda \ll R$ hinterläßt der Kern eine kreisförmige Lücke in der Wellenfront. Das entsprechende Bündel vom Querschnitt πR^2 zeigt Beugungsstruktur. Der totale Querschnitt σ_t wird damit

$$\sigma_t = \sigma_r + \sigma_{St} \approx 2\pi R^2 = 2\sigma_r, \qquad (8.64)$$

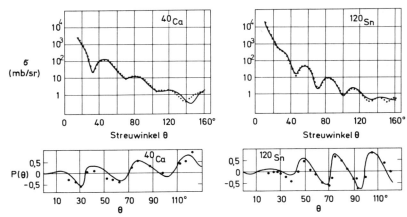

Fig. 281. Differentielle Streuquerschnitte $\sigma(\theta)$ von ^{40}Ca und ^{120}Sn für elastisch gestreute Protonen der Energie von 30 MeV und Polarisation $P(\theta)$ der gestreuten Protonen. Die ausgezogenen Kurven sind die nach dem optischen Modell berechneten Werte. ●: Meßpunkte. (Nach *Barrett, Hill* und *Hodgson,* Nucl. Phys., **62**, 133, 1965.)

gleich dem doppelten Reaktionsquerschnitt. Experimente bestätigen diese Aussage (vgl. Fig. 279). Aus dem Reaktionsquerschnitt $\sigma_r \approx 2\,\text{b}$ ergibt sich ein Kernradius von

$$R = \sqrt{\frac{\sigma_r}{\pi}} \approx 8\,\text{fm},$$

was mit den Angaben von Abschn. 3.3 befriedigend übereinstimmt.

Das Einteilchenpotential des Schalenmodells schließt einen Spin-Bahn-Term ein. Auch beim optischen Modell erwartet man, daß eine solche Ergänzung notwendig ist. Nach Abschn. 8.5 über den Spin-Bahn-Anteil des Nukleon-Nukleon-Potentials sollte sich auch im optischen Potential ein Spin-Bahn-Term in einer Polarisation der elastisch gestreuten Teilchen äußern. Entsprechende Berechnungen stimmen mit experimentellen Ergebnissen gut überein. Fig. 281 liefert dazu einige Beispiele.

Im oberen Teil der Fig. 281 sind die differentiellen Querschnitte von ^{40}Ca und ^{120}Sn für die elastische Streuung von 30-MeV-Protonen aufgetragen. Die unteren Kurven zeigen die Polarisation der gestreuten Protonen. Das Potential, das den Berechnungen (ausgezogene Kurven) zugrunde liegt, hat die Form

$$V(r) = V_c(r) + V f(r) + i W g(r) + V_s h(r)\, \vec{l} \cdot \vec{s}. \tag{8.64}$$

$\vec{l}$ und $\vec{s}$ bezeichnen den Bahndrehimpuls bzw. den Spin des Nukleons. $V_c(r)$ beschreibt die Coulomb-Wechselwirkung zwischen

8.7. Optisches Modell

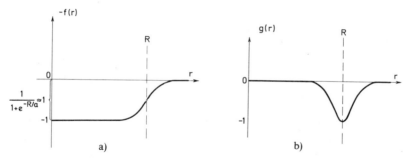

Fig. 282. a) Woods-Saxon-Potential. b) Ableitung des Woods-Saxon-Potentials.

Proton und Kern, wobei als Potential dasjenige einer gleichmäßig geladenen Kugel angenommen wird. V ist die Tiefe des Realteils des Potentialtopfes. Durch die Funktion f(r) wird ein abgerundeter Potentialwall eingeführt, wobei meistens die sog. Woods-Saxon-Form (Fig. 282a) verwendet wird:

$$f(r) = \frac{1}{1+e^{(r-R)/a}}, \quad \text{mit } R = r_0 A^{\frac{1}{3}}. \tag{8.65}$$

R ist der Radius des Kerns und a ein Maß für den Verlauf des Potentials an der Oberfläche. Zwischen $r = R - a$ und $r = R + a$ ändert sich die Funktion f(r) von ca. drei Viertel auf ca. ein Viertel ihres Extremwertes. Der Ausdruck g(r) in Gl. (8.64) beschreibt die radiale Abhängigkeit des Imaginärteils. Dabei benutzt man bei kleinen Energien die Ableitung des Woods-Saxon-Potentials (Fig. 282b):

$$g(r) \propto \frac{df(r)}{dr}. \tag{8.66}$$

Diese Form berücksichtigt die Tatsache, daß an der Kernoberfläche mehr absorbiert wird als im Kerninnern. Physikalisch ist dieser Sachverhalt dadurch begründet, daß im Kerninnern die durch Wechselwirkung erreichbaren Zustände größtenteils bereits besetzt sind. Mit höheren Energien wird dieses Reaktionshindernis kleiner. Für die Spin-Bahn-Wechselwirkung wird ebenfalls eine Oberflächenwechselwirkung angenommen:

$$h(r) = -\frac{1}{r} \frac{df(r)}{dr}.$$

Den theoretisch berechneten Kurven in Fig. 281 liegen folgende Parameter[1] zugrunde:

---

[1] *Barrett, Hill* und *Hodgson*, Nucl. Phys. **62**, 133 (1965).

^{40}Ca: $\quad V = -43{,}4$ MeV
$\phantom{^{40}\text{Ca}:}\quad W = -8{,}8$ MeV $\quad$ $r_0 = 1{,}25$ fm
$\phantom{^{40}\text{Ca}:}\quad V_s = -12$ MeV $\quad$ $a = 0{,}65$ fm (für Realteil und
^{120}Sn: $\quad V = -46{,}2$ MeV $\phantom{\quad a=0{,}65\text{ fm}}$ Spin-Bahn-Term)
$\phantom{^{120}\text{Sn}:}\quad W \equiv -17{,}0$ MeV $\quad$ $a = 0{,}47$ fm (für Imaginärteil)
$\phantom{^{120}\text{Sn}:}\quad V_s = -12$ MeV

Das optische Modell ist auch für die Streuung von Deuteronen, α-Teilchen und anderen leichten Kernen anwendbar. Die Größe des Realteils des Potentials nimmt etwa proportional zur Zahl der im einfallenden Partikel vorhandenen Nukleonen zu. Dies ist begreiflich, da in der ersten Näherung die Gesamt-Wechselwirkung zwischen den Teilchen und dem Kern die Summe der Wechselwirkungen der Teilchennukleonen mit dem Kern darstellt. Der imaginäre Anteil des Potentials ist für Deuteronen und Tritiumkerne wesentlich größer als für Neutronen und α-Teilchen, da jene Teilchen sich infolge ihrer kleinen Bindungsenergie leicht aufbrechen lassen, was eine Vielfalt von Reaktionen ermöglicht (z. B. Abstreifreaktionen).

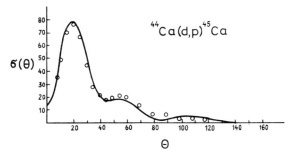

Fig. 283. Winkelverteilung der Protonen der Abstreif-Reaktion ^{44}Ca(d, p)^{45}Ca für eine Deuteronenenergie von 7,0 MeV (Phys. Rev., **107**, 181, 1957). Die ausgezogene Kurve resultiert aus Berechnungen mit Einbeziehung des optischen Potentials für die Wechselwirkung. (*W. Tobocman*, Phys. Rev., **115**, 98, 1959.)

Das optische Modell ist auch zur Beschreibung von Abstreif- und Aufpick-Reaktionen geeignet. Fig. 283 zeigt experimentelle Winkelverteilungen von abgestreiften Protonen und Berechnungen mit Hilfe des optischen Modells.

Ein weiteres interessantes Anwendungsgebiet des optischen Modells ist die inelastische Streuung an deformierten Kernen, wobei kollektive Zustände des Targetkernes angeregt werden.

9. Anwendungen der Kernphysik

9.1. Einleitung. Die physikalische Forschung hat mit der Entdeckung des Atomkerns und seiner vielfältigen Eigentümlichkeiten das Grundwissen über die Materie sehr bereichert. Insbesondere sind im Laufe dieser Forschungsarbeiten zwei weitere fundamentale Wechselwirkungen der Materie, die schwache und die starke Wechselwirkung, entdeckt worden. Die schwache Wechselwirkung beherrscht den Betazerfall, und die starke Wechselwirkung erzeugt die Kernkräfte. Aber auch in der theoretischen Behandlung sind fundamental neue Forschungsmethoden entwickelt worden.

Eine Vielfalt von Anwendung resultiert aus kernphysikalischen Erkenntnissen. Das weitaus wichtigste Resultat ist die technische Ausnützung der Atomenergie. Damit ist eine äußerst ergiebige Energiequelle erschlossen worden, die sich leider nicht nur nutzbringend für zivile, sondern auch zerstörerisch für militärische Zwecke einsetzen läßt. Daneben resultieren aus kernphysikalischen Arbeiten für viele Zweige der Wissenschaft wichtige Forschungsmethoden und Erkenntnisse. Für die Chemie sind es Massenspektrometrie, kernmagnetische Resonanz, Markierungsmethoden und Aktivierungsanalyse, für Geologie und Urgeschichte die Altersbestimmungen, für die Astrophysik und die Astronomie das Verständnis für die Kernsynthese und die Sternenergie, für die Medizin Tracermethoden und neue Bestrahlungsmethoden mit verschiedenen Partikeln und γ-Strahlen und für die Biologie Tracermethoden. Alle diese Methoden sind wichtige und teilweise unentbehrliche Hilfsmittel der betreffenden Forschungsgebiete geworden.

9.2. Kernenergie: Spaltungs- und Fusionsenergie

9.2.1. Historische Bemerkungen[1] zum Uranreaktor. Am 2. Dezember 1942, nachmittags 3.25 h, wurde unter der Tribüne des Fußballstadions der Universität Chicago der erste Uran-Graphit-Reaktor kritisch. Zwei Monate waren für seinen Aufbau nötig. Zu diesem wichtigen Markstein in der Entwicklung der Atomenergie hat eine große Reihe von Wissenschaftlern aus verschiedenen Ländern bei-

---

[1] Bulletin of the Atomic Scientist, December 1962. Bulletin der int. Atomenergie-Agentur, Wien, Sonderheft 2.12.62.

getragen. Obwohl die Möglichkeit einer Kettenreaktion nach der Entdeckung der Uranspaltung durch *O. Hahn* (1879–1968) und *F. Strassmann* (geb. 1902) und der dabei auftretenden Spaltneutronen durch *F. Joliot* und seine Mitarbeiter allgemein erkannt und diskutiert wurde, war zu deren technischer Ausnützung eine Reihe von sehr schwierigen Problemen zu überwinden. Neben der Materialfrage — es waren für damalige Verhältnisse außerordentlich große Mengen von reinstem Uran und Graphit nötig — waren die Frage der günstigsten Anordnung von Spalt- und Moderatormaterial und das Problem der Sicherheit zu lösen. Der Vorschlag, das Uran ähnlich wie bei einem kubischen Kristallgitter in den Moderator einzubauen, stammt von *Fermi* und *Szilard*. Mit der Verwirklichung der ersten Kettenreaktion im Uran-Graphit-Reaktor durch *E. Fermi*, gemeinsam mit einer großen Gruppe anderer Forscher, ist für die Energiewirtschaft ein ganz bedeutender Schritt getan worden.

Den Begriff „Fission" prägte *O. Frisch*, der zusammen mit *Lise Meitner* die Hahnschen Ergebnisse als Kernspaltung interpretierte. Einen weiteren Auftrieb gab die Entdeckung des Plutoniums. Dieses Element entsteht aus ^{238}U durch Neutroneneinfang und zwei aufeinanderfolgende β-Zerfälle:

$$^{238}U + n \rightarrow {}^{239}U \xrightarrow{\beta} {}^{239}Np \xrightarrow{\beta} {}^{239}Pu. \qquad (9.1)$$

^{239}Pu läßt sich ebenfalls durch thermische Neutronen spalten wie ^{235}U: Es wird in den sog. Brutreaktoren in makroskopischen Mengen produziert.

9.2.2. Grundlagen des thermischen Uran-Reaktors. Bei der Absorption eines langsamen Neutrons durch ^{235}U entsteht ein hochangeregter Zwischenkern, der sich in zwei Bruchstücke teilen kann (s. Abschn. 8.4.1). Fig. 284 zeigt ein Zeitdiagramm des Ablaufs einer Kernspaltung. Vom Zeitpunkt der Absorption des thermischen Neutrons bis zur Spaltung dauert es im Mittel ca. 10^{-14} s. Die Spaltfragmente fliegen infolge ihrer positiven Ladungen auseinander. Rechtwinklig zur Zeitachse ist in Fig. 284 die Entfernung der beiden Fragmente aufgetragen. Man erkennt, daß sie in etwa 10^{-20} s eine Distanz von 10^{-13} m besitzen. Zu diesem Zeitpunkt haben sie bereits 90% ihrer kinetischen Energie durch die Coulombschen Abstoßungskräfte gewonnen. In einem Zeitbereich von 10^{-17} s nach der Spaltung erfolgt die Emission der prompten Neutronen durch die Fragmente und innerhalb von weiteren $2 \cdot 10^{-14}$ s die Ausstrahlung der prompten γ-Quanten. Ca. 10^{-12} s später kommen die beiden Fragmente in einem Material der Dichte von 1 g/cm^3 zur Ruhe.

9.2. Kernenergie: Spaltungs- und Fusionsenergie

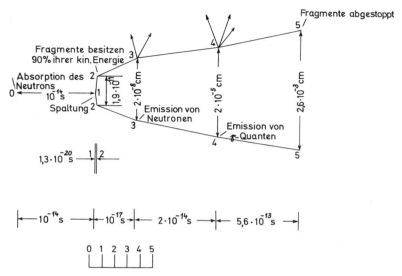

Fig. 284. Graphische Darstellung des Spaltprozesses ^{239}Pu(n_{th}, f). Die Ereignisse sind: 0: Absorption des Neutrons; 1: Spaltung; 2: Fragmente erreichen 90% ihrer kinetischen Energie; 3: Emission von Neutronen; 4: Emission von γ-Quanten; 5: Fragmente abgestoppt in Aluminium. Die horizontale Skala bezeichnet die Dauer des Prozesses: Zwei durch die Zeit t getrennte Ereignisse sind $20 + \log t$ Einheiten voneinander entfernt. Die vertikale Skala bezeichnet die Distanz der Fragmente voneinander: Die Distanz r ist durch $13 + \log r$ gegeben. (Aus: *A. M. Weinberg* und *E. P. Wigner*, The Physical Theory of Neutron Chain Reactors, The University of Chicago Press, 1958, S. 115.)

Der Spaltprozeß ist sehr verwickelt. Eingehende Untersuchungen zeigten, daß z. B. ^{235}U durch langsame Neutronen in mehr als 30 verschiedene Arten gespalten wird. Der Massen-Bereich der durch Spaltung entstehenden Kerne reicht von ca. 75 bis ca. 160. Fig. 285a–c zeigen die Spaltausbeute verschiedener Kerne für die Spaltung mit thermischen und 14-MeV-Neutronen sowie für die spontane Spaltung.

Die Spaltprodukte sind infolge des Neutronenüberschusses β-radioaktiv. Aus dem gleichen Grunde emittieren Spaltfragmente Neutronen. Bei der thermischen Spaltung von ^{235}U entstehen im Mittel[1] über die vielen möglichen Spaltprozesse 2,43 schnelle Neutronen. Das praktisch Wichtige am Spaltprozeß sind, neben der positiven Energietönung, die Spaltneutronen.

---

[1] *G. C. Hanna* u. a., Atomic Energy Review, Bd. II, No. 4, 1969 (Int. Atomenergie-Agentur, Wien).

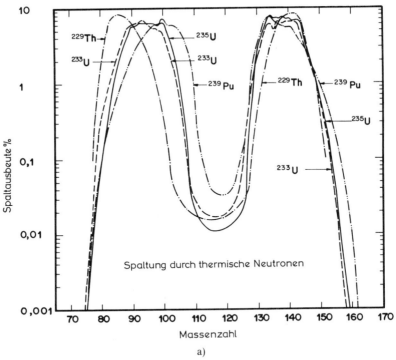

a)

Fig. 285. Prozentuale Spaltausbeute in Abhängigkeit von der Massenzahl für
a) thermische Neutronen und die Kerne ^{229}Th, ^{233}U, ^{235}U und ^{239}Pu
(H. R. von Gunten, Actinides Rev., **1**, 275, 1969).
b) 14-MeV-Neutronen und die Kerne ^{232}Th, ^{235}U, ^{238}U und ^{237}Np (s. S. 363).
c) Ausbeute für spontane Spaltung der Kerne ^{238}U, ^{240}Pu, ^{242}Cm und ^{252}Cf (s. S. 364).

Erste Versuche zu einer Kettenreaktion mit natürlichem Uran, das aus 99,3 % U-238 und 0,7 % U-235 zusammengesetzt ist, blieben erfolglos. Der erste negative Versuch einer Kettenreaktion in Uran erhielt seine Erklärung dadurch, daß sich nur U-235 mit langsamen Neutronen spalten läßt (Fig. 286). U-238 dagegen fängt resonanzartig mittelschnelle Neutronen im Bereich von 5–1000 eV ein, ohne daß Spaltung eintritt (Fig. 287). Da U-238 zu 99,3 % in natürlichem Uran enthalten ist, kann man leicht verstehen, daß schnelle Neutronen aus der Spaltung von U-235 während des Verlangsamungsprozesses in den überwiegenden Fällen von U-238 eingefangen werden. *Fermi* wies

9.2. Kernenergie: Spaltungs- und Fusionsenergie

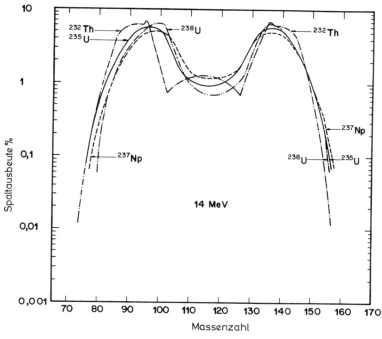

Fig. 285 b

einen Weg zur Verwirklichung einer Kettenreaktion mit natürlichem Uran. Er beruht auf den unterschiedlichen Querschnitten der beiden Uranisotope für Neutronen verschiedener Energie.

Die Absorption von Neutronen in Funktion ihrer Energie muß nun genauer betrachtet werden. Fig. 288 zeigt den totalen (σ_t) und den Spaltquerschnitt (σ_f) von U-235 als Funktion der Energie. Der Spaltquerschnitt ändert sich von ca. 10b bei 10^3 eV auf etwa 1000b bei 10^{-2} eV. Beim Uran-238 dagegen ergibt sich folgendes Bild (Fig. 289): Der totale Querschnitt erreicht lediglich für die mittelschnellen Neutronen sehr hohe Werte (eine Spaltung tritt hier nicht ein). Sieht man von Details ab, so fängt U-238 im wesentlichen mittelschnelle Neutronen ein, U-235 dagegen absorbiert langsame. Da U-238 mittelschnelle Neutronen einfängt, muß dieser Prozeß, weil er zu keiner Spaltung führt, verhindert werden. Diese Forderung führte *Fermi* zu der berühmt gewordenen Moderatoridee. Sie besteht darin, daß das spaltungsfähige Uran und das die Neutronen verlangsamende Medium (kurz Moderator genannt) räumlich voneinander getrennt werden.

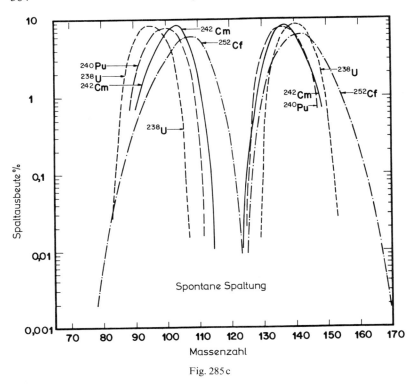

Fig. 285 c

Das Spaltmaterial wird in Form von kleinen Uran-Stücken in den Moderator eingebettet. Diese Anordnung nennt man heterogen.
Die entstehenden Neutronen haben eine mittlere Energie von ca. 2 MeV. Die Uranstücke werden so klein gewählt, daß die Spaltneutronen sie verlassen, bevor eine Verlangsamung durch Zusammenstöße erfolgt. Die Moderatorsubstanz hat die Aufgabe, die schnellen Neutronen zu verlangsamen (Fig. 290), ohne sie einzufangen. Die Verlangsamung geschieht durch Zusammenstöße der Neutronen mit den Kernen des Moderators. Der Moderator schleust die Neutronen sozusagen durch das mittelschnelle Geschwindigkeitsgebiet hindurch und verhindert so Einfangprozesse im Resonanzgebiet des U-238. Es sind zwei Moderatorsubstanzen gebräuchlich: reiner Graphit und schweres Wasser.

Die Uranstücke werden im Moderator gitterartig angeordnet. Ihr Einbau in optimaler Distanz läßt dann hauptsächlich langsame Neu-

9.2. Kernenergie: Spaltungs- und Fusionsenergie

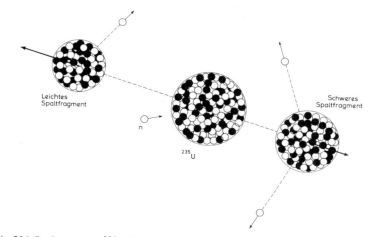

Fig. 286. Spaltung eines ^{235}U-Kerns durch thermische Neutronen. Im Mittel entstehen 2,43 Neutronen.

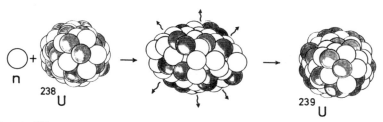

Fig. 287. ^{238}U fängt ein mittelschnelles (5—200 eV) Neutron ein, und es entsteht ^{239}U.

tronen ins Uran eintreten, die vorwiegend im U-235 absorbiert werden und eine Spaltung veranlassen. Wegen der aus dem Reaktor entweichenden Neutronen muß er eine kritische Größe überschreiten. Denn als Bedingung der Kettenreaktion gilt: Wenigstens eines der im Mittel entstehenden 2,43 Neutronen der U-235-Spaltung muß wieder zu einer Spaltung führen.

Der Bau des ersten Reaktors erforderte 5,6 t metallisches Uran, 36,6 t Uranoxyd (da nicht genügend metallisches Uran vorhanden war), 266 t reiner Graphit als Moderator und 84 t Graphit als Neutronen-Reflektor. Bei der Spaltung von Uran-235 entstehen radioaktive Spaltprodukte.

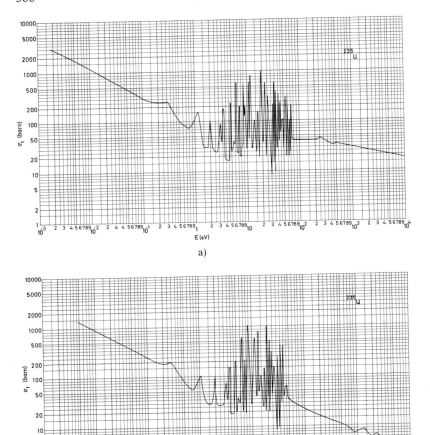

Fig. 288. a) Totaler (σ_t) und b) Spalt-(σ_f)-Querschnitt von ^{235}U im Energiebereich $5 \cdot 10^{-3} - 10^4$ eV.

9.2. Kernenergie- Spaltungs- und Fusionsenergie

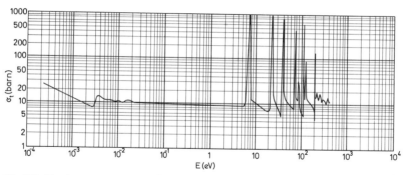

Fig. 289. Totaler Querschnitt von ^{238}U im Energiebereich von $2 \cdot 10^{-4}$ eV bis $4 \cdot 10^2$ eV.

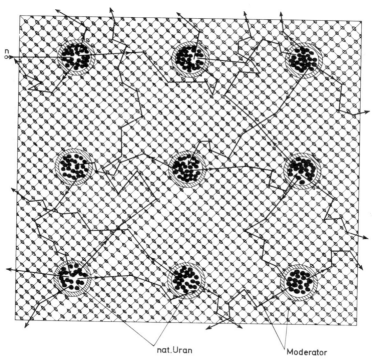

Fig. 290. Im Moderator werden die schnellen Spaltneutronen auf thermische Energie verlangsamt, so daß sie vorwiegend von ^{235}U-Kernen absorbiert werden.

Die Spaltung eines ^{235}U-Kerns durch ein thermisches Neutron liefert folgende Energie:

kinetische Energie der Fragmente	167 MeV
prompte γ-Quanten	6 MeV
prompte Spaltneutronen	5 MeV
verzögerte γ-Quanten	6 MeV
β-Strahlung	8 MeV
Antineutrini	12 MeV
totale Energie	204 ± 7 MeV.

Es stehen jedoch nur 192 MeV zur Verfügung, da die Antineutrinos aus dem Reaktor entweichen. Dagegen erhält man beim Einfang der Neutronen zusätzlich die Bindungsenergie in Form von γ-Quanten, so daß pro Spaltprozeß mit etwa $E_f = 205$ MeV Energie gerechnet werden kann.

Die nächste Frage ist: Wieviel Energie kann pro Kilogramm spaltbares Material im Reaktor gewonnen werden? Durch thermische Neutronen werden im ^{235}U einerseits Spaltprozesse (Spaltquerschnitt σ_f) und andererseits Einfangprozesse (Querschnitt σ_e) induziert. Beim Einfangprozeß entsteht Uran-236, ein sehr langlebiges Nuklid von etwa 10^7 a Halbwertszeit. Deshalb ist nach der Absorption eines Neutrons die Wahrscheinlichkeit für die Spaltung gleich $\sigma_f/(\sigma_e + \sigma_f)$. Nur dieser Bruchteil steht für die Energieerzeugung zur Verfügung. Wird das Verhältnis des Einfang- und des Spalt-Querschnitts mit $\alpha = \sigma_e/\sigma_f$ bezeichnet, so steht pro absorbiertes Neutron im Brennstoff die Energie $(\sigma_f/(\sigma_e + \sigma_f)) E_f = (205/(1+\alpha))$ MeV zur Verfügung. Für thermische Neutronen ($v = 2200$ m/s) und U-235 beträgt $1+\alpha = 1{,}192$. 1 kg Uran-235 vermag daher eine thermische Energie von $0{,}8 \cdot 10^3$ Megawatt-Tage zu erzeugen.

Nach dieser qualitativen Behandlung der Uranspaltung soll jetzt der ganze Zyklus der Neutronenproduktion im Uranreaktor verfolgt werden. Im Zeitpunkt $t = 0$ seien n Neutronen im Reaktor, die vom Brennstoff absorbiert werden, wobei wir zunächst einen unendlich ausgedehnten Reaktor annehmen. Der unendlich ausgedehnte Reaktor ist für die rechnerische Behandlung einfach, weil es keine Verlustneutronen durch die Oberfläche gibt. Von den n absorbierten Neutronen führt ein Teil zu Spaltprozessen und ein Teil erleidet Einfang im Uran. Pro Absorptionsprozeß eines thermischen Neutrons sollen im Mittel η schnelle Neutronen durch Spaltung entstehen. η ist kleiner als die mittlere Anzahl ν der schnellen Neutronen pro Spaltprozeß ($\nu = 2{,}43$), da nur ein Teil der Absorptionsprozesse zu Spaltungen führt. Nach der Absorption von n Neutronen im Brennstoff werden

$$n\eta \quad \text{schnelle Neutronen}$$

emittiert. Sie können als schnelle Neutronen von Urankernen (^{235}U und ^{238}U) absorbiert werden und neue Spaltprozesse erzeugen. Dies läßt sich durch eine Zahl ε charakterisieren, den sog. Schnellvermehrungsfaktor. In einem Reaktor aus natürlichen Uran und Graphit ist $\varepsilon = 1{,}03$, d.h. 3% der schnellen Neutronen stammen aus diesen Prozessen. Damit gibt es

$$n\eta\varepsilon \quad \text{schnelle Spaltneutronen},$$

die im Moderator verlangsamt werden. Nur ein Bruchteil p dieser Neutronen erreicht thermische Energie. Die übrigen erleiden vorwiegend eine Resonanzabsorption in ^{238}U. p nennt man die Resonanzdurchlaß-Wahrscheinlichkeit oder die Bremsnutzung. Damit sind

$$n\eta\varepsilon p \quad \text{thermische Neutronen}$$

entstanden. Als thermische Neutronen behalten sie ihre mittlere Geschwindigkeit bei, da sie im thermischen Gleichgewicht mit der Umgebung stehen. Sie können in verschiedenen Kernen absorbiert werden, wobei ein Bruchteil f auf Uran-235-Kerne entfällt. f nennt man die thermische Nutzung. Damit ist ein Generationenzyklus der Neutronen abgeschlossen. Von den n Ausgangsneutronen werden nach Ablauf des ganzen Zyklus

$$n\eta\varepsilon p f \quad \text{thermische Neutronen}$$

vom Kernbrennstoff absorbiert. Als Multiplikationsfaktor k_∞ des unendlich ausgedehnten Reaktors bezeichnet man die Größe

$$k_\infty = \frac{\text{Anzahl der im Brennstoff absorbierten thermischen Neutronen der i-ten Generation}}{\text{Anzahl der im Brennstoff absorbierten thermischen Neutronen der (i}-1\text{)-ten Generation}}.$$

k_∞ ergibt sich somit zu

$$k_\infty = \eta\,\varepsilon\,p\,f. \tag{9.2}$$

Dies ist die bekannte Vierfaktorformel. Sie gibt den Vermehrungsfaktor an für eine unendlich ausgedehnte Anordnung. Eine sich selbst erhaltende Kettenreaktion kann nur eintreten, sofern dieser Faktor k_∞ mindestens 1 ist. Wenn $k_\infty = 1$ ist, heißt dies, daß jedes thermische Neutron, das in einer ersten Generation im Kernbrennstoff eine Absorption erleidet, im Mittel genau ein thermisches Neutron produziert, das in der nächsten Generation wiederum im Kernbrennstoff absorbiert wird. Die Folge der Spaltprozesse bricht nicht ab, sondern läuft mit konstanter Rate weiter. Für $k_\infty = 1$ ist der Reaktor kritisch, für $k_\infty < 1$ unterkritisch. Im letzteren Zustand nimmt die Anzahl der langsamen Neutronen mit jeder Generation ab. Ist umgekehrt $k_\infty > 1$, nennt man den Reaktor überkritisch. Mit jeder Generation vermehrt sich die Neutronenzahl um den Faktor k_∞.

Nun wollen wir zum endlich ausgedehnten Reaktor zurückkehren. Auch für diesen kann ein Multiplikationsfaktor k nach der Vierfaktorformel festgelegt werden. Weil die Energieverteilung der Neutronen, infolge der entweichenden Neutronen aus der Oberfläche, ortsabhängig wird, werden dies auch die vier Faktoren, und k wird von k_∞ verschieden. Der kritische Reaktor endlicher Größe verlangt folgende Voraussetzung:

Jedes im Kernbrennstoff absorbierte langsame Neutron erzeugt im Mittel nach Ablauf des Neutronenzyklus ein thermisches Neutron, das wiederum im Kernbrennstoff absorbiert wird. Gegenüber dem unendlich ausgedehnten Reaktor erscheint hier als weiterer Verlustfaktor für Neutronen ihr Entweichen aus der Oberfläche. Bezeichnet man mit W die Wahrscheinlichkeit für das Nichtentweichen eines Neutrons beim Verlangsamungsprozeß und im thermischen Gleichgewichtszustand (wird auch Verbleibfaktor genannt), so lautet die Bedingung für das Aufrechterhalten einer Kettenreaktion:

$$kW = 1, \quad \text{mit} \quad k = \eta\,\varepsilon\,p\,f.$$

Da $W < 1$ ist, muß $k > 1$ werden. Das Produkt kW wird als effektiver Multiplikationsfaktor k_{eff} bezeichnet, $k_{eff} - 1 = k_ü$ als Überschuß-Multiplikationsfaktor. Ein endlich ausgedehnter Reaktor ist kritisch, wenn $k_{eff} = 1$ ist. $k_{eff} > 1$ entspricht dem überkritischen, $k_{eff} < 1$ dem unterkritischen Reaktor.

Eine der wichtigsten Entdeckungen in der Frühzeit der Entwicklung von Uran-Graphit-Reaktoren war die, daß der Multiplikationsfaktor wesentlich vergrößert werden kann durch eine heterogene Anordnung von Uran und Graphit. Mit der heterogenen Anordnung wird die Bremsnutzung p wesentlich erhöht gegenüber der homogenen Anordnung, da sich der Resonanzeinfang von U-238 stark unterdrücken läßt. Dagegen wird die thermische Nutzung f in der heterogenen Anordnung kleiner: aber dennoch ist $(pf)_{heterogen} > (pf)_{homogen}$. Die Gitteranordnung des Urans war daher für den Erfolg des ersten Reaktors entscheidend.

Zur Erzeugung von 1 Watt thermischer Leistung müssen $3{,}1 \cdot 10^{10}$ Spaltungen/s stattfinden. Bezeichnet $\langle \Phi \rangle$ den mittleren thermischen

9.2. Kernenergie: Spaltungs- und Fusionsenergie

Neutronenfluß (Φ ist die Zahl der Neutronen, die pro Zeiteinheit eine Kugel des äquatorialen Querschnitts 1 cm² aus beliebiger Richtung durchsetzen) und $\langle \Sigma_f \rangle$ den mittleren makroskopischen Spaltquerschnitt (Σ_f gibt die Wahrscheinlichkeit pro Wegeinheit an, daß das Neutron eine Spaltung erzeugt), so stellt das Produkt $\langle \Phi \Sigma_f \rangle$ die mittlere Anzahl Spaltprozesse pro Zeit- und Volumeneinheit dar. Für einen Reaktor vom Volumen V ergibt sich die Leistung P

$$P = \frac{\langle \Phi \Sigma_f \rangle V}{3,1 \cdot 10^{10}} \text{ Watt.} \qquad (9.3)$$

Die thermische Leistung ist der Neutronenzahl pro Generation proportional. Ist der Überschuß-Multiplikationsfaktor $k_{\ddot{u}} > 0$, so nimmt die Leistung des Reaktors zu. Im Zeitelement dt nimmt die Anzahl der Neutronen um

$$dn = n(t) k_{\ddot{u}} \frac{dt}{\bar{\tau}}$$

zu, wobei n(t) die momentane Anzahl Neutronen und $\bar{\tau}$ die mittlere Zeit zwischen zwei aufeinanderfolgenden Neutronengenerationen bedeutet. Nach der Zeit t beträgt die Neutronenzahl

$$n = n_0 \, e^{(k_{\ddot{u}}/\bar{\tau})t}; \qquad (9.4)$$

n_0 ist die Zahl der Neutronen zur Zeit $t=0$.

Von den Spaltneutronen des U-235 werden 0,65% verzögert emittiert. Sie stammen von neutronenreichen Spaltfragmenten, die nach einem β-Zerfall so hoch angeregt sind, daß die Emission eines Neutrons möglich ist. Solche Nuklide sind z.B. Kr-87 und Xe-137. Als mittlere Verzögerungszeit $\bar{\tau}$ ergibt sich für U-235, unter Einschluß der prompten Neutronen, $\bar{\tau} \approx 0,1$ s. Das Generationsalter der prompten Neutronen beträgt nur etwa 1 ms. Die Zeit T für die Vermehrung der Neutronenzahl um den Faktor e heißt die Reaktorperiode. Aus Gl. (9.4) erhält man für $n/n_0 = e$ die Reaktorperiode zu $T = \bar{\tau}/k_{\ddot{u}}$. Für $k_{\ddot{u}} = 0,005 = 5^0/_{00}$ und $\bar{\tau} = 0,1$ s wird $T = 20$ s. Übersteigt $k_{\ddot{u}}$ den Wert 0,65%, so vermögen bereits die prompten Neutronen allein die Kettenreaktion aufrechtzuerhalten und die Reaktorperiode wird sehr kurz. Damit wäre die Steuerung des Reaktors sehr schwierig. Bezeichnet β den Bruchteil der verzögerten Neutronen, so wird der effektive Vermehrungsfaktor für die prompten Neutronen allein $k_{eff}(1-\beta)$. Solange $k_{eff}(1-\beta) < 1$ bleibt, sind die verzögerten Neutronen für die Kettenreaktionen unentbehrlich. Wir unterscheiden daher 3 Betriebsgebiete eines Reaktors:

$1 < k_{eff} < 1{,}0065$: prompt unterkritisch, gesamthaft kritisch

$k_{eff} = 1{,}0065$: prompt kritisch

$k_{eff} > 1{,}0065$: prompt überkritisch.

Das Prinzipschema einer Kernreaktor-Anlage zeigt Fig. 291. Zum Schutz des Druckkessels wird der Reaktorkern mit einem thermischen Schild aus Eisen umgeben, der außerdem die intensive Neutronen- und Gammastrahlung schwächt. Zum Schutz des Bedienungspersonals dient die biologische Abschirmung, die bei den technischen Reaktoren aus Schwerbeton besteht.

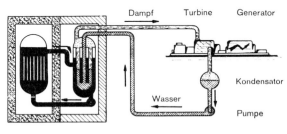

Fig. 291. Schematische Darstellung einer Reaktor-Anlage.

Die Betriebsdauer eines Reaktors, bis die Brennelemente ersetzt werden müssen, wird durch folgende Größen bestimmt:

Menge des Brennstoffs;

Entnommene Energie;

Erzeugung von neuem Brennstoff aus brütbaren Materialien (^{238}U, ^{232}Th, ^{240}Pu werden durch Neutroneneinfang zu spaltbaren Nukliden) (s. Abschn. 9.2.3 e).

Erzeugung von Spaltprodukten mit großem Querschnitt für Neutroneneinfang (Vergiftung des Reaktorkerns). Es sind dies hauptsächlich Xenon-135 und Samarium-149.

9.2.3. Reaktorsysteme. Für die technische Energieerzeugung sind verschiedene Reaktorsysteme entwickelt worden. Sie lassen sich wie folgt gliedern:

Homogene Reaktoren: Moderator und Brennstoff homogen gemischt.

Heterogene Reaktoren: Moderator und Brennstoffelemente örtlich getrennt.

9.2. Kernenergie: Spaltungs- und Fusionsenergie

Eine andere Gliederung unterscheidet die Systeme nach Art des Moderators (z. B. Graphit, schweres oder leichtes Wasser), des Brennstoffes (z. B. natürliches oder angereichertes Uran, Plutonium), der Wärmeübertragung (Gaskühlung, Flüssigkeitskühlung: z. B. Wasser oder flüssiges Natrium) und des Reflektors.

Es sollen hier einige Reaktorsysteme angeführt werden:

a) Gasgekühlter Reaktor mit Graphit-Moderator. Dieser stellt das von *Fermi* und seinen Mitarbeitern für den ersten Reaktor in Chicago entwickelte System dar und wird in England für große Leistungsreaktoren angewendet. Wärmeüberträger ist bei den britischen Leistungsreaktoren CO_2, und als Brennstoff dient natürliches Uran. Fig. 292 zeigt ein Schema und Fig. 293 ein Atomkraftwerk.

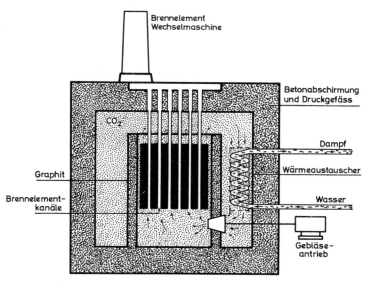

Fig. 292. Schema des gasgekühlten Graphit-Reaktors. (Schweizerische Vereinigung für Atomenergie, Bulletin 1969, Nr. 4. Beilage Leistungsreaktortypen, Dr. *H. R. Lutz.*)

b) Druckwasserreaktor. Als Moderator, Wärmeüberträger und Reflektor dient gewöhnliches Wasser. Das Wasser im Reaktorkern steht unter so hohem Druck, daß ein Sieden verhindert wird. Im Gegensatz zum Graphit-moderierten Reaktor muß hier ein an ^{235}U angereicherter Brennstoff verwendet werden, da die Neutronen-Absorption im Wasser wesentlich größer ist als im Graphit. Da Uran mit Wasser chemisch stark reagieren würde, falls Schäden in der

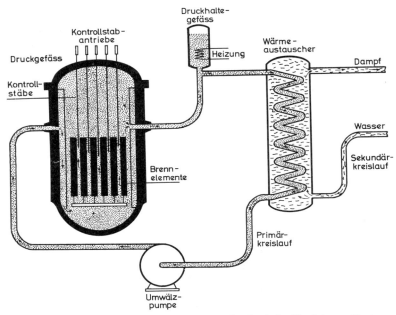

Fig. 295. Schema eines Druckwasserreaktors. (Schweizerische Vereinigung für Atomenergie, Bulletin 1969, Nr. 4. Beilage Leistungsreaktoren, Dr. *H.R. Lutz.*)

Uranumhüllung aufträten, wird Urandioxyd (UO_2) in keramischer Form als Brennstoff benützt. Fig. 294 zeigt eine Anlage eines Kraftwerkes mit Druckwasserreaktor und Fig. 295 eine schematische Darstellung.

c) Siedewasserreaktor. Wie beim Druckwasser-Reaktor wird Wasser als Moderator, Wärmeüberträger und Reflektor und angereichertes UO_2 in keramischer Form als Brennstoff verwendet. Im Reaktorkessel wird durch Sieden des Wassers direkt Wasserdampf erzeugt, was eine spezielle Dampferzeugung erübrigt und einen geringen Druck im Kessel bewirkt. Höhere Leistungen lassen sich durch erzwungene Zirkulation des Wassers im Reaktorkern erreichen. Fig. 296 gibt das Schema des Siedewasserreaktors.

d) Natriumgekühlter Reaktor mit Graphit-Moderator. Flüssige Metalle ermöglichen eine gute Wärmeübertragung bei kleinem Druck. Als Brennstoff dient leicht angereichertes Uran. Graphit wird als Moderator benützt. Diese Anordnung ist vom wärmetechnischen

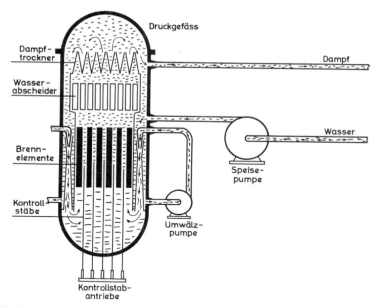

Fig. 296. Schema eines Siedewasserreaktors. (Schweizerische Vereinigung für Atomenergie, Bulletin 1969, Nr. 4. Beilage Leistungsreaktoren, Dr. *H.R. Lutz*.)

Standpunkt aus (hohe Temperatur des Kerns, guter Wärmetransport) sehr gut, bietet aber zusätzlich technische Schwierigkeiten, da Natrium unter Neutronenbestrahlung stark radioaktiv wird und außerdem bei Undichtigkeit des Dampferzeugers mit Wasser äußerst heftig reagieren würde.

e) Schnelle Brutreaktoren. Diese Reaktortypen stehen im Stadium der technischen Entwicklung. Sie sollen dazu dienen, zusätzliche Spaltmaterialien zu erzeugen, d. h. aus nicht spaltbaren Materialien spaltbare zu brüten. Sie verwenden keine Moderatoren, und ihre Steuerung gestaltet sich daher wesentlich schwieriger als jene von thermischen Reaktoren.

9.2.4. Fusion[1]. Nach der Massendefektkurve (s. S. 46) tritt bei der Fusion, d. h. bei der Verschmelzung leichter Kerne, ein Massenschwund Δm auf, was einer freigesetzten Energie $E = \Delta m \cdot c^2$ entspricht.

---

[1] *S. Glasstone* und *R.H. Lovberg*, Kontrollierte thermonukleare Reaktionen. Thiemig, München (1964).

Mögliche Fusionsreaktionen sind (in Klammern ist die Aufteilung der Energietönung Q angegeben):

$$D + D \to {}^3He\,(0{,}82\,MeV) + n\,(2{,}45\,MeV); \quad Q = 3{,}27\,MeV$$
$$D + D \to T\,(1{,}01\,MeV) + {}^1H\,(3{,}02\,MeV); \quad Q = 4{,}03\,MeV \quad (9.5)$$
$$D + T \to {}^4He\,(3{,}5\,MeV) + n\,(14{,}1\,MeV); \quad Q = 17{,}6\,MeV.$$

Die entstehenden Neutronen können mit der Reaktion

$${}^6Li + n \to {}^4He\,(1{,}97\,MeV) + T\,(2{,}63\,MeV); \quad Q = 4{,}6\,MeV,$$

weiterverwertet werden.

Man spricht von einer thermonuklearen Reaktion, wenn die Anfangskerne der Reaktionen (9.5) mit thermischer Geschwindigkeitsverteilung vorliegen. Zur Freisetzung von Fusionsenergie muß somit ein geeignetes Gasgemisch ausreichender Dichte während genügend langer Zeit auf einer so hohen Temperatur gehalten werden, daß die thermonukleare Energieproduktion trotz der auftretenden Energieverluste, vorab Strahlungsverluste, weiterläuft. Für die D−D-Reaktionen ist hierfür eine Zündtemperatur von ca. $470 \cdot 10^6\,°K$, für ein Deuterium-Tritium-Gemisch von ca. $50 \cdot 10^6\,°K$ erforderlich (vgl. S. 378).

9.2.4.1. Abschätzung der Plasmaleistungsdichte. Die Abschätzung der Leistung eines Systems mit thermonuklearen Vorgängen kann folgendermaßen geschehen: n_1 und n_2 bezeichnen die pro Volumeneinheit vorhandenen Kerne der beiden Reaktionspartner. Wir nehmen der Einfachheit halber an, die eine Sorte (z. B. n_1) sei in Ruhe und die zweite (n_2) bewege sich mit der relativen Geschwindigkeit v. σ sei der Wirkungsquerschnitt für die betreffende Fusionsreaktion. Damit ergibt sich als Reaktionsdichte pro Zeiteinheit:

$$Z_{12} = n_1\,n_2\,\sigma\,v. \quad (9.6)$$

Besteht das thermonukleare Gemisch aus gleichartigen Kernen (z. B. Deuteronen), so ist

$$Z_{11} = \tfrac{1}{2}\,n^2\,\sigma\,v, \quad (9.7)$$

wobei n die Kerndichte angibt. Der Faktor $\tfrac{1}{2}$ berücksichtigt den Umstand, daß an jeder Fusionsreaktion zwei Kerne beteiligt sind.

Ein thermonukleares Reaktionsgemisch zeigt eine kontinuierliche Geschwindigkeitsverteilung der reagierenden Kerne. Weder der Wirkungsquerschnitt σ noch die Geschwindigkeit v sind daher konstant. Anstelle von σv ist ein entsprechender Mittelwert $\langle \sigma v \rangle$

Fig. 293. Atomkraftwerk Hinkley Point, Somerset (England) mit gasgekühlten Graphitreaktoren. Jedes der beiden hohen Gebäude enthält einen Reaktor. Elektrische Leistung 500 MW. Betrieb seit November 1965 (United Kingdom Atomic Energy Authority).

Fig. 294. Die Atomkraftwerke Beznau I (Betriebsaufnahme 1969) und Beznau II (im Bau) der Nordostschweizerischen Kraftwerke (Stand Oktober 1969).
Die zylindrischen Sicherheitsgebäude enthalten je einen Druckwasserreaktor mit einer thermischen Leistung von 1130 MW und die zwei Primärkreisläufe mit Umwälzpumpen und Wärmeaustauscher (Dampferzeuger). Links davon erkennt man das Maschinenhaus mit Dampfturbinen (je 182 MW) und 2 Generatoren (je 228 MVA). Die in den Generatoren erzeugte Leistung wird in den Transformatoren links vom Maschinenhaus auf eine Spannung von 220 kV transformiert. Im Hintergrund ist das hydraulische Kraftwerk Beznau (19,5 MW) sichtbar.

Fig. 302. Krebsnebel, entstanden aus der im Jahre 1054 beobachteten Supernova.

zu benützen, und die Gl. (9.6) und (9.7) erhalten die Form

$$Z_{12} = n_1 n_2 \langle \sigma v \rangle$$
$$Z_{11} = \tfrac{1}{2} n^2 \langle \sigma v \rangle. \tag{9.8}$$

Für das D−D-Gemisch ergibt sich bei der Reaktion von fünf Deuteronen eine Energie der geladenen Teilchen von 8,35 MeV. Diese Energie wird ans Fusionsgemisch abgegeben. Da hierzu nach Gl. (9.5) zwei Deuteronenreaktionen ablaufen (die anschließende D−T-Reaktion stellt sich wegen des viel größeren Querschnitts zwangsläufig ein), wird pro D−D-Reaktion die mittlere Energie $\varepsilon = \tfrac{1}{2} \cdot 8{,}35$ MeV ans System abgegeben. Dies bedingt eine Leistungsdichte P von

$$P_{DD} = \tfrac{1}{2} n_D^2 \langle \sigma v \rangle \varepsilon.$$

$\langle \sigma v \rangle$ ist für ein bestimmtes thermonukleares Gemisch von der Temperatur abhängig. Für das D−D-Gemisch ergibt sich bei der Zündtemperatur von $470 \cdot 10^6$ °K, was einer mittleren Teilchenenergie von 36 keV entspricht, ein Wert von $\langle \sigma v \rangle = 9 \cdot 10^{-24}$ m³/s. Damit ließe sich eine thermonukleare Leistungsdichte P von

$$P = 1{,}9 \cdot 10^{-23} \, n_D^2 \text{ MeV/m}^3 \text{ s}$$
$$= 3 \cdot 10^{-36} \, n_D^2 \text{ W/m}^3$$

erzeugen. Um Leistungsdichten zu erhalten, wie sie in Spaltungsreaktoren auftreten ($\approx 10^8$ W/m³), müßte die Teilchendichte n_D ca. 10^{22} Deuteronen/m³ betragen. Die Zeitspanne, während der diese Dichte aufrechtzuerhalten ist, muß so groß sein, daß genügend Fusionsreaktionen ablaufen, um eine positive Energiebilanz zu erhalten. Eine diesen Zustand charakterisierende Größe ist das Produkt $n_D \tau$, wobei τ die Zeitdauer des Fusionszustandes angibt. Für das D−T-Gemisch, das die besten Voraussetzungen zur Realisierung einer kontrollierbaren thermonuklearen Energieerzeugung aufweist, ist der minimale Wert von $n \tau$ ca. $10^{20} - 10^{21}$ s/m³. Bei einer Nukleonendichte von 10^{21} Teilchen/m³ muß demnach der Fusionszustand während mindestens $0{,}1 - 1$ s aufrechterhalten werden. Von der Erfüllung dieser Forderung ist man heute (1972) noch ziemlich weit weg.

9.2.4.2. Das Plasma. Die für thermonukleare Reaktionen erforderlichen Temperaturen liegen wesentlich über der Temperatur des Sonneninnern und erzeugen den vierten Aggregatzustand der Materie, das Plasma. Durch die energiereichen Zusammenstöße zwischen den Atomen wird ein Gas in ein Plasma übergeführt. Beim idealen Plasma sind alle Atome ionisiert. Dieser Zustand, der z. B. im Sterninnern und als nicht ideales Plasma in den hohen Atmosphärenschichten auftritt, zeigt eigene Gesetzmäßigkeiten, die in der Plasmaphysik studiert werden. Typisch für das Plasma ist seine hohe elektrische Leitfähigkeit und damit verbunden ein Skineffekt, der das Eindringen eines Magnetfeldes ins Plasma stark erschwert. Ebenfalls sehr groß ist die thermische Leitfähigkeit.

Mit der hohen Temperatur des Plasmas ist eine hohe Energieabstrahlung verbunden. Der Hauptanteil der Strahlung ist die Bremsstrahlung der Elektronen, die durch Ablenkung infolge der Coulomb-Kräfte der Ionen im Plasma entsteht. Diese Strahlung liegt im Röntgengebiet. Sie wird durch Verunreinigungen mit schweren Ionen stark erhöht, so daß mit sehr sauberen Plasmen gearbeitet werden muß.

Das Plasma wird durch ein Magnetfeld von der materiellen Umhüllung isoliert. Die Elektronen werden in diesen Magnetfeldern auf Spiralbahnen gezwungen, so daß sie die sog. Synchrotronstrahlung emittieren. Diese Strahlung liegt im Infraroten und im Mikrowellenbereich, so daß wenigstens ein Teil der Strahlung wieder im Plasma absorbiert wird.

Einen weiteren Beitrag zum Energieverlust des Plasmas stellt der Ladungsaustausch zwischen einem neutralen Atom, das z.B. als Verunreinigung aus der Wand des Behälters ins Plasma eindringt, und einem schnellen Ion des Plasmas dar. Wird dieses durch den Ladungsaustausch neutral, so entweicht es aus dem Plasma.

Bei der sog. idealen Zündtemperatur wird die Strahlungsleistung gerade durch die Fusionsleistung kompensiert.

9.2.4.3. Isolierung eines Plasmas. Bei den hohen Temperaturen, die für thermonukleare Reaktionen unerläßlich sind, ist es entscheidend, daß das Plasma von der Umgebung isoliert werden kann. Jede Berührung des Plasmas mit dem Wandmaterial vernichtet den Fusionszustand, da das Plasma eine außerordentlich hohe Wärmeleitung besitzt. Das einzige Mittel, diese Isolierung zu bewirken, sind Magnetfelder. Es sind zwei verschiedene Feldanordnungen entwickelt worden.

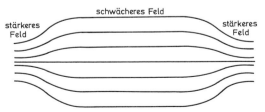

Fig. 297. Feldanordnung der „magnetischen Flasche".

a) Die sog. „magnetische Flasche". Hier handelt es sich um eine zylindersymmetrische Feldanordnung, die gegen die Enden eine zunehmende Feldstärke aufweist (Fig. 297). Dieser Feldgradient bewirkt auf die gegen die Enden der Flasche zulaufenden Teilchen eine reflektierende Kraft (Fig. 298). Man spricht denn auch von einem magnetischen Spiegel. Mit dieser Konfiguration des Magnetfeldes wird im idealen Falle eine Begrenzung des heißen Plasmas ohne materielle Wände ermöglicht.

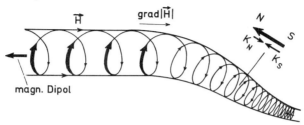

Fig. 298. Wirkung eines Feldgradienten auf ein bewegtes positives Teilchen. Das auf einer Spirale um das H-Feld laufende Teilchen entspricht einem magnetischen Dipol, der im zunehmenden H-Feld eine rücktreibende Kraft (Spiegelwirkung) erfährt.

b) Ringförmige oder toroidale Magnetfeldsysteme. Hier werden kreisförmig geschlossene Feldlinien benutzt (Fig. 299). Damit werden die Schwierigkeiten der Endverschlüsse der offenen magnetischen Flasche behoben. Dieses Feld wird durch eine Spule um den Plasmabehälter erzeugt. Da in einem ringförmigen Magnetfeld die Feldstärke radial nach außen abnimmt, führt dieses Magnetfeld allein nie zu einem stabilen Einschluß des Plasmas (Fig. 300). Eine zusätzliche Stabilisierung bewirkt der sog. „Pincheffekt". Dabei erzeugt ein axiales elektrisches Feld im gut leitenden Plasma hohe Ströme von Ionen und Elektronen. Da sich parallele Ströme anziehen, erfolgt eine Zusammenschnürung des Plasmas (Pincheffekt). Überdies erhitzt es sich durch die Kompression.

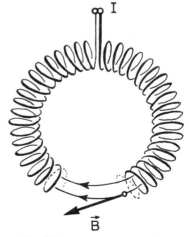

Fig. 299. Ringförmiges Magnetfeldsystem.

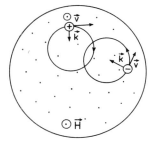 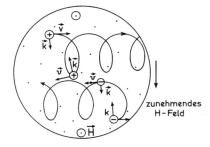

a) homogenes H-Feld   b) inhomogenes H-Feld

Fig. 300.
a) In einem homogenen Magnetfeld vollführen die geladenen Partikel Spiralbahnen um die H-Feldlinien aus.
b) Im inhomogenen H-Feld werden durch die Feldinhomogenität die positiven und die negativen Ladungen getrennt. Sie laufen wegen der verschiedenen Bahnkrümmungen quer zum Feldgradienten auseinander.

Der Pincheffekt wird auch in der magnetischen Flasche verwendet. Wir wollen nun berechnen, welche Ströme notwendig sind, damit mit dem Pincheffekt allein ein Plasma der Temperatur T zusammengehalten wird. Nehmen wir der Einfachheit halber an, daß das System aus Ionen und Elektronen im thermischen Gleichgewicht sei. Die gesamte Teilchenzahl pro Volumeneinheit sei n. Dann entsteht im Plasma ein Druck $p = nkT$. Dieser muß durch den Pincheffekt kompensiert werden. Im Abstand r eines geradlinigen Stromes herrscht die magnetische Induktion $B = \mu_0 I / 2\pi r$. Diese bewirkt einen Druck auf den Strom von $p = B^2/2\mu_0 = \mu_0 I^2/8\pi^2 r^2$. Im Plasma herrscht Gleichgewicht, wenn

$$\frac{\mu_0 I^2}{8\pi^2 r^2} = nkT$$

ist. Dies entspricht einer Stromstärke von

$$I = \sqrt{\frac{8\pi^2 r^2 n kT}{\mu_0}}.$$

Nehmen wir ein Deuteronenplasma mit $n = 2 \cdot 10^{21}$ Teilchen/m^3, einer mittleren Energie kT von $100 \text{ keV} = 1{,}6 \cdot 10^{-14}$ J und $r = 0{,}2$ m an, so ergibt sich
$$I \approx 9 \cdot 10^6 \text{ A}.$$

Es sind also ganz erhebliche Stromstärken zur Einschließung eines Plasmas mit dem Pincheffekt notwendig. Ein schwerwiegender

9.3. Bildung der Elemente und stellare Energieerzeugung 381

Nachteil ist das Auftreten verschiedenartiger Instabilitäten, durch die das Plasma aus der Umhüllung ausbricht und damit den Fusionszustand zunichte macht. Den Hauptfaktor zur Stabilisierung eines Plasmas bildet immer noch das äußere Magnetfeld.

9.2.4.4. Aufheizung des Plasmas. Hierzu stehen verschiedene Möglichkeiten offen, die kurz erwähnt werden sollen.

Die ohmsche Heizung wird lediglich für eine erste Aufheizung des Gasgemisches benutzt. Ein wichtiger Mechanismus zur Temperatursteigerung ist die Plasmakompression durch zeitlich ansteigende Magnetfeldstärken. Dadurch wird das Plasma radial zusammengedrückt und erwärmt.

Eine weitere Möglichkeit stellt das magnetische Pumpen dar. Dabei wird das Plasma abwechselnd komprimiert und dilatiert. Die Kompression soll in einer Zeit erfolgen, die etwa gleich der Flugdauer der Ionen durch das Kompressionsgebiet, aber wesentlich kleiner als die Zeit zwischen zwei Zusammenstößen von Ionen ist. So erfahren die Ionen während der Kompression eine Energiezunahme, während sie bei Dekompressionen dieses Gebiet bereits verlassen haben.

Die Ionenzyklotron-Resonanz-Heizung ist eine weitere Methode zur Aufheizung. Hier wird der stationären magnetischen Induktion B, die das Plasma einschließt, ein zeitlich veränderliches B'-Feld überlagert, dessen Frequenz der Zyklotronfrequenz $f = eB/(2\pi m)$ der Ionen im Felde B entspricht. Dadurch gewinnen die Ionen bei jedem Umlauf Energie.

Neuerdings wird versucht, schnelle neutrale Deuteriumtröpfchen ins Plasma einzuschießen. Im neutralen Zustand vermögen sie das magnetische Einschlußfeld zu durchdringen. Im Plasma erfolgt eine Ionisation, so daß die Deuteronen nun eingefangen werden und ihre Energie zur Aufheizung abgeben können.

9.3. Bildung der Elemente und stellare Energieerzeugung [1,2]

9.3.1. Zusammensetzung der Materie. Es wird heute als Hypothese angenommen, daß sich die ersten Sterne aus der Materie einer Ur-

---

[1] *Donald D. Clayton*, Principles of Stellar Evolution and Nucleosynthesis. McGraw-Hill, NewYork 1968. — *Donald D. Clayton*, The Nuclear Theory of the Origin of the Elements. Wissenschaftliche Verhandlungen der Schweiz. Naturforschenden Gesellschaft, 1968. — *E.M. Burbidge, G.R. Burbidge, W.A. Fowler* and *F. Hoyle*, Rev. Mod. Phys. **29**, 547 (1957). — *W.A. Fowler* and *W.E. Stephens*, Resource Letter OE-1 on Origin of the Elements. Am. J. of Physics, **36**, 289 (1968).

[2] Für astronomische Daten u. Sternentwicklung vgl. auch *O. Struve*, Astronomie, Walter de Gruyter, Berlin 1962.

382   9. Anwendungen der Kernphysik

explosion (big-bang-Kosmologie) formten, wobei sich praktisch aber keine schweren Elemente bildeten. Im wesentlichen entstand dabei aus dem stabilen Wasserstoff etwas Helium. Die Vorstellung einer Urexplosion wird weitgehend durch die Feststellung unterstützt, daß im Kosmos ein Strahlungsgleichgewicht[1] herrscht[2], entsprechend einer Temperatur von 3 °K. Es zeigt sich, daß die Häufigkeit der bei der Urexplosion beteiligten bzw. entstandenen Nuklide — es sind dies H, D, ^{3}He, ^{4}He — ungefähr mit der heute beobachteten Häufigkeit im Universum übereinstimmt. Diese Überreste der Urexplosion bildeten den Ausgangszustand für die weitere Nuklid-Synthese.

Tabelle 26 gibt die relative Häufigkeit der 13 meist vorkommenden Elemente[3] wieder. Die Häufigkeit von Silizium ist gleich $1 \cdot 10^4$ gesetzt.

Tabelle 26. *Die 13 häufigsten Elemente im Universum, bezogen auf Silizium (Si-Häufigkeit = $1 \cdot 10^4$)*

	rel. Häufigkeit der Kerne		rel. Häufigkeit der Kerne
Wasserstoff	$3,5 \cdot 10^8$	Silizium	$1,0 \cdot 10^4$
Helium	$3,5 \cdot 10^7$	Magnesium	$9 \cdot 10^3$
Sauerstoff	$2,2 \cdot 10^5$	Schwefel	$3,5 \cdot 10^3$
Stickstoff	$1,6 \cdot 10^5$	Nickel	$1,3 \cdot 10^3$
Kohlenstoff	$8 \cdot 10^4$	Aluminium	$8,8 \cdot 10^2$
Neon	$2,1 \cdot 10^4$	Kalzium	$6,7 \cdot 10^2$
Eisen	$1,8 \cdot 10^4$		

Kennzeichnend für die Häufigkeitsverteilung sind folgende Merkmale:

a) Wasserstoff ist das weitaus häufigste Element (ca. 90 % aller Atome), Helium liefert ca. 10 % der Atome, und die übrigen Elemente sind gering vertreten.
b) Die Häufigkeit der Elemente nimmt mit wachsender Massenzahl bis $A \approx 100$ rasch ab (Molybdän).
c) Eisen und seine Nachbarelemente zeigen ein relatives Häufigkeitsmaximum.
d) Für $A > 100$ ist die Häufigkeit ziemlich konstant.

Die kosmische Häufigkeitsverteilung der leichten Elemente unterscheidet sich sehr stark von der irdischen. In der Erdkruste sind Sauer-

---
[1] Diese Strahlung besitzt das Spektrum eines schwarzen Körpers.
[2] *A. A. Penzias* und *R. W. Wilson*, Astrophys. J., **142**, 419 (1965).
[3] The Encyclopedia of Physics, ed. by *Robert M. Besançon*, Reinhoff Publishing Corp. 1966.

stoff (Häufigkeit ca. 50 Gewichtsprozent) und Silizium (ca. 26%) die beiden häufigsten Elemente.

9.3.2. Sonnenenergie als nukleare Energie.
Wir wissen heute, daß die Quelle der Sonnenenergie thermonukleare Reaktionen sind.

9.3.2.1. Wasserstoff-Fusion. Ende der Dreißigerjahre wurde durch *H. Bethe*[1] festgestellt, daß durch einen thermonuklearen Reaktionszyklus (C−N-Zyklus) 4 Protonen in einen Heliumkern umgewandelt werden können, wobei ein Energiegewinn von 26,7 MeV resultiert. Im Endeffekt geschieht folgende Umwandlung:

$$4\,^1H \rightarrow {}^4He + 2\beta^+ + 2\gamma + 2\nu. \tag{9.9}$$

Die Reaktion (9.9) kann auf verschiedenen Wegen erfolgen.

a) ppI-Kette (Wasserstoff-Verbrennung). Vor ca. $4,7 \cdot 10^9$ a begann sich die Masse der Sonne (ca. 90% der Atome sind heute H, 9% He, <1% C, N und O und noch Spuren schwererer Elemente) aus einem Gasnebel, unter Einfluß der Gravitation, zu verdichten. Die dabei erzielte Erwärmung ließ im Sonneninnern die Temperatur so weit anwachsen, daß thermonukleare Reaktionen einsetzten. Dies erfolgte bei ca. $10^6\,°K$. Mit zunehmender Kontraktion stieg die Reaktionswahrscheinlichkeit für die ppI-Kette, bis der durch die Temperaturerhöhung erzeugte Druck keine weitere Kontraktion zuließ. Die Sonne hatte ein erstes Gleichgewichtsstadium gefunden, in dem sie sich heute noch befindet: Gravitation und Kernenergieproduktion erzeugen einen selbstregulierenden Gleichgewichtszustand. Die im einzelnen ablaufenden Fusionsprozesse (als ppI-Kette bezeichnet) sind:

$$^1H + {}^1H \rightarrow {}^2D + e^+ + \nu$$
$$^2D + {}^1H \rightarrow {}^3He + \gamma \qquad \text{ppI-Kette}$$
$$^3He + {}^3He \rightarrow {}^4He + 2\,^1H.$$

b) Bei genügender ^{3}He-Konzentration wird eine weitere Kette ermöglicht:

$$^3He + {}^4He \rightarrow {}^7Be + \gamma$$
$$^7Be + e^- \rightarrow {}^7Li + \nu$$
$$^7Li + {}^1H \rightarrow {}^8Be + \gamma \qquad \text{ppII-Kette}$$
$$^8Be \rightarrow 2\,^4He.$$

---
[1] Phys. Rev. **55**, 434 (1939).

c) Eine dritte Kette, die ppIII-Kette, startet, wenn ^{7}Be vor seinem Zerfall (T = 53 d) ein Proton einfängt:

$$^7\text{Be} + {}^1\text{H} \rightarrow {}^8\text{B} + \gamma$$
$$^8\text{B} \rightarrow {}^8\text{Be} + e^+ + \nu \quad \text{ppIII-Kette}$$
$$^8\text{Be} \rightarrow 2\,{}^4\text{He}.$$

Beim jetzigen Zustand der Sonne (Temperatur im Innern $16 \cdot 10^6\,°K$) trägt nach Berechnungen die ppI-Kette ca. 40%, die ppII-Kette ca. 56% und die ppIII-Kette praktisch noch nichts zur Energieproduktion bei. Der Rest wird durch eine vierte Fusionsreaktion geliefert. Die ppIII-Kette ist meßtechnisch von Interesse wegen der beim ^{8}B-Zerfall produzierten energiereichen Neutrinos. Diese Neutrinos können mit der Reaktion $^{37}\text{Cl} + \nu \rightarrow {}^{37}\text{A} + e^-$ (Q = −0,81 MeV) nachgewiesen werden. Wenn der Nachweis dieser Neutrinos gelänge, wäre dies ein erster direkter Hinweis auf thermonukleare Reaktionen im Sonneninnern. Neutrinos liefern eine direkte Information aus dem Sonneninnern.

d) Eine weitere Möglichkeit der Fusion von 4 Wasserstoffkernen zu He ist der Kohlenstoff-Stickstoff-Zyklus, der von *Bethe* gefunden wurde. Er benutzt als Katalysator ^{12}C, das im primären Sonnenmaterial bereits enthalten ist. Der Zyklus besteht aus folgenden Reaktionen:

$$^{12}\text{C} + {}^1\text{H} \rightarrow {}^{13}\text{N} + \gamma$$
$$^{13}\text{N} \rightarrow {}^{13}\text{C} + e^+ + \nu$$
$$^{13}\text{C} + {}^1\text{H} \rightarrow {}^{14}\text{N} + \gamma \quad \text{ppIV-Kette}$$
$$^{14}\text{N} + {}^1\text{H} \rightarrow {}^{15}\text{O} + \gamma \quad \text{(CN-Zyklus)}$$
$$^{15}\text{O} \rightarrow {}^{15}\text{N} + e^+ + \nu$$
$$^{15}\text{N} + {}^1\text{H} \rightarrow {}^{12}\text{C} + {}^4\text{He}.$$

Dieser CN-Zyklus wird auch als ppIV-Kette bezeichnet. Unter den jetzigen Bedingungen der Sonne liefert die ppIV-Kette ca. 4% der Sonnenenergie. Mit zunehmender Temperatur wird der Produktionsanteil dieser Kette höher und bei ca. $18 \cdot 10^6\,°K$ führend in der Energieerzeugung. Für Sterne in der Hauptreihe[1] und Massen $>1,5$ Sonnenmassen ist der CN-Zyklus die Hauptquelle der Sternenergie.

Der Zusammenhang zwischen thermonuklearer Leistung und Leuchtkraft eines Sterns (als Leuchtkraft bezeichnet man die total abgestrahlte Leistung) hängt vom Zustand des Systems ab. Im Gleich-

---

[1] Vgl. *O. Struve*, Astronomie.

gewicht bedingt eine Verdoppelung der thermonuklearen Leistung eine Verdoppelung der Leuchtkraft. Im nichtstationären Zustand, wie er für die meisten Sterne vorliegt, ist die Leuchtkraft geringer als die innere thermonukleare Leistung, da ein Teil dieser Energie in anderen Formen gespeichert wird. Dies bedingt, daß selbst bei Verdoppelung der thermonuklearen Leistung die Oberflächentemperatur nur wenige Prozent ansteigt.

9.3.2.2. Helium-Verbrennung. Die Phase der Wasserstoffverbrennung dauert im Entwicklungsprozeß eines sonnenähnlichen Sterns am längsten. Für die Sonne wird diese Zeitspanne ca. 10^{10} a. Mit der Zeit wird der Wasserstoff im Sonneninnern verbraucht, und Helium reichert sich an. Die Temperatur ist jedoch noch zu tief, als daß sich thermonukleare Reaktionen mit He einstellen könnten. Dagegen läuft der pp-Zyklus in äußeren Schichten weiter. In dieser Phase setzt ein erneuter Schrumpfungsvorgang im Innern ein, da das dynamische Gleichgewicht zwischen der Gravitationswirkung und der Kernenergieproduktion gestört ist. Die Gravitationsenergie steigert die Sonnentemperatur ein weiteres Mal, bis schließlich bei ca. 10^8 °K die sog. He-Verbrennung einsetzt, und dadurch sich die Sonne zu expandieren beginnt. Aus einem Stern der Hauptreihe entwickelt sich ein roter Riese.

Der wesentliche Punkt für die weitere Kernenergieproduktion bzw. Kernsynthese, ist die Tatsache, daß durch α-α-Stöße eine geringe Dichte des instabilen ^{8}Be produziert wird:

$$^4He + {}^4He \rightleftarrows {}^8Be.$$

Für $T = 10^8$ °K und eine Dichte von 10^5 g/cm^3 etabliert sich ein Gleichgewicht von 1 ^{8}Be-Kern auf 10^9 ^{4}He-Kerne. Diese ^{8}Be-Kerne ermöglichen eine weitere α-Reaktion:

$$^8Be + \alpha \rightarrow {}^{12}C + \gamma,$$

so daß gesamthaft die Fusion von 3α-Teilchen zu ^{12}C vor sich geht:

$$3\,^4He \rightarrow {}^{12}C + \gamma.$$

Dabei wird eine Energie von 7,28 MeV frei. Mit dieser Zweistufenreaktion wird die Lücke in der Reihe der stabilen Kerne bei $A = 8$ überwunden.

Durch das synthetisierte ^{12}C werden weitere α-Fusionen ermöglicht:

$$^{12}C + {}^4He \rightarrow {}^{16}O + \gamma,$$
$$^{16}O + {}^4He \rightarrow {}^{20}Ne + \gamma.$$

Diese Reaktionen machen das relativ starke Vorkommen von ^{16}O und ^{20}Ne verständlich. Weitere α-Prozesse treten praktisch nicht mehr auf, da für höhere Z die Coulomb-Abstoßung zu groß wird. Dieses abermalige Versiegen der Fusionsenergie bringt einmal mehr die Gravitation zur Wirkung, wodurch sich die Sonne weiterhin aufheizt. Bei ca. 10^9 °K beginnt die Kohlenstoffverbrennung:

$$^{12}C + {}^{12}C \to {}^{20}Ne + \alpha$$
$$\to {}^{23}Na + p$$
$$\to {}^{23}Mg + n$$
$$\to {}^{24}Mg + \gamma.$$

Weitere Fusionsreaktionen sind:

$$^{16}O + {}^{16}O \to {}^{32}S + \gamma$$
$$\to {}^{31}P + p$$
$$\to {}^{31}S + n$$
$$\to {}^{28}Si + \alpha.$$

^{12}C–^{16}O-Fusionen werden nicht auftreten, da bis zur Erreichung der nötigen Temperatur praktisch alle Kohlenstoffkerne durch Reaktionen vom Typ C+C verbraucht sind.

Wenn Silizium, das nach der Sauerstoffverbrennung das häufigste Element ist, auf Temperaturen von ca. $3 \cdot 10^9$ °K gebracht wird, erhalten die α-Teilchen genügend Energie, um die folgenden Reaktionen einzuleiten:

$$^{28}Si + {}^4He \to {}^{32}S + \gamma$$
$$^{32}S + {}^4He \to {}^{36}A + \gamma$$

usw.

Dadurch entstehen die Kerne mit A=32 bis A=57, d.h. bis in die Region von Eisen. Werden die Häufigkeiten der erzeugten Nuklide aus kernphysikalischen Daten berechnet, dann zeigt sich eine recht gute Übereinstimmung mit der beobachteten Verteilung. Mit der Produktion von Eisen ist der Kernenergievorrat endgültig erschöpft, da diese Kerne die maximale Bindungsenergie pro Nukleon aufweisen. Der Elementaufbau kommt damit zu einem ersten Abschluß. Kurz rekapituliert ergibt sich bis dahin folgendes Bild:

1. $4H \to {}^4He + 2e^+ + 2\nu$: pp-Zyklus. Temperaturbereich ca. $1-30 \cdot 10^6$ °K. Die Wasserstoffverbrennung beansprucht den längsten Teil der Entwicklungszeit der Sterne.

2. $3\,^4\text{He} \to \,^{12}\text{C}$: He-Verbrennung. Temperatur ca. $10^8\,°\text{K}$. Hauptsächlich Bildung von ^{12}C und ^{16}O.

3. $2\,^{12}\text{C} \to \,^{24}\text{Mg}$:
$2\,^{16}\text{O} \to \,^{32}\text{S}$
C- und O-Verbrennung. Temperatur $1 \cdot 10^9 - 3 \cdot 10^9\,°\text{K}$. Erzeugung der Nuklide bis Eisen.

Die Erschöpfung der Kernenergie hat für die Sonne drastische Konsequenzen. Sie beginnt sich abzukühlen. Die Gravitationsenergie übernimmt einmal mehr die Führung und kontrahiert die Sonne zu einem weißen Zwerg, der schließlich fast zu strahlen aufhört und lediglich noch durch Gravitationseffekte mit der Außenwelt Kontakt besitzt. Bis sich dies einstellt, werden jedoch noch über 10^{10} a verfließen.

9.3.3. Die Erzeugung von schwereren Elementen als Eisen.
Schwerere Elemente als Eisen lassen sich lediglich durch Neutroneneinfang erzeugen, da dabei die Coulomb-Wechselwirkung keine Rolle mehr spielt.

Zwei Neutroneneinfangprozesse sind wirksam:

a) s-Prozeß. Hier fängt der Kern nacheinander in Zeiträumen von $10^2 - 10^5$ a Neutronen ein (slow process). Die Kerne haben somit bis zum Einfang des nächsten Neutrons genügend Zeit, um durch einen β-Zerfall in einen stabilen Kern überzugehen. Die Häufigkeit der so erzeugten Kerne ist umgekehrt proportional zum Neutronen-Einfangquerschnitt. Ein gutes Beispiel sind die Samariumisotope 148 und 150.

Das Produkt der Verhältnisse der gemessenen Häufigkeiten und Einfangquerschnitte ist[1]

$$\frac{N(^{148}\text{Sm})}{N(^{150}\text{Sm})} \frac{\sigma(^{148}\text{Sm})}{\sigma(^{150}\text{Sm})} = 0{,}98 \pm 0{,}06,$$

was ausgezeichnet mit dem zu erwartenden Wert 1 übereinstimmt. Die Isotope eines Elementes mit ungerader Neutronenzahl sind aus demselben Grund weniger häufig als diejenigen mit gerader.

Fig. 301 zeigt als Beispiel, wie durch aufeinanderfolgende s-Prozesse die häufigsten Isotope von Cd, In und Sn entstehen.

Auch mit dem s-Prozeß läßt sich jedoch das Vorkommen gewisser schwerer Nuklide nicht erklären. Die schwersten Elemente fehlen, da nach Wismut die α-Instabilität einen weiteren Aufbau durch den s-Prozeß verunmöglicht.

---
[1] *R.L. Macklin* u. *J.H. Gibbons*, Astrophys. J., **149**, 577 (1967).

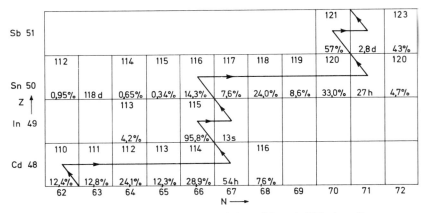

Fig. 301. Erzeugung der Isotope von Cd, In und Sn mit Hilfe des s-Prozesses.

b) r-Prozeß. Das Merkmal dieses Prozesses liegt darin, daß aufeinanderfolgende Neutroneneinfänge viel schneller stattfinden als der β-Zerfall (rapid process). Dabei können mehr als 10 Neutronen ohne β-Zerfall eingefangen werden. Damit lassen sich nacheinander schwerere Isotope herstellen. Für das Auftreten des r-Prozesses spricht eindeutig die Existenz der Elemente Th und U. Ein experimenteller Hinweis für r-Prozesse wurde 1952[1] durch die erste Wasserstoffbombe auf den Marschall-Inseln gegeben. Eine H-Bombenexplosion setzt in kurzer Zeit viele Neutronen frei. Durch sukzessive Neutronenanlagerung entstand u.a. aus $^{238}U \rightarrow {}^{254}U$, das durch eine Reihe von β-Zerfällen in das β-stabile ^{254}Cf übergeht, das auch in den Bombenrückständen nachweisbar war. Dieser Kern zerfällt durch spontane Spaltung mit einer Halbwertszeit von 56,2 d.

Die Kernsynthese durch r-Prozesse ist limitiert durch die Kernspaltung. Sobald die Rate der durch Neutronen erzeugten Spaltungen diejenigen des Neutronen-Einfangs übersteigt, wird die weitere Synthese abgeschwächt.

c) p-Prozesse. Mit den s- und r-Prozessen werden keine protonenreichen Nuklide erzeugt. Die Isotope ^{112}Sn, ^{114}Sn und ^{115}Sn z.B. dürften nicht vorkommen. Alle diese Nuklide zeigen eine kleine Häufigkeit gegenüber denjenigen, die durch s- und r-Prozesse entstehen. Dies läßt auf einen verhältnismäßig unwirksamen Erzeugungsmechanismus schließen. Es wird heute angenommen, daß Protoneneinfangprozesse für die Entstehung dieser Isotope verantwortlich sind.

---

[1] *Phys. Rev.*, **102**, 180 (1956).

9.3.4. Supernovae und Neutronenproduktion. Die Frage ist noch offen, woher der hohe Neutronenfluß für den r-Prozeß kommt. Alles deutet darauf hin, daß er in Supernovae entsteht. Als Supernova wird ein Stern bezeichnet, der innerhalb weniger Sekunden seine Energieproduktion um das Milliardenfache vergrößert. Diese Entwicklung, die zu einer Sternkatastrophe führt, kommt bei Sternen mit größerer Masse als derjenigen der Sonne dadurch zustande, daß wegen Erschöpfung der Kernenergie das Druckgleichgewicht im Innern gestört ist. Die Gravitation läßt den Stern ein weiteres Mal schrumpfen. Zusätzlich entsteht im Strahlungsgleichgewicht bei einer Temperatur von $T > 10^9$ °K eine große Zahl von Elektronenpaaren, die gelegentlich Paarvernichtung unter Bildung eines Neutrinopaares vollziehen. Damit erfährt der Stern einen weiteren Energieverlust. Bei 10^9 °K bedingt dies bereits einen Leistungsdichte-Verlust von ca. 10^{12} J/m^3 s. Durch diese Leistungsabgabe wird die Kontraktion der Sternmaterie beschleunigt.

Bei Temperaturen von über $5 \cdot 10^9$ °K beginnt sich die Sternmaterie in He-Kerne aufzulösen. Dies bewirkt einen zusätzlichen Energieentzug und beschleunigt den Sternkollaps. Durch die Implosion des Sterninnern werden die äußeren Sternschichten derart stark erwärmt, daß eine thermonukleare Explosion mit ungeheurer Energieproduktion stattfindet. Dabei wird jener Neutronenfluß erzeugt, der für den r-Prozeß erforderlich ist.

Durch die thermonukleare Explosion hat der Stern auch sein Entwicklungsende gefunden, indem ein großer Teil seiner Masse als Gaswolke auseinanderfliegt. Der Krebsnebel (Fig. 302) stellt das Überbleibsel der im Jahre 1054 beobachteten Supernova dar.

Die heutige Elementzusammensetzung ist das Ergebnis thermonuklearer Reaktionen über Milliarden von Jahren und nicht der ersten Urexplosion zuzuschreiben. Überdies zeigt die z.T. frappante Übereinstimmung der Theorie der Kernsynthese mit der Erfahrung, daß die auf der Erde feststellbaren kernphysikalischen Gesetze für den ganzen Kosmos gültig sind.

10. Elementarteilchen[1]

10.1. Geschichtliches

10.1.1. Atomare Bestandteile. Die ersten Elementarteilchen wurden im Rahmen der Atomphysik gefunden und untersucht. Es handelt sich dabei um die atomaren Bestandteile Elektron, Proton und Neutron sowie um das Photon als Quant des elektromagnetischen Feldes. Außer dem Elektron wurden alle Teilchen erst in unserem Jahrhundert experimentell nachgewiesen.

Im Jahre 1897 stellte *J.J. Thomson* fest, daß die schon früher bekannten Kathodenstrahlen aus Partikeln der spezifischen Ladung $e/m = -1{,}76 \cdot 10^{11}$ C/kg bestehen (vgl. Bd. II, Abschn. 20.3). Damit war das Elektron als erstes Elementarteilchen entdeckt und identifiziert. Elektronen lassen sich durch Glühemission, Photoeffekt, Gasentladung und andere Methoden leicht aus der Materie befreien.

1910 gelang es *R.A. Millikan*, die Elektronenladung absolut zu messen (Bd. II, Abschn. 10.3). Diese Ladung $e = -1{,}60 \cdot 10^{-19}$ C erwies sich als elementares Ladungsquantum.

Eine weitere fundamentale Eigenschaft des Elektrons ist sein Spin (vgl. Bd. III/1, S. 324). 1925 zeigten *Uhlenbeck* und *Goudsmit*, daß gewisse optische Spektren durch die Annahme eines Eigendrehimpulses des Elektrons erklärt werden könnten. Verschiedene Messungen bestätigen diese Hypothese. Insbesondere wurde auch das magnetische Dipolmoment des Elektrons als $\mu_z \approx -(e\hbar/2m_0) = 9{,}27 \cdot 10^{-24}$ J/T bestimmt[2].

Ein zweites Elementarteilchen wurde entdeckt, indem *M. Planck* 1900 die Emission von Licht und *A. Einstein* 1905 den Photoeffekt als Lichtquantenphänomene erkannten (Bd. III/1, V. Kap.). Lichtquanten oder Photonen besitzen die Ruhemasse Null und bewegen sich daher stets mit Lichtgeschwindigkeit. Ihr Impuls beträgt:

$$p = \hbar k = \frac{h}{\lambda} = \frac{h\nu}{c} = \frac{E}{c}, \qquad (10.1)$$

wobei $k = 2\pi/\lambda$ die reduzierte Wellenzahl und λ die Wellenlänge der entsprechenden elektromagnetischen Strahlung bedeutet.

---

[1] Verfaßt von Prof. Dr. *H.R. Striebel*, Phys. Institut der Universität, Basel.

[2] $1\,\text{T} = 1\,\text{Tesla} = 1\,\dfrac{\text{Vs}}{\text{m}^2}$.

Protonen wurden erstmals von *Thomson* um 1906 als die Hauptträger der atomaren Masse für die Schaffung eines Atommodells gefordert.
Mit dem Neutron, welches zum Beispiel in der Reaktion (s. S. 246)

$$^{9}_{4}Be(\alpha, n)^{12}_{6}C$$

entsteht, wurde 1932 durch *Chadwick* (vgl. S. 41) ein neutrales Partikel von ungefähr Protonenmasse als Elementarteilchen identifiziert. Damit war das letzte der Partikel gefunden, die am Aufbau der Atome unmittelbar beteiligt sind.

10.1.2. Vorhersage neuer Teilchen. Die Quantenmechanik eröffnete den Weg zur theoretischen Behandlung der Kern- und Partikelphysik. Es wurde denn auch die Existenz mehrerer Teilchen theoretisch vorausgesagt, bevor sie sich experimentell nachweisen ließ.

a) Positron. *P. A. M. Dirac* (geb. 1902) stellte um 1930 fest, daß die relativistische Energie eines Elektrons formal sowohl positiv als auch negativ sein kann:

$$E = \pm \sqrt{p^2 c^2 + (m_0 c^2)^2}. \tag{10.2}$$

Dies entspräche der Existenz von Elektronen mit positiver und negativer Energie. Allerdings war die Bedeutung der Zustände negativer Energie vorerst völlig unklar; es gab aber auch kein Gesetz, das diese Zustände verbot. Deshalb entwickelte Dirac schließlich die Vorstellung vom „Meer" der Elektronen negativer Energie. Danach wären alle Zustände mit $E \leq -m_0 c^2$ besetzt und die zugehörigen Elektronen nicht direkt zu beobachten, während das Energieintervall $-m_0 c^2 < E < m_0 c^2$ nach Gl. (10.2) eine verbotene Zone darstellte. Die Zustände mit $E \geq m_0 c^2$ endlich ständen den gewöhnlichen Elektronen zur Verfügung. Fig. 303 veranschaulicht diese Verhältnisse.

Wenn ein Elektron aus dem Gebiet $E \leq -m_0 c^2$ angeregt werden soll, so muß es über die verbotene Zone gehoben werden. Dazu ist eine Energie von mindestens $2 m_0 c^2$ notwendig. Wird nun, z. B. durch ein Gammaquant, diese Energie geliefert, so erscheint außer dem Elektron positiver Energie (=Negatron) ein Loch oder eine Vakanz im sonst angefüllten „Meer" der Elektronen negativer Energie. Diese Vakanz verhält sich wie ein positives Teilchen der Ruhemasse m_0 und beschreibt demnach ein positives Elektron (= Positron). Nach Fig. 304 hat das Photon also zwei Elektronen (Elektronenpaar) erzeugt. Wegen der Energie-Impuls-Erhaltung ist diese Materialisation allerdings nur unter Beteiligung eines weiteren Körpers (z. B. Atomkern oder weite-

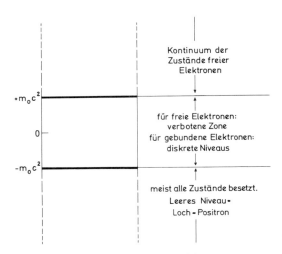

Fig. 303. Energiezustände der Elektronen.

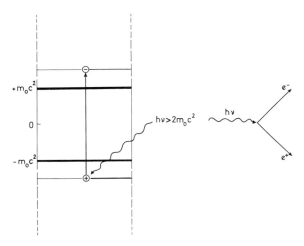

Fig. 304. Schema der Elektronenpaarbildung.

res Elektron) möglich. Wären bei der Paarerzeugung nur die beiden Elektronen und das Photon beteiligt, so ergäbe sich aus dem Energiesatz (p_+ und p_- sind die Beträge der Impulse des Positrons bzw. Elektrons):

$$h\nu = \sqrt{(m_0 c^2)^2 + p_+^2 c^2} + \sqrt{(m_0 c^2)^2 + p_-^2 c^2} > p_+ c + p_- c$$

10.1. Geschichtliches

und aus dem Impulssatz

$$\frac{h\nu}{c} = |\vec{p}_+ + \vec{p}_-| \leq p_+ + p_-.$$

Diese beiden Aussagen widersprechen einander. Es muß daher ein weiterer Körper zur Energie und zum Impuls des Systems beitragen. Nach der Heisenbergschen Unschärferelation

$$\Delta E \, \Delta t \approx \hbar$$

kann ein Photon auch bei sehr kleiner Energie ($h\nu \ll 2m_0 c^2$) für Zeitdauern von jeweils $\Delta t \approx \hbar/\Delta E = 6 \cdot 10^{-22}$ MeVs/1,02 MeV $\approx 6 \cdot 10^{-22}$ s ein sogenannt virtuelles Elektronenpaar erzeugen. Falls aber ein Quant mit $h\nu > 2m_0 c^2 + R$ im elektrischen Feld eines Partikels ein virtuelles Paar hervorruft, dann können die Elektronen durch das Feld getrennt werden und erscheinen als wirkliche Teilchen. Dabei bedeutet R die Rückstoßenergie des Partikels, in dessen Feld das Paar getrennt wird.

In Umkehrung der Paarerzeugung zerstrahlen ein Positron und ein Elektron in zwei Photonen (Paarvernichtung). Dieser Prozeß führt meist über das gebundene System des Positroniums, d.h. ein wasserstoffähnliches System. Die Vernichtungsquanten des ruhenden Positroniums werden wegen der Impulserhaltung in entgegengesetzten Richtungen emittiert und besitzen je die Energie von $m_0 c^2$. Die Lebensdauer des Positroniums hängt vom Gesamtspin des Systems ab und beträgt $1,25 \cdot 10^{-10}$ s für das Spin-0- und $1,39 \cdot 10^{-7}$ s für das Spin-1-Positronium.

Im Jahre 1932, etwa zwei Jahre nach der Entwicklung von Diracs kühner Theorie, entdeckte *C.D. Anderson* (geb. 1905) das Positron in einer Nebelkammer (vgl. S.175), die den kosmischen Strahlen ausgesetzt war. Aufgrund der Bahnkrümmungen (Energieverlust in der Bleiplatte) und der Tröpfchendichte gelang es ihm, die Spur (Fig. 305) als diejenige eines Positrons zu identifizieren.

Die Diracsche Vorstellung läßt sich auf alle anderen Fermionen übertragen, womit es zu jedem Fermion ein Antiteilchen gibt. Der experimentelle Nachweis des Antiprotons gelang allerdings erst im Jahre 1955, als das Protonensynchrotron in Berkeley, USA, einen Strahl von 6,3-GeV-Protonen lieferte. In den folgenden Jahren wurden nach und nach alle weiteren Antiteilchen gefunden.

b) **Neutrino.** 1930 wurde von *W. Pauli* (1900–1958), ebenfalls aus theoretischen Erwägungen, das Vorkommen des Neutrinos postuliert. Das kontinuierliche Energiespektrum der Elektronen aus

Fig. 305. Positronenspur in einer Nebelkammer (Phys. Rev., **43**, 491, 1933). Mit dieser Aufnahme gelang 1932 C.D. *Anderson* die Entdeckung des Positrons. Die Metallplatte in der Mitte des Bildes bremst das von oben einfallende Teilchen und erlaubt, das Bremsvermögen zu bestimmen und damit das Teilchen als Positron zu identifizieren.

dem β^--Zerfall (vgl. S. 202) ließ vermuten, der Energiesatz könnte im atomaren Bereich verletzt sein. Pauli erklärte dagegen das β-Spektrum durch einen Zerfall in drei Teilchen, nämlich in einen Endkern, ein Elektron und ein ungeladenes weiteres Teilchen (Neutrino). Dieses dritte Partikel tritt freilich mit Materie kaum in Wechselwirkung, trägt aber der Erhaltung von Energie und Impuls Rechnung. Später wurde dem neutralen Teilchen beim β^--Zerfall der Name „Antineutrino" ($\bar{v}_e$) gegeben, während „Neutrino" (v_e) das Begleitpartikel des β^+-Zerfalles bezeichnet. Diese Zuordnung der Bezeichnungen hängt mit der Erhaltung der Leptonenzahl zusammen (s. S. 411).

Wegen des äußerst kleinen totalen Wirkungsquerschnittes der Nukleonen für eine Wechselwirkung mit Antineutrinos ($\sigma \approx 10^{-43}$ cm^2) gelang es *Cowan* und *Reines* erst 1956, die Existenz des Antineutrinos experimentell direkt nachzuweisen.

Um viele Jahre früher konnten jedoch außer der Neutrinoladung $q_v = 0$ auch dessen Spin $s_v = \frac{1}{2}\hbar$ aufgrund der Drehimpulserhaltung und dessen Ruhemasse $m_v \approx 0$ aus dem β-Spektrum bestimmt werden.

Eine weitere Aufteilung der Neutrinos ergab sich um 1960 mit der Erkenntnis, daß Neutrinos, die mit Elektronen bzw. Myonen auftreten, nicht identisch sind (vgl. S. 418). Neutrinos der ersten Art nennt man elektronische ($v_e, \bar{v}_e$) und diejenigen der anderen Art myonische Neutrinos oder Neutrettos ($v_\mu, \bar{v}_\mu$).

10.1. Geschichtliches

c) **Pionen** (π-Mesonen). Anfangs der dreißiger Jahre verfügte man dank der neu entwickelten Teilchenbeschleuniger (vgl. Kap. 4) über Protonen und α-Teilchen von etlichen MeV Energie und untersuchte damit viele Kernreaktionen und Streuprozesse. Dabei ergab sich, daß, bei genügender Annäherung von Geschoß und Kern, außer abstoßenden Coulombschen Kräften anziehende Kernkräfte (s. Abschn. 2 und Kap. 8) auftreten. Diese besitzen allerdings nur die äußerst kleine Reichweite von etwa 1 fm, überwiegen aber innerhalb dieser Distanz die Coulombschen Kräfte bei weitem.

Im Jahre 1935 schrieb deshalb *H. Yukawa* (geb. 1907) den Atomkernen außer dem elektromagnetischen ein kernspezifisches Kraftfeld zu, das der beobachteten „starken Wechselwirkung" entsprach. Als Analogon zu den Photonen des elektromagnetischen Feldes sagte er die Mesonen als Feldquanten der starken Wechselwirkung voraus und beschrieb ihre Eigenschaften: Als Feldquanten sind Mesonen Bose-Teilchen, besitzen also ganzzahligen Spin, und der kurzen Reichweite der Kernkräfte entspricht eine Ruhemasse von etwa 100 MeV/c^2 (vgl. S. 407).

Schon zwei Jahre nach Yukawas Ankündigung fanden *Anderson* und *Neddermeyer*[1] bei der Musterung photographischer Emulsionen Spuren von Partikeln, deren Masse etwa der Yukawa-Teilchen-Masse gleichkam. Es wurde deshalb angenommen, daß es sich um die gesuchten Mesonen handle. Diese Ansicht konnte nicht aufrechterhalten werden, zeigten doch die vermeintlichen Mesonen eine um viele Zehnerpotenzen geringere Wechselwirkung mit den Atomkernen, als Yukawa vorausgesagt hatte. Die neu entdeckten Teilchen waren Myonen und damit als geladene Leptonen nur elektromagnetischer und schwacher Wechselwirkung (s. Abschn. 10.3.3) fähig.

Die ersten Mesonen (Pionen) konnte erst *Powell* 1947 anhand von Spuren in Kernemulsionen nachweisen. Ihre Ruhemasse beträgt $m_\pi = 140$ MeV/c^2, ihr Spin $s = 0$ und ihre Lebensdauer $\tau = 2{,}6 \cdot 10^{-8}$ s. Die Pionen zerfallen in die früher entdeckten Myonen nach dem Schema

$$\pi^{+(-)} \to \mu^{+(-)} + v_\mu(\bar{v}_\mu).$$

Fig. 306 stellt die Photographie einer Spur des π-Zerfalls in einer photographischen Emulsion dar.

10.1.3. Beobachtung seltsamer Teilchen. 1944 photographierten *Leprince-Ringuet* und *l'Héritier*[2] die Nebelkammerspur eines Teilchens,

---
[1] *S. H. Neddermeyer* und *C. D. Anderson*, Phys. Rev., **54**, 88 (1938).
[2] *L. Leprince-Ringuet* und *M. l'Héritier*, Compt. rend., **219**, 618 (1944).

Fig. 306. π-μ-Zerfall in einer photographischen Emulsion. Die Spur ist aus vielen Stücken zusammengesetzt, die aus dem Bündel dünner Emulsionsschichten herausgeschnitten wurden.

das wegen seiner großen Ruhemasse mit keinem der bekannten zu identifizieren war, und 1947 fanden *Rochester* und *Butler*[1] Spuren, die auf den Zerfall eines kurzlebigen neutralen Partikels in zwei geladene hinwiesen. Sie nannten dieses neutrale Teilchen, entsprechend der V-förmigen Spur der Zerfallsprodukte, V-Teilchen. Fig. 307 zeigt eine typische Aufnahme dieser Art.

Mit diesen Beobachtungen begann eine weitere Etappe, nämlich die Erforschung der seltsamen Teilchen. In systematischer Weise war dies

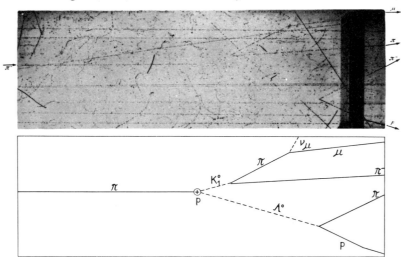

Fig. 307. Erzeugung (ca. in der Bildmitte) und Zerfall zweier „V-Teilchen" in einer Blasenkammer. $\pi^- + p \rightarrow K_1^0 + \Lambda^0$ bzw. $\Lambda^0 \rightarrow p + \pi^-$ und $K_1^0 \rightarrow \pi^+ + \pi^-$. Das eine der letzteren Pionen zerfällt weiter: $\pi \rightarrow \mu + \nu$.

[1] G. D. *Rochester* und C. C. *Butler*, Nature, **160**, 855 (1947).

10.1. Geschichtliches

allerdings erst möglich nach Vollendung einiger großer Protonensynchrotrons (vgl. Abschn. 4.5), also nach 1952. Ihren Namen erhielten die seltsamen Partikel, weil Entstehung und Zerfall grundsätzlich verschieden und ihre Lebensdauern nach der Yukawa-Theorie um mindestens zehn Größenordnungen zu groß sind.

Die von Rochester und Butler beobachteten V-Teilchen (später als Λ^0-Hyperonen bezeichnet) zerfallen nach einer mittleren Lebensdauer von $\tau = 3 \cdot 10^{-10}$ s in ein Proton und ein Pion:

$$\Lambda^0 \to p + \pi^-, \quad \text{Zerfallsenergie } Q = 37 \text{ MeV}.$$

Wenn dieser Zerfall eine starke Wechselwirkung im Yukawaschen Sinn wäre, so dürfte die Lebensdauer höchstens 10^{-22} s betragen. Ferner müßten sich beim Beschuß von Protonen mit energiereichen negativen Pionen Λ^0-Hyperonen bilden, z.B. nach dem Schema

$$\pi^- + p \to \Lambda^0 + \pi^0,$$

was jedoch bisher nie beobachtet wurde. Es muß also irgendein Prinzip sowohl eine lange Lebensdauer der seltsamen Teilchen garantieren als auch ihre mit einem Pion gemeinsame Entstehung durch Pion-Nukleon-Wechselwirkung stark behindern. Das gesuchte Prinzip ist die Erhaltung der Seltsamkeitsquantenzahl S (strangeness) und gilt für die starke und elektromagnetische Wechselwirkung streng ($\Delta S = 0$), während bei der schwachen Wechselwirkung die Seltsamkeit um eine Einheit ändern kann ($\Delta S = 0, \pm 1$). Dieses Gesetz wurde 1953 von *Gell-Mann*[1] und von *Nakano* und *Nishijima*[2] gleichzeitig, aber unabhängig postuliert.

Da seltsame Teilchen nur durch starke Wechselwirkung mit experimentell hinreichender Wahrscheinlichkeit entstehen können (der Beitrag der schwachen Wechselwirkung ist um viele Größenordnungen kleiner), werden sie praktisch stets in Paaren mit entgegengesetzter Seltsamkeit, also unter Erhaltung dieser Quantenzahl, erzeugt (principle of associated production). Beispiele hierfür sind:

Λ^0-Hyperon: $\quad \pi^+ + n \to \Lambda^0 + K^+ \qquad S(K^+) = -S(\Lambda^0) = 1$

Σ-Hyperon: $\quad \pi^- + p \to \Sigma^0 + K^0 \qquad S(K^0) = -S(\Sigma^0) = 1$

Kaskaden- oder Ξ-Hyperon:

$\qquad\qquad\qquad K^- + p \to \Xi^- + K^+ \qquad S(K^-) = -1, S(\Xi) = -2$

Ω^--Hyperon: $\quad K^- + p \to \Omega^- + K^0 + K^+ \qquad S(\Omega^-) = -3$

---

[1] M. Gell-Mann, Phys. Rev., **92**, 833 (1953).
[2] T. Nakano und K. Nishijima, Progr. Theor. Phys. Japan, **10**, 581 (1953).

Zu jedem seltsamen Teilchen gehört wie üblich ein Antiteilchen, und zudem existieren alle mit Ausnahme des Λ^0- und Ω^--Hyperons in verschiedenen Ladungszuständen (z. B. Σ-Hyperon: $\Sigma^+, \Sigma^0, \Sigma^-$ alle mit $S = -1$ und $\overline{\Sigma^+}, \overline{\Sigma^0}, \overline{\Sigma^-}$, alle mit $S = +1$).

Partikel, die starker Wechselwirkung fähig sind, heißen Hadronen. Wenn ihr Zerfall unter Erhaltung der Seltsamkeit ($\Delta S = 0$) möglich ist, leben sie im Mittel nur etwa 10^{-23} s. In dieser Zeit bewegen sie sich höchstens einige fm weit und sind deshalb nicht direkt zu erfassen. Ihr Auftreten äußert sich in einer bestimmten Korrelation zwischen den Impulsen und Energien der Endprodukte oder als Resonanz im totalen Wirkungsquerschnitt, weshalb solche Partikel auch Resonanzteilchen heißen.

Die erste Resonanz wurde 1952 durch *E. Fermi*[1] und seine Mitarbeiter bei der π^+-p-Wechselwirkung beobachtet:

$$p + \pi^+ \to \Delta^{++} \to p + \pi^+.$$

In den sechziger Jahren wurden die Teilchen und Resonanzen mit Ruhemassen zwischen 0 und 2 GeV/c^2 systematisch erforscht. Es stellte sich dabei heraus, daß alle Pionen, Nukleonen und seltsamen Teilchen angeregte Zustände aufweisen. Diese sind mit Resonanzen identisch.

Die gruppentheoretische Einordnung der Elementarteilchen in sog. Supermultiplette gelang *Gell-Mann*[2] und *Ne'eman*[3] unabhängig im Jahre 1961. Nach diesen Vorstellungen sind z. B. die beiden Nukleonen, das Λ^0-, die drei Σ- und die beiden Ξ-Hyperonen verschiedene Ladungs- und Seltsamkeitszustände desselben Superteilchens, das durch die Spinquantenzahl $\frac{1}{2}$ gekennzeichnet ist. Eine physikalische Interpretation dieser mathematischen Theorie wäre die Existenz von drei Typen sog. Quarks (s. S. 440), welche durch geeignete Kombination von zwei oder drei Quarks alle Hadronen aufbauen (s. S. 441) würden. Bisher (1972) gelang es allerdings nicht, Quark-Teilchen nachzuweisen.

Die chronologische Entwicklung der Partikelphysik ist in Tabelle 27 zusammengefaßt.

10.2. Abgrenzung der Elementarteilchen- und Kernphysik. Die Physik der Elementarteilchen behandelt die Wechselwirkung der verschiedenen Elementarteilchen unter sich sowie deren Struktur und Klas-

---

[1] *H. L. Anderson, E. Fermi, E. A. Long, R. Martin* und *D. E. Nagle*, Phys. Rev., **85**, 934 (1952).

[2] *M. Gell-Mann*, Phys. Rev., **125**, 1067 (1962).

[3] *Y. Ne'eman*, Nucl. Phys., **26**, 222 (1961).

Tabelle 27. *Geschichtliche Entwicklung der Partikelphysik. Theoretisch vorausgesagte Teilchen sind ausgezogen (———), experimentell entdeckte gebrochen (– – –) unterstrichen.*

	1900	1910	1920	1930	1940	1950	1960	1970
Theoretische bzw. experimentelle Voraussetzung	Atommodell, Strahlungsgesetze Gasentladung, Teilchenzähler		Quantenmechanik Photographische Emulsion, Nebelkammer				Gruppentheorie Synchrotron, Blasen- und Funkenkammer	
Hauptentwicklung	Identifikation der Bestandteile der Atome und des Quants des elektromagnetischen Feldes		Vorhersage und Beobachtung neuer Partikel				Systematische Suche nach seltsamen und Resonanzteilchen	
Vorausgesagte oder experimentell entdeckte Teilchen								
Leptonen	Elektron →			Neutrino + Positron, Antiteilchen Positron →	Myonen →	Antineutrino →	Neutretto →	
Baryonen		Proton →		Neutron →		Λ^0-Hyperon erste π-p-Resonanz → Theorie seltsamer Teilchen	Ω^--Hyperon → Gruppentheoretische Einordnung der Hadronen →	
Feldquanten	Photon →				Meson →	Pion →		
Zeitachse ——→	1900	1910	1920	1930	1940	1950	1960	1970

sifizierung. Sie ist damit eine Weiterentwicklung der Kernphysik und läßt sich, soweit die Teilchen Nukleonen sind, gegen diese nicht scharf abgrenzen.

Für experimentelle Studien der Kern- und Partikelphysik müssen die Teilchen meistens erst erzeugt oder auf die gewünschte Energie gebracht werden. Die Physik der Atomkerne und Elementarteilchen läßt sich deshalb nach der Möglichkeit, neue Partikel zu erzeugen, und damit nach der Partikelenergie gliedern. In Tabelle 28 werden die drei Bereiche Kernphysik, Mesonenphysik und Elementarteilchenphysik abgegrenzt.

Tabelle 28. Abgrenzung der Kern-, Mesonen- und Hochenergiephysik

Arbeitsgebiet	Teilchen-energien	Typische Wechselwirkung	Schwellenergie im Laborsystem
Niedere Energie: Kernphysik	0 bis ca. 300 MeV	$^3_1H \rightarrow {}^3_2He + e^- + \bar{\nu}$ $^{113}_{48}Cd(n,\gamma)^{114}_{48}Cd$ $^7_3Li(p,n)^7_4Be$	spontaner Zerfall 0 1,9 MeV
Mittlere Energie: Kern- und Mesonenphysik	0,3 bis ca. 1,6 GeV	$p+p < \begin{array}{l} p+n+\pi^+ \\ p+p+\pi^0 \end{array}$	280 MeV
Hohe Energie: Physik der Elementarteilchen	> 1,6 GeV	$p+p < \begin{array}{l} p+\Lambda^0+K^+ \\ p+p+p+\bar{p}^- \end{array}$	1,6 GeV 5,6 GeV

In der Kernphysik spielt die Bindung zwischen Nukleonen eine entscheidende Rolle. Die Teilchenenergien liegen also zwischen Null und der Größenordnung der totalen Bindungsenergie mittlerer Kerne, d. h. ca. 1000 MeV. Bei einer Energie von 280 MeV im Laborsystem setzt bei der (p, p)-Wechselwirkung die Mesonenproduktion und damit die Mesonenphysik ein. Diese Schwellenergie läßt sich wie folgt berechnen:

Im Schwerpunktssystem besitzen die Reaktionspartner nach der Reaktion im Grenzfall die kinetische Energie Null. Für die Erzeugung eines Pions wird also mindestens dessen Ruheenergie $m_\pi c^2$ benötigt, womit für den Prozeß

$$p+p \rightarrow p+p+\pi^0 \qquad (10.3)$$

eine minimale Gesamtenergie von

$$E_S = (2m_p + m_\pi)c^2 \qquad (10.4)$$

notwendig ist. Als Vierervektor des Impulses ergibt sich demnach

$$p_S = \left(0, 0, 0, \frac{i}{c} E_S\right). \quad (10.5)$$

Im Laborsystem wird ein Proton der Energie

$$E_{L,1} = \sqrt{p_x^2 c^2 + (m_p c^2)^2} \quad (10.6)$$

auf ein ruhendes Targetproton ($E_{L,2} = m_p c^2$) geschossen. Der Viererimpulsvektor im Laborsystem ist damit gegeben durch

$$p_L = \left(p_x, 0, 0, \frac{i}{c}(E_{L,1} + E_{L,2})\right). \quad (10.7)$$

Nach der Theorie der Lorentz-Transformation sind die Beträge der beiden relativistischen Vierervektoren (10.5) und (10.7) gleich, und man erhält unter Berücksichtigung von Gl. (10.4) und (10.6)

$$\begin{aligned}|p_S|^2 &= -(2m_p + m_\pi)^2 c^2 \\ &= \frac{1}{c^2} E_{L,1}^2 - (m_p c)^2 - \frac{1}{c^2}(E_{L,1} + m_p c^2)^2 = |p_L|^2.\end{aligned} \quad (10.8)$$

Die kinetische Energie $T_L(\pi)$ des einfallenden Protons beträgt im Laborsystem schließlich

$$T_L(\pi) = E_{L,1} - m_p c^2 = m_\pi c^2 \left(2 + \frac{1}{2} \cdot \frac{m_\pi}{m_p}\right). \quad (10.9)$$

Nach Tabelle 29 sind die Ruheenergien $m_{\pi^0} c^2 \approx 135$ MeV und $m_p c^2 \approx 938$ MeV, womit die kinetische Schwellenergie $T_L(\pi) \approx 280$ MeV wird.

Als Schwelle für die Elementarteilchenphysik ist in Tabelle 28 diejenige Protonenenergie aufgeführt, oberhalb der nach dem Schema

$$p + p \rightarrow p + \Lambda^0 + K^+ \quad (10.10)$$

seltsame Teilchen entstehen. Diese zweite Schwellenergie $T_L(\Lambda)$ läßt sich analog zu oben (Gl. (10.4) – (10.9)) berechnen, indem der Ausdruck (10.4) durch

$$E_S = (m_p + m_\Lambda + m_K) c^2 \quad (10.11)$$

ersetzt wird. Für $T_L(\Lambda)$ erhält man ca. 1,6 GeV.

10.3. Die vier Wechselwirkungen. Alle Kräfte und Energien lassen sich auf eine oder mehrere der folgenden vier fundamentalen Wechselwirkungen zurückführen: starke, elektromagnetische, schwache und Gravitationswechselwirkung. Mechanik, Thermodynamik, Elektrodynamik und Atomphysik sind ausschließlich durch die elektromagnetische und/oder die Gravitationswechselwirkung gekennzeichnet. Typisch für diese beiden Wechselwirkungen ist die über zunehmende Distanzen wohl abnehmende, aber stets endlich bleibende Stärke der Kraftfelder. Es können sich deshalb sehr viele atomare Einzelkräfte dieser Art zu einer makroskopisch wirksamen Resultierenden superponieren. Das Kraftgesetz kann daher an makroskopischen Systemen studiert werden.

Demgegenüber sind die starke und die schwache Wechselwirkung, die sich beide nur in der Kern- und Elementarteilchenphysik manifestieren, von einer auf wenige Femtometer (10^{-15} m) beschränkten Reichweite. Diese Wechselwirkungen treten daher nur zwischen unmittelbar benachbarten Elementarteilchen auf.

Alle vier Wechselwirkungen können durch Felder oder durch Feldquanten beschrieben werden. Allerdings gelang es bis heute (1970) erst, die Photonen und die Mesonen als Quanten der elektromagnetischen bzw. der starken Wechselwirkung experimentell nachzuweisen. Feldquanten können in beliebiger Anzahl entstehen oder verschwinden. Ihre Anzahl ist somit keinem Erhaltungssatz unterworfen. Sie gehorchen der Bose-Statistik (vgl. Bd. III/1), gehören also zu den Bosonen (Teilchen mit ganzzahligem Spin).

10.3.1. Gravitations- und elektromagnetische Wechselwirkung. Die Gravitation ist an jede Form von Materie gebunden, weshalb ihr auch alle Elementarteilchen unterworfen sind. Wegen ihrer geringen Stärke ist aber diese Wechselwirkung in der Teilchenphysik belanglos: Für zwei als Punkte idealisierte Protonen der Masse $m_p = 1{,}67 \cdot 10^{-27}$ kg im Abstand $r = 1$ fm beträgt die Gravitationskraft

$$F_G = f \frac{m_p^2}{r^2} = 6{,}7 \cdot 10^{-11} \left(\frac{1{,}67 \cdot 10^{-27}}{10^{-15}} \right)^2 \approx 2 \cdot 10^{-34} \text{ N}$$

und darf neben der Coulombschen Kraft

$$F_C = \frac{1}{4\pi\varepsilon_0} \cdot \frac{e^2}{r^2} = 9 \cdot 10^9 \left(\frac{1{,}6 \cdot 10^{-19}}{10^{-15}} \right)^2 \approx 200 \text{ N}$$

mit Recht vernachlässigt werden. Wegen der erwähnten Superposition der Einzelkräfte bei makroskopischen Körpern tritt die Gravitationskraft jedoch beherrschend in Erscheinung, wenn wenigstens einer der wechselwirkenden Körper die Masse eines Himmelskörpers besitzt.

10.3. Die vier Wechselwirkungen

Alle Teilchen, die ein elektromagnetisches Feld mit sich führen, sind elektromagnetischer Wechselwirkung fähig. Dazu gehören in erster Linie alle geladenen Partikel, aber auch elektrisch neutrale Teilchen, falls ihr magnetisches Dipolmoment oder eines der Momente höherer Multipolordnung (s. S. 86) nicht verschwindet. Teilchen des Spins $(n/2)\hbar$ besitzen elektromagnetische Momente bis höchstens zur Ordnung 2^n.

Demgemäß tritt z.B. beim Neutron $[s=\frac{1}{2}, \mu=-1{,}91\ \mu_N = -1{,}91 \cdot 5{,}05 \cdot 10^{-27}\ \text{J/T}]$ die elektromagnetische Wechselwirkung auf und beim π^0-Meson (Spin 0 und Ladung 0) nicht.

Trotzdem zerfällt das π^0-Meson in zwei Gammaquanten: $\pi^0 \to 2\gamma$. Dazu ist allerdings ein Umweg über geladene Hadronen nötig. In einer ersten starken Wechselwirkung bildet sich aus dem neutralen Pion ein Paar virtueller geladener Hadronen (Ha und $\overline{\text{Ha}}$), und in einer zweiten Stufe zerstrahlt dieses Paar elektromagnetisch zu zwei Gammaquanten:
$$\pi^0 \to \text{Ha} + \overline{\text{Ha}} \to \gamma + \gamma.$$

In der Elementarteilchenphysik pflegt man die Stärken der verschiedenen Wechselwirkungen durch dimensionslose Kopplungskonstanten anzugeben. Für die elektromagnetische Wechselwirkung ist dies die Feinstrukturkonstante (vgl. Bd. III/1, S. 338)

$$\alpha = \frac{1}{4\pi\varepsilon_0} \cdot \frac{e^2}{\hbar c} = 9 \cdot 10^9 \frac{(1{,}6 \cdot 10^{-19})^2}{1{,}05 \cdot 10^{-34} \cdot 3 \cdot 10^8} = \frac{1}{137}$$

und für die Gravitationswechselwirkung die Konstante

$$G_g = f \frac{m_p^2}{\hbar c} = 6{,}7 \cdot 10^{-11} \frac{(1{,}67 \cdot 10^{-27})^2}{1{,}05 \cdot 10^{-34} \cdot 3 \cdot 10^8} \approx 5{,}9 \cdot 10^{-39}.$$

Die Kopplungskonstanten dieser beiden Wechselwirkungen verhalten sich also etwa wie $1 : 10^{-36}$.

Alle elektromagnetischen Energien lassen sich durch eine Potenzreihe der Feinstrukturkonstante α darstellen. So beträgt die Bindungsenergie E_n eines Wasserstoffatoms im Zustand mit der Hauptquantenzahl n (s. Bd. III/1, S. 272)

$$E_n = \frac{\alpha^2}{2}\mu c^2 \frac{1}{n^2},$$

wobei μ die reduzierte Masse des Elektrons bedeutet. Die Bezeichnung für α rührt von der Feinstrukturaufspaltung der Atomzustände durch die Spin-Bahn-Kopplung her. Diese Aufspaltung ist proportional zu $\alpha^2 E_n \propto \alpha^4$ und stellt damit den zweiten Term in der Entwicklung der Bindungsenergie nach Potenzen von α dar.

Die Intensitäten oder Stärken der Wechselwirkungen sind proportional zu den Kopplungskonstanten und die Bindungsenergien proportional zu deren Quadrate.

Alle Wechselwirkungen können als Austausch virtueller Feldquanten zwischen den in Beziehung stehenden Körpern verstanden werden. Elektrisch geladene Partikel emittieren und reabsorbieren z. B. dauernd virtuelle Photonen (s. Fig. 308). Solche Photonen kann ein zweites geladenes Teilchen zeitweise absorbieren, womit die Wechselwirkung hergestellt ist.

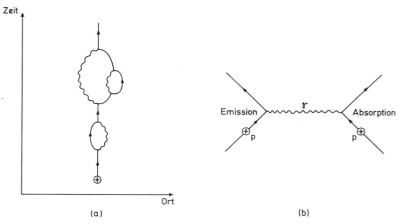

Fig. 308.
a) Virtuelle Emission von Photonen durch ein geladenes Partikel.
b) Darstellung der elektromagnetischen Wechselwirkung zwischen zwei Protonen durch Austausch von Feldquanten. Die Quanten des elektromagnetischen Feldes sind Photonen.

Für die elektromagnetische und die Gravitationswechselwirkung verschwindet die Ruhemasse der Feldquanten und zwar aus folgendem Grund: In atomaren und subatomaren Systemen gilt die Heisenbergsche Unschärferelation

$$\Delta E \Delta t \approx \hbar.$$

Setzt man für die Energieunschärfe ΔE die Ruheenergie des Feldquants $\Delta E = m_0 c^2$ und für die Reichweite $R \approx c \Delta t$, so erhält man:

$$R \approx c \frac{\hbar}{\Delta E} \approx \frac{\hbar}{m_0 c},$$

d.h. die Reichweite entspricht etwa der Compton-Wellenlänge des Feldquants. Für eine unendliche Reichweite muß demnach die Ruhemasse des Feldquants verschwinden.

Die in den nächsten beiden Abschnitten zu besprechenden starken und schwachen Wechselwirkungen erstrecken sich nur über Distanzen von der Größenordnung der Nukleonenradien. Dementsprechend ist die Ruhemasse dieser Feldquanten größer als Null.

Während sich die Photonen oder Licht-, Röntgen- und Gammaquanten über einen sehr breiten Energiebereich beobachten lassen, gelang es bisher nicht, Gravitonen, d.h. die Quanten des Gravitationsfeldes, experimentell nachzuweisen.

10.3.2. Starke Wechselwirkung. Als stark bezeichnet man die durch ein Mesonenfeld oder durch Emission und Absorption virtueller Mesonen vermittelte Wechselwirkung. Alle Mesonen und Baryonen sind ihr unterworfen und werden deshalb unter dem Oberbegriff Hadronen (=Teilchen, die starker Wechselwirkung fähig sind) eingeordnet (s. Tabelle 29). Die verschiedenen Wechselwirkungen lassen sich am besten aufgrund der Symmetrieprinzipien, denen sie gehorchen, gegeneinander abgrenzen. Diese Frage wird in Abschn. 10.4 erörtert.

Die starke Wechselwirkung ist für die Kernkräfte verantwortlich, die Neutronen und Protonen im Kern zusammenhalten. Daneben ermöglicht sie, alle Arten von Hadronen durch energiereiche Proton-Nukleon-Stöße direkt oder über Zwischenstufen zu bilden. Instabile Teilchen zerfallen stets durch starke Wechselwirkung, wenn dies möglich ist, d.h. wenn dabei keine Erhaltungssätze verletzt werden. Solche Teilchen besitzen Lebensdauern von $\tau < 10^{-22}$ s und heißen Resonanzteilchen (s. Abschn. 10.6).

Das Potential der starken Wechselwirkung ist nicht explizite bekannt; immerhin gibt es einige quantitative Ansätze, welche die wesentlichen Prozesse zu erklären vermögen (s. Kap. 8): Am stärksten hängt das Potential vom Abstand der wechselwirkenden Partner ab. Es ist aber auch auf die relative Lage der Spins sowie des Bahndrehimpulses gegenüber dem Spin empfindlich. So besitzt z.B. das Potential, welches dem Schalenmodell (vgl. S. 318) der Kernphysik zugrundegelegt wird, außer einem Term, der nur vom Abstand des Leuchtnukleons vom Restkern abhängt, einen Spin-Bahn-Kopplungs-Term. Das heißt, im allgemeinen sind die Kräfte der starken Wechselwirkung keine reinen Zentralkräfte.

Für den ortsabhängigen Summanden V(r) des Potentials wird meistens eine Exponentialfunktion angesetzt, die einer Reichweite

Tabelle 29. Zusammenstellung der stabilen und metastabilen Elementarteilchen

		Name Teilchen	Symbol Teilchen/Antiteilchen	Isospin T	Spin J^π	Seltsamkeit S	Ruhemasse in MeV	Mittlere Lebensdauer in s	Zerfallstyp (Auswahl)		Q-Wert in MeV
Leptonen		Photon	$\gamma \equiv \gamma$		1		0	∞			
		Neutrino Neutretto	ν_e $\bar{\nu}_e$ ν_μ $\bar{\nu}_\mu$		1/2 1/2		0 ($<6\cdot10^{-5}$) 0 ($<1,6$)	∞ ∞			
		Elektron Myon	e^- e^+ μ^- μ^+		1/2 1/2		0,511006 105,659	∞ $2,1983\cdot10^{-6}$	$e^- \bar{\nu}_e \nu_\mu$	100%	105,15
Hadronen	Mesonen	Pi + Pi 0	π^+ π^- $\pi^0 \equiv \pi^0$	1	0^-	0 0	139,578 134,975	$2,603\cdot10^{-8}$ $0,89\cdot10^{-16}$	$\mu^+ \nu_\mu$ $\gamma\gamma$ $\gamma e^- e^+$	~100% 98,8% 1,2%	33,94 134,974 133,98
		Ka +	K^+ K^-	1/2	0^-	+1	493,82	$1,235\cdot10^{-8}$	$\mu^+ \nu_\mu$ $\pi^+ \pi^0$ $\pi^+ \pi^+ \pi^-$ $\pi^+ \pi^-$	64% 21% 6% ~69%	388,1 219,2 75,0 218,2
		Ka 0	K^0 $\bar{K}^0$				497,76	$K_1^0: 0,862\cdot10^{-10}$ $K_2^0: 5,38\cdot10^{-8}$	$\pi^0 \pi^0$ $\pi^0 \pi^0 \pi^0, \pi^- e^+ \nu_e \ldots$	~31%	228,0
	Baryonen	Proton Neutron	p $\bar{p}$ n $\bar{n}$	1/2	$1/2^+$	0	938,256 939,550	∞ 932	$p e^- \bar{\nu}_e$	100%	0,78
		Lambda 0	Λ^0	0	$1/2^+$	-1	1115,60	$2,51\cdot10^{-10}$	$p \pi^-$ $n \pi^0$	65,3% 34,7%	37,5 40,9
		Sigma + Sigma 0 Sigma −	Σ^+ $\bar{\Sigma}^+$ Σ^0 $\bar{\Sigma}^0$ Σ^- $\bar{\Sigma}^-$	1	$1/2^+$	-1	1189,40 1192,46 1197,32	$0,802\cdot10^{-10}$ $<1,0\cdot10^{-14}$ $1,49\cdot10^{-10}$	$p \pi^0$ & $n \pi^+$ $\Lambda^0 \gamma$ $n \pi^-$	100% ~100% ~100%	77,0 117,94 63,9
		Xi 0 Xi −	Ξ^0 $\bar{\Xi}^0$ Ξ^- $\bar{\Xi}^-$	1/2	$1/2^+$	-2	1314,7 1321,25	$3,03\cdot10^{-10}$ $1,66\cdot10^{-10}$	$\Lambda^0 \pi^0$ $\Lambda^0 \pi^-$	~100% ~100%	65,8 221
		Omega −	Ω^- $\bar{\Omega}^-$	0	$3/2^+$	-3	1672,5	$1,3\cdot10^{-10}$	$\Xi \pi$ ΛK		66

10.3. Die vier Wechselwirkungen

der Kräfte von ungefähr 1,4 fm entspricht. *Yukawa*[1] schlug für V(r) den Ausdruck

$$V_Y(r) = -G_s^2 \frac{e^{-r/\lambda}}{r}$$

vor, wobei die Konstanten G_s und λ experimentell zu bestimmen waren. Die sog. Nukleonenladung G_s besitzt bei der elektromagnetischen Wechselwirkung ihre Analogie in der elektrischen Ladung. Die Reichweite λ der Kernkräfte wird nach der Heisenbergschen Unschärferelation

$$\Delta E \, \Delta t \approx m_\pi c^2 \frac{\lambda}{c} \approx \hbar$$

gleich der Compton-Wellenlänge (s. Bd. III/1, S. 165) des Pions:

$$\lambda \approx \frac{\hbar}{m_\pi c}.$$

Dabei wurde ΔE gleich der Ruheenergie $m_\pi c^2$ des Pions und Δt gleich der Lebensdauer λ/c des virtuellen Pions gesetzt.

Mit einer Reichweite von $\lambda = 1,4$ fm erhält man für die Pionenmasse

$$m_\pi \approx \frac{\hbar}{\lambda c} = 140 \, \frac{\text{MeV}}{c^2}.$$

Wegen der beschränkten Reichweite der starken Wechselwirkung müssen also deren Feldquanten, d.h. die Mesonen, eine nicht verschwindende Ruhemasse besitzen.

Aus mannigfaltigen Experimenten ergab sich, daß die starke Wechselwirkung wahrscheinlich unabhängig von der elektrischen Ladung der Teilchen ist. Das heißt, die beiden Ladungszustände des Nukleons (Proton und Neutron) oder die drei Ladungszustände des Pions (π^+, π^0, π^-) etc. verhalten sich gleich, soweit es die starke Wechselwirkung betrifft und natürlich verschieden, wenn elektromagnetische Effekte eine Rolle spielen.

Die relative Stärke der elektromagnetischen und der starken Wechselwirkung erhält man, indem man das Coulomb- mit dem Yukawa-Potential im Abstand $r = \lambda = \hbar/m_\pi c$ vergleicht:

$$V_C(\lambda) = \frac{e^2}{4\pi \varepsilon_0 \lambda} = \alpha \, m_\pi c^2$$

mit der Feinstrukturkonstanten $\alpha = e^2/4\pi \varepsilon_0 \hbar c$ und

$$V_Y(\lambda) = -\frac{G_s^2}{2{,}718 \, \lambda} = -\frac{1}{2{,}718} \cdot \frac{G_s^2}{\hbar c} m_\pi c^2.$$

---

[1] *Yukawa*, Proc. Phys. Math. Soc. Japan, 3, **17**, 48 (1935).

Als Tiefe $V_Y(\lambda)$ des Yukawa-Potentials ergibt sich z.B. aus Streumessungen $V_Y(\lambda) \approx 40$ MeV (s. S. 349) und damit für die Kopplungskonstante der starken Wechselwirkung

$$\frac{G_s^2}{\hbar c} \approx 1.$$

Diese Zahl ist mit der Feinstrukturkonstante $\alpha = \frac{1}{137}$ zu vergleichen.

10.3.3. Schwache Wechselwirkung. Wie die starke so tritt auch die schwache Wechselwirkung ausschließlich in der Kern- und Elementarteilchenphysik auf, da auch ihre Reichweite nur von der Größenordnung Femtometer ist. Sie ist für die β-Zerfälle der Kerne und des Neutrons sowie für diejenigen Partikelzerfälle verantwortlich, bei denen entweder der Grad der Seltsamkeit geändert wird oder Teilchen ohne starke oder elektromagnetische Wechselwirkung auftreten. Alle diese Zerfälle sind durch relativ lange Lebensdauern von $\tau \gtrsim 10^{-10}$ s ausgezeichnet. Die Kenntnisse über die schwache Wechselwirkung sind ebenfalls noch lückenhaft.

Zu den schwach wechselwirkenden Teilchen gehören mit Ausnahme des Photons wahrscheinlich alle bis jetzt entdeckten Partikel. Besonders wichtig ist die schwache Wechselwirkung für die sog. Leptonen, also für Teilchen, die keine starke Wechselwirkung zeigen. Diese Klasse umfaßt die Elektronen, Myonen, Neutrinos und Neutrettos.

Um die Stärke der schwachen Wechselwirkung abzuschätzen, kann der β-Zerfall herangezogen werden. Nach der Theorie dieses Zerfalles (*Fermi* 1934)[1] ergibt sich als dimensionslose, der Feinstrukturkonstanten α äquivalente Kopplungskonstante der schwachen Wechselwirkung

$$G_w \approx 10^{-14}.$$

Diese Konstante besitzt für alle andern schwachen Wechselwirkungen etwa denselben Wert, womit ihr universelle Bedeutung zukommt. Die Kleinheit von G_w gegenüber der Feinstrukturkonstante α äußert sich auch in der Atomphysik. Wenn G_w nicht um etliche Größenordnungen kleiner als α wäre, müßte außer der Coulomb-Wechselwirkung auch die schwache zur Berechnung der atomaren Energieniveaus herangezogen werden.

Wie die starke Wechselwirkung zeigt auch die schwache nur eine sehr kurze Reichweite, weshalb ein allfälliges Feldquant endliche Masse besitzen sollte. Auch dieses Feldquant müßte ein Boson (vgl. Bd. III/1) sein. Man hat ihm den Namen „intermediäres Boson"

---

[1] *E. Fermi*, Z. Physik, **88**, 161 (1934).

gegeben; es konnte aber bisher (1972) noch nicht nachgewiesen werden.

10.3.4. Vergleich der vier Wechselwirkungen. Aus den vorstehenden Abschnitten geht hervor, daß sich die Stärken der Gravitations-, der schwachen, der elektromagnetischen und der starken Wechselwirkung etwa wie $10^{-38}:10^{-14}:10^{-2}:1$ verhalten. In der Teilchenphysik darf daher die Gravitation stets vernachlässigt werden, und die schwache Wechselwirkung kommt nur zur Geltung, falls die starke und elektromagnetische für den in Frage stehenden Prozeß ausgeschlossen sind. Dies ist beim Zerfall instabiler Teilchen erfüllt, wenn die Seltsamkeiten des Anfangs- und des Endzustandes verschieden sind ($K^0 \to$ Pionen, $\Lambda^0 \to p + \pi^-$, $\Sigma \to$ Nukleon + Pion, $\Xi \to \Lambda^0 + \pi$, $\Omega^- \to \Xi^0 + \pi^-$) oder wenn der Zerfall wegen der Erhaltung der Energie nur über Leptonen möglich ist ($n \to p + e^- + \bar{v}_e$, $\pi^\pm \to \mu^\pm + v_\mu$, $\mu^\pm \to e^\pm + v_\mu + v_e$). Aus der Stärke, d.h. auch aus der Wahrscheinlichkeit der Wechselwirkung, über welche eine spontane Umwandlung führt, ergibt sich größenordnungsmäßig die Lebensdauer des betreffenden Partikels. Den Zerfällen durch starke, elektromagnetische und schwache Wechselwirkung entsprechen Lebensdauern von etwa 10^{-23} s, 10^{-20} s bzw. 10^{-9} s.

Die Existenz von (durch starke Wechselwirkung zerfallenden) Resonanzteilchen läßt sich am Verlauf des Wirkungsquerschnitts mit der Energie erkennen. Nach Fig. 309, die den Querschnitt für

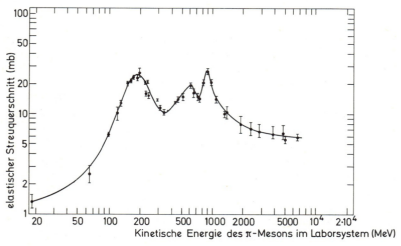

Fig. 309. Querschnitt des Protons für die elastische Streuung von negativen Pionen.

die elastische Streuung $\pi^- + p \to p + \pi^-$ darstellt, zeigen sich bei ca. 190 MeV, 600 MeV und 850 MeV Laborenergie des Pions Resonanzen mit einer Breite von jeweils etwa 100 MeV. Diesen Querschnittsmaxima werden Resonanzteilchen der Lebensdauer von $\tau = \hbar/\Gamma \approx 10^{-23}$ s zugeordnet, was nahezu der unteren Grenze der Lebensdauer entspricht, d. h. dem Fall, daß sich die Teilchen mit Lichtgeschwindigkeit durchdringen. Diese Grenze ist $t = r/c = 2 \cdot 10^{-24}$ s, wobei der Teilchenradius $r \approx 1$ fm gesetzt wurde.

Zerfälle durch reine elektromagnetische Wechselwirkung kommen nur bei den Σ^0-Hyperonen vor. Die Lebensdauer dieses Teilchens konnte bisher noch nicht bestimmt werden, dürfte aber $\tau \ll 10^{-15}$ s sein. Das neutrale Pion dagegen zerfällt nicht direkt in Photonen, sondern wandelt sich z. B. nach dem Schema $\pi^0 \to p + \bar{p} \to \gamma + \gamma$, über zwei Stufen in zwei Photonen um. Dadurch wird die mittlere Lebensdauer für π^0-Mesonen, verglichen mit derjenigen bei direktem Übergang, etwas verlängert und beträgt $\tau \approx 2 \cdot 10^{-16}$ s.

Die meisten Teilchen, welche durch schwache Wechselwirkung zerfallen, weisen Lebensdauern zwischen 10^{-8} s und 10^{-10} s auf. Ausnahmen bilden die Myonen ($\tau \approx 2 \cdot 10^{-6}$ s) und die Neutronen ($\tau \approx 10^3$ s). In diesen beiden Fällen entstehen als Endprodukte drei Teilchen, was den Zerfall stark verzögert:

$$\mu^+ \to e^+ + \bar{\nu}_\mu + \nu_e,$$
$$\mu^- \to e^- + \nu_\mu + \bar{\nu}_e,$$
$$n \to p + e^- + \bar{\nu}_e.$$

10.4. Erhaltungssätze. Für die Beschreibung der Wechselwirkung von Elementarteilchen spielen Erhaltungssätze (s. Abschn. 7) eine zentrale Rolle. Einige dieser Sätze entstammen der Mechanik (Energie-, Impuls- und Drehimpulssatz), während die Elektrodynamik den Satz von der Erhaltung der elektrischen Ladung liefert. Viele Größen, für die ein Erhaltungssatz gilt, lassen sich aber nur im Bereich der Kern- und vor allem der Teilchenphysik erkennen. Alle Erhaltungssätze entspringen physikalischer Erfahrung, ihre Allgemeingültigkeit kann also nicht bewiesen werden und ist deshalb mit fortschreitender Verfeinerung der Experimentierkunst und der Theorie immer wieder zu überprüfen.

Als abgeschlossen wird ein physikalisches System bezeichnet, wenn es mit der Außenwelt in keiner Wechselwirkung steht, also mit dieser insbesondere keine Partikel oder Energien, Impulse, Drehimpulse und elektrische Ladungen austauscht. Es lassen sich nun verschiedene

Größen empirisch finden und definieren, deren Summen für solche Systeme zeitlich streng konstant bleiben. Nebst diesen Größen, die streng erhalten bleiben, gibt es solche, die nur bei bestimmten Wechselwirkungen konstant sind. Die Seltsamkeit z.B. bleibt bei starken und elektromagnetischen Wechselwirkungen erhalten, ändert sich aber oft bei schwachen. Die verschiedenen Wechselwirkungen können durch die Erhaltungssätze, denen sie unterworfen sind, gegeneinander abgegrenzt werden.

10.4.1. Klassische Erhaltungssätze. Gesamtenergie und Gesamtmasse eines Systems sind miteinander durch die Einsteinsche Beziehung $E = mc^2$ verknüpft. Demnach ist der Satz von der Erhaltung der Energie äquivalent dem Satz von der Erhaltung der Masse, wobei unter Masse natürlich nicht nur die Ruhemasse, sondern die Gesamtmasse zu verstehen ist. In einem abgeschlossenen System bleibt die Energie streng, d.h. bei allen Wechselwirkungen, erhalten.

In der speziellen Relativitätstheorie bildet die mit i/c multiplizierte Gesamtenergie die vierte Komponente des Viererimpulsvektors. Energie- und Impulserhaltung können daher als Erhaltung des Vierervektors aufgefaßt werden:

$$\vec{p} = \left(p_x, p_y, p_z, \frac{i}{c} E\right) = m(\dot{x}, \dot{y}, \dot{z}, ic) = \text{const}, \qquad (10.12)$$

wobei $m = m_0/(1-\beta^2)^{\frac{1}{2}}$ mit $\beta = v/c$ die relativistische Gesamtmasse (s. Bd. III/1, S. 111) darstellt. Damit ein Vektor erhalten bleibt, muß jede Komponente unveränderlich sein. Die Vektorgleichung (10.12) entspricht also vier skalaren Beziehungen.

Auch der Drehimpuls ist eine vektorielle Größe und der zugehörige allgemeingültige Erhaltungssatz eine Vektorgleichung. Der Gesamtdrehimpuls eines Systems ist die Vektorsumme aus den Teilchenspins und den Bahndrehimpulsen. Die Drehimpulse sind räumlich und betragsmäßig quantisiert.

Die elektrische Ladung bleibt bei allen Wechselwirkungen erhalten. Sie tritt in der Elementarteilchenphysik bisher nur in ganzzahligen Vielfachen der Elementarladung $e = \pm 1,6 \cdot 10^{-19}$ C auf. Alle bis heute bekannten geladenen langlebigen ($\tau > 10^{-20}$ s) Partikel tragen *eine* Elementarladung, während einige durch π^+-p-Wechselwirkung erzeugte Resonanzteilchen eine Ladung von 2e besitzen.

10.4.2. Die Erhaltung der Baryonen- und Leptonenzahl. Die Elementarteilchen lassen sich in zwei Gruppen, die Bosonen und die Fermionen, einteilen. Erstere besitzen ganzzahligen Spin und gehorchen der Bose-

Statistik (vgl. Bd. III/1, S. 347). Gemäß der Erfahrung lassen sich Bosonen nach Belieben erzeugen und vernichten. Demgegenüber sind Fermionen, als Teilchen mit halbzahligem Spin, dem Pauli-Prinzip unterworfen und durch einen Erhaltungssatz zahlenmäßig festgelegt: In abgeschlossenen Systemen ist die Summe der Fermionen konstant[1]. Diese Aussagen entsprechen dem Faktum, daß das Proton als leichtestes Baryon stabil ist, weil ein Zerfall in Leptonen die Baryonenerhaltung verletzen würde. Analoges gilt für das Neutretto und das Neutrino als leichtestes myonisches bzw. elektronisches Lepton. Ferner muß bei getrennter Erhaltung von Myonen- und Elektronenzahl, zwischen Neutretto und Neutrino ein physikalischer Unterschied bestehen.

Die Erhaltung der Baryonen- und Leptonenzahl verlangt im weiteren, daß diese Teilchen nur gemeinsam mit einer gleichen Anzahl Antiteilchen erzeugt oder vernichtet werden wie z.B. in den Reaktionen

$$p + p \to p + p + p + \bar{p},$$
$$\bar{n} + p \to \pi^+ + \pi^+ + \pi^-,$$
$$\pi^+ \to \mu^+ + \nu_\mu,$$
$$e^+ + e^- \to \gamma + \gamma.$$

10.4.3. Beschränkt gültige Erhaltungssätze. Die Größen Energie, Impuls, Drehimpuls, elektrische Ladung, Anzahl der Baryonen, myonische und elektronische Leptonenzahl bleiben in einem abgeschlossenen System bei allen Wechselwirkungen erhalten. Daneben gibt es Größen, die nur bei starker oder bei starker und elektromagnetischer Wechselwirkung Systemkonstanten sind.

Eine erste Größe dieser Art, der Isospin, wurde in Abschn. 7.5 ausführlich besprochen. Da auch für andere Teilchen als Nukleonen mehrere Ladungszustände vorkommen, läßt sich das Isospinkonzept allgemein anwenden. So erhält jedes Partikel einen bestimmten Isospin τ und jeder Ladungszustand desselben eine entsprechende Komponente τ_3. Beispiele dafür finden sich in Tabelle 30. Beim Übergang von einem Teilchen zu seinem Antiteilchen wechselt das Vorzeichen der dritten Komponente des Isospins.

Bei schwachen Wechselwirkungen wird der Isospin und dessen dritte Komponente sehr oft geändert. Dies gilt z.B. für alle Zerfälle der seltsamen Baryonen, wie aus Tabelle 31 ersichtlich ist, und zwar

---

[1] Dabei werden die Elementarteilchen mit der Fermionenzahl $+1$ und die entsprechenden Antiteilchen mit -1 belegt.

10.4. Erhaltungssätze

Tabelle 30. Beispiele einiger Zuordnungen des Isospins τ und dessen dritter Komponente τ_3

Teilchen	Isospin τ	Symbole der Ladungszustände	3. Komponente τ_3
Nukleon	$\frac{1}{2}$	p, n	$+\frac{1}{2}, -\frac{1}{2}$
Λ^0-Hyperon	0	Λ^0	0
Σ-Hyperon	1	$\Sigma^+, \Sigma^0, \Sigma^-$	$+1, 0, -1$
Ξ-Hyperon	$\frac{1}{2}$	Ξ^0, Ξ^-	$+\frac{1}{2}, -\frac{1}{2}$
Ω^--Hyperon	0	Ω^-	0
π-Meson	1	π^+, π^0, π^-	$+1, 0, -1$
K-Meson	$\frac{1}{2}$	K^+, K^0	$+\frac{1}{2}, -\frac{1}{2}$

ändert sich sowohl der Isospin als auch seine dritte Komponente um je eine halbe Einheit, denn ein halb- und ein ganzzahliger Isospin ergeben stets einen halbzahligen.

Tabelle 31. Beispiele für die Änderungen von τ und τ_3 beim Zerfall seltsamer Teilchen

Zerfall	$\Lambda^0 \to p + \pi^-$	$\Sigma^+ \to n + \pi^+$	$\Xi^- \to \Lambda^0 + \pi^-$	$\Omega^- \to \Xi^0 + \pi^-$
Isospin τ	$0 \to \frac{1}{2} + 1$	$1 \to \frac{1}{2} + 1$	$\frac{1}{2} \to 0 + 1$	$0 \to \frac{1}{2} + 1$
3. Komponente τ_3	$0 \to +\frac{1}{2} - 1$	$+1 \to -\frac{1}{2} + 1$	$-\frac{1}{2} \to 0 - 1$	$0 \to \frac{1}{2} - 1$

Für Prozesse mit elektromagnetischer Wechselwirkung ist die dritte Komponente des Isospins eine Erhaltungsgröße, nicht aber der Isospin selbst. Beispiele dafür sind die Zerfälle des π^0-Mesons und Σ^0-Hyperon:

$$\pi^0 \to 2\gamma, \quad \Sigma^0 \to \Lambda^0 + \gamma.$$

Bei der starken Wechselwirkung schließlich bleiben sowohl τ als auch τ_3 stets erhalten. Reaktionen wie z.B.

$$d + d \to {}^4He + \pi^0 \quad (\Delta\tau = 1, \; \Delta\tau_3 = 0)$$

sind äußerst unwahrscheinlich, da sie wegen der Isospinänderung nur über die schwache Wechselwirkung ablaufen können. Sie wurden daher trotz sorgfältiger Experimente bisher nicht gefunden.

Eine mit der dritten Komponente τ_3 des Isospins, der Baryonenzahl B und der elektrischen Ladung Q in Einheiten von e verknüpfte Größe ist die Seltsamkeit S. Sie ist festgelegt als

$$S = 2(Q - \tau_3) - B.$$

Dem Ω^--Hyperon ($Q = -1$, $\tau_3 = 0$, $B = 1$) wird also beispielsweise die Seltsamkeit $S = -3$ und dem K^0-Meson $S = +1$ zugeordnet. Weil

Ladung und Baryonenzahl strenge Systemskonstanten sind, die Komponente τ_3 dagegen für die schwache Wechselwirkung keine Erhaltungsgröße ist, bleibt S auch nur für die starke und elektromagnetische Wechselwirkung erhalten. Wie schon mehrfach erwähnt, verdanken die seltsamen Teilchen ihre lange Lebensdauer der Seltsamkeit, die bei ihrem Zerfall um eine Einheit geändert wird. Anstelle der Seltsamkeit wird oft die Hyperladung $Y = S + B$ verwendet.

10.4.4. Symmetrieprinzipien der Teilchenphysik. Jeder Erhaltungssatz hängt mit einer Symmetrie des Naturgeschehens zusammen. So läßt sich zeigen, daß z.B. Energie- und Impulserhaltung zur Aussage äquivalent sind: Die Ergebnisse eines Experimentes hängen nicht davon ab, wann und wo der Versuch durchgeführt wurde (s. Abschn. 7.1). Symmetrieprinzipien können als Erhaltung einer geeignet definierten Größe ausgedrückt werden.

In Abschnitt 3.6 wurde die Parität als Größe eingeführt, die die räumliche Spiegelsymmetrie beschreibt. Bei Erhaltung der Parität gibt es kein Ereignis, das den Rechts- vom Linksschraubensinn unterscheiden könnte. Wird dagegen die Parität verletzt, so sind solche Auszeichnungen des einen Drehsinnes vor dem anderen gegeben.

Nach S. 97 erfolgt der β-Zerfall, der ja eine schwache Wechselwirkung darstellt, unter Verletzung der Paritätserhaltung. Dasselbe gilt auch für andere schwache Wechselwirkungen, wie z.B. den Zerfall des Λ-Hyperons: $\Lambda \to p + \pi^-$. Λ-Hyperonen entstehen in der Reaktion

$$\pi^- + p \to \Lambda + K^0.$$

Durch die Impulsvektoren des einfallenden Pions $\vec{p}(\pi)$ und des erzeugten Λ-Hyperons $\vec{p}(\Lambda)$ ist der axiale Vektor

$$\vec{p}(\pi) \times \vec{p}(\Lambda)$$

festgelegt (vgl. Fig. 310). Experimentell ergibt sich nun, daß beim Zerfall $\Lambda \to p + \pi^-$ mehr Pionen parallel als antiparallel zu $\vec{p}(\pi) \times \vec{p}(\Lambda)$ emittiert werden. Dieses Ergebnis bedeutet Nichterhaltung der Parität. Denn bei Spiegelung der Prozesse (Fig. 310) dreht die Richtung der polaren Impulsvektoren um, während der axiale Vektor $\vec{p}(\pi) \times \vec{p}(\Lambda)$ seine Richtung beibehält. Im gespiegelten Prozeß würden also entgegen der Beobachtung an Λ-Zerfällen mehr Pionen antiparallel als parallel zu $\vec{p}(\pi) \times \vec{p}(\Lambda)$ ausgesandt, womit der Λ-Zerfall die Spiegelsymmetrie, d.h. die Paritätserhaltung, verletzt. Ähnliche Vorgänge lassen sich bei vielen anderen schwachen Wechselwirkungen feststellen.

10.4. Erhaltungssätze 415

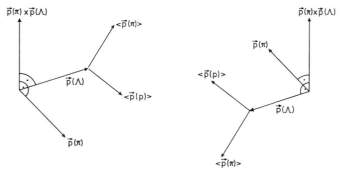

Fig. 310. Paritätsverletzung beim Λ-Zerfall. Beim Zerfall $\Lambda \rightarrow p + \pi^-$ werden mehr Pionen parallel zu $\vec{p}(\pi) \times \vec{p}(\Lambda)$ (links) als antiparallel dazu emittiert. Im Spiegelbild trifft das Gegenteil zu. $\vec{p}(\pi)$ stellt den Impuls des einfallenden Pions dar, durch welches das Λ-Hyperon erzeugt wird.

Den Neutrinos und Antineutrinos wird als innere Eigenschaft ein bestimmter Schraubensinn (sog. Helizität) zugeschrieben. Dies entspricht einer hundertprozentigen longitudinalen Polarisation. Der Spin des Neutrinos zeigt nämlich stets entgegen der Fortpflanzungsrichtung, während jener des Antineutrinos parallel dazu steht. Bei Spiegelung der Raumkoordinaten dreht der polare Geschwindigkeitsvektor seine Richtung um, der axiale Spinvektor dagegen nicht. Die Unterscheidbarkeit der Neutrinos und Antineutrinos widerspricht also der Paritätserhaltung, da die Raumspiegelung ein Neutrino in ein Antineutrino überführt.

Nur für die starke und elektromagnetische Wechselwirkung ist das Paritätsprinzip erfüllt. Es stellt somit einen beschränkt gültigen Erhaltungssatz dar.

Eine weitere Symmetrieoperation ist die sog. Ladungskonjugation C, was allgemein dem Übergang von Teilchen zu Antiteilchen und umgekehrt entspricht. Bei der Ladungskonjugation wird das Vorzeichen der elektrischen Ladung, der elektrischen und magnetischen Multipolmomente, der Baryonen- oder Leptonenzahl, der Parität (nur für Fermionen), und der Seltsamkeit umgekehrt, während die Masse und der Spin unverändert bleiben. Teilchen und Antiteilchen besitzen auch dieselbe Lebensdauer und annihilieren als Fermionen stets paarweise.

Wie für die beiden Neutrinos bereits dargelegt wurde, unterscheiden sich in diesem Fall Teilchen und Antiteilchen durch die Polarisation ihres Spins. Die Ladungskonjugation kehrt zwar die Leptonenzahl um, läßt aber die Helizität ungeändert. Dies steht jedoch im Widerspruch zu den Helizitätseigenschaften der Neutrinos und Antineutrinos. Demnach ist die Welt zu ihrer Antiwelt nicht, wie Dirac es vorgeschlagen hat, vollständig symmetrisch. Die schwache Wechselwirkung zerstört auch die Ladungssymmetrie.

Wendet man auf ein Neutrino, außer der Ladungskonjugation C auch die Paritätsoperation P an, so wird dem neu entstandenen Antineutrino die richtige Helizität zugeordnet. Bei Ladungskonjugation mit gleichzeitiger Raumspiegelung (CP-Operation) entsteht also ein System, das der Erfahrung nicht zu widersprechen scheint. Die CP-Invarianz ist allerdings beim K_2^0-Zerfall[1] verletzt.

Als dritte Symmetrie ist die Invarianz gegen Zeitumkehr (s. Abschn. 7.4) zu untersuchen. Es erhebt sich damit die Frage, ob die Vorgänge in einem Film, der den Ablauf unserer Welt wiedergibt, auch rückwärtslaufend, der physikalischen Erfahrung entsprechen oder nicht. Auf Zeitumkehr empfindliche Experimente sind außerordentlich schwierig durchzuführen, treten doch alle diese Prozesse nur mit fast verschwindender Wahrscheinlichkeit auf. So müßten für die Umkehrung des Neutronenzerfalles ein Elektron und ein Antineutrino praktisch gleichzeitig mit passendem Impuls und richtiger Spinorientierung auf ein Proton einfallen und sich bei diesem Dreierstoß in ein Neutron verwandeln.

Das Problem der Zeitumkehr läßt sich auf die Frage der CP-Invarianz reduzieren, wenn das CPT-Theorem als richtig vorausgesetzt wird. Nach diesem von *Schwinger*, *Lüders* und *Pauli* vorgeschlagenen[2] Satz bleiben die physikalischen Gesetze erhalten, wenn man auf ein System gleichzeitig die Operationen der Ladungskonjugation C, der Raumspiegelung P und der Zeitumkehr T ausübt. Bisher gibt es keinen Grund, am CPT-Theorem zu zweifeln, weshalb die Invarianz gegen Zeitumkehr in gleichem Maße wie die CP-Invarianz verletzt sein sollte.

10.4.5. Wechselwirkungen und Erhaltungssätze. In den vorstehenden Abschnitten wurden einige für alle Wechselwirkungen gültige Erhaltungssätze und Symmetrieprinzipien aufgezeigt. Dazu kamen vier nur beschränkt gültige Erhaltungsgrößen. Tabelle 32 faßt diese zusammen und zeigt, daß es um so mehr Erhaltungssätze gibt, je stärker die Wechselwirkung ist.

---

[1] *J.H. Christenson* u.a., Phys. Rev. Lett., **13**, 138 (1964).
[2] *J. Schwinger*, Phys. Rev., **91**, 713 (1953); *G. Lüders*, Mat. Fys. Medd. Kongl. Dan. Vid. Selsk., **28**, Nr. 5 (1954); *W. Pauli*, Niels Bohr and the Development of Physics, McGraw-Hill, New York (1955).

10.5. Erzeugung und Zerfall der Elementarteilchen

Allgemein bindend sind:
Energiesatz
Impulssatz
Drehimpulssatz
Erhaltung der elektrischen Ladung
Baryonenzahlerhaltung
Erhaltung der myonischen sowie elektronischen Leptonenzahl
CPT-Theorem.

Tabelle 32. Zusammenfassung der beschränkt gültigen Erhaltungsgrößen und Symmetrien.
×: Größe erhalten; 0: Größe nicht erhalten

	starke	el. magn.	schwache
		Wechselwirkung	
Isospin	×	0	0
Seltsamkeit	×	×	0
Parität	×	×	0
Ladungskonjugation	×	×	0
CP-Theorem	×	×	0

Mit Hilfe von Tabelle 32 lassen sich die drei in der Elementarteilchenphysik wesentlichen Wechselwirkungen folgendermaßen definieren:

1. Als stark bezeichnet man Wechselwirkungen, wenn alle in Tabelle 32 aufgeführten Größen erhalten werden.
2. Bei elektromagnetischer Wechselwirkung bleibt einzig der Isospin nicht erhalten. Photonen sind nur elektromagnetischer Wechselwirkung fähig.
3. Bei der schwachen Wechselwirkung ist die Erhaltung aller in Tabelle 32 aufgeführten Größen durchbrochen.

10.5. Erzeugung und Zerfall der Elementarteilchen. Elementarteilchen lassen sich nach drei verschiedenen Methoden erzeugen:

1. Elektronen, Protonen und Neutronen sind permanent in der Materie vorhanden. Diese Teilchen stehen daher in fast beliebig hohen Flüssen zur Verfügung. Die Methoden, solche Partikel freizusetzen und allfällig zu beschleunigen, sind an anderer Stelle (S. 99) dargelegt.

2. Viele Elementarteilchen lassen sich durch Reaktionen schneller Partikel erzeugen. Dabei dienen Elektronen, Photonen, Protonen und Neutronen, aber auch π- und K-Mesonen als Geschosse sowie die in der Materie des Targets gebundenen Protonen, Neutronen und Elektronen als Targetpartikel. Aus Intensitätsgründen kommen für

die Teilchenerzeugung nur die starke und eventuell die elektromagnetische Wechselwirkung in Frage, d.h. Prozesse mit Erhaltung der Seltsamkeit sowie unter Wahrung der Parität und der Ladungssymmetrie.

3. Da die Leptonen keine starke Wechselwirkung zeigen, entstehen sie mit Ausnahme der Elektronen fast ausschließlich durch Zerfallsprozesse.

10.5.1. Leptonen. Die verschiedenen β-Zerfälle (s. Kap. 6.6) der Kerne sowie der Neutronen- und der Myonenzerfall sind die wichtigsten Quellen elektronischer Neutrinos. Die intensivste Quelle von Antineutrinos ist der Kernreaktor. Die durch Spaltung schwerer Kerne entstehenden Fragmente besitzen im Mittel einen Überschuß von etwa 10 Neutronen. Davon werden im Mittel nur zwei bis drei kurz nach der Spaltung verdampft, so daß pro Fragment etwa vier β^--Zerfälle vorkommen und damit pro Spaltung ca. acht Antineutrinos emittiert werden. Aus der Gesamtleistung N des Reaktors, der Energietönung Q pro Spaltung und dem Abstand d vom Reaktor läßt sich der Antineutrinofluß für den Gleichgewichtszustand der Spaltfragmente berechnen:

$$\Phi_{\bar{\nu}} = 8 \frac{N}{Q} \cdot \frac{1}{4\pi d^2},$$

was für $N = 500$ MW, $Q = 200$ MeV $= 2 \cdot 10^2 \cdot 1,6 \cdot 10^{-19}$ MWs und $d = 10$ m einen Fluß $\Phi_{\bar{\nu}} \approx 10^{13}$ s^{-1} cm^{-2} ergibt. Dieser Fluß scheint hoch zu sein, reicht aber angesichts der kleinen Querschnitte für die Wechselwirkungen bei sehr vielen Experimenten nicht aus.

Als Quelle elektronischer Neutrinos seien die Sterne genannt. Die Sonne z.B. bezieht ihre Energie im wesentlichen aus der Fusion von Protonen zu Heliumkernen (vgl. Abschn. 9.3):

$$4{}_1^1\text{H} \rightarrow {}_2^4\text{He} + 2\text{e}^+ + 2\nu_e + 26 \text{ MeV},$$

womit pro $Q/2 = 13$ MeV Sonnenenergie[1] ein Neutrino entsteht. Weil die Absorption der Neutrinos in der Sonne zu vernachlässigen ist, fällt auch auf die Erde pro 13 MeV ein Neutrino ein. Mit der Solarkonstanten $s = 2$ cal cm^{-2} min^{-1} $= 8,7 \cdot 10^{11}$ MeV cm^{-2} s^{-1} erhält man von der Sonne auf der Erdoberfläche einen Neutrinofluß von $\Phi_\nu = \frac{s}{Q/2} \approx 7 \cdot 10^{10}$ cm^{-2} s^{-1}. Dies entspricht einer Gesamtproduktion in der Sonne von etwa $2 \cdot 10^{38}$ Neutrinos/s.

---

[1] Die von den Neutrinos selbst abgeführte Energie ist kleiner als 5% der Energieproduktion und darf für die nachfolgende Abschätzung vernachlässigt werden.

10.5. Erzeugung und Zerfall der Elementarteilchen

Die myonischen Leptonen stammen vorwiegend aus dem Zerfall geladener Pionen nach dem Schema

$$\pi^+ \to \mu^+ + \nu_\mu, \quad \mu^+ \to e^+ + \nu_e + \bar{\nu}_\mu;$$
$$\pi^- \to \mu^- + \bar{\nu}_\mu, \quad \mu^- \to e^- + \bar{\nu}_e + \nu_\mu.$$

Um die Größenordnung der zu erreichenden Flüsse abzuschätzen, sei angenommen, daß für die Pionenerzeugung 800-MeV-Protonen zur Verfügung stehen. Dies ergibt einen π^+-Fluß von der Größenordnung $\Phi \approx 10^{10}$ s^{-1} µA^{-1}. Pro Meter Flugstrecke zerfallen etwa 2% der Pionen, während von den Myonen längs derselben Strecke wegen der etwa hundertmal größeren Lebensdauer (s. Tabelle 29) nur rund 0,02% in Elektronen und Neutrinos weiterzerfallen. Die Pionen und, nach deren Zerfall im Flug, auch die resultierenden Myonen und myonischen Neutrinos sind um so besser kollimiert, je höher die Energie der einfallenden Protonen ist.

Im weiteren treten Myonen beim Zerfall von K-Mesonen (z.B. $K^+ \to \mu^+ + \nu_\mu$) und selten auch beim Zerfall von Λ^0- und Σ-Hyperonen ($\Sigma^- \to n + \mu^- + \bar{\nu}_\mu$) auf.

10.5.2. Feynman-Diagramm. Um Reaktionen von Elementarteilchen graphisch darzustellen, bedient man sich des sog. Feynman-Diagramms, dessen Ordinate Zeit- und dessen Abszisse Ortsachse ist (s. Fig. 311). In diesem Diagramm werden Partikel als Linien und Wechselwirkungen als Scheitelpunkte symbolisiert. Fermionen erhalten einen Pfeil, wobei Teilchen und Antiteilchen entgegengesetzte Richtung zugeordnet wird. Bosonen sind dagegen ungerichtet.

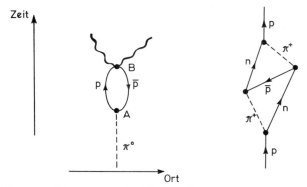

Fig. 311. Feynman-Diagramme. a) Zerfall eines π^0-Mesons. b) virtueller Pionenprozeß vierter Ordnung.

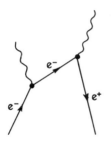

Fig. 312. Feynman-Diagramm für die Vernichtung eines Elektronenpaares.

Fig. 311a zeigt das Feynman-Diagramm eines π^0-Zerfalls mit einer starken Wechselwirkung im Scheitel A und einer elektromagnetischen im Scheitel B, womit dieser Zerfall ein Prozeß zweiter Ordnung ist. Als Ordnung bezeichnet man die Anzahl Scheitelpunkte. In Fig. 311b ist ein virtueller Pionenprozeß vierter Ordnung wiedergegeben. Als weiteres Beispiel zeigt Fig. 312 die Vernichtung eines Elektronenpaares.

10.5.3. Erzeugung von Pionen. Durch Wechselwirkung energiereicher kosmischer Strahlung (vgl. Abschn. 11.3) mit Kernen entstehen – vor allem in den oberen Schichten der Atmosphäre – viele Pionen. Ihre Lebensdauer ($\tau_0 = 2{,}6 \cdot 10^{-8}$ s für $\pi^\pm$ im Ruhesystem) erlaubt ihnen auch im hochrelativistischen Fall ($\beta \approx 1$, $\tau = \tau_0/\sqrt{1-\beta^2}$) jedoch selten, die Erdoberfläche zu erreichen. Überdies ist der Querschnitt für Reaktionen der Pionen mit Kernen so groß, daß die meisten in der Atmosphäre verloren gehen. Die Zerfallsprodukte der π-Mesonen sind teils stabil (Neutrinos), teils relativ langlebig (Myonen $\tau_\mu = 2{,}2 \cdot 10^{-6}$ s) und zeigen als Leptonen nur geringe Wechselwirkung mit der Atmosphäre, weshalb Myonen oft bis auf die Erdoberfläche vordringen.

Im Laboratorium können Pionen am einfachsten in Proton-Nukleon- oder Photon-Nukleon-Prozessen erzeugt werden. Dabei tritt eine ganze Reihe verschiedener Reaktionen auf, von denen einige in Fig. 313 und Fig. 314 als Feynman-Diagramme aufgezeichnet sind. Die Schwellenergie für diese Art π-Mesonenproduktion liegt nach Abschn. 10.2 etwas unterhalb 300 MeV Laborenergie. Werden die Pionen durch Wechselwirkung mit in Kernen gebundenen Nukle-

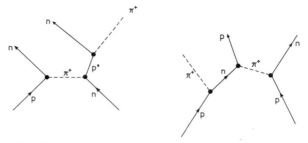

Fig. 313. Pionenerzeugung durch inelastische Nukleonstöße.

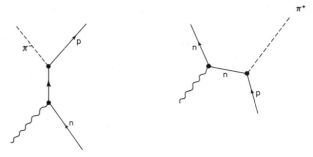

Fig. 314. Pionenerzeugung durch Photon-Nukleon-Prozesse.

onen erzeugt, so erniedrigt sich wegen der kinetischen Energie der gebundenen Nukleonen diese Schwelle beträchtlich.

Pionen entstehen schließlich sehr oft als Endprodukt beim Zerfall seltsamer Teilchen und bei der Vernichtung von Nukleonenpaaren. So zerfallen metastabile Hyperonen (Λ^0, $\Sigma^\pm$, Ξ, Ω^-) gewöhnlich in ein Baryon und ein Pion, K^0-Mesonen in zwei oder drei Pionen. Nukleonenpaare zerstrahlen fast ausschließlich durch starke Wechselwirkung. Deshalb entstehen bei diesem Prozeß oft etliche π-Mesonen.

10.5.4. Zerfall von π-Mesonen und Myonen. Die Zerfälle von geladenen π-Mesonen und Myonen können als Musterbeispiele für die schwache Wechselwirkung gelten. π^+-Mesonen zerfallen nach einer mittleren Lebensdauer von $2{,}603 \cdot 10^{-8}$ s in Myonen:

$$\pi^+ \to \mu^+ + \nu_\mu \quad (\approx 100\%) \tag{10.13}$$

und in seltenen Fällen (in Klammern ist die relative Häufigkeit angegeben) nach den Schemata

$$\pi^+ \to e^+ + \nu_e \quad (1{,}2 \cdot 10^{-4}), \tag{10.14}$$

$$\pi^+ \to \mu^+ + \nu_\mu + \gamma \quad (1{,}2 \cdot 10^{-4})$$

$$\pi^+ \to \pi^0 + e^+ + \nu_e \quad (1 \cdot 10^{-8}) \tag{10.15}$$

$$\pi^+ \to e^+ + \nu_e + \gamma \quad (3 \cdot 10^{-8}).$$

Für negative Pionen sind die mittlere Lebensdauer und die Verzweigung in die verschiedenen Reaktionskanäle dieselben. Wir erhalten aus dem Zerfallsschema der π^+- dasjenige der π^--Mesonen, indem wir alle Partikel in ihre Antiteilchen verwandeln. Wegen der negativen Ladung werden π^--Mesonen sehr leicht von Kernen eingefangen und bilden kurzzeitig mesonische Atome (vgl. auch myoni-

sche Atome, Abschn. 3.3.1), ehe sie im Kern absorbiert werden und diesen zum Verdampfen bringen. Der Zerfall (10.15) entspricht dem β^+-Zerfall; er ist nur möglich, weil $m(\pi^+) - m(\pi^0) = 4,6 \text{ MeV}/c^2 > m_0 c^2$ ist (m_0 = Ruhemasse des Elektrons).
Der wichtigste Zerfall des neutralen Pions (mittlere Lebensdauer $0,89 \cdot 10^{-16}$ s) wird in Abschn. 10.3.1 erörtert und in Fig. 311a als Feynman-Diagramm dargestellt:

$$\pi^0 \to (\text{Hadron} + \text{Antihadron}) \to \gamma + \gamma, \quad (98,83\%).$$

Außerdem sind folgende Zerfälle möglich:

$$\pi^0 \to \gamma + e^+ + e^- \quad (1,17\%)$$
$$\pi^0 \to \gamma + \gamma + \gamma \quad (5 \cdot 10^{-6})$$
$$\pi^0 \to e^+ + e^- + e^+ + e^- \quad (\text{theoretisch: } 3,5 \cdot 10^{-5}).$$

Weil das Myon in drei Teilchen zerfällt:

$$\mu^+ \to e^+ + \bar{\nu}_\mu + \nu_e, \quad \mu^- \to e^- + \nu_\mu + \bar{\nu}_e, \quad (10.16)$$

ist seine mittlere Lebensdauer $\tau_\mu = 2,1983 \cdot 10^{-6}$ s gegenüber $\tau(\pi^\pm) = 2,6 \cdot 10^{-8}$ s lang. Im weiteren bedingt der Dreiteilchenzerfall, daß das Energiespektrum der Elektronen wie das Betaspektrum ein Kontinuum zeigt. Wegen des Auftretens zweier Neutrinos in (10.16) und des Fehlens des γ-Zerfalls,

$$\mu^\pm \to e^\pm + \gamma \quad \text{verboten,}$$

drängt sich die Annahme auf, daß die myonische und die elektronische Leptonenzahl je für sich Erhaltungsgrößen sind. Es gelang dann auch der unmittelbare Nachweis, daß sich die Neutrinos aus dem β-Zerfall von den Neutrettos des π-Zerfalls unterscheiden.

10.5.5. Erzeugung und Zerfall seltsamer Teilchen. 1947 entdeckten Rochester und Butler (s. Abschn. 10.1.3) in den sog. V-Teilchen die ersten seltsamen Partikel. Wie bereits erwähnt, liegt das Seltsame darin, daß diese Teilchen mit relativ großen Wirkungsquerschnitten erzeugt werden, aber nicht dementsprechend kurzlebig sind. Erzeugung und Zerfall werden demnach durch verschiedene Wechselwirkungen verursacht: Seltsame Teilchen entstehen nämlich stets zu zweien in einer starken Wechselwirkung und zerfallen durch eine schwache als Einzelteilchen unter Verletzung der Seltsamkeitserhaltung.

Man nennt diese Entstehungsart assoziierte oder gekoppelte Erzeugung (associated production), weil durch starke Meson-Nukleon-

Wechselwirkung gleichzeitig ein Hyperon und ein Kaon, d.h. zwei
Teilchen entgegengesetzter Seltsamkeit, entstehen:

$$\pi^- + p \to \Lambda^0 + K^0, \quad \pi^+ + n \to \Sigma^+ + K^0 \quad \text{etc.}$$

Ξ- und Ω-Hyperonen besitzen die Seltsamkeit -2 bzw. -3 und werden deshalb, mit der Seltsamkeit $S = -1$ beginnend, aus der Wechselwirkung eines K^--Mesons mit einem Proton gewonnen:

$$K^- + p \to \Xi^- + K^+, \quad K^- + p \to \Omega^- + K^0 + K^+.$$

Antihyperonen lassen sich wegen der Erhaltung der Baryonenzahl nur paarweise erzeugen, z.B. nach den Schemen

$$p + p \to p + p + \Lambda^0 + \overline{\Lambda^0}$$
$$p + p \to p + n + \overline{\Xi^-} + \Xi^0$$
$$p + n \to p + p + \Sigma^- + \overline{\Sigma^0}.$$

Für solche Prozesse beträgt nach Abschn. 10.2 die Schwellenergie im Laborsystem

$$T_L = 2 \frac{m_{Hy}(2m_p + m_{Hy})}{m_p} c^2.$$

m_p und m_{Hy} bezeichnen die Massen des Protons bzw. des zu erzeugenden Hyperons.

Die seltsamen Teilchen zerfallen mit Ausnahme des Σ^0-Hyperons durch schwache Wechselwirkung, wobei sich die Seltsamkeit um eine Einheit ändert. Die mittlere Lebensdauer dieser Partikel beträgt deshalb etwa 10^{-10} s (vgl. Tabelle 29). Diese Lebensdauer ist so groß, daß die Teilchen in Blasen- und Funkenkammern makroskopische Spuren (≈ 1 cm lang) hinterlassen (vgl. Fig. 315).

10.5.6. Neutrales Kaon als Teilchenmischung. K^0-Mesonen zerfallen auf zwei verschiedene Arten. Es existieren daher zweierlei neutrale K-Mesonen:

$$K_1^0 \begin{array}{l} \nearrow \pi^+ + \pi^- \\ \searrow 2\pi^0 \end{array} \quad (\tau = 0{,}874 \cdot 10^{-10} \text{ s})$$

$$K_2^0 \begin{array}{l} \nearrow 3\pi \\ \to \pi + \mu + \nu_\mu \\ \searrow \pi + e + \nu_e \end{array} \quad (\tau = 5{,}30 \cdot 10^{-8} \text{ s}).$$

Diese Eigenart beruht darauf, daß die Mesonen K^0 und $\overline{K^0}$ nicht identisch sind. Sie besitzen entgegengesetzte Seltsamkeit: $S(K^0) = +1$

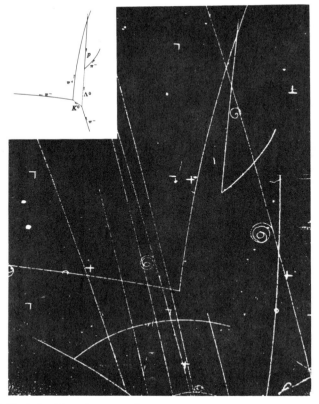

Fig. 315. Typische Blasenkammeraufnahme. Die Kammer befindet sich in einem Magnetfeld, damit die Bahnen geladener Teilchen gekrümmt werden. Dies erleichtert die Teilchenidentifikation außerordentlich. Die Bedeutung der Spuren geht aus dem Diagramm oben links hervor.

bzw. $S(\overline{K^0}) = -1$. Dennoch stehen die beiden Kaonen durch schwache Kopplung in Wechselwirkung und zwar über den virtuellen Zustand $\pi^+ + \pi^-$:

$$K^0 \leftrightarrow \pi^+ + \pi^- \leftrightarrow \overline{K^0}.$$

Damit lassen sich zwei Arten neutraler Kaonen konstruieren, die zu sich selbst Antiteilchen sind und dem K_1^0- bzw. K_2^0-Meson entsprechen. Zu diesen beiden Zuständen gehören die Wellenfunktionen

$$\psi(K_1^0) = \frac{1}{\sqrt{2}} [\psi(K^0) + \psi(\overline{K^0})] \qquad (10.17)$$

10.5. Erzeugung und Zerfall der Elementarteilchen

und

$$\psi(K_2^0) = \frac{1}{\sqrt{2}} [\psi(K^0) - \psi(\overline{K^0})]. \quad (10.18)$$

Umgekehrt ergeben sich durch Linearkombination von Gl.(10.17) und (10.18) die Wellenfunktionen von K^0 und $\overline{K^0}$:

$$\psi(K^0) = \frac{1}{\sqrt{2}} [\psi(K_1^0) + \psi(K_2^0)],$$

$$\psi(\overline{K^0}) = \frac{1}{\sqrt{2}} [\psi(K_1^0) - \psi(K_2^0)].$$

Die Verhältnisse bei den neutralen K-Mesonen sind analog zu den Erscheinungen des polarisierten Lichtes. Ersetzt man nämlich K^0 und $\overline{K^0}$ durch links bzw. rechts zirkular polarisiertes Licht, so gewinnt man durch Überlagerung zwei zueinander senkrecht linear polarisierte Lichtbündel entsprechend K_1^0 und K_2^0.

Um die Kopplung von K^0- und $\overline{K^0}$-Mesonen zu prüfen, schlugen *Pais* und *Piccioni*[1] das folgende Experiment vor (vgl. Fig. 316):

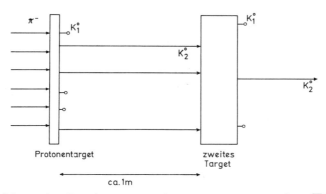

Fig. 316. Schema eines Experiments zur Prüfung der Kopplung von K^0 und $\overline{K^0}$ nach *Pais* und *Piccioni*.

Durch die Reaktion

$$\pi^- + p \to \Lambda^0 + K^0$$

werden K^0-Mesonen erzeugt. Diese sind ursprünglich zu gleichen Teilen aus K_1^0- und K_2^0-Mesonen zusammengesetzt. Wegen der unter-

---
[1] A. *Pais* und O. *Piccioni*, Phys. Rev., **100**, 1487 (1955).

schiedlichen Lebensdauer bleiben jedoch nach einer Flugstrecke von ca. 1 m praktisch ausschließlich K_2^0 übrig.

In einem zweiten Target werden aus der Mischung K^0 und $\overline{K^0}$ welche die K_2^0-Mesonen darstellen, durch starke Wechselwirkung die $\overline{K^0}$ ausgesiebt:

$$\overline{K^0} + n \to \Lambda^0 + \pi^0$$
$$\overline{K^0} + n \to \Sigma^\pm + \pi^\mp \quad \text{etc.}$$

Da in starken Wechselwirkungen Seltsamkeit und Baryonenzahl erhalten bleiben, sind für K^0-Mesonen nur Streuprozesse möglich:

$$K^0 + n \to n + K^0$$
$$K^0 + p \to n + K^+.$$

Hinter dem zweiten Target findet man deshalb wieder vorwiegend K^0-Mesonen, die sich neuerdings durch unterschiedlichen Zerfall nach und nach in einen K_2^0-Strahl reduzieren.

10.5.7. Liste der stabilen und metastabilen Elementarteilchen. In Tabelle 29 sind die stabilen und die metastabilen, d.h. nicht durch starke Wechselwirkung allein zerfallenden Partikel zusammengestellt. Die kürzesten Lebensdauern weisen das π^0-Meson und das Σ^0-Hyperon auf. In diesen beiden Fällen sind starke und elektromagnetische bzw. elektromagnetische Wechselwirkungen allein am Zerfall beteiligt, weshalb die Lebensdauern deutlich unter 10^{-10} s fallen. Außer dem Λ^0- und den Σ-Hyperonen unterscheiden sich alle Baryonen in der Seltsamkeit. Wenn dies nämlich nicht so wäre, träten rasche (d.h. durch starke Wechselwirkung bedingte) Zerfälle in die nächst leichteren Baryonen auf. Der schnelle Σ-Λ^0-Übergang ist deshalb ausgeschlossen, weil die Massendifferenz zu klein ist:

$$m(\Sigma) - m(\Lambda) < m(\pi).$$

10.5.8. Hyperkerne. Atomkerne können seltsame Teilchen, insbesondere Λ^0-Hyperonen, K^-- und $\overline{K^0}$-Mesonen, relativ leicht absorbieren. Dabei bilden sich sog. Hyperkerne oder Hyperfragmente, die man mit $^4_\Lambda$He, $^9_\Lambda$Be etc. bezeichnet. Dieses Symbol bedeutet, daß im ^{4}He- bzw. ^{9}Be-Kern ein Neutron durch ein Λ^0-Hyperon ersetzt ist.

Hyperkerne zerfallen auf zwei Arten: unter Emission von Nukleonen und Mesonen (mesonischer Zerfall) oder in Nukleonen und Kerne allein (nicht-mesonischer Zerfall). Der mesonische Zerfall (z.B. $^4_\Lambda$He $\to \pi^- + p + ^3$He) entspricht dem gewöhnlichen Zerfall von

$\Lambda^0 \to p+\pi^-$, während dem nicht-mesonischen Zerfall (z.B. $^8_\Lambda\text{Be} \to {}^3\text{He}+{}^4\text{He}+n$) Reaktionen wie $\Lambda^0+p \to n+p$ zugrundeliegen. Fig. 317 zeigt die Bildung und den nichtmesonischen Zerfall eines Hyperfragments.

Die mittleren Lebensdauern von Hyperkernen entsprechen etwa derjenigen des Λ^0-Hyperons und betragen damit rund 10^{-10} s.

Die Bindungsenergie der Λ^0-Teilchen in Kernen ist nur wenig höher als die eines Nukleons: Sie beträgt für nicht zu leichte Kerne (A > 12) etwa 12 MeV und nimmt für die Massenzahl A → 0 ebenfalls gegen Null ab. Bemerkenswert ist die Existenz von metastabilen Hyperkernen der Massenzahl 5, wogegen ^{5}Li und ^{5}He gegen starke Wechselwirkung (Nukleonenemission) instabil sind.

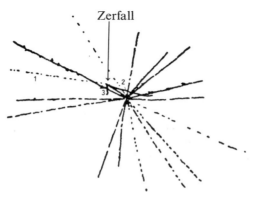

Fig. 317. Erzeugung (Zentrum des Sterns), Spur (Richtung 10 Uhr) und Zerfall (Spuren 1, 2 und 3) eines Hyperfragments (wahrscheinlich $^4_\Lambda$He) in einer photographischen Emulsion. Die Spuren sind wahrscheinlich folgenden Teilchen zuzuordnen: 1. π-Meson, 2. Proton, 3. Deuteron. Das Λ-Hyperon hinterläßt als neutrales Teilchen keine Spur. (Aus *W.F. Fry* u.a., Phys. Rev., **101**, 1526, 1956.)

10.6. Resonanzteilchen

10.6.1. Nukleon-Pion-Resonanzen. In Fig. 309 ist der Querschnitt für die elastische π^--p-Streuung in Funktion der Energie im Laborsystem dargestellt. Eine ähnliche Energieabhängigkeit zeigen die Querschnitte für die π^+-p-Streuung und für die Pionenerzeugung durch Photonen nach dem Schema: $\gamma+p \to n+\pi^+$. Alle diese Querschnitte weisen Resonanzen auf, deren Breiten von der Größenordnung $\Gamma \approx 100-400$ MeV sind. In Tabelle 33 sind eine Reihe von π-p-Resonanzen zusammengestellt.

Tabelle 33. π-*p-Resonanzen. L-System = Laborsystem, S-System = Schwerpunktssystem. Spin und Parität der vier energiereichsten Resonanzen sind unsicher*

Resonanzenergie L-System	Gesamtenergie S-System	Breite der Resonanz	Bezeichnung des Teilchens	Spin und Parität der Resonanz
195 MeV	1236 MeV	120 MeV	Δ	$3/2^+$
605	1520	115	N*	$3/2^+$
880	1670	145	N*	$5/2^-$
1390	1950	210	Δ*	$7/2^+$
1940	2190	300	N*	$7/2^-$
2500	2420	310	Δ*	$11/2^+$
3120	2650	360	N*	$11/2^-$
3710	2850	400	Δ*	$15/2^+$
4260	3030	400	N*	$15/2^-$
4940	3230	440	Δ*	$19/2^+$

Bereits in Abschn. 10.3.4 wurde darauf hingewiesen, daß diese Maxima Zwischenzuständen, ähnlich den Compound-Zuständen der Kernphysik oder sog. Resonanzteilchen der mittleren Lebensdauer $\tau = \hbar/\Gamma \approx 10^{-23}$ s zuzuordnen sind.

Die N*-Resonanzen besitzen wie auch die Δ-Teilchen die Seltsamkeit 0 und sind als angeregte Zustände der Nukleonen aufzufassen. Bei den Δ- und Δ*-Resonanzen handelt es sich um grundsätzlich neue Partikel, die in jeweils vier Ladungszuständen (Δ^{++}, Δ^+, Δ^0 und Δ^-) auftreten. Um die verschiedenen Anregungszustände zu unterscheiden, setzt man hinter das Symbol für das Resonanzteilchen in Klammern die Gesamtenergie im Schwerpunktssystem, also z. B. N*(1670) oder Δ*(2850).

10.6.2. Mesonische Resonanzen. Neben den N*- und Δ*-Resonanzen werden auch Resonanzen der Pionen und der seltsamen Teilchen beobachtet. Tabelle 34 enthält eine kleine Auswahl von mesonischen und baryonischen Resonanzpartikeln[1]. Die meisten der aufgeführten Teilchen sind angeregte Zustände der in den vorangehenden Abschnitten besprochenen metastabilen π- und K-Mesonen bzw. der seltsamen Hyperonen Λ, Σ, Ξ und Ω. Immerhin zeigen die η^0-Mesonen eine Eigenständigkeit.

Pionische und andere nicht seltsame mesonische Resonanzen lassen sich durch Nukleon-Pion-Stöße hoher Energie anregen, wie folgende Beispiele illustrieren:

$$\pi^- + p \rightarrow \pi^*(765) + n$$
$$\pi^+ + n \rightarrow \pi^* + n.$$

---
[1] Siehe Rev. mod. Phys., **42**, 87 (1970).

10.6. Resonanzteilchen

Tabelle 34. *Baryonische und mesonische Resonanzen (Auswahl)*

Name	I^π	Masse MeV	Breite MeV	(Masse)² (GeV)²	Typischer Zerfall
(p	$1/2^+$	938,3	–	0,880	–)
(n	$1/2^+$	939,6	$\tau = 932$ s	0,883	$p + e^- + \bar{\nu}_e$)
N' (1470)	$1/2^+$	1470	240	2,16	$N + \pi$
N' (1520)	$3/2^-$	1520	130	2,31	$N + \pi$
N' (1535)	$1/2^-$	1535	100	2,36	$N + \eta$
N (1670)	$5/2^-$	1670	140	2,79	$N + \pi + \pi$
N (1688)	$5/2^+$	1688	140	2,85	$N + \pi$
N'' (1700)	$1/2^-$	1700	250	3,17	$N + \pi$
N (1860)	$3/2^+$	1860	380	3,46	$N + \pi$
N (1990)	$7/2^+$	1990	240	3,96	$N + \pi + \pi$
N''' (2040)	$3/2^-$	2040	270	4,16	$N + \pi$
N (2190)	$7/2^-$	2190	300	4,80	$N + \pi$
N (2650)	$?^-$	2650	360	7,02	$N + \pi$
N (3030)	?	3030	400	9,18	$N + \pi$
Δ (1236)	$3/2^+$	1236	120	1,53	$N + \pi$
Δ (1650)	$1/2^-$	1650	190	2,72	$N + \pi + \pi$
Δ (1670)	$3/2^-$	1670	230	2,79	$N + \pi$
Δ (1890)	$5/2^+$	1890	250	3,57	$N + \pi$
Δ (1950)	$7/2^+$	1950	180	3,80	$\Delta(1236) + \pi$
Δ (2420)	$11/2^+$	2420	310	5,86	$N + \pi + \pi$
Δ (2850)	$?^+$	2850	400	8,12	$N + \pi + \pi$
Δ (3230)	?	3230	440	10,4	$N + \pi + \pi$
(Λ	$1/2^+$	1115,6	$\tau = 2{,}5 \cdot 10^{-10}$ s	1,24	$p + \pi^-$)
Λ (1405)	$1/2^-$	1405	40	1,97	$\Sigma + \pi$
Λ' (1520)	$3/2^-$	1518	16	2,30	$N + \bar{K}$
Λ'' (1690)	$3/2^-$	1690	50	2,86	$\Sigma + \pi$
Λ (1815)	$5/2^+$	1815	75	3,30	$N + \bar{K}$
Λ (1830)	$5/2^-$	1835	105	3,37	$\Sigma + \pi$
Λ (2100)	$7/2^-$	2100	90	4,41	$N + \bar{K}$
(Σ	$1/2^+$	+ 1189,4 0 1192,5 − 1197,3	$\tau = \begin{cases} 0{,}8 \cdot 10^{-10}\,\text{s} \\ < 10^{-14} \\ 1{,}49 \cdot 10^{-10}\,\text{s} \end{cases}$	1,42	$N + \pi$ $\Lambda + \gamma$ $n + \pi^-$)
Σ (1385)	$3/2^+$	1384	36	1,92	$\Lambda + \pi$
Σ (1670)	$3/2^-$	1670	50	2,79	$\Sigma + \pi$
Σ (1750)	$1/2^-$	1750	80	3,06	$\Lambda + \pi$
Σ (1765)	$5/2^-$	1765	100	3,12	$N + \bar{K}$
Σ (1915)	$5/2^+$	1910	50	3,65	$N + \bar{K}$
Σ (2030)	$7/2^+$	2030	120	4,12	$\Lambda + \pi$
Σ (2250)	?	2250	200	5,06	$N + \bar{K}$
Σ (2455)	?	2455	100	6,03	$N + \bar{K}$
(Ξ	$1/2^+$	0 1314,7 − 1321,3	$\tau = \begin{cases} 3{,}03 \cdot 10^{-10}\,\text{s} \\ 1{,}66 \cdot 10^{-10}\,\text{s} \end{cases}$ 1,73 1,75		$\Lambda + \pi$)
Ξ (1530)	$3/2^-$	1530	7,3	2,34	$\Xi + \pi$

Tabelle 34. *Baryonische und mesonische Resonanzen (Auswahl)*

Name	I^π	Masse MeV	Breite MeV	(Masse)² (GeV)²	Typischer Zerfall
Ξ (1820)	?	1820	30	3,31	$\Sigma + \overline{K}$
Ξ (1930)	?	1930	110	3,72	$\Xi + \pi$
Ξ (2030)	?	2030	50	4,12	$\Sigma + \overline{K}$
$(\Omega^-$	$3/2^+$	1672,4	$\tau = 1,3 \cdot 10^{-10}$ s	2,80	$\Xi + \pi)$
$(\pi^\pm$	0^-	139,58	$2,603 \cdot 10^{-8}$ s	0,01948	$\mu + \nu)$
$(\pi^0$	0^-	134,97	$0,89 \cdot 10^{-16}$ s	0,01822	$\gamma + \gamma)$
$\rho = \pi^*$	1^-	765	125 MeV	0,585	$\pi + \pi$
$A 1 = \pi^*$	1^+	1070	95 MeV	1,14	$\pi + \pi + \pi$
$B = \pi^*$	1^+	1235	102 MeV	1,53	$\omega + \pi$
η^0	0^+	548,8	2,63 keV	0,301	$\pi^0 + \gamma + \cdots$
$\omega = \eta^*$	1^-	783,7	12,7 MeV	0,614	$\pi^+ + \pi^- + \pi^0$
$\Phi = \eta^*$	1^-	1019,5	3,9 MeV	1,039	$K^+ + K^-$
$f = \eta^*$	2^+	1264	151 MeV	1,60	$\pi + \pi$
$E = \eta^*$	0^+	1422	69 MeV	2,02	$K^* + \overline{K} + \overline{K^*} + K$
$f' = \eta^*$	2^+	1514	73 MeV	2,29	$K + \overline{K}$
$(K^+$	0^-	493,82	$1,235 \cdot 10^{-8}$ s	0,244	$\mu + \nu)$
$\left(K^0 \right.$	0^-	497,76	$\begin{cases} 0,862 \cdot 10^{-10} \text{ s} \\ 5,38 \cdot 10^{-8} \text{ s} \end{cases}$	0,248	$\left\{ \begin{matrix} \pi^+ + \pi^- \\ \pi + e + \nu \end{matrix} \right)$
K^*	1^-	892,1	50,1	0,796	$K + \pi$
K_A	1^+	1243	90	1,54	$K + \pi + \pi$
K_N	2^+	1409	96	1,985	$K + \pi$

Aber auch durch Zerstrahlung von Nukleonenpaaren entstehen oft solche Resonanzteilchen:

$$N + \overline{N} \to \eta^0 + \pi + \pi + \cdots$$
$$N + \overline{N} \to \pi^* + \pi + \pi + \cdots.$$

10.6.3. Resonanzen seltsamer Teilchen. Die angeregten Zustände seltsamer Teilchen erhält man, wie die entsprechenden Partikel im Grundzustand, entweder durch assoziierte Erzeugung nach dem Schema:

$$\pi + n \to \Lambda^* + K, \qquad \pi + p \to \Sigma + K^*$$

oder durch Kaon-Nukleon-Wechselwirkungen wie etwa im Beispiel:

$$\overline{K} + N \to \Xi^* + K.$$

Wegen der außerordentlich kurzen mittleren Lebensdauern von $\tau \approx 10^{-23}$ s sind die Bahnen aller Resonanzteilchen so kurz (mittlere Bahnlänge $\approx c\tau \approx 10^{-15}$ m), daß sich deren Spuren unmöglich nachweisen lassen. Die Existenz dieser Partikel ist daher nur indirekt aufzudecken, sei es, wie bereits gezeigt, durch eine kinematische Analyse der sichtbaren Reaktionspartner oder sei es durch Beobachtung der Energieabhängigkeit bestimmter Querschnitte. Diese Methoden werden durch die beiden nachstehenden Beispiele erläutert.

10.6.4. Analyse von Resonanzen. In der Wechselwirkung π + Nukleon kann der 765 MeV-Zustand des Pions angeregt werden. Als Endprodukte entstehen außer dem Nukleon zwei Pionen im Grundzustand:

$$\pi + N \to \pi^* + N \to \pi + \pi + N. \tag{10.19}$$

Andererseits ist aber auch die einstufige Variante zu (10.19) möglich:

$$\pi + N \to \pi + \pi + N. \tag{10.20}$$

Die beiden Reaktionen unterscheiden sich nicht in den Endprodukten, sind aber grundsätzlich verschieden in der Aufteilung der Energie und des Impulses.

Für den einstufigen Prozeß (10.20) ist die Summe der Pionenenergien in einem gewissen Intervall kontinuierlich verteilt, da es sich wie nach einem β-Zerfall beim Endzustand um ein Dreiteilchensystem handelt. Bei der Reaktion (10.19) dagegen erhalten im Schwerpunktssystem das Nukleon und das π^*-Meson dem Betrage nach gleiche Impulse (vgl. Fig. 318), so daß beide Partikel eine bestimmte Energie aufweisen.

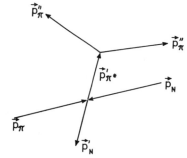

Fig. 318. $\pi + N \to \pi^* + N \to \pi + \pi + N$. Das Diagramm zeigt die Impulse im Schwerpunktssystem.

Durch den Zerfall des π^*-Mesons entstehen somit zwei Pionen, deren Gesamtenergie gleich derjenigen des π^*-Teilchens ist, also einen diskreten Wert hat. In Wirklichkeit verlaufen die beiden Reaktionen (10.19) und (10.20) nebeneinander. Das Spektrum der Summe der Pionenenergien zeigt also die Überlagerung eines Kontinuums und einer breiten Linie. In Fig. 319 sind drei Spektren dieser Art festgehalten und zwar für folgende Reaktionen[1]:

$$\pi^+ + p \to \pi^*(765) + p \to \pi^+ + \pi^0 + p, \tag{10.21}$$

$$\pi^+ + p \to \pi^*(765) + \pi^+ + p \to \pi^+ + \pi^- + \pi^+ + p, \tag{10.22}$$

$$\pi^+ + p \to \eta^0(549) + \pi^+ + p \to \pi^0 + \pi^+ + \pi^- + \pi^+ + p, \tag{10.23}$$

$$\pi^+ + p \to \omega(784) + \pi^+ + p \to \pi^0 + \pi^+ + \pi^- + \pi^+ + p. \tag{10.24}$$

---
[1] C. Alff u.a., Phys. Rev. Let., **9**, 322 (1962).

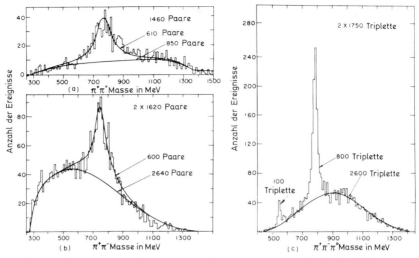

Fig. 319. Verteilung der Pionenergien für die Reaktionen (10.21) bis (10.24). Die in Frage stehenden Pionenresonanzen lassen sich klar erkennen: positives $\pi^*(765)$ in (a), neutrales $\pi^*(765)$ in (b), $\eta^0(549)$ und $\omega(784)$ in (c). (Aus C. Alff u.a., Phys. Rev. Let., **9**, 322, 1962.)

Der Impuls der einfallenden Pionen lag zwischen 2,3 und 2,9 GeV/c. Die Summe der Energien wurde für das Schwerpunktssystem der betreffenden Pionen berechnet und ist damit gleich der Ruheenergie des in Frage stehenden Resonanzteilchens. Tabelle 35 enthält die Masse und die Breite der Zustände, wie sie sich aus den in Fig. 319 dargestellten und anderen Messungen ergaben.

Tabelle 35. Masse und Breite der Mesonenzustände

Figur	Partikel	Masse	Halbwertsbreite
a	$\rho^+ = \pi^+(765)$	771 ± 8 MeV/c^2	127 ± 24 MeV/c^2
b	$\rho^0 = \pi^0(765)$	769 ± 3 MeV/c^2	126 ± 5 MeV/c^2
c	$\eta^0 (549)$	$548,8 \pm 0,6$ MeV/c^2	$2,6 \pm 0,6$ keV/c^2
c	$\omega^0(784)$	$783,7 \pm 0,5$ MeV/c^2	$12,7 \pm 1,2$ MeV/c^2

Eine zweite, sehr anschauliche Methode zur Analyse von Resonanzteilchen stammt von R. Dalitz[1] und soll im folgenden am Beispiel des zweistufigen Prozesses

$$K^- + p \rightarrow \Sigma^*(1385) + \pi \rightarrow \Lambda^0 + \pi^+ + \pi^- \qquad (10.25)$$

---

[1] R. H. Dalitz, Ann. Rev. Nucl. Sci., **13**, 339 (1963).

10.6. Resonanzteilchen

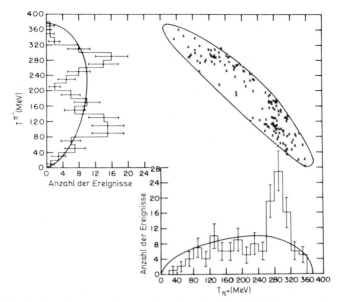

Fig. 320. Dalitz-Diagramm für die Reaktion $K^- + p \to \Sigma^*(1385) + \pi \to \Lambda^0 + \pi^+ + \pi^-$. Die ausgezogenen Kurven sind die Verteilungen, welche sich für die direkte Reaktion $K^- + p \to \Lambda^0 + \pi^+ + \pi^-$ allein ergibt. (Aus M. Alston u.a., Phys. Rev. Let., 5, 520, 1960.)

erörtert werden. Dieses Experiment[1] wurde mit 1,15-GeV/c-K^--Mesonen durchgeführt. Die zu (10.25) gehörende einstufige Reaktion

$$K^- + p \to \Lambda^0 + \pi^+ + \pi^- \qquad (10.26)$$

liefert zwei Pionen mit kontinuierlich verteilter Energie. Trägt man die beiden kinetischen Schwerpunktsenergien auf den beiden Achsen eines Koordinatensystems ab und zeichnet jedes $\pi^+ \pi^-$-Ereignis entsprechend den Energiewerten ein, so ergibt sich ein sog. Dalitz-Diagramm, wie es Fig. 320 zeigt. Im kinematisch erlaubten Gebiet sind die Punkte gleichmäßig verteilt. Für die Reaktion (10.25) dagegen zeigen sich im Dalitz-Diagramm bevorzugte kinetische Energien der Pionen (s. Fig. 320), weil das mit dem Σ^*-Hyperon erscheinende π-Meson eine bis auf die Energieunschärfe genau bestimmte kinetische Energie $T(\pi_1)$ besitzt. In diesem Beispiel liegt das entsprechende Häufigkeitsmaximum bei $T(\pi_1) \approx 280$ MeV und weist eine Halbwertsbreite von ≈ 60 MeV auf. Die kinetische Energie des zweiten Pions nimmt Werte 60 MeV $< T(\pi_2) <$ 180 MeV an. Aus $T(\pi_1)$ und dem

---

[1] M. Alston u.a., Phys. Rev. Let., 5, 520 (1960).

Impuls der einfallenden Kaonen ergibt sich für die Masse der Σ^*-Resonanz $m(\Sigma^*) = 1383 \text{ MeV}/c^2$.

10.7. Klassifizierung und Nomenklatur der Hadronen. Seit die Anzahl verschiedener Elementarteilchen etwa 20 überstieg, also nach 1955, mehrte sich das Bedürfnis, diese Partikel in Familien oder Gruppen einzuordnen. Man hoffte, auf diese Weise Zusammenhänge zwischen den Massen und anderen Eigenschaften der Teilchen aufzudecken und neue Partikel voraussagen zu können. Einen Grundstein zu diesem Bemühen hatten schon lange zuvor Dirac und Heisenberg gelegt, der eine, indem er eine zur Welt ladungskonjugierte Antiwelt postulierte, und der andere durch das Isospinprinzip.

10.7.1. Regge-Pole. 1959 bemerkte *Regge*[1], daß Partikel und Resonanzen oft eine um so größere Masse besitzen, je größer ihr Spin ist. Darauf basierend, schlug er eine heuristische Theorie zur Klassifizierung der Hadronen vor, nach der Masse und Gesamtdrehimpuls der Teilchen einer Serie verknüpft sind. In der Fig. 321 sind die Spins in Funktion der Massenquadrate für Δ-Resonanzen positiver Parität aus Tabelle 34 eingezeichnet. Alle Werte liegen auf der Geraden

$$J = 0{,}2 + 0{,}9 \, m^2 \, c^4.$$

Diese Gerade nennt man eine Regge-Trajektorie, den dem energieärmsten Partikel entsprechenden Punkt Regge-Pol oder Regge-

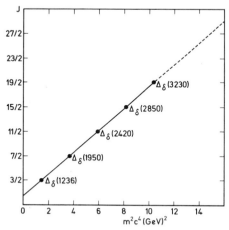

Fig. 321. Spin in Funktion der Massenquadrate für Δ-Resonanzen positiver Parität.

---

[1] *T. Regge*, Nuovo Cimento, **14**, 951 (1959).

10.7. Klassifizierung und Nomenklatur der Hadronen

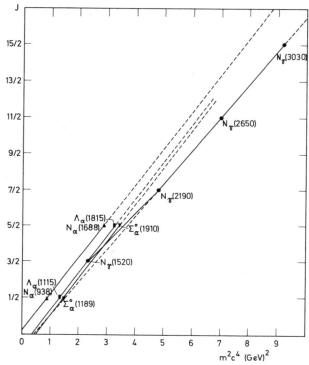

Fig. 322. Regge-Trajektorien für verschiedene Baryonen.

Vorkommen und die angeregte Zustände darstellenden Punkte Regge-Wiederholungen. Im Englischen heißt das Vorkommen tiefster Energie und kleinsten Spins „occurrence" und die Wiederholungen „recurrences".

Weitere Trajektorien zeigt Fig. 322. Dabei sind stets die Spins entsprechender Partikel, d. h. Teilchen gleicher Parität, Seltsamkeit und Ladungsmultiplizität in Funktion der Massenquadrate aufgetragen. Die Δ- und N_γ-Wiederholungen (Fig. 321 und 322) liegen auf Geraden, und aufeinanderfolgende Drehimpulswerte nehmen stets um zwei Einheiten zu. Zusammenhänge zwischen Massen (oder Bindungsenergien) und Drehimpulsen sind nichts neues, treten sie doch, z. B. bei Rotationsniveaus, sowohl in der Molekül- als auch in der Kernphysik auf (vgl. Bd. III/1, X. Kapitel, und Bd. III/2, Abschn. 8.6). Im vorliegenden Fall sind allerdings die Hintergründe der Theorie noch weitgehend in Dunkel gehüllt. Immerhin erlaubt die in der Regge-Darstellung zum Ausdruck kommende Ordnung, aufgrund bekannter Teilchen den Spin und die Masse neuer Partikel gleicher Parität, Seltsamkeit und Isospinquantenzahl vorherzusagen.

10.7.2. Gruppentheoretische Klassifizierung der Hadronen. Während Regge Partikel gleicher Seltsamkeit, Parität und Isospinquantenzahl zusammenfaßte, vereinigten Ne'eman und unabhängig davon Gell-Mann Teilchen mit gleichem Drehimpuls und gleicher Parität, aber verschiedener Seltsamkeit und Ladungsmultiplizität zu Superfamilien. Die Gruppentheorie dazu wurde im letzten Jahrhundert von Lie entwickelt und ist unter dem Namen SU(3) bekannt (spezielle unitäre Gruppe in drei Dimensionen). Auf diesen Formalismus einzutreten, sprengt den Rahmen dieses Buches. Wir zeigen deshalb nur die Ergebnisse für die Partikelphysik auf.

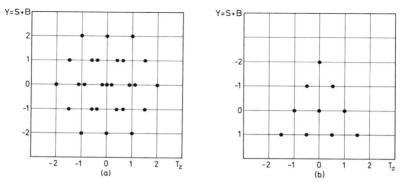

Fig. 323. Beispiele von Hadronen-Superfamilien. Auf der Abszisse ist die z-Komponente des Isospins und auf der Ordinate die Hyperladung, d.h. die um eins vermehrte Seltsamkeit aufgetragen.

Nach der SU(3)-Theorie gliedern sich Teilchen einheitlichen Drehimpulses zu Gruppen von 1, 3, 8, 10, 27, ... Partikeln, und zwar entsprechend den in Fig. 323 dargestellten Schemata. Die einzelnen Plätze im Seltsamkeits-Isospin-Diagramm werden nach folgenden Regeln besetzt:

1. Die Teilchen besetzen nur Punkte mit ganzzahliger Seltsamkeit und mit halb- oder ganzzahliger z-Komponente des Isospins.
2. Benachbarte Partikel eines Multipletts unterscheiden sich nach Maßgabe von Tabelle 36.
3. Die Teilchen einer Superfamilie bilden ringförmige drei- oder sechseckige Gebilde. Bei mehrfachen hexagonalen Ringen ist die Besetzung der inneren Plätze n-fach, wenn n die von außen nach innen gezählte Ringnummer ist (vgl. Fig. 323).

10.7. Klassifizierung und Nomenklatur der Hadronen

Tabelle 36. Regeln zur Bildung von Superfamilien. Alle Glieder einer Familie besitzen den gleichen Spin und gleiche Parität

	ΔS	ΔQ	ΔT	ΔT_z
1. Möglichkeit	0	± 1	0	± 1
2. Möglichkeit	± 1	± 1	$\pm \frac{1}{2}$	$\pm \frac{1}{2}$
3. Möglichkeit	± 1	0	$\pm \frac{1}{2}$	$\pm \frac{1}{2}$

Anfangs 1970 waren für Mesonen zwei Oktette und für Baryonen drei Oktette und ein Dekuplett vollständig bekannt. Diese Multiplette sind in Fig. 324–326 aufgeführt. Daneben gibt es eine Reihe von

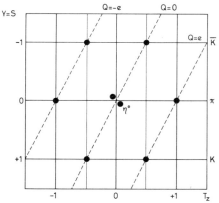

Fig. 324. Mesonenoktette. Die Wertepaare von Spin und Parität für die beiden Mesonenoktette sind $J^\pi = 0^-$ und $J^\pi = 1^-$.

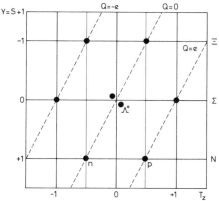

Fig. 325. Baryonenoktette. Die Wertepaare von Spin und Parität für die drei Oktette sind: $J^\pi = 1/2^+$, $J^\pi = 5/2^+$ und $J^\pi = 3/2^-$.

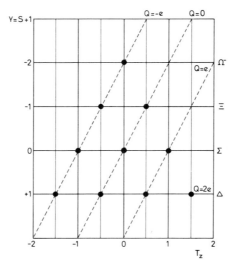

Fig. 326. Baryonendekuplett. Spin und Parität besitzen die Werte $J^\pi = 3/2^+$.

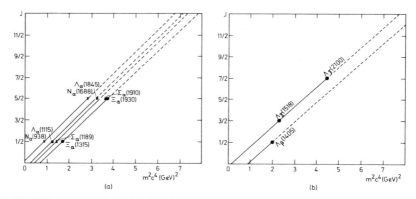

Fig. 327. Regge-Trajektorien für die Baryonenoktette (a) und für die Λ-Singulette (b).

Singuletten. So wie zu einzelnen Hadronen Regge-Wiederholungen existieren, kommen ganze Multiplette in mehreren Spinzuständen vor. Fig. 327 verdeutlicht diesen Sachverhalt für das $1/2^+$- und $5/2^+$-Baryonen-Oktett und für ein $3/2^-$- und $7/2^-$-Λ^0-Singulett.

Die SU(3)-Theorie erlaubt nicht nur, die Hadronen in Superfamilien einzuordnen, sondern legt auch die relativen Massen der Glieder eines Multipletts fest. So gilt für ein Baryonoktett die Beziehung

$$\tfrac{1}{2}(m_d+m_{d'})=\tfrac{1}{4}(3\,m_s+m_t),$$

wobei m_d und $m_{d'}$ die Massen der beiden Isospindubletts und m_s bzw. m_t die Masse des Singuletts (T=0) bzw. des Tripletts (T=1) bezeichnen. Für das $1/2^+$-Baryonoktett gilt also

$$\tfrac{1}{2}[m(N)+m(\Xi)]=\tfrac{1}{4}[3\,m(\Lambda^0)+m(\Sigma)]$$

oder numerisch

$$1128\text{ MeV}=\tfrac{1}{2}(939+1318)\approx\tfrac{1}{4}(3\cdot 1116+1193)=1135\text{ MeV}.$$

Nach der SU(3)-Theorie sind für Mesonenmultiplette die Quadrate der Massen einzusetzen, womit man für das 0^--Okett

$$\tfrac{1}{2}[2\,m^2(K)]=\tfrac{1}{4}[3\,m^2(\eta)+m^2(\pi)]$$

oder

$$0{,}246\approx\tfrac{1}{4}(3\cdot 0{,}301+0{,}019)=0{,}231$$

erhält.

Die Massendifferenzen der Partikel eines Dekupletts (Fig. 326) sind konstant, wenn sich die Seltsamkeit jeweils um eine Einheit unterscheidet. Für das $3/2^+$-Dekuplett ergeben sich folgende experimentelle Werte:

$$m(\Sigma)-m(\Delta)=(1385-1236)\text{ MeV}\approx m(\Xi)-m(\Sigma)=(1530-1385)\text{ MeV}$$

$$\approx m(\Omega)-m(\Xi)=(1672-1530)\text{ MeV}.$$

10.7.3. Nomenklatur. Da die meisten metastabilen Elementarteilchen und viele Resonanzen zu einer Zeit entdeckt wurden, als man noch kein Einordnungsprinzip kannte, erhielten die Teilchen vorerst willkürlich gewählte Namen. Es entstand deshalb das Bedürfnis, den Teilchen eine systematische Nomenklatur zu geben, nach der sofort möglichst viele Eigenschaften aus dem jeweiligen Namen erhellen.

Einem Vorschlag von *Chew*, *Gell-Mann* und *Rosenfeld*[1] folgend, erhalten Partikel gleicher Baryonenzahl, Seltsamkeit und Isospinquantenzahl dieselbe Bezeichnung und zwar, wie es aus Tabelle 37 hervorgeht.

Nach Tabelle 37 erhalten Mesonen kleine und Baryonen große griechische Buchstaben als Symbol: für das K-Meson also κ, für das Nukleon N etc. Wünscht man den Anregungszustand und/oder den Spin zu spezifizieren, so werden diese Angaben in Klammern

---

[1] G. F. *Chew*, M. *Gell-Mann* und A. H. *Rosenfeld*, Scientific American, **210**, Heft 2, S. 74 (1964).

Tabelle 37. Nomenklatur der Hadronen

Baryonenzahl B	0		1					
Seltsamkeit S	0	1	0		−1		−2	−3
Isospin τ	0	1	$\frac{1}{2}$	$\frac{1}{2}$	$\frac{3}{2}$	0	1	$\frac{1}{2}$	0
Teilchensymbol	η	π	κ	N	Δ	Λ	Σ	Ξ	Ω

dem Symbol beigegeben, also z.B. N(939, 1/2$^+$) oder Δ(1238, 3/2$^+$) für den Grundzustand von Neutron oder Proton bzw. für den Grundzustand der Δ-Resonanz. Den Ladungszustand markiert man durch ein Vorzeichen in der rechten oberen Ecke des Symbols, also z.B. Δ^-, Δ^0, Δ^+, Δ^{++} und π^+, π^0, π^-. Antiteilchen werden, wie seit langem üblich, durch einen Querstrich über dem Symbol markiert ($\bar{\kappa}^0$, $\bar{\Sigma}^-$).

10.7.4. Quark-Modell. Der Hintergrund der Teilchenklassifizierung in Superfamilien ist physikalisch noch nicht geklärt. Verschiedene Forscher versuchten deshalb, zum Teil sogar vor der Anwendung Liescher Algebra, die Elementarteilchen aus drei noch elementareren aufzubauen. Solche Versuche stammen u.a. von Sakata, Gell-Mann und Zweig. Die beiden letzteren nannten die drei Urteilchen a-, b- c-„quarks" und ordneten ihnen folgende Eigenschaften zu:
1. Die Baryonenzahl ist für jedes Quark $+\frac{1}{3}$.
2. Die Quarks a und b bilden ein Isospindublett ($\tau = \frac{1}{2}$), während c ein Singulett ($\tau = 0$) darstellt.
3. Die elektrische Ladung beträgt für a: $2e/3$, für b und c: $-e/3$.
4. Die Seltsamkeit von a und b ist 0, diejenige von c: -1.
5. Das c-Quark müßte instabil sein und nach einer mittleren Lebensdauer von ca. 10^{-10} s durch schwache Wechselwirkung zerfallen.
6. Zu jedem Quark existiert ein Antiquark.

Aus den Quarks und Antiquarks ließen sich, falls sie existierten, alle Hadronen aufbauen. Je ein Quark und ein Antiquark ergäben ein Meson und zwar nach dem Schema von Tabelle 38.

Tabelle 38. Aufbau der Mesonen aus je einem Quark und einem Antiquark. Das π^0-Meson ist eine Mischung aus a- und b-Quarks: $\pi^0 = (1/\sqrt{2})(a\bar{a} - b\bar{b})$

Quark/Antiquark	a	b	c
$\bar{a}$	−	π^-	K^-
$\bar{b}$	π^+	−	$\bar{K}^0$
$\bar{c}$	K^+	K^0	η^0

10.7. Klassifizierung und Nomenklatur der Hadronen

Zum Aufbau der Baryonen werden drei Quarks benötigt. Aus Tabelle 39 geht hervor, daß auf diese Weise alle Nukleonen und Hyperonen dargestellt werden können.

Tabelle 39. Aufbau der Baryonen aus drei Quarks. Λ^0 und Σ^0 sind Linearkombinationen von c b a und c a b: $\Lambda^0 = (1/\sqrt{2}) \, c(b\,a - a\,b)$ und $\Sigma^0 = (1/\sqrt{2}) \, c(b\,a + a\,b)$

	a a	a b	a c	b b	b c	c c
a	Δ^{++}	Δ^+	Σ^+	Δ^0	–	Ξ^0
b	p	n	–	Δ^-	Σ^-	Ξ^-
c	Σ^+	–	Ξ^0	Σ^-	Ξ^-	Ω^-

Die in den beiden Tabellen erläuterten Bauprinzipien für die Hadronen entsprechen genau dem SU(3)-Formalismus. Die Suche nach Quarks, d.h. nach Teilchen mit einer Ladung von $2e/3$ und $\pm e/3$, wurde intensiv betrieben. Trotzdem ließ sich bis Ende 1971 kein Quark mit Sicherheit nachweisen. Wenn auch keine freien Quarks existieren sollten, bleibt der SU(3)-Formalismus dennoch eine geeignete Beschreibung der Elementarteilchen.

11. Kosmische Strahlung[1]

11.1. Einleitung. Wir beobachten heute drei Kontakte des Sonnensystems mit dem Kosmos: elektromagnetische Wellen, kosmische Strahlung und Gravitationswellen[2]. Fast all unser Wissen über die galaktische und außergalaktische Welt stammt aus Beobachtungen elektromagnetischer Vorgänge, während über Gravitationswellen erst in jüngster Zeit experimentiert wird. Die kosmische Strahlung wird zwar schon seit Anfang des 20. Jahrhunderts untersucht, ihr Ursprung ist dennoch weitgehend in Dunkel gehüllt.

Elster und *Geitel* (1899) sowie *C.T.R. Wilson* (1900) stellten fest, daß sich Elektrometer, auch wenn sie sorgfältig isoliert waren, stets entluden. Sie schlossen daraus auf eine allgemeine Präsenz radioaktiver Stoffe, deren Strahlung die Luft ionisiert und für die Entladung verantwortlich ist. Zur Prüfung dieser Hypothese stiegen in den Jahren 1911–1913 *V.F. Hess*[3], *W. Kolhörster*[4] und *A. Gockel*[5] mit Ionisationskammern in Freiballons auf Höhen zwischen 2000 und 5000 m ü.M. und fanden, daß sich die Kammern entgegen den Erwartungen viel rascher als auf dem Erdboden entluden. Deshalb schrieb Hess die mit der Höhe zunehmende Ionisation einer Strahlung extraterrestrischen Ursprungs zu. In der Folge wurden viele Experimente durchgeführt, um Näheres über Herkunft und Eigenschaften der kosmischen Strahlung (oder Höhenstrahlung) zu erfahren. Obwohl wir heute ein geschlossenes Bild der äußern Erscheinungen besitzen, fehlt uns eine befriedigende Theorie ihrer Entstehung.

Die wichtigsten Fakten über kosmische Strahlung lassen sich etwa wie folgt zusammenfassen:

1. Die kosmische Strahlung, welche auf die Erdatmosphäre einfällt, nennt man primäre Strahlung. Sie besteht fast ausschließlich aus Protonen und anderen leichten Atomkernen, deren Energie je

---

[1] Verfaßt von Prof. Dr. *H. R. Striebel*, Phys. Inst. der Universität Basel.
[2] Analog der elektrischen oder magnetischen Multipolstrahlung (s. S. 331) bei veränderlichen elektromagnetischen Momenten entstehen bei Veränderung von Quadrupol- oder höheren Momenten einer Massenverteilung Gravitationswellen. Siehe *J. Weber*, Physics Today, April 68, S. 34 und August 69, S. 61.
[3] *V. F. Hess*, Physik. Zs., **14**, 610 (1913).
[4] *W. Kolhörster*, Physik. Zs., **14**, 1153 (1913).
[5] *A. Gockel*, Physik. Zs., **11**, 280 (1910).

nach geographischer Breite zwischen wenigen bis etlichen GeV (untere Grenze durch Erdmagnetfeld bedingt) und etwa 10^{10} GeV liegt. Die schwereren Elemente sind entsprechend ihrer Häufigkeit im Kosmos auch in der kosmischen Strahlung äußerst selten.

2. Die Intensität der kosmischen Strahlung ist, verglichen mit der Lichtintensität der Sterne ($\approx 10^8$ Photonen/(cm² s) ohne Sonne), sehr gering. Bei 50° geomagnetischer Breite beträgt beispielsweise der Fluß der primären Partikel nur etwa 0,27 cm⁻² s⁻¹, und der über die ganze Erdoberfläche integrierte Teilchenstrom von rund 10^{19} s⁻¹ entspricht einer elektrischen Stromstärke von der Größenordnung 1 Ampère. Energetisch fällt ein Vergleich zwischen dem Licht der Sterne und der kosmischen Strahlung allerdings anders aus: die beiden Energieflüsse sind nämlich gerade etwa gleich groß.

3. Die kosmische Strahlung wandelt ihren Charakter beim Durchgang durch die Atmosphäre stark. In den erdnahen Schichten findet man fast ausschließlich Sekundärteilchen wie energiereiche Neutronen, Photonen, Myonen, Elektronen und Pionen.

4. Die kosmische Strahlung entsteht nur zu einem geringen Teil in der Sonne; der Ursprung der Strahlung ist im wahren Sinne des Wortes kosmisch.

Als zentrale Problemkreise ergeben sich folgende Fragenkomplexe:

1. Was ist die Zusammensetzung und die Energieverteilung der Primärstrahlung? Gibt es irgendwelche Vorzugsrichtungen und -Zeiten für den Einfall der Strahlung?
2. Wie setzt sich die Sekundärstrahlung zusammen, und welche Prozesse sind für deren Erzeugung verantwortlich?
3. Was für Mechanismen kommen für die Beschleunigung der primären Teilchen auf Energien bis zu 10^{10} GeV in Betracht?

Das Studium der kosmischen Strahlung gibt auch Aufschlüsse über viele Probleme, wie z.B. die kosmische Häufigkeit der Nuklide, das Alter von Meteoriten und Kernprozesse bei Energien, die sehr groß gegen die Bindungsenergie der Kerne sind. Ferner lieferte die kosmische Strahlung die ersten energiereichen Geschosse zu Studien im Rahmen der Elementarteilchenphysik, lange bevor Beschleuniger für Partikel im GeV-Bereich bereitstanden. So wurden Positron, Myon, verschiedene Mesonen und Hyperonen als Komponenten der kosmischen Sekundärstrahlung entdeckt.

11.2. Primärstrahlung. Die Gesamtheit energiereicher Partikel, welche aus dem äußeren Raum in die Erdatmosphäre eindringen, nennt man die primäre kosmische Strahlung. Sie besteht zum überwiegenden

Teil aus Atomkernen, die im interstellaren Raum von den Hüllenelektronen gänzlich entblößt wurden. Wie aus der Tabelle 40 über die Zusammensetzung der Primärstrahlung hervorgeht, bestehen zwischen der Nuklidhäufigkeit im Universum und derjenigen in der kosmischen Strahlung gewisse Differenzen. Vor allem fällt auf, daß die sog. L-Kerne (Li, B und Be) in der Strahlung 10^8-mal häufiger auftreten als in der kosmischen Materie. Auch die M- und H-Kerne (medium and heavy nuclei) sind in der Primärstrahlung etwas stärker vertreten als in der Gesamtmaterie. Immerhin ist für schwerere als Nickelkerne die Häufigkeit derart gering, daß sich ihr Vorkommen in der kosmischen Strahlung noch nicht mit Sicherheit nachweisen ließ. Auch Deuteriumkerne konnten bisher in der kosmischen Primärstrahlung nicht eindeutig festgestellt werden.

Tabelle 40. Intensität und relative Häufigkeit der Nuklide in der kosmischen Strahlung und in der kosmischen Gesamtmaterie

Z	Kerne	Gruppe	Abs. Intensität	Relative Häufigkeit	
			kosmische Strahlung	kosmische Strahlung	kosmische Gesamtmaterie
			$s^{-1} m^{-2} sr^{-1}$	%	%
1	H	P	1300	93	92,6
2	He		90	6,4	7,1
3–5	Li, B, Be	L	2	0,14	$3 \cdot 10^{-9}$
6–9	C, N, O, F	M	6	0,4	0,07
≥ 10	Ne, ...	H	2	0,14	0,03

Mit besonderer Sorgfalt wurden Antiprotonen und Antikerne als Komponenten der kosmischen Strahlung gesucht. Die experimentell gefundene obere Grenze des allfälligen Beitrages der Antiprotonen liegt unter 1% der Protonenintensität und derjenige der Antikerne unter $\frac{1}{4}$% der Intensität der Kerne gleicher Kernladung. Dieses Ergebnis deutet darauf hin, daß wenigstens in der Milchstraße keine ausgedehnten Bereiche existieren, die aus Antimaterie bestehen. Auch wenn keine kompakte Antiwelt existiert, sollten in der primären kosmischen Strahlung Antiprotonen auftreten, weil in Stoßprozessen hoher Energie Protonenpaare mit relativ großer Wahrscheinlichkeit erzeugt werden. Abschätzungen zeigen allerdings, daß die Häufigkeit solcher Antiprotonen für $E > 1{,}8$ GeV kleiner als 0,05 bis 0,1% des gesamten Partikelflusses gleicher Energie sein wird.

11.2. Primärstrahlung

Die Energieverteilung der Primärstrahlung hängt im Bereich weniger GeV von der geographischen Breite des Beobachtungsortes ab (Breiteneffekt, s. Fig. 333). Durch das Magnetfeld der Erde werden solche Partikel so stark abgelenkt, daß sie nicht in die Nähe der Erdoberfläche gelangen. Diese Erscheinung ist in äquatorialen Zonen besonders ausgeprägt. Oberhalb einiger GeV kinetischer Energie ist aber dieser Einfluß des Erdfeldes unbedeutend.

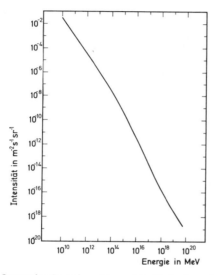

Fig. 328. Integrales Energiespektrum I ($>E$) der kosmischen Protonen.

Das Energiespektrum der Protonen ist in Fig. 328 aufgetragen und wird durch die empirische Gleichung (11.1) wiedergegeben:

$$N(>E) = \frac{K}{[E]_{GeV}^{\gamma}}. \qquad (11.1)$$

Dabei bedeutet $N(>E)$ die Intensität der Protonen mit Energien $>E$ (gemessen in GeV), während K und γ numerische Konstanten darstellen, deren empirische Werte in Tabelle 41 zusammengestellt sind.

Tabelle 41. Koeffizienten zu Gl. (11.1)

E	$10 - 10^4$	$10^4 - 10^6$	$10^6 - 10^8$	$10^8 - 10^{10}$	GeV
K	1	6	300	0,2	$cm^{-2} s^{-1} sr^{-1}$
γ	1,5	1,7	2,0	1,7	

Für Helium- und schwerere Kerne unterscheidet sich das Energiespektrum von demjenigen für Protonen im wesentlichen nur durch kleinere Werte der Größe K.

11.3. Sekundärstrahlung. Die primär auf die Erdatmosphäre einfallende kosmische Strahlung besteht zum weit überwiegenden Teil aus Protonen und leichten Kernen, d.h. aus Partikeln, die elektromagnetischer und vor allem starker Wechselwirkung mit den Molekülen bzw. Kernen der Atmosphäre fähig sind. Durch Ionisation der Luft verlieren die Primärteilchen sukzessive ihre Energie, und durch Kernprozesse erzeugen sie Mesonen und Kernbruchstücke.

Bei Minimumionisation[1] (vgl. S. 212) beträgt das Bremsvermögen für einfach geladene Teilchen etwa $1,6$ MeV g^{-1} cm^2. Daraus ergibt sich für relativistische Protonen, welche die Erdatmosphäre senkrecht durchsetzen, ein Energieverlust von mindestens $1,6$ GeV. Bei schweren Kernen (Kernladung Z) liegt dieser Wert um Z^2 (vgl. S. 211) höher.

Für relativistische Kernprozesse sind die Wirkungsquerschnitte σ der Stickstoff- und Sauerstoffkerne etwa gleich groß wie die geometrischen Querschnitte und demnach von der Größenordnung

$$\sigma = \pi\, r_0^2\, A^{\frac{2}{3}} = \pi \cdot 1{,}2^2 \cdot 10^{-26} \cdot 14^{\frac{2}{3}}\ \text{cm}^2 \approx 0{,}3\ \text{b}.$$

Daraus ergibt sich für die mittlere freie Weglänge

$$\lambda = \frac{1}{\Sigma} = \frac{1}{(dn/dm)\,\sigma} = \frac{1}{(6 \cdot 10^{23}/14) \cdot 3 \cdot 10^{-25}} \approx 80\ \text{g/cm}^2,$$

wobei Σ den makroskopischen Querschnitt und (dn/dm) die Anzahl Kerne pro Masseneinheit bezeichnet. Die Wahrscheinlichkeit w, daß ein Proton die Lufthülle der Erde (Dicke der Erdatmosphäre = $d = 10^3$ g/cm^2) ohne Kernprozeß durchstößt, ist somit selbst bei senkrechtem Einfall außerordentlich klein:

$$w = e^{-(d/\lambda)} = e^{-(1000/80)} = 3{,}7 \cdot 10^{-6}.$$

w läßt sich analog wie die Transmission von Gammastrahlen oder Neutronen (s. S. 352) errechnen.

11.3.1. Kernprozesse der Primärstrahlung. Die Protonen der Primärstrahlung besitzen typischerweise eine Energie von $E = 10$ GeV und dementsprechend eine de Broglie-Wellenlänge von

$$\lambda = \frac{\hbar}{p} \approx \frac{\hbar}{E/c} \approx 3 \cdot 10^{-16}\ \text{m}.$$

---

[1] Das Bremsvermögen dE/dx besitzt bei einer kinetischen Partikelenergie $T \approx 3\, m_0\, c^2$ (m_0 = Ruhemasse des Partikels) ein sehr flaches Minimum.

Somit tritt das energiereiche Teilchen viel mehr mit den einzelnen Nukleonen als mit dem gesamten Kern in Wechselwirkung. In einem Stickstoff- oder Sauerstoffkern (≈ 15 Nukleonen) werden im Mittel nur etwa $\sqrt[3]{15} \approx 2{,}5$ Nukleonen getroffen.

Bei solchen Stößen entstehen (s. Abschn. 10.5) oft mehrere Mesonen, aber auch seltsame Teilchen und Antibaryonen. Wie Fig. 329 illustriert, treten im Schwerpunktssystem bei energiereichen Prozessen die Mesonen bevorzugt in einem engen Kegel um die Einfallsrichtung des primären Teilchens aus dem getroffenen Kern aus. Im Labor-

Fig. 329. Erzeugung von Mesonen im Schwerpunktssystem.

system liegen die Mesonen in einem sehr engen und einem weitern Halbkegel entsprechend den beiden Halbkegeln im Schwerpunktssystem (vgl. Fig. 330). Die transversale Komponente des Impulses kann wegen der Erhaltungssätze höchstens von der Größenordnung $m_\pi c \approx 100$ MeV/c sein. Da die Sekundärteilchen ebenfalls starke Wechselwirkung zeigen, können diese ihrerseits im gleichen Kern energiereiche Kollisionen erleiden und so zu einer Multiplikation der Stoßprozesse führen.

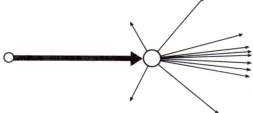

Fig. 330. Mesonenerzeugung im Laborsystem.

Wenn auch oft nur wenige Nukleonen eines Kerns an den beschriebenen Wechselwirkungen teilnehmen, so bleibt doch der Endkern häufig in einem so hoch angeregten Zustand zurück, daß Nukleonen und leichte Kernbruchstücke verdampft werden. Man nennt diesen Vorgang Spallation. Die Spallationsfragmente werden, weil das Primärteilchen meist nur wenig Impuls auf den Endkern überträgt, im Labor- wie im Schwerpunktssystem nahezu isotrop emittiert. Fig. 331 stellt ein typisches Beispiel eines Spallationsprozesses dar.

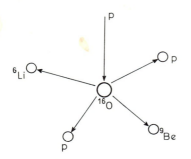

Fig. 331. Beispiel für einen Spallationsprozeß. Das energiereiche Proton spaltet den ^{16}O-Kern in vier Bruchstücke auf.

Als Endprodukte eines Stoßes zwischen Protonen hoher Energie und Atomkernen ergeben sich also energiereiche Pionen (positive, neutrale und negative etwa zu gleichen Teilen), energiereiche Nukleonen und Spallationsfragmente (Nukleonen, Alphateilchen und leichte Kerne) mäßiger Energie sowie vereinzelt seltsame Teilchen und Antibaryonen. Bei Stößen energiereicher schwerer Kerne liegen die Verhältnisse ähnlich wie bei Protonen.

11.3.2. Allgemeine Eigenschaften der Sekundärstrahlung. Kerne hoher Energie ($E \gg 1$ GeV) erzeugen durch Stöße mit den Sauerstoff- und Stickstoffkernen der Luft Nukleonen und Mesonen, die ihrerseits in einer neuerlichen Kollision weitere Hadronen auszulösen vermögen. Auf diese Weise können kaskadenartig viele Generationen energiereicher Nukleonen und Mesonen entstehen. Erst wenn die kinetischen Energien der einzelnen Teilchen unter 1 GeV fallen, bricht die Kaskade ab.

Die Protonen verlieren den Rest ihrer kinetischen Energie durch Ionisationsprozesse und kommen schließlich praktisch zur Ruhe. Die Neutronen dagegen werden durch elastische und inelastische Stöße mit Kernen nach und nach gebremst und führen meistens zum Prozeß ^{14}N(n, p)^{14}C (vgl. Abschn. 6.10.2).

Die Pionen der Sekundärstrahlung können zu weiteren Kernreaktionen führen; alle ungeladenen und viele der geladenen Pionen zerfallen aber im Flug und zwar um so mehr, in je größeren Höhen sie entstanden sind. Bei der geringen Luftdichte der oberen Atmosphärenschichten ist der Zerfall gegenüber den Kernstößen bevorzugt. Bekanntlich zeigen die Myonen, die Zerfallsprodukte der geladenen Pionen, keine starke Wechselwirkung, sondern verlieren ihre kinetische Energie allein durch Ionisationsprozesse. Energiereiche Myonen sind deshalb sehr durchdringend, bilden auf Meeresniveau die Hauptkomponente der kosmischen Strahlung und tauchen bis zu mehreren hundert Metern unter den Meeresspiegel oder in die Erdkruste ein. Für derart lange Flugstrecken reicht die mittlere Lebensdauer der Myonen allerdings nur in hoch relativistischen Fällen. Als mittlerer Flugweg s ergibt sich im Ruhesystem der Erde entsprechend einer Lebensdauer $\tau/\sqrt{1-\beta^2}$:

$$s = \frac{\beta c \tau}{\sqrt{1-\beta^2}} \approx \frac{c \tau}{\sqrt{1-\beta^2}} \approx c \tau \frac{E}{m_0 c^2}.$$

Mit $\tau = 2{,}2 \cdot 10^{-6}$ s und $m_0 c^2 \approx 0{,}1$ GeV erhält man für 10-GeV-Myonen einen mittleren Flugweg bis zum Zerfall von etwa 70 km.

Neutrale Pionen besitzen eine mittlere Lebensdauer von $\tau \approx 0{,}9 \cdot 10^{-16}$ s und zerfallen deshalb stets ohne weitere Kernwechselwirkung in meist zwei Gammaquanten sehr hoher Energie. Diese lösen die überwiegende Mehrzahl der elektronischen Schauer aus, bei denen abwechselnd durch Erzeugung von Elektronenpaaren und Emission von Bremsstrahlung viele Generationen von Elektronen und Photonen erzeugt werden (s. Fig. 332).

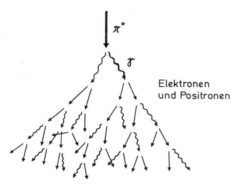

Fig. 332. Erzeugung eines Elektronenschauers durch ein π^0-Meson.

Man unterscheidet in der kosmischen Strahlung eine harte und eine weiche Komponente. Erstere besteht in großen Höhen vor allem aus Kernen, Nukleonen und Pionen und in den untern Atmosphärenschichten aus Myonen, während sich die weiche Komponente aus Elektronen, Positronen und Photonen zusammensetzt. Die Intensität der beiden Strahlungsanteile hängt sowohl von der Höhe über Meeresniveau als auch von der geographischen Breite des Beobachtungsortes ab. In Tabelle 42 sind die Intensitäten der vertikal einfallenden Teilchen zusammengestellt.

Die letzte Kolonne von Tabelle 42 bringt den Breiteneffekt deutlich zum Ausdruck. In der Nähe der Erdoberfläche ($h \ll R$) ist die Differenz der Intensitäten $I(50°) - I(0°)$ um so größer, je höher der Beobachtungsort über dem Meer liegt. Das heißt, in der Stratosphäre überwiegt die

Tabelle 42. Zusammensetzung der kosmischen Strahlung in verschiedenen Höhen über Meer bei 50° geomagnetischer Breite. I(0°) bezeichnet die Intensität am geomagnetischen Äquator

Höhe ü. M. km	Harte Komponente I_h in $s^{-1} m^{-2} sr^{-1}$ $I_h (50°)$	Elektron. Komponente I_e in $s^{-1} m^{-2} sr^{-1}$ $I_e (50°)$	$\dfrac{I(50°) - I(0°)}{I(50°)}$
0	100	30	0,10
2	120	120	0,15
4,5	200	500	0,25
10	500	2500	0,45
16	800	4200	0,75
30	1300	200	0,85
100	1000	~0	0,90

relativ energiearme Strahlung, weil sie noch nicht durch die Lufthülle abgebremst und absorbiert wurde. Die energiearme Strahlung wird nämlich stark abgelenkt und zeigt deshalb einen deutlichen Breiteneffekt. Demgegenüber manifestiert sich auf Meeresniveau nur noch der magnetisch fast unbeeinflußte energiereiche Anteil der Primärstrahlung. Fig. 333 veranschaulicht diese Verhältnisse im Bereich von ca. 0–15 km ü. M. Da der Breiteneffekt ausschließlich durch das Erdmagnetfeld bewirkt wird, ist er selbstverständlich nur in Erdnähe, d. h. im Abstand bis zu etlichen Erdradien, zu beobachten.

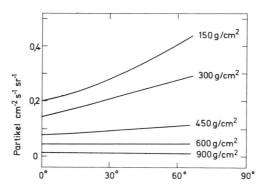

Fig. 333. Breiteneffekt der Intensität für die senkrechte Komponente der Höhenstrahlung. Der Parameter bezeichnet die Dicke der Luftschicht über dem Beobachtungsort.

11.3.3. Elektronenschauer. Tabelle 42 zeigt eindrücklich, daß die Elektronen in Schichten zwischen 4 und 20 km über Meeresniveau die am stärksten ausgeprägte Komponente der Sekundärstrahlung

11.3. Sekundärstrahlung

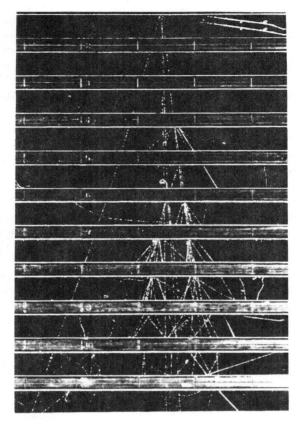

Fig. 334. Nebelkammeraufnahme eines Elektronenschauers. Die Photonen und Elektronenpaare entstehen praktisch ausschließlich in den Bleiplatten (horizontale Streifen).

darstellen. Durch abwechselnde Elektronenpaarbildung und Emission von Bremsstrahlung baut sich, ausgehend von einem energiereichen Photon oder Elektron, ein Schauer von vielen Elektronen und Positronen auf. Fig. 334 ist die Photographie eines solchen Prozesses in einer Nebelkammer. Mit zunehmender Entwicklung des Schauers nimmt die Teilchenenergie nach und nach ab, so daß schließlich die Bildung von Elektronenpaaren und von energiereicher ($E \gg 1$ MeV) Bremsstrahlung unterbleibt. Elektron-Elektron-Stöße sowie Compton-Streuung werden nun die vorherrschenden Prozesse und führen rasch zum Erlöschen des Schauers.

Um die Entwicklung eines Schauers quantitativ zu beschreiben, führen wir zwei wichtige Eigenschaften des Bremsmaterials ein: die Strahlungslänge und die kritische Energie. Die Strahlungslänge x_0 ist diejenige Distanz, längs welcher die mittlere Energie der Elektronen und Photonen auf den e-ten Teil abnimmt. Für x_0 in Einheiten von Masse pro Flächeneinheit erhält man den Zusammenhang[1]

$$\frac{1}{x_0} = \frac{e^2}{\pi \varepsilon_0 \hbar c} \frac{N_A}{M} Z(Z+1) r_0^2 \ln \frac{183}{Z^{\frac{1}{3}}}.$$

Dabei bedeutet N_A die Avogadrosche Zahl, M die Molmasse und Z die Ordnungszahl des Bremsmaterials sowie $r_0 = e^2/4\pi\varepsilon_0 m_0 c^2$ den klassischen Elektronenradius.

Die kritische Energie E_c ist die Grenze der Elektronen- und Photonenenergie, oberhalb welcher nur Bremsstrahlung bzw. Paarbildung wesentlich zur Energieabnahme beitragen, während für $E < E_c$ auch Elektron-Elektron-Stöße und der Compton-Effekt zu berücksichtigen sind. Die Werte der Strahlungslänge und der kritischen Energie sind für einige Bremssubstanzen in Tabelle 43 zusammengestellt.

Tabelle 43. Strahlungslänge x_0 und kritische Energie E_c für verschiedene Bremssubstanzen

Substanz	Z	A	x_0 g/cm^2	E_c MeV
Kohlenstoff	6	12	45	102
Luft	7,4	15	38	84
Aluminium	13	27	25	49
Eisen	26	56	14	24
Blei	82	207	6,5	7,8

Oberhalb der kritischen Energie bleibt das Produkt aus Teilchenzahl und mittlerer Teilchenenergie konstant. Da nämlich nur Paarbildung und Emission von Bremsstrahlung, also Wechselwirkungen mit unbedeutendem Umsatz kinetischer Energie, eine wesentliche Rolle spielen, entspricht einer Verdoppelung der Teilchenzahl eine Halbierung der mittleren Teilchenenergie. Im Elektronenschauer nimmt demnach die Zahl der Elektronen nach je einer Strahlungslänge um den Faktor e zu. Nach dieser vereinfachten Vorstellung erhält man für $E > E_c$ im Abstand x vom primären Teilchen

$$N(x) = e^{x/x_0}$$

---

[1] Handbuch der Physik (*S. Flügge* ed.) XLV, 1, S. 10, Springer, Berlin (1967).

sekundäre Elektronen und Photonen der mittleren Energie

$$E(x) = E_0\, e^{-x/x_0}.$$

Solange $E > E_c$ ist, baut sich die Teilchenzahl des Elektronenschauers exponentiell auf, verliert aber rasch an Intensität, wenn die Teilchenenergie den kritischen Wert E_c unterschreitet, weil dann die Ionisationsprozesse rasch überwiegen. Etwa $\frac{2}{3}$ der Gesamtenergie entfällt auf die Elektronenpaare und $\frac{1}{3}$ auf die Photonen. Die Gesamtzahl von Teilchen ist proportional zur Energie E_0 des primären Partikels und beträgt größenordnungsmäßig

$$N \approx \frac{E_0}{E_c}.$$

11.4. Ursprung der kosmischen Strahlung. Es gibt vorläufig keine Theorie, welche umfassend zu erklären vermag, wie die kosmische Strahlung entsteht. Vermutlich existieren mehrere Quellen und Mechanismen zur Beschleunigung dieser Partikel. Einige dieser Möglichkeiten wollen wir nachfolgend kurz aufzählen:
1. Die Intensitätszunahme der kosmischen Strahlung gleichzeitig mit dem Auftreten von Sonnenausbrüchen deutet an, daß ein Teil der Strahlung, namentlich im energiearmen Bereich des Spektrums, aus der Somme stammt. Dieser Anteil dürfte jedoch relativ klein sein, da sich weder ein hervorstechender Tag/Nacht-Effekt noch eine deutliche systematische Variation der Strahlungsintensität mit dem Sonnenfleckenzyklus beobachten läßt.
2. Außer der Sonne zeigen viele Sterne, vor allem die sog. Flare-Sterne[1] und natürlich die Supernovae außerordentlich starke Ausbrüche. Es ist aber unwahrscheinlich, daß diese Himmelskörper durch Partikel und durch Licht gleich viel Energie emittieren, wie das dem auf der Erde beobachteten Verhältnis der Energien von Sternlicht und kosmischer Strahlung entsprechen müßte.
3. Nach einer der frühesten Theorien[2] werden die kosmischen Partikel im interstellaren Raum beschleunigt. Elektrostatische Felder kommen hierfür allerdings kaum in Betracht, weil die Potentialdifferenzen durch Ionenströme rasch abgebaut würden. Dagegen könnten elektromagnetische Wechselfelder, wie sie zweifellos im Kosmos existieren, geladene Teilchen nach dem Mechanismus des Betatrons auf viele GeV beschleunigen.

---
[1] *O. Struve*, Astronomie, Walter de Gruyter, Berlin (1962).
[2] *W. F. G. Swann*, Phys. Rev., **43**, 217 (1933).

4. In einer sehr tiefgründigen Theorie zeigt E. Fermi[1], daß durch Wechselwirkung zwischen den geladenen kosmischen Partikeln und den Magnetfeldern umherdriftender kosmischer Gaswolken hohe Energien erreicht werden könnten. Nach dem Äquipartitionsprinzip (s. Bd. III/1, S. 38) bewirkt nämlich ein solcher Stoß eine Gleichverteilung der Energie zwischen Partikel und Gaswolken als Gesamtheiten. Dadurch resultiert für das Teilchen in der Mehrzahl der Fälle ein Energiegewinn.

---

[1] Phys. Rev., **75**, 1169 (1949); Astrophys. J., **119**, 1 (1954).

12. Strahlenschutz (Health Physics)

Die physikalische Wirkung energiereicher ($E > 10$ eV) Strahlung besteht in der Ionisierung und Anregung von Molekülen. Dadurch können im Körper lebenswichtige Steuermechanismen gestört und schädigende Zwischenprodukte erzeugt werden. Eine Zusammenstellung der wichtigsten Erscheinungen zeigt die Tabelle 44.

Tabelle 44. *Biologische Effekte ionisierender Strahlung*

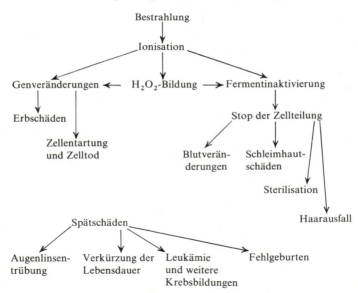

Seit jeher war der Mensch ionisierenden Strahlen von natürlichen radioaktiven Nukliden und der kosmischen Strahlung ausgesetzt (vgl. Anmerkung Tabelle 47). Unter dieser natürlichen Strahlenbelastung hat sich seine Entwicklung vollzogen. Mit den Röntgenapparaten und den Atomreaktoren sind neue Quellen für ionisierende Strahlen entstanden. Damit können sich Strahlenbelastungen ergeben, die für den Menschen gefährlich sind. Das Gebiet des Strahlenschutzes umfaßt alle jene Aufgaben, die sich mit Messungen von ionisierenden Strahlen und ihrer Wirkung auf den menschlichen Körper befassen und dem Schutz des Menschen vor solchen Strahlen dienen.

12.1. Maßeinheiten der ionisierenden Strahlung und der biologischen Wirkung. Zur quantitativen Erfassung der Dosis einer ionisierenden Strahlung und ihrer Wirkung auf biologische Objekte sind eine Reihe von Maßeinheiten festgelegt worden.

12.1.1. Expositionsdosis einer Röntgen- oder Gammastrahlung. Das Röntgen R ist die Einheit der Expositionsdosis (Ionendosis) D_e von Röntgen- und Gammastrahlung mit Energien < 3 MeV.

Definition: 1 R bezeichnet jene Menge Röntgen- oder γ-Strahlung, die pro kg trockener Luft durch die in der Luft verursachte Korpuskularemission Ionen mit einer Gesamtladung von $2{,}58 \cdot 10^{-4}$ C (entspricht $1{,}61 \cdot 10^{15}$ Ionenpaaren) für beide Vorzeichen erzeugt.

Bei einer mittleren Arbeit pro Ionenpaar in Luft von 32 eV entspricht dies einer totalen Arbeit W_e von $8{,}3 \cdot 10^{-3}$ Jkg^{-1}R^{-1} ($= 83$ erg/gR).

Die Einheit der Expositionsdosisleistung $\dot{D}_e$ ist 1 Röntgen pro Zeiteinheit (1 R/s, 1 R/h). Eine Expositionsdosisleistung von 1 R/s ergibt pro m^3 Luft die Leistung $P_e = 1{,}08 \cdot 10^{-2}$ W/m^3, 1 R/h eine solche von $P_e = 3{,}0 \cdot 10^{-6}$ W/m^3.

Eine punktförmige radioaktive Quelle mit einer Aktivität von A Curie (1 Ci $= 3{,}7 \cdot 10^{10}$ Zerfälle/s) sende pro Zerfall ein γ-Quant der Energie E_γ MeV aus. Die γ-Emissionsleistung P_γ dieser Quelle beträgt somit

$$P_\gamma = 3{,}7 \times 10^{10} \cdot A \cdot E_\gamma \text{ [MeV/s]}$$
$$= 5{,}9 \cdot 10^{-3} \cdot A \cdot E_\gamma \text{ [W]},$$

und der Energiefluß I_γ im Abstand r (gemessen in m) unter Vernachlässigung einer Absorption ist

$$I_\gamma = \frac{5{,}9 \cdot 10^{-3} \cdot A \cdot E_\gamma}{4 \pi r^2} \text{ W/m}^2 = \frac{4{,}7 \cdot 10^{-4} \cdot A \cdot E_\gamma}{r^2} \text{ W/m}^2.$$

Nach der Erfahrung[1] wird durch eine γ-Strahlung der Energie 1 MeV und der Expositionsdosis $D_e = 1$ R durch die Fläche von 1 m^2 eine Energie von ca. 3,3 J transportiert. Demgemäß hat eine solche Strah-

---

[1] *H. R. Schinz* und *R. Widerøe*, Fortschritte auf dem Gebiete der Röntgenstrahlen und Nuklearmedizin, **64**, 67 (1967).

12.1. Maßeinheiten der ionisierenden Strahlung und der biologischen Wirkung 457

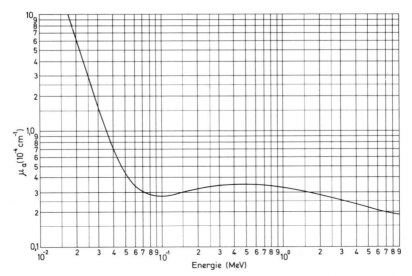

Fig. 335. Absorptionskoeffizient μ_a von Luft für γ-Strahlen in Funktion der Energie.

lung der Expositionsdosisleistung $\dot{D}_e$ eine Intensität

$$I_e = \frac{3{,}3}{3600} \dot{D}_e [W/m^2] = 9{,}2 \cdot 10^{-4} \dot{D}_e [W/m^2].$$

Dieser Wert ist in einem Quantenenergiebereich von 0,1–2 MeV innerhalb ±10% konstant. Der Zusammenhang zwischen der Dosisleistung $\dot{D}_e$ im Abstand r von einer Quelle und deren Aktivität A sowie der Quantenenergie E_γ ergibt sich durch Gleichsetzen von I_γ und I_e:

$$\frac{4{,}7 \cdot 10^{-4} A \cdot E_\gamma}{r^2} = 9{,}2 \cdot 10^{-4} \dot{D}_e,$$

$$\dot{D}_e \approx 0{,}5 \frac{A \cdot E_\gamma}{r^2} [R/h].$$

(12.1)

Die Beziehung (12.1) läßt sich auch mit Hilfe des „wahren" linearen Energieabsorptionskoeffizienten[1] μ_a für γ-Strahlen in Luft ableiten. Im Energiebereich von 0,1 MeV bis 2 MeV beträgt dieser im Mittel $\mu_a = 3{,}1 \cdot 10^{-3} m^{-1}$ und ändert sich in diesem Intervall um weniger als ±10% (Fig. 335). Demnach wird im Abstand r von der oben be-

---

[1] s. Radiological Health Handbook, U. S. Dep. of Health, Education and Welfare, 1957, S. 145.

trachteten γ-Quelle die pro m³ Luft absorbierte Leistung

$$P_a = \mu_a I_\gamma = \frac{4{,}7 \cdot 10^{-4} A E_\gamma}{r^2} \cdot 3{,}1 \cdot 10^{-3} \text{ W/m}^3 = \frac{1{,}46 \cdot 10^{-6} A E_\gamma}{r^2} \text{ W/m}^3.$$

Andererseits gibt eine γ-Strahlung mit der Expositionsdosisleistung $\dot{D}_e$ an die Luft $P_e = 3{,}0 \cdot 10^{-6} \cdot \dot{D}_e [\text{W/m}^3]$ ab. Daraus ergibt sich wie in (12.1)

$$\dot{D}_e = \frac{1{,}46 \cdot 10^{-6} \cdot A \cdot E_\gamma}{3{,}0 \cdot 10^{-6} r^2} \approx 0{,}5 \frac{A E_\gamma}{r^2} \text{ R/h}. \tag{12.2}$$

Die Beziehung (12.1) ist nur gültig, sofern bei jedem Zerfall ein γ-Quant emittiert wird. Werden von der radioaktiven Quelle mehrere γ-Quanten mit z verschiedenen Energien E_i ausgestrahlt, und ist η_i die mittlere Zahl der Quanten pro Zerfall mit der Energie E_i, so muß in Gleichung (12.1) E_γ durch $\sum_{i=1}^{z} \eta_i E_i$ ersetzt werden. Dann ergibt sich als Dosisleistung:

$$\dot{D}_e = 0{,}5 \frac{A}{r^2} \sum_{i=1}^{z} \eta_i E_i \; [\text{R/h}]. \tag{12.3}$$

Tabelle 45. *Dosiskonstante K_γ für einige Nuklide*

Nuklid	Energie in MeV (in Klammer η_i)		Halbwertszeit	Dosiskonstante K_γ $\frac{R \cdot m^2}{Ci \, h}$
^{22}Na	0,51 (2)	1,28 (1)	2,6 a	1,26
^{24}Na	1,38 (1)	2,76 (1)	15 h	1,93
^{59}Fe	0,2 (0,03) 1,3 (0,43)	1,1 (0,57)	46 d	0,65
^{60}Co	1,17 (1)	1,33 (1)	5,3 a	1,23
^{130}I	0,417 (0,4) 0,667 (1)	0,537 (1) 0,744 (1)	12,6 h	1,23
^{131}I	0,08 (0,02) 0,364 (0,8) 0,722 (0,03)	0,284 (0,06) 0,637 (0,09)	8,1 d	0,23
^{137}Cs + ^{137}Ba^m		0,662 (0,92)	30 a	0,30
^{198}Au	0,411 (1) 1,09 (0,0025)	0,68 (0,013)	2,7 d	0,25
^{226}Ra + Folgeprodukte	viele Linien, mit 0,5 mm Pt-Filter, wie die Präparate meistens medizinisch benützt werden		1622 a	0,84

12.1. Maßeinheiten der ionisierenden Strahlung und der biologischen Wirkung

Es ist üblich, diesen Zusammenhang mit Hilfe der sog. Dosiskonstanten K_γ auszudrücken:

$$\dot{D}_e = K_\gamma \frac{A}{r^2},$$

mit $K_\gamma = 0{,}5 \sum_{i=1}^{z} \eta_i E_i \frac{R\,m^2}{Ci\,h}$, wobei die γ-Energie E_i in MeV eingesetzt werden muß.

Tabelle 45 gibt für einige Nuklide neben der γ-Energie und der Halbwertszeit die Dosiskonstante an. Beispiele:

a) Für ^{60}Co berechnet sich die Dosiskonstante mit den Werten $E_1 = 1{,}17$ MeV, $E_2 = 1{,}33$ MeV und $\eta_1 = \eta_2 = 1$ (Fig. 336) zu

$$K_\gamma = 0{,}5 \cdot 2{,}5 = 1{,}2 \; \frac{R\,m^2}{Ci\,h}.$$

b) ^{137}Cs hat das in Fig. 337 aufgezeichnete Zerfallsschema. Für die Berechnung der Dosiskonstanten mit einem γ-Quant der Energie $E_\gamma = 0{,}662$ MeV und $\eta = 0{,}92$ wird

$$K_\gamma = 0{,}5 \cdot 0{,}92 \cdot 0{,}662 = 0{,}30 \; \frac{R\,m^2}{Ci\,h}.$$

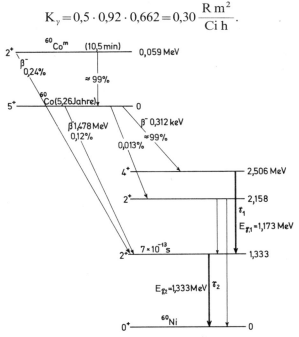

Fig. 336. Zerfallsschema von ^{60}Co.

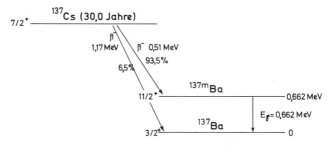

Fig. 337. Zerfallsschema von ^{137}Cs.

12.1.2. Absorbierte Dosis. Die absorbierte Dosis ist ein Maß für die Energie, welche pro Gramm der bestrahlten Materie durch Ionisationsprozesse absorbiert wird. Die Einheit der absorbierten Dosis D_a ist 1 rad.

Definition: 1 rad entspricht der Energieabsorption von 100 erg pro g Substanz (Energiedosis).

Diese Einheit wurde 1954 durch die internationale Kommission für radiologische Einheiten eingeführt. Eine bestimmte Expositionsdosis wird in verschiedenen Materialien verschiedene absorbierte Dosen zur Folge haben. So ist die absorbierte Energie von 1 R γ-Strahlung von 1 MeV Energie in Luft (vgl. S. 456) 0,83 rad und in weichem Körpergewebe 0,94 rad. Der Faktor für die Umrechnung von R in rad gilt also immer nur für einen bestimmten Stoff und eine bestimmte Energie. Praktisch ist in den weitaus überwiegenden Fällen das Körpergewebe die betrachtete Substanz. In diesem Fall kann näherungsweise 1 R (94 erg/g) gleich 1 rad (100 erg/g) gesetzt werden; man muß sich jedoch des grundlegenden Unterschiedes in der Definition der beiden Einheiten bewußt bleiben.

Abgeleitet vom rad ist die Einheit der absorbierten Dosisleistung $\dot{D}_a$, die je nach Fall in rad/h, mrad/h, oder rad/a angegeben wird.

Es soll nun der Fall betrachtet werden, daß eine kreisförmige Fläche vom Radius a homogen mit einem γ-Strahler (Energie E_γ) der Aktivitätsdichte A [Ci/m^2] kontaminiert sei. Die Absorption in der Luft wird vernachlässigt. Wir berechnen die Expositionsdosisleistung $\dot{D}_e$ in der Höhe b über dem Kreiszentrum. Dazu sind die durch Gl. (12.1) gegebenen Beiträge über die Kreisfläche zu integrieren, wobei anstelle der punktförmigen Aktivität jene eines Kreisringes der Breite dy, d.h. der Fläche $2\pi y dy$, zu nehmen ist. Die Integration über die gesamte

12.1. Maßeinheiten der ionisierenden Strahlung und der biologischen Wirkung 461

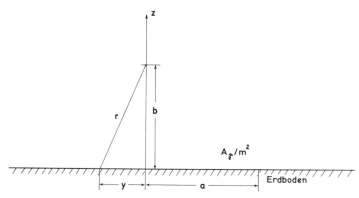

Fig. 338. Zur Berechnung der Expositionsdosisleistung in der Höhe b über dem Zentrum einer kreisförmigen Fläche (a = Radius), die gleichmäßig mit der γ-Aktivität von A_γ/m^2 belegt ist.

Kreisfläche (Fig. 338) ergibt:

$$\dot{D}_e = \frac{\pi}{2} A E_\gamma \ln \frac{a^2+b^2}{b^2} = 1{,}15\,\pi\, A E_\gamma \log \frac{a^2+b^2}{b^2}\; R/h,$$

wobei A in Ci/m^2, E_γ in MeV, a und b in m einzusetzen sind. Für $A = 10^{-2}\,Ci/m^2$, $E_\gamma = 1\,MeV$ und $a = 10\,m$ ergibt sich in $b = 1\,m$ eine Expositionsdosisleistung von $\dot{D}_e = 7{,}2 \cdot 10^{-2}\,R/h$. Die absorbierte Dosisleistung im Körpergewebe wird

$$\dot{D}_a = \dot{D}_e \cdot 0{,}94 = 6{,}8 \cdot 10^{-2}\,rad/h.$$

12.1.3. Biologische Effekte ionisierender Strahlung. Die am lebenden Objekt erzeugte Wirkung einer absorbierten Dosis ist eine komplizierte Funktion von verschiedenen Faktoren. Sie ist nicht nur von Organ zu Organ verschieden, sondern hängt auch von Art und Spektrum der Strahlung, der Dosisleistung und von biologischen Gegebenheiten ab. Als Maß für die biologische Wirkung ist das rem festgelegt worden.

Definition: 1 rem ist jene vom menschlichen Körper absorbierte Dosis ionisierender Strahlung, die dieselbe biologische Wirkung hervorruft, wie 1 rad einer im gleichen Gewebe absorbierten Röntgenstrahlung von 200 kV Erzeugungsspannung und normaler Filterung (Äquivalentdosis).

Die Unterschiede der verschiedenen Strahlungsarten bezüglich ihrer biologischen Wirkung lassen sich durch den Qualitätsfaktor QF ausdrücken. Dieser Faktor gibt an, wievielmal wirksamer 1 rad einer Strahlung x ist, um dieselbe biologische Wirkung zu erzielen wie 1 rad einer Röntgenstrahlung von 200 kV Erzeugungsspannung. Es gilt:

$$\text{Dosis in rem}(x) = QF(x) \times \text{Dosis in rad}(x).$$

Je größer der Qualitätsfaktor einer Strahlung ist, um so kleiner ist die notwendige absorbierte Dosis zur Erzielung eines bestimmten biologischen Effekts. Tabelle 46 enthält einige biologische Effekte, für welche die betreffende Strahlung am gefährlichsten ist, und die zugehörigen Qualitätsfaktoren. Ihre Bestimmung ist schwierig, und die Werte sind nicht sehr genau.

Tabelle 46. Qualitätsfaktor QF für verschiedene Strahlungsarten

Strahlung	Biologischer Effekt	QF
Röntgenstrahlen und Elektronen einer Energie > 30 keV	Ganzkörperschädigung (Schäden an Keimdrüsen und blutbildenden Organen)	1
Elektronen $E < 30$ keV		1,7
Schnelle Neutronen und Protonen bis $E = 10$ MeV	Ganzkörperschädigung (Augenlinsentrübung)	10
α-Teilchen (ca. 5 MeV)	Förderung der Krebsbildung	10
Schwere Rückstoßkerne	Augenlinsentrübung	20

12.2. Strahlenschutznormen. Grundsätzlich wird unterschieden zwischen der Bestrahlung von Gewebezellen und der Bestrahlung von Keimzellen. Schädigungen der Gewebezellen werden zum Teil regeneriert, Keimzellenschäden dagegen sind nach heutigen Kenntnissen irreparabel und werden auf die folgenden Generationen übertragen. Im Hinblick auf die Nachkommenschaft sind die Folgen der Bestrahlung von Menschen im fortpflanzungsfähigen Alter besonders schwerwiegend. Grundsätzlich sollte deshalb die akkumulierte Dosis so gering wie möglich gehalten werden. In der Therapie und der Diagnostik dient die ionisierende Strahlung zwar zur Bekämpfung von Krankheiten bzw. der Abklärung eines Krankheitsbildes; aber auch bei diesen Bestrahlungen soll eine möglichst kleine Dosis angestrebt werden.

Bei den von der internationalen Kommission für Strahlenschutz festgelegten maximal zulässigen Äquivalentdosen wird unterschieden, ob es sich um eine Strahlenbelastung der gesamten Bevölkerung, einzelner Individuen oder um beruflich mit ionisierender Strahlung

12.2. Strahlenschutznormen

Beschäftigte handelt. Die maximal zulässigen Dosen sind für Ganzkörperbestrahlung, Bestrahlung der Keimdrüsen und der blutbildenden Organe am tiefsten angesetzt. Werden nur gewisse Körperteile oder einzelne Organe von der Strahlung betroffen, so sind höhere Dosen zulässig. Haut und Gehirn sind z.B. relativ unempfindliche Organe. Die von der Internationalen Kommission für Strahlenschutz (ICRP) 1965 empfohlenen Toleranzwerte sind in Tabelle 47 zusammengestellt. Der maximal zulässige Neutronenfluß, der bei 40stündiger wöchentlicher Exposition 0,1 rem/Woche entspricht, ist in Tabelle 48 angegeben.

Tabelle 49 gibt für beruflich mit ionisierender Strahlung beschäftigte Personen die maximal zulässige Konzentration einiger wichtiger Nuklide bzw. Nuklidgemische in Trinkwasser und Atemluft an. Die in Tabelle 49 aufgeführten Werte gelten, wenn nur das betreffende

Tabelle 47. Höchstzulässige Strahlungsdosen

Bestrahlter Körperteil	Beruflich[1] strahlenexponierte Personen	Einzelne Individuen der Gesamtbevölkerung	Gesamte Bevölkerung
Ganzer Körper, Keimdrüsen, blutbildende Organe	5 (N-18) rem [2] 3 rem/13 Wochen [3]	0,5 rem/a	0,05 rem/a [5]
Haut, Schilddrüse, Knochen	30 rem/a 8 rem/13 Wochen [3]	3 rem/a [4]	1 rem/a [4]
Einzelne andere Organe	15 rem/a 4 rem/13 Wochen [3]	1,5 rem/a	0,5 rem/a
Hände, Unterarme, Füße	75 rem/a 20 rem/13 Wochen [3]	7,5 rem/a	2,5 rem/a

[1] Personen, die bei der Ausübung ihrer Arbeit eine Dosis von mehr als 1,5 rem/a erhalten können, gelten als beruflich strahlenexponierte Personen.

[2] N ist das Alter der Berufstätigen. 5(N-18) rem gibt die zulässige akkumulierte Dosis bis zur Vollendung des N-ten Lebensjahres an. Dies entspricht einer mittleren Dosisleistung von ca. 0,1 rem/Woche. Für Frauen im fortpflanzungsfähigen Alter und Jugendliche gelten Sonderbestimmungen.

[3] Während 13 aufeinanderfolgenden Wochen darf die Dosis den angegebenen Wert nicht übersteigen.

[4] Für die Schilddrüsenbelastung von Kindern unter 16 Jahren gilt die Hälfte der angegebenen Dosisleistungen, also 1,5 rem/a bzw. 0,5 rem/a.

[5] Diese Angabe umfaßt nur die Strahlendosis durch künstliche Strahlenquellen. Durch natürliche Bestrahlung (z.B. in der Schweiz) wird folgende mittlere Dosis empfangen: ca. 0,14 rem/a.

Tabelle 48. Maximal zulässiger Neutronenfluß für 40-Stunden-Woche und beruflich strahlenexponierte Personen

Neutronenenergie	QF	Maximal zulässiger Neutronenfluß (n/cm² s)
0 − 10 eV	3	700
10 eV − 10 keV	3	350
10 keV − 100 keV	8	70
100 keV − 500 keV	10	30
500 keV − 1 MeV	10	20
> 1 MeV	10	10

Tabelle 49. Maximal zulässige Konzentration verschiedener Nuklide bzw. Nuklidgemische in Trinkwasser und Atemluft für beruflich strahlenexponierte Personen bei einer 168-Stunden-Woche

Nuklid bzw. Nuklidgemisch	Trinkwasser µCi/cm³	Atemluft µCi/cm³	Kritisches Organ
Unbekanntes Gemisch	10^{-7}	$4 \cdot 10^{-13}$	
Unbekanntes Gemisch ohne ^{226}Ra und ^{228}Ra	10^{-6}		
^{226}Ra löslich	10^{-7}	10^{-11}	Knochen
^{90}Sr löslich	$4 \cdot 10^{-6}$	$4 \cdot 10^{-10}$	Knochen
Natürliches Uran löslich	$6 \cdot 10^{-6}$	$3 \cdot 10^{-11}$	Nieren
^{131}I löslich	$2 \cdot 10^{-5}$	$3 \cdot 10^{-9}$	Schilddrüse
^{137}Cs löslich	$2 \cdot 10^{-4}$	$2 \cdot 10^{-8}$	Gesamtkörper
^{32}P löslich	$2 \cdot 10^{-4}$	$2 \cdot 10^{-8}$	Knochen
^{198}Au löslich	$5 \cdot 10^{-4}$	10^{-7}	Magen-Darm-Kanal
^{60}Co löslich	$5 \cdot 10^{-4}$	10^{-7}	Magen-Darm-Kanal
^{24}Na löslich	$2 \cdot 10^{-3}$	$4 \cdot 10^{-7}$	Magen-Darm-Kanal
^{3}H	$3 \cdot 10^{-2}$	$2 \cdot 10^{-6}$	Gesamtkörper

Nuklid in der angegebenen Form aufgenommen wird. Ist eine Person gleichzeitig mehreren „Bestrahlungskanälen" ausgesetzt (z. B. Atemluft, Trinkwasser, äußere Bestrahlung), so sind die entsprechenden Teildosen so weit zu reduzieren, daß die in Tabelle 47 aufgeführten maximal zulässigen Dosen nicht überschritten werden. Für die Gesamtbevölkerung sind die in Tabelle 49 angegebenen Werte um den Faktor 30 bzw. 100 zu reduzieren, je nachdem ob die Schädigung nur somatischer (sich ausschließlich am bestrahlten Individuum äußernd) oder auch genetischer Art ist.

Namen- und Sachverzeichnis

absorbierte Dosis . . . . 460 f.
Absorptionskoeffizient 166, 457
Abstreifreaktion . . . . 271 f.
Aktivierungsanalyse . . . . 221 f.
Aktivität 184
Akzeptor 140
Alpha-Spektrum 201
Alphastreuung, anomale . . . . 53 f.
Alphazerfall . . . . 40, 197 f.
Altersbestimmung . . . . 223 f.
^{14}C-Methode 224
Uran-Blei-Methode 223
Alvarez 63
AME = relative atomare Masseneinheit 30
Anderson 393, 395
Antimaterie 444
Antineutrino 394
Reaktor als Quelle 418
Antiproton 393, 444
Antiteilchen . . . . 391 f., 398, 412, 444
Erzeugung 423
in der kosmischen Strahlung 444
Zerstrahlung 430
Aperturlinse 121
Arbeit pro Ionenpaar 213
Aston 30, 41
Atommasse . . . . 29 f.
Tabelle . . . . 38 f.
Aufpickreaktion . . . . 271 f.
Auger-Effekt 41, 207
Auswahlregeln
Alpha-Zerfall 201
Beta-Zerfall . . . . 205 f.
Gamma-Zerfall 208, 332

Backenstoß 49
barn 87
Barthélémy 182
Baryon 406, 412
Baryonenzahl 228, 412, 423
Baumgartner 300
Becquerel 127, 182
Beschleuniger . . . . 99 f., 120 f.
Betatron 116
Kaskadengenerator 99
Linearbeschleuniger 118
Synchrotron . . . . 114 f.
Van de Graaff-Generator 101
Zyklotron . . . . 103 f.
Besselfunktionen, gewöhnliche 316
sphärische 256, 279
Betaspektrum . . . . 204 f.
Betatron . . . . 116 f.
Betatronschwingungen . . . . 106 f.
Betazerfall . . . . 40, 202 f., 309 f.
Auswahlregeln . . . . 205 f.
doppelter 312
Fermi-Übergang 205
Gamow-Teller-Übergang 205
Bethe 383
Beweglichkeit von Ionen 133
Bieri 37
big-bang-Hypothese 382

Bindungsenergie pro Nukleon . . . . . . 46, 306 f.
Blasenkammer . . . . 178 f.
Bloch . . . . 63 f.
Blochsche Gleichungen . . . . 75 f.
Bohr, A. 336
Boltzmann 69
Boson . . . . 395, 411 f.
intermediäres 408
Breit 261
Breiteneffekt . . . . 443, 449 f.
Breit-Wigner-Formel . . . . 260 f.
Bremsvermögen . . . . 211 f.
Brutreaktor 360, 375
Butler, C. C. 396
Butler, S. T. 276

Čerenkov 172
Čerenkov-Zähler . . . . 172 f.
CERN 114
Chadwick 23, 41, 391
chemische Verschiebung 70
Chew 439
Cluster = Agglomerat mehrerer Nuklonen . . . 271
Clusterstruktur der Kerne 272
Cockcroft 44, 99
Compound-Reaktion . . . . 271 f.
Compton-Streuung . . . . 167 f.
Coulomb-Anregung 336, 345
Coulomb-Barriere 198
Coulomb-Streuung . . . . 15 f., 48
Cowan 394
CP-Operation . . . . 416 f.
CPT-Theorem . . . . 416 f.
Curie 127, 182
Curie, Einheit der Aktivität 184

Dahl 102
Dalitz 432
Dalitz-Diagramm 433
Debye-Temperatur 216
Debye-Waller-Faktor 216
dE/dx-Zähler 139, 152
Deformationsenergie 308
deformierte Kerne . . . . 341 f.
Deformationsparameter 342
Δ-Elektronen 127
Delta-Resonanzen 428
Deuteron . . . . 45, 284 f.
differentieller Querschnitt 21
Dipolmoment, elektrisches 86
magnetisches . . . . 61 f.
Proton 63
Neutron 64
Dirac 391, 434
direkte Reaktionen . . . . 270 f.
Abstreifreaktionen . . . . 271 f.
Aufpickreaktionen . . . . 271 f.
Donator 140
Doppler-Effekt 215
Dosis ionisierender Strahlung . . . . 456 f.
absorbierte Dosis . . . . 460 f.
biologische Dosis . . . . 461 f.
Expositionsdosis . . . . 456 f.

466 Namen- und Sachverzeichnis

Dosiskonstante 459
Dosisleistung . . . . 456 f.
Dotierung von Halbleitern 140
Drehimpulserhaltung . . . . 242 f.
D-System 103
Dudin 182
Dynode 160

Einstein 390
Elektroneneinfang . . . . 40, 207, 309 f.
Elektronenpaarerzeugung . . . . 391 f.
Elektronenschauer . . . . 449 f.
Elektronenstreuung und Kernstruktur . . . . . 50 f.
Elementarteilchen . . . . 390 f.
  Erzeugung . . . . 417 f.
  Tabelle 406
  Zerfall . . . . 421 f.
Elemente
  Entstehung . . . . 381 f.
  kosmische Häufigkeit 382
Elsasser 284
Elster 442
Erhaltungssätze und Kernreaktionen . . . . . 227 f.
  Drehimpuls . . . . 242 f.
  Energie . . . . 228 f.
  Impuls . . . . 230 f.
  Isospin 251
  Parität . . . . 243 f.
Erhaltungssätze der Partikelphysik . . . . . 410 f.
  Baryonen und Leptonenzahl 411
  beschränkt gültige . . . . 412 f.
  Isospin . . . . 412 f.
  klassische Erhaltungssätze 411
  Seltsamkeit . . . . 413 f.
  und Wechselwirkungen . . . . 416 f.
Erholungszeit 158
Estermann 63
Everling 37
Expositionsdosis 456

Familien, radioaktive . . . . 187 f.
Farwell 24
Feinstruktur des Alpha-Spektrums 201
Feldquanten 395, 404
  der elektromagnetischen und Gravitationswechselwirkung 404
Feldzone 141
Fermi 202, 360, 398, 454
Fermi-Funktion 204
Fermi-Übergang 205
Fermionen 412
Feshbach 349
Festkörperzähler . . . . 138 f.
  Feldzone 143
  Lithiumkompensierte Halbleiterzähler . . . 153
  p-n-Übergang . . . . 140 f.
  Zählereigenschaften . . . . 143 f.
Feynman-Diagramm . . . . 419 f.
Formfaktor 51
Freier 300
Frisch 63, 360
Fukui 154
Funkenkammer . . . . 154 f.
Fusion . . . . 48, 375 f.

Gammaspektroskopie 167
Gammastrahlung
  Multipolcharakter . . . . 330 f.
Gammazerfall . . . . 41, 209 f., 329 f.
  Auswahlregeln 332
  Übergangswahrscheinlichkeit 208
Gamow-Teller-Übergang . . . . 205 f.
Gauß-Verteilung . . . . 170 f.
Geiger 14, 22
Geiger-Zähler 157

Geitel 442
Gell-Mann . . . . 397 f., 436, 439 f.
Germanium 139, 154
Geschwindigkeitsdispersion 35
g-Faktor . . . . 61 f., 327
Glaser 178
Gleichgewicht, radioaktives 193
Gockel 442
Goudsmit 390
van de Graaff 101
Gravitationswellen 442
Graviton 405
Greinacher 99
gruppentheoretische Klassifizierung
  der Hadronen . . . . 436 f.
gyromagnetisches Verhältnis 62

Hadron 398, 405
  Klassifizierung . . . . 434 f.
  Nomenklatur . . . . 439 f.
  Quark-Modell . . . . 440 f.
  Tabelle 406
Hafstad 102
Hahn 360
Halbleiterzähler . . . . 139 f.
Halbwertszeit 184
Hansen 85
hard-core-Potential 297
Heisenberg 41, 434
Helium-Fusion . . . . 385 f.
Helizität der Neutrinos 415
Herb 101
l'Héritier 395
Herzog 36
Hess 442
Heusinkveld 300
Hochfrequenzionenquelle 120
Hofstadter 50
Huber 300
Hughes 33
Hyperfeinstruktur der Spektrallinien 59
Hyperkerne . . . . 426 f.
Hyperladung 414
Hyperon 397
  Entstehung und Zerfall 423
  Tabelle 406

Innere Konversion 209
Ionisationskammer . . . . 127 f.
  Diffusion 138
  Elektronsammlung 134
  Impulsbetrieb 131
  Ionensammlung 133
  konstante Ionisation 128
  Rekombination 135
Isobare 40
isomere Kernzustände 40, 333
Isospin 227
Isospinerhaltung 251
Isospinmultiplett 228, 326
Isoton 40
Isotop 40

Jaffé 136
Joliot 360

Kaon 406, 423
Kaskadengenerator . . . . 99 f.
Kernbindungsenergie 43
Kernenergie . . . . 359 f.
  Fusion . . . . 375 f.
  historische Entwicklung 359
  Reaktorsysteme . . . . 372 f.
  Spaltung . . . . 360 f.
Kern-g-Faktor 61

Namen- und Sachverzeichnis

Kerninduktion . . . . 66 f.
Kernisomerie 333
Kernladungszahl 28, 39
Kernmagneton 61
Kernmasse . . . . 29 f.
Kernmodelle . . . . 284 f.
  kollektives Modell . . . . 335 f.
  optisches Modell . . . . 348 f.
  Schalenmodell . . . . 313 f.
  Tröpfchenmodell . . . . 304 f.
Kernquadrupolmoment . . . . 86 f., 314, 334
Kernradius . . . . 48 f., 53, 304
Kernreaktionen
  $^{10}B(\alpha, p)^{13}C$ 230
  $^{10}B(^{6}Li, d)^{14}N$ 272
  $^{7}Be(p, \gamma)^{8}B$ 348
  $^{9}Be(\alpha, n)^{12}C$ 246
  $^{9}Be(^{6}Li, \alpha)^{11}B$ 283
  $^{9}Be(p, \alpha)^{6}Li$ 252
  $^{9}Be(p, d)^{8}Be$ 252
  $^{12}C(\alpha, \gamma)^{16}O$ 385
  $^{12}C(^{12}C, \alpha)^{20}Ne$ 386
  $^{12}C(^{12}C, \gamma)^{24}Mg$ 386
  $^{12}C(^{12}C, n)^{23}Mg$ 386
  $^{12}C(^{12}C, p)^{23}Na$ 386
  $^{12}C(p, \gamma)^{13}N$ 384
  $^{13}C(p, \gamma)^{14}N$ 384
  $^{40}Ca(^{3}He, n)^{42}Ti$ 281
  $^{44}Ca(d, p)^{45}Ca$ 358
  $^{1}H(p, e^{+})^{2}H$ 383
  $^{2}H(d, n)^{3}He$ 250, 376
  $^{2}H(d, p)^{3}H$ 376
  $^{2}H(\gamma, n)^{1}H$ 230, 285
  $^{2}H(p, \gamma)^{3}He$ 283
  $^{3}H(d, n)^{4}He$ 376
  $^{3}H(p, n)^{3}He$ 250
  $^{3}He(d, p)^{4}He$ 244
  $^{3}He(^{3}He, 2p)^{4}He$ 383
  $^{3}He(n, p)^{3}H$ 151, 233, 250
  $^{4}He(^{3}He, \gamma)^{7}Be$ 383
  $^{6}Li(n, t)^{4}He$ 152, 376
  $^{7}Li(p, \alpha)^{4}He$ 44, 383
  $^{7}Li(p, d)^{6}Li$ 280
  $^{7}Li(p, n)^{7}Be$ 236
  $^{24}Mg(d, p)^{25}Mg^{*}$ 280
  $^{14}N(\alpha, p)^{17}O$ 177
  $^{14}N(d, \alpha)^{12}C$ 252
  $^{14}N(n, p)^{14}C$ 225, 448
  $^{14}N(p, \gamma)^{15}O$ 384
  $^{15}N(p, \alpha)^{12}C$ 384
  $^{16}O(\alpha, \gamma)^{20}Ne$ 385
  $^{16}O(n, \alpha)^{13}C$ 235
  $^{16}O(t, p)^{18}O$ 325
  $^{16}O(d, n)^{17}F$ 281
  $^{16}O(^{16}O, \alpha)^{28}Si$ 386
  $^{16}O(^{16}O, \gamma)^{32}S$ 386
  $^{16}O(^{16}O, n)^{31}S$ 386
  $^{16}O(^{16}O, p)^{31}P$ 386
  $^{17}O(d, p)^{18}O$ 324
  $^{32}S(\alpha, \gamma)^{36}A$ 386
  $^{28}Si(\alpha, \gamma)^{32}S$ 386
  $^{235}U(n, f)$ 361, 366
  $^{238}U(n, \gamma)^{239}U$ 360
Kernresonanz, magnetische . . . . 64 f.
  Bedeutung für Chemie . . . . 70 f.
  praktischer Nachweis . . . . 66 f.
Kernspaltung . . . . 47, 306 f.
  Energiebilanz 368
  spontane 210, 41
  stimulierte . . . . 360 f.
Kernspin . . . . 59 f.
Kernstrahlung, Wechselwirkung mit Materie . 210 f.
  schwere geladene Teilchen 211
  Elektronen 213
Kernverschmelzung 48

Kerst 117
Kohlenstoff-Stickstoff-Zyklus 384
Kolhörster 442
Kollektivbewegungen des Kerns . . . . . . 335 f.
  deformierte Kerne . . . . 341 f.
  Rotationen . . . . 344 f.
  Schwingungen . . . . 347 f.
  kollektives Modell . . . . 335 f.
Konversion, innere 41, 208
Konversionskoeffizient 209
Kopplungskonstante 403
  elektromagnetische Wechselwirkung . . . 403
  Gravitation 403
  schwache Wechselwirkung 407
  starke Wechselwirkung 408
Kosmische Strahlung . . . . 442 f.
  Elektronenschauer . . . . 450 f.
  Primärstrahlung . . . . 443 f.
  Sekundärstrahlung . . . . 446 f.
  Ursprung . . . . 453 f.
Krebsnebel 389
Kuhn 214
Kurie-Diagramm 204

Laborsystem 230, 237
Ladungserhaltung 411
Ladungskonjugation . . . . 415 f.
Lambda-Hyperon . . . . 396 f., 413 f., 423
Larmor-Präzession 64
Lawrence 103
Lebensdauer, mittlere 184
Lee 97
Leprince-Ringuet 395
Leptonen 408
  myonische und elektronische 394, 412
  Entstehung bei Zerfällen . . . . 418 f.
  Tabelle 406
Libby 225
Lie 436
Linearbeschleuniger . . . . 118 f.
  Elektronen 118
  Ionen 119
Linsen, elektrostatische . . . . 121 f.
  magnetische . . . . 121 f.
lithiumkompensierte Halbleiterzähler . . . 153
Löcherleitung 141
Lorentz-Verteilung 217
Lüders 416

Madansky 154
magische Kerne 313
magnetisches Dipolmoment . . . . 326 f.
magnetische Flasche 379
Majorana-Potential 302
Majoritätsträger 141
Marsden 14, 22
Massendefekt 37, 42
Massendublett 37
Masseneinheit, atomare 30
Massenspektrograph . . . . 35 f.
Massenspektroskopie . . . . 30 f.
Massenüberschuß 38
Massenzahl 39
Mattauch 36
McKibben 102
Meitner 360
Meson . . . . 395, 405 f.
mesonische Atome 421
mesonische Resonanzen 428
Meßgeräte, kernphysikalische . . . . 127 f.
Millikan 390
Minimumionisation . . . . 211 f., 446
Miyamoto 154
Moderator . . . . 363 f.
Mößbauer 214

Namen- und Sachverzeichnis

Mößbauer-Effekt . . . . 214 f.
  Anwendungen 220
  experimenteller Nachweis . . . . 216 f.
Moseley 28
Mott 27, 51
Mottelson 336
Myon 48, 359
  Erzeugung 419
  Zerfall 422
myonische Atome . . . . 48 f.
myonische Leptonen 412
  Entstehung beim Zerfall von Pionen 419

Nakano 397
Nebelkammer . . . . 175 f.
Neddermeyer 395
Ne'eman 398, 436
Neptunium 360
Neptuniumfamilie 189
Neutretto 394, 412, 419
Neutrino . . . . 393 f.
  Sonne als Quelle 418
Neutron, magnetisches Moment 64
  thermisch 233
Neutron-Proton-Streuung . . . . 291 f.
Neutroneneinfang 241, 387
Neutronenquerschnitt, totaler
  von Sauerstoff 207
  von Schwefel 207
Neutronenreaktionen . . . . 240 f.
Neutronenspektrometer
  ³He-Zähler 151
  ⁶Li-Zähler 152
Nishijima 397
Niveauschema 230
Normalverteilung 170
n-p-Übergang 141
Nukleon 40
Nukleon-Nukleon-Streuung . . . . 289 f.
Nukleon-Pion-Resonanzen . . . . 427 f.
Nuklid 40

Oktette von Mesonen und Baryonen . . . . 437 f.
Omega-Hyperon 397, 423
optisches Modell . . . . 348 f.
  compound-elastische Streuung 351
  form-elastische Streuung 351
optisches Potential . . . . 356 f.
Ordnungszahl 28, 39

Paarerzeugung . . . . 168 f., 449 f.
Paarvernichtung 393
Packard 85
Pais 425
Parität . . . . 93 f.
Paritätserhaltung 244
Paritätsverletzung 97
Partikelbeschleuniger . . . . 99 f.
Partikelzerfall . . . . 409 f.
Pauli 59, 393, 416
Pell 153
Phasenfokussierung 113
Photoeffekt . . . . 167 f.
Photoelektronenvervielfacher 160
photographische Emulsion 127
Piccioni 425
Pickup-Reaktion = Aufpickreaktion 271
Pidd 154
Pincheffekt . . . . 379 f.
p-i-n-Struktur 153
Pion 395
  Erzeugung . . . . 420 f.
  Lebensdauer 421
  Masse 407
  Zerfallsschema . . . . 421 f.

Pion, neutrales 400, 413
  Zerfall 403, 422
Planck 390
Plasma . . . . 377 f.
  Aufheizung 381
  Isolierung . . . . 378 f.
Plutonium 360
p-n-Übergang . . . . 140 f.
Poincaré 182
Polarisation eines Nukleonenstrahls 298
Polarisationsmessungen . . . . 299 f.
Polonium 14, 183
Porter 349
Positron . . . . 391 f.
Positronium 393
Potentialstreuung 261
Powell 395
pp-Ketten . . . . 383 f.
p-Prozeß 388
Proton, magnetisches Moment 63
Proton-Proton-Streuung . . . . 295 f.
Protonen-Synchrotron . . . . 114 f.
Purcell 69

Quadrupolfelder, axiale 124
Quadrupollinse 125
Quadrupolmoment, elektrisches . . . . 86 f., 314, 333
Qualitätsfaktor . . . . 461 f.
Quark . . . . 398, 440 f.
Quark-Modell . . . . 440 f.
quasielastische Streuung 274
Querschnitt
  differentieller 21
  makroskopischer 446
  totaler . . . . 352 f.
Q-Wert . . . . 44 f., 232

Rabi 63
rad 460
Radioaktivität . . . . 182 f.
Radium 183
Ramsey 183
Raumladungszone 141
Raumquantisierung 60
Reaktionskanal 248
Reaktor
  Energiebilanz 368
  Leistung 371
  Multiplikationsfaktor 369
  Neutronenbilanz . . . . 368 f.
  Reaktorperiode 371
  verzögerte Neutronen 371
Reaktorsysteme . . . . 372 f.
  Brutreaktor 375
  Druckwasserreaktor 373
  gasgekühlter Reaktor 373
  natriumgekühlter Reaktor 373
  Prinzipschema 372
Regge 434
Regge-Pole und -Trajektorien . . . . 434 f.
Reichweite 14
Reichweite-Energie-Beziehung 213
Reines 394
rem 461
Resonanzabsorption . . . . 214 f.
Resonanzreaktionen . . . . 252 f.
Resonanzstreuung . . . . 214 f.
Resonanzteilchen . . . . . . 398, 405, 409, 427 f.
  Analyse von Resonanzen . . . . 431 f.
  mesonische 428
  Nukleon-Pion-Resonanzen . . . . 427 f.
  Resonanzen seltsamer Teilchen 430
  Tabelle . . . . 429 f.
Restwechselwirkung . . . . 322 f.

Namen- und Sachverzeichnis 469

Reziprozitätstheorem 249
Ricamo 300
Richtungsfokussierung . . . . 30 f.
Riesenresonanzen 353
Rochester 396
Röntgen 456
Röntgen-Spektren 28
Rojanski 33
Rosenfeld 439
r-Prozeß 388
Rutherford 14, 183
Rutherfordsche Streuformel . . . . 21 f.

Sakata 440
Schalenmodell . . . . 312 f.
  elektromagnetische Übergänge . . . . . 329 f.
  magische Zahlen 313
  magnetische Momente . . . . 326 f.
  Niveauschema 320
Schmidt-Schüler-Linien . . . . 327 f.
Schutzring 150
schwache Wechselwirkung 408, 417
Schwellenergie
  für Erzeugung von Hyperonenpaaren . . . 423
  für Erzeugung seltsamer Teilchen 401
  für Mesonenerzeugung 400, 420
Schwellenreaktionen 235
Schwerpunktssystem 237
Schwinger 416
Sektorfeld, magnetisches . . . . 31 f.
seltsame Teilchen . . . . 396 f.
  Erzeugung und Zerfall . . . . 422 f.
Seltsamkeit . . . . 397, 413 f.
Serber-Potential 303
Sigma-Hyperon . . . . 397 f., 423
Silizium
  spezifischer Widerstand 148
  als Zählermaterial . . . . 139 f.
S-Matrix = Streumatrix . . . . 248 f.
Soddy 41, 183
Sonnenaktivität 453
Sonnenenergie . . . . 383 f.
Spallation 447
Spaltausbeute . . . . 361 f.
Spaltenergie 309, 368
Spaltfragmente 197, 361, 365
Spaltprozeß . . . . 197, 360 f.
Spaltung, spontane 210, 361
Sperrschichtzähler . . . . 139 f.
Spiegelkerne . . . . 40, 55 f.
Spin-Bahn-Wechselwirkung . . . . 300 f., 318, 357
Spiralzyklotron . . . . 110 f.
s-Prozeß 387
Standardabweichung 170
starke Wechselwirkung . . . . . . 395, 405 f., 417
stellare Energiebilanz . . . . 383 f.
Stern 63
Stever 158
Stoßdurchmesser 18
Stoßparameter 17
Strahlenschutz . . . . 455 f.
  biologische Bestrahlungseffekte . . . 455, 461 f.
  Dosiseinheiten . . . . 456 f.
  Strahlenschutznormen . . . . 462 f.
Strahlungslänge 452
Strassmann 360
Streumatrix . . . . 248 f.
Streuphase . . . . 249, 257 f., 292 f.
Streuquerschnitt . . . . 261 f.
Streuung, elastische 237
  inelastische 238
Stripping-Reaktion = Abstreifreaktion . . . 271 f.
SU(3)-Gruppe 436
Superfamilien von Elementarteilchen . . . 436 f.
Supernova 389, 453

Symmetrieprinzipien . . . . 93 f., 414 f.
CP-Invarianz 416
CPT-Theorem 416
Ladungskonjugation . . . . 415 f.
Parität . . . . 93, 414 f.
Zeitumkehr 98, 416
Synchrotron . . . . 114 f.
Synchrotronstrahlung 378
Synchrozyklotron 112
Szilard 360
Szintillationszähler . . . . 160 f.
  Ansprechwahrscheinlichkeit . . . . . . 163 f.
  Diskriminierung 169
  Energieauflösung . . . . 170 f.
  γ-Spektroskopie . . . . 167 f.
Szintillatoren 162

Tandem-Beschleuniger 103
Targetkern 44
thermonukleare Reaktionen . . . . . 376 f., 383 f.
Thomas 111
Thomson, J.J. 30, 390
Thoriumfamilie 189
Toleranzwerte für Bestrahlung . . . . . . 463 f.
Totzeit 158
Transfer-Reaktionen . . . . 271 f.
Transmissionsexperiment 252
Transurane 210
Triton 45
Tröpfchenmodell . . . . 304 f.
Tuve 102

Uhlenbeck 390
Uran, Isotopenhäufigkeit 362
  Neutronenquerschnitte . . . . 366 f.
Uranfamilie 188
Uranreaktor . . . . 359, 368 f.
Urexplosion 382

Van de Graaff-Generator . . . . 101 f.
Verarmungszone 144
Verstärker, ballistischer 134
Vierfaktorformel . . . . 368 f.
1/v-Gesetz 269
Vogt 255
V-Teilchen 396

Walton 44, 99
Wasserstoff-Fusion . . . . 383 f.
Wechselwirkungen . . . . 401 f.
  elektromagnetische . . . . 403 f.
  Erhaltungssätze . . . . 416 f.
  Gravitation 402
  Lebensdauer instabiler Teilchen 408
  schwache 408
  starke . . . . 405 f.
  Vergleich 409
Wegener 24
Weisskopf 349
von Weizsäcker 304
Welligkeit 100
Wigner 261
Wilson 176, 442
Winkelverteilung . . . . 289 f.
  Meßanordnung 290
Woods-Saxon-Potential 357
Wu 97

Xi-Hyperon 397, 423

Yang 97
Yukawa 289, 395, 407

Zählrohr . . . . 157 f.
Zählstatistik 170

Zählverluste 157
  Bestimmung der 159
Zeitumkehr 98, 247f., 416
Zentrifugalbarriere 201
Zerfall, radioaktiver . . . . 183f.
Zerfallsprozesse . . . . 195f.
  α-Zerfall . . . . 40, 197f.
  β-Zerfall . . . . 40, 202f., 309f.
  Elektroneneinfang . . . . 40, 207, 309f.
  γ-Zerfall . . . . 41, 209, 329f.
  spontane Spaltung 210
Zerfallsreihe, radioaktive . . . . 187f.
Zündtemperatur für Fusionsgemische . . . 376, 378
Zweig 440
Zwischenkern 271
Zyklotron . . . . 103f.
  Bahnstabilität . . . . 106f.
  elektrische Beschleunigung 109
  sektorfokussiertes . . . . 109f.
Zylinderfeld, elektrisches 33

III. Band / 1. Teil: Atomphysik

Übersicht über den Inhalt

I. Kapitel. Einleitung

II. Kapitel. Atomistik und kinetische Theorie der Materie: 1. Verallgemeinerung der Mechanik. Das d'Alembertsche Prinzip, Lagrange- und Hamilton-Gleichungen – 2. Elemente der statistischen Mechanik – 3. Anwendungen der kanonischen Gesamtheit – 4. Das Äquipartitionstheorem der klassischen Statistik – 5. Die Maxwell-Boltzmann-Verteilung des idealen Gases – 6. Mittlere freie Weglänge und Stoßzahl bei fast idealen Gasen – 7. Die van der Waals-Konstanten und ihr Zusammenhang mit den Konstanten N_0 und δ^2 – 8. Transportphänomene: Innere Reibung, Wärmeleitung und Diffusion – 9. Transportphänomene bei großer freier Weglänge – 10. Die Brownsche Bewegung – 11. Die Avogadrosche Zahl N_0 – 12. Die spezifischen Wärmen

III. Kapitel. Die Atomistik der elektrischen Ladung: 1. Das elektrische Elementarquantum und seine Bestimmung – 2. Das Ladungs-Massenverhältnis von Elektronen – 3. Das Ladungs-Massenverhältnis gasförmiger Ionen e/M

IV. Kapitel. Elemente der speziellen Relativitätstheorie: 1. Das Michelson-Morley-Experiment – 2. Die Lorentz-Transformationen – 3. Konsequenzen der Lorentz-Transformation – 4. Die Abhängigkeit der trägen Masse von der Geschwindigkeit – 5. Die Bewegungsgleichungen und die Äquivalenz von Masse und Energie – 6. Der Grundgedanke der Allgemeinen Relativitätstheorie

V. Kapitel. Elektromagnetische Strahlung und Quantennatur des Lichtes: 1. Grundsätzliches zur elektromagnetischen Strahlung – 2. Die Maxwellschen Gleichungen – 3. Elektromagnetische Wellen – 4. Die Erregung elektromagnetischer Wellen und das Feld einer bewegten Ladung – 5. Die Strahlung des oszillierenden Dipols – 6. Die Gesetze der schwarzen Temperaturstrahler – 7. Der photoelektrische Effekt – 8. Der Comptoneffekt – 9. Paarerzeugung und Annihilation – 10. Der Durchgang energiereicher elektromagnetischer Strahlung durch Materie – 11. Der Durchgang niederenergetischer elektromagnetischer Strahlung durch Materie – 12. Beugung des Lichtes an räumlichen Gittern

VI. Kapitel. Wellen- und Korpuskularstrahlung und die Grundlagen der Quantenmechanik: 1. Die de Broglie-Hypothese und die Beugung von Korpuskularstrahlen – 2. Die Heisenbergsche Unbestimmtheitsrelation – 3. Beispiele zur Unbestimmtheitsrelation – 4. Die Schrödingersche Fundamentalgleichung der Quantenmechanik – 5. Erwartungs- und Eigenwerte beobachtbarer Größen – 6. Massenpunkt in einem Potentialtopf als Beispiel einer einfachen eindimensionalen stationären Bewegung – 7. Orthogonalität der Eigenfunktionen und Entwicklungssatz – 8. Der lineare harmonische Oszillator – 9. Die Schrödinger-Gleichung für mehrere Teilchen – 10. Zwei Teilchen mit kugelsymmetrischem gegenseitigem Potential ohne äußere Kräfte – 11. Der Drehimpuls in der Quantenmechanik – 12. Das magnetische Moment der Zentralbewegung – 13. Parität der Wellenfunktionen

VII. Kapitel. Bau der einfachen Atome und ihre Spektren: 1. Das Rutherfordsche Streuexperiment zum prinzipiellen Aufbau der Atome – 2. Wasserstoff- und wasserstoffähnliche Atome – 3. Spontane Lichtemission der wasserstoffähnlichen Atome – 4. Das Wasserstoffatom im äußeren Magnetfeld und der Zeeman-Effekt – 5. Der Stern-Gerlach-Versuch – 6. Methoden zur Bestimmung von atomaren Energieniveaus − 7. Allgemeines zum Bau der Alkaliatome − 8. Termschema und Spektren der Alkalien

VIII. Kapitel. Spin und magnetisches Eigenmoment des Elektrons: 1. Die Dublettstruktur der Alkalispektren − 2. Spin und magnetisches Eigenmoment des Elektrons − 3. Die Spin-Bahnwechselwirkung. Das Vektormodell des Drehimpulses − 4. Die Feinstruktur der Wasserstoffterme − 5. Die Feinstruktur der Alkaliterme − 6. Das Ausschließungsprinzip von Pauli

IX. Kapitel. Bau und Spektren der Atome mit mehreren Elektronen: 1. Das Heliumatom im Grundzustand − 2. Angeregte Zustände des Heliums − 3. Zentralfeldapproximation und periodisches System der Elemente − 4. Termschemen und Spektren von Atomen mit mehreren Elektronen − 5. Die Hyperfeinstruktur der optischen Spektren − 6. Anomaler Zeeman- und Paschen-Back-Effekt − 7. Der Stark-Effekt − 8. Induzierte Emission und Absorption − 9. Maser und Laser − 10. Spektrale Verteilung von Röntgenstrahlen

X. Kapitel. Molekülbau: 1. Der Grundzustand des Wasserstoffmoleküls − 2. Die Spektren zweiatomiger Moleküle

Anhang: Die fundamentalen Konstanten der Atomphysik

Aus den ersten Urteilen der Fachpresse:

„Dieser Band enthält eine umfassende, gut geordnete Darstellung der gesamten Atomphysik. Das Kapitel Atomistik und kinetische Theorie der Materie bringt in ausführlicher, gut verständlicher Darstellung mit theoretischer Untermauerung die atomistischen Erkenntnisse, die in den folgenden Kapiteln um die Atomistik der Ladung sowie Elemente der speziellen Relativitätstheorie erweitert werden. Elektromagnetische Strahlung und Quantennatur des Lichtes sowie Wellen- und Korpuskularstrahlung und Grundlagen der Quantenmechanik mit den zugehörigen mathematischen Abhandlungen nehmen dann ca. $^1/_3$ des Bandes ein. Hier, wie auch in den folgenden Kapiteln über die Atomspektren, wird immer wieder auf die experimentellen Tatsachen eingegangen, theoretische Zusammenhänge werden anhand von Skizzen erklärt."

Die neue Hochschule

„Das vorliegende Werk als schlichtes Lehrbuch der Atomphysik zu bezeichnen, wäre unzureichend, denn es beinhaltet weit mehr als nur den Lehr- und Einführungsstoff in das moderne Wissensgebiet der Atomphysik, und vor allem bietet es sowohl dem Studierenden als auch dem Theoretiker und Praktiker wertvolle Wissensstütze. In klarer, einprägsamer und angenehm-verständlicher Sprache wurde alles das gesagt und dargestellt, was für Studium und Weiterbildung im Beruf unerläßlich für das Wissen der Atomphysik ist."

Der Ingenieur, VÖI, Wien

„Bei der Darstellung kommt den Autoren ihre Kenntnis der experimentellen Atomphysik aus den eigenen wissenschaftlichen Arbeiten sowie ihre langjährige Erfahrung als Universitätslehrer zugute. An vielen Studentengenerationen haben die zugrunde liegenden Vorlesungen ihren pädagogischen Wert bewiesen. Dem hervorragenden Lehrbuch ist deshalb eine weite Verbreitung bei allen Naturwissenschaftlern zu wünschen."

Prof. Dr. G. Rasche, Zürich, in Naturwissensch. Rundschau

ERNST REINHARDT VERLAG MÜNCHEN / BASEL